CHOICELESS AWARENESS

THE COLLECTED WORKS OF
J.KRISHNAMURTI

觉知的智慧

克里希那穆提 著
蒋海军 程悦 译

九州出版社 全国百佳图书出版单位

图书在版编目（CIP）数据

觉知的智慧 /（印）克里希那穆提著；蒋海军，程悦译. -- 北京：九州出版社，2014.10（2020.6重印）
（克里希那穆提集）
书名原文：Choiceless awareness
ISBN 978-7-5108-2803-4

Ⅰ.①觉… Ⅱ.①克… ②蒋… ③程… Ⅲ.①人生哲学－通俗读物 Ⅳ.①B821-49

中国版本图书馆CIP数据核字（2014）第253027号

Copyright© 1991-1992 Krishnamurti Foundation of America
Krishnamurti Foundation of America,
P.O.Box 1560, Ojia, California 93024 USA
E-mail: kfa@ kfa.org. Website: www.kfa.org
For more information about J.Krishnamurti, please visit: www.jkrishnamurti.org

著作权合同登记号：图字 01-2014-4477

觉知的智慧

作　　者	（印）克里希那穆提 著　蒋海军 程悦 译
出版发行	九州出版社
地　　址	北京市西城区阜外大街甲35号（100037）
发行电话	(010)68992190/3/5/6
网　　址	www.jiuzhoupress.com
电子信箱	jiuzhou@jiuzhoupress.com
印　　刷	三河市东方印刷有限公司
开　　本	880毫米×1230毫米　32开
印　　张	18.75
字　　数	520千字
版　　次	2015年1月第1版
印　　次	2020年6月第3次印刷
书　　号	ISBN 978-7-5108-2803-4
定　　价	78.00元

★版权所有　侵权必究★

出版前言

《克里希那穆提集》英文版由美国克里希那穆提基金会编辑出版，收录了克里希那穆提1933年至1967年间（三十八岁至七十二岁）在世界各地的重要演说和现场答问等内容，按时间顺序结集为十七册，并根据相关内容为每一册拟定了书名。

1933年至1967年这三十五年间，是克里希那穆提思想丰富展现的重要阶段，因此，可以说这套作品集是克氏最具代表性的系列著作，已经包括了他的全部思想，对于了解和研究他的思想历程和内涵，具有十分重要的价值。为此，九州出版社将之引进翻译出版。

英文版编者只是拟了书名，中文版编者又根据讲话内容，为每一篇原文拟定了标题。同时，对于英文版编者所拟的书名，有的也作出了适当的调整，以便读者更好地把握讲话的主旨。

克里希那穆提系列作品得到台湾著名作家胡因梦女士倾情推荐，在此谨表谢忱。

需要了解更多克氏相关信息的读者可登录www.jkrishnamurti.

org，或"克里希那穆提冥思坊"的微博：http://weibo.com/jkmeditationstudio，以及微信公众账号"克里希那穆提冥思坊"，微信号：Krishnamurti_KMS。

九州出版社

英文版序言

克里希那穆提1895年出生于印度南部的一个婆罗门家庭。十四岁时，他被时为"通神学会"主席的安妮·贝赞特宣称为即将到来的"世界导师"。通神学会是强调全世界宗教统一的一个国际组织。贝赞特夫人收养了这个男孩，并把他带到英国，他在那里接受教育，并为他即将承担的角色做准备。1911年，一个新的世界性组织成立了，克里希那穆提成为其首脑，这个组织的唯一目的是为了让其会员做好准备，以迎接世界导师的到来。在对他自己以及加诸其身的使命质疑了多年之后，1929年，克里希那穆提解散了这个组织，并且说：

真理是无路之国，无论通过任何道路，借助任何宗教、任何派别，你都不可能接近真理。真理是无限的、无条件的，通过任何一条道路都无法趋近，它不能被组织；我们也不应该建立任何组织，来带领或强迫人们走哪一条特定的道路。我只关心使人类绝对地、无条件地自由。

克里希那穆提走遍世界，以私人身份进行演讲，一直持续到他九十岁高龄，走到生命的尽头为止。他摒弃所有的精神和心理权威，包括他自己，这是他演讲的基调。他主要关注的内容之一，是社会结构及其对个体的制约作用。他的讲话和著作，重点关注阻挡清晰洞察的心理障碍。在关系的镜子中，我们每个人都可以了解自身意识的内容，这个意识为全人类所共有。我们可以做到这一点，不是通过分析，而是以一种直接的方式，在这一点上克里希那穆提有详尽的阐述。在观察这个内容的过程中，我们发现自己内心存在着观察者和被观察之物的划分。他指出，这种划分阻碍了直接的洞察，而这正是人类冲突的根源所在。

克里希那穆提的核心观点，自1929年之后从未动摇，但是他毕生都在努力使自己的语言更加简洁和清晰。他的阐述中有一种变化。每年他都会为他的主题使用新的词语和新的方法，并引入有着细微变化的不同含义。

由于他讲话的主题无所不包，这套《克里希那穆提集》具有引人入胜的吸引力。任何一年的讲话，都无法涵盖他视野的整个范围，但是从作品集中，你可以发现若干特定主题都有相当详尽的阐述。他在这些讲话中，为日后若干年内使用的许多概念打下了基础。

《克里希那穆提集》收录了他中年及以后出版的讲话、讨论、对某些问题的回答和著作，涵盖的时间范围从1933年直到1967年。它们是他教诲的真实记录，取自逐字逐句的速记报告和录音资料。

美国克里希那穆提基金会，作为加利福尼亚的一个慈善基金会，其使命包括出版和发布克里希那穆提的著作、影片、录像带和录音资料。《克里希那穆提集》的出版即是其中的活动之一。

目录

出版前言 / 1
英文版序言 / 3

印度班加罗尔

为让真理降临，就应做到无为的觉知 / 2
认识自我，是持续不断地认识你的本来面目 / 14
讨论生活的目的，必须弄清"生活""目的"是指什么 / 30
若想认识世界，必须了解自己 / 46
建立观念，对行动是有害的 / 61
认识"当下实相"，心灵要处在不做评判、不予谴责的状态 / 78
我的本来面目带来我与他人的关系 / 94

印度浦那

你做某事之前必须得认识你自己 / 114
实相是解决无数难题的唯一方法 / 126
基于某个念头行动，势必走向痛苦和悲伤 / 138
在无为中蕴含着非凡的行动 / 152

现代教育塑造不出完整的个体 / 167
创造力是没有"努力"的无为的存在状态 / 187
心智上的专门化意味着死亡 / 205
摆脱时间的制约 / 223

印度新德里

在当今文明里人的幸福为什么失去 / 242
我们的问题在于要带着觉知展开行动 / 246
当你停止思想，觉知才会到来 / 256
认识自我就可以终结痛苦 / 268

印度巴纳拉斯

想要摆脱痛苦，就应该从自身入手 / 288
唯有通过体验，才能发现事情的实相 / 296
改革不过是一种后退 / 310
记忆，绝非觉知之道 / 327
承认"当下实相"是最为困难的 / 336

美国加州

幸福与满足是不同的 / 356
仅仅聆听，既不接受也不排拒 / 366
信仰妨碍对自我的认知 / 379
什么是简单 / 391
专业化是一种绊脚石 / 404
什么是真正的宗教 / 421
扰乱，对于觉知是不可或缺的 / 433
观念局限了我们的行动 / 445

问题乃是我们自身思考方式的反映 / 458
能否在没有观念的情况下展开行动 / 470
服从是另一种形式的支配 / 483
生活的难题不需要方法 / 494
为什么我们被困在自我意识里 / 507
观念是一种逃避 / 520

英国伦敦
完整地应对生活的难题 / 534
理解个体方能认识个体与国家的关系 / 547
认识复杂的问题，需要寂静的心灵 / 559
因空虚孤独而寻求感受是逃离自我 / 570
心灵通过觉知迈入真正的寂静 / 580

PART 01

印度班加罗尔

为让真理降临，就应做到无为的觉知

我将尽可能多地回答一些提问，而不是发表演说。在这么做之前，我想就回答问题做几点说明。可以向我提出任何问题，但倘若想要得到正确的回答，那么问题必须也是正确的才行。如果提问者是个严肃的人，他提出了一个严肃的问题，热切地想要找到解决办法来应对某个格外困难的问题，那么很显然，他将会得到一个适合于该问题的答案。然而通常发生的情形是，报上来许多提问，有时候是格外荒唐的问题，尔后又要求解答所有这些问题。在我看来，提出一些肤浅的问题，然后期待得到严肃的解答，这简直是在浪费时间。我这儿有几个问题，我将试着从我所认为的最严肃的视角去进行解答。由于听众不多，所以容我提建议的话，若问题不是太清楚，你们可以打断我，这样你们和我就能够展开一下讨论了。

问：一个普通人能够做些什么来终结我们地方主义的问题呢？

克：很显然，分离主义的意识正在全世界范围内传播着。一场接一场的战争，导致了更多的分离主义、更多的国家主义、更多的主权政府，诸如此类。尤其是在印度，这种地方主义的纠纷问题正在与日俱增。原因何在？首先，显然是因为人们在寻找工作。越多相互分离的政府，就会有越多的工作。但这是一项极为短视的政策，难道不是吗？因为，最终，世界的趋势将会越来越指向联邦、同盟，而非不断的分裂。很明显，任何一个真正在思考这一形势的正派之人——这不仅仅是印度的问题，而是一个世界性的事务——都必须首先摆脱国家主义的局限，不仅是在有关国家的问题上，而且还要在思想、行动和感受上都挣脱国家主义的束缚。毕竟，地方自治主义不过是国家主义的一个分支。从属于某个国家、种族、群体或是某种意识形态，很容易进一步地把人们划分开来，导致人与人之间的敌对和仇恨。显然，这种做法无法解决世界的无序。因此，我们每个人能够做的，便是高举非地方主义的大旗，我们可以不再是婆罗门[①]，不再从属于任何种姓阶层或国家。可这极为困难，原因在于，因为传统、职业和倾向，我们被限定在了某种行为模式之中，从中突围而出绝非易事。我们可能很想逃离这一切，然而家庭、传统、宗教正统思想等等，这一切都成为了我们的绊脚石。只有真正寻求善意并心怀善意的人，只有渴望友好待人的人，只有这样的人，才能使自己摆脱所有这些导致混乱的局限。

所以，在我看来，若想结束有关地方主义的争论，一个人就得从自身开始做起，而不是坐等着其他人，坐等着立法、政府去展开行动。因为，毕竟，强制或立法并不能够解决问题。地方自治主义、分离主义的心态，从属于某个阶级、意识形态或宗派的心态，最终会带来人与人之间的冲突和敌对。友善之花不是通过强制绽放开来的，诉诸强迫，显然并非解决之道。因此，摆脱这一切的正确做法，便是每个人、每一个个体、你和我应当消除地方主义、国家主义的思想，这难道不是走出这一困难的唯一之途吗？原因在于，只要心智不愿意处于一种敞开的、友好的状态，那么单纯的强制或立法就无法解决这一问题。所以，生存在某个团体、国家或群体里的我们，必须得从狭隘的分离主义的思想中突围而出——这显然是我们每个人的责任。

困难在于，我们大部分人都怀有各种委屈和愤怒。我们许多人都认同以下看法：即我们应当冲破这一切，建立起一个崭新的世界，创立一套新的理念，诸如此类。然而当我们回到家里，环境的影响的强迫是如此的强大，以至于我们又退却了——这便是最大的困难所在，不是吗？理性层面，我们赞同地方主义这一观念是荒谬的，可是我们中很少有人

[①] 婆罗门，印度的上层人士。——译者

愿意坐下来去思考这整个的问题并且探明原因。从属于某个特别的群体，无论是社会行动还是政治行动的群体，都会导致敌对、分离主义。遵从某种意识形态是无法带来真正的变革的，因为，基于意识形态的变革只会引发不同层面的敌对，结果同样的状态还将继续下去。于是，显然只有当我们领悟到分离主义的行动的荒谬，某种意识形态、道德或组织化的宗教——无论是基督教、印度教或是其他任何组织化的、局限的宗教——的荒谬，那么这种地方主义的纠纷才会终结。

讨论： 所有这一切听起来都非常令人信服，但要落实到行动则是十分困难的。正如您所说，当我们回到家中的时候，我们大部分人都与此刻身处这里的我们是截然不同的。尽管我们或许可以聆听您的教诲、思考您的言论，然而结果却得取决于我们每一个人，始终存在着一个"但是"。

讨论： 针对组织化的宗教所展开的行动，或许本身就会形成一个组织化的宗教。

克： 如何形成呢，先生？

讨论： 例如，无论是耶稣基督还是罗摩克里希那[①]，都不会希望出现组织化的宗教。人们围绕他们建立起了组织化的宗教，却把教诲的实质忘在了脑后。

克： 我们为什么要这么干呢？难道不是因为我们渴望获得集体的保护，渴望感觉到安全吗？

讨论： 所有制度都具有分离主义的性质吗？

克： 它们注定如此。

讨论： 即使从属于家庭也是邪恶的吗？

克： 我从来没有使用过你所说的"邪恶"一词。

讨论： 我们在否定我们的家庭制度。我们的家庭制度是古老的。

克： 如果它被错用了，那么它显然就一定会被废弃掉。

---

① 罗摩克里希那，近代印度教改革者。——译者

讨论：所以，机构本身不需要是单独存在的吗？

克：显然如此。邮局之所以不是单独的，是因为所有的团体都得使用它，它是共有的。所以，为什么个体的人觉得从属于某个宗教组织、团体、俱乐部等等是如此重要呢？原因何在？

讨论：没有关系也就无所谓生活了。

克：当然。可是为什么要渴望与其他隔离开来呢？

讨论：有自然的关系以及非自然的关系。家庭便是自然的关系。

克：我是在问：干吗要渴望从属于某个排外的、单独的群体呢？让我们仔细思考一下这个问题，而不是急急表明立场。为什么我要从属于某个阶级或国家呢？为什么我自称是印度教教徒？我们为何要抱持这种排他的心态呢？

讨论：是因为自私。自我的权力。

克：抛出一两个词语，并不代表解答。是某种动机、驱动力或意图让我们去从属于某个群体的。原因何在？探明根源难道不重要吗？为什么一个人要称自己是德国人、英国人、印度人、俄国人呢？很明显，他之所以渴望与某个事物进行认同，是因为与某个庞大的事物认同，会让一个人感觉到重要，不是吗？这便是根源所在。

讨论：也不尽然。例如，印度社会里的贱民属于一个极其卑微的阶层，他是不可能对这个感到骄傲的。

克：但正是我们让他处于这种处境的。为什么我们不邀请他进入到我们自己的阶层里来呢？

讨论：我们试图去邀请他。

克：可为何个体要让自己去认同更伟大的事物，认同国家，认同某个超越自身的理念呢？

讨论：原因是，从个体出生的那一刻开始，某些观念就被渐渐地灌注给了他。这些理念发展起来，他认为自己是一个奴仆。换句话说，他受到了如此的限定。

克：没错。他受到了如此大的局限，以至于无法摆脱自己的奴仆身份。

一个人之所以会去认同某个更大的事物，是因为他渴望通过从属于某个思想或行动的群体来获得安全与确定。先生们，这是显而易见的，不是吗？我们的内心如此的空虚，我们胆怯不已，害怕独自一人，于是便会渴望与更加庞大的事物进行认同。在这种认同中，我们变得格外的排他。世界便是这番景象，这绝非我的一己之见，而是确实在上演着的情形。当危机袭来的时候，就会激起宗教层面或国家层面的认同。这一问题如此巨大，不单单是在印度，全世界的各个角落都充满了这种与某个群体进行认同的意识。该群体逐渐变得排外起来，结果也就导致了人与人之间的敌对跟仇恨。所以，这就是为什么在回答这个问题的时候，我们必须要把国家主义、民族主义视为地方自治主义、分离主义去对待，这里面还包含了与某个组织化的宗教进行认同。

讨论：我们干吗要让自己去认同这些呢？

克：原因很简单，假如我们没有跟某个事物相认同，那么我们就会感到困惑、混乱和迷失。出于恐惧，我们让自己跟这一切认同，以便获得安全感。

讨论：恐惧什么呢？难道无知不胜于恐惧吗？

克：你爱怎么称呼都成，无论是恐惧还是无知——因为这二者其实是一样的。所以，问题的关键实际上在于：你和我能否挣脱恐惧的束缚？我们能否一方面特立独行，一方面又不排他？特立独行并不是排他，单纯的独自、唯一才是排他。这显然是解决该问题的不二之途，因为个体是一种世界性的过程，而非分离的、单独的过程。只要个体去认同某个群体或部门，就一定会抱持排他的立场，结果也就势必会引发敌对、仇恨与冲突。

问：人必须首先懂得何谓神，尔后方能认识神。您打算如何向人引介神的观念，同时又不会把神降到人的层次呢？

克：你无法做到这个，先生。寻求神，这背后的推动力是什么？而这种寻求是否是真实的呢？对于我们大多数人来说，寻求神，不过是在逃避现实。所以，我们必须在内心非常清楚地知道，这种对于神的寻求，究竟是一种逃避，还是在寻求所有事物中的真理——在我们的关系、事物的价值、观念中的真理。如果我们之所以寻求神，仅仅是因为对这个世界及其种种不幸心生厌倦，那么这种寻求就只是一种逃避。于是我们便创造出了神，结果它也就并非是真的神。很显然，那些供奉神的庙宇，那些记载、讴歌神的书籍，都不是神——而是一种最佳手段的逃避。但倘若我们努力去寻觅真理，不是在一系列排外的行动中，而是在我们全部的行动、观念与关系中去探明实相，倘若我们渴望对衣食住行这一切做出正确的判断，那么，由于我们的心灵能够实现澄明和觉知，所以，当我们寻求实相的时候，便会找到它了。于是这种寻求也就不会是逃避了。可如果我们对于世间种种——衣食住行、关系、理念——混乱、困惑不已，那么我们如何能够找寻到实相呢？我们只会创造实相。因此，一个倍感困惑与混乱的心灵，一个深受局限和束缚的心灵，是无法认识神、真理或实相的。这样的心灵，怎么可能思考实相或神呢？它必须首先让自己摆脱限定。它应该让自己从自身的局限下解放出来，显然，唯有那时，而不是在这之前，它才能够懂得何谓神。实相是未知的，凡已知的皆非真实。所以，一个渴望认识实相的心灵，应该挣脱自身的局限，这种限定是由外在或内在施加的，只要心灵制造着关系里的争斗与冲突，那么它就无法领悟实相。因此，假若一个人想要去认识实相，他就必须怀有一颗宁静的心灵。可如果心灵被迫使、被训练做到宁静，那么这种宁静本身就是一种局限，它不过是一种自我催眠罢了。只有当它理解了那些将其团团包围住的价值观念，才会实现自由，步入安宁之境。

所以，若想认识那至高的实相，我们就得从低处开始，就得由近及远。也就是说，我们必须发现自己每日都在忙于其中的事物、关系、理念的价值。如果没有认识它们，那么心灵如何能够寻找到实相呢？它可以创造出"实相"，可以复制实相，可以模仿实相，因为它博览群书，它可以重复他人的经验。但是很显然，这并非是真实。若想体验真实，心灵就得停止去制造，原因是，无论它制造出来的是什么，都依然处于时间的绑缚之中。问题不在于神究竟是否存在,而在于人怎样才能去发现神。只要他在寻求的过程中能够让自己摆脱一切事物的捆绑,那么他一定就会发现实相。但他必须由近及远才行,很显然,若想行至远方,得从近处开始。可我们大部分人都想去进行推测,这是一种格外方便的逃避。这就是为什么宗教给大多数人提供了最佳的麻醉剂。所以,让心灵挣脱它所制造出来的全部价值观念的束缚,这一任务相当艰难,因为我们的心灵疲惫不堪,抑或我们太过懒惰,于是宁愿去阅读宗教书籍,去猜测神,这些做法显然并不是探明实相。认识实相是一种体验,而非效仿。

问: 头脑与思考者是分开的吗?

克: 思考者与其思想是分开的吗?若没有思想,还会有思考者存在吗?有脱离思想的思考者吗?停止思考,何处还有思想者呢?思想者与其思想是分离的吗?还是说是思想制造出了思想者,当他发现认同思想是十分方便的时候,便会这么做,当不方便的时候,他则会把自己分离开来?也就是说,这个"我"、这个思想者是什么呢?显然,思想者是由各种想法构成的,这些想法被认定为了"我"。所以是思想制造出了思想者,反之则不然。如果我没有任何想法,那么也就不存在思考者,倒不是说思考者每一次都是不同的。但倘若没有思想,也不会有所谓的思想者。所以是思想产生出了思想者,正如是行动产生出了行动者一样,而非行动者产生了行动。

讨论: 先生,您似乎在暗示说,一旦停止思考,"我"便不会存在。

克: "我"是由我的个性、我的特质、我的情感、我的财产、我的房子、我的金钱、我的妻子、我的书本构成的。这些事物,制造出了"我"这一概念,而不是我创造出了它们。你是否同意这一点呢?

讨论: 我们觉得很难去认同这个观念。

克: 如果所有想法都停止了,那么思想者也就不会存在了。所以说是思想产生了思想者。

讨论: 一切思想和环境都存在于此,但这并没有产生出思考者。

克：思考者是如何形成的呢？

讨论：他就在那儿。

克：你想当然地认为他就存在于此。你为什么会这么认为？

讨论：我们并不知道这个，应该是由您来为我们答疑解惑才对啊。

克：照我看，思想者并不存在。存在的只有行动、思想，尔后才会出现思想者。

讨论：这个"我"即思考者是怎样产生的呢？

克：让我们把探究的步子放慢一些吧。让我们一起努力怀着发现真理的目的去探讨这个问题吧，尔后讨论才是值得的。我们试图去探明思考者、"我"、"我的"是如何形成的。首先得有感知，尔后是接触、渴望和认同。在这之前，"我"是不存在的。

讨论：当我的心灵不在了，我便完全不会有感知。除非首先有感知者，否则不会出现任何感觉。一具尸体无法有所感知，哪怕眼睛和神经都还在那里。

克：你想当然地认为存在着某个更高级的实体以及它所察看的对象。

讨论：看起来似乎是如此啊。

克：你这么认为罢了。你将它的存在视为当然。原因何在呢？

讨论：我的经验是，若没有"我"的合作，便不会有任何感知。

克：我们无法去谈论纯粹的感知。感知总是同感知者联合在一起的，它是一种统一的现象。只要我们谈论感知，那么感知者立即就会被拖入其中。论及感知，超出了我们的经验范畴，我们从未曾拥有过感知的体验。当感知者没有感知到自身的时候，你可能会陷入沉睡之中，然而在沉睡中，既没有感知也没有感知者。如果你认识了这样一种状态，即感知者感知到了自身，并没有把其他感知的对象带入进来，那么你才能够有效地去谈论感知者。只要该状态是未知的，我们就没有权力去谈论脱离感知的感知者。因此，感知者与感知是一个统一的现象——它们是一枚硬币的两面。这二者是不可分的，我们没有权力去把两个不可分的事物给拆分开来对待。在缺乏适当的基础去这么做的时候，我们却坚持要把感知者同感知分离开来。若没有感知，我们就无法认识感知者；若没有感知者，我们也不可能去认识感知。所以，唯一有效的结论便是：感知和感知者，即"我"和意愿，是同一枚硬币的两面，它们是同一个现象的两个方面，该现象既不是感知也不是感知者。但倘若想对该现象展开精准的检验，则需要展开细致的观察与思考。

讨论：我们该怎么做才好呢？

讨论：我们必须发现这样一种状态——感知者与感知没有分开存在，而是同一个现象的组成部分。感知、感觉与思考的行为，之所以会导致感知者和感知的划分，原因在于这是生命的根本现象。如果我们能够探究这些稍纵即逝的感知、认知、感受、行动的时刻，同时能够将它们同感知和感知者划分开来……

克：先生，这个问题来自于探询对神的寻求。很显然，我们大多数人都想认识实相的体验。当然，只有当体验者停止体验的时候，才能够实现这一认识，因为是体验者制造出了体验。假如体验者产生了体验，那么他便会创造出神，于是它也就并非是真正的神。体验者能够停止吗？这便是这个问题中的全部关键所在。若体验者跟体验是一个统一的现象——这是显而易见的——那么体验者、行动者、思考者就必须停止思考。这难道不是显而易见的吗？所以，思考者能否不再去思考呢？原因是，当他展开思索的时候，他就会有所创造，而他创造出来的事物并不是真实的。所以，要想探明实相、神究竟是否存在，那么思想的过程就得终结，这意味着思想者必须终止，无论他是否是被思想产生出来的，暂时都是无关紧要的。全部的思想过程——该过程包括思考者在内——都必须终止。唯有在那时，我们才能觅到实相。首先，在结束思想过程期间，该如何完成呢？又是由谁来做呢？假若是由思考者来做的话，那么思考者就依然是思想的产物。思考者终结思想，仍然是思想的持续。因此，思考者该做些什么呢？思考者采取的任何行为，都依然是思考的过程。我希望我把这个问题阐释清楚了。

讨论：这甚至可能意味着抗拒思考。

克：抗拒思考，停止一切思考，依然是一种思考。于是思考者继续存在着，结果他就永远无法找寻到真理。那么，一个人该如何是好呢？这是一个极为严肃的问题，需要得到持续的关注。思考者展开的任何努力，都是从不同的层面对思考者的折射，这便是事实情形。假如思考者、体验者采取积极的或消极的努力去认识实相，那么他就依然处于思考的过程之中。所以他该怎么做呢？他能做的，便是认识到，他这一方展开的任何努力，无论是积极的还是消极的努力，都是有害的。他必须领悟到这其中的真理，而不是仅仅从字面意义上去理解。他必须明白，自己之所以不能够展开行动，是因为他所采取的任何行动、任何努力，无论是积极的还是消极的，都会让"我"、思考者、体验者得到强化。所以，他唯一能做的，就是什么也不要做。哪怕是积极的或消极的祈愿，仍然属于思想的一部分。他必须懂得这一事实，即他做付出的任何努力都有害于探明真理。这便是第一个要求。假如我想要实现认知，那么我就得彻底挣脱偏见的罗网，当我积极地或消极地展开努力时，我就无法处于摆脱成见的状态。要做到这一点格外的困难，这要求一种无为的觉知，在这里面，没有丝毫的努力。唯有如此，实相才会现身。

讨论：专注于投射出来的实相吗？

克：专注，是另外一种形式的努力，所以仍然属于一种思考的行为。因此，专注显然无法通往实相。

讨论：您指出，思考者所采取的任何行动，无论是积极的还是消极的行动，都是思考者的投射。

克：正是如此，先生。

讨论：换言之，您把觉知和思想区分开来了。

克：我会阐释得慢一些。当我们谈论专注的时候，专注意味着强迫、排除，意味着对某个排他的事物感兴趣，这里面包含着选择。这意味着思考者的努力，而这会让思考者得到强化。事实难道不是如此吗？所以，我们必须探究一下有关思想的问题。何谓思想？思想是指对某个情形的反应，这表示思想是记忆的反应，而属于过去的记忆如何能够创造出永恒呢？

讨论：我们并没有说记忆创造了永恒，因为记忆是缺乏觉知的东西。

克：它是无意识的、潜意识的，这是源于它自身的无知无觉的妥协。我们正努力去探明我们所谓的思考是何意思。若想弄明白这一问题，就不要去查阅字典，而是应当审视一下你自己。你所说的思考是指什么呢？当你声称自己在思考的时候，你实际上是在做什么呢？你是在反应，你通过自己过去的记忆在做出反应。那么，何谓记忆呢？记忆是指经历，昨天的经历的储藏、累积，无论是集体的经历还是个体的。昨天的经历便是记忆。我们何时会记住某个经历呢？很显然，只有当该经历不完整的时候才会如此。我怀有某个经历，这一经历是不完整的、未完成的，它留下了一个印记，我把这一印记叫做记忆。记忆对进一步的挑战做出反应，记忆对挑战所做的反应，被称作思考。

讨论：印记留下什么在上面了呢？

克：留在"我"身上了。毕竟，"我"、"我的"，是所有集体的、种族的和个体的记忆的残留物。这捆记忆便是"我"，而这个"我"及其记忆在做出反应。该反应被叫做思考。

讨论：这些记忆为什么会被捆绑在一起呢？

克：因为认同。我有意或无意地把所有东西都放在了一个袋子里头。

讨论：所以，有一个脱离记忆的袋子。

克：记忆便是这个袋子。

讨论：记忆为何会粘在一起呢？

克：因为它们是不完整的。

讨论：可记忆并不存在，除非有某个人去记住，否则它们将处于一种惰性的状态。

克：换句话说，记忆者跟记忆是分离开的吗？记忆者同记忆，是一枚硬币的两面。若没有记忆，就不会存在记忆者；若没有记忆者，也不会出现任何记忆。

讨论：我们为什么坚持要把感知者与感知、记忆者与记忆分离开来呢？这难道不是我们困惑的根源所在吗？

克：我们之所以会把这二者分离开来，是因为记忆者、体验者、思考者通过隔离而变得永久。记忆显然是稍纵即逝的，于是记忆者、体验者、心灵便把自己划分开来，因为它渴望获得永恒。假如一个心灵展开努力、进行选择、接受训练和自制，那么它显然就无法找到实相。因为，正如我们所指出来的那样，它通过这种努力把自己投射出来，让思考者得以维系。那么，如何让思考者从他的思想中解放出来呢？这便是我们在讨论的问题。原因是，无论他思考的是什么，都一定是过去的产物，于是他便通过记忆制造出了神、真理，而这显然不是真实的。换言之，心灵不断从已知移向未知。当记忆发挥作用的时候，心灵就只会在已知的领域内运动，它永远无法认识未知。因此，我们的问题在于，怎样让心灵挣脱已知的束缚。若我们想从已知的制约中解放出来，那么任何努力都是有害的，因为努力依然属于已知。所以，必须停止一切努力。

你是否曾经试图做到不采取任何努力呢？如果我认识到一切努力皆为徒劳，一切努力都是心灵、"我"、思考者的进一步投射，如果我清楚地看到了瓶子上贴着的"毒药"的标签，那么我就不会去碰它了。不要做任何的努力，以便不为它所吸引。同样的，最大的困难也正在于此——假若我意识到我的丝毫努力都是有害的，假若我领悟到了这其中的真理，那么我就会不做出任何努力。我们采取的任何努力均是有害的，然而我们并不能确定，因为我们想要得到一个结果，因为我们渴望有所成就，这便是我们的困难所在。结果我们便不断地展开努力、奋斗。然而，神、真理并不是某个结果、终点或奖赏。显然，一定是它向我们走来，我们是无法朝它走去的。只要我们努力去获得它，便是在寻求某个结果、便是想要有所得。然而，为了让真理降临，一个人就得做到无为的觉知。无为的觉知，是一种不展开任何努力的状态，是指在不做评判、不做选择的情形下实现觉知，不是在最终意义上，而是指在各个方面都如此——无为的觉知，意思是指意识到你的行为、你的想法、你相关的反应，但不做选择、不进行谴责、既不认同也不否定，如此一来，心灵才能开始在不进行评判的情况下去认识每一个想法、每一个行动。这又引起了如下问题：即是否能够在没有思想的情况下实现认知？

讨论：当然可以。如果你对某个事物漠不关心的话。

克：先生，冷漠也是一种判断。一个迟钝的心灵、一个冷漠的心灵，是无法实现觉知的。在不做判断的情形下有所领悟，认识到正在发生的情形，这便是觉知。所以，若没有在当下、在即刻实现觉知，那么寻求神或真理便是徒劳。去庙宇容易得多，但这只不过是逃避到了推测的领域里。若想了解实相，我们就得直接地认识它。显然，实相不属于时间和空间，它就在当下。当下，便是我们自己的思想与行为。

（第一场演说，1948年7月4日）

认识自我，是持续不断地认识你的本来面目

我觉得，在像这样的一场演说期间，体验我所说的内容，要比仅仅在口头上展开讨论更为重要。人们很容易停留在口头层面，而不去深刻体验所说的内容。体验某个确切存在的事实，比探明观念本身究竟是对是错重要得多，因为观念永远都不会变革世界。革新，并不是建立在单纯的理念之上的。只有当满怀确信地意识到必须得发生一场内在的转变，而不是单纯的外在的革新——尽管外部的需求可能是意义重大的——才能迎来真正的变革。在这五个周日的演说期间，我想要去讨论的，是怎样带来根本性的转变，而非肤浅的、流于表面的改变。在一个正在快速分崩离析的世界里，根本性的转变是如此的必要。

假如我们保持敏锐，就该意识到，必须得有一场翻天覆地的转变或革新，无论我们是在旅行还是说一直待在一个地方。对我们大部分人而

言，这一点应当是显而易见的。可领悟到这样的一场革新的全部涵义又并非易事，因为，尽管我们认为自己渴望有所转变，但我们大多数人都会诉诸于某个行为的模式，诉诸于左翼或右翼的思想体系，抑或是介于这二者之间。我们目睹了困惑，目睹了令人惊骇的混乱、苦难、饥饿以及不断逼近的战争。显然，那些心怀苍生的人会要求有所行动。然而不幸的是，我们按照某种公式、规则或理论去展开行动。左翼有一套体系、行为模式，右翼也有自己的一套体系和模式。可是，能够有按照某种行为模式、某种布置好的路线来展开的变革吗？抑或，变革是来自于觉醒的个体的关注与觉知？很明显，只有当个体处于觉醒和负责的状态，变革才会到来。而我们大部分人显然都渴望某个获得认可的行动方案。我们目睹了混乱和无序，不单单是在印度以及我们自己的生活当中，而且还遍及全世界。世界的每一个角落，都在上演着混乱、不幸以及骇人听闻的争斗与痛苦。人从来不曾有过安全的时候，原因是越来越多的军事技术得以发展起来，破坏性也就变得越来越大。我们深知这一切，这是一个极为显见的事实，无需我们加以探究。然而，重要的是去弄清楚我们同这整个的困惑、混乱和不幸究竟有何关系，难道不是吗？因为，毕竟，假如我们能够探明自己与世界的关系并且理解了这一关系，或许就可以改变这种混乱的局面了。所以，我们首先必须清楚地认识世界跟我们自身之间的关系，尔后，若我们可以改变自己的生活，我们生活的这个世界或许就会发生根本性的、彻底的变革了。

那么，我们自己同世界之间是何关系呢？世界是否与我们是分开的呢？抑或我们每个人都是某个完整过程的产物，我们与世界并不是划分开来的，而是世界的一部分呢？也就是说，你和我是一种世界性的过程、总过程的产物，而不是一个单独的、个体性的过程。原因在于，毕竟，你是过去的结果，你为环境的影响所局限——政治、社会、经济、地域、气候风土等诸多的环境的影响。你是一个总体过程的产物，所以你并非是脱离世界而存在的。你即世界，世界便是你。因此，世界的问题就是你的问题，如果你解决了自己的问题，那么你也就解决了世界的问题。所以，世界与个体并不是分离开来的。在没有消除个体问题的情形下试图去解决世界的难题，这么做完全是一番徒劳，原因在于，正是你和我构成了这个世界。因此，世界的难题就是你自己的难题——这是一个显而易见的事实。尽管我们喜欢认为我们在行动中是个体性的，单独的、独立的，殊不知，每个人的这种狭隘的个人主义的行为，其实都是某个整体过程的一部分，而这个总过程便是我们所说的世界。所以说，若想认识世界以及让世界发生根本性的转变，我们就必须得从自身开始做起——从你和我开始着手，而不是从其他人开始。如果创造出了这个世界的你没有发生转变，而只是去革新外部的世界，那么这将毫无意义。因为，毕竟，世界并非远离你而存在，世界就是你所生活的地方，世界由你的家庭、你的朋友、你的邻居构成。一旦你和我能够从根本上转变自身，那么世界就将发生改变了，除此之外别无他法。这便是为什么世界上的一切重大转变与革新，都是从少数人、从个体、从你和我开始的。所谓的大众行动，不过是被信服的个体的行动的集合。只有当集体中的每一个个体都觉醒的时候，大众行动才会具有意义。但倘若他们被言语、被某个意识形态给催眠了，那么集体行动就一定会带来灾难。

我们看到，世界正处于可怕的无序之中，战争的阴云在不断地逼近，遍地都是饥饿，国家主义的疾病与腐朽的组织化的宗教的意识形态正在运作——意识到了所有这一切，那么，很显然，若想带来一场根本性的、彻底的变革，我们就得从自身开始做起。你或许会说："我愿意改变自己，可如果每个人都要改变的话，将需要许多个年头。"但这是否属实呢？就耗费无数个年头好了。倘若你和我真的确信不疑、真的懂得了如下真理，即变革必须得从我们自己开始人手，而不是从其他人开始，那么去信服、去改变世界还会耗费很长时间吗？因为你即世界，你的行为将会影响你所生活的这个世界，即你的关系所构成的世界。然而困难在于要认识到个体转变的重要性。我们需要周围的世界和社会发生变革，可我们又是如此的盲目，不愿意去改变自己。什么是社会呢？显然，社会就是你与我之间的关系。你我的面目、你我的所作

16　觉知的智慧

所为，产生出了关系，制造出了社会。因此，若想革新社会，无论它自称是印度社会、共产主义社会、资本主义社会或其他什么称呼，那么我们的关系就必须有所改变。

关系，并不依赖于立法、政府、外在的环境，而是完全取决于你和我。很明显，我们是外部环境的产物，但我们显然有能力去改变自身。这意味着，我们必须领悟以下真理的重要性，即只有当你和我认识了自身，而不是仅仅理解了被我们称作社会的外部结构，才会迎来真正的变革。因此，这就是我们必须在所有演说期间要去面对的首要难题。我们的目的，并不是要通过新的立法带来某场革新，因为立法永远会带来进一步的立法，而是要认识到这样一个真理：你跟我，无论我们处于哪一个社会层面，无论我们身处何方，都必须让自己发生根本性的、永久的转变。正如我所阐明的那样，革新不是静止的，而是永恒的，按照某个计划、无论是左翼的还是右翼的计划，是无法带来那每时每刻都在持续运作的革新的。这种持续的变革是自我维系的，只有当你我认识到了个体转变的重要性，才能迎来真正的变革。在接下来的五个周日的演讲当中，我将会同你们一道展开讨论，我将会从这一观点出发来回答提问。

假如你观察一下，会发现，历史上的所有变革，都出现过依照某个模式进行的反抗，当这一反抗的火焰熄灭的时候，就会重新落入旧的模式之中，要么是在更高的层面，要么是在更低的层面。这样的变革，压根儿就不是真正的革新——它只是改变，是一种经过了修正的持续。修正性的持续，无法让痛苦得到缓解，单纯的改变，无法让悲伤走向终结。能够终结痛苦的，是你们每个人都要认识到自己的本来面目，觉知到你自己的想法和感受，并且让你的思想同感受领域发生一场革命。因此，就像我所说过的那样，我担心，你们当中那些诉诸于行为模式的人，在这些演讲期间很容易会生出失望的情绪。原因是，发明某个模式十分的容易，但思考问题、清楚地认识问题则要困难得多。如果我们只是寻求某个问题的解决之法，无论是经济的、社会的还是人类的问题，那么我们将不会认识该问题，因为我们关注的是答案，而非问题本身，我们将会去探究那一解决方法。但倘若我们对问题本身展开研究，便会发现，解决方法、答案，就蕴含在问题之中，而不是在问题之外。所以，我们的难题在于个体的转变、你我的转变，原因是，个体的问题就是世界的问题，这二者是不可分的。你是什么样子的，世界便会呈现出怎样的面目——这一点是如此的显而易见。

我们当前的社会是何种面目呢？我们现在的社会，无论是西方的还是东方的社会，都是人类的狡猾、欺骗、贪婪、邪念等等的产物。是你我制造出了这一结构，因此也只有你和我才能够将其摧毁掉，建立起一个崭新的社会。但若想创建一个新的社会、新的文化，你就必须去审视、认识这个正在崩塌的结构、这个你我共同建立起来的结构。要想了解你所建立起来的事物，那么你就得认识自己的心理过程。所以，若没有实现对自我的认知，就不会出现任何的变革。革命是必需的——不是流血的革命，这种形式的革命相对来说容易得多——而是通过认识自我发生的革命。这是唯一持久的、永恒的变革，因为，认识自我是思想和情感的恒动，这里面没有任何避难所，它是认识自我的永恒之流，是持续不断地认识你的本来面目。所以，研究自我，远比探究如何带来外部世界的变革重要许多。原因是，一旦你认识了自己并由此让自己发生了转变，那么自然而然就会出现一场根本性的变革了。为了让外部生活有所转变而去求助于某个灵丹妙药或者某种行为模式，也许会带来短暂的改变，然而，每一个暂时的变化都要求进一步的改变、进一步的流血。但倘若我们格外仔细地去探究自身这一复杂的问题，那么我们便能带来一场重要得多的革新，它会比单纯的经济或社会变革持久得多，有价值得多。

因此，我希望我们可以懂得以下真理及其重要性：即在这样一个如此混乱、不幸和饥饿的世界中，若想让这一混乱的状况步入有序的轨道，我们就得从自身开始做起。可惜我们大多数人都过于懒惰抑或过于迟钝，以至于无法着手去改变自己。把这个问题留给其他人来完成，坐等着新的立法，或者去猜测、比较，相对来说要容易许多。可我们的重点是去理性地、睿智地探究有关痛苦的问题，弄明白痛苦的原因何在——这一根源，不在于外部的环境，而在于我们自己——以及带来一场真正的变革。

要想研究某个问题，就必须怀有认识该问题的意图，怀有探究、澄清问题的意图，而不是去躲避它。如果问题相当重大和紧迫，那么意图也会十分强烈；但倘若问题并不是太重要，抑或假如我们没有懂得它的紧迫性，那么意图就会削弱。然而，一旦我们充分意识到了该问题，并且怀有明确的、清楚的意图去对它一探究竟，我们就不会去求助于外部的权威、领袖、上师或某个组织化的体系了，因为问题就是我们自己，它无法通过某个体系、公式、上师、领袖或政府得以解决。只要意图明确了，认识自我就会变得相对容易一些了。不过，确立起这样的意图是最为困难的，原因在于没有人可以帮助我们去认识自我。其他人或许能够在口头上绘制蓝图，然而，体验某个存在于我们身上的事实，领会某个想法、行动或感受，不做任何判断，要比逐字逐句地去聆听他人的话抑或是去遵循某个行为准则等等要重要得多。

所以，首要之举便是得认识到，世界的问题就是个体的问题，它是你的问题、我的问题，世界的过程与个体的过程并不是分离的，它们是一种统一的现象。于是，你的所作所为、你的所思所感，远比提出新的法律规章或是从属于某个政党或群体重要。这便是应当认识到的第一条真理，这一实相是显而易见的。世界的变革是必需的，可依照某个行为模式展开的变革，并非是真正的变革。只有当作为个体的你认识了你自己，并因而创造出了一种新的行动的过程，才能出现真正的革新。很明显，我们之所以需要一场变革，是因为一切都在分崩离析——社会结构正在走向瓦解和崩溃，战争越来越多也愈演愈烈。我们正站在悬崖的边上，所以显然必须得有某种转变，因为我们不可以再固步自封、不思改变了。左派提供了一种变革，右派则提议对左派进行修正。殊不知，这样的变革并不是真正意义上的革新，它们并没有让问题迎刃而解。原因是，人这一实体太过复杂，以至于无法通过单纯的公式、规则获得理解。持续的变革是必需的，所以只能够从你开始，从你对自我的认知开始。事实情形就是如此，真相就是如此，你无法逃避它，无论你是从哪个角度去应对这一问题。

在洞悉了这一真理之后，你应该确立起探究自身全部过程的意图，因为，你是什么样子的，世界就会呈现出何等的面貌。如果你的心灵是官僚主义的，你就会制造出一个官僚主义的世界，一个愚蠢的世界，一个充斥着官样文章和繁文缛节的世界。如果你贪婪、善妒、狭隘、奉行国家主义，那么你就会建立起一个标榜国家主义、民族主义的世界，这种国家主义的疾病将会毁灭掉人类，你就会建立起一个基于贪婪、界分和财富之上的社会结构。所以，你是什么样子的，世界就会是什么样子的，你若不转变，世界就不会发生变化。不过，认识自我、探究自我要求相当的审慎，要求具有相当迅速的适应能力。一个因为渴望获得某个结果而负重难行的心灵，永远无法跟上那迅捷的思想的流动。因此，首要的困难，在于得认识到如下真理：即个体要对这整个的无序负上责任，你对此负有责任。一旦你明白了自身的责任，就能确立起观察的意图，并因而让自身发生根本性的转变。

假如意图有了，那么我们就可以开始着手了，就可以开始去研究我们自己了。若想探究自我，你必须怀有一颗卸下了一切重负的心灵，难道不是吗？然而，只要你坚称你是梵我、超灵①或其他什么，只要你去寻求这种满足，那么你就已经被困在了一种思想的框框里面，结果也就无法去探究你的全部过程。你通过一道观念的屏障去审视你自己，这根本不是探究、观察。如果我想认识你，那么我该怎么做呢？我必须得去研究你，不是吗？我不可以因为你是一个婆罗门或者属于其他令人炫目的阶层而谴责你。我必须对你展开探究和观察，我必须观察你的情绪、脾性、言谈、话语、癖好，诸如此类。可如果我通过一道成见、结论的屏障去察看你，那么我就不是在认识你，我不过是在研究我自己的结论。当我试图去认识你的时候，这些结论是毫无意义的。同样的道理，假若

---

① 梵我，印度教中指生命本源、灵魂。超灵，印度教中指最高境界的灵魂。——译者

我渴望去认识我自己，那么我就得扔掉这全部的屏障，扔掉由其他人确立起来的传统和信仰——他是佛陀、苏格拉底抑或其他任何人都无关紧要——因为，"你"、"我"是一个相当复杂的实体，根据时间、场合、情势、环境的影响等等会呈现出不同的面貌、不同的方面。自我并不是一个静止不动的实体，认识、了解自己，远比研究他人的言论、主张或者通过他人的经验的屏障去审视自己重要得多。

因此，一旦你怀有了探究自我的意图，这些他人的屏障、主张、知识和经验就会毫无价值了。原因在于，如果我想要了解自身，那么我就必须认识我的本来面目，而不是我的应有面目。一个假设的"我"，是没有任何价值的。若我渴望认识某个事物的实相，我就得去审视它，而不是关上大门。如果我想要去研究一辆汽车，那么我就应该去研究这部车子本身，而不是拿一部老爷车去跟劳斯莱斯作比较，我应该把这部车子当作劳斯莱斯、派克、福特一样去研究。个体之所以具有至高的重要性，是因为他在自己的关系中创造出了世界。一旦我们认识到了这一真相，就会着手去探究我们自己，而不会去理会其他人的断言，不管对方是何等伟人。唯有如此，我们才能追随自己身上的每一个想法和感受的全部过程，既不去谴责，也不去辩护，并因而开始去认识它。

所以，一旦有了意图，我就可以着手去探究我的本来面目了。很明显，我是环境的产物，这是探究的起点，是必须要领悟的第一个事实。若想探明我是否并不仅仅是环境和风土的影响的产物，那么我就必须首先挣脱那些影响的制约——这些影响存在于我的周围，而我则是它们的产物，我是情势、局限、谬论、迷信、无数好或坏的因素的结果，这些东西构成了我周围的环境。显然，要想弄明白我是否并非仅仅是环境的产物，我就得摆脱那些影响的束缚，难道不是吗？要想认识更多的事物，我必须首先认识"当下实相"①。仅仅坚称我并非只是环境的结果，这是没有

---

① 原著中多次使用"what is"。从文中语境看，此语有"事实所是"、"现在（当下）之在"、"现在（当下）之是"之意。在《克里希那穆提集》中，一般译为"当下实相"。——中文版编者

任何意义的，除非我从自己生活其间的社会的环境的影响下解放出来。所谓解放、自由，是指探明了我周围的这些事物的真正价值，而不是仅仅去否定、排拒它们。很明显，一旦探明了我周围的万事万物的实相——财产、事物、关系、观念的实相——自由便将登场。若没有领悟到这些事物的实相，我就无法发现人们所说的抽象真理或神。由于被困在了我周遭的事物之中，所以心灵显然无法走得更远，无法领悟或探明那超越之物。一个渴望去认识自我的人，必须了解他与外物、财富、所有物、国家、观念以及周围那些同他密切相关的人们的关系。

探明关系的实相，并非是指话语的重复，口头上向他人讲一大堆有关关系的理念。只有通过体验与财富、他人、观念的关系，才能洞悉关系的真相。正是这一真相，而非仅仅努力想要摆脱财富和关系的制约，具有解放性。只有当一个人满怀探明真理的意图，同时不受偏见、社会或信仰的要求，抑或关于神、真理的既定观念的影响——你爱怎么称呼都成，因为名称、词语并非是事物本身——他才能够探明财富、关系、理念的实相。"神"这一词语，并不是真正的神，它不过是个字眼罢了。一个人若想超越心灵、知识的文字层面，那么他就得直接地体验，就得挣脱心灵制造出来并且依附的那些价值观念的束缚。所以，认识自我的这种心理过程，要比认识外在环境的影响的过程重要得多。认识自我之所以是首要之举，是因为，在认识自我的过程中，你将会让你的关系发生一场真正的转变，从而创立起一个新的世界。

我已经被给出了好几个问题，我将回答其中的一部分。

问：我们如何才能解决我们当前政治的无序以及世界上的危机呢？个体可以做些什么来制止那正在逼近的战争呢？

克：战争，以其浩大的场面和血淋淋的方式，折射出了我们日常的生活，难道不是吗？战争，只不过是我们内在状态的外在表现，是我们日常行为的放大罢了。虽然它的场面更为浩大、更加血腥、更具有破坏性，但它不过是我们个体行为的集合的结果。因此，你和我要对战争负上责任。那么，我们能够做些什么来阻止战争的爆发呢？显然，你我之所以无法制止那不断逼近的战争，是因为它已经处于运动之中，它已经在发生了，尽管仍然主要是在心理层面上。它已经在观念的世界里开始了，虽然可能要耗费久一点的时间我们的肉体才会被毁灭掉。由于它已经处于运动之中，所以无法被制止住——问题太多、太严重，罪恶已经犯下了。然而你和我在看到房屋着火的时候，是可以去认识起火的原因的，可以从那大火熊熊的屋子里头跑出来，在一处新的地方，用不同的、不易燃、不会导致其他战争的物质建造起新的屋子。这就是我们能够做的全部，你和我能够弄明白是什么引发了战争。假若我们对制止战争感兴趣的话，就可以开始着手去转变自身，因为我们自己正是战争的根源所在。

所以，是什么导致了战争呢——宗教、政治或经济领域的战争？很明显，原因便是信仰，无论是相信国家主义，还是相信某种意识形态抑或某种教条。如果我们不抱持任何信仰，如果我们之间只怀有善意、爱和关心，那么世界上就不会有战火硝烟了。然而我们却是在信仰、观念和教条的侵染下被教育长大的，结果我们也就滋生了不满足。显然，当前的危机具有一种特殊的本质，作为人类的我们，要么应该去对那无休无止的冲突和战争追根溯源——它们是我们日常行为的产物，要么是探明战争的原因，然后将其给消除掉。

很明显，导致战争的，是对权力、地位、声望、金钱的渴望，是国家主义、民族主义的疾病，即对某面旗帜的崇敬，还有组织化的宗教这一疾病，即对某个教条的推崇，所有这些便是战争的根源。如果作为个体的你从属于任何组织化的宗教，如果你对权力充满了贪欲，如果你心中燃烧着嫉妒的火焰，那么你就一定会制造出一个以毁灭告终的社会。所以，这取决于你，而不是那些领袖，不是依赖于斯大林、丘吉尔或是其他人。这取决于你和我，可我们似乎并没有认识到这一点。一旦我们真正意识到应对自己的行为负上责任，那么我们就会无比迅速地终止所有这些战争，终止这骇人听闻的苦难！然而你发现，我们是如此的漠不关心。我们一日三餐下肚，我们有自己的工作，我们有银行存折，上面的数额或大或小。我们说道："看在老天的份上，请不要打扰我们，不要管我们。"我们越是爬得高，就会越发渴望安全、永生、安宁，就会越发想要不受干扰，想要让事物保持原封不动。然而它们无法保持原来的样子，因为无所维系，一切都在崩溃、瓦解。我们不希望去面对这些事情，我们不想直面这样一个事实，即你和我要为战争负上责任。你与我或许会谈论和平，召开会议，围桌而坐，展开讨论，但我们的内心却渴望着权力和地位，为贪欲所驱使。我们施展阴谋诡计，我们高举国家主义的大旗，我们为信仰、教条所囿，我们愿意为其而死以及去毁灭彼此。你觉得，这样的人、这样的你和我，能够给世界带来和平吗？若想让和平之花绽放，我们就得处于和平、安宁的状态。和平、宁静地生活，意味着不去制造敌对和仇恨。和平，不是一种理想。

在我看来，理想只不过是对"当下实相"的逃避，是对"当下实相"的抗拒和否定。理想，妨碍了我们对"当下实相"展开直接的行动——我们将会在不久之后的另外一场演讲里头去探究这一问题。但若想拥有和平，我们就必须去关爱他人，就必须开始去看到事物的本来面目并且对其展开行动、改变它们，而不是去过一种理想化的人生。只要我们每个人寻求着心理上的安全和确定，那么我们所需要的物质上的安全——食物、衣服、住所——就会遭到破坏。我们正在寻求着心理上的安全，殊不知这种安全压根儿就不存在。我们渴望获得心理上的安全，如果可以的话，我们会通过权力、地位、头衔、名声去寻求心内心的安全感——所有这一切都在摧毁着物质上的安全。假如你去审视一下的话，会发现这是一个极为显见的事实。

所以，若想给世界带来和平，若想制止所有的战争，那么个体即你跟我就得有所转变。如果没有这种内在的革新，那么经济的变革就将毫无意义，因为饥饿其实是源自于由我们的心理状态——贪婪、嫉妒、邪念、占有欲所引发的经济环境的失调。要想终结悲伤、饥饿和战争，就必须得展开一场心理革命，可惜我们当中很少有人愿意去直面这个。我们会讨论和平、计划立法、缔结新的盟约、建立联合国，诸如此类，但我们不会赢得和平，原因是我们并没有放弃自己的地位、权威、金钱、财产以及愚蠢的生活。依赖他人纯属徒劳，他人无法给我们带来和平。没有任何领袖、政府、军队或国家可以给予我们和平。唯有内在的变革，方能让和平之花绽放，内在的转变将会带来外部的行动。心理的变革并不是孤立的，并不是同外在的行动脱离开来的。相反，只有当你展开正确的思考，才能采取正确的行动，如果没有实现自我认知，就不会有正确的思考。若没有认识你自己，就不会迎来和平与安宁。要想熄灭外部的战火，你就必须开始着手去终止你内心的战争。你们有些人会摇摇头说道："我同意"——然而一旦步出室外，你们会依然故我，会跟过去的十年、二十年里所做的行为一样。你的赞同，不过是口头上的，没有丝毫的意义，因为，你偶尔的赞同无法消除掉世界的不幸与战争。只有当你认识到了危险，当你意识到自身负有的责任，当你不把这些难题留给其他人去解决的时候，才能够终止这些苦难与战争。一旦你意识到了痛苦，一旦你懂得了立即展开行动的紧迫性，不再拖延，那么你就将转变自身了。只有当你自己处于和平、宁静的状态，只有当你自己与你的邻里和睦相处，和平才会到来。

问：家庭是我们的爱、贪婪、自私和界分的框架。在您对事物的规划中，家庭占据什么位置呢？

克：先生们，我并没有任何规划。我们理解生活的方式是何等的荒谬啊！生活是一种鲜活的事物，是充满活力、积极能动的事物，你无法把它放进某个框框里头去。正是知识分子会把生活放进框子里去，会制定出一个规划来将生活给系统化。所以，我没有任何规划。不过，让我们去审视一下事实吧。首先，存在着我们同他人的关系的事实，无论是跟妻子、丈夫还是孩子的关系——这个关系便是我们所谓的家庭。让我们来探究一下它的本来面目，而不是我们希望它应该是什么样子吧。任何人都可以说出一大堆关于家庭的想法，可如果我们能够去审视、探究、认识"当下实相",那么我们或许就可以去改变它了。然而,仅仅用一系列可爱的字眼将"当下实相"给掩盖起来,将它美其名曰为责任、职责、爱——所有这一切都毫无意义。因此,我们要做的,是去分析一下我们所说的家庭到底是什么。因为,先生们,若想认识某个事物,那么我们就得去探究"当下实相",而不是用动听的字眼把它给掩盖起来。

那么,你们所谓的家庭是指什么呢?显然,它是一种亲密的关系、一种共有、交流的关系。在你的家庭里,在你同你的妻子、你的丈夫的关系里,是否存在着这种共享与交流呢?很明显,这就是我们所谓的关系,不是吗?关系,意味着毫无恐惧地交流,自由自在地去了解彼此,直接地交流思想与情感。显然,关系指的是——与他人的共享与交流。你是这样子的吗?你与你的妻子处于共享、交流的状态吗?或许在身体层面是如此,但这并不是真正的关系。你跟你的妻子活在一堵隔离的高墙的两边,难道不是吗?你有你自己的追求、你自己的野心,她则有她自己的。你们生活在那堵高墙的背后,偶尔会从墙顶部看过去——这便是你所谓的关系。事实就是如此,不对吗?你或许可以把它放大、柔化,引入一套新的语汇去描述它,但这却是确切存在的事实——即你和他人生活在隔离之中,你所说的关系,其实是一种处于隔离状态的生活。

如果两个人之间有真正的关系——这意味着他们彼此是一种共享、共有、交流的状态——那么这里面的涵义就相当宽广了。尔后不会再有隔离,有的只是爱,而不是责任或义务。正是被隔离在高墙背后的人,才会去谈论所谓的义务和责任。一个满怀爱的人是不会去谈论责任的——因为他心中有爱,所以他同他人分享他的快乐、忧愁和金钱。我们的家庭是这样的吗?你同你的妻子、你的孩子之间有直接的交流和分享吗?先生们,显然没有。所以,家庭仅仅是一个借口,以维系你的名声或传统,提供给你你所渴望的东西,性方面的或是心理层面的。结果,家庭变成了一种让自我永续下去以及维系你的名声的手段。这是某种形式的不朽、永恒。家庭还被当做了一种获得满足的工具,在外面的商业、政治或社会领域,我残酷无情地剥削他人,在家里,我试图呈现出仁慈或慷慨的一面。这是何等的荒谬啊！又或者，世界对我来说已经难以承受了——我渴望宁静，于是返回家中，我在尘世饱受痛苦，我回到家中，试图寻找到慰藉。结果我便把关系当成了一种获得满足的手段，这意味着我并不希望为我们的关系所扰。

所以，先生们，这便是正在发生的情形，不是吗？我们的家庭中上演的是隔离、孤独，而不是共享和交流，因此也就不会有爱存在。爱跟性是截然不同的，我们改天会讨论这个问题。我们或许会在这种隔离中发展起某种无私、虔诚和仁慈，但这始终是在高墙背后，因为我们更加关心的是自己而不是他人。假若你真的和你的妻子、你的丈夫拥有一种共享、交流的关系，并因此向你的邻居敞开心扉，那么这个世界就不会陷入苦难与不幸之中了。这便是为什么处于隔离状态的家庭会成为世界的一种威胁。

那么，怎样才能打破这种隔离呢？若想打破这一隔离，我们就得觉知到它，我们就不能去逃避它，或者声称它并不存在。它的确存在着，这是显而易见的事实。去观察一下你是如何对待你的妻子、你的丈夫、你的孩子的，去观察一下那些冷漠、残忍、传统的断言以及错误的教育。女士们、先生们，你们的意思是指，如果你热爱你的妻子或丈夫，那么我们在尘世间还会有冲突和不幸吗？正是由于你不知道怎样去爱你的妻子、你的丈夫，所以你才不懂得如何去爱神。你渴望神，你把神作为了隔离、安全的进一步的手段。毕竟，神是最终的安全，然而这种寻求并不是为了神，它只不过是一种逃避罢了。若想发现神，你就得懂得怎样去爱，不是如何爱神，而是如何去爱你周围的人，爱花草树木，爱展翅飞翔的鸟儿。尔后，一旦你懂得了怎样去热爱它们，那么你就将真正领悟到何谓爱神了。如果你并不关爱他人，并不知道同他人处于充分共享、交流的状态是指什么意思，那么你就无法与真理进行交流。然而你知道，我们并没有去思考有关爱的问题，我们并不关心同他人的交流。我们渴望在家庭、财富或观念中得到安全，只要心灵寻求着安全，它就永远不可能明白什么是爱。因为，爱是最危险的事物，理由是，当我们爱某个人的时候，就会处于易受攻击、不设防的状态。而我们不希望自己是敞开的，我们不想易受攻击，我们渴望被包围、防护起来，我们想要内心更加的轻松自在。

所以，先生们，通过依照印度教的经典来进行立法或是实施强迫，是无法让我们的关系发生改变的。若想带来我们的关系的根本性变革，我们就必须从自身开始做起。观察你自己，看一看你是怎样对待你的妻子和儿女的。你的妻子是一个妇人，这就是全部——她被当成了一个受气包！不要去看那些女士们，而是要审视你们自己。先生们，我觉得你们还没有认识到当前的世界处于何等灾难性的状态，否则的话，你们就不会对这一切抱着轻松随便的态度了。我们正站在悬崖的边缘——道德、社会和精神领域皆如此。你没有看到屋子正在着火，而你正居住其间。如果你认识到房子正在起火，如果你知道自己正站在悬崖的边上，那么你就会行动起来了。然而不幸的是，你还处于悠游自在的状态，你心怀恐惧，你感到十分舒适，你迟钝、麻木，你疲倦、厌烦，你需要即刻的满足。结果你便任由事情发展，于是世界的灾难也就不断地迫近。这可不是单纯的威胁，而是确切存在的事实。在欧洲，战争已经迈开了步子——战争、战争、战争，崩溃、不安全。毕竟，对他人产生影响的事物，同样也会影响到你。你对他人负有责任，你不可以闭上眼睛说道："我在班加罗尔是安全的。"很显然，这种想法是极其短视和愚蠢的。

因此，只要丈夫同妻子、父母同孩子之间有隔阂，家庭就会变成一个危险之物，原因是，尔后家庭会鼓励起普遍的隔离。然而，一旦家庭中的那堵隔离的高墙被打破，你就能够同你的妻子、儿女以及你的邻居拥有一种共享、交流的关系了。于是家庭不会再是封闭的、局限的，不会再是一个提供庇护的逃避。所以，问题不在于他人，而在于我们自己。

问：您打算如何证明您是世界导师呢？

克：我对证明这一点毫无兴趣。先生们，这个标签无关紧要。学位、头衔，并不重要，重要的是你的本来面目。所以，请把头衔撕下来——把它扔进废纸篓，把它烧掉、毁掉，摆脱掉它吧。我们依靠字眼活着，我们并没有依靠实相来生活。我自称是什么，或者不称自己是什么，这又有什么关系呢？重要的是我的话是否道出了实相，是否是真理，然后再凭借你自己的力量去探明真理并且根据真理来生活。

先生们，头衔，无论是精神世界的还是俗世的头衔，都是剥削人的手段。我们喜欢被剥削，剥削者同被剥削者，都喜欢剥削。（笑声）你们发笑了，你们明白了！你们之所以全都如此，是因为你们尚未意识到自己是被剥削的，并因而制造出了剥削者——无论是资本主义的剥削者还是共产主义的剥削者。我们依靠头衔、字眼、词汇过活，殊不知这些东西毫无意义。这就是为什么我们会内心空虚，这就是为什么我们会遭受痛苦。先生们，请务必去探究一下我所说的话，而不要仅仅停留在口头或文字层面，因为这个层面不会有任何体验。你或许阅遍了世界上的全部书籍，所有的经典和心理学书籍，然而，仅仅活在这一层面是不会让你获得满足的。我担心这便是正在发生的情形。我们内心空虚，这就是为何我们会去认同他人的观念，他人的经验、感受、格言，结果我们也就因此变得迟钝、停滞不前，这就是全世界都在上演的情形。我们求助于权威、求助于上师、导师，这些全都是停留在口头或文字的层面。若想凭借你自己的力量去体验真理，若想认识而不是遵从他人的觉知，那么你就得离开这个口头的、文字的层面。要想依靠自身的力量去认识真理，你就必须摆脱一切权威以及对他人的崇拜，无论这个人是多么的伟大。原因在于，权威是妨碍直接体验的最为致命的毒药。如果没有直接的体验，如果没有实现觉知，就将无法认识真理。

所以我不会去介绍新的观念，因为观念并不能够从根本上改变人类。它们可能会带来流于表面的变革，但我们努力要去做的是截然不同的事情。在所有这些谈话和讨论中，如果你乐于参加，那么我们将试着去认识看待事物的本来面目指的是什么意思。一旦理解了事物的本相，就能迎来变革。认识到我是贪婪的，不要为我的贪婪寻找任何借口或是加以谴责，不要把它的对立面给理想化了，说什么"我不应该心怀贪欲"——就只是认识到我是贪婪的，这已经是转变的开始了。然而你发现，你并不想认识自己的本来面目，而是想知道上师、导师是什么样子的。你之所以会崇拜其他人，是因为这让你感到满足。通过研究其他人而去逃避，要比审视你自己的本来面目简单得多。先生们，神或真理存在于我们内心，而不是存在于幻觉之中。不过，认识实相相当的困难，因为实相并非静止不动，它始终处于变化之中，始终在经历着改变。要想认识实相，你需要怀有一颗迅捷的心灵，一个不为某种信仰、某个结论或是某个党派所囿的心灵。若想追随"当下实相"，你就得认识权威的过程，弄明白你为什么会去依附权威，而不是仅仅去放弃它。如果没有理解权威的整个过程，你就无法摆脱掉它，因为尔后你会制造出一种新的权威，以便让你从旧的权威下解放出来。因此，假若你只是盯着这个标签，这个问题就会毫无意义，原因是我对标签不感兴趣。但倘若你有意去探明，那么我们就可以一同展开一段旅程，去弄清楚何谓实相。一旦认识了自我，我们便能创造出一个崭新的世界、一个幸福的世界。

（第二场演说，1948 年 7 月 11 日）

讨论生活的目的，必须弄清"生活""目的"是指什么

既然只有我们几个人，那么在回答问题之前，我不会像上次那样对演讲的内容做一番简介。我可否建议一下，我们把演讲变成讨论会如何呢？或许这要比我发表一场正式的演说更有价值。所以，你们介意坐得靠拢一些吗？我们讨论什么问题将会是有价值、有益的呢？先生们，你们对于讨论的主题有何建议？

问：为什么您要环球旅行呢？

克：你真的想讨论我为何要环球旅行吗？

讨论：是的。

克：那么让我们讨论一下生活的目的吧，或许我们稍后会引入其他一些问题。

首先，在讨论这类问题的时候，我们显然必须抱持一种十分认真的态度，不应该是纯学术性的或者流于表面化，因为这么做会让我们毫无收获。所以，我们应该格外的认真，这意味着我们不可以仅仅去接受或排拒，而是应该展开探究，去弄清楚关于某个问题的真理。一个人应该要非常留心，同时不可以太过学术化。他应该对建议抱持开放、宽容的态度，并因此渴望去一探究竟，而非单纯地去接受权威，不管是讲台上的权威抑或书里的权威，已逝的、过去的权威或是活着的、现在的权威。因此，在讨论生活的目的时，我们必须弄明白我们所说的"生活"、我们所说的"目的"是指什么，并非仅仅指这些词语在字典里的涵义，而是我们赋予它们的意思。显然，生活指的是每日的行为、想法和感受，难道不是吗？这意味着争斗、痛苦、焦虑、欺骗、担忧、工作、商业的和官僚的例行公事，诸如此类。所有这一切便是生活，不对吗？我们所谓的生活，并非只是意识的某个部分或层面，而是存在的整个过程。存在，便是我们同事物、人以及观念的关系。这就是我们所说的生活——而不是某个抽象之物。

所以，假若这便是我们所谓的生活，那么生活的目的何在呢？抑或，由于我们并不理解生活之道——每日的痛苦、焦虑、恐惧、野心、贪婪——由于我们尚未认识生存的日常活动，于是就会渴望某个或远或近的目的呢？我们想要某个目的，以便可以指导我们的日常生活朝着某个目标发展，这显然就是我们所说的目的。可如果我懂得了如何去生活，那么活着本身就已足够了，不是吗？尔后我们还会希望某个目的吗？假如我爱你，假如我爱另外一个人，这本身难道不就足够了吗？那么我还会想要某个目的吗？很明显，只有当我们并未实现觉知，或者当我们渴望某种可以预见到目标的行为模式时，才会希望有目的。毕竟，我们大多数人

讨论生活的目的，必须弄清"生活""目的"是指什么　31

都在寻求着生活之道、行为的方法，我们要么会求助于他人、求助于过去，要么则会试图通过自己的经验找到某种行为的模式。当我们诉诸于自身的经验以便获得某种行为模式时，我们的经验就会始终是受到局限的，不是吗？无论一个人拥有的经验可能多么广泛，除非这些经验消除了过去的局限，否则，任何新的经验都只会让过去的限定得到进一步的强化。这是一个我们可以去讨论的事实。假如我们求助于他人、过去，求助于某位上师、某个理想，或是某个榜样、范例，以便找到行为的模式，那么我们就只是迫使那极富活力、充满生机的生活进入到某种模式、某种形状中去，从而失去了生命的迅捷、饱满与丰富。

因此，我们应该格外审慎地去探明我们所说的目的是指什么意思——如果有目的的话。你可能会说存在目的——达至实相、神，你想怎么称呼都成。但若要达至它，你就必须认识它，你就必须了解它，你就必须懂得它的度量、它的深度、它的涵义。我们是凭借自己的力量认识实相呢，还是只有通过他人的权威来了解呢？所以，当你并不懂得何谓实相的时候，你能否声称生活的目的便是去探明实相呢？既然实相是未知的，那么寻觅未知的心灵就必须首先摆脱已知的束缚，难道不对吗？如果我的心灵因为已知而模糊不清、负重难行，那么它就只能按照自身所受的局限去进行度量，结果也就永远无法认识未知，不是吗？

所以，我们试图去讨论和探明的问题是，生活是否有某种目的，该目的是否能够被度量。只可以从已知、从过去的层面去度量它。当我从已知的层面去度量生活的目的时，我就会根据自己的喜好去测度它。于是，这一目的将会为我的欲望所囿，结果也就不再是目的了。这是显而易见的，不是吗？我只会通过自己的成见、欲望、渴求的屏障去认识生活的目的——否则我便无法去进行判断，不是吗？因此，度量、卷尺、准绳，都是我心灵的局限，我会依照自己所受的局限的指示去决定生活的目的是什么。然而这就是生活的意义所在吗？它是被我的欲望制造出来的，所以它显然并非是生活的目的。若想领悟生活的目的何在，心灵就得挣脱度量的制约，唯有如此，它才能有所探明——要不然，你就只是在保护自己的欲望罢了。这不是单纯的智识层面的推理和思考，只要你深入地去探究一下，就将懂得其涵义。毕竟，我是根据自己的偏见、欲望、渴求、爱好去决定生活的目的是什么的。所以，我的欲望制造出了目的。很明显，这并不是生活的意图。探明生活的目的，抑或让心灵摆脱自身的局限，尔后再去展开探究，这二者究竟哪一个更加重要一些呢？或许，当心灵挣脱了自身的局限，这种自由本身便是目的。因为，毕竟，只有身处自由的状态，人才能够探明真理。

所以，第一个必不可少的要素便是自由，而不是去寻求生活的目的。显然，若没有自由，一个人便无法找到生命的意义。若没有从我们自己那些琐碎、狭小的欲望、追逐、野心、嫉妒、恶意中解放出来——若没有摆脱这一切，那么一个人怎么可能去探寻或发现何谓生活的目的呢？因此，对于一个正在探究生活目的的人来说，重要的是首先得弄明白探寻的工具是否能够洞悉生活的过程，洞悉一个人自身存在的心理上的复杂性，难道不是吗？因为，这便是我们能够拥有的全部了，对吗？——一个被塑造着以满足我们自身需求的心理工具。由于这个工具是由我们自己那些琐碎的欲望塑造而成的，由于它源自于我们自身的经历、焦虑、担忧和邪念，所以，这样的工具如何能够找到实相呢？因此，如果你想要去探究生活的目的，那么重要的事情是首先得弄清楚，这位探究者能否认识或探明该目的究竟是什么，不是吗？我并不是想要把你驳倒，不过，当我们探寻生活的目的时，这里头的含义是什么呢？当我们提出这一问题的时候，我们首先得弄清楚提问者、探询者是否有能力去理解。

当我们讨论生活的目的时，会发现，我们所谓的生活，是指极为复杂的相互关系，没有这种相互关系，就不会有任何的生活。如果我们没有理解生活的全部涵义，理解它的多样性、各种印象，等等，那么询问生活的目的何在又有什么益处呢？假若我没有认识我同你的关系，我同财富、观念的关系，我如何能够展开进一步的探寻呢？毕竟，这位先生，要想探明真理或神，随便你怎么称呼都好，我就必须首先得认识自身的存在，我就必须理解我周围以及我身上的生活，否则，对实相的探寻就会仅仅成为一种逃避，逃避日常的行为。由于我们大部分人都尚未认识日常的行动，由于对大多数人来说，生活都是一份苦差事，充满了痛苦和焦虑，因此我们说道："看在老天的份上，告诉我们怎样才能逃避它吧。"这便是我们大多数人所渴望的——一副能够让我们昏昏睡去的麻醉剂，如此一来就不会感觉到生活的苦痛了。我是否已经回答了你所提出的关于生活目的的问题呢？

问：一个人能否说，生活的目的就在于过一种正确的人生呢？

克：人们建议说，生活的目的，便是过一种正确的人生。先生们，我不想说些模棱两可的话，可我们所谓的"正确的人生"是指什么呢？我们抱持着这样一种观念，即按照商羯罗查尔雅①、佛陀、X、Y 或 Z 所规定的模式来生活，便是所谓的正确地活着。显然，这只不过是一种遵从，心灵寻求着这种遵从，以便获得安全感，以便不受干扰。

讨论：有这样一句中国格言：生活的目的，便是享受它的欢愉，不是某种抽象的愉悦，而是生存的欢愉，吃饭、睡觉、访亲会友、与人交谈、迎来送往、工作等具体生活的愉悦。活着的愉悦、日常事件的愉悦，便是生活的目的。

克：先生们，愉悦显然是存在的。一旦认识了某个事物，便会感到真正的幸福，不是吗？如果我理解了我跟我的邻居、我的妻子、我的财产之间的关系——我们为此争斗、吵架以及彼此毁灭——如果我理解了这些事情，那么，很明显，由这种觉知将会生出愉悦，尔后，生活本身就会成为一种愉悦，就会变得丰富和充实。伴随着这种充实，一个人将能探究得更远、更深入。但倘若没有这一基础的话，你便无法建立起一个伟大的结构，对吗？毕竟，只有当我们的内心和周围没有矛盾的时候，幸福才会自然而然地、极为容易地到来。唯有当我们认识了事物的本来面目，认识了它们的真正价值，矛盾才会停止。若想探明何谓正确，一

---

① 商羯罗查尔雅，生于公元 788 年，印度哲学家，印度教改革者。——译者

个人就得首先认识自己心灵的过程和运作。要不然，如果你并不了解自己的心灵，那么你如何能够领悟事物的真正价值呢？

于是，我们倍感困惑与混乱，我们的关系、我们的观念、我们的政府，实际上都处于混乱的状态。只有愚蠢之人，才会看不到这混乱。世界处于一种可怕的无序之中，而世界是我们自己的投射，我们是怎样的，世界就会呈现出怎样的面貌。我们混乱不已，我们为观念所困，我们不知道什么是真实、什么是虚幻。因为困惑，于是我们说道："请告诉我生活的目的是什么，这一切的无序、这巨大的不幸，其必要性在哪里？"

自然会有一些人向你提供某种口头上的解释，告诉你生活的目的何在。假如你喜欢的话，你就会接受该解释，并且依照它来塑造你的生活。但这并不能解决混乱的问题，不是吗？你只不过是把问题搁置起来、拖延下去，你并没有认识"当下实相"。很明显，认识"当下实相"——我内心的混乱，继而是我周围的混乱——要比询问如何做到正确的举止、行为重要得多。一旦我领悟到是什么导致了这种混乱，并因而知道如何去终结它，一旦我认识了这一切，自然就会展开正确的、包含感情的行为了。由于处于混乱和困惑之中，因此我的问题并非是去探明生活的目的或目标是什么，抑或怎样摆脱这种混乱，而是在于去认识混乱。原因是，只要我了解了它，便能够将其给消除掉了。终止混乱，要求任何时候都能够认识"当下实相"，而这需要付出相当的关注，需要怀有探明"当下实相"的兴趣，而不是仅仅把精力消耗在生活里的各种追逐以及依照某种模式来展开行动上面——这些事情要简单得多，因为这么做并不是在处理我们的难题，而是在逃避。

因此，由于你是混乱的、困惑的，所以任何政治或宗教的领袖，都只不过是你自己的混乱的表现。你去追随领袖，他也就成为了混乱的代言人。他可能会带领你逃离某种混乱，但却并不能够帮助你去解决混乱的原因，结果你依然会身处混乱。原因在于，是你制造出了混乱，你在哪里，混乱就会尾随到哪里。所以，问题不在于如何摆脱混乱，而在于怎样去认识它。在认识它的过程中，你或许就能懂得所有这些无时无刻不在上演着的争斗、痛苦和焦虑的涵义了。

所以说,重要的是去探明我们为什么会混乱不堪、困惑不已,不是吗?除了极少数人以外,谁能说自己在政治、宗教、经济方面不感到迷惑和混沌呢?先生们,你们只要去环顾一下周遭就可以了。每份报纸都在混乱中叫喊着,为我们展现出来的都是不确定、痛苦、焦虑以及那正在逼近的战争。身心健全、深思熟虑、关怀他人的人,热心之人,试图去找到某种方法来摆脱这种混乱的人,显然必须首先去应对自身的混乱,必须从自己做起。那么,我们的问题便是:是什么导致了混乱?为什么我们会如此混乱与困惑?一个显而易见的因素便是,我们已经失去了对自己的信心,这就是为什么我们会有这么多的领袖、这么多的上师、这么多的圣书来告诉我们该做什么、不该做什么,我们丧失了自信。

显然,有些人、技术人员会自信满满,因为他们取得了成果。比如,给一级技工任何机器,他就会认识它。我们拥有的技术越多,就越有能力去对付那些技术上的活儿。然而很明显,这并不是自信,我们不会把"信心"这个词去用在技术问题上。一位教授在应对自己的课题时会充满了信心——至少是当其他教授没有在聆听的时候——或者一名官僚、一位高官会感觉到自信,因为他在官僚的技能方面已经攀到了阶梯的顶端,他总是能够施展自己的权威。尽管他可能是错误的,但他却自信满满——就像一名技工,当你交给他一台发动机的时候,他可以对这部机器了如指掌。不过很显然,我们指的并不是那样一种信心,因为我们并不是机械化的机器。我们不是单纯的机器,按照某种节奏滴答作响,每秒钟以某种速度旋转多少次数。我们是鲜活的生命,而非机器。我们之所以想把自己的生活变成机器,是因为,尔后我们将可以机械地、重复性地、自动地来应对自己——这便是我们大部分人所渴望的。于是,我们竖起了一堵堵抵抗的高墙,一边绕着墙跑,一边训练、控制、循规蹈矩。然而,即使受到了如此局限,即使在自己身上施加了这么多的束缚,即使变得如此机械化、自动化,却依然存有一线生命力去追求不同的事物,制造着矛盾。

先生们，我们的困难在于，我们是具有适应能力的、柔韧的，我们是鲜活的，而非僵死的。由于生活是如此迅捷、如此微妙、如此不确定，以至于我们不知道如何才能够认识它，于是便失去了信心。我们大部分人都受到了机械化的训练，因为我们不得不养家糊口，因为现代文明要求越来越高的技术。然而，你无法用这样一颗机械化的心灵、无法用技能去认识自己，原因是你要比机器迅捷得多、柔韧得多、复杂得多，于是你学习着越来越相信机器却不再信任自己，结果也就制造出了越来越多的领袖。所以，正如我所说，混乱的原因之一，在于我们缺乏自信。我们越是模仿，怀有的自信就会越少，于是也就把生活变成了一册摹本。早从孩提时代开始，我们便被告知该做什么——应该这么做，不应该那么做。因此，你会有什么期待呢？为了有所探明，你难道不应该怀有自信吗？你难道不应该怀有这种非凡的内心的确定感，以便当你遇到真理的时候能够懂得它是什么吗？

由于我们把生活变成了一种技术性的、机械化的过程，由于我们遵从于某种行为的模式——这种模式不过是技术罢了——因此我们自然也就丧失掉了自信，从而使得内心的争斗、痛苦和混乱与日俱增。只有通过自信，方能消除掉混乱和困惑。这种信心，无法通过他人来获得。你必须凭借自己的力量、必须依靠自己来踏上这段探寻自我的旅程，以便认识你自己。这并不意味着你得超然避世，相反，先生们，一旦你认识了自己的所思所感，认识了你身上及周围所发生的事情，而不是其他人的主张，那么，在你实现了觉知的那一刻，自信便会登场。若没有自信——自信，源于你了解了自身的思想、感受和体验，了解了它们的实相、它们的虚幻、它们的涵义、它们的荒谬——若没有认识这一切，那么你如何能够把你内心的全部混乱给清除干净呢？

讨论：混乱可以通过觉知来消除。

克：先生，你指出，通过觉知到、意识到混乱，就可以将其给消除掉了。是这意思吗？

讨论：是的，先生。

克：我们暂时不去讨论如何消除混乱。由于失去了自信，所以我们的问题在于怎样重拾信心——假若我们曾经有过自信的话。因为，很显然，若没有信心这一元素，我们就会被遇到的任何人带入歧途——这便是正在发生的情形。从政治层面来说，正确的目的是什么呢？你如何认识它呢？你难道不应当认识它吗？你难道不应当懂得它里面所蕴含的实相是什么吗？同样的道理，你难道不应该知道宗教的胡言乱语中的实相是什么吗？在这无数的主张当中——基督教、印度教、伊斯兰教的主张当中，你打算怎样去探明实相呢？身处于这种可怕的困惑与混乱之中，你将如何去探明呢？显然，若想有所探明，那么你就得极为迫切、极其渴望去认识自己的内心，认识自己的本来面目。你是否采取了这样的姿态呢？你是否迫切地想要探明某个事物的实相，无论是共产主义、法西斯主义还是资本主义？要想弄明白你如此轻易就接受了的各种政治行为、宗教主张与体验中的实相——要想弄清楚所有这些事情里的实相，你难道不应该怀着想要认识实相的迫切渴望吗？所以，永远不要去接受任何的权威。先生，毕竟，接受权威，表明心灵希望得到慰藉与安全。一个寻求安全的心灵——或者是在某位上师那里，或者是在某个政治党派、宗教团体那里寻求安全——一个寻求安全与慰藉的心灵，永远都不可能发现实相，哪怕是我们生活中的最微小的事情里的实相。

因此，如果一个人希望拥有这种富有活力的自信，那么他显然就必须怀着迫切的渴望，想要去认识一切事物的实相，不是关于帝国或原子弹的实相，这不过是技术层面的事情，而是我们的人际关系、我们同他人的关系以及我们同财富、观念的关系中的实相。倘若我希望去认识实相，我就会开始去探寻，我首先得拥有自信，尔后才能认识关于某个事物的实相。要想拥有这种信心，我必须去探究自身，把那些让每个经历都无法呈现出其全部涵义的原因给消除掉。

问：我们的心灵受到了局限。怎样才能从这种绝境中走出来呢？

克：稍等一下。在我们探究如何让心灵摆脱自身的局限之前——正是这种局限导致了混乱和困惑,让我们试着去弄清楚怎样才能探明事物的实相——不是技术层面的事物的实相,而是我们同某个事物之间的关系的实相,甚至是同原子弹之间的关系。先生,你明白这个问题了吗?我们并不自信,我们的内心没有信心,要知道,正是这种富有创造力的自信提供了动力、活力与觉知。我们失去了信心,抑或从未曾拥有过。由于我们不知道怎样对事物做出判断,所以在政治、宗教和社会领域,我们一会儿被带到了这里,一会儿又被推到了那里,始终受着鞭打和驱使。我们是无知的,但声称自己的无知却十分的困难。我们大部人都以为自己无所不知,殊不知实际上我们所知甚少,除了技术方面的事情以外——怎样运营一个政府、一部机器,或是怎样冲着仆人、妻儿身上踢上一脚,或是其他类似的事情。但我们并不了解自己,我们失去了这种能力。我使用了"失去"一词,不过这个词可能用错了,因为我们从未曾拥有过。既然我们并不认识自身,但却渴望去洞悉何谓真理,那么我们打算如何去探明呢?先生,你是否理解了这个问题呢?我表示担心。

有人希望讨论一下轮回转世的问题。现在,我想知道有关轮回的实相,而不是《薄伽梵歌》①、耶稣或者我所喜爱的上师的观点。我希望认识关于这个问题的实相。因此,我该做些什么来认识它呢?首先必须做到的是什么呢?我不应该急于去接受它,对吗?我不应该被那些聪明的论断或他人的人格魅力所说服,这意味着我不会轻易地满足于轮回说所提供的安抚人心的慰藉。我难道不应该采取这种立场吗?也就是说,我不去寻求慰藉,我不去试图探明何谓真理、实相。你是否采取了这种姿态呢?很明显,一旦你去寻求安慰,你就会被他人说服,结果你便失去了自信。然而,当你不去寻求慰藉而是渴望认识真理,当你彻底挣脱了寻求庇护的欲望,那么你就会体验到真理,而这种体验将会带给你信心。因此,这就是首先必须做到的,难道不是吗?要想从心理上认识关于某个事物的实相,你就不可以去寻求慰藉。原因是,在你渴望慰藉、安全,

---

① 《薄伽梵歌》,印度教的重要经典,古印度的瑜伽典籍、哲学训导诗。——译者

渴望某个你可以从中获得保护的避难所的那一刻，你就会得到你所渴望的事物，但你所得到的、拥有的，并不是实相。于是，如果有人向你提供更大的慰藉、更大的安全感、更好的避难所，那么你便会被他说服，结果你就从一个避风港被驱赶到了另一个避风港，这便是为什么你丧失掉自信的原因。你之所以没有了信心，是因为你那想要获得慰藉与安全的欲望把你从一个避难所驱赶到了另一个避难所。所以，假若一个人想要寻求关系里的实相，那么他就必须摆脱这种想要得到安全与慰藉的破坏性的、局限性的欲望。心理上害怕迷失自己，这种恐惧必须要消除掉。唯有如此，你才能够探明轮回转世说或是其他任何事情的实相——原因在于，你寻求的是真理、实相，而不是安全。尔后，实相将会向你揭示出什么是正确，而你也就会因此拥有自信了。先生，探明实相，难道不比信或不信永生重要得多吗？这便是问题的关键，不是吗？如果我想要认识实相，那么我就得保持一种不会被轻易说服的立场。

讨论：当我们询问有关轮回转世的问题时，我们希望被再一次保证说确有轮回存在。我们不想知道关于它的实相以及其他的一切。

克：当然，你想要知道是否存在着轮回转世，想要知道轮回是否属实，但你并不希望认识关于它的实相。我渴望了解轮回转世的实相，而不是事实。它可能是事实，也可能不是，我不知道这差别是否明显。

讨论：不明显。

克：好吧，先生，让我们来讨论一下吧。

讨论：当我们提出有关轮回的问题时，是为了被保证说轮回确实存在着。换句话说，我们是在一种焦虑、急迫的状态下提出该问题的，觉得应当有所谓的轮回转世。由于焦虑和急迫，所以我们便会带着一颗怀有偏见的心去聆听。我们并不想探明有关该问题的真正实相，而是只希望被保证说确实存在着轮回这类事。

讨论：你是想知道是否存在着轮回这类事呢，还是希望认识实相呢？你是迫切地渴望应当有轮回存在呢，还是想要去探明该问题的实相呢？

讨论：二者皆有。

讨论：你不可能两者兼有。您要么想知道有关轮回说的实相，要么希望被保证说确实存在着轮回转世。究竟是哪种情形呢？

克：让我们澄清一下这个问题吧。如果我急切地想要知道究竟是否有轮回，那么这个问题背后的动机是什么呢？

讨论：动机相当清楚，我认为。

克：动机何在，先生？

讨论：动机便是，生命在某个阶段开始，在某个阶段终结。

讨论：这意味着，目的被理解，目标达到或达不到。

讨论：当您声称生命是有限的时候，您是否会焦虑呢？

讨论：我并没有说生命是局限的。

讨论：您说生命始于某个点，终于某个点。

讨论：我的意思是指出生和死亡。

讨论：生命就是生与死之间的跨度，它是有限的。

讨论：是的。

讨论：当您询问是否存在轮回的时候，你的心理状态是渴望有轮回吗？

讨论：我是处于探寻的状态。

讨论：您相信轮回说吗？

讨论：我是一位询问者、探寻者。

克：如果我寻求，那么我会处于怎样的心灵状态呢？是什么使得我去寻求的呢？

讨论：我不明白，先生。

克：是什么令我去寻求的呢？

讨论：我们渴望认识实相。

克：所以，你处于迫切渴望的状态。

讨论：迫切渴望是没有动机的。

克：这是什么意思？

克：所以你是说你很焦虑、急切啰？

讨论：每个人都如此。

克：因此你并不是在寻求实相，你并不处于无为的状态。

讨论：我迫切地想要认识实相。

克：是吗，先生？

讨论：您焦虑的又是什么呢？

讨论：我不为任何事情焦虑。我仅仅是从学术观点来看待这个问题。

克：我们要么只是学术性地、表面性地讨论，要么则是极为严肃地讨论。

讨论：当然。

克：我并不是说你们的讨论是流于表面的，不过，很明显，我们必须知道自己是否仅仅是出于好奇而去讨论这个问题的。如果是的话，这种讨论就会把我们朝某个方向引去，若我们的讨论是为了探明实相，那么则会被带往另外一个方向。是哪种情形呢？正如我在今天晚上一开始就指明的那样，假如我们讨论仅仅是为了获得智力上的愉悦，我恐怕不会参与其中，因为这并不是我的意图所在。但倘若我们渴望去探明有关某个事物的实相，也就是说，探明我们的关系的实相，那么就让我们来展开讨论吧。

如果我询问有关轮回的问题，是因为我感到急切和焦虑，那么，之所以会出现这种焦虑、急切，是因为我害怕死亡，害怕走向终结，害怕没有让自己获得圆满，害怕再也无法看见我的亲友，害怕不能看完我的书以及其他的一切。意思便是说，我的探询是基于恐惧。于是，恐惧将会指导回答，恐惧将会决定实相是怎样的。可如果我并不害怕，如果我寻求有关"当下实相"的真理，那么轮回转世就会具有截然不同的涵义了。因此，我们在内心必须得清楚地知道自己寻求的究竟是什么。我们是在寻求有关轮回转世说的实相呢，还是出于焦虑而渴望有轮回呢？

讨论：我认为这二者之间并没有多大差别。我在探寻。

讨论：我觉得他所使用的"焦虑"一词，指的是热切、急切。

讨论：很明显，假若你是出于焦虑而去寻求实相，那么你就是怀有偏见的，倾向于某种能够让你摆脱焦虑的答案，结果你也就无法探明实相了。

讨论：我可以诚实地告诉您，我既不会倾向这个，也不会偏袒那个。我希望洞悉实相。当我们讨论此话题的时候，我的心里就生出了这个问题来。

讨论：为什么会产生这个问题呢？

讨论：我没法解释。这得由您来阐明啊。

讨论：人们经常会询问有关轮回的问题，目的是想被保证说确有轮回转世这种事情存在。

讨论：不全是。

讨论：很少有人询问轮回说的目的是为了认识实相。

讨论：您自然会明白我对这个问题是多么的感兴趣。

克：好的。我暂时不会回答你的提问。我们来简单讨论一下这个问题吧。我们的探寻，是基于焦虑、恐惧，还是说，我们无所畏惧，想要认识实相呢？因为，这两种情况下，我们探究的结果将会大相径庭。就像你们当中某个人所指出的那样，我要么是急切地想要知道，结果我的急切就会歪曲"当下实相"；要么，我没有丝毫的惧怕，我想要认识有关永生的实相，我将把自己的好恶、恐惧和焦虑抛到一边，我渴望认识"当下实相"。我们大多数人都是这二者的混合体，不是吗？当我的儿子死去时，我焦虑万分，我倍感痛苦和孤独，我想要知道是否有轮回，结果我的询问就是基于焦虑。然而，坐在这间礼堂内展开讨论，随便说什么："嗯，我想知道。"当没有任何危机的时候——这样的心灵能够实现认知吗？显然，只有身处危机之中而非远离危机，你才能够发现实相。唯有那时，你才会不得不去探寻，而不是当你随便地声称："让我们讨论一下是否存在着实相吧。"难道不是这样子的吗？当我的儿子去世时，我想知道的，并非他是否会以某种形式活下去，而是关于永生的实相，这意味着我愿意去认识这个问题。这难道不是说明这个吗？我痛失爱子，我希望知道是什么让我痛苦以及这痛苦是否会终结。因此，正是在遭遇危机的那一刻,正是当压力袭来的时候,我才能够发现实相,若我渴望去认识实相的话。然而,当身处危机的时候,当遭遇压力的时候,我们却希望得到慰藉,希望痛苦可以缓解,希望把头搁在某个人的膝盖上。在那些焦虑不安的时刻,我们渴望被哄入睡。我认为,恰恰相反,焦虑之时,正是展开探寻、发现实相的绝佳时刻。所以,我必须了解自身存在的状态,了解我的心理或精神的状态,我必须知道我处于怎样的状态,尔后才能去探究和弄清楚何谓实相。

先生,我们大部分人都处于危机之中——比如战争、工作或是妻子跟人跑了。我们的周围、我们的内心任何时候都可以说是危机重重的,无论我们是否承认这一点。这难道不正是展开探究的绝佳时刻吗?难道不远远好过于坐等着原子弹被投放的最后那一刻再去予以探寻吗?原因是,尽管我们可能会予以否认,但我们时时刻刻都处于危机的状态,政治上、心理上、经济上皆如此,我们始终都承受着巨大的压力,这难道不正是去探明的好时候吗?我们难道不正处于这 时刻吗?如果你说"我并没有遭遇什么危机,我只是不采取任何行动、观察着生活",那么你就只不过是在逃避问题,不是吗?我们当中有谁抱持着这种态度呢?显然,没有任何人如此。我们的危机一个接一个地袭来,可惜我们已经变得迟钝、麻木、冷漠、安心。我们的难题,就在于我们并不知道如何去面对危机,难道不是吗?我们是怀着焦虑去迎接危机呢,还是去探究从而发现这一问题的实相呢?我们大多数人都是怀着焦虑去面对危机的,我们渐渐地感到疲倦不堪,于是说道:"请你来解决这个难题好吗?"当我们谈论的时候,我们寻求的是某个解答,而不是对问题的认知。同样的,在讨论有关轮回的问题时,即究竟是否存在着永生以及我们所说的永生、死亡是什么意思——要想弄明白这样一个问题,有关永生是否存在的问题,我们就不应该去寻求问题的答案,而是应该理解问题本身——由于时间快到了,所以我们将会在另外一场演说中对这一问题展开讨论。

我的观点是,必须得怀有自信——我已经充分解释过了我所说的自信是什么意思。不是指你通过技能、技术知识、技巧训练而拥有的自信。由自知带来的信心，完全不同于自大、自负和技巧上的自信。因自知而产生的信心，对于消除我们所处的混乱和困惑是不可或缺的。很明显，他人是无法给予你这种自知的，因为他人提供给你的，只不过是技术、技巧而已。只有当我认识了自己、认识了我的全部过程，才能拥有这种富有创造力的自信，而探明的喜悦、觉知的极乐，就蕴含在这种自信之中。认识自我，并非是一件非常复杂的事情，一个人可以从任何水平的觉知开始做起。不过，正如我在上个周日所指出来的那样，若想拥有这种自信，就必须得怀有认识自我的意图。尔后我才不会轻而易举地就被说服——我渴望认识自己周围的一切，所以我便向自己心灵中所有的、隐蔽的念头敞开，无论它们是来自于他人，还是来自于我的内心；我向自己身上的意识和无意识完全地敞开；向我内心中始终在运动、推进、出现和褪去的每一个想法同感受敞开。显然，这便是拥有自信的方法——彻底地认识自我，无论这个自我是怎样的，不要去追逐一种理想的生活模式，抑或假定他该这样、不该那样，这些做法实际上是格外荒谬的。之所以是荒唐的，原因在于，那样的话，你只是接受某个预先构想出来的观念——有关你是怎样的或者希望如何的观念——无论是你自己的还是他人的看法。但若想认识你自己的本来面目，那么你就必须自觉地敞开，自发地向你内心所有的隐蔽的想法敞开。随着你开始认识自身心灵那迅捷的流动，你会看到，信心将随着自我认知而来。这不是过于自信，不是粗鲁的、唐突的自信，而是在认识了自己身上所发生的一切之后产生的自信。很明显，如果没有这种自信，你就无法消除混乱和困惑。倘若没有驱散掉你心里及周围的混乱，那么你怎么可能发现任何关系里的实相呢？

所以，若想弄明白何谓实相，若想领悟生活的目的是什么，抑或探明轮回转世或者其他任何人类的问题的实相，那么这位需要实相、渴望认识真理的探寻者，就必须十分清楚自己的意图。如果他的意图是想寻求安全和慰藉，显然就不是在寻求实相，因为实相可能是最具破坏力、最不能带给人安慰的事情之一。假若一个人寻求获得慰藉，那么他就不是在渴望实相，他想要的只不过是安全、确定，想要的只是一个不会受到干扰的庇护之所。然而，一个寻求实相的人则应该去热情地邀请干扰和苦难，原因是，只有在危机之时，才能迎来敏锐、觉知与行动。唯有那时，他才会发现和认识实相。

(第三场演说，1948年7月18日)

若想认识世界，必须了解自己

正如我在我们上次见面时所阐明的那样，世界充满了各种问题，它们是如此巨大、如此复杂，以至于，假如一个人想要认识并解决这些问题的话，他就必须要以一种非常简单和直接的方式来着手：简单、直接，不取决于外部环境，也不依靠于我们特有的偏见和倾向。正如我所指出来的那样，召开会议、勾画蓝图或者用新的领袖替代旧的，诸如此类的做法，均无法找到解决问题的良方。所谓解铃还需系铃人，因此，解决的办法显然就在问题的制造者身上，在灾难的制造者身上，在那人与人之间存在着的无尽仇恨和误解的制造者身上。这些危害的制造者，世界上各种问题的制造者，便是每一个个体，是你，是我，而非我们所认为的世界本身。世界便是你与他人的关系，世界同你我是不可分割的。所谓世界、社会，便是我们彼此间所建立起来的或者渴望确立的关系。

所以，你和我才是问题，而非这个世界，因为世界只是我们自身的投射。若想认识世界，我们就必须了解自己。世界不是脱离我们而存在的，我们即世界，我们的问题便是世界的问题。这一点再怎么强调、重复都不为过，因为我们的心智是如此的迟钝，以至于误以为世界上所出现的各类问题都不关己事，以为把它们交由联合国去解决就好，或者通过领袖的换届便可以搞定。只有一个极为愚钝的心智，才会这样去思考问题，因为我们得为世界上那可怕的不幸与混乱、得为这正在逼近的战争负责。想要改变世界，我们就得从改变自我做起。正如我曾经指出来的那样，从我们自己开始着手，重要的一点就是意图，必须要怀有认识自我的意图，而不是想着把改变自我的重任交由他人负责，抑或希望通过左翼、右翼的革命带来某种改良式的转变。所以，重要的是去认识到这是我们的责任，是你我的职责，原因是，无论我们生活的世界可能多么的狭小，但假如我们能够转变自身，实现日常生活中观念的根本转变，那么我们或许就将对更为广阔的世界产生很大的影响并由此带来人际关系的重大变革。

因此，正如我所说，我们将要去讨论和探明认识自我的过程。该过程不是孤立的、隔离的，不是隐遁于世，因为你无法活在孤立的状态之中。活着，即意味着处于关系之中，没有所谓的孤立的生活。正是由于缺乏正确的关系，才会导致冲突、苦难与争斗。无论我们看起来是何其渺小的个体，无论我们生活的世界是多么的狭小，但只要我们改变了自己在那个狭隘的世界里的关系，那么它就会像波浪一般不断地朝着更为广阔的外部世界推衍开去。我认为，重要的是领悟到以下这一点——即世界便是我们的关系，无论多么狭隘——假若我们可以让这个关系的世界发生改变，不是表面化的改变，而是根本性的转变，那么我们就能够积极地着手去变革世界了。真正的变革，不是按照某种左翼或右翼的模式来进行的，而是价值观念的革命，是从感官价值转变为非感官的价值，转变为不受环境左右的价值理念。若想发现这些能够带来根本性变革或重生的真正的价值观念，就必须实现对自我的认知。认识自我，是开启智慧之门的钥匙，因而也就是变革或新生的开始。要想认识自我，就必须怀有认知的意图——我们的困难也正在于此。因为，尽管我们大部分人都感到不满，渴望带来某种突变，但我们通过取得某个结果而疏导了这种不满。由于不满，我们要么会去寻找另外一份工作，要么单纯地屈从于环境。于是，不满并没有让我们激情燃烧，而是使得我们去质疑生活——生活的全部过程都被疏导了，结果我们变得庸庸碌碌，失去了探明生活的全部涵义的强烈动力。

所以，重要的是凭借我们自己的力量去探明这些事情。原因在于，对于自我的认知，无法由他人提供给我们，也不能经由任何书本来获得。我们应该领悟到，必须得怀有认识自我的意图，必须得展开探寻。只要这种探明、展开深入探寻的意图十分的微弱，或者压根儿就没有，那么仅仅声称想要去认识自我，抑或随随便便地表达一下希望认识自我的愿望，都将无甚意义。

因此，只有改变了自我，方能改变世界。理由是，自我是人类存在的全部过程的产物和组成部分。要想改变自我，就必须得认识自我。原因在于，如果没有认识到你的本来面目，那么正确的思考就会缺乏根基；如果没有认识你自己，就不可能有所转变。一个人必须认识自己的本来面目，而不是他希望成为的那个自己，因为应有的面目或希望成为的样子，只不过是一种理想罢了，所以是虚假的、不真实的。唯有本来面目方能被改变，而不是你希望自己成为的样子。所以，认识自己的本来面目，需要心灵处于一种相当警觉、敏锐的状态，原因是，"当下实相"始终都在经历着变化、改变。要想迅捷地跟上它的流动，心灵就不应该为任何教条、信仰或行为模式所束缚。假如你想要跟上某个事物，为他物所束缚是没有任何益处的。因此，若想认识你自己，心灵就得抱持一种觉知、警觉的状态，在这种状态里，它摆脱了一切信仰的约束，摆脱了一切理想化的事物。因为，信仰和理想，只会歪曲你的心智，从而妨碍真正的感知。若你希望认识自己的本来面目，你就不可以想象抑或相信某个并不能反映你的实相的事物。如果我贪婪、善妒、残暴，那么单纯地怀抱不残暴、不贪婪的理想将会是毫无价值的。但要想认识到一个人是贪婪的或残暴的，要想知道这个，需要相当的感知与领悟，不是吗？需要思想的诚实与清晰。然而，追逐某个远离"当下实相"的理想是一种逃避，它妨碍了你去探明以及根据你的本来面目展开直接的行动。

所以，认识你的本来面目，无论它是什么样子的——丑陋还是美丽，邪恶还是调皮——认识你真实的模样，不做任何的歪曲，这便是美德的开始。美德是不可或缺的，因为它会带来自由。只有在美德中，你才能有所探明，你才能真正地去生活——而不是在对美德的培养中，这么做只会带来尊敬，而非觉知和自由。有德行与变得有德行，是完全不同的。有德行来自于对"当下实相"的认知，而变得有德行则是一种缓兵之计，是用你希望自己成为的样子去掩盖"当下实相"。因此，在变得有德行的过程中，你逃避了根据"当下实相"去展开直接的行动。这种通过培养理想来逃避"当下实相"的过程被看作是美德，但倘若你仔细地、直接地去审视一下，会发现，它压根儿就不是美德，它不过是拖延着不去直面"当下实相"。美德，不是变成那个虚假的自己，美德，是认识"当下实相"，进而从中解放出来。在一个正迅速瓦解的社会里，美德是必不可少的。为了创造一个崭新的世界、一个远离旧的结构的崭新构架，就得有探明的自由。要想实现自由，必须怀有美德，原因是，没有美德就不会有自由。一个努力想要变得有德行的不道德的人，能够认识美德吗？一个不道德的人，永远不可能是自由的，结果也就永远无法领悟到何谓实相。只有当你认识了本来面目，才会发现"当下实相"。若想认识本来面目，就必须得实现自由，必须挣脱对"当下实相"的恐惧。

那么，美德是属于时间范畴的事物吗？认识"当下实相"即美德，因为它能带给你自由，让你获得立即的解放——这属于时间吗？经由时间的过程，你会变得仁慈、慷慨、关爱他人吗？也就是说，明日之后你能变得仁慈吗？仁慈，可以从时间的层面去思考吗？毕竟，关爱、怜悯、慷慨是生活中必须拥有的品格，它们才是解决我们一切难题的唯一良方。善意是必不可少的，我们却未曾拥有过它，不是吗？无论是政客还是领袖或追随者，都不曾有过真正的善意。善意，不是某种理想。如果没有善意，如果没有这种能够给予爱的非凡的芳醇，我们的问题就无法通过单纯的会议来解决。所以，你并未心怀仁慈，就像那些政客以及世上绝大多数的人一样，你并不曾拥有善意，而善意是唯一的解决方法。由于你并未有过善意，那么，它仅仅是时间的问题吗？你是明天还是十年之后会心怀善意呢？从时间的层面去思考，从未来的层面去思考，这种推理难道不很荒唐吗？假若你现在不仁慈，那么你永远都不会仁慈的。你可能会以为，通过逐渐的练习、训练以及其他相关的一切，你将会在明天或者十年后成为一个仁慈、友爱的人，但与此同时你始终是不仁慈的。仁慈、善意、关爱，是解决生活中诸多难题的唯一方法，是能够消灭掉国家主义、地方主义的毒害的仅有良方，是唯一能够让我们团结在一起的粘合剂。

假如仁慈、怜悯并不属于时间的范畴，那么为何你我不能立即、马上做到慈爱待人呢？为什么我们现在不可以怀仁慈之心呢？一旦我们明白了为何我们不慈爱待人，那么我们就会立刻变得仁慈起来了，尔后我们将忘掉自己所属的特权阶级，忘记掉我们的地方主义、宗教、国家主义等歧见，马上变得慷慨、友善起来。因此，我们必须懂得为什么我们是不仁慈的，为什么不耐心地实践善意或打算慷慨待人——这些做法全都是荒谬的。但倘若我知道了为何我不心怀仁慈及我渴望成为一个慈悲之人，那么，由于我的意图是做一个仁慈的人，于是我也就会达成所愿的。所以说，意图是至关重要的，可如果我并不明白不仁慈的原因，那么意图也将毫无用处。因此，我必须了解我的整个思想的过程，了解我关于生活的态度的全部过程。于是，研究自我也就变得无比的重要了。

不过，认识自我并不是终点。一个人应该不断地、日益深入地去探究自身，而不是怀着某种预见的目的去认识自我，不是为了取得某个结果。因为，假若我们寻求某个目的或结果，那么我们就将停下探寻、洞悉、自由的脚步。认识自我，是指了解自身的过程、心灵的过程，是去觉知到激情、欲望的全部复杂性及其追逐。随着一个人对自身的认识越来越深刻、广泛、深入，自由便会登场，便会摆脱恐惧的束缚获得解放——是恐惧产生出了信仰、教条、国家主义、等级制度以及心灵让自己被隔离在恐惧之中的所有隐蔽的发明物。一旦自由来临，就能探明那永恒之物了。若没有自由，那么仅仅去询问何谓永恒抑或阅读关于永恒的书籍，将会是毫无价值的，就像是孩童玩玩具一样。永恒、实相、神，你如何称呼都可以，唯有通过你自己才能探明。只有当心灵挣脱了信仰、偏见的羁绊，只有当它不再被情欲、歹念、世俗的罗网所困，才能探明真理、神。然而，一个为国家主义或信仰、仪式所囿的心灵，将会被困在它自己的欲望、野心和追逐之中。很明显，这样的心灵不可能实现觉知，它没有准备着去海纳百川，去包容、去适应。

只有探明了真理、实相，才能迎来幸福。而若想有所探明，就必须认识自我。要认识自我，就得怀有认知的意图。伴随着这种意图而来的是一颗探寻的心灵———颗敏锐觉知的心灵，不去谴责，不去认同，不去辩解。这样的觉知，将会让问题马上迎刃而解。所以，我们的整个探寻，不是要找到某个问题的解答，而是为了认识问题本身。问题并非外在于你——它就是你自己，问题即你。要想了解问题，要想认识问题的制造者即你自己，你就必须自发地、日复一日地去探明你的本来面目。原因是，只有在你做出回复、反应的那一刻，你才能够认识它们。但倘若你训练着自己按照某种模式去进行反应，无论是左翼的还是右翼的模式，或者倘若你遵循某种行为的规则，那么你就无法洞悉自己的反应。如果你对此展开检验，将会发现，在每一个反应出现的时候去察知它们，不做谴责或辩解，探究该反应的全部涵义，如此一来你便能够探明自己的反应了。自由，来自于摆脱该反应的制约，而非源于去训练这种反应。

因此，如果没有实现对心灵即你自己的认知，那么我们对生活目的的全部探寻，我们对于实相究竟是否存在的叩问，就将不具有任何的意义。这个如此巨大、复杂、紧迫的问题，就存在于你的身上，除了你以外，没有人可以将其解决掉。任何上师、导师、救主或是组织化的强制，都无法解决此难题。外部组织总是可以被推翻，因为内在要比人的生活的外在结构强大得多。没有认识内在，单纯地去改变外在模式，这么做将会意义甚微。若想永久性地重新组织外部的事物，我们每个人就得从自己开始着手。只要实现了内在的变革，就能够用智慧、慈悲、关爱去改变外部世界了。

这里有几个问题，今天下午，我将试着尽可能多的回答一些。

问：您对于年轻人有什么特别的谏言吗？

克：先生们，年轻人同老年人之间有很大差别吗？如果年轻人是生机勃勃的，那么他们就会怀着一腔变革的观念，内心就会燃烧着不满的火焰，不是吗？他们应该如此，否则的话他们就已经垂垂老矣了。请记住，这是非常严肃的，所以不要随随便便地表示赞成或反对。我们正在讨论生活——我不会站在讲台上做一番演说去取悦你抑或取悦我自己。

正如我刚才所言，假若年轻人的内心没有一团渴望变革的不满的火焰，那么他们就已经老迈了。那些曾经不满过的老年人，如今却归于平静了，他们渴望工作上或心灵上的安全和永久，他们渴望观念、关系或财产上的确定性。如果作为年轻人的你的身上，怀有一种探寻的精神——这种精神使得你渴望去认识关于某个事物、某个政治行为的实相，无论是左翼的还是右翼的政治行为，如果你不为传统所囿，那么你将成为世界的改革者、重建者，将会创造新的文明、新的文化。然而，就像我们其他人一样，就像老一代的人一样，年轻人也渴望安全与确定。他们希望有工作，希望有食物、衣服以及遮风挡雨的住所，他们不想去反对自己的父母，因为这意味着得跟社会作对，结果他们便循规蹈矩，接受年长者的权威。于是会发生怎样的情形呢？不满——它是探寻、探究、觉知的火焰——变得不那么激烈了，变得普通了，不满，仅仅是为了得到一份更好的工作、一场富有的婚姻或是某种身份地位。于是他们那不满的火焰被浇熄了，仅仅是为了获得更多的安全。很明显，对老年人和年轻人来说，重要的是过一种充实、完整的生活。然而你发现，世界上很少有人愿意活得完整而充实。若想充实地、完整地生活，就必须拥有自由，不去接受权威。只有当你拥有美德的时候，才能够实现自由。美德不是模仿，美德是富有创造力的生活。也就是说，自由会带来创造力和生机，而自由又是源于美德。美德不是被培养出来的，它不会通过练习或者在你生命的终点出现。你要么现在就是有德行的、自由的，要么不是。若想弄清楚你为什么不是自由的，你就得怀有不满的火焰，就得怀有探寻的意图、动力与能量。可惜你却把精力耗费在了性方面，或是高喊政治口号、挥舞大旗，抑或单纯地去模仿，或者为了得到更好的工作奔赴考场。

世界处于如此不幸的状态，原因是缺乏创造力、生命力。要想过一种充满活力、生机的生活，就不可以只是去模仿，对马克思、《圣经》或《薄伽梵歌》亦步亦趋。创造力、活力会伴随着自由而来，只有当怀有美德的时候，才能摆脱一切束缚获得自由。美德，不是时间的过程的产物。一旦你开始认识了自己日常生活里的实相，便会迎来美德。因此，在我看来，有关老年人与青年人的划分是相当荒唐的。先生们，成熟与年纪无关。虽然我们大多数人都已年迈，但我们却很幼稚，我们害怕社会会怎么想，害怕过去。那些年长的人，寻求着持久以及给人安慰的保证，年轻人也同样渴望安全。所以，老年人同年轻人之间并无实质性的差别。正如我所说，成熟不在于年龄的大小。成熟，伴随觉知而来，只要当我们寻求慰藉、寻求某个理想的时候去逃避冲突和痛苦，就将无法实现觉知。然而，只有在年轻的时候，我们才能真正展开热切的、自觉的探寻。随着年龄的渐长，生活对我们将会变得难以承受，我们会变得越来越麻木。我们如此无用地浪费着自己的精力。为探寻、探明实相而保存精力，要求接受许多的教育——不是仅仅去遵从某个模式，这并非教育。单纯地通过考试，并不是真正的教育。一个愚蠢的人也可以考试合格，这只需要某种类型的智力即可。然而，展开深入的探究，弄明白生活是什么，认识存在的整个基础，则要求怀有一颗格外警觉、敏锐、热切的心灵，一颗柔韧的、具有高度适应力的心灵。可是，当心灵被迫去遵从的时候，它就会变得不再柔韧。我们社会的整个结构，是建立在强制的基础之上的。通过强制，无法实现觉知，哪怕这种强制可能是多么的隐蔽。

问：您的自信是源于您自己挣脱了恐惧的羁绊呢，还是因为您受到了像佛陀、耶稣这样的伟人的坚定支持呢？

克：先生们，首先，自信是如何形成的呢？自信有两种类型。有一种信心是来自于技术知识的获取。一个技工、一位工程师、一名物理学家、一个小提琴手，之所以拥有自信，是因为他钻研、练习了好几个年头，并因而学到了一门技术。这提供了一种类型的自信——单纯表面化的、技术层面的自信。然而还存在着另外一种类型的自信，这种自信，是因为实现了对于自我的认知，是因为充分认识了自己，认识了自身的意识和潜意识，认识了自己那些隐蔽的和公开的想法、感受及欲望。我觉得，彻底认识自身是能够做到的，尔后你将拥有自信。这种自信，不是自负，不是独断专行，不是精明狡诈，不是因为取得了某些成绩而沾沾自喜，而是因为始终都能够认识到事物的本来面目，没有任何的歪曲。当思想不是基于个人的成就，不是基于个人地位、名望的提升抑或个人的救赎，当每个事物都显现出了它的真正涵义，自然而然就能产生出这样的自信了。尔后你将受到智慧的支撑，无论它是佛陀的还是耶稣的智慧。这种智慧、这种自信、这种心灵所具有的极为迅捷的适应力和包容度，并非是少数人所独享的。觉知，不分等级。一旦你理解了关系的问题，无论是与物质对象的关系、与观念的关系，还是同你的邻居的关系，那么这种觉知就将让你摆脱一切的时间、地位与权威的束缚。于是，不会再有所谓的大师与学生了，不会再有坐在讲坛上的上师与坐在下面仰望他的你了。先生们，这样的自信是爱、是关怀，当你热爱某个人的时候，是不会有高低之别的。当那束非凡的爱的火焰燃烧之时，它本身即是永恒。

问：我们能否通过美达至实相呢？还是说，就真理而言，美是贫瘠、乏味的呢？

克：我们所说的美、我们所说的真理，是什么意思呢？显然，美并不是某种装饰物，单纯的身体上的装饰，不是美。我们全都希望变得美丽，全都希望是像样的、体面的——可这并不是我们所谓的美。整齐、洁净、谦恭有礼、体谅他人，等等，是美的一部分，难道不对吗？不过，这些仅仅表明内心摆脱了丑陋。那么，世界上正在上演的又是怎样的情形呢？

每一天我们都在装饰着外在，而且是变本加厉。电影明星以及那些效仿他们的你们，都保持着外表的华美，但倘若你的心灵是贫瘠，那么外在的装饰、修饰就不是美。先生们，你们难道不明白，人的内心状态、心灵的宁静，蕴含着爱、仁慈、慷慨和悲悯吗？很明显，这种身心状态，才是美的本质，如果没有这个，仅仅去装饰自己，就是在强调感官价值。培养感官价值，就像我们现在正在做的，不可避免地将带来冲突、战争与毁灭。

装饰外在，是我们当前文明的本质。我们的文明，是以工业化为基础的，我并不是在反对工业化——消灭工业化是荒唐的。然而，仅仅培养外在却不去认识内在，势必会制造出那些将使人类相互毁灭的价值观念，这便是世界上正在上演的景象。美，被当成了可以买卖、涂抹的装饰品，这显然并不是真正的美。美，是一种生命的状态，它伴随着内心的充实和丰富而来——不是内心去积累我们所谓的美德、理想这类的精神财富，这可不是美。当心灵处于自由的状态，便能迎来心灵的充实、丰富、内在的美以及它那些不灭的珍宝。只有当没有丝毫恐惧的时候，心灵才会是自由的。认识自我，而不是通过对恐惧加以抵抗，就能理解恐惧。如果你去抗拒恐惧——这实际上是一种丑陋的行为——你就只不过是竖起了一堵抵抗它的高墙，这堵墙的背后没有自由，有的只是隔离。活在隔离之中，是永远不可能拥有丰富、充实和完整的。所以，只有当实相通过那些必不可少的美德彰显出自身的时候，美才会同实相有关。

你所说的真理、神或任何你愿意使用的其他名称，究竟是指什么呢？很明显，它不可能是构想出来的，因为，凡构想出的事物皆非真实，而是心灵创造出来的，是某个思想过程的产物。而思想是记忆的反应，记忆，是不完整的体验的残渣。所以，真理、神，随你怎么称呼都可以，是未知的，是无法被构想出来的。若想认识未知，心灵本身就得停止去依附已知。尔后，美同实相就将产生关联，实相与美不再有差别，实相即美，无论是蕴含于一个微笑、鸟儿的翱翔、婴孩的啼哭、还是你的妻子或丈夫的愤怒。要认识有关"当下实相"的真理是好的举动，但若想了解实相、真理之美，心灵就必须能够实现觉知。当心灵受到束缚的时候，当它恐惧不安，当它逃避着某个事物的时候，是无法有所觉知的。这种逃避的形式，便是外在的装饰、修饰。由于内心贫瘠，于是我们努力想要拥有外表的美丽，我们建造起漂亮的房子、购买许多的珠宝首饰、累积外部的财富，所有这些都表明了心灵的贫乏。我的意思并不是说我们不应该拥有好看的纱丽、漂亮的房屋，而是指，若没有心灵的丰富、充实，那么这些东西就将毫无意义。由于我们并未具备丰富的内在，于是就去培养外在，结果，外在的培养正在带领我们走向毁灭。意思便是说，一旦你去培养感官价值，那么膨胀、扩张就会成为必然，市场就会成为必然，你就一定会通过工业来进行扩张，而你争我斗的工业的膨胀，意味着越来越多的控制，无论是左翼的还是右翼的，结果不可避免地引发战争。我们试图在感官价值的基础上去解决战争这一难题。

真理的寻求者，便是美的寻求者——这二者没有区别。美，并非是单纯的外部的装饰，而是当心灵认识了"当下实相"之后获得了自由进而带来的充实。

问：您为何要谴责宗教呢？宗教显然包含着真理的果实。为什么要把孩子跟洗澡水一起倒掉呢？无论是在哪里发现的真理，都应该承认，难道不是这样吗？

克：先生们，你们所说的宗教是指什么呢？组织化的教义、信条、信仰、仪式、崇拜某位伟人、念诵的祷告者、复述印度教经典、引用《圣经》——这便是宗教吗？抑或，宗教是指寻求真理或神？凭借组织化的信仰，你能够发现神吗？通过自称是印度教教徒，遵循印度教或其他任何主义的全部仪式，你将能找到神或真理吗？很明显，我所谴责的并不是宗教、不是寻求实相，而是组织化的信仰及其教义、隔离性的力量跟影响。我们并不是在寻求实相，而是被困在组织化的信仰、重复性的仪式的罗网中——我认为这些东西毫无意义，因为它们是麻醉剂，让心灵不再去展开寻求，它们提供着种种的逃避，从而令心灵变得迟钝、麻木和无能。

因此，组织化的信仰以及它那由权威、神职人员、上师所构成的整个体系——这一切源自于恐惧以及对确定性的渴望——犹如一张巨网将我们的心灵围困住了，我们被困在这张巨网中动弹不得。所以，我们显然不可以单纯地去接受，我们应该去探寻，应该直接地去察看、去体验，领悟到是什么困住了我们以及我们为何会被困住。由于我的曾祖父是主持宗教仪式的，或者如果我不这么做的话我的母亲就会哭泣，所以我必须这么做。很明显，假若一个人在心理上依赖他人，进而满怀恐惧，那么这样的人是没有能力去探明何谓真理的。他或许可以谈论真理，可以无数次念诵神的名字，但他终将是一番徒劳，不会拥有任何的实相。实相将会避开他，原因是，他被自己的成见与恐惧团团围困了起来。你要为组织化的宗教负上责任，无论是东方的还是西方的，无论是左翼的还是右翼的。这种组织化的宗教是建立在权威之上的，导致了人与人之间的隔阂。你为什么渴望过去的或现在的权威呢？你之所以渴望权威，是因为你倍感困惑与混乱，你处于痛苦、焦虑之中，你希望得到来自外部的帮助，于是你便制造出了权威，政治的或宗教的权威。制造出权威之后，你便遵从它的指示，指望着它可以消除掉你内心的混乱、焦虑和痛苦。他人能够消解你的痛苦跟悲伤吗？他人或许可以帮助你去逃避悲伤，但悲伤依然存在着。

所以，是你制造出了权威，尔后你便沦为了它的奴仆。信仰是权威的产物，由于渴望逃避混乱和困惑，结果你便为信仰所困，从而始终处于混乱之中。你的领袖们是你的困惑、混乱的结果，因此他们也一定是困惑的、混乱的。假若你心智澄明，没有丝毫的困惑以及展开直接的体验，那么你就永远不会去追随他人了。正因为你是混乱的，所以才会没有直接的体验。出于混乱和困惑，你制造出了领袖、组织化的宗教、分离性的崇拜，这一切导致了此刻正在世界上发生的争斗。在印度，这表现为穆斯林同印度教教徒之间的地方主义的冲突，在欧洲则体现为共产主义跟右派分子之间的斗争，诸如此类。只要你仔细地审视一下、分析分析，就会发现，这一切全都是基于权威。一个人声称这个，另外一个人则主张那个，权威是被你我制造出来的，因为我们如此的混乱与困惑。这可能听上去在口头上过于简单化了，但倘若你予以探究，会发现并不简单，而是相当的复杂。由于身处混乱与困惑之中，于是你希望获得指引，走出这种状态——这意味着你并没有认识混乱的问题，你只不过是在寻求逃避。

要想理解混乱，你必须认识那个制造了混乱的人，也就是你自己。若没有实现对自我的认知，追随他人又有什么作用呢？倍感困惑和混乱的你，觉得自己能够在某种实践或组织化的宗教里头找到真理吗？虽然你或许研究过《奥义书》[1]、《薄伽梵歌》、《圣经》或是其他的典籍，但你认为，当你自己处于困惑之中的时候，你可以读出这些书籍中的真理吗？你会按照你的困惑、你的喜好、你的成见、你所受的限定去解读你所读到的内容。显然，你所采用的这种方法，无法揭示实相。先生，发现真理，便是认识你自己。尔后，真理会朝你走去，你不必去寻它——这就是真理之美。如果你走向真理，你所应对的，就是你自己的投射，所以它并非是实相，于是这就变成了一种单纯的自我催眠的行为，即组织化的宗教。要想发现真理，要想让真理向你走去，你必须格外仔细地去审视你自己的成见、看法、观念与结论，通过自由即美德，自然会拥有思想的澄明了。对于一个充满美德的心灵来说，处处皆是真理。尔后，你不会隶属于任何组织化的宗教，尔后，你将拥有自由。

所以，一旦心灵能够去接受真理，一旦它清空了所有的意识，便能迎来真理了。现在，我们的心灵充满了各种意识的内容，只要心灵让自己从意识、思想的束缚下解放出来，它就将接纳实相、感知到实相了。

问：我们中有些人，听您的演讲已经好多个年头了，他们赞同您所说的一切观点，或许只是口头上赞同。然而实际上，我们在日常生活中是麻木而迟钝的，任何时候都没有活力。您能否谈谈为什么思想、言语同行动之间会存在巨大的鸿沟呢？

---

[1] 《奥义书》，印度古代哲学典籍，是用散文或韵文阐发印度教最古老的吠陀文献的思辨著作。——译者

克：我觉得，我们把口头的欣赏误当成了真正的理解。口头上，我们相互了解，我们理解那些话语。口头上，我向你传达了我的一些想法。你停留在口头层面，你希望从那一口头的层面展开行动。因此，你必须要弄清楚口头的欣赏是否会带来理解与行动。例如，当我指出善意、关怀、爱是解决无序的唯一方法，你口头上理解了，如果你是一个勤于思考的人，你可能会认同我的看法。那么，你为什么不采取行动呢？一个非常简单的原因就是，口头的反应被等同为了智识层面的反应。也就是说，你在理性上认为自己已经领悟了此观点，于是观念与行动之间便有了界分。这便是为什么培养观念，带来的不是理解，而是单纯的反对、相反的观点，尽管这种反对或许会引发一场变革，但它并不会让个体进而社会发生真正的转变。

我不知道我在这一点上是否已经阐释清楚了。假若我停留在口头层面，那么我就只会制造出观念，因为词语属于意识的东西。词语是感知性的，只要我们停留在口头层面，那么言语就只会制造出感知性的理念和价值。意思便是说，一套观念制造出了相反的看法，这些对立的观点产生了某个行动，可是这一行动只不过是反应罢了，是对某个观念的反应。我们大多数人都仅仅活在口头层面，我们依靠话语过活，《薄伽梵歌》这样说、《往世书》那样讲，或者马克思主张这个、爱因斯坦宣扬那个。话语只会制造出观念，而观念永远不会产生行动。观念可以带来某个反应，但并非是行动——这便是为何我们会有理解和行动之间的鸿沟了。

这位提问者想要知道怎样在言语和行动之间建起一座桥梁。依我之见，你办不到这个，你无法填补话语同行动之间的鸿沟。请务必意识到这一点的重要性，言语永远不可能产生行动，它们只会引起某个反应，抵抗或响应，所以依然是进一步的反应，就仿佛波浪一般，你被困在这卷浪里头。然而，行动却是截然不同的，它不是反应。因此，你无法填补言语跟行动之间的鸿沟。你必须离开言语的层面，尔后你就能够展开行动了。所以，我们的困难在于，如何才能离开言语。意思便是说，怎样在不做任何反应的情况下去行动。你明白没有？原因是，只要你活在话语的层面，你就一定会有所反应，因此你必须要清空你的言语，必须要摆脱其束缚，这意味着你不可以去进行模仿。话语即模仿，活在口头层面，便是活在模仿、复制之中，结果我们自然也就使自己没有能力去展开行动了。所以，你应该去探究各种让你去复制、模仿、活在口头层面的模式。当你开始看清各种令你去模仿的模式时，你会发现，你将能够不做任何反应地去行动了。

先生，爱不是一个词语，词语同事物并非等同的关系，对吗？神，并不是"神"这个词语，爱也不是"爱"这一字眼。然而，你之所以会满足于词语，是因为词语提供给了你某种感觉。当某个人说到"神"的时候，你的心理或神经会受到影响，你将这种反应看作是认识了神。于是，词语影响了你的神经跟感官，而这会产生出某个行动。然而词语并不是它所指代的那个事物，"神"这一字眼，并非是神本身。你仅仅靠词语过活，仅仅活在神经、感官的反应上。请务必领悟到这其中的涵义。如果你完全活在空洞的词语之上，那么你怎么可能去行动呢？因为词语是空洞的，不是吗？它们只能产生神经上的反应，但这并不是行动。只有当没有任何模仿的反应时，才会出现行动，这意味着心灵必须去探究口头、文字生活的整个过程。例如，某位政治或宗教领域的领袖发表了一番言论，你未经思索就声称自己赞同他的观点，尔后你挥舞旗帜，你为印度或德国而战。但你并没有审视他所说的话，既然你并未探究，那么你所做的就只是单纯的反应，而反应同行动之间是不会有任何关联的。我们大部分人都被限定为了反应，因此你必须要去探明这种局限的根源是什么。当心灵开始让自己摆脱局限的时候，你就会看到将有行动出现了。这样的行动不是反应，它本身就是生命力，就是永恒。

所以，对于我们大部分人来说，困难在于，我们想要去跨越那无法跨越的；我们既想服侍上帝，又想服侍贪欲之神；我们既想活在口头层面，又想展开行动。殊不知，这二者是无法兼容的。我们全都知道反应，但很少有人懂得行动，原因是，只有当我们认识到词语并非所指之物，行动才会到来。一旦我们理解了这一点，就能展开更为深入的探究，就能开始揭示出我们内心所有的恐惧、模仿、逃避和权威。不过，这意味着我们不得过一种十分危险的生活，我们中很少有人愿意活在长久的变革的状态中，我们想要的，是如一潭死水般停滞的避难所，在那里我们可以安置下来，可以获得情感上、身体上或心理上的慰藉。一个懒惰之人同一个格外积极的人之间是没有任何关系的，同样的，言语跟行动也不存在任何关联。可一旦我们认识到了这一点，一旦我们懂得了这里面的全部涵义，便会展开行动了。很明显，这样的行动将会走向实相，它是实相可以在其中运作的领域。尔后，我们将不必费力地去寻求实相，因为它会直接地、神秘地、静悄悄地、偷偷地来临。一个能够接受实相的心灵，将受到神的庇佑。

（第四场演说，1948年7月25日）

建立观念，对行动是有害的

在最近的两场演说里，我们思考了个体行动的重要性。个体的行动与集体行动并非是对立的关系，个体即世界，他既是整体过程的根源，又是其结果。如果个体没有实现转变，就不可能从根本上变革世界。因此，重要的不是与集体行动对立的个体行为，而是要认识到，只有通过个体的新生，才能迎来真正的集体的行动。重要的是去认识个体的行动，它与集体行动并不是对立的。因为，个体，你和你的邻居，便是整体过程的组成部分。个体不是分离的、孤立的过程。毕竟，你是全人类的产物，尽管你可能受到地域风土、宗教及社会层面的限定，你是人的全部过程。因此，当你把自己视为一个整体过程来认识的时候——而非一个同集体或大众相对立的单独的过程——那么，通过这种对自我的认知，将会迎来根本性的转变。这就是我们在上两次会面的时候所谈论的内容。

那么，我们所说的行动是指什么意思呢？显然，行动是指在与某个事物的关系中的行为。行动无法孤立地、单独地存在，它只能存在于同某个观念、某个人或某个事物的关系之中。我们之所以必须要认识行动，是因为当前的世界正在呼唤着某种行动。我们全都渴望有所行动，全都希望知道该做些什么，尤其是当世界处于如此混乱、不幸和无序的状态，战争的阴云变得越来越厚重，各种意识形态伴随着如此破坏性的力量彼此争斗着，宗教组织导致了人与人之间的相互仇恨。所以，必须要懂得我们所谓的行动究竟指的是什么，一旦认识了我们所说的行动意指为何，那么我们或许就能够展开正确的、真正的行动了。

要想了解我们所说的行动是指什么意思——行动便是行为，行为是正当的、正确的——那么我们就得做到无为。也就是说，一切积极主动解决问题的做法，势必都会依照某种模式，而遵从模式的行动不再是行动——它只是遵从，所以并非行动。为了认识行动——即行为，行为是正确的、正当的——我们就不得不探明如何去着手。我们首先应该懂得，任何积极主动的做法，即试图让行动去适应某个模式、结论、观念，都不再是行动，这只是模式的持续，因此压根儿就不是行动。所以，若想认识行动，我们必须洞悉积极的行动的虚幻、谬误。原因在于，当我把虚妄当作虚妄，把真实当作真实去看待，那么虚妄便会消逝，我也就将知道如何去行动了。意思便是说，一旦我知道何谓错误的行动、不正确的行动、仅仅只是遵从的持续的行动，尔后认识到了该行动的虚妄性，那么我就将懂得怎样展开正确的行动了。

很明显，我们的日常生活、我们的社会结构、我们的政治同宗教生活，都需要来一场价值观念的根本性变革、一场彻底的革命。不是过分强调这一点，我觉得，必须得有一场改变，抑或并不是改变——改变指的是一种经过了修正的持续——而是一场变革，这是显而易见的道理。必须得发生一场变革，必须得有一场彻底的革命，政治、社会和经济领域的革命，我们同彼此的关系，我们生活的各个层面，都得发生根本性的转变。

原因在于，事物不会始终不变；对于任何一个保持着敏锐和警觉，观察着世界事件、勤于思考的人，这一点是不证自明的。那么，如何才能带来这种行动中的革命呢？这便是我们正在讨论的问题。怎样才能出现变革性的行动呢，不是在将来某个时候，而是现在？这难道不就是我们所关心的吗？因为存在着如此深重的不幸与苦难，不仅是在班加罗尔，而且是在世界的每一个地方，经济的衰退、堕落、贫穷、失业、地方的争斗，等等，还有欧洲那持续不断的战争的威胁。所以，必须得有一场价值理念的彻底革新，难道不是吗？原因是，仅仅在口头层面展开讨论是徒劳的、毫无意义的，这就好像在一个饥肠辘辘的人面前讨论食物一样。所以，我们不应该仅仅在口头上去讨论，请不要像是比赛里的观众那样。让我们都去体验一下我们正在谈论的问题吧，因为，假如有了体验，那么我们或许就将懂得如何去展开行动了，这将对我们的生活产生影响，进而带来根本性的转变。所以，请不要像是足球赛里的观众一般。你们和我将要共同踏上一段旅程，去认识这个被叫做行动的事物，因为，这就是我们在自己的日常生活中所关注的事情。如果我能够从词语的基本涵义上理解行动，那么这一基本的认知就将对我们那些流于表面的行为产生影响。不过，我们首先必须认识行动的基本特质。

　　行动是由念头产生的吗？你是先有念头，然后再展开行动的吗？抑或，先有行动，尔后因为行动制造出了冲突，你围绕着它确立起了某个观念？也就是说，是行动制造出了行动者呢，还是行动者在先？这不是哲学推想，不是基于印度教的圣典、《薄伽梵歌》或是任何其他的书籍，它们全都不相关。我们不要去引用他人的言论，因为，正如我也没读过这些书一样，你也能取得胜利的。我们将试着去直接探明究竟是先有行动、后有想法，还是想法在先、行动在后。弄清楚哪一个居先是十分重要的。如果先有念头，那么行动就只是去遵从某个念头，结果它也就不再是行动，而是依循想法的模仿和被迫。意识到这一点十分重要，原因在于，我们的社会大部分是建立在智识或口头层面上的，对我们所有人来说，都是想法在先、行动在后。于是，行动便成为了想法的侍从。仅仅建立观念，显然对行动是有害的。这也就是说，观念滋生出了更多的观念，当仅仅只是滋生念头的时候，就会出现敌对，社会就将因为构想观念的智力过程而变得头重脚轻。我们的社会结构是非常智识化的，为了培养智力，我们往往牺牲掉自身存在的所有其他方面，结果我们也就被观念窒息了。

所有这一切可能听起来相当荒谬、学术化、专业化，但其实不然。我个人很害怕学术讨论、理论思索，因为它们不会带领我们达至任何地方。然而，重要的是我们应当去探明我们所说的观念是什么意思。理由在于，世界正把自己划分为了若干个相互对立的观念的阵营，比如左派和右派、共产主义和资本主义。没有认识观念化的整个过程，仅仅去表明立场或偏袒某一方是幼稚的做法、毫无意义。一个成熟的人是不会有所偏袒的，他会努力去直接地解决痛苦、饥饿、战争等诸多人类的难题。只有当我们被智识塑型的时候——智识的作用便是构想观念——才会去表明立场。因此，应当凭借我们自己的力量去探明，而不是依照马克思、印度教圣典、《薄伽梵歌》或是其他的人、其他的书籍提出的主张去行事，这一点格外的重要，不是吗？你同我必须要去探明，因为它是我们的问题。我们日常的难题，就是去弄清楚哪种正确的法子能够解决我们那正处于痛苦中的文明。

观念能否产生行动？还是说观念只会让思想塑型，从而令行动受限呢？当行动受到某个观念的强迫，那么行动就永远无法让人类获得解放。请务必记住，对我们来说，认识到这一点是格外重要的。假若观念塑造了行动，那么行动就永远不可能解决我们的痛苦。因为，我们首先必须要知道观念是如何形成的，尔后才能将其付诸于行动。探究构想观念的过程、确立观念的过程是重中之重，无论是社会主义者的理念还是资本主义的想法、共产主义者的观念，抑或各种宗教的理念，尤其是当我们的社会正站在悬崖的边上，正在招致又一场大劫难、又一场放逐的时候。那些真正抱着严肃的态度、想要找到某个方法来解决我们的诸多难题的人们，应该首先认识这种构想观念的过程。正如我所言，这并不是学术化的，而是解决人类生活的最切实可行的方法。它不是哲学的或深思的，因为那么做纯属是浪费时间。让我们留给那些研究生们在他们的协会或俱乐部里去讨论理论的问题吧。

所以，我们所谓的观念是指什么意思呢？观念是如何形成的呢？观念跟行动能够一起产生吗？也就是说，我有某个想法，我希望将它付诸实践，于是我便寻求着一个把想法付诸行动的法子。我们去沉思、推断，把时间跟精力浪费在了争论着如何将想法付诸行动上面。因此，重要的是去弄明白观念是怎样形成的，尔后发现其中的真理，如此一来，我们便能够讨论有关行动的问题了。不去讨论观念，而是仅仅探明怎样展开行动，这么做将是毫无意义的。

那么，你是如何有了某个念头的呢？——一个非常简单的念头，不需要是哲学的、宗教的或经济方面的。显然，它是一种思想的过程，不是吗？念头、想法，是思想过程的产物。若没有某个思想的过程，就不会有任何念头出现。因此，我必须要认识思想过程本身，尔后方能认识它的产物即念头。我们所说的思想是指什么？你什么时候会去思考？很明显，思想是神经或心理上的反应的结果，难道不是吗？它是感官对某个感觉的直接反应，抑或它是储藏起来的记忆的心理反应。有神经对某个感觉做出的直接反应，还有储存起来的记忆、种族、群体、家庭、传统等等的影响的心理反应——所有这些，便是我们所谓的思想。因此，思想过程是记忆的反应，不是吗？如果你没有一丝记忆，那么你就不会有任何的想法。记忆对某个经历的反应，把思想过程变成了行动。比如，我怀有储藏起来的国家主义的记忆，我自称是个印度教教徒。这座记忆的蓄水池，盛满了过去的反应、行动、暗示、传统和习俗，它会对穆斯林、佛教徒或是基督徒的挑战做出反应。针对某个挑战的记忆的反应，无疑会产生思想的过程。观察一下你身上运作着的思想过程，你可以直接检验这里面的真理。你受到了某个人的侮辱，这个经历保存在了你的记忆中，它构成了背景的一部分，当你遇到那个人的时候，即遇到挑战的时候，你的反应便是对那一侮辱的记忆。于是，记忆的反应即思想的过程，制造出了某个观念，结果观念总是受限的——认识到这一点十分的重要。意思便是说，观念是思想过程的产物，而思想过程又是记忆的反应，记忆总是受限的。记忆总是在过去，如今，该记忆被某个挑战给激活了。记忆本身没有生命，当它在当下遭遇到某个挑战的时候，便会活过来。所有的记忆，无论是睡着的还是活跃的，都是受限的，不是吗？

那么，何谓记忆呢？假如你去观察一下自己的记忆以及你是怎样累积记忆的，那么你就会注意到，它要么是事实上的、技术层面的——必须得跟信息、工程学、数学、物理学以及其他相关的一切有关——要么它是某个未完成的经历的残留物，不是吗？观察你自己的记忆，你便会意识到这一点的。一旦你完成了某个经历，就不会有作为心理上的残留物对该经历的记忆。只有当某个经历没有得到充分认识的时候，当你没有理解该经历的时候——因为我们通过过去的记忆在察看每一个经历——才会出现残留物，结果我们便永远无法用新的姿态、视角去迎接新的事物，而是总会通过一道旧的屏障去看待事物。因此，很明显，我们对经历的反应是被限定的，总是受到局限的。

所以，我们意识到，未被彻底理解的经历会留下残余物，即我们所说的记忆。当该记忆受到挑战的时候，就会产生想法。想法制造出了观念，观念塑造了行动，结果，基于某个观念的行动永远都不会是自由的，因此，我们任何人也就无法通过某个观念来获得解放。认识到这一点尤为重要，我并不是在确立起反对观念的论调，我只是在绘出一幅图画，揭示出观念为何永远都不能够带来一场变革。观念可以修正当前的状态或是改变当前的状态，但这并不是革命。替代或修正性的持续，不是变革。只要我遭受着剥削，无论我是被个体的资本家所剥削，还是被国家、政府剥削并没有太大关系，不过我们认为，国家的剥削要比少数人的剥削好得多。果真如此吗？我并不是在谈论权威。对被剥削者来说有更好一些吗？所以，单纯的修正并非是变革，它不过是对局限做出的反应。也就是说，资本主义的背景或许可以引发共产主义形式的反应，但这依然是处于同样的层面，它是资本主义经过改良、修正之后以另外一种形式的延续。我并不是在鼓吹资本主义或共产主义。我们将努力去探明我们所谓的变化、变革是什么意思。因此，观念永远无法带来最深层意义上的革命即彻底的转变，观念可以带来经过了改良、修正之后现行体制的延续，但这显然绝非是真正的变革。我们需要的是一场革命、一场彻底的转变，而不是替代。

所以，若想带来一场根本性的转变即革命，我就必须首先认识观念以及它们是如何出现的。一旦我理解了观念，一旦我把谬误、虚幻视为谬误、虚幻去看待，那么我便能够着手去探究我们所说的行动是指什么了。假如思想制造出了观念——抑或假如口头形式的思想本身便是我们所说的观念，假如该思想总是受到限定的，因为它是记忆对某个常新的挑战做出的反应，那么，观念将永远不可能带来最深层意义上的变革。但这正是我们试图去做的，我们求助于某个观念，指望着它可以带来变革。我希望我已经阐释清楚了。

因此，我们的问题便是：如果我不可以求助于某个观念即思想的过程，那么我怎样才能展开行动呢？请记住，我必须首先充分地明确，建立在观念之上的行动彻头彻尾是虚幻的，我必须首先意识到观念塑造着行动，被观念塑型的行动将始终受到局限，尔后我才能够探明怎样展开行动。所以，基于某种观念、意识形态或信仰的行动是不会带来解放的，因为这样的行动是思想过程的产物，而思想过程不过是记忆的反应。该思想过程，势必会制造出某种受限的观念，而建立在局限之上的行动永远无法让人类获得解放。基于观念之上的行动，是受限的行动，如果我求助于这样的行动，将其当作获得自由的手段，那么我显然就只能继续处于受限的状态之中。因此，我不可以把观念视为行动的向导。然而我们却正是在这么做，因为我们如此沉溺于观念，无论是其他人的想法还是我们自己的。所以，我们现在必须要做的，是探明怎样在没有思想过程的情况下去行动——这听上去十分疯狂，对吗？审视一下我们的问题，相当有趣。当我活在、当我行动在思想过程之中的时候——这会产生观念，而观念反过来又会影响行动，结果也就没有自由可言。

我能否在不展开思想过程即记忆的情况下去行动呢?我们不要弄混了——我所说的记忆,不是指事实的记忆。谈论什么抛开所有技术知识将是极为荒唐的——比如怎样建造房子、发电机、喷气式飞机,怎样让原子弹爆炸,诸如此类——这些技术知识是人类经由无数个世纪、一代又一代人所取得的。然而,我能够在不对记忆产生心理反应的情况下在与他人的关系中生活和行动吗?这些心理反应导致了观念的形成,而观念反过来又会控制行动。对我们大多数人来说,这可能听起来非常古怪,因为我们习惯于先产生某个念头,尔后再让行动去遵从该想法。我们所有的训练、我们所有的活动,都是基于这种观念先行、然后加以遵循。当我向你提出这个问题的时候,你无从解答,原因是你根本就没有从这个方向去想问题。正如我所指出来的那样,对你们当中许多人而言,这听上去会相当疯狂。但倘若你真的格外审慎和认真地去探究一下生活的过程,因为你渴望有所认知,而不是仅仅彼此高谈阔论一番,那么,就一定会生出如下的问题,即我们所说的行动究竟是什么意思。

行动真的是建立在想法之上的吗?还是说行动在先,想法在后呢?如果你更加仔细地观察,会发现,行动总是率先出现,而不是想法。树上的猴子感到饿了,那么这种强烈的渴望就会使它去摘只水果或是坚果来吃。行动先行,然后才出现这样一个念头,即你最好把它给储存起来。换种方式来表述一下,是先有行动,还是先有行动者?没有行动的话,会有行动者存在吗?你明白了没有?这就是我们常常问自己的事情:是谁在观察呢?观者是谁?思考者与其思想是分开的吗?观者与所观之物、体验者与体验、行动者与行动是分开的吗?是否存在着某个始终在支配、俯瞰、观察着行动的实体——即所谓的梵天,或是其他你愿意唤作的名称?当你给出一个名称的时候,你只是被困在了观念之中,这一观念强迫着你的思想,结果你便声称先有行动者、后有行动。可如果你真正格外仔细、近距离地、理性地去审视一下这一过程,你会发现,总是行动在先,这个带有预见中的结果的行动,制造出了行动者。你懂了没?假若行动带有某个预见的结果,那么当取得该结果的时候,就会产生行动者出来。如果你非常审慎地去思考一下这个问题，不抱持任何偏见，不去遵从，不试图去说服某人，不怀有某个预见的结果，那么，在这种思考中就没有思考者存在——有的只是思考。只有当你在自己的思考里寻求某个结果的时候，变得重要的就是你，而不是思考。或许你们有些人已经观察到了这一点。真正重要的是去探明，因为我们由此将会懂得如何展开行动。如果先有思考者，那么思考者就会变得比思想重要，一切哲学、习俗、当前文明的活动，全都是建立在这种假定之上的。但倘若思想在先，那么思想就比思考者重要得多。当然，它们是紧密相连的——若没有思考者，就不可能有思想；若没有思想，也不会有思考者。但我现在并不想要讨论这个，因为这样我们会偏离主题的。

所以，能否存在没有记忆的行动呢？这意味着，会有始终在革新的行动吗？唯一始终处于革新状态的，是没有记忆的屏障的行动。观念，无法带来不间断的革新，理由在于，它总是依照自身所受限定的背景对行动进行着修正。于是，我们的问题便在于，能否存在没有思想过程的行动呢？要知道，正是思想过程制造出了观念，而观念反过来又控制了行动。依我看，这是能够的。一旦你意识到观念无法带来解放，而是会妨碍行动，便能立即迎来没有思想过程的行动了。只要我懂得了这一点，我的行动就不会是建立在某个想法、念头之上，于是我将处于一种彻底革新的状态之中，结果也就能够建立起一个崭新的社会，这个社会永远都不会停滞，永远不需要被推翻和重建。我认为，你可以跟你的妻子、你的丈夫、你的邻居生活在一种不去遵从观念的行动之中。只有当你懂得了观念的涵义，观念是如何形成的以及是怎样塑造、影响行动的，那么你就能迎来新的社会了。塑造行动的观念，对行动是有害的。如果一个人求助于观念，将其视为带来集体的或个体的革新的手段，那么他的寻求将是徒劳。革新是持续的、永恒的，永远不会静止不动。观念带来的，不是革新，而是一种经过了修正、改良的持续性。只有并非基于观念的行动，才能带来变革。变革是持续不断的，因而始终在更新着。我这里有许多问题，我会尽可能多回答一些。

问：在您关于事物所做的规划里，权力居于什么位置？您是否认为人类事务可以在不受强迫的情形下运作呢？

克：你所说的"您关于事物所做的规划"是什么意思？很明显，你觉得我把生活置于某种模式之中。（笑声）请记住，这很重要，不要一笑而过。我们大多数人都怀有某种规划、某个蓝图，计划着生活应当怎样去依照马克思、佛陀、耶稣、商羯罗抑或联合国的主张去开展，我们逼迫生活进入到该模式之中。我们声称："这是最佳规划，让我们去适应它吧。"——这么做是荒唐至极的。要提防那个对生活有规划的人，任何追随他的人，都是在追随混乱和悲伤。生活，要比人类能够发明出来的任何规划广阔得多，所以规划是无法囊括浩瀚的生活的。

"权力居于何种位置？您是否认为人类事务可以在不受强迫的情形下运作呢？"有金钱带来的权力，有知识带来的权力，有观念的权力，还有技师拥有的力量，我们所说的是哪种权力呢？显然，我们指的是控制、支配的力量，这就是我们所谓的权力，对吗？每个人都渴望的力量，是我们在家庭里施加在妻子或丈夫身上的权力——我们唯一渴望的，是更大的控制、支配他人的力量。此外还有一种力量，那就是你给予领袖的权力。因为你十分困惑、混乱，于是你便把权威的缰绳交到了领袖手里，他指引你、控制你，或者你自己希望成为领袖，诸如此类。还有爱的力量、理解的力量、仁慈的力量、怜悯的力量、实相的力量。我们必须清楚地知道我们所指的是哪一种力量。有军队的力量，这是一种巨大的毁灭的力量，给人类带来恐怖的力量。还有某个强大的政府所具有的力量，或者某个强悍的人物所拥有的力量。仅仅掌握权力，相对而言是容易的。

权力，意味着操控、支配，你拥有的权力越多，你就会越邪恶——这一点通过历史已经是一再获得了证明。支配、影响、塑造、控制的力量，迫使他人按照权威想要他们所想来进行思考——显然，这是一种彻底邪恶、黑暗和愚蠢的力量。于是便有了富人在他的工厂里大摇大摆的权力，便有了野心之人在政府事务上的权力。很明显，所有这一切都是最为愚蠢的权力形式，原因在于，它支配、操控、塑造、歪曲着人类。还存在着所谓的爱的力量、理解的力量。爱是一种权力吗？爱会支配、扭曲、塑造人的心灵吗？如果它是这样的，那么它就不再是爱。爱、理解，真理，有自身的品质和特性，不会去进行强迫，所以它跟权力不处于同一层面。当所有这些强迫、权威、教条的观念都停止的时候，爱、真理或觉知便会登场。谦卑，并非是权威或权力的对立面，培养谦卑之心，是对权威、权力的渴望，只不过换了一身伪装罢了。

所以，世界上正在发生的情形是怎样的呢？政府的力量、国家的力量、领袖的力量、聪明的演讲家和作家的力量，被越来越多地用于去对人进行塑型，去强迫人沿着某个路径来思考，去教导他该思考些什么，而不是如何去思考。这已经成为了政府及其强大的宣传力量的职能——政府的宣传，便是无休无止地去重复某个观念，而观念或真理的重复将会成为谎言。由于我们的心灵和思想处于混乱与痛苦之中，于是我们便制造出了领袖，他们控制着我们，对我们进行着塑型，我们的政府也是如此。全世界都在上演着同一景象，即遵从军队的指挥，社会环境正在影响着我们去服从。你认为，通过强迫会带来理解与爱吗？依靠强迫，你会心怀善念吗？如果我是个独裁者，那么我能够强迫你怀有善念吗？因此，一旦把巨大的权力交给了那些能够有效行使它的人的手里，将会导致强迫，而强制无法让人类团结一体。

正像我在演讲里所阐释的那样，强迫是观念的产物。显然，一个被意识形态麻痹的人将会是不容异说的，是他带来了强迫的折磨。很明显，当有强迫的时候，就永远不可能出现人与人彼此之间的理解、爱与交流。没有社会能够建立在强迫之上，这样的社会，或许可以暂时在技术层面取得表面化的成功，然而人的内心却有着遭受强迫的痛苦，于是，就像一个被关在四面高墙之内的囚犯一样，他会始终寻求着解放、逃避和出路。所以，一个从外部去强制、塑造、逼迫个体的政府或国家，最后总会引发无序、混乱跟暴力，这便是世界上切实发生的景象。

于是，我们便强迫自己去遵从某个模式，把这个叫做训戒，实际上这是压制，压制给了你某种力量。然而，另外一个极端或者说对立面，就是不稳定，人的心灵、思维从一处转移到另一处，躲避着宁静的觉知的稳定。一个遭受强迫的心灵，一个为权力所困的心灵，永远无法懂得真爱。若没有爱，我们的问题就无法得到解决。你或许可以把觉知搁置起来，你或许可以在智识层面逃避这个，你或许可以聪明地修建起桥梁，但它们全都是短暂的。没有善念、慈悲、慷慨、仁爱，就一定会出现愈演愈烈的不幸与毁灭，因为，强迫并非是能够让人类团结在一起的粘合剂。任何形式的强迫，无论是外在的还是内在的，都只会导致更多的混乱与不幸。当前，我们在世界事务中所需要的，并不是更多的理念、更多的蓝图，更加伟大、更加优秀的领袖，而是善意、关怀、爱与仁慈。

所以，我们需要的，是一个心中有爱的人，一个仁慈的人——而这个人就是你，而非其他人。爱，不是指崇拜神灵，你可以膜拜一具神的石像或者是你关于神的概念，这是一种十分神奇的逃避的方法，逃避你那位残暴的丈夫或者唠叨的妻子，但这么做并不能解决我们的难题。爱是唯一的良方，爱是仁慈地对待你的妻子、孩子跟邻居。

问：我们为什么对彼此这样的冷漠无情呢，哪怕这包含了所有的痛苦？

克：我或你为何会对人类的痛苦无动于衷呢？我们为何对一个背负重物的苦力、一个抱着孩子的妇人漠然呢？我们为何会这样的冷漠无情呢？要想弄明白这个问题，我们就得认识为什么痛苦会让我们变得麻木。显然，正是痛苦使我们铁石心肠，因为我们不理解痛苦，我们对其漠然。如果我认识了痛苦，那么我就会对痛苦具有一种感受力，就会意识到一切事物，就不会只是考虑我自己的感受，而是会对我周围的人，对我的妻子、孩子、对某个动物、对乞丐都拥有一种感受力，都怀有一颗慈悲的心。然而我们并不希望去认识痛苦，逃避痛苦让我们麻木、迟钝，结果我们就有了铁石心肠。

先生，关键在于，当痛苦尚未被认识的时候，它就会让我们的心智变得麻木。我们之所以不认识痛苦，是因为我们想要通过上师、救主、酗酒或是其他上瘾的方法去逃避痛苦——用尽一切手段去逃避"当下实相"。于是，我们的庙宇、我们的教堂、我们的政治、我们的社会变革，都不过是在逃避痛苦这一事实。我们不关心痛苦，我们关心的是这样一个念头，即如何让痛苦得到缓解。我们关心的是念头，而非痛苦。我们不断地寻找着某个更好的观念以及如何将其实施——这么做实在是幼稚之极。当你感到饥饿的时候，你不会去讨论怎样吃的问题，你会说："给我食物。"——你不会关心这食物是谁带来的，是左翼还是右翼，抑或哪种意识形态才是最佳的。然而当你想要逃避对"当下实相"即痛苦的认知，那么你就会躲入意识形态里面去，这便是为什么我们的心灵已经从本质上变得迟钝、麻木、粗鄙、冷漠和残忍，虽然从表面看来是如此的聪慧。认识痛苦，要求洞悉一切逃避是何等的荒谬，无论是借助神灵还是通过酗酒来逃避。所有的逃避都是一样的，尽管从社会层面来说，每种逃避都可能有不同的涵义。一旦我去逃避痛苦，那么一切逃避就都处于同一层面了——不存在任何"更好的"逃避可言。

　　认识痛苦，并不在于探明原因何在。任何人都能够知道痛苦的原因——他自己的缺乏思考、他的愚蠢、他的狭隘、他的残暴，等等。但倘若我审视痛苦本身，并不渴望获得某个答案，那么会发生什么呢？由于我不去逃避，于是我便会开始去认识痛苦，我的心灵是警觉的、敏锐的，这意味着我变得敏感起来，变得富有了感受力，从而可以觉知到他人的痛苦。结果我便不再是冷漠无情的，进而怀有了仁慈，不单单只是对我的朋友们仁慈——而是对所有人都如此，原因是我能够敏锐地意识到痛苦。我们之所以冷漠，是因为对痛苦十分麻木，我们通过逃避而让自己的心灵变得感觉迟钝。逃避，提供了许多的力量，我们喜欢力量，我们希望拥有一台收音机、一部车子、一架飞机，我们希望拥有金钱以及享受无边的权力。可一旦你认识了痛苦，就不会再有权力，不会再有通过权力的逃避。当你实现了对痛苦的觉知，仁慈和友爱便将登场。友爱，要求至高的智慧。如果没有感受力，就无法拥有大智慧。

问：您难道不能培养一批追随者，对其正确地加以利用吗？您必须要独自为阵去发出您的声音吗？

克：你所说的追随者和领袖，是指什么意思呢？你为什么要去追随他人，为什么要制造出某个领袖来呢？如果你感兴趣的话，请仔细地思考一下这个问题。你什么时候会去追随他人？只有当你感到困惑、混乱的时候，当你不快乐的时候，当你感觉受到诋毁的时候，你才会去追随他人。你渴望某个人——某位政治、宗教或军事方面的领袖——来对你伸出援手，帮助你摆脱你的不幸。一旦你的心智是澄明的，一旦你实现了觉知，你就不会想要获得他人的指引了。只有当你自己身处混乱之中，才会渴望被人引导。所以，会发生什么呢？当你感到混乱之时，你如何能够清楚地察看呢？既然你无法清楚地审视，那么你就会选择一个同样处于困惑状态的领袖。（笑声）请不要发笑。这便是世界上正在发生的景象，这是一场大灾难。它可能听起来相当取巧，但实则不然。一个盲人，怎么可能挑选领袖呢？他只会选择自己周围的那些人。同样的道理，一个困惑不已的人，也只会挑选一个跟他自己同样混乱的人来当领袖。于是会出现怎样的情形呢？由于你的领袖自己也是困惑的、混乱的，于是他自然便会带领你走向更多的混乱、更多的灾难、更多的不幸。这就是全世界范围内上演的情形。看在老天的份上，先生们，请务必审视一下这个问题——它是你们的不幸。你们之所以会被带领着走向屠杀，是因为你们拒绝去审视问题，去清除自身混乱的根源。由于你拒绝去领悟到这一点，于是你便因为你的困惑、混乱制造出了那些聪明狡诈、对你们进行剥削的领袖们，因为，领袖跟你一样也在寻求着自我实现。结果，你对领袖来说成为了一种必需品，领袖对你亦是——这是一种相互的剥削。

所以，你为什么想要领袖呢？能否存在正确的领导呢？你和我可以帮助彼此去扫除我们自身的混乱与困惑——这并不表示我要成为你的领袖，你要变成我的追随者，抑或我是你的上师，你是我的学生，我们仅仅只是帮助彼此去认识那存在于我们自己心智中的混乱。只有当你不再渴望去认识混乱的时候,你才会逃离它,尔后你便会求助于他人、求助于某个领袖或上师。但如果你希望去认识它,那么你就应该去审视人类所共有的不幸、痛苦、负担与孤独。唯有在你不去试图找到某个解答、某个摆脱混乱的法子时,才能够清楚地审视人类的那些难题。你之所以察看它,是因为混乱本身会导致痛苦,于是你渴望去认识它。一旦你实现了觉知,将混乱清除掉了,你便会如空气一般自由,真爱之花便会在你的心中绽放开来,你不会再去追随他人,你将不会有任何领袖,尔后会迎来一个真正平等的社会,不再有阶级、等级和特权。

先生们,你们并不是在寻求真理,你们试图想要找到解决某些难题的方法,这正是你们的不幸。你希望领袖来指引自己,来把你拉一把,来强迫你、让你去遵从——这无可避免地会走向毁灭、走向更大的痛苦。痛苦便是直接在我们面前发生的事情,但我们却拒绝去审视它,我们渴望拥有"对的"领袖——这种做法实在是太过幼稚了。在我看来,一切领导都说明了社会的退化和堕落。团体中的领袖,是一种破坏性的因素。(笑声)请不要一笑了之,不要把问题忽略而过——仔细地探究一下它吧。这是一个非常严肃的问题,尤其是在现在,世界正站在悬崖的边上,正在迅速地分崩离析,仅仅找到另外一位领袖、一个新的丘吉尔、一个更加伟大的斯大林、一个不同的神灵,根本就是徒劳。原因在于,一个困惑、混乱的人,只会依照自己那颗困惑不已的心灵的指示去进行选择。所以,寻求领袖,无论是正确的还是错误的领袖,都毫无益处。你必须要做的,是清除掉你自己的混乱。只有当你认识了自我,方能消除混乱。一旦你着手去认识你自己,便能迎来澄明。如果没有认识自我,就无法摆脱混乱获得自由;如果没有认识自我,混乱就会像波浪一般最终将你席卷而去。因此,对那些真正抱持严肃、热切的态度的人们来说,应当从自身开始入手,不要去寻求解脱或逃避混乱,这是格外重要的。在你认识了混乱的那一刻,你便摆脱了它的制约。

问:在宗教、理论、观念和信仰中将会找到真理的颗粒。有什么正确的方法可以把它们区分出来呢？

克： 谬误即谬误，通过寻求，你无法去伪存真。你必须把谬误当作谬误来看待，唯有如此，才会不再有谬误存在。你无法在谬误中寻求真理，但你可以把谬误视为谬误，尔后你便能够摆脱其制约获得自由。先生，谬误如何能够包含真理呢？无知、黑暗，怎么可能包含觉知、光明呢？我知道我们希望如此，我们喜欢认为我们身上某处地方怀有永恒、光明、真理、虔诚，所有这些都无知掩盖住了。只要有光明，就不会存在黑暗；只要有无知，就会始终是无知，而永远不会是觉知。因此，只有当你我把谬误视为谬误来对待，也就是说，只有当我们懂得了关于谬误的实相，这意味着不要处于谬误之中，才能迎来自由。我们的成见、我们的局限，使我们无法把谬误作为谬误来对待。让我们从认识这一点开始着手吧。

现在，问题在于，宗教、理论、理想、信仰中难道没有蕴含着真理吗？让我们来一探究竟好了。我们所说的宗教是指什么意思呢？显然，不是组织化的宗教，不是印度教、佛教或基督教——这些全都是组织化的信仰及其宣传、皈依、改宗、强迫，诸如此类。组织化的宗教里面有真理存在吗？它或许可以将真理吞没、席卷，但组织化的宗教本身并非实相。因此，组织化的宗教是一种谬误——它导致了人与人之间的隔阂。你是穆斯林，我是印度教教徒，他是基督徒或佛教徒——我们彼此争吵、屠杀。这里面会蕴含真理吗？我们并没有把宗教作为对真理的追求来讨论，但我们要思考一下，组织化的宗教中是否存在着真理。我们受到了组织化的宗教的限定，以为它里面蕴含着真理，以至于我们开始相信，如果一个人自称为印度教教徒，那么他就是重要人物，又或者他会找到神。先生，这是何等的荒谬啊！要想发现神、发现实相，就必须怀有美德。美德便是自由，唯有通过自由，方能探明真理——而不是当你被困在组织化的宗教及其信仰的手里时。理论、理想、信仰里面有真理吗？为什么你怀有信仰？很明显，原因是信仰向你提供了安全、慰藉、保护和指引。你内心感到惊恐，你渴望获得保护，你想要依靠在某个人的身上，结果你便制造出了理想，它妨碍了你去认识实相，于是理想就成为了行动的绊脚石。

先生，当我是个暴力之徒的时候，我为何想要去追求非暴力的理想呢？一个显而易见的原因便是，我希望逃避暴力。我培养起非暴力的理想，是为了不去直面和认识暴力。我干吗要去渴望理想呢？它是一种阻碍。假如我想要认识暴力，那么我就必须试着去直接地理解它究竟是什么，而不是通过某个理想的屏障。理想是虚幻的，妨碍了我去认识自己的本来面目。如果你更加仔细地审视，就会懂得这一点。假若我是个暴力之人，那么，要想认识暴力，我就不应该希望有某个理想，要想审视暴力，我就不需要某个向导。但我喜欢暴力，它让我有一种力量感，我将继续处于暴力的状态，尽管我用非暴力的理想来把它给掩盖起来。因此，理想是虚幻的，压根儿就不存在。它只存在于头脑之中，它是一种要获得的念头，与此同时我依旧可以是暴力的。所以，理想就像信仰一样，是不真实的、虚假的。

那么我为何还渴望去信仰呢？显然，一个理解了生活的人是不会想要怀有信仰的，一个心中有爱的人不会抱持任何信仰——因为他懂得真爱的涵义。只有一个被智识消耗殆尽的人，才会怀有信仰，因为智识总是在寻求着安全与保护，总是在逃避危险，于是它建立起了观念、信仰、理想，它在这些事物背后寻求着庇护。假若你直接地去应对暴力，会发生什么呢？你将会成为社会的一种危险，心灵预见到了危险，因此它说道："我十年后将会达至非暴力这一理想。"这是一种虚幻的、虚假的过程。所以，理论——不是指数学或其他学科理论，而是指当关系到我们人类的心理难题时所出现的理论——理论、信仰、理想，之所以是虚幻的，是因为它们妨碍了我们去看待事物的本来面目。认识"当下实相"，要比制造和遵从理想重要得多，原因在于，理想是虚幻的，"当下实相"则是真实的。认识"当下实相"，需要拥有巨大的能力，需要一颗敏捷的、不怀偏见的心灵。正是因为我们不愿意去直面和认识"当下实相"，所以才会发明出许多逃避的方法，并将它们美其名曰为理想、信仰、神。很明显，只有当我视虚幻为虚幻，我的心灵才能够去洞悉真实。一个在虚幻中倍感迷惑的心灵，永远无法寻找到真理。因此，我应该认识到我的各种关系、我的理念以及与我相关的事物中，究竟哪些是虚假的，因为，感知真实，要求认识虚假。如果没有消除掉无知的根源，就不可能迎来开悟，当心灵还处于蒙昧状态的时候，寻求开悟是毫无意义的。所以，我应该着手去认识在我与观念、人和物的关系中哪些是虚幻的。一旦心灵洞悉了虚幻，就将迎来真实，尔后便能拥有狂喜和幸福。

（第五场演说，1948年8月1日）

认识"当下实相"，心灵要处在不做评判、不予谴责的状态

在我们见面的这几次里，我们一直在讨论有关转变的问题。单单转变本身，就可以带来革命，在世界事务中，革命是必需的。正如我们所见，世界同你我并不是分开的——世界是我们制造出来的，我们是世界的产物，我们即世界。所以，转变必须得从我们自己入手，而不是从世界开始，不是从外部的立法、蓝图等等开始。每个人都应当意识到这种内在转变的重要性，这是必需的。内在的变革，将会带来外部的革新。没有内在的转变，仅仅改变生活的外部环境，将会意义甚微。正像我们所说的那样，若没有认识自我，就无法出现这种内在的变革。认识自我，是指了解自身的全部过程，了解一个人自身思想、感受和行动的方式。如果没有实现对自我的认知，就没有基础去展开更为广阔的行动。因此，认识自我是重中之重。一个人显然应该着手在其所有的行动、思想和感受中去认识自己，因为，自我、心灵、"我"是如此的复杂和微妙。如此之多的强迫被施加在心灵、"我"之上，如此之多的影响——种族的、宗教的、国家的、社会的、环境的影响——在塑造着它，以至于，若想紧跟心灵

的每一步，若想分析它的每一个印痕，是相当困难的。如果我们漏掉了一个，如果我们没有做出适当的分析，漏掉了一步，那么整个分析的过程就将失败。所以，我们的问题在于认识自我、"我"——并非仅仅只是"我"的某个部分，而是思想的全部领域，思想即"我"的反应。我们必须理解记忆的所有领域，一切思想都源于记忆，无论是有意识的还是无意识的。所有这些便是自我——暗藏的和公开的、做梦的人与他所梦到的内容。

单单认识自我，便能够带来彻底的变革与新生。若想实现对自我的认知，就得怀有认识其全部过程的意图。个体的过程，同世界、集体的过程并不是对立的，无论这个词语可能有何涵义。因为，大众与你并不是分开的——你即大众。所以，若想了解这一过程，就必须怀有认识"当下实相"的意图，就必须去紧跟你的每一个想法、感受和行动。认识"当下实相"绝非易事，原因在于，"当下实相"从来不是静止不变的，它始终处于运动之中。"当下实相"就是你的本来面目，而不是你希望自己成为的样子，它不是某个理想，因为理想是虚幻的，它实际上是你每时每刻的所思、所感、所行。"当下实相"即真实，认识真实，需要觉知，需要一颗警觉、敏锐、迅捷的心灵。但倘若我们开始去谴责"当下实相"，倘若我们开始去责备它或抗拒它，那么我们就无法认识其运动了。如果我希望去了解某个人，我就不可以对他予以责难——我应该观察他、研究他，我应该热爱我所探究的事物。倘若你了解一个孩子，你就得爱他而不是谴责他，你就得同他一道玩耍，观察他的每时每刻、他的特性、他的行为方式。可如果你仅仅是去谴责、排拒或责备他的话，那么你就无法实现对这个孩子的真正了解。同样的，一个人若想认识"当下实相"，就必须观察自己每时每刻的思想、情感和行为，这便是实在。任何其他的行为，任何理想化的或意识形态化的行为，皆非实在，只不过是一种虚幻的渴望——渴望成为那个理想化的自己，而不是真实的你自己。

认识"当下实相"，需要心灵处于一种不做评判、不予谴责的状态，这意味着心灵必须是机敏的，无为的。当我们真正渴望去认识某个事物的时候，便会处于这种状态。在你兴致盎然时，心灵就会进入这一状态。只要一个人萌发了认识"当下实相"、认识心灵真实状态的兴趣，那么他就无需去强迫、约束或控制它。相反，心灵会处于一种无为的机敏和警觉的状态。如果我想要认识一幅画或一个人，那么我就得抛下自己所有的成见、预先构想的观念以及所受的正统的或其他的训练，然后对这幅画或这个人展开直接的研究。当你怀有兴趣，当你怀有认知的意图，这种觉知的状态便会出现。

接下来的疑问是，转变是一个时间的问题吗？我们大多数人都习惯于认为，时间对于转变来说是必需的——我是某个样子的，将现在的我改变成我应当成为的样子，需要时间。我很贪婪，并带有贪婪会导致的诸如混乱、敌对、冲突和痛苦等结果。假如想要转变成不贪婪，我们认为需要时间。也就是说，时间被认为是转变成某种更加伟大的事物的手段，是一种变成怎样的手段。你明白这个问题了吗？问题是这样的：一个人残暴、贪婪、善妒、易怒或邪恶，要改造"当下实相"，是否需要时间呢？首先，为什么我们想要去改造"当下实相"或者带来某种转变呢？原因何在？因为我们的本来面目令我们不满意，它制造了冲突与混乱。由于不喜欢这一状态，于是我们想要某种更优秀、更高尚、更理想化的事物。我们之所以渴望有所转变，是因为有痛苦、不适与冲突。

冲突是否可以经由时间来予以克服呢？假如你声称时间能够克服冲突，那么你便仍然处于冲突的状态。意思便是说，你或许可以主张要耗费二十天或二十年的时间来消除冲突，来改变你的本来面目，然而在此期间内你却依然处于冲突之中，所以时间并不会带来转变。当我们把时间当作了一种手段，以此来获得某种品性、德行或存在状态，那么我们就只是在拖延或者躲避"当下实相"。我觉得，认识到这一点尤为重要。贪婪或残暴，给我们与他人的关系的世界即社会带来了痛苦和混乱。由于意识到了这种混乱的状态即我们所谓的贪婪或残暴，于是我们便对自己说道："总有一天我将摆脱掉它，我将做到不暴力，我将做到不嫉妒，我将步入宁静之境。"你之所以渴望做到非暴力，是因为暴力是一种混乱、冲突的状态。你认为，你能够在某个时候达到非暴力的状态，克服冲突。实际上发生的情形又是怎样的呢？因为身处冲突之中，于是你便想要达至一种没有冲突的状态。那么，这种没有冲突的状态，是否是时间、是持续的结果呢？答案显然是否定的，原因在于，当你达到了一种非暴力的状态时，你却仍然是残暴的，因而也就依然处于冲突之中。

所以，我们的问题便是：冲突、混乱，能否在一段时间内，比如几天、数年或者一生当中被克服呢？当你声称"我将在一段时间后做到不暴力"，会发生什么呢？这个所谓的不暴力的实践，恰恰说明了你处于冲突之中，难道不是吗？如果你没有在抵制冲突，也就不会去实践了。你声称，抵制冲突是必需的，以便去克服冲突，而为了这一抵制，你就必须得拥有时间。然而，这种对冲突的抵制本身，便是一种冲突的形式。你将精力花费在了对冲突即你所谓的贪婪、善妒或残暴的抵制中，可你的心灵却仍然处于冲突的状态。所以，必要为明白以下做法是错误的：即把时间当作克服暴力的手段去依赖，并以为由此可以摆脱该过程。认识到这一点十分重要，尔后你就能够做真实的自己了，因为心理上的混乱便是暴力本身。

想要认识任何事物，认识任何有关人类的或科学的问题，什么是重要的，什么是必需的呢？一个宁静的心灵，不是吗？一个执意要去认识事物的心灵。它不是排他性的，不会试图集中于某个中心——试图去集中又会陷入到一种抵制的努力之中。如果我真的想要认识某个事物，那么我的心灵便会立即进入到一种宁静的状态。当你渴望去聆听一段你所钟爱的音乐，或者观赏一幅令你倾心的画作，你的心灵是一种怎样的状态呢？立即会步入宁静，不是吗？当你侧耳聆听那动人的音乐时，你的心灵不会四处游走，你只是在聆听。同样的，当你想要去认识冲突的时候，你就不要再去依赖时间，你只要简单地面对"当下实相"，面对处于冲突之中的自己，尔后你会立即迎来心灵的安宁与静寂。当你不再把时间当作一种改造"当下实相"的手段去依赖，因为你看到了该过程的荒谬性，尔后你面对着"当下实相"，由于你怀着浓厚的兴趣想要去认识"当下实相",所以很自然地你便会拥有一颗宁静的心。对自我的认知,就存在于这种机敏而无为的心灵状态中。只要心灵处于冲突中——责难、抵制和谴责——就无法实现了悟。很显然,倘若我想要了解你,那么我就不应该对你予以指责。正是这种宁静的心灵,带来了自我的革新。假如你真的对这一问题展开探究,那么你会发现,只要心灵不再去抵制、躲避、抛弃和责备"当下实相",而是仅仅保持一种无为的觉知,那么,在这种心灵无为的状态中便会迎来转变。

因此,转变并不是时间的结果——它来自于一个宁静的心灵,一个稳定、静寂、平静的心灵,一个处于无为状态的心灵。当心灵寻求某个结果的时候,它就不是无为的。只要心灵希望去转变、改变或修正本来面目,它就会去寻求一个结果。但倘若心灵怀抱认识"当下实相"的意图,并因而处于静寂的状态,那么你会发现,在这种静寂中,将会实现对"当下实相"的认知,从而带来转变。当我们面对着某个自己感兴趣的事物时,就会这么去做了。观察你自己,你将看到这一不同寻常的过程在上演。当你对某个事物怀有兴趣的时候,你的心灵便会处于宁静之中,它不会沉沉睡去,它会格外地警觉、敏锐,从而能够接受到那些线索和暗示。正是这种静寂、这种无为的机敏和警觉,带来了转变。这并不表示要把时间当作一种转变、修正或改变的手段。

革新唯有在当下才是可能的,而不是在未来。新生就在今天,而非明日。假如你对我所说的话进行检验,将发现立刻会迎来新生,立刻会出现一种崭新的、新鲜的特质。当心灵萌发兴趣的时候,当它渴望或者有意图去了解事物的时候,它会是静寂不动的。大多数人的困难在于,我们并不怀有认识事物的意图,因为我们担心,一旦我们认识了它,那么它便会给我们的生活带来变革,于是我们就对其加以抵制。只要我们把时间或者某种理想作为逐步转变的手段,这种防御性的心理机制就会开始发挥作用。

所以,革新只在当下才有可能,而不是在未来,不是在明日。假如一个人把时间当作一种手段来依赖,以为凭借着时间自己便能获得幸福或者认识真理、神，那么他就只是在自欺欺人罢了。他生活在无知之中，因而也就身陷冲突。倘若一个人领悟到，时间并非是带领我们摆脱困境的途径，并因而摆脱了这一谬误，那么这样的人自然就会怀有认识自我的意愿。同时，他的心灵是宁静的，没有任何的强迫或实践。当心灵处于静寂的状态，不去寻求任何答案或解答，既不去抵制也不去躲避——唯有在这时，才可能迎来新生。原因是，此时的心灵已有能力去感知真理，而能够引领我们走向解放的，正是真理，而不是你为了得到自由所做的种种努力。

我将要回答向我提出的一些问题。

问：您多次谈到，必须得时刻保持机敏。我发现，我的工作使我变得极为迟钝、呆板，以至于，工作一天后谈论保持机敏的状态，就犹如伤口上撒盐一般。

克：先生，这是个十分重要的问题。请让我们一道仔细地探究一下该问题吧，看一看它所包含的意思。我们大部分人，都因我们所谓的工作、职业、例行公事而变得麻木、呆滞。那些热爱工作的人，那些出于必需而被迫去工作并且发觉工作令其变得麻木的人——他们都是迟钝的。热爱自己的工作同抗拒工作的人，都被弄得迟钝起来，不是吗？一个热爱自己工作的人——他会做些什么呢？他从早到晚都在想着他的工作，他的全部时间几乎都被工作占据了。他对自己的工作如此的认同，以至于无法正确地审视它——他自己就成为了工作、行动本身。这样的一个人，会出现怎样一番景象呢？他活在一个笼子里，他同自己的工作活在一种孤立隔绝的状态中。在这种封闭的状态下，他或许会变得格外聪慧、善于发明创造、技艺精湛，但他依然是隔绝的。他之所以会变得迟钝，是因为他把工作以外的事情统统排斥在外了。结果，他的工作成为了一种对生活的逃避——逃避他的妻子，逃避他的社会职责，逃避无数的要求，等等。还有另外一种人，这种人就像你们大多数人一样，被逼迫着去做某样自己并不喜欢的事情，并且对此加以抗拒。他是工厂里的工人、银行职员、律师或是其他各行各业的人。

那么,究竟是什么东西让我们变得迟钝、麻木的呢?是工作本身吗?还是我们对于工作的抗拒?抑或是因为我们逃避着其他施加在自己身上的影响呢?你明白这个问题了吗?我希望我阐释清楚了。意思便是说,一个热爱自己工作的人,会用工作把自己包围起来,会完全陷入到工作之中,以至于工作成为了一种沉迷、一种瘾,于是他对工作的热爱也就变成了对生活的逃避。一个抗拒工作的人,一个希望自己可以从事其他事情的人——他排斥、抗拒自己正在做的事情,从而陷入到了一种永无休止的冲突之中。因此,我们的问题在于:工作是否让心灵变得愚钝呢?抑或,愚钝是因为一方面抗拒工作,一方面又利用工作来逃避生活的影响和冲突呢?也就是说,是行动、工作让心灵变得迟钝的吗?还是逃避、冲突与抗拒让心灵如此的呢?显然,让心灵愚钝的绝非工作,而是抗拒。如果你不去抗拒,而是坦然地接受那份工作,那么会发生什么呢?工作不会让你变得愚钝、麻木,因为你的心灵只有一部分在从事那份你不得不去做的工作,你的其他部分,那些无意识的、潜藏的部分,则忙于你真正感兴趣的想法,结果也就不会出现任何冲突。

这可能听起来相当复杂,但倘若你仔细地探究一下,会发现,让心灵变得愚钝的,不是工作,而是你对工作或生活的抗拒。举个例子,你不得不去干某份会耗时五六个小时的工作,假如你说:"这事儿真是讨厌死了,真是糟糕透了!我希望自己可以干些别的事儿。"那么你的心灵显然就会抗拒、排斥那份工作。你的部分心灵希望你可以从事其他的事情。这种因抗拒、排斥而出现的界分,导致了心灵的迟钝,原因是,你正在浪费地使用着自己的努力,你希望自己能够从事别的事情。假若你不去抗拒,而是做着必须的事情,那么你会说道:"我不得不谋生,我将以正确的方式来养家糊口。"不过,正确的谋生并不意味着你得成为军人、警察或是律师,因为他们的繁荣是建立在争辩、混乱、狡诈、托辞等等之上的。这本身是一个相当困难的问题,如果时间允许的话,或许我们可以稍后来讨论一下。

所以，当你忙于某件为了养家活口而不得不去做的事情，那么，如果你去抗拒它，你的心灵显然就会变得迟钝和麻木起来。因为，这种抗拒就像是一边踩刹车、一边发动引擎。这可怜的机器会发生什么情形呢？假如你驾驶着一部车子，一旦你不停地踩刹车，你知道会发生什么——你不仅会让刹车坏损掉，而且还会使引擎报废。当你抗拒工作的时候，你实际上就是在这么做。但倘若你坦然接受自己不得不去做的事情，并且尽可能理性地、充分地去从事它，那么又会出现怎样的情形呢？由于你不再去抗拒，于是你的意识的其他层面就会变得积极能动起来，不会去管你正在做的事情，你只是让意识关注你的工作，而潜意识、心灵暗藏的部分则忙于其他更有活力、更有深度的事情。尽管你面对着工作，但潜意识会接手、运作起来。

若你展开一下观察，那么你的日常生活里实际上演的何种景象？比如，你感兴趣的是寻觅到神，是心灵的宁静祥和，这是你真正有兴趣的事情，你的意识和潜意识都在忙于这件事儿——忙于去找到幸福，发现实相，过一种正确、优美、澄明的人生。可是你不得不养家糊口，因为人不能活在孤立隔绝的状态——也就是说，人必须活在关系之中。因此，由于你关注于心灵的宁静，既然你日常生活里的工作干扰到了这个，所以你便对工作十分抗拒。你说道："我希望自己有更多的时间去思考，去冥想，去拉小提琴。"——抑或其他的事情。当你这么做的时候，当你仅仅只是去抗拒你不得不从事的工作时，这种抗拒就将浪费掉你所付出的努力，从而让心灵变得迟钝和麻木。可如果你意识到我们全都在干着各种各样必须要做的事情，比如写信、谈话、清扫牛粪或是其他事——并因此不再去抗拒，而是说"我必须得做那份工作"，那么你就会心甘情愿地去做事，不会再感到无比厌倦。一旦你不做任何抗拒，那么，在工作干完的那一刻，你将发现心灵会处于宁静祥和的状态。因为，潜意识、心灵的一些更深的层面，关注于宁静。你将发现，宁静开始登场。所以，可能成为例行公事的行动、可能让人毫无兴致的行动，同你对实相的追求，这二者之间不存在界分。只要心灵不再去进行抵制，只要心灵不再因为抗拒而变得愚钝，那么上述二者就会是融洽的、共处的。正是抗拒，导致了心灵的宁静同行动之间的界分。抗拒，是建立在某个观念之上的，抗拒，无法带来行动。唯有行动才能带来解放，而不是对工作的抗拒。

所以，重要的是认识到，心灵因为抗拒、因为谴责、责难、逃避而变得麻木、愚钝。当不做任何抗拒的时候，心灵就不会迟钝了。当不去责备、谴责的时候，心灵就是鲜活的、活跃的。抗拒，只不过是隔绝，一个有意无意始终在封闭自己的人，他的心灵会因为抗拒而走向愚钝。

问：您爱您谈话的对象吗？您爱这愚钝、丑陋的大众吗？爱这些奇形怪状的脸孔、陈腐的欲望、记忆以及许多欲求无度、糜烂的生活所散发出来的阵阵恶臭吗？没有人会爱他们。是什么使得您如此辛劳，尽管您显而易见也可以理解地对此深恶痛绝？

克：先生们，并没有什么在你们看来显而易见、可以理解的深恶痛绝。我没有感到厌恶，我看待它，就像看待一个事实一样，事实永远不会丑陋。当你认真谈话的时候，一个人可能会挠他的耳朵，或是抖腿，或是东张西望。对你来说，你就只是去观察这个——这不代表你是厌恶的，不代表你希望去逃避或者你憎恨这个事实。气味就是气味——你只是去闻它，明白这一点尤为重要。把事实当作一个事实来看待，这是一种重要的实相。然而，一旦你去懊悔或躲避它，给它起个名称，给予它某种情感的涵义，那么显然就会出现厌恶、躲避，尔后也就会予以排拒。这压根儿不是我的态度，我担心这位提问者对我有所误解。这就仿佛看见一个人穿着红色的纱丽或是白色的外套，可如果你赋予了这红色和白色情感涵义，说这个美丽、那个难看，那么你就是被吸引或者感到厌恶。

这个问题的关键在于：我为什么要发表演说？如果我热爱这些"有着奇形怪状的脸孔、陈腐的欲望和记忆、过着欲求无度的糜烂生活"的人们，那么我为什么筋疲力尽呢？这位提问者声称，没有人会爱这样的人。那么，是一个人爱大众，还是说有爱存在呢？爱是否并不依赖于人存在？是你热爱人们，还是说一个人处于爱的状态呢？你明白我的意思没有？如果我说"我爱人们"，辛勤劳作、不停地发表讲话让自己筋疲力尽，那么人们就会变得十分重要，而不是爱。也就是说，假若我有意图向你们传递某个信仰，从早到晚辛勤地忙于此事，因为我认为，只要你相信了我的这套准则，我就可以让你变得幸福，那么，我所热爱的就不是你，而是准则、信仰。尔后我会忍受一切丑陋，"陈腐的欲望和记忆，散发阵阵恶臭的氛围"，我认为它是整个例行公事中的一部分，我成为了我的信仰的殉道者，我觉得这一信仰将会对你有所裨益。所以，我爱的是我的信仰，由于我的信仰是我的自我投射，因此我爱的便是我自己。毕竟，一个人如果热爱某个信仰、理念、规划，那么他就会把自己与那一准则进行认同，该准则是他的自我投射。很明显，他永远不会去认同某个他并不赞成的事物。如果他喜欢我，那么这种喜爱就是他的一种自我投射。

倘若我说这话并不带个人意图，对我而言它就会截然不同了。我并不是在试图让你转换信仰，劝诱你改宗，或是进行宣传以反对某个宗教。我只是在陈述事实，因为我觉得，认识了这些事实，就能帮助人们更加幸福地生活。当你热爱某个事物的时候，当你爱着某个人的时候，实际上是处于怎样的状态呢？你是在爱着这个人呢，还是身处一种热爱的状态呢？显然，只有当你并不处于爱的状态时，那个人才会吸引你或令你厌恶。一旦你身处爱的状态，就不会有丝毫的厌恶了。这就好像有一朵花儿正散发着芬芳，旁边有一头牛可能在排泄，但这花儿依然是一朵香气怡人的花朵。然而，一个人经过，看到花儿旁边的牛粪，就会对这一切另眼相看了。先生，这个问题里包含着吸引和厌恶的全部问题。我们希望被吸引，也就是说，希望自己去认同某个愉悦的事物，躲开那丑陋的。但倘若你只是把事物当作其本身去看待，那么事实就永远都不会是丑陋的或令人厌恶的——它就只是一个事实罢了。一个心有所爱的人，被他的爱吞噬掉了，他不会去关心人们是否有"奇形怪状的脸孔，陈腐的欲望和记忆"。先生们，你们难道不明白吗？只要你爱着某个人，那么实际上你是不会太在意此人长得如何的，脸孔是美丽还是奇形怪状。只要有爱，你就不会关心这些，尽管你观察到事实，但事实不会让你感到厌恶。只有空虚的心灵、陈腐的心灵，才会让人感到厌恶或被吸引，而不是爱。只要一个人心中怀有爱，就不会有什么"像奴隶一样辛劳"了。更新、鲜活、快乐——不在谈话里，不在洋洋洒洒说一通里，而在爱的状态本身里。当一个人心中无爱的时候，所有这些东西就变得重要起来——你究竟是富有吸引力还是令人厌恶，脸孔究竟是奇形怪状还是美丽无比，等等。

所以，为什么我要"如奴隶一般辛劳"并不重要。我们的问题在于，我们心中没有爱。我们的心灵如此空虚，如此愚钝、麻木、疲倦，于是我们便寻求着用脑力或体力的产品去填补这种空虚，抑或，我们反复念诵经文、颂歌、做礼拜。这些事情并不能够让心灵变得充实起来，相反，它们会清空心灵所拥有的一切。只有当心灵处于宁静之中，它才能够被填满，才能够获得充实。只要心灵不去制造，不去虚构，不被困在观念之中——唯有此时，它才会是鲜活的。尔后，一个人将会懂得，握住他人的手会带来温暖和充实，这句话究竟是何涵义了。

问：难道所有的爱抚不都是性吗？所有的性，难道不是一种通过阐释和交换的新生吗？仅仅爱的眼神的交流，同样是一种性行为。为什么您要把性同我们生命的空虚联系起来，从而对性大放厥词呢？空虚的人懂得性吗？他们只晓得排泄。

克：我担心，只有空虚的人才懂得性，因为，那样性就成为了一种逃避、一种单纯的释放。我把那心中无爱的人叫做空虚之徒，对他来说，性变成了一个难题，一件去逃避或沉溺的事情。当头脑被自己的想法、虚构的东西充斥着，变得机械化的时候，它便会走向空虚。因为头脑是满的，于是心灵便是空的，只有空虚的心灵才知道性。先生们，你们难道没有注意到吗？一个满怀关爱之情的人，一个温柔、仁慈、体谅他人的人，不会为性所困。一个满腹经纶的人——知识与智慧是不同的——一个怀有规划的人，一个渴望去拯救世界的人，一个脑子里满是思考的人——只有这样的人才会为性所困。他的生活是肤浅的，他的心灵是空虚的，于是性就变得重要起来——这便是当前文明中所发生的景象。我们已经过度地培养了我们的智力，心灵被困在自己的创造物比如收音机、汽车、机械化的娱乐、技术知识以及它所沉溺的各种上瘾的事物里面。当这样的心灵被困时，只有一样东西可以让它得到释放，那便是性。

先生们，看一看我们每个人身上发生的情形吧，不要去看其他人。审视一下你自己的生活，你会发现你是如何被困在这个问题里的，会发现你的生活是何等的空虚。先生们，你们的生活是怎样的呢？狡诈的、乏味的、空虚的、麻木的、疲惫的，不是吗？你们去往自己的办公室，干活，念诵颂歌，做礼拜。当你身处办公室的时候，你感到压抑、麻木，你不得不例行公事。在宗教领域，你变得机械、呆板，仅仅是在接受权威。于是，在宗教领域里，在商业的世界里，在你的教育、你的日常生活里，实际上演的是怎样一番情形呢？你的生命处于一种没有丝毫活力、创造力的状态，不是吗？你不快乐，你毫无生机，你无法高兴起来。无论是宗教、经济、社会还是政治层面，你都是迟钝的、备受管制的，不是吗？这种管制，源于你自己的恐惧、希冀和挫败。对于一个如此受困的人来说，不会有丝毫的解放，于是他自然便会求助于性，将其视为一种释放的手段——他会让自己沉溺其中，他会在性里面去寻找幸福。结果，性就变得自动化、习惯化、公事化，这同样是一种让人走向迟钝和堕落的过程。如果你去审视一下，如果你不去试图逃避它，如果你不去试图为其寻找借口，那么你会发现，实际上这便是你的生活。事实情况是，你没有生机、活力、创造力。你或许会生儿育女，生养无数的孩子，但这并不是一种富有创造力的行为，而是生命存在的偶然性行为。

因此，如果心灵不处于机敏、富有生机的状态，如果心灵没有充满关爱之情，如果心灵是不充实的，那么它怎么可能富有活力和创造力呢？缺乏创造力的你，通过性、通过娱乐、通过看电影、去剧院、通过作为一个观众去看其他人表演或比赛来寻求获得刺激。其他人在描画风景或是跳舞，而你自己却只不过是个观众，这不是创造力。同样的，世界上之所以出版这么多的书籍，是因为你仅仅只是去阅读它们，你不是一个创造者。只要没有创造力，那么就只有借助性来得到释放，于是你便把你的妻子或丈夫变成了卖淫者。先生们，你们根本不知道这一切的涵义、邪恶与残忍。我知道你们会感到不适。你并没有在思索这个问题，你把心智的大门关上了，结果性就成为了现代文明里的一个大问题——要么是乱交，要么是婚姻中机械化的性释放的习惯。只要你的生命并未处于一种富有创造力的状态，那么性就会始终是一个难题。你或许可以使用避孕措施，你或许可以采纳各种实践行为，但你并没有摆脱性的束缚获得自由。升华并不是自由，压抑不是自由，控制也不是自由。只有当慈爱之花绽放的时候，只有当心中怀有真爱的时候，方能迎来自由。爱是纯净的，当它缺失之时，你试图通过性的升华来变得纯净，殊不知这种做法是愚不可及的。有净化作用的因素是爱，而不是你那想要变得纯净的渴望。一个心中有爱的人就是纯净之人，尽管他可能是有性欲的。若没有爱，性就会成为一个大问题，就像今天它在你们生活里的情形一样——变成了一种例行公事，一种丑陋的过程，一个被逃避、忽视、废除或是沉溺的事情。

所以，只要你没有实现富有创造力的解放，那么性的问题就会一直存在下去。如果你接受权威，无论是传统的权威、圣典的权威还是神职人员的权威，那么你就不会拥有一丝创造力。原因在于，权威是一种强迫、扭曲和妨碍。只要有权威存在，就会出现强迫。你之所以会接受权威，是因为你希望通过宗教来得到安全与确定。只要心灵寻求着安全，智力上的或宗教层面的安全，就不可能实现富有创造力的觉知，不可能获得饱含生命力的释放。心灵、机械化的心灵，总是在寻求着安全，总是在渴望得到确定。心灵始终从已知移向已知，单纯地培养智力、头脑，并不是解放。相反，智识只能够领悟已知，永远无法洞悉未知。所以，通过越来越多的知识、越来越多的技术去培养智力，并不是在获得创造力。一个渴望变得富有创造力的心灵，必须抛下想要得到安全的渴望，即想要找到权威的渴望。只有当心灵摆脱了已知的制约，只有当心灵挣脱了想要获得安全与确定的渴望，真理才会登场。然而，看一看我们的教育——仅仅为了通过考试从而谋到一份工作，为了能在你的名字后面加上几个字母。教育变得如此机械化、如此刻板和单调，只不过是在培养智力，也就是记忆，而这种方法是不会获得自由的。

结果，无论是社会、宗教还是其他任何领域，你都被围困住了，都被束缚住了。因此，假若一个人希望解决性的问题，那么他就得摆脱掉他自己生出来的那些想法。一旦他处于一种自由的状态，自然便会拥有创造力，也就是心灵的觉知。当一个人心中有爱的时候，就会迎来纯洁。缺乏爱，就会变得不纯洁，若没有爱，人类的问题将无法得到解决。可我们并没有去认识那些妨碍了真爱的绊脚石，而是仅仅试图去升华、去压制或是找到某个东西来代替性欲，替代、升华或压抑，被看作是达至实相。其实正相反，只要存在着压制，就无法拥有觉知，只要有替代，无知便会登场。我们的困难在于，我们被困在了这种升华、压抑、抑制的习惯之中。很明显，一个人必须要审视这种习惯，必须要觉知到它的全部涵义，不是偶尔一两次，而是要贯穿一生，他必须明白自己是怎样被困在了机械化的例行公事之中。从中突围而出，需要觉知，需要认识自我，所以，重要的是认识自己。但倘若并不怀有探究自我、认识自我的意图，那么这种认知就会变得格外的困难。性的问题，如今在我们的生活里头变得如此重要、如此巨大，只要心中绽放真爱之花，只要爱那温柔、温暖、仁慈、怜悯的芬芳散发开来，性的问题就将毫无意义了。

问：您是否确定，令您继续前行的不是有关世界导师的神话？换种方式来表述，您难道不忠于您的过去吗？您心里难道不渴望去完成那许多对您的期待吗？它们对您不是一种阻碍吗？除非您破除掉了那一神话，否则您如何能够继续前行呢？

克：神话提供的是一种虚假的生活、无效的生活。当你没有每时每刻认识到真理的时候，神话就会变得必需起来。大部分人的生活都是被神话指引的，这意味着他们相信某个事物，这种信仰便是神话。他们或者相信自己就是世界导师，或者他们追随某个理想，或者他们对世界有某个讯息要传达，或者他们相信神，或者他们在世界政府事务上坚持左翼的或右翼的一套。大多数人都被困在神话里头，假若神话被拿走了，他们的生活就将陷入到空虚之中。先生们，如果你们所有的信仰、头衔、财产和记忆都被移除掉了的话，那么你会变得如何呢？你将会处于空虚之中，不是吗？因此，你的财产、你的观念、你的信仰，便是你必须坚持的神话，否则你将迷失。

这位提问者希望知道，让我继续前行的究竟是不是世界导师这一神话。我真的对自己是否是世界导师毫无兴趣，我并没有特别关心这个，因为我感兴趣的是探明"当下实相"，是每时每刻洞悉有关"当下实相"的真理。真理不是持续，持续的事物都会终结，持续的事物都会走向死亡。然而，那每时每刻都是永恒的事物，它是不为时间所囿的。觉知到那每时每刻都是实相的事物，便是处于一种永恒的状态。要想认识永恒，就必须时时刻刻都是在生活着，而不是持续的生活，因为，凡持续的东西都有终结，都会遭遇死亡。然而，那时时刻刻都在存活的事物，不会有昨天的残留，所以它是永恒的——这种事物不是神话。只有当一个人不去忠于过去，因为它是过去、昨天，而过去会腐化、毁灭、妨碍当下，即此刻、今天，才能迎来那种时时刻刻存活的状态。昨天把今天当作了一条通往明天的道路，于是过去塑造、影响了当下，投射了未来。这种过程，心灵的这种持续，会遭遇死亡，这样的心灵，永远无法发现实相。

因此，让我继续前行的，既不是神话，不是忠于过去，也不是想要去实现那些对我的期望。相反,它们全都是阻碍。期望、过去以及忠于过去，贴上某个标签——这一切都是一种歪曲性的影响，提供了一种虚假的生活。这便是为什么那些相信神话的人会十分积极、热情的缘故了。你难道不认识那些相信神话的人吗？他们如何工作、工作、工作，一旦不工作的时候，他们就走向了终结。先生，工作的人挣钱，这就是他的神话。就只是去观察一下当他在五六十岁退休的时候吧——他会迅速衰退，因为他的神话被拿走了。政治领袖也是一样的，移除掉他的神话，你会看到他很快就衰退了，走向彻底的崩溃。信仰某个事物的人，情形也是一样的。质疑、疑问、责难，移除掉他的信仰，他就彻底完蛋了。因此，信仰、忠于过去、执着于过去，或是实践了某个期望，这些全都是绊脚石。

所以，你想知道为什么我继续前行吗？显然，先生，那是因为我感觉自己有话要说，此外就是我怀有对某个事物的自然的情感，对真理的热爱。当一个人心中有爱的时候，他就会继续下去——爱，不是神话。你可以建立起关于爱的神话，然而，对于一个懂得爱的真谛的人，爱不是神话。他可能会在屋子里独处，或是待在讲台上，或是在花园里掘土——对他来说，这些都一样，因为他的心是充实的。这就好像你的花园里的一口井，总是盛满了新鲜的水——解渴之水，净化之水，去除掉腐化之水——当这样的爱存在时，就不是仅仅机械化的例行公事，从一个会议转到另一个会议，从一场讨论转到另一场讨论，从一个会面到另一个会面。这些做法是令人厌倦的，我不会这么干。做一件已经变成例行公事的事情，就是在毁灭自己。

先生们，一旦你心中有爱，一旦你的心灵是充实的，你就会懂得什么叫做不费劲的努力、没有冲突的生活。一个没有爱的心灵，才会接纳谄媚，才会喜欢奉承，躲避侮辱，才会需要一群追随者、一个讲坛，才会需要混乱。这样的心灵，这样的人，不会懂得爱的真谛。如果一个人的心灵被头脑的各种东西塞满了，那么他的世界就会是神话的世界，他依靠神话过活。然而，一个摆脱了神话的人，将领悟何谓爱。

(第六场演说，1948 年 8 月 8 日)

我的本来面目带来我与他人的关系

我认为，一旦认识了关系，就能够理解我们所谓的独立是指什么意思了。生活是一种在关系里的不断运动的过程，若没有认识关系，我们就会带来混乱、争斗以及徒劳的努力。所以，重要的是去理解我们所说的关系是什么意思，因为，社会就是由关系建立起来的，隔离、孤立是不存在的，没有所谓孤立地生活，隔绝的事物不久就会死亡。

我们的问题，不在于何谓独立，而在于我们所说的关系是指什么。一旦认识了关系，即人们之间的行为，无论人们是近是远、是亲是疏，我们就能开始去理解生活的全部过程以及约束跟独立之间的冲突了。因此，我们必须格外仔细地去探究一下我们所说的关系究竟是何涵义。在当下，关系是一种隔离的过程，因而是不断的冲突，难道不是这样吗？你跟他人之间的关系，你同你的妻子之间的关系、你与社会之间的关系，是这种隔离的产物。我所说的隔离，是指我们总是在寻求着安全、满足和权力。毕竟，我们每个人都在自己同他人的关系里头寻求着满足，只要你寻求慰藉、安全——无论是一个国家、民族还是一个个体——就一定会产生隔离，而身处隔离之中的事物，便会引发冲突。任何排拒、抵制的事物，就一定会在它自己与其所排拒的事物之间导致冲突。我们大部分人的关系都是一种抗拒，所以我们便制造出了这样一个社会，该社会不可避免地会滋生出隔离，进而导致隔离内外的冲突。因此，我们必须去审视一下关系在我们生活中的实际运作情形。毕竟，我的本来面目——我的行为、想法、感受、动机、意图——带来了我与他人的关系即我们所说的社会。如果没有这种人与人之间的关系，就不存在社会。我们首先必须了解关系，这意味着我们得在自己同他人的关系里去审视、探究自身，尔后才能够谈论独立、挥舞旗帜以及与之相关的其他一切。

只要我们审视一下自己的生活以及与他人的关系，就会发现它是一种隔离的过程。实际上我们并不关心别人，尽管我们会高谈阔论所谓关心他人，然而事实上并无真正的关切。只有当关系令我们获得满足的时候，只有当它提供给了我们一个庇护所的时候，只有当它让我们感到满意的时候，我们才会去同某个人发生关系。可一旦关系里出现了扰乱——这种扰乱令我们的内心感到不适——那么我们就会抛弃这一关系。换言之，只有当我们感到满足之时，才会有关系存在。

这可能听起来有些刺耳，但如果你真的十分仔细地去审视一下你的生活，就会发现事实确实是如此。逃避事实，便是活在无知之中，而无知永远无法产生出正确的关系。因此，如果我们去探究一下自己的生活，去观察观察我们的关系，就会看到，它是这样的一种过程：筑起排拒、抵制他人的高墙。我们从这堵墙的上方去俯瞰、观察他人，但我们始终保留着这堵墙，始终待在它的背后，无论它是心理上的高墙，还是物质世界里的高墙，是经济领域的高墙，还是国家的、民族的壁垒。只要我们活在隔离的状态，躲在这堵高墙的背后，那么我们就不会同他人建立起真正的关系。我们之所以活在封闭之中，之所以建起高墙把自己包围起来，是因为这种状态更加让人感到满足，是因为我们觉得这么做方为安全之举。世界是如此的四分五裂，充斥着这么多的悲伤、痛苦、战争、毁灭与灾难，以至于我们想要去逃避这一切，活在心理上筑起的层层高墙之内以寻求安全。所以，对我们大多数人来说，关系实际上是一种隔离的过程。显然，这样的关系将会建立起一个同样孤立、隔离的社会。这便是全世界范围内实际上演的情形——你待在自己的孤立、隔离之中，你把手伸到墙外，将这个称作国家主义、兄弟情谊抑或其他你喜欢的称呼，然而实际上，主权政府、扩军竞赛却依然存在着。也就是说，你执着于自身的局限性，以为自己可以创造出一个团结、和平的世界——殊不知这是痴人说梦。只要你设立了一道边界，无论是国家的、经济的、宗教的还是社会的边界，那么世界上就不可能迎来和平，这一点是显而易见的。

　　隔离的过程，是一个寻求权力的过程。无论是一个人寻求着个体的权力，还是一个种族或国家寻求着群体的权力，都一定会出现隔离，因为对权力、地位的渴望，本身便是一种分离主义。毕竟，这就是每一个人所渴望的，不是吗？他希望获得一个自己能居主导的有权势的地位，无论是在家中、在办公室里还是在官僚主义的政体之内。每个人都在寻求着权力，在对权力的追逐中，他将建立起一个以军事、工业、经济等权力为基础的社会——这又是一个显而易见的事实。这种对权力的欲望，其本质难道不是隔离性的吗？我觉得，认识到这一点十分的重要，因为，假如一个人想要一个安宁、和平的世界，不再有战火硝烟，不再有那令人惊骇的破坏，不再有那无法估量的巨大劫难与不幸，那么他就必须认识到这一根本性的问题，不是吗？只要个体寻求着权力，无论是多么巨大抑或多么渺小的权力，无论是当总理、政府首脑、律师抑或仅仅是家庭里的妻子或丈夫——意思便是说，只要你渴望统治、支配的感觉，强迫他人的感觉，确立权力和影响的感觉，那么很显然你一定就会制造出一个源于隔离性的过程的社会，理由是，权力从其本质上来说就是隔离性的、分离性的。一个心中怀有关爱的人、一个仁慈的人，对权力是不会有丝毫感觉的，于是这样的一个人也就不会为任何国家、民族、旗帜所围，他没有立杆标榜的大旗。但倘若一个人寻求着任何形式的权力，无论是从官僚主义获得的权力，还是来自于自我投射的权力即他所说的神，那么他都依然被困在隔离性的过程之中。

　　只要你十分仔细地去探究一下，就会发现，权力欲从本质上来说是一种孤立、封闭的过程。每个人都在寻求自己的身份、地位及安全，只要有此动机存在，社会就必定会建立在一种隔离的过程之上。只要寻求权力，便会出现隔离的过程，而凡是被隔离的事物，注定引发冲突。这便是在全世界范围内真实上演的景象：每个群体都在寻求着权力，从而使自身处于孤立、隔离的状态，这就是民族主义、国家主义、爱国主义的过程，最终导致战争和毁灭。

没有关系，就不可能有生活。只要关系是建立在权力、支配之上的，就必定会出现隔离的过程，而隔离毋庸置疑将引发冲突。不存在所谓的孤立地生存于世——没有一个国家、群体或个体能够孤立地存在。可由于你以各种方式寻求着权力，所以你便培养、孕育出了隔离。民族主义者是一种诅咒，因为他那高扬的民族主义、爱国主义精神会使其创造出一堵隔离的壁垒。他偏执地认同于自己的国家，以至于竖起了一堵反对其他国家的高墙。当你修建起了一堵反对和阻碍他人的墙壁，那么会发生什么呢？会有某个东西不断地撞击着这座高墙。当你抵制某个事物的时候，这种抵制说明你正处于同他人的冲突之中。因此，国家主义是一种隔离的过程，是寻求权力的产物，它无法给世界带来和平。一方面标榜国家主义、一方面谈论着兄弟情义的人是在扯谎，他正生活在一种矛盾的状态之中。

所以，世界的和平是不可或缺的，否则我们将被摧毁。少数人或许可以躲掉此劫，然而，除非我们解决了和平的问题，否则将会出现比此前更为严重的破坏。和平并不是一种理想，正如我们讨论过的那样，理想是虚幻的。必须要认识实相，而虚幻即我们所说的理想妨碍了对于实相的认知。实相便是，每个人都在寻求着权力、头衔、权威的身份，诸如此类——我们用各种冠冕堂皇的字眼把所有这一切都给掩盖了起来。这是一个格外重要的问题，它既不是理论上的，也不可以被搁置起来、一再拖延——它要求我们现在就展开行动，原因是，巨大的劫难显然正在逼近。即便灾难明天不会出现，也会在明年或是不久以后到来，因为，隔离的过程所具有的巨大冲力、势头已经在这儿了。一个真正思考这个问题的人，必须从问题的根源着手，而根源便是个体对权力的寻求，并因而产生出了寻求权力的群体、种族和国家。

那么，一个人能够在不渴望权力、地位和权威的情形下生存于世吗？答案显然是肯定的。只要他不让自己去认同于某个更加伟大的事物，他便能够做到这一点。这种对于更为伟大的事物的认同——比如政党、国家、种族、宗教、神——便是对权力的寻求。由于你的内心空虚、麻木、虚弱，于是你便想去认同某个比你伟大的事物。这种使自己与更为伟大的事物进行认同的渴望，便是对权力的欲求。这就是为什么国家主义或任何地方自治主义思想是世界上的一种诅咒，因为这依然是对权力的渴望。所以，在理解生活、进而认识关系的过程中，重要的是探明那驱使着我们每个人的动机，因为，动机是什么样子的，环境就会是如何。动机，要么会给世界带来和平，要么会让世界惨遭破坏。因此，我们每个人都要意识到，世界正处于灾难和破坏之中，认识到，假若我们有意或无意地去寻求权力，那么我们就会对破坏推波助澜，结果我们跟社会的关系就将是一种不断冲突的过程。认识到这些极为重要。权力的形式各种各样，并非仅仅是获得地位和财富。渴望出人头地，便是一种权力的形式，它会带来隔离，进而产生冲突。除非每个人认识了自身行为的动机、意图，要不然，单纯的政府的立法将会毫无意义，原因是，内在总是会战胜外在。你或许可以在外部世界建立起一个和平的架构出来，然而操作、运营这结构的人却会根据自己的意图去改变它。这就是为什么对于那些希望建立起新的文化、新的社会、新的状态的人来说，重要的在于首先必须认识自我。然而，当一个人觉知到了自身，认识了内心的种种运动、波动，那么他就将认识那些暗藏的动机、意图与危险。唯有在这种觉知之中，方能迎来转变。

只有当我们不再去寻求权力的时候，才会获得新生，唯有此时，我们才能建立起新的文明、新的社会。这个新的社会，不是建立在冲突之上的，而是基于觉知。关系是一个揭示自我的过程，若没有认识自我，没有认识到自己的头脑与心灵的运作方式，仅仅是去确立起一种外在的秩序、体系、精巧的准则，那么这么做将毫无意义。在同他人的关系中去了解自我是极为重要的，如此一来，关系就不再是一种隔离的过程，而是一种你在其间会发现自己的动机、思想及追求的活动。这一发现便是解放的开始、变革的开始。唯有这种即刻的转变，才能让世界发生根本性的、彻底的革新，而这种革新是不可或缺的。隔离的高墙内的变革，并不是真正的变革。只有当隔离的高墙被推倒的时候，变革才能到来，只有当你不再去寻求权力,这一点方会实现。

这里有一些问题,我将尽可能多回答一些。

问:如果我想遵从您的教诲,那么我能否继续当一名政府官员呢?同样的问题也涉及到其他许多职业。解决谋生问题的正确方法是什么呢?

克:先生们,我们所谓的谋生指的是什么?是指挣钱以满足一个人衣食住行等方面的需求,对吗?只有当我们把生活的必需品——食物、衣服、栖身之所——当成了心理扩张的手段时,才会出现谋生的问题。也就是说,当我把这些生活上的必需品作为了一种自我扩张的手段,谋生便会成为一个难题。我们的社会,从本质上来说,并不是基于提供生活的必需品,而是建立在心理扩张之上的,把生活的必需品作为了一种心理上的自我膨胀。先生们,你们必须好好思考一下这个问题。很明显,衣食住用可以大量地生产出来,有足够的科学知识来满足人们的需求。然而,对战争的需求更大,这不仅仅是那些好战分子提出的,而且还是我们每个人推波助澜的,因为我们大家的身体里都流淌着暴力的血液。有足够的科学知识来提供给人们一切所需,可以生产出大量的生活必需品,以至于没有人会挨饿受冻。可为什么并未出现这番景象呢?原因在于,没有人仅仅满足于有东西吃、有衣服穿、有地方住,每个人都渴望得到更多的东西,换句话说,这个"更多"指的便是权力。不过,仅仅满足于生活的基本所需,就会如同野蛮人一般了。只有当我们发现了那不朽的内在的珍宝,即我们所说的神、真理,你爱怎么称呼都可以,我们才会在真正的意义上获得满足,也就是挣脱权力欲的罗网。如果你能够寻觅到自己身上的那些不朽的财富,那么,哪怕你拥有的东西不多,你也会倍感满足的。

然而不幸的是,我们为感官价值所驱使,感官价值已经变得比真正的价值更加重要了。毕竟,我们的整个社会结构、我们当前的文明,从本质上来说,都是建立在感官价值之上的。感官价值,不单单是感官上的价值观念，而且还包括思想观念，因为，思想同样是感觉的产物。当思想的机器即智力被培养起来的时候，思想就会成为我们的主导，而思想也是一种感官的价值。所以，只要我们寻求感官价值——无论是触觉、味觉、嗅觉、感知还是思想的知觉——那么外在就会变得比内在重要得多。单纯地排拒外在，无法提升内在。你或许可以排拒外部世界，离群索居，退隐到某个丛林或山洞里，在那儿去冥想神，但这种对于外部世界的排拒，这种对神的思索、冥想，依然属于感官的、感觉性的，因为思想是一种知觉。任何建立在感觉、感官之上的价值，都注定会带来混乱与困惑——这便是当今世界上所上演的情形。感官居于压倒性的地位，只要社会结构是建立在感官价值之上的，那么谋生的手段就会变得极其的困难。

所以，什么是正确的谋生之道呢？只有当前的社会结构发生了彻底的变革，不是按照左翼或右翼的准则来进行变革，而是价值观念的根本性转变，不再以感官为基础，才能回答何谓正确的谋生之道的问题。那些闲适的人——就像拿着退休金的老年人，他们把早年的岁月用来去寻求神，否则就将面临各种各样的破坏——如果他们真的把时间、精力用来去探明正确的解决之道，那么他们将展开行动，把行动当作带来世界变革的手段、工具。然而他们实际上并不关心这个，他们渴望获得安全，他们工作多年是为了得到退休金，希望余生可以过得舒适一些。他们有时间，但却十分漠然，只关心某些抽象的事物，即他们所说的神，而神与实在并无关联。然而，他们的抽象之物并不是真正的神，而是一种逃避。那些用无休无止的活动来填满自己生活的人，则是困在中间左右为难，他们没有时间去探明解决生活诸多问题的答案。因此，那些关心这些事情的人们，通过认识自我带来了世界的根本性转变，而希望就存在于他们身上。

先生们，我们显然能够明白何谓错误的职业。当士兵，做警察，成为律师，很明显皆为错误的职业，因为他们的发达是建立在冲突、纷争之上的，而商人、资本家的发达则是以剥削为基础的。大商人可以是一个个体，抑或是一个国家——倘若这个国家接管了大的商业，它就不会停下剥削你我的步子。既然社会是建立在军队、警察、律师、大商人之上——也就是建立在纷争、剥削和暴力的原则之上——那么，渴望体面、正确的职业的你我，怎么可能幸存呢？失业与日俱增，军队不断扩大，警察队伍及其特务机关日益庞大，大的企业正变得越来越庞大，成为了托拉斯，最终会被国家接管，因为政府在某些国家也变成了一个庞大的集团。考虑到这种剥削的情形，考虑到这个建立在纷争之上的社会，你打算怎样去找到正确的谋生之道呢？这几乎是不可能做到的，不是吗？你或者不得不走开，同一小部分人形成一个团体，一个自我支持的、协作的团体，或者仅仅屈服于那部庞大的机器。然而你知道，我们大多数人实际上并没有兴趣去找到正确的谋生之道，大部分人关心的不过是谋到一份差事，紧紧依附于它，指望着可以赚更多的薪水。我们每个人都渴望获得安全、确定、永久的职位，因此不会出现根本性的变革。只有那些富有冒险精神的人、那些渴望去审视自己生活的人、那些有志于发现实相、找到新的生活方式的人，才能带来这种彻底的革新，而不是那些自我满足的人。

　　因此，很明显，必须首先洞悉那些错误的谋生之道——军队、法律、警察以及那压榨、剥削人们的托拉斯企业，无论是以国家的名义，还是以资本或宗教的名义——尔后才能出现正确的谋生之道。一旦你洞悉了谬误并且将其根除掉，那么转变、革新便将登场。单单革新本身，就能够建立起一个崭新的社会。作为个体，寻求正确的谋生之道是很好的举动，但这并不能够解决巨大的问题。只有当你我不去寻求安全，才能将那个巨大的问题迎刃而解。并不存在所谓的安全，当你去寻求安全的时候，会发生什么呢？今天的世界，上演的是怎样的景象呢？整个欧洲都渴望安全，都在吵嚷着要得到安全，而发生的是什么呢？他们通过自己的国家主义去渴望安全。毕竟，你之所以会高举国家主义的大旗，是因为你希望获得安全，你以为，依靠国家主义，你便会拥有安全。殊不知，你并不能够通过国家主义获得安全，这一点已经得到了一再的证实。原因在于，国家主义是一种隔离的过程，它会引发战争、不幸与毁灭。所以，从总体来说，正确的谋生之道，应该从那些领悟到何谓谬误的人开始。一旦你同谬误交战，那么你就将创造出正确的谋生的方法了。只要你去反抗那建立在纷争、剥削之上的整个社会结构，无论这种剥削是来自于左翼还是右翼，抑或是源于宗教和神职人员的权威，那么这便是当前的正确的职业，因为它将建立起一个全新的社会、一种崭新的文化。然而，若想反抗，你就必须十分清楚地、明确地认识到什么是谬误，如此一来谬误才会消失不见。要想探明何谓谬误，你得觉知到它，你得观察自己全部的所思、所感和所行，由此，你将不仅懂得什么是谬误，而且还会获得一种新的生命力、新的能量，而这种能量将能指示该做什么、不该做什么。

问：您能否简单地阐述一下新的社会应当建立的基本原则呢？

克：我可以陈述原则——这很简单——但这么做毫无价值。真正有价值的，是你我应该一起去探明建立新社会的基本原则，因为，一旦我们共同发现了基本原则是什么，那么我们之间的关系就有了新的基础。你明白了吗？尔后不再会出现我是老师、你是学生，或者你是听众、我是演讲者——我们将共同从一个截然不同的关系、基础开始。这意味着没有权威存在，不是吗？在探明的过程中，我们是合作者，因此是一种协作的关系，于是，你不会对我进行支配或施加影响，而我也不会这样对你。我们都在进行探明。当你我都怀有探明新文明的基本原则的意图，那么，很显然就不会有权威的思想，对吗？因此，我们已经确立起了新的原则，不是吗？只要关系里有权威存在，就会出现强迫，通过强迫，不会有任何创造。一个施加强迫的政府、一个进行强制的老师、一个予以强迫的环境，带来的不是真正的关系，而是一种奴役的状态。所以，我们已经一同探明了某个事物，原因在于，我们知道我们都渴望建立起一个崭新的社会、一个没有权威的社会。这一点意义非凡，因为我们当前社会秩序的结构是以权威为基础的。教育、医学、军事、法律、官僚政体领域的专家——他们全都在支配、操纵着我们。印度教圣典如是说，所以一定是真理；我的上师如是说，因此一定是正确的——我准备去加以遵从。换句话说，一个社会中，只要有对实相的寻求，对觉知的寻求，对建立两个人之间正确关系的寻求，就不会出现权威。在你抛弃权威的那一刻，你便处于合作的状态，于是就会出现协作，就会产生友爱之情——这同当前的社会结构是相反的。

现在，你们把自己的孩子交到教师的手里，可教师自己都需要教育。在宗教层面，你们只是在模仿，只是复制的机器。各个方向你都受着支配、影响、强制、逼迫，剥削者跟被剥削者之间，掌权者跟受权力支配的人之间，怎么可能出现真正的关系呢，除非你自己渴望同样的权力？如果你的确如此，那么你便同那一权力有了关系。但倘若你领悟到，任何对于权力的欲望本身就是毁灭性的，那么你与那些渴望权力的人之间就不会有任何关系了。所以，让我们开始着手去探明能够建立起一个新的社会的基本原则吧。显然，基于统治、支配的关系，不再是关系。当没有支配、没有权威、没有强制的时候，这会意味着什么呢？很明显，友爱、温柔、爱、理解将会登场。为了让这一切发生，支配就必须消失。如果你们希望聆听我的演讲，那么我们可以现在讨论一下这个。你们看起来有些恼怒——或许我让你们的美梦破灭了，但你们步出这里之后会依然故我，行为上会跟过去一样，因为你们实际上并不关心探明新的基本秩序。你们渴望获得安全，渴望拥有地位、身份，又或者你们拥有了这样的地位，你们希望用它们来满足你们所谓的高尚的目的，但这依然是一种自我扩张和剥削。

因此，在这些讨论和谈话中，我们的难题在于，我们对所有这一切并未抱持十分认真、严肃的态度。我们希望事物有所改变，但却是一种缓慢的、逐渐的改变，必须得方便我们。我们不想受到过多的扰乱，所以，从根本上来说，我们实际上并不关心新的文化。一个关心新文化的人，会把那些显然有害的事物，诸如权威、信仰、国家主义、整个等级思想视为谬误。一旦将所有这一切都抛置一旁，会发生什么呢？你只是一个公民，一个人类，没有任何权威，当你没有了权威，那么你或许就会怀有真爱，从而迎来觉知。这便是所需要的——一群觉知的人，他们满怀友爱之情，他们的心灵没有被那些空洞的词语和头脑的各种想法所充斥。正是他们能够创造出新的文化，而不是词语的编造者。所以，我们每个人都应当在关系之镜里审视自己，这是格外重要的，因为，单单这种自我审视便能够带来新的文化。

问：我们应该怎么做才能拥有真正好的政府，而不是仅仅谋取私利的政府呢？

克：先生们，若想拥有好的政府，你们就得首先理解你们所说的政府指的是什么。我们不要使用无所指的词语、无意义的词语、背后没有涵义的词语。"手表"这个词语是有所指的，但"好政府"则是无所指的。我们必须讨论一下我们所谓的"政府"意指为何，我们所说的"好"又是什么意思，但仅仅声称何谓好政府则是没有任何意义的。

因此，首先，让我们探明一下我们所说的"好"是什么意思吧。我并不是在做琐碎的分析，我不是一个男学生在团队里展开讨论，因为，弄清楚我们在谈论什么极为重要，而不是仅仅使用一些意义不大的词语。我知道我们靠词语过活，它给我们制造出了一种印象，那便是，我们在谈论拥有主权政府、挥舞旗帜——当我们的心智空虚之时，我们就会被词语迷惑，你们对此应该甚为熟悉了。所以，让我们探明一下我们所说的"好政府"指的是什么吧。

我们所谓的"好"意指为何呢？好，显然是有所指的，是建立在愉悦和痛苦之上的所指。能够给你带来愉悦的便是好，令你感到痛苦的则是坏，无论是外部的肌肤之痛还是内在的心灵之苦，这便是事实，对吗？我们在讨论事实，而非你所希望的情形。事实便是，只要你寻求各种形式的愉悦——诸如安全、诸如慰藉、诸如权力、诸如金钱——那么这种愉悦便是你所认为的好，任何干扰到愉悦状态的事物，都会被你视为不好。我并不是在从哲学层面进行讨论，而是就现实情形来谈。愉悦是你所渴望的，因此很明显，你会把给你带来安全、慰藉、地位、权力、确定的事物称作好。你明白了吗？也就是说，好政府，便是某个可以让你的渴望得到满足的实体，如果该政府没有给你提供你所想要的，你便会说道："把它推翻掉"——除非它是一个极权主义的政府。假若人们声称："我们不想要这个"，那么，即使是极权主义的政府也可以被摧毁掉的。然而，在今天，要带来物质层面的变革几乎已经是不可能的了，原因是飞机和其他战争机器——没有它们，就无法展开现代革命——都牢牢掌控在政府的手里。因此，所谓好，是指你所渴望的东西，难道不是吗？先生们，我们不要再自欺欺人了，不要再就抽象的善与恶发明无数词语了。实际上，在你们的日常生活中，真实情况便是，那些能够提供给你你所渴望的事物，你就会将其称为好、高尚、有效，诸如此类，你会用各种术语来称呼它。你所渴望的，便是各种形式的满足，凡是可以带给你满足的事物，即被你视为有益。

所以，政府便是你出于自己的渴望而制造出来的实体，对吗？意思便是说，政府即是你，你是什么样子的，政府就会呈现出何种面目，这是世上一个显而易见的事实。你憎恨某个国家，你选举出那些将会支持你的憎恨的人。你怀有地方自治主义的倾向，于是你便会建立起一个将反映出你的地方自治主义思想的政府——这又是一个显见的事实，我们对此无需详述。既然你是什么样子的，你的政府就会是如何，那么你怎么可能拥有好的政府呢？只有当你转变了自我，才能够拥有好的政府，否则，政府不过是一个办公署，不过是一群被你选举出来以满足你的渴望的人。你声称自己不希望有战争，但你却鼓励了所有滋生战争的因素，诸如民族主义、地方自治主义，等等。你根据自己所受的局限、根据你的好恶建立起了一个政府，就像你建立起了社会一样；当你建立起了政府之后，政府就会反过来剥削你，所以这是一个恶性循环。只有当你自己是健全的时候，才会有良善存在——我不会将其称为良善——才会有健全的政府存在。先生们，请不要发笑，这是一个事实，我们是不健全的，我们不是理性、纯净的人，我们处于失衡的状态，结果我们的政府也是失衡的。先生们,你们的意思是说,目睹全世界被困在骇人听闻的战争及生产战争机器的大劫难之中,一个心智健全的人难道不想终结这一切吗?所以,他将探明是什么导致了战争,而不会说:"嗯,这是我的国家,我必须保卫它"——这么做太不成熟和愚蠢了。

战争的原因之一便是贪婪——贪心于更加伟大的事物——它使得你与国家进行认同。你说道:"我是个印度教教徒","我是佛教徒","我是基督徒","我是俄国人"抑或其他,这便是导致战争的因素之一。一个心智健全的人则会说:"我将摆脱愚蠢、荒唐的模仿,因为这么做最终会带来毁灭。"因此,我们必须首先确立起健全的心智,而不是某个建立起新的政府又或者所谓的好政府的计划。为了拥有健全的心智,你就得知道自己的本来面目,就得实现对自我的认知。然而,你看,你对此并无兴趣,你关心的是挥舞旗帜,是听那些毫无意义的演讲,是获得刺激,所有这些都表明了你的心智是不健全的。当公民们尚未实现充分的觉醒,当他们还处于半警觉与失衡的状态,那么你如何能够期待着一个健全、理性的政府呢?

先生们,当你们自己处于混乱、困惑之中,就会制造出同样困惑、混乱的领袖,你们将听到他那倍感困惑的声音。假若你们不是混乱的,假若你们思想澄明,那么你们就不会坐等着由政府来告诉你们该做什么了。为什么一个人想要有政府呢?先生们,你们有些人笑起来了,你们会把这个问题置之一旁。由于你们并不知道怎样理性地、富有人性地去关爱别人,所以便会渴望有人来告诉你们该怎么做,结果便出现了越来越多的法律,规定你们该做什么、不该做什么。因此,先生们,这是你们的过错。你们要为你们拥有的或将要拥有的政府负责,原因在于,除非你们彻底地革新自我,否则,你们是什么样子的,你们的政府就会是怎样的。如果你们怀有地方自治主义的思想,那么你们就会建立起一个跟你们抱持同样态度的政府。这意味着什么呢?意味着更多的扰乱、更多的破坏。

因此,只有当作为社会、世界的一部分的你突围而出了,意即你变得心智健全了，才会出现健全的社会。只有当你蔑视权威，当你不被困在国家主义、爱国主义思想的罗网之中，当你把人当作单纯的人去看待，而不是作为婆罗门或任何其他的种姓、阶层或国籍去对待，才能迎来健全的世界。如果你给人们贴上标签，如果你把他们称呼为某某某，如果你给他们冠以印度人、苏联人抑或其他的名称，那么你就不可能把人当作纯粹的人去对待。给人贴上标签要容易得多，因为尔后你便可以经过，朝他们猛踢一脚，在印度或日本投下炸弹。但倘若你没有任何标签，而是仅仅把人当作人去对待，那么会发生怎样的情形呢？你必须处于格外警觉的状态，你必须在你与他人的关系中保持格外的睿智。然而你并不想那么做，你建立起了一个适合你自己的政府。

问：何谓永恒——爱还是死亡？当死亡布下罗网的时候，爱会遭遇什么呢？当爱宣称自己的主张、要求，死亡又会如何呢？

克：现在，让我们再次弄清楚我们所说的死亡和爱指的是什么意思。抱歉，你们有些人对这一切感到厌烦了，你们厌烦吗？

讨论：没有，先生。

克：我感到很吃惊，因为我们涉及到了如此严肃的问题。生活是严肃的，生活是十分庄严的。只有空虚的头脑和愚钝的心灵，才会流于琐屑，假若你对生活中那些严肃的事情感到厌烦，这就表明了你自己的不成熟。这是每一个人都会关心的问题，无论是极权主义者、政客还是你，原因在于，死亡静候着我们每一个人，不管我们是否喜欢它。你或许是一名政府的高官，拥有头衔、财富、地位以及红地毯，然而，在你生命的终点，不可避免地会遭遇死亡。因此，我们所说的死亡是指什么意思呢？很显然，我们所谓的死亡，指的是肉体延续的终结，对吗？肉体会死去，我们对此感到焦虑不安，但倘若我们能够以某种其他的形式延续下来以克服肉体的终结，那么这就无关紧要了。所以，当我们询问有关死亡的问题时，我们关心的是究竟是否有延续。那持续下去的事物是什么呢？很明显，并非是你的肉体，因为我们每天都会目睹逝者被焚化或掩埋。因此，我们的意思，难道不是指一种超感觉的延续、一种思想的持续、个性的持续，即灵魂的延续，随便你怎么称呼都可以。我们想要知道思想是否会持续下去，意思便是说，我筹划、实践了如此多的事情，我尚未写完我的书，我还没有完成我的事业，我还很弱小，需要时间变得强大起来，我渴望我的欢愉能够持续下去，诸如此类——我害怕死亡将会把这一切都给终结掉。所以，死亡是一种挫败，不是吗？我正做着某件事情，我不想结束它，我渴望持续，以便使自己圆满。那么，通过持续能够达至圆满吗？显然，经由持续，可以获得某种形式的圆满。如果我正在撰写一本书，我不想死去，直到我完成了该书的写作，我希望通过时间培养起某种个性，等等。因此，只有当一个人渴望使自身获得圆满的时候，才会对死亡感到惧怕，原因是，若想使自己达至圆满，就必须得有时间，必须得长命百岁、持续不断。可如果你能够时时刻刻让自己获得圆满，那么你就不会害怕死亡了。

我们的问题在于，怎样在有死亡的情形下获得持续，对吗？你希望从我这里得到某种保证，又或者，假如我没有向你确保这种延续，你便会去向其他人求助，比如求助于你的上师、你的书本，或是展开各种其他形式的逃避以及从事一些可以让你分心的事情。所以，你来听我的演讲，我同你谈话，我们携手去探明我们所说的延续实际上是指什么，那个延续的事物是什么，我们希望它持续下去的事物是什么。那延续的事物，显然是一种愿望、渴望，不是吗？我还不够强大，但我想要变得强大；我尚未搭建我的房子，但我想要把它修建起来；我还没有得到那个头衔，但我想要取得它；我还没有积聚足够多的金钱，但我不久以后会做到的；我希望在此生找到神——等等。因此，延续便是欲望的过程。当这一切被终结的时候，你就会将其视为死亡，对吗？你想要让欲望延续下去，把它作为一种获取的手段，一种借此让自身达至圆满的过程。这无疑是十分简单的，不是吗？显然，虽然你的肉体死亡了，但思想会持续下去，这是已经获得证实的。思想是一种持续，原因在于，毕竟，你是什么呢？你不过是思想，不是吗？你是关于某个名字、地位、金钱的想法，你仅仅是一个念头。移除掉该念头，拿走该想法，你何处安身呢？所以，你是"我"这一想法的具象化。你认为，思想必须持续下去，因为思想将使我能够让自身获得圆满，这一想法最终会找到实相，难道不是这样吗？这便是为什么你希望思想延续不断的原因了。你之所以想要思想持续下去，是因为你觉得思想将会发现实相，即你所认为的幸福、神，你爱怎么称呼都成。

通过思想的持续，你会发现实相吗？换种方式表述好了，思想过程能揭示实相吗？你明白我的意思没有？我渴望获得幸福，我通过各种手段去寻求幸福——财富、地位、金钱、女人、男人或是其他东西。所有这一切都是思想对幸福的欲求，对吗？那么，思想能够寻觅到幸福吗？如果思想可以找到幸福，那么它就必须持续不断。然而，何谓思想呢？思想不过是记忆的反应，不是吗？假若你没有任何记忆，就不会存在思想，你将会处于一种健忘、彻底空白的状态——就像大多数人所渴望的那样。思考对自己进行了催眠，保持在了某种状态、某种空白的状态。但我们并不是试着去讨论健忘的状态，我们想要弄清楚思想是什么。只要你稍微仔细地去审视一下，就会发现，思想显然是记忆的反应，而记忆又是某个未完成的经历的产物。因此，通过某个未完成的经历，你以为自己将会寻找到完整、全部、实相。这怎么可能实现呢？你懂了我的意思没有？先生们，你们或许不会想明白。你们想知道究竟是否存在持续，仅此而已，你们希望获得保证。当你们寻求确证的时候，便会渴望权威、满足——你们并不想知道实相。唯有实相，才能让你们获得解放，而不是保证或者我提供给你们保证。让我们试着去探明所有这一切当中的实相吧。

既然思想是某个未完成的经历的产物——因为，从心理层面来讲，你并不记得完成的经历——那么思想如何能够通过自身受限的、不完整的状态去发现完整呢？你懂了吗？所以，我们的问题便是：通过思想过程的持续，能否迎来更新、重生？毕竟，假如有更新存在，我们就不会惧怕死亡了。如果对你来说时时刻刻都有更新，就不存在死亡。但倘若你要求思想过程的持续，那么就会出现死亡，就会产生对死亡的恐惧。显然，只有思想、只有关于你自己的念头才能延续下去。该念头是思想的产物，是受限的心灵的产物，因为思想源于过去，它是建立在过去之上的。通过时间，通过让过去得到延续，你能够找到永恒吗？

于是，我们诉诸于永生，将其当作新生的手段，当作带来新的状态的手段，否则我们就不会渴望永生，对不对？也就是说，只有当永生许诺了新的状态时，我才会渴望它，要不然，我不会渴望永生，因为我现在的状态很悲惨。如果通过永生我可以寻觅到幸福，那么我就会渴望永生。但我能够通过永生找到幸福吗？存在的只有思想的持续——思想是记忆的反应，而记忆总是受限的，总是属于过去。记忆永远是死寂的，没有活力，它只有通过现在才能获得生机。所以，思想作为一种持续，不能够成为新生的手段。因此，延续思想，不过是以一种修正的形式在延续过去罢了，结果它也就并不是新生，所以通过这种方法是不会有任何希望可言的。只有当我领悟了以下的真理，即通过持续不会获得任何更新，方能迎来希望。一旦我明白了这个道理，会发生什么呢？尔后，我时时刻刻只会关心思想过程的终结——这不是精神错乱！只有当我认识到，把思想过程视为一种手段，以获得某个欲望或者去逃避某个痛苦，这是何等的荒谬，那么思想过程才会停止。一旦我把谬误视为谬误，谬误便将消失不见。当谬误消失时，心灵会处于怎样的状态呢？尔后，心灵将会处于高度敏锐的状态，将会极其具有感受力与接纳性，将会十分的宁静，因为不再有丝毫的恐惧。一旦没有了任何恐惧，会出现怎样的情形呢？真爱便会登场，不是吗？爱只能存在于否定的状态里，而非肯定的状态。肯定的状态，便是思想朝着某个目标持续，只要存在着这种思想的延续，就不会有真爱。

这位提问者还想知道，当死亡布下它的罗网时，爱会遭遇什么？爱并不是一种持续。只要你审视一下自己，只要你观察一下你自己的爱，将会发现，爱是每时每刻的，你不会认为它必须持续下去。凡持续的，都是爱的绊脚石。只有思想才会持续，而不是爱。你可以思索爱，这一思考能够持续，但思索爱并非是爱——这便是你的困难所在。你思索爱，你希望该思索能够持续下去，于是你便问道："当思想来临时，爱会如何呢？"然而你关心的并不是爱，你关心的是对于爱的思索，而这并非是爱。当你心中怀有爱的时候，就不会有持续。只有思想才会希望爱延续下去，可思想并不是爱。先生们，这是非常重要的。当你心中有爱，当你真的爱着某个人的时候，你不会思来想去，你不会估量盘算——你的整个身心都是敞开的。可是当你仅仅去思索爱的时候，抑或想到某个你爱的人，你的心灵便是干涸的——于是你便已经丧失了生命力。只要心中怀有爱，就不会惧怕死亡。对死亡的恐惧，不过是害怕不能延续下去，只要有爱，就不会有延续的意识，它是一种生命的存在的状态。

这位提问者还询问说："当爱宣称它的要求时，死亡会如何呢？"先生们，爱不会有任何要求——这正是爱的美丽之处。那处于至高的无为状态的事物，不会去主张、要求什么，它是一种存在的状态。只要有真爱之花绽放，就不会有死亡。只有当思想过程出现时，死亡才会来临。只要心中怀有爱，便不会出现死亡，因为无所惧。爱不是一种持续的状态——持续，依然是思想过程。爱是时时刻刻存在的，因此，爱本身即是永恒。

(第七场演说，1948年8月15日)

PART 02

印度浦那

你做某事之前必须得认识你自己

由于我们在接下来的几周里将会有好几次谈话，所以我觉得，认识演讲者跟你自己之间的关系是十分重要的。首先，我们并不是在应对理念或看法，我并不打算试图去说服你们接受某个观点，我也不会去传递任何观念，因为我不相信观念、看法能够带来行动的彻底变革。能够带来根本性转变的，是认识关于"当下实相"的真理。因此，我们不会去讨论观念或看法。观念总是会遭遇抵制，一个观念会受到另一个观念的反对，一个看法会制造出矛盾。所以，依靠观念去寻求解决问题的方法，纯属徒劳。正如我曾指明的那样，观念不会带来根本性的变革，而当今世界的事务以及我们个体的生活，必须发生彻底的转变、必须得有价值理念的革命。单纯地改变观念或是体制的替换，并不能带来这样的价值观念的转变。因此，我不会试图说服或劝阻你们去相信、去接受某个看法，我也不会扮演任何人的上师，因为在我看来，在探明真理的过程中，上师并不是必需的，相反，上师会妨碍我们去揭示实相。我也不打算去扮演领袖的角色、制造某个观念、创立某个组织，原因在于，领袖是导致社会衰退的因素之一。

所以，你和我、我们应该格外清楚我们的关系的本质，你必须知道演讲者的态度是什么，尔后才能够对他的观点加以反对或认可。如果我可以建议的话，那便是，在你反对我所说的任何看法之前，你应该首先非常审慎地探究一下它们，不带任何的偏见。不带偏见、成见地去探究事物是困难的；但倘若我们想要去认识某个事物，就必须不抱持丝毫成见，也不可以只是把正在说及的问题交托给某个古代的权威，这不过是另一种形式的逃避。在这些讨论和演说期间，我想要努力去做的是指明某些事情，当我将它们指明的时候，请不要只是做旁观者、听众。因为，你和我将要展开一段旅程，共同去探明我们是否能够发现现代文明的来龙去脉、它的壮丽和劫难，无论东方还是西方都牵涉在内。我们将携手踏上一段探明之旅，以便能够十分清楚地、直接地洞悉正在发生的情形。为此，你并不渴望某个领袖，你不想要一位上师，你不需要任何组织或观念。你需要的是感知的清晰、澄明，以便看到事物的本来面目，一旦你如此清晰地洞悉了事物，真理便会登场。若想清楚地洞察，你就不能只是偶尔关注一下，而是必须持续地、直接地、积极地去觉知，不能有任何分神——而这将会是我们的困难所在。

我们有如此多的问题——政治的、经济的、社会的以及宗教的——全都需要展开行动，但我们必须首先认识问题是什么，尔后方能有所行动。没有认识问题的来龙去脉，单纯地展开行动将会是荒唐透顶的。可我们大部分人都只关心行动，我们希望做些什么。有地方性的问题，有民族的、国家的问题，有战争的问题，饥饿的问题，语言差异的问题以及其他无以计数的难题，我们面对着这些问题，于是希望知道该怎么办才好。我们的全部推动力、我们的动机，并不是去研究问题，而是去做些什么。毕竟，像饥饿这样的问题，要求展开相当的研究和认识。行动，就孕育在认识问题的过程之中。单纯地根据某种表面化的反应展开行动，这么做完全是徒劳，将会走向更为严重的混乱。

如果你愿意的话，你我将要去做的，是格外仔细地、理性地探究一下我们生活的全部难题。我并不打算告诉你该想些什么——这是那些宣传家会做的事情。但是，在探究"当下实相"的过程中，我们将会学习着如何去思考问题，这要比被告知该思考什么重要得多。当今世界的难题是如此严重，大的劫难是如此的迫近，灾难是如此迅速地蔓延，以至于，仅仅根据某个公式、准则去思考，无论是左翼的还是右翼的，都将是徒劳无功的。公式，无法带来解答，它只会导致依据它自己那受限的准则的行动。所以在这些讨论和谈话期间，真正重要的，是首先得意识到我们面临着诸多的难题，它们需要我们展开格外审慎的探究，而不能按照某个预先思虑好的

你做某事之前必须得认识你自己 115

计划或预先构想的观念去进行。我并不打算向你提供某个方案，也不会告诉你该怎么做，而是你我共同去探明问题是什么。一旦认识了问题本身，我们就能洞悉关于它的真理了——这是唯一理性的解决之道。如果你寻求着某个公式、方案，寻求着某个体系、方法，那么我担心你将会感到失望，因为我并不打算向你提供什么方案。生活是没有公式可循的，只有知识分子才会有所谓的准则，他们想把这个公式、准则施加在生活之上，我们对此应该十分清楚。假若你是出于好奇来参加此会议的，因为你阅读过有关我那假定的身份的内容，那么你可能会感到满意，抑或不满意。但如果你并没有抱着严肃的意图，就将永远不会理解有关生活的全部问题。该问题并不仅仅是印度、马哈拉施特拉邦[①]或者古吉拉特[②]才有，而是普遍的、世界性的。你的问题便是我的问题，它是每一个人都面临的难题，无论是在欧洲、美国还是苏联。

因此，我将要帮助你去展开正确的思考，你和我将携手踏上一段旅程，去探究一下当今世界的危机以及各种问题。在这种情形下，协作就蕴含在正确的聆听之中。也就是说，当我们一同展开这段探寻之旅的时候，你应该去体验一下我的话，而不是仅仅听听演讲那么简单，然后带着或认可或否定的想法离开。你我一起踏上一段旅程，而为了展开这段旅程，你就得做好体验、观察以及领悟旅程的意义的准备。所以，若想有所觉知，你就不应该只是不带任何感情地去聆听正在讨论的内容，而是必须从内心去体验它、去感受它，如果我可以这么主张的话。我不会是教条化的——教条化是愚蠢的，但凡教条、武断之人，都是不容异说的。声称自己已知的人，其实是无知的——一个人应当提防这样的人。在展开这段探寻之旅的过程中，我们必须十分清楚地知道什么是必需的。首先必须做到的，便是我们不应该被任何过去的经验所束缚，无论是国家

---

① 马哈拉施特拉邦，印度历史上中西部的一个地区。从14世纪早期到17世纪中期由印度的穆斯林统治者控制，到19世纪被英国人并入孟买省。说马拉地语的那部分地区在1960年成为一个独立的邦。——译者

② 古吉拉特，印度西部一地区，与阿拉伯海相邻。1401年后成为一独立的王国，1572年被强行并入莫卧儿帝国。——译者

的、宗教的还是个体的经验。一旦我们踏上了真正探寻的旅程,就必须抛掉所有这些局限住我们的束缚。做到这一点很不易,尤其是对老年人来说,因为传统、家庭对他们的影响与制约是根深蒂固的,对那些银行账户空空如也的人来说也是如此。如果有任何奖赏,如果被保证说将会得到愉悦、地位、立竿见影的解决方法,那么年轻人将会自告奋勇。于是,我们便为诸多的难题所围绕着。

我们的问题是什么呢?普遍的日常生活的问题,显然是其中一种痛苦,不是吗?各种形式的痛苦,在我们所有人身上都是格外常见的,不管是经济的、社会层面的痛苦,还是由死亡带来的痛苦,等等。结果,我们自然而然就会渴望在周遭的不安、不确定之中得到安全与确定,我们想要在衣食住用方面获得安全,我们想要在我们的各种关系、观念里获得安全。这难道不就是我们在寻求的吗?我们希望在自己拥有的东西中获得一种确定感,无论这拥有物是物、人还是观念。为了自己的这些拥有物,我们愿意去打仗、愿意遭受残废或毁灭。为了在关系、财富、观念中获得安全感,我们制造出了国界、信仰、神灵、领袖,诸如此类。当我们每个人都在寻求安全的时候,自然就一定会出现敌对,而这种敌对导致了我们生活里的冲突。只要我们寻求着安全,生活就会变成一场永无休止的战役和冲突。由于身处冲突与不幸之中,于是我们便会渴望去找到真理。说得简单一些,这便是我们的立场,随着我们这段探寻之旅的展开,我们将会做详细的探究。我们生活里的重要的事情,是如何避免冲突,如何不进行抵制——很明显,这就是我们的难题,对吗?

整个世界都在上演着战争、饥饿以及人与人之间、家庭与家庭之间以及家庭内外之间的争斗与冲突。婆罗门和非婆罗门阶层之间、印度人和欧洲人之间、日本人跟美国人之间,都存在着界分。我们当前面临的迫切问题,便是食物、衣服、住所,以及是否能够生产出足够多的生活必需品以满足每个人的需要,以便世界上不再有饥饿。每个党派、每个思想体系,不管是左翼的还是右翼的,都提供了相互冲突的解决方法。你和我同样处于争斗之中,无论是在经济、社会还是政治领域。我们的生活，就是不停地争斗、努力，以维系我们的地位、身份，积聚金钱以及保住它。我们被其他无数问题包围着、困扰着——死亡的问题以及死后会发生什么，神究竟是否存在的问题，真理是什么，等等。你和我怎样才能解决这些复杂的难题呢？世界上所有探究过这些问题、试图向我们指明出路的知识分子们，皆以失败告终。这是现代文明的不幸，难道不是吗？知识分子崩塌了，他们的方案没有效用，我们直面饥饿的问题与正确的关系的问题。所以，我们关心的是行动，是关系，是探明你我怎样才能以全新的视角、方式去应对所有这些难题。我们已经意识到，用旧的、老一套的方法去解决它们是无法带来任何根本性转变的，而只会让混乱与日俱增。那么，你我如何才可以用全新的视角、方式去解决这些问题呢？很明显，我们不可以坐等其他人、某位上师或领袖来消除我们的难题，这么做是极其幼稚的，是不成熟的思考。责任在你我身上，既然领袖们失败了，既然体系、方法、公式都毫无意义，那么我们就不能如旁观者一般不采取任何行动，期待着被告诉说该怎么做。那么，关于这些难题，我们要怎样去行动呢？

在我们能够展开行动之前，必须首先知道如何去思考。没有思索，就不会出现行动。我们大多数人都是不假思索地便去行动了，而正是缺乏思考的行动将我们带往了这种混乱与困惑。因此，我们应该弄明白怎样去思考，尔后方能懂得如何行动。你我必须探明正确的思考的方法，不是吗？如果我们仅仅引用《薄伽梵歌》、《圣经》或《古兰经》上的话，就将毫无意义——引用别人的观点，不具有丝毫价值。重复真理，便是在重复谎言。我们以为，通过重复他人的看法，就可以将问题迎刃而解了，这是何等荒唐啊！权威，无论是现代的还是古代的权威，都同正确的思考无关。只有当你我探明了怎样展开正确的思考，才能解决那些横在我们面前的巨大难题。假若我们坐等他人来干这些事情，那么他们就会变成领袖，而领袖不可避免地会带领我们走向大的灾难。

那么，你怎样着手去展开正确的思考呢？要想实现正确的思考，你就得认识自己，不是吗？如果你没有认识自我，你就缺乏正确思考的基础，于是你的想法也就毫无价值可言。你与世界并不是分离开来的，世界的问题就是你的问题，你自己的过程便是世界的全部过程。意思便是说，你制造出了问题，该问题既是个体的又是全人类的。若想带来正确的行动，从而将问题解决掉，那么你就必须能够展开正确的思考，而为了正确地思考，显然你就得认识你自己。因此，我们主要关注的，并不是单纯的个体的救赎，而是懂得如何通过认识自我来实现正确的思考。个体、你和我，制造出了这个世界，所以个体是最为重要的。你我要对世界上那些残忍的混乱负上责任——爱国主义、相互冲突的国家主义、荒谬的人与人之间的界分，这一切我们都负有责任。我们稍后将来探究一下所有这些问题。然而很明显，应该对世上的种种不幸负责的是你跟我，而不是某种神秘的力量，我们对此责无旁贷。若想带来正确的行动，就必须得展开正确的思考，因此你我是最为重要的。正如我所主张的那样，只要你没有认识你的本来面目，那么你就不具备正确思考的基础，这便是为什么在你做某个事情之前必须得认识你自己。来到这里的聪明人士或许会说："我们对世界的问题一清二楚。"当他们这样声称的时候，是因为他们并不想有所行动。在没有认识自我的情形下去提供某个解决世界难题的方法，毋庸置疑不过是一种拖延，因为世界的问题就是一个人自己的问题，个体同世界并不是分离的。

一旦认识了自我，你就不会遁隐于世了。没有孤立地生活这回事，没有任何事物可以活在孤立、隔绝的状态中。我并不是在提议逃避、躲避生活或退隐。相反，你只有在与物、人及观念的关系中才能够去认识你自己，而这种关系始终存在于生活里，从不曾缺席。关系，是一种揭示自我的过程。你不可以否定、排拒关系，假如你否定、排拒它，你就将不复存在。因此，我所说的是切实可行的，绝非含糊不清。但你必须首先认识问题，尔后探明怎样去解决它。当你正确地去应对问题的时候，便可以将问题给消除掉了，这就是为何你是至关重要的原因所在了。

在接下来的六周里，我将会跟你们谈一谈如何认识自我，以便拥有正确的思想，进而对摆在我们面前的诸多难题展开正确的行动。正确的思考同正确的思想是有所不同的,正确的思想是静止的,然而正确的思考却具有柔韧性以及高度的适应力,并且处于不断的运动之中。正确的思考会通往发现、直接的认知,它源于对自我的观察。个体始终是变化着的,所以你需要一个异常迅捷的心智。这是正确思考进而展开正确行动的唯一途径,单单正确的行动本身,就可以解决当前的这种混乱。

你们向我提了三四个问题,我将试着来解答一下。

问:考虑到那正在逼近的战争以及原子弹对人类的毁灭,专注于单纯的个体的转变难道不是无用的吗?

克:这是一个相当复杂的问题,需要格外仔细的探究。我希望你们耐心一些,跟着我一步一步来展开探寻,切勿半途而废。我们知道是什么原因导致了战争,这些因素是相当明显的,即使是一个学生也能够明白——贪婪、国家主义、对权力的寻求、地理上的和国家上的界分、经济冲突、主权国家、爱国主义、某种意识形态,不论是左翼的还是右翼的,试图把自己强加在其他意识形态之上,等等。这些导致战争的原因,是被你我制造出来的,战争,不过是我们日常生活的外在表现罢了,难道不是吗?我们使自己去与某个群体进行认同——国家的、宗教的或种族的群体——原因是它让我们感受到了某种权力,而权力不可避免会带来劫难。需要对战争负上责任的是你和我,而不是希特勒、斯大林或是其他某位超级领袖。声称那些资本家或丧心病狂的领袖是战争的罪魁祸首,实在是相当方便的托辞。在内心深处,每个人都渴望腰缠万贯,每个人都渴望拥有权力,这些便是战争的原因,你和我对此都负有责任。

我觉得,战争是我们日常生活的产物,只不过更加"壮观"、更加血腥,这一点是相当清楚的。既然我们全都试图去积聚财富、累积金钱,那么我们自然就会建立起一个有着重重国界、边界、关税壁垒的社会。当一个处于隔绝状态的国家同另外一个国家发生冲突时,不可避免地就会以战争收场——这是一个显见的事实。我不知道你是否考虑过这个问题。我们直面战争的危险,那么我们难道不应该去弄清楚谁要为战争负上责任吗？显然，一个睿智之人会明白自己是难辞其咎的，他会说："看吧，我正在制造出这场战争，所以，我将不再高举国家主义的大旗，我将不去抱持爱国主义、国家主义的思想，我将不再是印度教教徒、穆斯林或基督徒，而是一个单纯的人类。"这需要相当澄明的思想与感知，而我们大部分人都不愿意去面对这个。如果你个人反对战争——但不是出于某个理想，因为理想有碍于直接的行动——那么你该做些什么呢？一个反对战争的理性之人，该怎么做呢？首先，他必须把自己的心灵和头脑清空，不是吗？——让自己摆脱那些导致战争的因素，诸如贪婪等等。既然你要对战争负责，那么，重要的是让你自己挣脱战争的原因，这意味着，你应该放弃国家主义的思想。你愿意这么做吗？答案显然是否定的，因为你喜欢被称作是印度教教徒、婆罗门，无论是什么标签。这说明你推崇标签，宁愿要标签，也不要健全地、理性地生活，结果你就将走向毁灭，不管你喜欢与否。

　　如果一个人渴望使自己摆脱那些导致战争的因素，那么他该如何是好呢？他怎样才能制止战争呢？那正在逼近的战争，能够被阻挡吗？贪婪的动力、国家主义的权力——每一个人在行动中都投置了这些东西——能够被制止住吗？很明显，它们无法被阻挡住。只有当苏联、美国以及我们大家立即转变了自身，并且声称我们将不去抱持任何国家主义的思想，我们将不再是苏联人、美国人、印度教教徒、穆斯林、德国人或英国人，而是单纯的人类，我们将在关系里做单纯的人类，将努力一起幸福地生活，唯有这时，才能阻止战争的脚步。一旦战争的原因从我们的心灵和头脑里被根除掉，那么就不会再有战争的阴霾笼罩了。然而，权力的势头依然在继续前进着。我将给你们举一个例子。如果一栋房子失火了，我们该怎么做呢？我们会试图尽可能地去救这栋房子，去研究失火的原因，尔后找到正确种类的砖块、合适的防火材料、改进的构架等等，我们将修建起新的房子。换句话说，当一个文明正在崩塌，正在毁灭自身，那些意识到自己对旧的文明无能为力的睿智人士，将会建立起一个不会崩塌的崭新的文明。很明显，这是唯一的行动之路，这是唯一理性的办法——而不是仅仅去改革旧的文明、修补失火的房子。

假如我在这次演说或其他地方把所有觉得自己真正摆脱了战争原因的人们积聚在一起,那么会发生什么情形呢?也就是说,能否确立起和平呢?审视一下其中的涵义吧,想一想组织起来的和平指的是什么吧。战争的原因之一,便是权力欲——个体、群体、国家对于权力的渴望。倘若我们为了和平建立起了某个组织,那么会发生什么呢?我们变成了权力的焦点,而对权力的追逐正是战争的导火索之一。世界上的战争持续不断,可是当我们为和平组织起来的时候,我们就建立起了一个寻求权力的组织,而这正是战争的一个原因。一旦我们为和平组织起来,那将不可避免地招来权力,只要我们拥有了权力,便会再一次地制造出战争的原因。所以,我该怎么做才好呢?领悟到权力是导致战争的原因之一,我难道不应该去反对战争吗——战争意味着更多的权力?在反对的过程中,我难道不会制造出权力吗?于是,我的问题就将完全不同了。这不是组织上的问题,我无法同某个群体谈话,而是只能跟作为个体的你交谈,向你指出战争的原因。作为个体的你和我,必须去思考这个问题,而不要把它留给别人来解决。

显然,当处在家庭环境之中时,当心中怀有爱和慈悲的时候,我们就不会需要任何以和平为目的的组织了,我们需要的是相互的理解与协作。只要这世上没有真爱之花绽放,就不可避免地会爆发战争。为了认识有关战争的复杂问题,一个人必须用非常简单的办法去应对它。所谓简单地应对,是指去理解自己同世界的关系。如果这种关系里面存在着权力、支配的意识,那么该关系势必就会制造出一个建立在权力、支配之上的社会,而这反过来又将引发战争。我可以十分清楚地明白这一点,但如果我把这个道理告诉给十个人,把他们组织起来,那么我都做了些什么呢?我已经制造出了权力,不是吗?因为我得到了十个反对好战分子的人的支持,我同样要为导致战争负责。没有组织是必需的,组织是一种会带来战争的权力因素。必须要有一些反对战争的个体,然而当你把他们聚集在某个组织里头的时候,或者代表某种信条,那么在你这么做的那一刻，你就已经跟好战者处于同样的立场了。我们大部分人都满足于词语，活在没有意义的词语之上，但倘若我们十分仔细、清楚地去审视一下这个问题，那么问题自己就会产生出解答，你不必去特意寻求。所以，我们每个人都应该意识到战争的原因，每个人都应该摆脱它们的束缚。

问：为什么您不去关注这个国家燃眉之急的问题，向我们指明出路呢？而不是就"是"与"变成"的问题展开拘泥于细节的讨论。比如，印度教教徒和穆斯林的团结，巴基斯坦和印度的和睦共处，婆罗门和非婆罗门阶层的敌对，以及孟买究竟是应当成为一个独立的城市还是马哈拉施特拉邦的一部分，对这些问题您的立场是什么呢？假如您能够建议某个有效的方法来解决这些难题的话，那么您会起到更大的作用的。

克：孟买究竟是否应当成为一个独立的城市，印度教教徒跟穆斯林是否应该团结起来，这些问题同全世界的人类所面临的那些问题是一样的。它们是难题呢，还是幼稚、不成熟的问题呢？很明显，我们应该抛弃掉这种幼稚的事情，你认为它们是当今燃眉之急的问题吗？当你自称是名印度教教徒的时候，当你声称自己属于某个宗教的时候，你难道不是在词语上争辩不休吗？你所说的印度教意思是什么呢？一套信仰、教义、传统和迷信。宗教是信仰的问题吗？很明显，宗教是探寻真理，虔诚的宗教信徒，并不是那些抱持这些愚蠢观念的人。寻求真理的人，便是虔诚之士，他不需要任何标签——印度教教徒、穆斯林或基督徒。我们为何自称是印度教教徒、穆斯林、基督徒呢？原因在于，我们压根儿就不是真正的宗教信徒。如果我们心中怀有爱与悲悯，就不会在乎我们称自己是什么，不会把自己钉在某个标签之上——这才是真正的宗教。正因为我们的心灵空虚，所以它们才充斥着这些幼稚的东西——而你却把这些视为迫在眉睫的问题，这显然是极为幼稚的举动。

孟买是否应当成为一座独立的城市，是否应当有婆罗门与非婆罗门阶层——这些究竟是燃眉之急的难题，还是你躲藏在其后的阵地呢？毕竟，谁是婆罗门呢？很明显，不是身着圣服的人。婆罗门，是一个实现了觉知的人，是在社会中没有任何权威的人，是不依赖于社会的独立的人，是不贪婪、不寻求权力、立于权力之外的人——这样的人方是真正的婆罗门。你我是这样的人吗？显然不是。那么为什么要用某个没有意义的标签来称呼自己呢？你之所以会用某个标签称呼自己，是因为这么做有利可图，让你在社会上拥有了某个地位、身份。一个睿智之人是不会从属于任何团体的，他不会去寻求社会中的地位，原因是这种行为只会滋生出战争。如果你是一个真正心智健全、理性的人，那么你被叫做什么就会无关紧要，你不会去崇拜某个标签。然而当心灵处于空虚状态的时候，标签、字眼就会变得重要起来。由于你的心灵是空虚的，于是你便会感到恐惧，愿意去杀戮他人。所谓印度教教徒、穆斯林的问题，实际上是一个荒唐的问题。很明显，先生们，这是幼稚的，不值得成熟的人去思考，不对吗？一旦你目睹那些不成熟的人正在把事情搞得一团糟，那么你会怎么做呢？猛敲他们的脑袋是没有任何用处的，你要么努力去帮助他们，要么退出，彻底不管他们，任其把事情搞糟。他们喜欢他们的玩具，于是你退出，建立了新的文化、新的社会。国家主义是一剂毒药，爱国主义亦然，世界的冲突、纷争都表明了人们之间缺乏直接的、真正的关系。假如你明白这一点的话，那么你还会沉溺其中吗？假如你清楚地意识到了这个，就不会出现印度教教徒跟穆斯林之间的界分了。于是，我们的问题要比孟买是否应当成为一个独立的城市巨大得多，我们也将不会在那些愚蠢的问题中迷失自己了，而是会直面真正与生活有关的问题。

先生们，生活的真正问题是近在咫尺的，就存在于你同你的邻居之间的争斗中。我们通过自己个人的生活，制造出了这种混乱，制造出了婆罗门与非婆罗门之间、印度教教徒与穆斯林之间的纷争，这种混乱的局面，你我都有份，都难辞其咎，我们负有直接的责任，而不是那些领袖。既然这是我们的责任，那么我们就必须采取行动，而要想展开行动，我们就得进行正确的思考，为了正确的思考，我们应该把那些幼稚的事情抛到一旁。我们已知的一切，都是彻底荒谬的、错误的，没有任何意义。若想成为成熟的人，我们必须扔掉国家主义、组织化的宗教这类荒谬的"玩具"，必须不在政治或宗教领域去追随任何人，这便是我们的难题。只要你真正热切、认真地思考所有这一切问题，自然就会摆脱那些幼稚的行为，不再用某个标签去称呼自己，无论是国家的、政治的还是宗教的标签。唯有如此，我们才能拥有一个和平、安宁的世界。但倘若你仅仅只是去聆听我的演讲，那么当你步出这里时候，就会依然故我，就会跟以前一样行事。（笑声）我知道你们会发笑——这正是悲剧所在。你们对制止战争、世界和平并无真正的兴趣。或许，在浦那，你暂时可以拥有和平的生活，你以为自己将会幸免。你错了，你并不能幸免。你谈论着海德拉巴[①]与新印度之间的战争，谈论地方主义的问题，诸如此类。我们全都站在悬崖的边缘，人类所相信的整个文明，可能会被摧毁，我们制造出来的那些东西、精心培养起来的那些事物——一切都危如累卵。对一个人来说，若想使自己不会葬身悬崖之下，就必须得展开真正的革命——不是那种流血的革命，而是心灵的重生。如果没有认识自我，就无法获得新生。如果没有认识你自己，你就什么也做不了。我们必须以崭新的视角去思考每一个问题，为了做到这样，我们就得使自己挣脱过去的羁绊，这意味着，思想过程必须停止。

我们的问题在于，认识当下，认识当下的暴行以及它那不可避免的灾难和不幸——我们必须以全新的视角去面对当下。若我们只是执着于过去，若我们依靠思想过程去分析当下，就不会迎来任何新生。这便是为什么说，要想认识某个问题，就得停止思想的过程。当心灵处于静止、安宁的状态——唯有这时，问题才能被解决。因此，重要的是去认识自我。你和我应该成为社会的中坚力量，去宣传、确立新的思想、新的幸福。

（第一场演说，1948年9月1日）

---

① 海德拉巴，巴基斯坦南部城市，濒临印度河，位于卡拉奇东北。始建于1768年，1839年被英军占领。这个城市以手工艺品著名。——译者

实相是解决无数难题的唯一方法

要想认识人类关系的错综复杂是尤为困难的，不是吗？即使一个人对另外一个人格外熟悉，但若要弄清楚他的所思所感也常常会十分费劲，甚至几乎是不可能的。当两个人之间有爱存在的时候，则会变得相对容易一些，因为他们能够在同一时间、同一层面上实现立即的交流。但如果我们仅仅只是在口头层面上去讨论或聆听的话，就会把这种交流、沟通挡在门外。你我之间建立起这种交流十分不易，因为缺乏沟通，没有真正的理解。当你心怀恐惧抑或抱有成见，交流就会停止，因为，尔后防御、保护机制将开始运作起来。或许我看待事物的视角与你所熟悉的角度截然不同，可是我渴望同你进行交流，我想要把我的所思所见告诉给你。我可能理解得并不彻底或者并不准确，但倘若你希望去探究一下我所说的话，那么你这一方面就必须得抱持敞开、接纳的姿态。

我并不是在涉及观念，在我看来，观念压根儿就没有任何意义。观念不会带来变革，不会带来新生，而新生又是不可或缺的。交流观念相对容易，但超越口头层面彼此进行交流则是非常费劲的。我们必须要在相互之间建立起来的，并不是某种模仿的、神秘的交流，而是一种真正的交流，只有当我们双方都热衷于去探明那能够解决我们的难题的真理，这种交流才有可能实现。就我自己来说，我觉得实相是存在的，它是每时每刻的，完全不在时间的范畴之内，这种实相是解决我们生活里无数难题的唯一方法。当一个人领悟了那一实相，抑或当该实相来临时，它就会成为一种解放性的因素。然而，无论展开多少智识层面的争论、辩论、冲突，不管是经济的、社会的还是宗教领域的，都无法解决那些由心灵自造出来的问题。

我们相聚一堂，彼此交流、谈心，而要想做到这个，一个人就得抱持敞开、接纳的姿态，既不去认可，也不去否定，而是去探寻。你我相互关联，我们不是活在孤立、隔绝之中。真理与关系是不可分离的。关系即社会，一旦你认识了你和你的妻子、你和社会之间的关系，那么你就将探明真理，或者说，真理便会向你走来，它会帮助你解除掉所有的难题。你无法找寻到真理，你应该让它向你走来，而若想实现这个，心灵就必须不再为无知所困。无知，并不是缺乏技术知识，并不是没有阅读许多的哲学书籍，无知，是指没有实现对自我的认知。尽管一个人或许可以阅读许多的哲学书籍和经典，能够对它们引经据典，然而，单纯的引用，即词语的累积以及他人的经验，无法让心灵走出无知的泥沼。只有当一个人去探寻、去体验自己的思想、情感和行为的方式，也就是每时每刻觉知到自我在关系里的全部过程，方能实现对自我的认知。认识自我——我们稍后将要讨论——在处理我们的任何难题方面，提供了正确的视角。所谓正确的视角，是指懂得了关于问题的真理，而这种认知毋庸置疑将会带来关系里的行动。因此，认识自我，既不是与行动相对立的，也不是对行动的否定和排拒。认识自我，揭示了关于问题的正确观点或真理，并因而带来了行动——这三者是相互关联的，并非彼此分离。若没有认识自我，就不会出现正确的行动。如果我不了解我自己，那么我显然就没有行动的基础，我所做的只是单纯的活动，它是一个受限的心灵的反应，所以毫无意义。受限的反应，永远无法带来解放，抑或把混乱变得有序。

　　世界同个体是一个统一的过程，它们并不是对立的。假如一个人试图去解决自己的问题，即世界的问题，那么他的思想显然就得具有基础，我认为，这一点是相当显见的。如果我没有实现对自身的认知，仅仅只是展开单纯的行动，那么这样的行动就一定会导致不幸与混乱——这正是当今世界正在上演的景象。所以，探究对自我的认知，并不是一种隔离的过程，不是苦行者的幻想或奢侈。相反，对世人来说，对那些富人和穷人来说，对一个渴望去解决世界难题的人来说，认识自我显然是必需的，因为，个体即世界，他与世界并不是分离的。依我之见，意识到世界是我们日常生活的产物，意识到我们制造出来的环境并非独立于我们而存在，这是格外重要的。环境存在于此，若你没有转变自身，那么你就无法去改变环境。要想改变自我，你就得在关系里去认识自己的想法、感受和行动。经济学家以及革命人士渴望在没有改变个体的情况下去变革环境，但如果没有认识自我，仅仅去改变环境，将会是毫无意义的。环境是个体的努力的产物，这二者是相互联系的，不改变其中一个，你就无法去改变另一个。你我并非是孤立的，我们是一个完整的、统一的过程的产物，是人类全部争斗的结果，无论我们是生活在印度、日本还是美国。人类的总和，便是你与我。我们或者意识到了这一点，或者对此无知无觉。要想带来社会结构的彻底变革，每个人就必须把自己当作一个统一的过程来认识，而不是一个孤立的、单独的实体。只要清楚地认识到了这一点，我们便能够着手去探究人的心灵的本质及其本来面目了。

然而，一个热切、认真的人必须清楚地知道，如果仅仅局限在某个层面，不管是经济的或精神的层面，那么世界就无法发生彻底的革新。除非你和我把自身视为一个完整的过程去认识，否则便不会迎来充分的变革。你与我并不是孤立的个体，而是人类所有的争斗及其幻觉、想象、追逐、无知、纷争、冲突和痛苦的产物。只要一个人没有认识自己，他就无法着手去改变世界的状况。一旦你明白了这个道理，你的身上就会立即发生彻底的转变，不是吗？尔后就不会再需要上师了，因为认识自我是时时刻刻的，它不是去累积那些道听途说的东西，也不蕴含在宗教老师的训诫之中。由于你每时每刻都在你跟他人的关系里头去探明自我，于是关系也就具有了截然不同的意义。尔后，关系将成为一种揭示自我、不断去探明自我的过程，而通过这种自我发现，行动就会登场。

因此，只有通过关系，而不是通过与世隔绝，方能实现自知。关系便是行动，自知源于行动中的觉知。就好比你从不曾阅读过任何书籍，你是第一个寻求生活意义的人，没有人告诉你如何开始，没有任何上师、书本或老师，你不得不依靠自己的力量去发现这整个的过程。那么你该怎样去着手呢？你必须从自己开始入手，不是吗？这便是我们的问题。单纯引用权威并不是自知，并不是发现自我的过程，因此也就没有丝毫的价值。你必须以仿佛一无所知这样的方式开始，唯有这时，你才能探明那富有创造力、具有解放性的事物；唯有这时，你的发现才会带来幸福与快乐。可惜我们大多数人都活在语词之上，语词跟记忆一样，都是过去的产物。一个活在过去的人，无法认识现在。所以，你必须每时每刻去发现自我的过程，这意味着你得意识到、觉知到你的所思、所感、所行。觉知，尔后你将看到，你的思想、感受与行为，不单单是基于由社会或宗教导师制造出来的模式，而且还是你自身倾向的产物。觉知到你的想法、感觉跟行动，便是认识自我的过程。我们意识到自己正在做着或思考着某件事情，但却并没有觉知到我们的思想与行为背后的动机或驱动力，这便是我们大家所谓的觉知。我们试图去改变思想的架构，但却从不曾去认识这个架构的建造者。

所以，认识我们自己是不可或缺的，因为，若没有认识自我，若没有展开发现自我的过程，就不会迎来富有创造力的变革。认识自我，便是去觉知你的每一个想法和感受，不做任何谴责。当你予以责难的时候，你就阻止了自己的思想和感觉。但倘若你不去谴责、辩护或抗拒，那么你的思想的内容就将彰显出来了。展开检验和探究，你就会明白这一点。这是十分重要的，原因在于，要想带来富有创造力的变革或新生，首先必须要去做的就是认识自我。若没有实现对自我的认知，仅仅去带来经济的变化或是引入新的行为模式，将会价值甚微。如果我们并未认识自身，那么我们就只会从一个冲突转移到另一个冲突。冲突当中不会有任何创造，只有当冲突停止时，创造才会登场。对于一个始终在跟自己和邻居争斗的人来说，永远不可能迎来新生——他只会从一个反应走向另一个反应。只有当摆脱了一切反应的时候，方能迎来新生，而唯有认识了自我，才可以挣脱所有的反应。个体并不是一个孤立的过程，并不是与整体分离开来的，而是人类的全部过程。所以，那些怀着热切、认真的态度的人们,那些渴望带来彻底、根本的价值观念的变革的人们,应该从自身开始做起。

我这里有几个问题,我将试着尽可能多回答一些。

问:偶像崇拜、礼拜、冥想,对人来说是自然的,而且显然极有益处。为何您却否定它们,将其在人们痛苦时所给予的慰藉给拿走呢?

克:让我们弄清楚一下我们所说的冥想是指什么意思。由于这是一个复杂的问题,所以你们必须投以持续的专注,否则的话就没办法搞明白。让我们先把主要问题弄清楚吧。首先,我并非是说冥想是不必要的。可是,我们首先必须理解冥想的涵义,尔后才可以去声称它究竟是否必要。我的上师、我的传统主张"冥想",于是我便坐在屋子里去展开冥想,这显然是毫无意义的。我应该懂得冥想究竟是何意思。

我们所说的冥想指的是什么呢?冥想包含了几个内容:祈祷,专注,对真理的寻求或是我们所说的认知,想要获得慰藉的渴望,等等。让我们首先来看一看祈祷吧。我们所谓的祈祷意指为何呢?祈祷是一种恳求、祈愿。一个人处于困境之中,他求助于他人来帮助自己走出这困境。你和我或许不会去祈祷,但成千上万的人都会这么做。当他们祈祷的时候,显然会收到某个答案,要不然他们是不愿去做的,他们会获得某种安慰。祈祷的时候,这答案是从神灵、某个更加高级的实体那里获得呢,还是从其他地方得到的呢?祈祷指的是什么呢?首先,你会重复、念诵某些话语,你是名印度教教徒,你诵读着某些句子、曼彻①。通过一遍又一遍诵读这些话语,你的心灵渐渐宁静下来。如果你不断地去重复某件事情,那么你的心灵显然就会变得迟钝、安静。当意识处于安静的状态,它就会收到答案。这答案来自于何方呢?是来自于你所说的神,还是源于其他地方?你为什么要祈祷?显然,你之所以祈祷,是因为你处于某种困境,处于某种痛苦的状态,于是你希望获得解答之道。也就是说,你

---

① 曼彻,mantra 的音译,一种神圣的语言形式,在祈祷、冥思或咒语中重复,如呼唤神灵、神奇的咒语或有神秘内涵的经书上的一个音节或一部分。——译者

制造出了某个问题,通过祈祷,即念诵话语,你让心灵渐趋宁静,尔后心灵得到了某个答案。

当你这么做的时候,实际上发生的是什么呢?表层的意识处于安静、静止的状态,尔后潜意识浮现出来,你有了答案。或者换种方式来表述,你遇到了某个难题,它令你长久以来都焦虑万分、苦苦思索,但你却并没有找到解决的方法,于是你说道:"我把这个问题留待明天去解决吧。"当你第二天早上醒来的时候,你有了解决的法子。这是如何发生的呢?当意识对某个难题思虑良久之后,它便把问题抛到一边,说道:"我不去管它了。"一旦意识进入宁静的状态,不再去想那个难题,那么潜意识就会在意识里浮现出来,而解决之道也就相应而来了。你或许会把它叫做来自神的微小的声音,随便你怎么称呼都好——名称无关紧要。是潜意识给出了暗示,给出了解决问题的答案,而祈祷只不过是让意识安静下来的窍门,以便它可以获得解答。但意识是根据它那有意识的欲望获得解答的,只要心灵是受限的,那么它的解答不可避免地也会是被限定的。意思便是说,假若我标榜国家主义,通过祈祷,我让意识渐渐进入静止的状态,我根据自己所受的国家主义的局限而得到了某个答案。于是希特勒说道:"我听到了来自上帝的声音。"这便是有关冥想的问题的一部分。

接下来是专注的问题,这个问题难度稍大一点,需要运用更多的思考以及投入更多的注意力。你所说的专注是指什么意思呢?你所说的专注,是指排他。所谓专注于某个事物、想法、形象,意思便是抗拒、排除其他所有占据你脑子里的想法。抗拒其他想法的流动,努力迫使你的思想集中在某个念头上,这是一场持续不断的战役,不是吗?你挑选出了某个念头,你努力让自己的思想集中在该念头上,同时抵抗所有其他的想法。当你能够把所有其他的念头排除在外、专注于那个念头,你便认为自己已经学会了彻底的专注。当你这么做的时候,实际上发生的是什么呢?专注,变成了不断的排拒、不断的冲突。为什么你要挑选出一个想法而排拒其他呢?原因是,你认为这个想法要比所有其他的想法重要许多,你觉得其他那些想法是次要的。于是,那些次要的想法同那个更加重要的想法之间便会出现冲突、出现不断的争斗。但倘若你在每一个想法出现的时候去追随它、认识它,无论它重要与否——其实所有的想法都是重要的——那么你就不必让思想集中在某个念头之上了。尔后,专注也就不再是一种狭隘、局限,而是加固、强化,富有活力。

看看一个孩童吧。给他个玩具,给他某个他感兴趣的东西,这个孩子会完全被吸引,你无需告诉他要专心致志。只有成年人才会不感兴趣,才需要强迫自己去专注。一个努力去做到专心致志的人,对他正在干的事情是毫无兴趣的。如果他感兴趣的话,就压根儿不需要费力去专注了。你们大多数人之所以都会沉溺于冥想,是因为你们对自己每天干的事情并不感兴趣。于是,冥想就带着你们远离了生活,它并不是你日常生活的一部分。因此,专注,即你所说的冥想,不过是对生活的一种逃避罢了。假如你能够彻底逃离生活,你便会觉得自己有所得。但倘若你在每一个想法、感觉出现的时候去探究它,不进行谴责、辩护或抵制,那么,通过这种不断的认知、不断的再发现,心灵将会变得格外的宁静与自由。所以说,冥想不是专注,冥想不是祈祷。

再来就是举行仪式了。你为什么要进行某个仪式呢?它背后的真相是什么呢?我的母亲过世了,我举行仪式没有任何合理的原因。先生们,这又带来了关于理智的问题。不加思索地去做某个事情,便是不明智、不理性。在没有所指之物、没有意义的情形下去使用词语,便是一种非理性的状态。你为何要为逝者举行仪式呢?如果这么做让你感到慰藉,那么你所寻求的便是安慰而非觉知。倘若你意识到了这一点,那么你干吗还要去做呢?你是否明白举行仪式的全部涵义?如果你并不明白的话,那么你显然就不应该去做。先生们,你们为什么要举行仪式?有些人这么做,是因为他们没有其他的事情可干,尤其是那些女人们,这表明我们生活在一种非理性的状态中。举行仪式,是一种绝佳的逃避方式,逃避生活的残酷,逃避残暴的丈夫,逃避不停要喂养的孩子。你们责难那些不举行仪式的人。对某些人来说,仪式是一种逃避,而对其他一些人而言，它则是某种传统、某种权威。很明显，出于传统而去给死去的父亲或母亲举行仪式，是一种非理性的状态。你并不懂得仪式的涵义，但这么做会让母亲、父亲或邻居开心。如果一个人对自己所做的事情并不了解，那么他就是个非理性的家伙。显然，引用权威，做某件你并不明白涵义但能给你提供慰藉的事情，这些都不是一个理性之人会做的事情。

最后则是对偶像的崇拜，端坐在画像前，迷失自我。你们为什么要去膜拜那些死去的事物呢？你们为何不去崇敬自己的妻子、孩子和邻居呢？你之所以会去崇拜死去的事物，是因为他们无法做出回应，你能够把你的欲求诉诸于他们，这是一种最佳的逃避方式。你不会去敬拜活着的事物，原因是他们会有所回应，会告诉你你是多么的愚蠢。

假如冥想并不是祈祷，并不是专注、仪式、念诵话语、偶像崇拜，那么冥想究竟指的是什么呢？很明显，若想认识某个事物，就必须得怀有一颗宁静的心灵。我们所说的冥想意指为何？假如你领悟到，冥想不是仅仅念诵话语，不是端坐在某个画像前去凝视它，渐入一种恍惚的、催眠般的状态——假如你懂得了这其中的真相，那么你的心灵会出现怎样的情形呢？一旦你洞悉了有关祈祷、偶像崇拜的实相，一旦你懂得了关于仪式的真相及其谬误，你的心灵会处于何种状态呢？显然，只要你明白了所有这些事情的真相，你便会摆脱它们获得自由，不是吗？只要挣脱了它们的束缚，你的心灵就将变得越来越澄明、越来越宁静，而在这种宁静中，实相便会登场。尔后，冥想不再是依照某个模式去训练心灵和头脑，而是时时刻刻不断觉知的过程。只有当你领悟真理之时——不是某个抽象的真理，而是有关实相的真理——便会迎来觉知。如果我把一条绳子误当作了蛇，就会出现歪曲的状态，然而当我把绳子看作是绳子，便会迎来实相。唯有当我洞见了事物的本来面目，实相才会到来。清楚地洞见事物的本相，没有任何的歪曲，这整个洞见的过程便是冥想。不过，要洞见"当下实相"，不把绳子误当成蛇，绝非易事，因为我们大部分人都无法在不做歪曲的情形下去感知事物。所以，冥想是让心灵摆脱局限的过程，它意味着仅仅只是去觉知，不去根据自己的特性、倾向对出现的每一个想法、感觉进行谴责、辩护或抗拒。因此，冥想是指挣脱过去的羁绊，正是过去的记忆限定了你的反应，而冥想则是让心灵从过去的制约下解放出来的过程。

然而这里会生出一个困难。心灵必须让自己摆脱过去的束缚，以便不去歪曲"当下实相"，以便清楚地洞见事物的本来面目。心灵，作为过去的产物，如何能够让自己挣脱过去的约束呢？只有当你认识到每个想法都是过去的结果，当你充分领悟到想法无法解决任何问题，心灵才能够走出过去。问题即挑战，而挑战总是新的。根据旧的模式去阐释新的事物，这么做便是在排拒新事物。一旦心灵意识到自己便是歪曲的中心，一旦心灵处于自由、澄明的状态，挣脱了过去的禁锢，一旦心灵不再把自己划分为"你"、"我"，那么它就将步入宁静之境，而觉知、实相、洞悉就蕴含在这种宁静里。这是每个人都必须要去感受的一种体验，它是无法被重复的，只要你去重复它，它就是旧的了。但倘若你关注于去解决人类的难题，那么你就必须展开这种冥想。当心灵自然而然变得宁静，就像风停下时水池会静下来一样，实相便会到来。

问：人生来是不平等的，任何智力测试都能证明这一点。我们的印度教圣典把人划分成三大类：纯洁的、活跃的、惰性的。那么您为何说您的教诲是针对所有人，不用理会他们在性情和智力上的差异呢？通过假定所有人都是平等的，您难道不是在推卸自己的职责吗？这难道不是一种煽动吗？

克：先生，我们全都是不平等的，这是一个显见的事实。男人和男人、女人和女人之间，差异甚大。可是当你爱着某个人的时候，还会存在这种差异吗？还会有任何不平等吗？还会有国家、民族的区分吗？当心灵处于空虚的状态，类型才会变得重要起来，于是我们便将人们划分成各个阶级、肤色、种族。然而当你心中怀有爱的时候，会有任何区别吗？只要你的心灵慷慨而崇高，那么你还会去进行界分吗？你将会奉献你自己。只有一个不慷慨的人，一个只关心自己银行户头的人，才会希望维系这些差异跟界分。对一个探寻真理的人来说，是不存在任何界分的。寻求真理，意即处于积极、能动的状态，拥有智慧，懂得真爱。如果一个人追逐着某条路径，那么他永远都无法认识真理，因为，对他来说，这条路径是排他的。当我声称这一点适用于所有人的时候，我并非是在鼓吹民主政治——世界上压根儿就不存在民主政治。诉诸于普通人，是一个廉价的把戏，是政客们干的事儿。我的教诲，适用于每一个人，无论他在生活里居于各种地位、身份，无论他是富有还是贫穷，也不管他的脾性是怎样的。我们全都遭受着痛苦，我们全都面临着种种难题，我们全都背负着重重焦虑，我们全都处于永无休止的冲突之中，死亡、悲伤、痛苦与我们如影随形。等级制度，显然有害于精神思考，把人划分成高等和低等，是无知的表现。既然我们全都遭受着不同程度的痛苦，那么我的话就是适用于全体人类的。我们都想要走出痛苦的泥沼，不管是富人、穷人还是中产阶级。痛苦便是我们共同的命运，由于我们大家都在寻求着摆脱痛苦的方法，所以我的观点也就适用于所有人。

我们都为痛苦所困，因此，仅仅去逃避痛苦是没有任何用处的。通过逃避，无法认识痛苦，唯一的途径只有通过爱以及认识它。当你爱着某个事物的时候，你就会认识它了。当你爱着你的妻子，你便会了解她；当你爱着你的邻居，你便会懂得他。我们大部分人都通过无数聪明的心灵的把戏去逃避痛苦。只有当我们敢于去直面痛苦，而非不停地试图去逃避它的时候，方能认识痛苦。出于想要去逃避痛苦这一欲望，我们发展起了一种娱乐文化，发展起了组织化的宗教及其仪式和礼拜，我们通过剥削他人来积聚财富，所有这些都表明我们在逃避痛苦。显然，你、我、街上的行人、任何人，都能够认识痛苦，唯一要做的便是我们必须对痛苦投以关注。然而不幸的是，现代文明只是帮助我们通过娱乐、通过幻觉、通过念诵等方法去逃避，所有这一切都帮助着我们去逃避"当下实相"，因此我们必须要意识到这无数的逃避。只有当一个人摆脱了种种逃避，他才能够把痛苦的原因给消除掉。对于一个幸福的人来说，对于一个心中怀有爱的人,不存在任何界分。他既不是婆罗门,也不是英国人、德国人或印度人,对这样的一个人而言,没有所谓高低之分。正是由于我们心中没有爱,所以才会出现所有这些不公平的界分。一旦真爱之花在你的心里绽放,你就将感受到一种巨大的充实与富足,就将闻到生命的芬芳,你会愿意同他人分享你的心灵。当心灵处于充实的状态,头脑里的各种东西就会消失不见了。

问:马哈拉施特拉邦是圣人之地。许多圣人都属于这儿,他们努力去宣扬真理以及帮助成千上万的普通男女,这些民众依然年复一年地怀着虔诚的信仰去班达普尔神庙朝圣。这些圣人给我们带来了曼彻。您为什么不将您的教诲简化一下,把它带入到普通人的层次呢?

克:我们大多数人都很虔诚,渴望去敬拜某个事物,曼彻让生活变得简化了,并且帮助了成千上万的民众,那么我为何不也把我的教诲弄得简单一些呢?这便是该问题的要旨。先生,你觉得,通过念诵颂歌、咒语、经文,通过不断地重复着某个名字,是否便能够让灵魂获得支撑了呢?还是说,你这么做只会让心灵钝化呢?很明显,任何被一再重复的事物,会让心灵失去感受力。不断地重复话语,不过是一种狡猾的技巧,让心灵变得迟钝、麻木,以便破坏掉一切改革、一切探寻以及富有感受力的反应,难道不是吗?通过不断地重复——"我们是正确的,其他党派是错误的"——从而让心灵钝化,这已经成为了政府的功能之一。你不停地去重复某个名字,你不断地举行某个仪式,于是那原本应当富有感受力、具有高度柔韧性的心灵,就会变得迟钝起来。我们大部分人都倾向于过一种虔诚的生活,然而不幸的是,这些重复的行为却摧毁了这种生活。重要的是认识到,虔诚之路同智慧之路是不可分的。关系是一种自我揭示的过程,通过任何途径都无法实现对关系的认知。如果我想要了解生活,那么我就必须去体验生活,必须处于积极、能动的状态,必须富有关于生活的智慧。遵循这条道路、牺牲掉另外一条道路,是一种歪曲,是一个人内心的矛盾状态。

这位提问者希望知道我为什么不可以把自己的教义简化一下，以便那些普通民众也能够懂得。这可是一件非同寻常的事情。你为何要关心普通人呢？你真的关心他们吗？我对此深表怀疑。假如你关心那些普通民众，那么你便不会去推崇任何思想体系，不会再有政治党派，无论是左翼的还是右翼的。当你并非热爱普通民众，而是热爱思想体系、意识形态的时候——为了这些东西，你宁愿去杀戮和毁灭老百姓——体系才会变得重要。毕竟，普通人就是你和我。要想理解我的话，困难在那里呢？第一个困难便是，你不想去理解。一旦你理解了，就会展开变革，而这会给你带来扰乱，会让你的父母或妻子烦心，所以你说道："您的教诲太过复杂了。"换言之，先生，当你并不希望认识某个事物时，你就会把它弄得复杂化。只要你渴望去了解某个东西，你便会热爱它；而当你热爱它，生活也就会变得简单起来。正是由于你并不爱自己的妻子或任何事物，所以这才会成为一种复杂的哲学，你觉得它格外的困难。当你爱着某个人，你就会去爱其他人，你的心灵就会温暖地对待所有人。尔后你将处于一种敏锐、富有感受力和适应力的状态。因为我们并不怀有那种温暖的、柔韧的爱，所以我们才会活在语词之上，靠语词过活。我们推崇某个体制以及它那可怕的阶级与种族的划分、经济的壁垒，原因是我们的心灵极度的空虚。若想实现觉知，你就得心中有爱。爱，不是可以被培养起来的事物，当它没有被头脑里的东西阻挡之时，它便会迅捷、立即地到来了。我们的心灵很空虚，这就是为什么你我之间没有交流、沟通的原因。我们聆听，我们说话，我们展开争论，但我们之间却没有真正的交流，因为你我之间没有爱存在。一旦爱登场——即温暖、慷慨、仁慈、悲悯——就不再需要哲学，不再需要老师，因为爱本身即真理。

（第二场演说，1948年9月5日）

基于某个念头行动，势必走向痛苦和悲伤

既然我们大家都关心行动，若没有行动便无法生活，那么我们就应当去充分探究一下这个问题，试着彻底地理解它。这是一个十分困难的问题，我们必须从它的不同层面去展开探究，因为我们大部分人都过着不完整的生活，我们活在一个个隔离的区间里，我们的生活被分割成了若干个部分。哲学、行动、活动，存在于不同的层面，彼此不相关联，而这样的生活无疑会走向混乱和无序。所以，当我们试图去认识行动这一复杂的问题时，应该弄清楚什么是活动、什么是行动。活动与行动之间差异甚大。我们在不同层面过着不完整的生活，我们努力从问题的单个层面去解决诸多的难题。经济学家试图从经济层面去解决有关生活的整个问题，宗教人士则从心理的或所谓的精神层面去加以解决，而一个相信社会变革的人则会关心外部的转变、变化、社会准则的改良等等。

因此，我们意识到，大多数人的行动都是片面的、局部的，都是试图把问题孤立起来加以解决，仿佛问题只是经济上的，抑或只是心理的、精神领域的问题，完全是外部的或完全是内部的。很明显，这种毫无关联的行动，便是不完整的行动，这类片面的、局部的行动，不过是活动罢了。也就是说，当我们试图从某个单独的层面去解决问题，就仿佛它与生活的其他问题毫不相关，那么这种做法就只是活动。活动，是某个不与整体关联的行为。当我们声称："首先要改变环境，尔后其他的改变就会自然而然到来了。"这样的想法，显然表明了一种片面的思考，将会带来的是单纯的活动。

人并不是活在某个单独的层面上的，他生活在意识的各个层面，而把他的生活划分成若干个部分，划分成若干个不相关联的层面，显然将

会有害于行动。重要的是去认识活动与行动之间的差别。我认为，活动是基于不相关联或不完整层面的生命的行为——仿佛生活仅仅是一个层面而不去关心其他的层面，不去关心意识的其他领域。如果我们分析一下这样的活动，就会发现，它们是建立在观念之上的，而观念是一种隔离的过程，结果活动总是一种孤立的而非统一的过程。只要你去探究一下活动，便将发现，它是某个观念的产物。也就是说，观念被视为是最重要的事物，而这样的观念总是隔离性的。某个会产生活动的观念，抑或基于某种观念的模式的活动，势必会成为冲突的原因——而这正是我们生活中所上演的情景。我们怀有某个观念，尔后去遵从该观念，但倘若你仔细地去审视一下，会发现，此观念是分离性的。观念永远无法是整体性的，它总是分离性的、划分性的。如果一个人沉溺于建立在某个观念之上的单纯的活动，那么他显然就会制造出危害、引发不幸、带来无序。完整的行动，不是来源于某个观念，只有当我们把生活当作一个完整的过程去看待，而不是将其划分成一个个部分、一个个同生活的全部相分离的单独的活动，才会迎来完整的行动。完整的行动，是指并非基于某个观念之上的行为，它涵盖了全体，涵盖了全部的过程。统一的、完整的过程，不会有某个观念的局限。因此，假如一个人想要展开热切的、认真的行动，不会带来丝毫的无序，他就必须把行动视为一个整体去理解，而不是基于某个观念。一旦行动是建立在某个观念之上，那么它就只是单纯的活动，一切活动都是隔绝的、排他的。

于是，我们的难题在于，怎样展开完整的、统一的行动，而不是从各个毫无关联的层面去进行。显然，若想展开完整的、统一的行动，就必须认识自我。认识自我，并不是一个念头——它是运动。想法总是静止的，很明显，若没有认识自我，仅仅基于某个想法、念头去采取行动，势必就会走向无序、痛苦和悲伤。因此，为了展开行动，就必须实现对自我的认知。认识自我并不是一门技巧，无法从书本中学到。一个人通过关系、通过与他人或与社会的关系去探明认识自我的过程。社会便是我自己同他人的关系。只有实现了对自我的认知，方能迎来完整的行动。

认识自我，是关系的产物，而不是想法、念头的结果，而关系始终处于运动之中。如果你去观察一下，会发现，关系永远无法被固定下来，永远无法为某个观念所束缚，关系处于不断的运动状态，它从不曾静止。所以，认识关系是相当费劲、格外困难的，这便是为什么我们转而诉诸于单纯的活动、构思，将其作为某种行动的模式。因此，诚挚之人显然不应该为活动所困，而是必须通过认识自我的过程来了解关系。在自我的全部领域里去认识"我"、"我的"，这种认知将会带来完整的行动，这样的行动是充分的、彻底的，这样的行动不会引发冲突。

我这里有几个问题，我将试着尽可能多回答一些。我已经粗略浏览过这些问题了，但我尚未想清楚。我不得不从许多问题里面挑选出若干个，余下的我们将在下一个星期去解答了。因此，我的回答是在没有预先构想好回复的情形下进行的，如果你们希望思考每一个问题，那么我们可以共同去展开探寻，发现关于问题的真理。若你们只是想听一听我的回答，坐等着由我来给出一个解决之道，那么这场聚会将会意义甚微。但倘若我们能够携手去探明这些问题、去发现真理，那么此次演讲便会是意义深远。你渴望去发现的是真理，而为了迎来真理，你的心灵就得有所准备。要收获真理，心灵必须是迅捷的、柔韧的、敏锐的。如果你只是坐等着我来给出解答，那么你的心灵显然就是愚钝的、缺乏感受力的，而让心灵敏捷、富有感受力是必要的。当你仅仅处于接收的状态，心灵就会失去感受力。让我们一起来思考一下这些问题吧，探究一下每个问题的解决之道，努力去找到正确的解答。

问：妻子的义务是什么？

克：我想知道这个问题是谁提出的，提问者是妻子还是丈夫？如果是妻子提出的，就需要给出某个回答；如果是丈夫提出的，则需要给出另外一种回答。在这个国家里，丈夫是老板、是法则、是主人，因为他在经济上处于支配地位，由他来主张妻子的义务是什么。既然妻子不处于主导地位，在经济上是依赖丈夫的，那么她的主张就不会成为义务了。

我们可以从丈夫或妻子的视角来着手这个问题。假如我们解答有关妻子的问题，会发现，由于她在经济上不独立，她所受的教育有限，或者其思考能力可能相对弱一些，结果社会便把那些由男人决定的行为准则和模式强加在她的身上。于是，她认可了所谓的丈夫的权力。他处于支配地位，经济上独立，有赚钱谋生的能力，所以是由他来制定法则。很自然，只要婚姻是一种契约，就会变得无比的复杂，于是便会出现义务——这是一个官僚主义的字眼，在关系中没有任何意义。当一个人确立起了规则，开始去探究丈夫和妻子的权力与义务，就会无休无止。很明显，这样的关系是一桩可怕的事情，不是吗？当丈夫要求自己的权力并且坚称要有一个尽职尽责的妻子，不管这可能意味着什么，那么他们的关系都会沦为一份单纯的商业合约。明白这个问题是格外重要的，因为显然有另一种解决问题的方法。只要关系是建立在合约、金钱、财富、权威或支配之上的，那么这段关系不可避免地就会变成权力与义务的事情。当关系是合约的产物时——决定何谓正确、何谓错误、何谓义务——一个人便会发现，关系将变得极其的复杂。如果我是妻子，你坚持要求某些行为，由于我是依附于你的，所以我自然不得不屈从于你的那些要求，挥舞鞭子的人是你。你把某些规则、权力、义务施加在了妻子的身上，结果关系就变成了单纯的合约并伴随着其全部的错综复杂。

难道没有其他不同的方法去解决这个问题吗？也就是说，只要有爱存在，就不会有任何的义务。当你爱着你的妻子时，你会同她分享一切——你的财产、你的麻烦、你的焦虑、你的快乐，你不会对她颐指气使。你不是发号施令的男人，她也不是被使用后扔到一旁的女人，不是一部替你传宗接代、生儿育女的机器。只要有爱，"义务"这个字眼便将消失不见。唯有心中无爱的人，才会去谈论什么权力和义务。在这个国家，权力、义务已经取代了爱，规则已经变得比温暖的关爱更加重要。当有爱存在的时候，问题就会简单起来，没有爱，问题才会变得复杂。只要一个人爱着自己的妻儿，他就永远不会从权力、义务这样的层面去思考问题。

先生们，审视一下你自己的心灵和头脑吧。我知道你们会对这个问题一笑置之，对某个事情嘲笑一番，然后将其抛到一边，这是不加思考的伎俩之一。你的妻子并不分担你的责任，也不分享你所拥有的一切，原因是，你认为女人要比你自己低等，女人是满足你欲望的性工具，是为了你的方便而存在的。于是你发明出了"权力"、"义务"这些字眼，当女性反抗的时候，你就用这些字眼来对付她。只有一个停滞不前的社会，一个正在走向衰退的社会，才会去谈论权力和义务。只要你们真正去探究一下自己的心灵和头脑，就会发现，你们心中并未怀有爱。一旦真爱之花在你的心中绽放开来，你就不会提出这个问题了。没有爱，我就看不到生儿育女的意义在哪里，没有爱，我们只会生出丑陋、幼稚、缺乏思想的孩子，他们终其一生都将是不成熟的、没有思想的，因为他们从不曾怀有爱，而是仅仅被当成玩具、娱乐、当成某个继承你姓氏的工具。显然，若想迎来新的社会、新的文化，就既不能有男人的支配、也不能有女人的统治。之所以存在支配，是因为内心的贫瘠，由于心灵的贫乏，于是我们才会渴望去支配、咒骂仆人、妻子或丈夫。很明显，爱的意识、爱的温暖本身，就能够带来一种新的状态、新的文明。心灵的培养，并不是思想的过程，头脑，无法去培养心灵，然而一旦你认识了头脑的过程，爱便会登场了。爱，不是一个单纯的词语，词语，并不等于它所指的那个事物。"爱"这一词语，不是爱本身。当我们使用该词语、试图去培养爱的时候，这只不过是一种头脑的行为。爱无法被培养出来，然而，只要我们意识到词语跟它所指代的事物不能画等号，那么头脑及其法则、规定、权力、义务，就不会再干扰进来了，唯有这时，才能够建立起新的文化、新的希望与新的世界。

问：什么特性能让我们认识整体呢？

克：让我们先认识一下这个问题吧。我们大多数人的行动都是不完整的，我们仅仅感知到了问题的一部分，尔后便去行动。显然，只要我们的活动是基于片面的、局部的感知，而不是对问题整体的认识，就一定会出现混乱与不幸。所以问题在于，如何去认识人类问题的全貌？原因是，一旦我们认识了问题的全部，将其视为一个整体去展开行动，那么问题便可以迎刃而解了。这样的行动，不会制造更多的问题出来。如果我能够从整体而非局部去看待有关贪婪、暴力、国家主义、战争等问题，那么我的行动就不会引发更多的灾难与不幸。于是便有了这样一个问题："什么特性才能让我们认识整体呢？"

你如何去着手某个问题呢？当你怀着寻求答案的心态去着手问题，或者试图去找到问题的原因、试图去解决它的时候，你便会带着一颗焦虑不安的心去应对问题，不是吗？你有了某个难题，你想要找到解决方法，因此，你关心的是解决之道，你的脑子里想的全都是找到解决的法子。意思便是说，你对问题本身并无兴趣，你只关心找到某个解决问题的方法。于是会发生什么呢？你渴望找到问题的解决之道，所以你便不会洞悉问题本身的涵义。既然你的心灵焦虑不安，结果你便无法看到问题的全部，因为，只有当心灵处于寂静状态时，你才可以洞见问题的全貌。只有当心灵步入彻底的宁静，方能认识全貌。然而，这种宁静、寂静，无法通过训练或控制产生出来，只有当不再分心的时候，当心灵觉知到了全部的分神，才可以迈入寂静之境。心灵对许多事情、对各种各样的问题都感兴趣，如果它挑选了某个兴趣，将其他兴趣排除在外，那么它就不会觉知到全部的问题，于是便会出现分心。但倘若心灵在每一个兴趣出现的时候去觉知到它，去领悟它的涵义，就不会出现分心的情况了。只有当你挑选了某个主要的兴趣，才会分心，因为，尔后，只要远离了那一主要兴趣，便会出现分心的情形。当你挑选了某个主要的兴趣，心灵就会对该兴趣全神贯注，就会被其完全吸引吗？显然不会。你或许可以挑选出某个主要的兴趣，可如果你去审视一下自己的心灵，会发现，它不会对任何事情入迷。一旦它全神贯注于某个事物，就不会分心了。然而你的心灵并不会对任何东西入迷，它兴趣多多。分心的涵义，是指有某个主要的兴趣，于是任何同该兴趣竞争的事物都会是一种分心。如果心灵怀有某个主要的兴趣，抗拒、抵挡着那些所谓的分心，那么它就不会处于宁静的状态。这样的心灵,仅仅固定在某个念头、形象或公式之上,一个固执的心灵不会是宁静的——它不过被困于束缚之中。

所以,要想认识整体,必须得怀有一颗宁静的心灵。只有当心灵在每一个想法、感受出现的时候去认识它,方能迈入宁静之境。也就是说,当思想过程停止,心灵才会变得宁静下来。仅仅去抵制、去筑起一堵隔离的高墙,然后活在孤立、隔绝之中,这可不是宁静。被培养、训练、强制的宁静,是虚假的,这样的心灵,永远无法把问题作为一个整体来认知。先生,生活是一门艺术,而艺术不是一朝之内即可学到的。生活的艺术,无法在书本里找到,没有任何上师可以把它传授给你。然而,由于你购买了书籍、追随了那些上师,所以你的心灵满是错误的观念、训诫、规则与抑制,你的心灵从不曾是安宁的、寂静的,因此无法洞见任何问题的全貌。若想完整地、充分地认识事物,就必须得拥有自由,而强迫、压制、训练无法带来自由,只有当心灵认识了自身即实现了自我认知,方能迎来自由。只有当思想过程停止,只有当心灵处于充分觉知、敏锐的状态,才会迎来那更为高等的智能形式。在心灵那敏锐的寂静之中,你便可以认识问题的全貌。唯有此时,才能展开完整的行动——即充分的、正确的、整体的行动。

问:您指出,念诵曼彻、举行仪式,会让心灵钝化。心理学家告诉我们说,当心灵专注于某个事物或某个想法的时候,就会变得格外的敏锐、警觉。曼彻被认为可以净化心灵。所以,您的看法难道不是跟现代心理学家们的发现相矛盾吗?

克:只要你打算去依赖权威,那么你便会迷失。专家是一个不完整的人,他就自己的专长所提出的那些主张,无法带来完整的行动。此外,假若你引用某个心理学家的话,而另外一个人则去引用其他心理学者所发表的不同的观点,那么你该如何是好呢?你和我是怎么想的,要比把所有心理学家加起来更加重要。让我们、让你我凭借自己的力量去探明,而不是去引用心理学家或专家们的看法,原因在于,后一种做法将会走向彻底的混乱和无知的争斗。这个问题是：反复念诵曼彻或是举行某个形式，是否会让心灵变得愚钝？另外一个问题则是：专注于某个念头，会让心灵变得敏锐、警觉吗？让我们来探明有关这两个问题的真理吧。

显然，反复念诵某个词语，无论这个词语听起来多么的悦耳，都是一种机械化的行为，不是吗？审视一下你自己的心灵。当你挑出某个词语，然后不停地念诵它，那么你的心灵会发生什么呢？当你日复一日、不断地念诵那一词语，你会获得某种刺激、某种感觉，这是念诵带来的结果，它是一种机械化的反应。你认为，一个不断念诵某个词语或句子的心灵，能够变得敏锐、警觉或是展开迅捷的思考吗？你已经反复念诵着曼彻，那么你的心灵是否变得敏锐、迅捷和柔韧了呢？只有在你与他人的关系中，你才可以知道你的心灵究竟是否是迅捷的。只要你在你和你的妻子、你的孩子、你的邻居的关系里去观察一下自己，就会发现，你的心灵迟钝而麻木。你仅仅想象着你的心灵是敏锐的——这个词语在你的行动、你的关系里没有任何所指，而你的行为和关系从不曾是清楚的、完整的、充分的。这样一个耽于幻想的心灵，是缺乏理性的。单纯地重复话语，显然会带来某种刺激、某种感觉，但这么做一定会让心灵变得钝化。

同样的道理，当你日复一日地举行仪式、做礼拜，会发生什么呢？很明显，频繁地举行仪式，会产生出某种刺激，就像是去看电影一样，你对这种刺激感到分外满足。当一个人喝杯酒的时候，他暂时可能会觉得无拘无束，但若让他不停地饮酒，那么他就会变得越来越麻木、迟钝。当你不停重复着仪式的时候——你在你的仪式里面注入了某种巨大的意义，而实际上这些仪式并没有多少意义——发生的情形是一样的。先生，你的心灵要对它自己的钝化、继而让你的生活变成了一种机械化的过程负上责任。

你不知道这是何意思。如果你去思考一下，如果你重新开始，你就不会继续去念诵那些话语了。你之所以会如此，是因为有人主张，重复这些话语、这些曼彻，将会对你有所裨益。要想发现真理，你无需任何上师、任何书本。为了拥有一颗澄明的心灵，你应该去思考每一个问题、每一个思想的运动、每一个感觉的悸动。由于你并不渴望找到真理，于是你便有了这剂方便的麻醉药，而这麻醉药就是曼彻，就是那些你念诵的话语。我知道你将继续做这些仪式，原因是，从这种行为中突围而出，会给家庭带来扰乱、烦忧，会让妻子或丈夫心烦意乱，家庭里将会出现麻烦，所以你只好继续为之。如果一个人继续念诵话语、举行仪式，如果他不知道自己在做什么，那么他显然就是个没有理性、没有智慧的家伙。我压根儿不确信那些举行仪式的人是理性的。若这些仪式有意义，就一定在日常生活里有反应。假如你是位工厂经理或工厂主，你不跟你的工人们分享自己的收益，那么你觉得，通过无数次地念诵那些话语，你能够得到安宁吗？那些利用他人的人，那些凶残地去剥削自己的仆人、雇工的人，举行着仪式，反复念诵着"安宁"、"安宁"——这真是绝佳的逃避。这样的人是丑陋、无理性的个体，无论他多少次地谈论生活的纯洁、高尚，无论他做多少次的仪式，念诵多少次的曼彻，给神换多少外衣，都无法改变他的丑陋和无理性。你的那些曼彻和仪式，意义在哪里呢？你一边高谈阔论着和平、安宁，一边又在制造着痛苦，你认为这样的行为是理性的吗？你将会举行无数的仪式，可你并不会有慷慨之举，因为你的身上没有丝毫生命的火光闪耀。

我们大部分人都希望变得迟钝，原因是我们不想去直面生活，一个迟钝的心灵可以沉沉睡去，可以快乐地活在一种半梦半醒的状态。曼彻、举行仪式，有助于去产生出这种昏睡的状态——这便是你们所渴望的。你听着这些话语，但你并不打算有所行动，这便是我所反对的状态。你不会放弃你的仪式，你不会停止对他人的剥削，你永远都不会跟其他人分享你的收益，你对提高下层民众的生活水平毫无兴趣，对你来说，住在大房子里就已经足够了，但这是大错特错的啊！既然你不会去做些什么，所以我不明白你为什么还听得这般全神贯注。

第二个问题是：专注于某个念头，是否会让心灵变得澄明或敏锐。这是一个复杂的问题，里面牵涉到许多内容，所以让我们好好思考一下吧。你所说的专注是指什么意思呢？当一个孩子怀有某个兴趣的时候，他是不会去谈论专心致志的。给他一块手表、一个玩具，给他某个他感兴趣的东西——他就会彻底被其吸引住，周遭的一切对他来说都将不复存在了。你没有兴趣，所以你才会努力做到专注。也就是说，你挑选出了某个令人感到愉悦或满意的想法，你将其称为真理，该想法给予了你某种幸福感，于是你便努力让自己的思想集中在它上面。其他的想法蹑手蹑脚地出现了，你将它们推到一旁，你把时间花在抵挡它们，你努力想要做到专注。如果你能够专心致志，让思想集中在某个念头之上，如果你能够把其他的想法都排除在外，将自己隔绝在那一个念头里，你便会觉得自己有所收获。换句话说，你的专注，只不过是排他罢了。生活对你来说太沉重了，太难应对了，于是你便专注于某个念头，尔后你认为，你的心灵将会变得敏锐、警觉。它会如此吗？如果心灵活在隔绝之中，活在排他的状态之中，它会变得敏锐、警觉吗？只有当心灵涵盖一切、包容万物，当它不活在隔绝之中，当它能够去彻底地、充分地追随每一个想法并且懂得其结果，它才会是敏锐的、澄明的、迅捷的。唯有这时，而不是当心灵专注于某个念头的时候——它是一种排他的过程——心灵才能变得敏锐、警觉。

　　这里面还涉及到另外一个问题：你所说的念头指的是什么意思呢？何谓念头？显然，念头是指某个确定的想法。那么什么是想法呢？想法、思想，是记忆的反应，没有记忆、没有过去，就不会有思想，因此思想是作为记忆的反应而形成的。何谓记忆呢？记忆是不完整的经历的残留物，是某个未得到充分认识的经历的残留物，所以记忆是不完整的行动的产物。当然我无法充分地探究这个问题，因为这需要花费相当多的时间。不过简单来说，记忆是不完整的经历，而这个不完整的经历即你所谓的记忆，产生了思想，由此出现了某个念头。于是念头便是不完整的，当你专注的时候，你的心灵是不完整的，而一个不完整的心灵，必定始终是愚钝的。只有当心灵处于迅捷的、澄明的状态，当它觉知到了自身的反应并且摆脱了这些反应的束缚，它才会富有感受力。当你想要去认识某个事物，你便会去热爱它，你专心致志地去观察它，没有任何谴责、辩护、责难、反应。尔后，你的心灵便会是迅捷的，你的行动便不再是基于某个念头之上了——念头只不过是记忆的持续，因而是不完整的。一个被迫去专注的心灵，一个跟某个观念进行认同的心灵，是迟钝、麻木的心灵，因为观念永远不可能是完整的。我们大多数人都活在观念之上，结果我们的心灵便处于愚钝的状态。只有当心灵是自由的，拥有非凡的适应力，方能认识真理。

问：当一个人的身体处于沉睡的时候，他是睡着了吗？

克：这是一个相当复杂的问题，如果你怀有兴趣和意向，同时又不太累的话，我们倒是可以一探究竟。你所说的睡眠是什么意思呢？你所说的身体处于沉睡之中，意指为何呢？当我们认为自己在睡觉的时候，我们睡着了吗？我们大部分人都活在一种做梦的状态，在该状态下，我们会自动地去做些事情，难道不是这样吗？当环境的影响迫使你去展开某些形式的行为，你难道不就处于沉睡状态吗？很明显，单纯地上床睡觉，并不是多数人所指的睡眠的唯一形式。我们大部分人都希望忘却，我们渴望自己是麻木的、迟钝的，我们希望不被干扰、不必心烦意乱，我们想要过一种轻松、悠闲、舒适的生活，于是，当我们积极地做着某些事情的时候，就会让自己在情感和理智上沉沉睡去。

要想弄明白这个难题，我们就得认识有关意识的问题。我们所说的意识指的是什么？不要去引用其他人比如商羯罗或佛陀对此发表的看法，凭借你们自己的力量去思考一下。我没有阅读过任何圣典，比如《薄伽梵歌》、《奥义书》，或是任何心理学方面的书籍。当一个人想要去探寻真理的时候，他必须从新的视角、以新的姿态去思考，不能通过他人来找到真理。你所重复的，只会是谎言，它或许对别的人来说是真理，然而当你重复它的时候，它就会变成谎言了。真理是无法被重复的，它必须要你去体验，假若你被困在语词的罗网之中，那么你便无法体验真理。我们应该探明我们所说的意识指的是什么。很明显，意识是对某个挑战予以回应的过程，即你所谓的经历。也就是说，存在着某个挑战，挑战总是新的，但回应、反应则时常是旧的。对新的事物的反应，对挑战的反应，便是经历。这一经历被命名，被贴上一个好或坏、愉悦或痛苦的标签，然后被记录下来、储存下来。所以，各个层面的意识便是经历的全部过程——对某个挑战做出反应、命名、记录。这就是我们生活的不同层面实际发生的情形，它是一种不间断的过程，而不是间歇发生的——对挑战予以回应，对它进行命名，将它储存起来，以便交流或维系。各个层面的整个过程，就是所谓的意识。我并非是在虚构——只要你观察一下自己，就会发现，这是实实在在上演的景象。记忆是一个仓库，是记忆在干预进来，对挑战做出回应——我们把这个过程叫做意识，这便是真实发生的情形。

当身体睡去的时候，当你入睡时，会发生什么呢？这个过程在继续着，头脑依然是活跃的，不是吗？你经常会发现，当你怀有某个难题的时候，哪怕是在睡眠中，你的脑子也是活跃的。你在白天想着某个事情，你为此焦虑万分，但却找不到解决的方法，等到第二天早上起床的时候，你却突然能够从新的视角来看待这个问题了，这是如何发生的呢？很明显，在对该问题焦虑良久之后，意识变得放松下来，潜意识能够进入到这一安静的表层意识之中，彰显出自身，待你醒来，你便有了答案。意识从不曾静止不动，在它的各个层面，它永远都是活跃着的。在醒着的时候，要让脑子静下来是不太可能的，可是当你入睡时，意识的表层便会是安静的，于是潜意识浮现出来，给出了正确的解答之道。

只有当头脑、意识不去命名、不去储存，而是仅仅去体验——唯有在这时，才能迎来自由和解放。睡眠具有不同的涵义。我们现在没有时间去探究这个问题，但我们会在其他场合来着手这个问题的。问题是：当身体入睡时，会发生什么？显然，表层的意识会处于安静的状态，但整个的意识还在继续运作着。如果我们在醒着的时候没有充分觉知意识的过程，就将无法理解睡眠那广阔的、更为深层的涵义。意识的过程，便是经历、命名、储存或记录，只要这整个的过程继续着，就不会获得自由。只有当思想停止的时候——思想是记忆的产物，而记忆反过来又在经历、命名和记录——才能获得自由与解放。只有当你用一颗宁静的心去充分觉知你周围的一切以及你自己的内心，才能迎来自由。于是这又会生出这样一个问题：什么是觉知？我们将会在其他时候来讨论这个问题。

问：信仰神，能够强有力地激励人们更好地生活。那么您为何要否认、排拒神呢？您干吗不去试着接受人对于神的信仰呢？

克：让我们以理性的姿态去充分地审视一下这个问题吧。我并不是在否定、排拒神——这么做是愚蠢的。只有一个不了解实相的人，才会沉溺于无意义的词语之中。一个声称自己已知的人，其实是无知的。如果一个人每时每刻都体验了实相，他是没有办法去传递该实相的。让我们去探究一下这个问题吧。那些将原子弹扔到广岛上空的人，声称上帝与他们同在；那些从英国驾机而来去消火德国的人，说上帝是他们的副驾驶员；希特勒、丘吉尔以及那些将军们，全都谈论着上帝，他们对上帝无比地信仰。然而，他们是在服务于人类吗，是在让人们过上更好的生活吗？那些声称自己信仰上帝的人，已经把大半个地球都给摧毁掉了，世界正处于彻底的不幸之中。由于宗教上的不容异说，所以便出现了将人们划分成有神论和无神论，从而导致了宗教战争，这表明你们的思维模式是何其的政治化啊！资本家的银行账户上许多个零，但他们却心灵迟钝、思想空虚。（笑声）请不要发笑，因为你们自己也是半斤八两。空虚的心灵，同样会去谈论神。

信仰神，是否"能够强有力地激励人们更好地生活"呢？你为什么需要某个激励才能更好地活着呢？很明显，你的这个激励、动机，应该是你自己渴望过一种简单、澄明的生活，对吗？如果你求助于某种激励，那么你所关心的就不是让所有人生活得更好，你仅仅是对你的激励有兴趣，而你的动机和我的动机是不同的——于是我们就会在动机这一问题上争吵不休。但倘若我们共同快乐地生活，不是因为我们信仰神，而是因为我们是人类,那么我们就会去分享所有的生产资料,以便制造出满足全人类所需的东西。由于缺乏智慧,我们接受了超级智慧(我们称之为"神")的观念。但是这个"神",这种超级智慧,不会带给我们更好的生活。能够带来更好生活的是智慧。如果我们怀有信仰,如果世界上存在着阶级的区分,如果生产资料掌控在少数人的手里,如果有隔绝的国家和主权政府,那么理性就不会登场。显然,所有这一切都说明了智慧的缺乏,正是因为缺乏智慧,才会妨碍更好的生活,而不是因为无神论。

另一个问题是:你所说的神是指什么意思?首先,词语并不是神本身,词语并不是它所指称的那个事物。当你说到"神"这一词语的时候,它并不是神。当你重复着那一词语,自然就会产生出某种感觉、某个令人愉悦的反应。抑或,假如你称自己并不信神,那么这种排拒同样具有心理上的涵义。也就是说,"神"这一词语,在你的心里产生出了一种紧张的反应,该反应依然是情感上的、智识上的,是根据你所受的限定而来的,但这样的反应明显不是神。

那么,你该如何去发现真理呢?先生,若想探明真理,心灵就必须摆脱过去的反应,原因是,当心灵固定不变时,就无法洞见真理,所以它必须每时每刻都以全新的姿态、视角去审视问题。心灵是记忆、时间的产物,因此无法紧随真理。为了洞见实相,思想的过程就得停止。每一个想法都是时间的产物,都是源自于昨天,一个被困在时间之域里的心灵,是无法感知、领悟那超越自身的事物的。它所感知到的,依然是在时间的范畴之内,而凡是囿于时间之域里的事物,皆非实相。只有当作为时间之产物的思想终止的时候,方能迎来实相,尔后你便将体验那一实相,它不是虚幻的,不是自我催眠。只有当你认识了自身,思想过程才会停止,而在孤立、隔绝的状态下,你是无法充分、彻底地认识自我的,唯有在你与你的妻子、你的孩子、你的母亲、你的邻居关系中,你才能完全了解你自己。所以,实相并不遥远,新生,无关时间。唯有当你感知、领悟了实相,才能迎来新生,即内心变得澄明起来。新生,不需要时间,需要的是觉知,需要的是清楚的关注。只有当心灵步入宁静之境，新生才会到来。体验实相，并不是信仰上的事情，一个相信实相的人，并不懂得实相，当他谈论它的时候，他不过是沉溺于语词罢了。语词不是体验，不是实相。实相是不可度量的，无法被困在语词的点缀之中，正如财富围成的高墙无法涵盖住生活的全部一样。只有当心灵获得了自由，创造力才会登场。

(第三场演说，1948年9月12日)

在无为中蕴含着非凡的行动

我们大多数人在智识层面都处于混乱、困惑的状态，这是相当明显的。我们发现，生活各个方面的所谓领袖们，对于我们的种种问题、困难，并没有给出任何完整的解答。许多相互冲突的政治党派，无论是左翼的还是右翼的，似乎都未找到正确的方法来解决我们国内的跟国际的纷争。我们还看到，在社会领域，道德价值观念遭遇了彻底的毁灭。我们周遭的一切，似乎都在走向瓦解、崩塌，道德、伦理的价值观念已经仅仅成为了传统，没有多少意义。战争、左翼与右翼之间的冲突，似乎在我们的生活里不断地、反复地上演。四处皆是破坏与混乱，我们自己的内心也处于彻底混乱的状态，尽管我们不喜欢承认这一点。我们目睹各方各面都陷入了混乱，却不知道究竟该如何是好。我们大部分人都意识到了这种巨大的混乱、这种不确定，都渴望做些什么，我们越是困惑，就越是焦急着展开行动。于是，对那些认识到了自身与周遭的这种混乱的人来说，行动就会变得至关重要。然而当一个人处于混乱、困惑的状态时，他如何能够展开行动呢？无论他做什么，无论他的行动路线是怎样的，都注定会走向混乱，很自然的，这样的行动不可避免地将制造出更大的混乱。显然，不管他从属于哪个党派、机构或组织，不管他做什么，他的行动都一定会引发进一步的无序。

那么，他该怎么做呢？一个抱持着热切、认真的态度的人，一个渴望消除自身及周围的混乱的人，究竟该如何是好呢？他的首要职责是什么——是采取行动，还是消除掉自己内心的混乱，从而解决外部的无序呢？依我看，这是一个重要的问题，可惜我们大多数人都不愿意去直面这个问题。我们目睹了如此多的社会的无序，我们觉得需要立即进行改革，以至于行动变成了一种压倒性的过程。由于焦急着想要去做些什么，于是我们便着手去展开行动，我们试图带来改革，我们加入或左翼或右翼的政治党派。然而不久之后我们发现，改革需要进一步的改革，领袖需要重组，组织要求更多的组织化，诸如此类。无论我们何时尝试着去展开行动，都会发现，行动者自己便是混乱的根源，因此他该怎么做呢？当他自己都混乱不堪，或是始终处于怠惰的状态，那么他如何能够有所行动呢？实际上，这便是我们大部分人所面临的难题。

我们是害怕无所事事的，因而退出一阵子来思考一下这整个问题，这要求相当的智慧。如果你退出一会儿，对问题进行重新评估，那么你的朋友们、同事们将会认为你是个逃避现实的人。你会变得无足轻重，你在社会上将无处安身。倘若大家都在挥舞旗帜，而这个时候你不去如此，你就会觉得自己是不合流的、孤立的。我们大部分人都不喜欢待在遥远的背景里面，于是便会投入行动。因此，理解有关行动与无所行动的问题是十分重要的。要思考这整个问题，必须处于无所行动的状态，难道不是吗？很明显，我们应该担负起养家糊口这一日常生活的义务，应该担负起所有的生活必需品。然而，政治、宗教、社会的组织、团体、委员会等等——我们必须要去从属于它们吗？如果我们对此格外认真，那么我们难道不应该去重新思考、重新评估一下关于生活的全部问题吗？而要做到这个，我们难道不应该暂时退出一下，以便做一番思考、思量、冥想吗？这是否是一种退逃的无所行动呢？这种无所行动，难道不是真正的行动吗？在所谓的无所行动中，蕴含着非凡的行动，那便是重新思考这整个的问题，重新评估、思量我们生活于其间的混乱。为什么我们如此害怕无所行动呢？重新思量是无所行动吗？显然不是。当然，一个逃避行动的人，是一个没有去重新思考问题便去展开活动的人，他才是真正逃避现实的人。他处于混乱、困惑的状态，为了逃避自身的混乱与空虚，于是他便投入到行动中去，加入某个团体、党派或组织，他实际上是在逃避根本性的问题，即混乱。因此，我们是在滥用词语。假如一个人在没有重新审视问题的情况下就投入到行动中去，以为自己通过加入某个团体或党派就可以改革世界——那么他将制造出更为严重的混乱和不幸。然而，所谓的无为之人，抱持消极的、退隐姿态的人，却是以严肃认真的态度去思考这整个问题——显然，这样的人要积极、能动得多。

当全世界都站在悬崖的边缘，当大劫难的事件不断地上演，尤其在这些时候，必须得有至少一小部分人抱持无为的姿态，小心翼翼地不让自己被困在这部自动化的行动的机器里——因为这么做只会引发更多的混乱与无序——难道不是吗？很明显，那些抱持热切、认真的态度的人会采取退出的姿态，不是退出生活、不是退出日常的活动，而是一种为了探明、研究、探索、调查的退出。要想弄清楚、发现混乱的原因，一个人不必去探究无数有关新的社会应当怎样或不应当怎样的计划与蓝图，很明显，这样的蓝图压根儿就是没用的，因为一个混乱、困惑的人，一个仅仅执行蓝图的人，将会带来更多的无序。所以，正如我一再指明的那样，假如我们想要认识混乱的根源，那么重要的事情便是了解自我。若没有认识自我，世界上便不会出现秩序；若没有探究自身的思想、感受、行动的全部过程，世界上便不会迎来和平、秩序和安全。因此，探究自我是至关重要的，它不是一种逃避。这种对自我的探究，不是单纯的无为，相反，它要求相当的觉知，在一个人所做的一切事情中去觉知，这种觉知里面没有评判、没有谴责、没有责难。在一个人的日常生活里去觉知自身的全部过程，这不是一种局限，而是拓展、澄明，由此会带来秩序，首先是内心的有序，接着是一个人的外部关系的有序。

因此，问题的实质在于关系。没有关系，就不存在生活，活着，即意味着处于关系之中。如果我在没有认识自身的情况下去单纯地运用关系，那么我就只会增加无序，并且导致更多的混乱。我们大多数人似乎都未曾意识到这一点——即世界便是我同他人的关系，无论是跟一个人的还是跟许多人的关系。我的问题便是关系的问题，我是什么样子的，我就会投射出怎样的面貌。很明显，假如我尚未认识自己，那么全部的关系就将始终处于混乱之中——这是一个不断会扩大的恶性循环。因此，关系是极其重要的，不是同所谓的大众、群众的关系，而是在我的家庭和朋友世界里的关系，哪怕这个世界可能很狭小——我与我的妻子、我的孩子、我的邻居的关系。在一个有着大量组织、大规模人群动员、群众运动的世界里，我们害怕只在小规模范围内去行动，我们担心自己成为小人物。我们对自己说道："我个人能够做什么呢？我必须加入某个群众运动去变革。"正相反，真正的变革，不是通过群众运动发生的，而是源于内心对关系的重新评估——这本身就是真正的改革，彻底的、持续的变革。我们害怕从小规模、小范围开始，由于这个问题是如此的巨大，于是我们便以为必须得同一大群人、同某个大的组织、同群众运动一起来应对它。

显然，我们应该从一个小的规模来着手去处理这个问题，这个小的规模便是"我"和"你"。一旦我了解了我自己，一旦我了解了你，那么，这种认知便会带来爱。爱是一种罕见的元素，人们的关系里缺少爱、缺少温暖。由于我们的关系中缺乏爱、温柔、慷慨、仁慈，所以我们便逃避到群众运动中去，殊不知这么做只会产生进一步的混乱和不幸。我们心里满是关于世界变革的蓝图，却不去诉诸于爱这一能够从根本上解决问题的元素。你做了许多，但倘若没有爱这一新生的因子，那么无论你做了些什么，都只会引发更多的无序。智识层面的行动，并不会带来解决之道。我们的问题在于关系，而不是去遵循哪种体系、哪个蓝图，不是要组建起哪种联合国组织。关系里完全没有善意，不是同人类的关系——不管那意味着什么——而是两个人之间的关系里完全缺乏善意与关爱。你难道没发现，与另外一个人一起工作、与两三个人一起探究某个问题是何等的困难吗？如果我们无法同另外的两三个人一道将某个问题想明白，那么我们如何能够与一大群人一起去解决问题呢？只有当关系里有爱的慷慨、仁慈、和善、温暖，我们才可以共同去解决问题。但我们却把爱挡在门外，试图在头脑的荒荒领域内找到问题的解决方法。

所以，我们的难题便是关系。若没有理解关系，单纯地去展开行动，只会制造出更多的混乱与不幸。行动即关系，活着，便意味着处于关系之中。不管你如何做，比如退隐到群山峻岭、端坐于树林中，但你依然无法与世隔绝。你只能够生活在关系之中，如果你没有认识关系，就无法展开正确的行动。一旦理解了关系，便能迎来正确的行动，而认识关系正是一种自我揭示的过程。认识自我，将会开启智慧的大门，它是仁慈、温暖与爱的疆域，因此弥漫着爱的芬芳与充实。

问：婚姻制度是社会冲突的一个主要原因，它带来了一种表面上的秩序，实际上却是以可怕的压抑和痛苦为代价的，那么有其他方法能够解决性的问题吗？

克：每一个人类的问题都需要我们展开相当的思索，若想认识问题，就必须不做任何的反应，既不排拒、也不认可。只要你去责难某个事物，那么你便无法理解它。因此，我们应该格外仔细、充分、审慎地去探究一下有关性的问题，要一步一步地来——这正是我打算去做的。我不会规定什么该做、什么不该做，因为这是愚蠢的、幼稚的想法。你无法给生活布置好某个模式，你无法把生活放进观念的框框里。社会不可避免地会将生活放进道德秩序的框架里去，于是社会总是会滋生出无序。所以，要想认识这个问题，我们就得既不去谴责，也不去辩护，而是从全新的视角加以思考。

那么，问题是什么呢？性是一个问题吗？让我们一起来一探究竟吧，而不要等着我来给出回答。如果性是个问题，那么为什么它会如此呢？我们把愤怒变成一个问题了吗？饥饿成为问题了吗？饥饿的明显原因，在于国家主义、阶级差别、经济壁垒、主权政府、生产资料被掌控在少数人的手里、分离主义的宗教因素，等等。假如我们治标不治本，在没有根除原因的情况下试图去解决那些表面的症状，假如我们仅仅去修剪枝丫，而不去应对根源（因为这么做要容易得多），那么同一个老的问题将会继续下去。一样的道理，为什么性会变成难题呢？为了抑制性冲动，为了把它控制在一定限度之内，婚姻制度应运而生。在婚姻里，在那扇门的背后，在那堵墙的背后，你可以为所欲为，同时维护人前你那品行端正、值得尊敬的高大形象。通过把你的妻子当作满足你的性欲的工具，你实际上也就将她变成了一个妓女，而这一点是被广泛认可的。在婚姻的伪装之下，你可以禽兽不如；而没有婚姻，没有限制，你知道将无所束缚。因此，为了设定一个限度，社会便制定出了某些道德法则，它们成为了传统，在这个限定之内，你可以如自己所愿那般不道德、丑陋，这种不受约束的放纵、这种习惯性的性行为，被看作是极为自然的、健康的、合乎道德的。

所以，性为什么会成为一个问题呢？对于一对已婚夫妇来说，性会是个问题吗？完全不是。男人和女人拥有了一种得到保证的持续愉悦的来源。当你有了某个持续愉悦的来源，当你有了某个得到了保证的收益，会发生什么呢？你会变得迟钝、疲倦、空虚、筋疲力尽。你难道没有注意到，那些婚前充满生机、精力旺盛的人，一结婚就变得迟钝和没精打采起来了吗？一切生命的源泉都从他们的身上消失了。你难道不曾在你的子女们身上注意到这一情形吗？性为何会变成一个问题呢？显然，你越是有智力，就越是有性欲，你是否注意到了这个呢？感情、仁慈、关爱越多，性就会越少。由于我们的整个社会、道德、教育的文明都是建立在培养智力上的，所以性才会变成一个充满了混乱与冲突的难题。

因此，只有认识了对智力的培养，方能解决有关性的问题。智力不是创造的手段，创造无法通过智力的运作来实现，相反，当智力安静下来的时候，才会迎来创造力。只有当创造力出现之时，智力的运作才具有意义。但倘若没有创造力，没有那种富有生机的爱，那么单纯的智力的运作显然就会导致性的问题。我们大部分人都靠头脑过活，都活在语词之上，而语词又是属于头脑的，结果我们便丧失掉了创造力。我们被困在语词之中，被困在发明新的语词以及重新安排旧的语词之中。很明显，这并不是创造力。我们缺乏生机，于是，我们剩下的唯一具有活力的表现便是性了。在性行为中，我们可以忘却，只有在忘却里才会有生命力。瞬间的性行为让你摆脱了脑子里的自我，获得了自由，于是性就成为了一个难题。很明显，只有当思想缺席，即不再有"我"、"我的"，创造力才会登场。我不知道你是否留意过，在重大危机的时刻、在极度愉悦的时刻，不会再有"我"、"我的"的意识——这种意识是头脑的产物。当你对生活充满了欣赏之情，当你体会到了强烈的欢愉，在那一刻，创造力便会来临。让我说得简单点好了，一旦步入无我的状态，便将迎来创造力。既然我们大家都被困在智识之中，所以自然也就不会有无我的状态。相反，当我们努力着、奋斗着想要出人头地的时候，自我便会膨胀起来，结果也就不会有丝毫的生机、活力、创造力。于是，性成为了感受活力、体验无我的唯一途径，既然单纯的性行为已经成为了习惯，因此它就会变得乏味、令人疲倦，就会让自我的持续得以增强，所以性也就变成了一个难题。

为了解决性的问题，我们必须从各个方面比如教育、宗教、道德等层面来着手，而不是仅仅从某一个思想层面去思考。年轻的时候，我们对性的吸引有着强烈的感受，我们步入婚姻——或是听从父母之命、媒妁之言，这在东方是很常见的情形。父母通常只关心给儿子讨个媳妇、把女儿嫁出去，于是男孩、女孩组成了夫妇，但实际上他们却对性一无所知。在神圣的社会法则之内，男人可以压迫自己的妻子，让她年复一年地生儿育女——这种行为看似相当正确，没有丝毫不妥。在受人尊敬的伪装之下，他会变成一个彻底无道德的人。一个人必须了解和教育男孩、女孩——这要求教育者具有非凡的智慧。不幸的是，我们的父母、教师同样也都需要这种教育，他们同样是迟钝的、愚昧的，只晓得做什么、不做什么、哪些是被禁止的，他们没有任何智慧去应对这个问题。

要想帮助那些男孩、女孩们，我们就得有一个接受过真正教育的新的老师。然而，通过电影和广告上那些半裸的女孩跟肉感的女人，通过那些豪宅，通过各种其他的方式，社会正在刺激着感官性的价值理念。如果一个男人已婚，那么他便会把这种价值观念施加在他的妻子身上；若他未婚，那么他则会偷偷摸摸地去找某个人。把智慧带给男孩、女孩是个难题。人类在各个方面，通过性、通过财产、通过关系在相互剥削、压榨和利用。在宗教层面，没有丝毫的活力、生机可言。相反，不断地冥想、仪式或礼拜，反复念诵话语，所有这一切仅仅是带着某些反应的机械化的行为，但这并不是创造性的思考，不是充满活力的生活。在宗教方面，你恪守着传统，于是也就不会以创造力的精神去探究有关实相的发现；在宗教方面，你受着严格的管制，显然，只要存在着管制，无论是在军队里的管制还是宗教意义上的管制，就不可能迎来创造力与生机，结果你只好通过性来寻求活力。让心灵挣脱传统的桎梏，从仪式、管制、教条下解放出来，唯有这样，它才能够生机勃勃、才能够富有创造力，尔后，性的问题也就不会再这般的巨大或是居于主导地位了。

这个问题还有另外一个方面：在男人和女人的性关系中，没有爱存在，女人不过是满足男人性欲的工具罢了。很明显，先生们，爱不是头脑的产物，爱不是思想的结果，爱并非源自于某个契约。在这个国家里，男孩和女孩几乎根本不了解彼此，但他们却结为了夫妇，有了性关系。男孩、女孩接受了对方，并且说"你给我这个，我就给你那个"，又或者"你给我你的肉体，我则给你安全感，给你我那经过了细细盘算的感情"。当丈夫说"我爱你"的时候，这只是头脑的反应，因为他给予了妻子某种保护，他对她有所图，而她则对他以身相许。这种充满了盘算的关系，被美其名曰为爱。这是一个显而易见的事实——你可能不喜欢我把这个讲得如此粗俗，但这却是千真万确的事实。这样的婚姻，被认为是为了爱而产生的，可它不过是一种交易，是一种买卖关系的婚姻，它体现的是一种市场的状态。很明显，在这样的婚姻里是不可能有爱产生的，不对吗？爱，不属于头脑的范畴，但由于我们培养、发展起了头脑、智力，于是我们便打着爱的幌子去掩盖头脑的实质。显然，爱与智力、头脑无关，它不是头脑的产物，爱是完全独立于思想、考量而存在的。当没有真爱之花绽放时，作为一种制度的婚姻的架构就会成为一种必需。只要有爱存在，性就不会成为一个难题——正是由于爱的缺失，才会把性变成一个问题。你难道不明白吗？当你真正深爱着某个人的时候——不是智力层面的爱，而是真正发自内心的爱——你就会同他或她分享你所拥有的一切，不是仅仅分享你的肉体，而是所有。当你遭遇麻烦，你会向她寻求帮助，而她也会对你伸出援手。当你爱着某个人的时候，就不会存在男人与女人的界分了。但倘若你不懂得何谓爱，便会出现性的问题。我们只晓得头脑的爱，思想产生出了它，思想的产物依然还是思想，而非爱。

所以，性的问题并不简单，无法从自身层面来加以解决。试图纯粹从生理层面去解决性的问题，这么做是荒谬的。通过宗教来应对此问题，或是以为它只是单纯的身体上的适应、肾上腺素的行为，或是用禁忌、谴责来压抑性欲，都是幼稚、不成熟、愚蠢的做法。它需要最高秩序的智慧。在我们同他人的关系里去认识自我，需要比认识大自然更为迅捷、微妙的智慧。然而，我们渴望在没有智慧的情形下实现认知，我们想要展开立即的行动，想要获得马上的解决，于是性的问题也就变得越来越重要起来。你们可曾留意过一个心灵空虚的人，他的脸会变得何其丑陋，他生育出来的孩子会是何等的丑陋和幼稚！由于他们心中无爱，因此他们的整个余生都将处于幼稚的状态。有时候在镜子里面看一看你们的脸——它们是何等的变形、何等不明确啊！你们有头脑去探明，你们为头脑所困。爱不是单纯的思想，思想仅仅是头脑的外部活动。爱要深刻得多，唯有在爱中方能探明生命的深度。没有爱，生命就毫无意义——它只会变成我们生活的悲惨的一部分。我们的年岁在增长，但心智却始终不成熟，我们的身体变得衰老、肥胖、难看起来，但我们却依然缺乏思考。尽管我们阅读书籍，谈论生活，却从不曾懂得生命的芬芳。仅仅阅读书籍、用言辞表达，说明心灵完全缺乏温暖，而唯有心灵的温暖才可以让生命变得充实。如果没有爱这一特性，那么即便你采取了各种手段，加入某个团体，制定法律，你还是无法解决这个问题。爱即贞洁，单纯的智力并不是贞洁。一个努力让思想正派的人，其实是不道德的，因为他的心中没有爱。唯有心中有爱的人，才是真正的谦谦君子，才是纯洁的、正直的。

问：在现代社会制度中，没有组织就无法生活。避开所有的组织，正如您似乎所做的那样，不过是一种逃避主义。您是否认为邮政体系是一种巨大的权力呢？在新的社会里，组织的基础应当是什么？

克：先生，这又是一个复杂的问题。显然，一切组织的存在都是为了效率。邮局是一个为了交流、通讯的效率而建立起来的组织，然而当邮政局长如暴君一般对其职员们发号施令的时候，那么邮局就会变成一种权力的手段，难道不是吗？邮政官员关心的是通讯的效率，或者他应当如此，他的职位显然不是为了作为权力、权威、自我扩张的手段而设立的——但事实上竟是如此。于是，每一个结构或组织都被人类所利用，不是简单地为了效率、传递、分发、流通等等，而是被当做了权力的手段——这才是我所反对的。很明显，在现代社会，邮局、公交以及其他各种公共服务设施都是必需品，它们应该被组织起来。产生电能的发电厂，需要小心地组织，然而当这一组织被用来达到政治目的，被当做一种自我扩张的手段、剥削的手段，那么该组织显然就会变成暴政的工具。

宗教组织诸如印度教、天主教、佛教等等，不是为了效率而成立的，因此完全是不必要的。它们已经变成了毒害，牧师、主教、教会、寺庙，都成为了剥削人们的特别手段，它们通过恐惧、通过传统、通过仪式来对你进行剥削、压榨和利用。宗教实际上应该是对实相的寻求，这样的组织是不必要的，因为探寻实相无法通过一群人组织起某个团体来进行。相反，组织化的群体只会成为实相的绊脚石，所以，印度教、基督教或是任何其他的组织化的信仰，都会妨碍真理。我们为什么需要这类组织呢？它们毫无用处，因为对真理的寻求就掌握在你们自己的手中；当某个团体或某位上师及其门徒是为了权力而组织起来的时候，是无法通过他们来实现对真理的探寻的。我们显然需要技术性的组织，比如邮局、电车公司等等，但很明显，一旦人拥有了理智、智慧，那么其他所有的组织就都是不必要的了。由于我们自己是非理性的，所以才会转而求助于那些自称智慧的人，给予他们统治我们的权力。一个睿智之人不会希望被统治，他不会渴望任何组织，除非该组织对于生活的效率来说是必需的。

当生活的必需品掌握在少数人、某个阶级或团体的手里时，那么它们就不可能真正地被组织起来。显然，一旦少数人代表大多数人来行动，就会出现权力的问题。只要组织被用来作为权力的手段，无论是被个体还是被群体、党派或政府所利用，便会产生剥削。通过组织来实现自我的扩张，是极为有害的，比如某个政府把自己界定为主权政府，随之而来的是国家主义，而个体总是会被牵涉其中。正是这种扩张的、侵略性的自我保护的权力，才是我们应该去反对的。很明显，为了让我能够来到这里发表演说，必须得有某个组织。我必须写封信，只有当存在着某个适当组织化的、负责的邮政分发的体系，这封信才能到达你的手中。所有这一切都是正确的组织。可一旦组织被那些聪明、狡猾之人当作了剥削他人的手段，那么这样的组织就应该被根除掉。只有当你自己在你那小小的圈子里头不去寻求权力、统治的时候，才能够取缔这些组织。只要你寻求权力，就一定会出现一个从政府的部长到职员、从主教到牧师、从司令到普通士兵的等级体系。

只有当个体、即你我不在任何方向去寻求权力，无论是通过财富、通过关系还是通过观念，我们才能拥有一个正派的社会。对权力的寻求，正是社会走向灾难、瓦解的根源。我们当前的生活，全都是权力的政治，比如家庭中男人或女人的支配，比如通过观念的支配。基于某个观念的行动，总是分离性的，永远不会是包容性的。寻求权力，无论是个体还是国家对权力的寻求，都表明了一种膨胀、扩张，都表明是在培养智力，而这里面是没有丝毫的爱存在的。当你爱着某个人的时候，你会格外地小心，你会自发地、本能地去进行组织，不是吗？你很警觉，帮助这个或那个的时候你很有效率。只有在无爱的状况，才会出现作为权力的手段的组织。当你爱着他人，当你心中充满了情感、慷慨与仁慈，那么组织的意义就会截然不同了，它们会被维系在自身的层面上。然而一旦个体的地位、身份变得至关重要，一旦出现对权力的渴求，组织就会被用作获得权力的手段——而权力与爱是无法共存的。爱本身就是一种力量，本身就是美。正因为我们的心灵空虚，所以才会用头脑的种种东西来把心灵塞满，而头脑的产物并不属于心灵。我们的心灵充斥着头脑的各种事物，于是我们才会诉诸于组织，把它当作给世界带来秩序与和平的手段。殊不知，唯有爱才能够带给世界秩序和安宁，而不是组织。唯有善意，才能够给人与人之间带来慰藉，而不是任何乌托邦的蓝图。我们没有爱的温暖，因此才会去依赖组织，当我们在没有爱的情形下建立起组织，那些聪明、狡猾的人便会取得成功，然后利用这些组织去谋取自己的权力。我们创立某个组织，原本应该是为了人类的福祉，而在我们知道自己身处何方之前，某个人会利用这个组织来达到自己的目的。为了给世界带来秩序，我们发动了革命，血流成河、灾难深重的革命，在我们明白这个道理之前，权力早已掌控在了少数寻求权力的狂徒之手，他们成为了一个强有力的新的阶级，一个处于支配地位的新的委员群体，还有他们那些秘密警察，而爱则惨遭驱逐。

先生们，若没有爱，人如何能够生活于世呢？我们只会如行尸走肉般地苟活，而没有爱的生活便是控制、混乱与痛苦——这就是我们大部分人所制造出来的东西。我们为了生活而组织起来，我们接受了冲突，认为它是难以避免的，因为我们的生活是无止境地对权力的寻求。显然，当我们心中有爱的时候，组织便会发挥正确的功用，便会各司其职，但倘若没有爱，组织则会变成一个噩梦，成为仅仅机械化的、效率的工具，就像军队一样。只要有爱，便不会出现任何军队，但由于现代社会实际上是建立在单纯的效率之上的，所以我们不得不创立军队——而军队的目的，便是制造战争。即使是在所谓的和平时期，我们在智力上越是有效率，我们就会变得越是无情、冷酷和残忍。这便是为什么世界如此的混乱不堪，这便是为什么官僚体系会越来越强大，这便是为什么政府会越来越走向极权。我们屈从于所有这一切，仿佛它们是不可避免的，因为我们在用头脑而不是在用心灵去生活，结果也就没有爱存在。爱是生活中最危险、最不确定的元素，由于我们不希望感到不确定，不希望处于危险之中，因此我们便用头脑去生活。一个心中怀有爱的人是危险的，我们不想过一种危险的生活，我们希望有效率地生活，希望仅仅活在组织的框架里，原因是我们以为组织将会给世界带来秩序与和平。殊不知，组织从不曾带来有序与安宁。唯有爱，唯有善意，唯有慈悲，才会让秩序、和平之花在世界绽放。

问：为什么女人易于允许自己被男人支配呢？为什么团体、国家允许自己被某位领袖或暴君统治呢？

克：先生，你为何要问这个问题呢？你干吗不去审视一下你自己的心灵，弄明白你为什么渴望被统治，你为什么要去统治他人，你为什么寻求领袖，为什么要去支配男人或女人？这种支配被美其名曰为爱，不是吗？当男人发号施令的时候，女人喜欢这种被支配的感觉，以为这便是爱；当女人对男人颐指气使的时候，男人同样也喜欢这种统治的状态。原因何在？这表明，支配让你获得了某种关系紧密的感觉。如果我的妻子支配我，我就感觉跟她很亲密，若她不去支配，我反而会认为她很冷漠。你害怕来自你的妻子或丈夫、女人或男人的漠然。只要你不感到有人是冷漠的，你就会去接受任何事情。你知道你是多么渴望同你的上师亲近，你会为此做任何事——牺牲你的妻子、诚实及所有一切来接近他，因为你希望感觉到他对你不是冷漠的。

也就是说，我们把关系当作了一种忘却自我的手段，只要关系不会向我们揭示出我们的本来面目，那么我们就会心满意足，这就是为什么我们会接受他人的统治。当我的妻子或丈夫支配我的时候，并不会揭示出我的本来面目，而是一种满足的源泉。若我的妻子不去支配我，若她对我很冷漠，我发现了自己的本来面目，这会让我心烦意乱的。我的本来面目是什么？我是个空虚、严酷、邋遢的家伙，我怀有一些欲望——

我害怕去直面这所有的空虚，所以我便接受了我的妻子或丈夫的支配，因为这让我感觉同她或他十分的亲近。我不希望看到自己的本来面目，这种支配让我感受到关系的存在，这种支配带来了一丝嫉妒———旦你不去支配我，你就是在看其他人，于是我便会心生嫉妒，因为我已经失去了你，我不知道如何摆脱嫉妒，它在我的脑子里依然徘徊不去。先生，一个心中有爱的人是不会去嫉妒的，嫉妒是属于头脑的东西，但爱并不如此。只要有爱存在，就不会出现任何支配，当你爱着某个人的时候，你不会对她发号施令，你是她的一部分，不会有任何的界分，有的只是彻底的融合。正是头脑在进行着界分，制造出了支配的问题。

"为什么团体、国家要允许自己被某个领袖统治呢？"何谓团体、国家？一群生活在一起的人们。换种方式来表述好了，社会、团体、国家便是你，便是每一个个体，便是你同他人的关系，这是一个十分显见的事实。你为什么要去寻求领袖呢？很明显，你之所以如此，是因为你倍感困惑、混乱，对吗？一个思想澄明的人、一个完整的人，是不会渴望领袖的，对他来说，领袖是令人讨厌的事物，是导致社会走向瓦解的因素之一。你所以会去寻求领袖，是因为你困惑不已，你不知道如何是好，你希望有人告诉你该怎么做，于是你便在社会、政治、宗教等各个领域寻求着行为的模式。由于身处困惑、混乱之中，所以你渴望某个领袖——先生，请领悟这其中的涵义。假若当你感到困惑之时，你去寻求领袖，指望着他可以带你走出那一混乱，这就意味着你并不是在寻求澄明，你对探明混乱的原因毫无兴趣，你仅仅是希望被人指引着摆脱混乱的处境。但由于你是混乱的，所以你一定就会挑选出一个同样混乱的人做你的领袖。（笑声）

请不要发笑，而是去洞悉这个问题的重要性。你不会去寻求一个思想澄明的领袖，因为他将会告诉你去审视你自身的混乱，而不是去逃避它，他会指出，混乱的根源就在你自己的身上。可你并不希望如此，你想要一个能够带你走出混乱的领袖。由于你的心灵混乱不堪，所以你只会寻找到一个同样混乱的人来做领袖，可一个混乱的心灵如何能够带领他人步出混乱的泥沼呢？一个混乱的心灵，找到的必定是一个同样混乱的领袖，因此，所有的领袖不可避免地都处于混乱之境，原因是，你经由你自己的混乱制造出了领袖。一旦你认识到了这一事实，那么你便不会去寻求领袖了，你会自己负上责任去扫清自身的混乱。只有一个混乱的人，一个不知道如何行动的人，才会去寻找领袖来帮助自己展开行动，可惜领袖也是混乱的，这便是为什么领袖是你生活中的一种瓦解性的因素。领袖是你自身混乱的投射，所以他只不过是另外一种形式的你自己，就像你们的政府也是你们的外在投射一样。正是自我投射制造出了领袖，国家英雄便是你自己的外部的例证。你是什么样子的，抑或你希望自己是何面目——你的领袖就会是怎样的，所以，这样的领袖无法带你走出你的混乱。解决混乱的方法，就在你自己的手里，而不是在他人的手中。通过认识你自己，而不是通过去遵从、追随某个人，将会迎来新生，因为这个人便是你自己，只不过他的话语拥有更大的权威罢了，但他跟你一样是混乱的、残暴的、因循守旧的。

所以，这个问题不在于领袖，而在于怎样去扫除混乱。他人能否帮助你去摆脱混乱呢？如果你求助于他人来消除你的混乱，那么他只会帮助你去增加你的混乱，原因是，一个混乱的心灵永远不会挑选出澄明的心灵，既然他处于混乱之中，那么他也就只会挑选出同样混乱的人。假如你急切地渴望摆脱混乱，那么你就会让自己的心智处于秩序之中，就会去思考那些导致混乱的原因。只有在你没有认识自我的情况下，才会滋生出混乱。当我不了解我自己，不知道该做什么或者该想些什么，那么我自然就会被困在混乱的漩涡之中。然而一旦我认识了自己，认识了自身的整个过程——如果一个人怀抱着认识自我的意图，要做到这个就相当简单了——那么，经由这种觉知，就会迎来澄明，经由这种觉知，就会出现正确的行动。因此，最为重要的，并不是去追随某个领袖，而是去认识自我。只要实现了对自我的认知，爱、秩序便将登场。混乱只会存在于同某个事物的关系中，只要我未能认识那一关系，就一定会出现混乱。认识关系，便是去认识自我，而认识自我，便是带来爱这一特质，幸福就蕴含在爱里面。如果我懂得如何去爱我的妻子、我的孩子或我的邻居，那么我就会知道怎样去爱每一个人了。由于我心中无爱，所以我只是在智力或口头层面保持着人性。空想主义者是令人讨厌的——他用自己的头脑去爱人类，而不是用心去爱他们。当你怀有爱的时候，就不需要有任何领袖了。一个空虚的心灵才会去寻求领袖，指望着他能够用话语、意识形态、未来的乌托邦去填满自己的空虚。爱只存在于当下，而不是在将来，对于一个心中有爱的人来说，当下即是永恒，因为爱本身便是永恒。

(第四场演说，1948 年 9 月 19 日)

现代教育塑造不出完整的个体

今天晚上，我不会做长篇大论的演说，而是打算简单讲一讲，然后尽可能多回答一些问题。这次会谈，旨在针对教师们及其问题，因此我只会回答教育方面的提问。由于问题多达二十个，所以我不得不简明扼要地回答。

在现代文明中，很难通过教育的手段塑造出完整的个体。我们将生活划分成了如此多的部分，我们的生活是如此的不完整，以至于，教育的意义甚微，除了在学习某项职业技术时以外。纵观全世界，教育显然是一败涂地的——因为教育的首要功能，便是塑造一个理性、睿智的人。试图仅仅从每一个问题的单独层面来解决生活的种种难题，这种做法表明完全缺乏智慧。所以，我们的问题便是怎样培养出一个因智慧而完整的人，如此一来他便可以每时每刻都紧跟生活的脚步，直面生活的种种复杂、冲突、不幸与不公——这样一个完整的人，能够满怀智慧地去迎接生活，不去寻求答案或是某种行为模式，不会按照某个左的或右的体系、方法去着手。由于教育并没有塑造出这样的个体，由于战争是如此的无休无止，一场接着一场爆发，每一个都更具破坏性，给人类带来更为严重的不幸和悲伤，因此全世界的教育体系显然是彻头彻尾的失败。所以，我们教育自己孩子的方式，在某个地方存在着根本性的错误。我们都承认某个地方犯了错，我们都意识到了这个，但却不知道怎样来解决这一问题。问题不在孩子，而是出在父母和老师身上。教育老师，这是极为必需的，不去教育老师，仅仅给孩子填塞无数的信息，让他通过一门门的考试，这是一种最为愚蠢的教育方式。真正重要的是去教育老师，这也是最困难的任务之一。老师已经在某个思想体系或行为模式中被定型化了，他已经是个国家主义者，他已经把自己交付给了某种意识形态、思想准则或是某个宗教。所以困难在于，现代教育是在教孩子去思考什么，而不是如何去思考，难道不是这样吗？很明显，只有当一个人能够展开理性的思考时，他才可以去迎接、应对生活。不能够把生活变成去遵从某个体系或是去适应某个框框，仅仅在实际知识方面受到训练的智力，是无法应对生活及其多样性、复杂性、微妙之处、深度与高度的。因此，当我们的孩子被训练着去遵从某种思想体系，去依照某种训诫，那么他们显然就没有能力把生活当做一个整体去面对，因为他们被教育着去从各个部分的层面进行思考，他们是不完整的个体。对于一个有志于此的老师来说，问题在于怎样去塑造一个完整的个体。若要做到这个，那么显然教师自己就必须也是完整的。假若一个人没有认识自身的完整性，他便无法将一个孩子培养成一个完整的个体。也就是说，你自己的内心是什么样子的，要比向孩子教育些什么这一传统的问题重要得多。重要的，不是你思考些什么，而是你如何去思考，不管思想究竟只是一个不完整的过程，还是一种完整的、全部的过程。只有认识了自我，才能把思想视为一个完整的过程去理解——在之后的谈话和讨论中，我们将会探究一下这个问题的。

　　由于问题很多，所以我将试着尽可能简单、快速、明确地回答其中那些有代表性的提问。你可以提出无数的问题，但请牢记，若想找到正确的答案，那么你必须有聆听的能力，否则，你将只会带着一些没有太多内涵的话语离去。倾听的艺术相当困难，因为只有当你满怀兴趣并且投以全部的关注，才会去聆听。然而我们大部分人都并不关心这个有关教育的问题，我们把自己的孩子送到学校去，然后就此打住，我们以为这是好的解脱，以为教育孩子是老师的职责。由于我们大多数人都对教育孩子不感兴趣，所以很难做到仔细地聆听和理解。一个人可能会使用错误的词语、错误的句子、不正确的术语，但一个格外留意的人会检查术语的错误，把握涵义的要旨。因此，我希望你们能够很快地、聪明地领悟。

问：您是否赞同蒙台梭利①和其他的教育方法呢？您有何建议吗？

克： 在一种教育方法中，包含的是什么呢？一个你让孩子去适应的框架。这位提问者想要知道，哪种框架会对孩子最有裨益。教育方法真的有助于塑造完整的个体吗？抑或，必需的并不是某种方法，而是老师要拥有相当的智慧去了解孩子，去洞悉孩子属于哪一类呢？每个老师教导的学生必须不能太多。有一套方法针对许多人是很容易做到的——这便是为什么方法会如此流行的缘故了。你可以强迫一大群男孩、女孩去适应某个体系方法，尔后，作为老师的你就无需对他们费脑伤神了，你把你的体系方法实践在了那些可怜的孩子们身上。然而，当你没有任何方法时，你就必须去研究每一个孩子，而这需要老师拥有相当的智慧、警觉与情感，不是吗？这意味着班级里学生的数量得限制在五到六个，而这样的学校将会是异常昂贵的，于是我们便去诉诸于某种方法。方法显然无法塑造出完整的个体，方法或许可以帮助你去了解孩子，但很明显，最为重要的必须因素是，作为老师的你应当有足够的智慧，懂得在必要的时候去运用某个方法，在不必要的时候则放弃使用方法。可是一

---

① 蒙台梭利(1870–1952)，意大利医师和教育家先驱，提出了强调发展儿童潜能的教育方法。——译者

且我们求助于某个方法，用它来取代关爱、理解和智慧，那么老师就会沦为一部机器，结果孩子也就慢慢长成了一个不完整的个体。

只有在一个睿智的老师的手里，方法才会有用，你自己的智慧便是能够起到帮助的因素。但我们大部分的老师都没有多少智慧可言，于是我们便会去求助于方法。学习某个方法，然后运用它，无论是蒙台梭利的教育方法还是其他的，这么做要容易得多，因为，尔后，老师就可以不用采取任何行动作壁上观了。很明显，这可绝非教育。仅仅依赖某个方法，哪怕该方法极有价值，也是意义甚微的。如果老师自己不拥有智慧，那么当我们采纳某个方法的时候，我们就是在妨碍智慧。方法不会带来智慧，唯有完整地、充分地认识了自己和学生的全部过程，才能迎来智慧。因此，老师有必要直接地研究学生，而不是仅仅去遵循某个方法，无论是左的还是右的方法，无论是蒙台梭利的还是其他的方法。对一个孩子展开研究，需要有迅捷的头脑、快速的反应，而只有当老师心中对孩子怀有爱的时候，才能做到上述这些。然而在一个有着六十个孩子的班级里，你怎么可能拥有这样的情感呢？现代社会要求男孩、女孩应当学习某些专业技能，为此教育就得颇具效率。当你的目标是制造出极有效率的机器，而不是睿智、警觉的人，那么很显然你就必须得有一套方法。这样的方法，无法塑造出完整的人、能够领会生活的重要性的人，而是只会生产出一部部能够做出某些反应的机器，而这便是为什么当前的文明正在毁灭自身的原因了。

问：地方自治主义在印度是如此的猖獗，那么我们应当如何去引导孩子们远离它呢？

克：孩子会怀有地方自治主义的想法吗？是家庭和社会环境使得他抱持地方自治主义或分离主义的思想的，若是他自己的话，他是不会在意究竟是跟一个婆罗门还是非婆罗门、是跟一个黑人还是一个英国男孩玩耍的。是来自大人们和社会结构的影响撞击着他的心灵，于是他自然会受其左右。问题不在孩子，而在那些成年人及其地方自治主义、分离主义的错误倾向。要想"引导孩子们远离它",你就必须去冲破环境的制约,这意味着去摧毁现代社会的结构。除非你做到了这一点,否则孩子显然就会抱持地方自治主义的观念。你们当中很少有人渴望彻底的变革,你们希望的是拼凑的改革,你们想要让事物保持原状。假若你真的渴望去消灭地方自治主义的思想,那么你的态度就必须是展开彻底的变革,对吗?看一看所发生的情形吧。在家里,你或许会跟孩子讨论说,怀有阶级划分的思想是何等的荒谬,而他可能会赞同你的看法,然而当他去到学校,跟其他男孩们玩耍,便会产生这种非理性的地方自治主义、分离主义的想法,于是家庭和社会环境之间便出现了不间断的战争。抑或情形是相反的——家庭可能是传统的、狭隘的、严苛的,社会影响或许是更加宽容的,结果这个孩子再一次地被困在了这二者之间。

很明显,若想培养一个心智健全的孩子,若想让他变得理性、睿智,若想帮助他实现觉知,以便他能够洞悉所有这些愚昧和荒谬,那么你就得了解他,就得同他一起讨论认可传统和权威的所有谬误之处。先生,这意味着你应该鼓励不满的火焰,可惜我们大多数人却希望去阻碍、扑灭这团不满之火。唯有通过不满,我们才能洞悉所有这些事情的谬误,可是随着年岁渐长,我们开始被定型。大部分年轻人都怀着不满的激情,但不幸的是,他们的不满会被疏导,会被标准化,他们变成了阶级的统治者、神职人员、银行职员、工厂经理,于是一切便都结束了。他们谋得了一份差事,不久之后,他们的不满之火便熄灭殆尽了。要让这团不满的火焰继续燃烧下去是件相当艰难的事情,然而,正是这种不满,这种不断的探寻,这种对事物现有状态的不满——不满于政府,不满于父母或配偶的影响,不满于我们周遭的一切——才能带来富有创造力的智慧。可我们并不想要这样的一个孩子,原因在于,跟一个始终都在质疑和探究既定价值观念的人生活在一起会是相当不适的,我们宁愿和那些肥胖、心满意足、懒惰之人生活。

正是你们这些成年人要对未来负上责任,但你们却对未来毫无兴趣。神灵知道你们对什么感兴趣,或者你们为什么会生养这么多的孩子,那是因为你们不知道怎样去抚养他们成长。如果你真的爱他们，而不是仅仅希望他们去继承你的财产和姓氏，那么你显然就会以崭新的视角去应对这个问题了。你可能不得不去开办新的学校，这或许意味着你自己将必须成为老师。然而不幸的是，你对生活里的任何一切都不热心，除了赚钱、吃饭和性爱以外。你在这些事情里面是完整的，但你不想去直面或解决生活中其他种种的复杂与困难。所以，当你生儿育女，当他们长大成人，他们会跟你一样幼稚、不完整、毫无智慧，会跟你一样身处于自己同世界的不断的战斗中。

因此，该对这种地方自治主义思想负上责任的是成年人。毕竟，先生们，人与人之间为什么要有各种界分呢？你跟他人是非常相似的，你或许会有一个不同的身体，你的脸孔可能长得跟我的不一样，然而在肌肤之下，在内心深处，我们是极为相似的——我们都傲慢、充满了野心、易怒、暴力，我们都沉溺于性欲、我们都在寻求着权力、地位和权威，诸如此类。移除掉标签，我们将变得赤裸裸，可我们不希望去直面自己的赤裸抑或去改变自我，这就是为什么我们会去崇拜那些标签，殊不知这么做不成熟，幼稚之极。当世界在我们耳旁轰然崩塌之时，我们却在讨论着一个人应当属于哪个阶级、团体，或者他是否应该身披圣袍，抑或他该举行哪种仪式——所有这些都说明我们彻头彻尾的缺乏思考，不是吗？女士们、先生们，我知道你们正在聆听，你们有些人点了点头，可一旦你们返回家中，就会依然故我，就会做同样的事情——这便是生活的悲哀。假如当你听到某个真理的时候，你不去遵照它行事，那么它就会像毒药一般。你之所以会被我毒害，是因为你没有依照它来行事。这毒药自然会散播开去，引发不健康、心理失衡和心烦意乱。我们大多数人都习惯去听演说——这是印度的一种消遣娱乐。你听完后回家，继续以前的状态，可这样的人在生活里是没有多少意义的。生活需要非凡的、富有创造力的革新性的行动，只有当这种富有创造力的智慧被唤醒之时，我们才会活在一个和平、幸福的世界里。

问：学校里面显然必须得有某种纪律，可要怎样来实施这种纪律呢？

克：先生，很明显，英国和其他一些地方已经进行了试验，在那里，学校不设定任何的纪律，孩子们被允许去做他们喜欢的事情，不会受到干扰。那些学校显然认为孩子需要某种指引性的纪律——不是严苛地规定可以做什么和不可以做什么，而是通过指明困难的方法来提出某种警告、某种暗示。这样的一种纪律、约束是必需的，它实际上是指引、引导。当纪律仅仅是通过强制、恐惧而迫使孩子去遵从某种行为模式，便会出现困难。这样一个孩子的性格无疑是被扭曲的，他的心灵因为纪律、规范，因为许多的什么可以做、什么不能做的禁止而被扭曲，于是他便带着恐惧和某种自卑感长大，就像我们大部分人的成长经历一样。当纪律强迫孩子去进入某个框架中，那么他显然就不可能拥有智慧。他只不过是纪律的产物，这样的一个孩子怎么可能警觉、充满生机，并因而成长为一个完整的、睿智的人呢？他只是一部运作得十分平稳和有效率的机器，一部没有人类智慧的机器。

所以，纪律的问题是一个相当复杂的难题，因为我们觉得，生活里若没有纪律，我们就会乱成一团，就会变得贪欲无度。这是我们真正要关心的唯一问题：即怎样不变得过于贪得无厌。只要你在性行为方面适度就好，而在其他任何方面你却可以行为过度——追求地位、贪婪、暴力、为所欲为。没有任何宗教真正攻击剥削、贪婪、嫉妒，但它们全都对性行为予以关注，非常关心性道德，这可真是奇怪，不是吗？组织化的宗教应当极为关注某种道德，却任由其他的事情撕裂开来，这实在是奇怪。一个人能够明白为何组织化的宗教会去强调性道德而不去探究剥削的问题，因为组织化的宗教依赖社会并且靠其过活，所以不会去攻击该社会的根基和基础，结果便把关注重点放在了性道德上面。

虽然我们大多数人都在谈论着纪律，但我们所说的纪律一词究竟指的是什么涵义呢？当你一个班上有一百个男孩时，你将不得不实施纪律，否则将会混乱不堪。但倘若你一个班级只有五到六个学生，并且安排了一位智慧和爱心兼具的老师，一位了解学生的老师，那么我确信将无需任何纪律。她会了解每一个孩子，以他所需要的方式去帮助他。当老师只有一位而学生却多达一百名的时候，学校才会需要有纪律——于是你的确不得不格外的严格——可这样的纪律不会塑造出一个睿智的人。我们大多数人都对集体活动感兴趣——有着许多男孩、女孩的偌大的学校——我们对富有创造力的智慧并无兴致，于是便开办了入学者数量多得惊人的大型学校。我相信，一所大学里面有四万五千名学生。先生们，当我们以如此巨大的规模去教育每个人的时候，你们打算怎么做呢？在这样的环境之下，自然得有纪律。我并不反对让每个人都接受教育，如果我反对的话，那是愚不可及的。我赞成正确的教育，即培养学生的创造力和智慧，只有去仔细考量每一个孩子——研究他的困难、他的个性特质、他的思想倾向、他的能力，满怀爱心与智慧去照顾他——才能够实现正确的教育，才能培养出富有创造力的睿智的个体，而不是通过集体性的教育。唯有在这时，才可能创造新的文化。

有一个可爱的故事，讲的是件真事，说一位主教对南太平洋上那些大字不识的人们念《圣经》，他们很高兴听书里的那些故事。他暗自思忖，觉得这真是太不可思议了，如果他返回到美国，募集资金，在整个南太平洋诸岛上创建学校，将会是多么好的一件事情啊。于是他便在美国筹集了一大笔钱，回到岛上，创办学校，教那里的人们读书识字。最后，他们能够阅读一些漫画类的报纸以及其他令人兴奋的、刺激性的杂志。这正是我们所做的。此外，阅读的人越多，反抗就会越少，这真是一件奇特的事情。先生们，你们可曾思考过，我们对那些印刷品、对那些白纸黑字是何等的崇拜吗？如果政府在出版物中发布了某个命令或是给出了某个信息，我们便会欣然接受，从不曾对其予以质疑，印刷的文字俨然已经变得无比神圣。你向人们教授得越多，反抗的可能性就会越少——这并不意味着我反对教育人们去读书识字，但我只是看到了这里面包含的危险。政府通过狡诈的宣传控制着人们，支配、操纵着他们的心灵与思想。这不仅仅是在极权主义的国家里发生，而是遍及了整个世界。报章杂志取代了思想，标题取代了真正的知识和理解。

因此，困难在于，在当前的社会结构里，纪律已经变成了一个重要因素，原因是我们希望一大群的孩子一起接受教育，并且要尽可能地快速。把他们教育成什么呢？教育成银行职员或是优秀的销售员、资本家或是政委。当你成为了某类非凡之人，某个高官或是在议会上能言善辩、聪明狡猾的议员，你会做些什么呢？你或许会聪明绝顶、成就满满。任何人都可以洞见事实，但我们是人类，而不是机器，不是例行公事的自动化机器。然而，先生们，你们对此依然不感兴趣，你们听我的演说，彼此微笑，但却并不打算做些什么来从根本上改变现存的教育体制。所以，除非出现了巨大的、猛烈的革命，否则这件事情将会被束之高阁，而革命不过是另一种替代——会出现更多的控制，因为极权政府懂得怎样去塑造、规范人们的心灵和思想，他们深谙这其中的伎俩。这是巨大的痛苦，这是我们身上不幸的弱点，我们希望由他人去改变、革新、建立。我们听了演说，但却依然不作为，当革命取得了成功，其他人建立起了一个崭新的社会结构，一切都有了保障之后，我们才会插手进来。很明显，这不是睿智的、有创造力的心灵，这样的心灵只是在寻求不同形式的安全，而寻求安全是愚蠢的行为。若想获得心理上的安全，你就必须有纪律，纪律保证了结果——把人变成例行公事的公务员，无论是银行职员、政委、国王还是总理。显然，这是最大的愚蠢，因为，尔后人类将沦为单纯的机器。请务必意识到纪律的危险——危险便是，纪律会变得比人更重要，思想模式、行为模式会变得比适应该模式的人更重要。只要心灵是空虚的，那么不可避免地就会有纪律存在，因为，尔后它将成为爱的替代品。我们大部分人都是空虚的，所以便渴望纪律。一个温暖的心灵，一个充实、完整的人是自由的——他不会有任何的纪律、约束。自由不会来自于纪律，你并非必须要经由纪律才能实现自由。自由与智慧就在咫尺，而非远方，这便是为什么若想行得远，一个人就必须睿智地从自身开始做起。

问：既然迄今为止某个外国政府妨碍了我们挚爱的民众接受正确的

教育，那么在一个自由的印度，正确的教育应当是怎样的呢？

克：你所说的"自由的印度"是指什么意思？你们成功地用一个政府替代了另一个政府，用一个官僚体系替代了另一个，但你们获得了自由吗？剥削者跟以前一样存在着，只不过他现在不是白人，而是棕色人种罢了，你们受着他的剥削，正如以前被其他人剥削一样。高利贷者也跟以前一样存在着，只不过他现在是褐色的皮肤，你们受着他的压榨，正如以前被其他人压榨一样。地方自治主义、阶级划分跟以前一样依然存在着，依然争论着各个省份的问题，比如哪个省份应当多得还是少得，该省份中哪个群体应当有工作——所有这些因素全都存在着。所以，情形和以前一样，只不过现在有一个地方不同，那就是心理上。你已经摆脱了某个群体，这作用于你的心理层面。你现在又可以站起来了——至少你现在是一个人了，而以前他人一直都骑在你的脖子上。白人或许不会对你颐指气使，但棕色人种则会，他是你自己的兄弟，但却要无情、残忍得多。你难道不知道他更加残酷，毫无道德吗？你所谓的一个"自由的"印度是何涵义呢？你或许会拥有自己的陆军、海军——你效仿世界上其他国家一样建立海陆空三军以及进行管制。看到一个你这样的成年人却在玩着孩童才会玩的东西，这可真是惨不忍睹啊，不是吗？这就好像一个老头子在跟一个年轻姑娘调情，这是丑陋不堪的事情。这便是你所谓的"自由"。

你询问在一个"自由的"印度，你们应当拥有哪种教育。首先，要想获得正确的教育，你就必须拥有智慧。仅仅用一个政府去替代另一个政府，用一个剥削者去替代另一个剥削者，用一个阶级去替代另一个阶级，这么做你是无法变得睿智起来的。要想带来一种崭新的教育，就必须消灭掉上述这一切，不是吗？你必须以全新的方式开始，这意味着彻底的、根本性的革命，不是那种血雨腥风的革命，暴力革命不会解决任何事情，而是思想、感受、价值观念的翻天覆地的转变。这种根本性的革命只能够由你我带来，这场将会塑造出全新的、完整的个体的变革，必须得从你我开始。既然你并不打算去制止种族主义以及你的宗教里的组织化的教条，那么你如何能够带来新的文明、新的教育呢？你可以去推测新的教育，你可以就新的教育应当如何如何撰写长篇大论，但这却是幼稚的行为，是另外一种形式的逃避。直到你摧毁了那些障碍，实现了自由，才会迎来创新，尔后你将能够建立新的文化、新的秩序，这意味着你必须反抗现状，反抗当前的价值理念——这里所说的反抗，是指洞见到了它们的真正涵义，理性地认识了它们，以新的视角、新的方式去思考问题。

幻想某个乌托邦、某个伟大的新世界相对来说要容易得多，可这么做是在为了将来而牺牲掉现在——而将来又是如此的不确定。没有人能够知道未来会是怎样，有如此多的因素会介入到现在与未来之间。我们指望着通过构想出一个概念化的乌托邦、一个精神上的理想国并且为其尽力，就可以把问题给迎刃而解了，殊不知这么做并不能解决任何问题。如果我们是充满理性和智慧的人，那么我们能够做的，便是现在凭借自己的力量去应对、解决问题。现在，才是唯一的永恒，而不是未来。我必须现在就对问题投入全部的关注。仅仅去讨论在一个自由的印度对人们而言正确的教育应当是怎样的，显然是愚不可及的。印度不是自由的，印度没有自由。你竖起了一面旗帜，唱起了新的赞歌,但这显然不是自由。你讲自己的母语，你以为自己非常地爱国，以为你已经解决了问题。先生，解决这个问题需要展开全新的思考，而不是戴着过去的公式的眼镜去察看。这便是为什么对那些怀抱认真态度的人们来说，通过让自己获得新生，从而带来一场变革是势在必行的。除非你冲破了旧有的价值观念，对它们展开探究，懂得其涵义和价值，而不是盲目地予以接受，认为它们是正确的，否则你就不可能迎来新生。这就为什么重要的是去探究我们自己，去了解我们自身的思想和感受的方式。唯有如此，我们才能获得自由，唯有如此，我们才能创立新的文明、新的教育。

问：政府在教育方面干预的尺度应当是多大呢？应该对孩子们进行军事训练吗？

克：这提出了一个至关重要的问题。你所说的政府是指什么意思？是指握有权威的人、少数官僚分子、内阁成员、总理大臣，诸如此类吗？这是政府吗？是谁把他们给推选出来的？是你，对吗？你要对他们负上责任，不是吗？你拥有了你希望的政府，所以为什么你要反对呢？如果你的政府，也就是你自己，想要对孩子们进行军事训练，那么你干吗要去反对呢？由于你抱持种族主义，你主张阶级差别、经济壁垒，于是你一定会有一个穷兵黩武的政府。你难辞其咎，而不是政府，因为政府只是你自己的投射、延伸——它所推崇的那些价值观念，便是你自己的价值观。既然你渴望一个倡导国家主义、民族主义的印度，因此你不可避免地将拥有一部这样的机器，它会反映出一个高举国家主义旗帜的极权政府及其对权力、浮华、财富的洋洋自得，结果你也就势必会有一部军事化的机器，其作用便是备战——这意味着你自己渴望战争。你可能会摇头，但你所做的一切都是在为战争做准备。一个极权政府的存在，以及它对国家主义的推崇，必定会导致备战，每个军事将领都一定在对将来的战争做着谋划，因为这就是他的职责、他的作用、他的工作。自然的，假如你有这样一个政府，即你自己投射出来的是这样一种状态，那么它必定反映出来的是你抱持国家主义、民族主义，你赞成经济上的种种壁垒，于是必定会产生一部军事化的机器。所以，如果你接受了这一切，那么孩子们毋庸置疑地将会受到军事训练，这便是全世界正在上演的情形。几个世纪以来都在为反对征兵制度而战的英国，现在却正在招募军人。幸运的是，在这个如此辽阔的国家里，你们暂时可以不会每个人都被征兵，你们尚未被组织起来，可是再过几年，你们将会组织起来，尔后你们可能会拥有世界上最为庞大的军队——因为这便是你们所渴望的。你希望有军队，原因是你想要有一个极权的政府、一个单独的种族、一个唯一的宗教、一个高高在上的阶级以及它自己的剥削者。我向你保证，你也希望成为剥削者，希望皇帝轮流做、明年到我家，所以你便继续着这个游戏。然后你询问说，政府是否应当对教育进行干预！

先生们，应当存在着某个阶级的人，他们远离政府，不属于任何团体，立于其外，如此一来他们便能够扮演起引导者的角色。他们是警戒者、是先知，能够告诉你你错得多么离谱。可惜并没有这样一群人，因为现代世界里的政府不会支持这样一个群体，一个没有权威的群体，一个不隶属于政府的群体，一个从属于任何宗教、阶级或国家的群体。唯有这样的群体，才能够担负起政府的反对者的角色。原因是，政府正在变得越来越强大，雇佣了许多的人，结果，越来越多的民众没有能力凭借自己的力量去展开思考，他们被管制着，被告诉说该做些什么。因此，只有当出现了这样的一个群体，这样一个充满了生机和智慧、富有能动性的群体——唯有这时，才能迎来希望与救赎。否则，我们每个人都将变成政府的雇工，政府会越来越频繁地告诉我们该做什么，该思考什么——而不是如何去思考。显然，这样一个带着它的国家主义、自得、嫉妒和仇恨的政府，势必会导致战争，势必会建立起军事机器，于是，在每一所学校里，都会出现对旗帜的推崇。如果你骄傲于你的国家主义、你的经济壁垒、你的极权政府、你的军备，那么你一定会建立起这样一个政府：它会干预教育，会对你们的生活指手画脚，对你们进行管制，控制你们的言行，这就是你们所渴望的。若非如此，你便能够睿智地冲破这一切，摆脱国家主义、贪婪、嫉妒以及权威赋予的权力。尔后，由于你富有理性和智慧，你将洞悉世界的局势，帮助着去建立起一种新的教育、新的文化。

问：艺术和宗教在教育中的位置是什么呢？

克：你所说的艺术是指什么？宗教又是指什么？艺术，是指在教室里挂上几幅画、描几条线吗？你口里的艺术，意指为何呢？你说的宗教，意思是什么呢？宗教，是指传播组织化的信仰吗？艺术，仅仅只是描摹或复制一棵树吗？很明显，艺术远不止于此。艺术，意味着对美的欣赏，不过它可能表现为创作一首诗歌、描绘一幅画、写一首曲子。艺术，是欣赏美，是当你凝视着一棵树，当你抬头仰望满天的繁星，当你沉醉在那洒在平静河面上的皎洁月光，你所体会到的充满生机的充实和愉悦。显然，艺术，并非是指单纯地购买几幅画作，把它们悬挂在屋子里头。

如果你碰巧是个有钱人，觉得把钱投资在绘画作品里要比投资在股票里更加安全，那么你不会成为艺术家，难道不是吗？由于你碰巧腰缠万贯，你把钱投资在珠宝首饰上，这显然不代表你欣赏美、懂得美。很明显，美不同于单纯的安全，对吗？

你可曾端坐下来，凝视那流淌着的河水？你可曾静静地坐着，抬头仰望那悬在夜幕上的明月？你可曾留意过一张面庞上绽放的微笑？你可曾观察过一个孩子灿烂无邪的笑容或是一个男人悲伤的恸哭？你显然没有，你忙着去思考如何行动，忙着重复念诵曼彻，忙着挣钱，你被自己的那些贪欲裹挟着。我们并没有在欣赏美，我们只是用所谓的美的事物把自己包围了起来。你难道不知道富人是如何把这些东西点缀在自己周围的吗？于是便营造出了一种外在的美的氛围，但他的内心却空洞无物。（笑声）请不要嘲笑富人，先生们，他反应的是生活的全貌，你们其实也希望处于他的位置。所以，仅仅依附于外在的美的表现，并不能够带来对美的欣赏。你或许可以穿上一件漂亮的纱丽，在脸上涂脂抹粉，把嘴唇涂得娇艳欲滴，但这显然不是美，对吗？这不过是美的一部分。

很明显，一旦你拥有了内心的美丽，美便会登场。只有当你的心灵不处于冲突的状态，只有当你心中怀有爱、仁慈和慷慨的时候，方能拥有内在之美。尔后，你的眼睛将饱含深意，你的嘴唇将变得无比丰盈，你的话语将意味十足。由于我们缺乏这些东西，所以才会仅仅沉溺于外在的美的展现，才会去购买珠宝首饰、画作。我们大部分人的生活都充满了难以言表的可憎、丑陋、麻木和空虚，因此我们便用各种所谓的美丽的事物把自己包围起来。当心灵空虚之时，我们便去收集各种美丽的东西，殊不知我们其实是在自己的周围创造了一个丑陋的世界，因为对我们来说，这些外在的事物无比重要。由于大多数人都处于这种状态，所以我们怎么可能在学校或教育里获得艺术和美呢？当你的心里没有一丝艺术或美，那么你如何能够去教育你的孩子呢？今天发生的情形便是，老师被一百个男孩、女孩束缚住了手脚——他们淘气、调皮，就像孩子应当呈现出的状态那样，于是你便挂起了一幅画，然后谈论所谓的艺术。

你们的学校展现出来的是一个空虚的头脑、空虚的心灵，很明显，在这样的学校里，在这样的教育中，是不会有丝毫的美可言的。一个笑容所绽放出来的光彩，一张面孔所呈现出来的表情——所谓艺术，便是认识到这些东西即美，而不是仅仅去推崇一副他人笔下的画作。由于我们早已忘记如何仁慈，如何去凝视夜幕上的星辰、田野边的树木、水波里摇曳的倒影，所以才会需要那些画作，结果，艺术在我们的生活中，除了是俱乐部的讨论话题以外，毫无意义。

同样的，宗教在我们的生活里也已经无足轻重。你或许会去庙宇，会做礼拜，穿上圣袍，念诵经文、曼彻，然而这些并不代表你就是个虔诚之人，这不过表明你有一个机械化的、空洞无物的心灵。显然，真正的信仰，在于探寻真理、实相，而不是用各种替代品以及虚妄的、错误的价值观念把你自己团团包围起来。探寻实相，并非远在天涯——它就近在咫尺，就在你的所作所为之中，就在你的所思所感之中。因此，真理必定存在于你的身上，不会超越你的地平线，它就蕴含在你的话语、行为、关系和想法里头。但我们并不想要这样的宗教，我们渴望信仰、教义，我们渴望安全。就像富人会从画作、钻石里寻求安全一样，你则从组织化的宗教及其教义、迷信、剥削人的神职人员以及其他相关事物里面去寻求安全。所谓的虔诚之人同一个凡夫俗子之间并无多大差别——因为这二者都在寻求着安全，只不过是在不同层面罢了。很明显，这并不是信仰，这并不是美。

只有当你有着巨大的不确定感，只有当你对真理的每时每刻都投以关注，只有当你洞察了每一个想法与感觉的运动，只有当你意识到了你的孩子的每一个运动，才会懂得去欣赏美、欣赏生活。只有当心灵极为柔韧，具有高度的适应力，你才能够做到上述这些。只有当心灵不为某种信仰所困，无论是对金钱还是某个理念的信仰，它才会是无比柔韧的。一旦心灵自由地去观察，投以充分的注意力——唯有这时，方能迎来那富有创造力的觉知。我们大部分人都已经变成了生活的旁观者，而不是参与者。大多数人都会阅读书籍，可是当我们读书的时候，书本里的东西多是胡说八道、废话连篇。我们丧失了美的艺术，我们失去了真正的虔诚与信仰。重要的是再次发现美、发现实相。只有当我们承认自己心智空虚，只有当我们不仅觉知到了这种空虚，而且还意识到了它的深刻，只有当我们不去试图逃离，才能够重新发现美与实相。我们渴望通过画作、金钱、珠宝首饰、纱丽、曼彻以及无数外在的表现去逃离。唯有那富有创造力的智慧和觉知，才能带给你一种新的文化、新的世界与新的幸福。

问：饮食和规律的生活，在孩子的成长中是否有意义呢？

克：显然有意义。你今天给孩子提供了适当的食物没有？然而那些有食物可吃的人，却在自己的饮食问题上毫无智慧，他们吃东西，仅仅是为了满足味觉，他们很爱吃。看一看你的身体吧。不要只是发笑，然后把这个问题忽略而过。你只是吃着你已经习惯的东西，如果你习惯了辛辣的重口味的食物，那么，一旦不让你吃它们，你就会不知所措。你实际上根本没有去思考饮食的问题，假如你这么做了的话，不久你便会发现，懂得吃些什么是何等的简单。很明显，我无法告诉你该吃些什么，因为每个人都必须想一想什么对他来说才是最合适的。所以，一个人应该做一下试验，持续一周或者一个月。你之所以不想去做试验，是因为你希望继续吃那些你已经吃了十年、二十年的东西。

孩子们需要规律的生活，这是十分显而易见的。十来岁的时候，在身体发育时期，他们必须要有充足的睡眠、正确的饮食以及得到合理的照顾，这些是一个孩子的生活里所必需的。但你并不爱孩子，你同你的妻子争吵不休，然后你或者你的妻子便把这怒火发泄在孩子身上。当你很晚回到家中的时候，你期待孩子一直醒着没睡，来让你开心。孩子变成了你的一个玩具，变成了一个继承你姓氏的工具。你并不关心孩子，你感兴趣的只是你自己罢了。

先生，假若你怀有兴趣和关注，那么你明朝便会迎来变革。只要你真的爱孩子，你就会去打破这种教育体制、这种社会环境。尔后你将思考他该吃些什么，他的生活是否有规律，他身上会发生什么，他将来是否会成为炮灰。尔后你将去探究战争的原因，而不是仅仅引用他人的话或者按照某种行为模式来行事。如果你真的热爱孩子，你就不会建立起极权的政府，不会再有各个民族、国家，不会再有分离的宗教及其仪式和组织化的教条。只要你真正热爱孩子，那么所有这些事情就会在一夜之间发生改变，你会避开它们，因为它们会带来无序和混乱，会导致毁灭、悲伤和痛苦。可惜你并不爱孩子，你并不在乎当他长大以后会遭遇什么，你只在乎自己老迈之时他是否会照顾你或者继承你的姓氏，这才是你真正关心的事情，你对孩子本身并不热衷。如果你关心孩子，你就不会生一大堆了，而是只会要一两个小孩，并且很注意让你的孩子培养智慧与正确的文化。先生们，遗憾的是，这并不是教育的过错，责任在我们自己——因为我们的心灵是如此的空虚、愚钝和麻木，我们不懂得何谓爱。当我们对一个人说"我爱你"的时候，这种爱只是一种纯粹的满足——性的愉悦，或是占有的自得。单纯的愉悦和占有的得意，显然不是真正的爱，然而我们关心的只有这两样东西，我们并不关心自己的孩子，也不关心我们的邻居。当我们走在大街上的时候，不会对路旁的那位乞丐给予丝毫的帮助，但我们却在高声谈论着应当怎样去对那些不幸之人伸出援手。你加入某些团体，从属于某些思想流派，但那些需要得到帮助的人们却手中空空如也。假若你真的关心他们，那么你的心灵将会因满怀情感而变得无比充实，你将会时刻准备着去行动起来，将会让现存的体制在一夜之间发生翻天覆地的变化。

所以，饮食以及规律的生活，不仅对孩子来说是必需的，而且对我们每个人来说都是必不可少的。若想探明什么是必需的，我们就得展开探究，就得首先从自身入手，而不是从孩子开始。至少我们可以给他提供干净的食物，观察一下他是否作息规律。由于我们从未曾想过这些，因此大部分孩子才会如此瘦小、发育不良、肚子饿得咕咕叫。我相信，现在你很注意在听，可是一旦你回到家，你就会吵吵嚷嚷，高声叫唤，看看孩子是否睡着了，然后用糖果塞满他的嘴，以显示你多么爱他。我觉得你并不知道自己到底在做什么，这是多么的不幸和遗憾啊！我们没有意识到自己的行为,没有意识到我们所用的词语,没有意识到我们那些谋生之道的意义何在——我们只不过在活着、随波逐流、生儿育女、然后走向死亡。当一只脚迈入坟墓的时候,我们会去谈论神,因为希望在自己死去时可以获得安全。我们在今生过着悲惨、丑陋的生活,于是期待着生命的终点能够是美丽的。美,蕴含在充实的生活里,所谓美,就是从开始到结束都真实地、充实地生活。剥削、贪婪、仇恨的人生,寻求头衔、地位、身份的人生,是没有美可言的。你已经累积了许多的外物,如今你又在这其中增添了一个东西——神,这么做实在是多余。你所做的事情丑陋到无法用言语来形容,没有任何的意义和深刻性。你们大部分人都活在词语之上,于是你的孩子自然也会如此,他长大之后会跟你一样。唯有当你转变了自己的心灵与头脑,方能迎来新生。

问:由于现代文明是如此的技术化,所以我们难道不应当训练每个孩子具有某种职业技能吗?

克:显然应该,但尔后会怎样呢?他会成为一个工程师、物理学家、数学家、科学家或是官僚,他为自己或是为他的老板记账。先生,你都做了些什么呢?你教会了他某种职业技能,这便是生命的目的吗?对你们大多数人来说,生活的目的就在于此。拥有某个职业自然没错,但生活中还有许多更加重要的事情,不是吗?我可能想要当名工程师或是音乐家,然而作为我的父母的你,却逼迫着我成了一个银行家。于是,在整个余生中,我都将感到无比的挫败、沮丧,由于倍感沮丧,因此我便会去追逐我能够想到的每一个女人,抑或转向神灵,但我依然垂头丧气,依然空虚。所以,单纯的技术培训或是拥有职业技能,并不能解决生活的所有难题。我们显然无法从一个层面来解决问题,仅仅活在一个层面,正如你们大多数人所做的那样,将会走向毁灭。先生,要想成为一个完整的个体是相当不易的,我不仅得有某个技术性的职业,而且还要拥有清晰的头脑、温暖的心灵。当你的头脑里有无数噪音即所谓的知识在喋喋不休,那么你是不可能拥有清晰的头脑的。只有当你的心中怀有温暖与爱，只有当你彻底地、完全地爱着某个人的时候，才能迎来完整，尔后，爱、温暖以及一个澄明的心灵，将会带来完整。这样的人是很少有的，显然，教育的作用便是塑造出这样的人类。你不可以活在一个层面上，你必须始终活在不同的层面，唯有如此，你的关系、你的感受中才会迎来和谐、美与温暖，唯有如此，幸福才会登场。

问：国际学校对于培养善意难道不是必需的吗？

克：先生，善意可以通过国际主义培养出来吗？也就是说，不同国家围绕一张大圆桌而坐，但每个国家都坚持着自己的主权，坚持着自己的权力、声望。所以，一群人围坐在一起召开一场会议，怎么可能培养出善意呢？你坚持你的军备，我坚持我的。两个盗匪之间会有善意吗？只会勾结起来一同搞破坏。很明显，善意是截然不同的事物，它不属于任何团体、任何国家、任何主权政府。当主权政府变得最为重要时，善意就将不再。我们大多数人的生活都被耗费在了挥舞旗帜、抱持国家主义立场以及国家崇拜上了，而这便是新的宗教，所以怎么可能会出现善意呢？有的只会是嫉妒、仇恨和敌意。只有当这些标签都被撕掉的时候，只有当你我之间不再有界分，无论是阶级、金钱、权力还是地位上的界分，才会迎来善意。一旦我们怀有了善意，就不会从属于任何国家，你与我将一起快乐地生活。尔后，我们不会再去谈论国际主义或是世界一统。

认为通过国际主义我们将最终实现国际间的友好合作，将最终拥有兄弟般的友爱之情，这是一种错误的思想，不是吗？这是一种错误的推理。你怎么可能通过限制去超越一切局限呢？只有当你打破了心灵和头脑的狭隘的局限，只有当一堵堵高墙被推倒，生活那一望无际的地平线才会展现在你的眼前。当你邀请那浩瀚无边的永恒时，你是不可以带有一丝局限的。善意，无法通过组织得来，你以为你是出于友爱之情才会加入某个团体的，思考一下这个念头的虚幻性吧——殊不知，只有当你的心里没有丝毫友爱之情的时候，你才会去加入这样的团体。一旦你心中满怀了兄弟般的情谊，你就不必去加入任何团体、任何组织了。你重视那些组织、团体，这说明你根本没有充满情谊，你希望逃避你的这个现实状况，结果，组织就变得重要起来，而你则去从属于它们。困难在于要做到友爱、善意、仁慈和慷慨，如果你只想着自己，就无法做到这些。当你的孩子变得至关重要，成为了你幸福的手段，当他成为了一个继承的工具，继承你的姓氏、你所信奉的宗教、你的外貌、你的权威、你的银行账户、你的珠宝首饰，那么你就只是在想着你自己。一旦一个人只关心着自己以及自身的扩张，那么他的心中怎么可能会绽放爱的花朵呢，怎么可能会满怀善意呢？善意，只是流于词语吗，只是说说罢了吗？这便是所有这些优秀、聪明、博学的政治家们聚在一起时所发生的情形——他们没有任何善意，而是远离了它，他们尊敬着自己的国家，也就是他们自己和你。我们跟他们一样，也寻求着权力、地位和权威。

先生，一个心怀善意的人是不会有任何权威的，他不会从属于任何团体——不会从属于任何组织化的宗教，不会对财富和头衔顶礼膜拜。显然，一个不去想着自己的人，将会创造出新的世界、新的秩序。我们应该诉诸于这样的人给我们带来幸福、带来新的文明状态，而不要指望着那些富人或是崇拜富人的家伙们。只有当我们寻求实相的时候，才能迎来善意、幸福与庇佑，而实相并不遥远，它就在我们身边。我们是盲目的，被各种事物遮蔽了双眼，这些外物使我们无法看到那近在咫尺之物。真理便是生活，真理就蕴含在你同你的妻子的关系里，只要你认识到了信仰的虚幻和荒谬，便能发现真理。你应该从近处着手，应该由近及远。你的行动必须不带任何动机，不去寻求某个结果，只有当你心中怀有真爱，才会在不寻求结果的情况下去展开行动。爱，并不是一件困难的事情。只有当头脑认识到了它自己，只有当思想过程及其狡猾的操纵、适应、寻求安全停止的时候，真爱才会来临。尔后你将发现，你的心灵会变得充实、富饶、幸福，因为它已经发现了永恒。

(第五场演说，1948年9月26日)

创造力是没有"努力"的无为的存在状态

或许，一旦我们理解了创造力的问题，便能知道我们所说的努力究竟指的是什么了。创造力是努力的结果吗？在我们富有创造力的那些时刻，我们意识到了它吗？抑或，创造力是一种彻底忘我的感觉，是一种当心灵没有了一丝混乱，当一个人完全没有意识到任何思考的活动，当生命个体处于完整而充实的状态时才会出现的感觉呢？这种状态是辛劳、斗争、冲突或努力的结果吗？我不晓得你是否曾经注意到，当你轻易、迅速地做着某件事情的时候，是不存在所谓的努力或奋斗的。但由于我们的生活大部分都充满了一系列的冲突和斗争，因此我们无法去想象一种没有丝毫努力和奋斗的存在状态。

显然，要想理解这种没有任何努力的、富有创造力的状态，一个人就必须得去探究有关努力的全部问题。也就是说，我们现在活在努力之中，我们的整个生活便是一系列的争斗——同我们亲密的朋友争斗，同我们的邻居争斗，同山那边、海那边的人们争斗。除非我们认识了努力这一问题以及它的结果，否则我们显然无法领悟那一创造力的状态。很明显，创造力并不是努力的产物。画家、诗人或许在绘画或写作的时候很费力气，然而，只有当他完全不做任何努力时，他的心灵才会被美撞击。因此，我们必须去探究这一有关努力的问题，即我们所谓的努力、奋斗想要变得如何如何。我们所说的努力，指的是不停地奋斗，以便实现自我，以便功成名就，不是吗？我是这样的，我想要变成那样的；我不是那样的，我必须变成这样的。在变成"那样"的过程中，会有斗争，会有冲突和奋斗。在这种奋斗中，我们关心的必然是通过达到某个目标来实现自我。我们在某个事物、某个人、某个理念身上去寻求自我的实现，这便要求展开不断的斗争、奋斗和努力，因此我们视这种努力为必须。我想知道，努力——这种想要功成名就的努力是否真的是必需的呢？为什么会有这种努力呢？只要你渴望成就自己，不论是何种程度或何种层面上的自我实现，就必然会出现争斗。成就自我是动机，是努力背后的驱动力，无论是一个高级主管、家庭主妇还是一个穷苦人，都会展开争斗，想要变得如何如何，想要实现自我。

那么，为什么会出现这种想要实现自我的欲望呢？显然，当一个人意识到自己不名一文的时候，便会滋生出想要成就自己的欲望，滋生出想功成名就的欲望。因为我是个卑微的小人物，因为我的心灵不充实、空虚，因为我内在贫乏，于是我便努力想要有所作为。我努力着在某个人、某个事物或某种理念中成就自身。所以，只有当我的内心不够充实的时候，只有当我意识到了自身的空虚，才会出现这种想要有所成就的努力，也就是说，只有当我觉知到了这种空虚，才会展开努力。填满这种空虚，便是我们生活的全部过程。意识到自己是空虚的、内在是贫瘠的，于是我们便付出努力，或去收集外部的各种事物，或去培养内在的充实。这种努力、这种奋斗，来自于觉知到内心的空虚，因此便会不断地争斗，想要变得如何如何——"变成什么"跟"是什么"是截然不同的。只有当你通过行动、思忖、获取、成就、权力等等去逃避内在的空虚，才会出现所谓的努力，这便是我们的日常体验。我觉知到了自己的空虚、内在的贫瘠，于是我努力去摆脱这种状态，或是去填满它。这种逃离和躲避，抑或试图去掩盖空虚的做法，意味着斗争、奋斗、努力。

假如一个人不去努力逃离的话，将会发生什么呢？他带着那种孤独和空虚生活着，在接受空虚的过程中，他会发觉将出现一种与奋斗和努力毫无关系的富有创造力的状态。只要我们试图去躲避那种内在的孤独与空虚感，便会出现努力。然而，只要我们觉知到了它，只要我们不去躲避而是坦然地接受"当下实相"，就会发现将出现一种不再有任何斗争的状态。这种状态便是创造力，而它并非是努力、斗争的结果——尽管我们许多人都认为，努力、奋斗是不可避免的，认为我们必须付出努力、必须艰辛奋斗才会拥有生机和创造力。只有当我们富有活力、创造力的时候，方能迎来充实、富足的幸福感。但是，创造力不会通过任何形式的努力，努力去逃避"当下实相"而获得。可一旦你认识了"当下实相"，认识到了你的空虚、心灵的贫乏，一旦你带着这种不充实去生活，并且充分地理解了它，就将迎来那富有创造力的实相与智慧，而这种实相和智慧本身便是幸福的源头。

所以，正如我们所知道的那样，行动实际上是一种反应，是一种永不停止地想要"变成"的反应，而这是对"当下实相"的否认和躲避。然而当你觉知到了自身的空虚，不做任何选择、不去谴责或辩解，那么，在这种对"当下实相"的认知中便会有所行动，而这种行动则是一种创造性的存在。假如你在行动中意识到了自我，你就会理解这一点的。当你展开行动的时候，你应当去观察你自己，不单单是外在地观察，而且还要观察一下你的思想和情感的运动。一旦你意识到了这种运动，就会发觉，思想过程——这也是感受和行动的过程——是建立在想要变成怎样的念头之上的。只有当你怀有不安全感的时候，才会滋生出这种想要变成怎样的念头，而这种不安全感是在一个人觉知到了内心的空虚时出现的。因此，倘若你认识到了思想与情感的这一过程，就会发现，你不断地在展开着斗争，不断地努力去改变、修正"当下实相"，这就是想要变成怎样的努力。想要变得如何如何，是对"当下实相"的一种直接的躲避。通过认识自我，通过不断的觉知，你会发现，这种想要变成怎样的努力、斗争和冲突，将我们带上了一条通往痛苦、悲伤和无知的歧途。只有当你觉知到了内在的不足，但却并不逃避，而是与其共存，去全盘接受它，你才会发现一种非凡的宁静。这种宁静，不是被构想出来的，而是一种在你实现了对"当下实相"的认知后出现的宁静。唯有在这种宁静的状态中，你才会成为一个富有创造力和生机的个体。

问：您指出，记忆便是不完整的经历。我记得您之前的演说，并且印象清晰。所谓不完整的经历，究竟是指什么意思呢？请您详细解释一下这个观念。

克：我们所说的记忆是指什么呢？你去到学校，然后脑子里塞满了事实和技术知识。如果你是名工程师，你会运用技术知识方面的记忆去修建一座桥梁，这是事实性的记忆。此外还有心理上的记忆，你曾对我说了些什么，悦耳的或是不中听的，我把这个记在了心里，当我下次遇到你的时候，我就会带着这个记忆同你相遇，这个你说过什么或者没有说过什么的记忆。所以，记忆有两个层面，一个是心理层面的，一个是事实层面的，它们始终是相互关联的，因此不可以被切分开来。我们知道，事实性的记忆作为谋生手段是不可或缺的，但心理上的记忆也是必不可少的吗？是什么因素让你保留下了心理层面的记忆呢？是什么使得一个人在心理上记住了侮辱或赞美呢？为什么他要保留某些记忆而排拒其他的记忆呢？显然，他会保留下那些愉悦的记忆，躲避那些不快的记忆。如果你去观察一下，会发现，痛苦的记忆要比那些开心的记忆更快地被抛之脑后。

头脑便是记忆，不管从哪种层面上来说，随便你怎么称呼都好；头脑是过去的产物，它以过去作为基础，而过去即记忆，是一种受限的状态。我们带着这种记忆去迎接生活，去迎接某个新的挑战，挑战是常新的，我们的反应却总是旧的，因为它是过去的结果。所以，不带记忆的经历是一种状态，带着记忆的经历则是另一种状态。也就是说，存在着某个挑战，挑战总是新的。我带着反应、带着旧的限定去迎接挑战。那么会发生什么呢？我吸收了新的，我并不认识这新的事物，新的经历受到过去的限定，结果我便只是部分地理解了新事物，从不曾完整地认识它。只有当我充分地认识了某个事物，才不会留下记忆的印痕。

当某个挑战出现的时候——挑战总是新的——你用旧的反应去迎接它。旧的反应限定了新的挑战，结果也就扭曲了它，让它有了偏差，因此也就没有完整地认识新事物。于是新的事物被吸收进了旧的反应中，从而让旧事物得以强化。这或许看上去有些抽象，但如果你稍微仔细地探究一下，就会发现理解这个并不困难。当今世界的局势，要求我们用新的方法、方式去应对世界的问题。问题总是新的，我们之所以无法用新的姿态、新的方式去解决，是因为我们是带着自己受限的心灵，带着那些国家的、地方的、家庭的、宗教的成见去应对问题的。意思便是说，我们先前的经验犹如绊脚石，妨碍了我们去认识新的挑战，于是我们继续培养和强化着记忆，结果也就从不曾认识新事物，从不曾充分地、彻底地去迎接挑战。只有当一个人能够以全新的姿态、抛掉所有的过去去迎接挑战，唯有这时，才能够有所收获。

这位提问者说道："我记得您之前的演说，并且印象清晰。所谓不完整的经历，究竟是指什么意思呢？"显然，如果它仅仅是某个印象、某个记忆，它便是不完整的经历。倘若你理解了我所说的，洞悉到了这其中的真理，那么这真理就不是记忆。真理之所以并非记忆，是因为真理是常新的，不断地改变着自身。你对之前的演说怀有记忆，为什么？因为你把先前的演说当作了一个向导，你并未充分地理解它，你希望去探究它，它有意或无意地被保留了下来。可如果你彻底理解了某个事物，也就是说，充分洞悉了某个事物的实相，那么你就会发现，根本不会再有任何的记忆了。我们的教育便是去培养记忆、强化记忆，你的礼拜和仪式，你的阅读和知识，全部都是在对记忆进行着强化。我们所说的记忆，意指为何呢？我们为什么要执着于记忆呢？我不知道你是否留意过，随着年华老去，你会回首过去，回想过去的快乐、痛苦和欢愉。如果一个人还很年轻，那么他会翘首未来。我们为何会这么做呢？为什么记忆会变得如此重要呢？简单的、显见的原因便是，我们不知道怎样充分地、完全地活在当下。我们把现在当成了一种通向未来的手段，所以现在也就没有了任何意义，我们无法活在当下，因为我们把当下视为了通向未来之路。由于我打算变得如何如何，打算出人头地，因此我永远未能充分地认识自己。

认识自己、认识我现在的真实面目，并不需要培养记忆，相反，记忆会妨碍对自我本来面目的认知。我不知道你是否留意过，只有当心灵没有被困在记忆之网里，才会出现新的想法、新的感受。只要两个想法、两个记忆之间有了间隔，只要这一间隔能够被保持下来，那么，这种间隔就会带来一种新的存在状态，这一状态不再是记忆。我们怀有记忆，我们培养记忆，将其当作一种持续的手段。也就是说，只要存在着对记忆的培养，那么"我"和"我的"就会变得格外的重要起来。由于我们大多数人都是由"我"、"我的"构成的，于是记忆便在我们的生活中有着举足轻重的地位。假若你没有任何记忆，那么你的财产、你的家庭、你的观念就不会那么重要了。因此，为了强化"我"和"我的"，你便去培养记忆。但倘若你观察一下，就会发现，两个想法、两个感受之间存在着间隔。在这种间隔里——它不是记忆的产物——会迎来非凡的自由，会摆脱掉"我"和"我的"，这种间隔即永恒。

让我们从不同的视角来察看一下这个问题吧。显然，记忆便是时间，对吗？也就是说，记忆制造出了昨天、今天和明天，昨天的记忆，限定了今天，继而塑造了明天。意思便是，过去，通过现在创造了未来。有一个时间的过程在进行着，这便是想要变成什么的意愿。记忆就是时间，我们希望经由时间获得某个结果，今天我是名小职员，假以时日，加上机会，我将会变成经理或工厂主，因此我必须得有时间。怀着同样的心态，我们说道："我将会达至实相，我将会达至神。"于是我必须得有时间去实现这些，这意味着，我必须通过实践、通过训练去培养记忆、强化记忆，以便能够有所得，能够出人头地，这代表着时间中的持续。所以，我们希望通过时间可以达至永恒。你能做到这个吗？你能够在时间之网里，能够通过记忆即时间来达至永恒吗？只有当记忆即"我"和"我的"停止时，才能迎来永恒。如果你洞悉了这其中的真理——即通过时间是无法认识或达至永恒的——那么我们就能够去探究记忆的问题了。记住一些技术性的事物是必需的，然而，心理层面的记忆——这种记忆使自我、"我"和"我的"得以维系，并且提供了认同以及自我的持续——完全有害于生活和实相。当一个人领悟了这里面的真理，谬误就会消散开去，于是也就不会再有心理上对昨天经历的记忆了。

先生们，你欣赏一场醉人的日落，凝视原野中一株美丽的树木，当你初次看到这番景象的时候，你会彻底地、完全地去欣赏它，沉醉于其中。但你会怀着再次欣赏的渴望重返该处，当你带着再次欣赏的渴望重返时，会发生什么呢？你不会再感到享受，因为是对昨天日落的记忆让你重返的，推动着你去欣赏、享受的。在昨天，没有任何记忆，只有自发的欣赏、直接的反应，可到了今天，你希望再次体验昨日的经历。也就是说，记忆干预到了你跟日落之间，结果你便无法获得任何享受，不会再感受到美的充实。昨天，你的朋友对你说了些什么，侮辱了你或是赞美了你，你保留了该记忆，你带着这个记忆在今天跟这位朋友相遇。你并没有真正在跟你的朋友相遇——你携带着昨天的记忆，这记忆会进行干预，所以我们继续用记忆包围着自己以及我们的行动，于是也就不会再有任何崭新的事物。这便是为什么记忆让生活变得疲倦、呆滞和空虚。我们之所以活在对彼此的敌意中，是因为"我"和"我的"经由记忆得到了强化。记忆通过行动进入到了当下的生活里，我们通过当下赋予记忆以生命。可是当我们不去激活记忆的时候，它就会淡去。因此，对事实的记忆、对技术性问题的记忆，显然是必需的，然而心理层面的记忆却会有害于我们去认识生活以及彼此的交流。

问：您说，当意识静止时，潜意识便会显现出来。潜意识是更为高等的存在吗？为了消除掉自我，难道没有必要把潜意识迷宫里的所有暗藏之物都倾泻而出吗？一个人怎样才能着手这个呢？

克：我想知道，我们当中有多少人意识到了潜意识的存在以及我们的意识中有许多不同的层面呢？我认为，我们大部分人仅仅是觉知到了日常的行为以及那喋喋不休的表层的意识，我们并没有觉知到那些暗藏的层面的深意。偶尔，通过一个梦、通过某个暗示，一个人会意识到还有其他状态存在。我们大多数人都太过忙碌，忙着生计，忙着娱乐消遣，忙着满足各种贪欲，忙着填满心灵的空虚，以至于，除了表面的东西，再也无法觉知到其他。大部分人都把生命浪费在争夺政治的或个人的权力，争夺地位或成就上了。

现在，这位提问者询问道："潜意识是更为高等的存在吗？"这是第一个问题。有远离思想过程的更加高等的实体吗？很明显，只要有思想过程，虽然它可能把自己划分成了低等和高等，就不会有任何更为高等的实体，除了短暂，不会有永恒的实体。所以，我们必须要格外仔细地探究这个问题，认识意识的全部涵义。我曾经指出，当你有了某个难题，你冥思苦想，直到想破了头也没能得出答案，经常发生的情形是，等你睡了一觉，第二天早上醒来时，突然会灵光一闪，有了解答。当意识静止的时候，那些暗藏的潜意识的层面便会对问题开始进行思考，待你睡醒，你会找到答案。很明显，这意味着，那些暗藏的意识的层面在你入眠的时候并未沉睡，而是始终在运作着。尽管意识可能入睡了，但潜意识却在不同的层面跟问题展开着搏斗，于是自然地在意识里显现了出来。因此便有了这样一个问题：潜意识是否是更加高等的存在呢？显然不是。你所说的"更加高等的存在"是何意思呢？你难道不是指某种精神实体、某种超越了时间的实体吗？你的脑子里满是想法，但凡你可以去思考的东西，显然不是精神实体——它是思想的一部分，所以便是思想的产物，仍然处在思想之域里。随便你怎么称呼它都好，它依然是思想的产物，因此也就是时间的产物，所以并非是精神实体。

接下来的问题是："为了消除掉自我，难道没有必要把潜意识迷宫里的所有暗藏之物都倾泻而出吗？一个人怎样才能着手这个呢？"正如我所说的那样，意识有不同的层面。首先，有一个表层，表层之下是记忆，因为，没有记忆就不会有行动。这之下则是想要变成怎样的欲望，想要成就自我的欲望。如果你继续往深处挖掘，会发现一个彻底否定的、不确定的、空虚的状态。所有这一切加起来便是意识。只要你渴望变得如何如何，渴望有所得，渴望功成名就，就一定会强化意识中诸多"我"、"我的"的层面。只有当一个人认识了变成的过程，才能清空这许多"我的"的层面。也就是说，只要怀有想要变得如何、想要有所得的渴望，那么记忆就会被强化，由这记忆会产生行动，而这行动只会进一步局限心灵。我希望你们对所有这一切都怀有兴趣，若非如此，也没关系，但我将继续下去，因为你们有些人可能意识到了这个问题。

先生，生活并非只有意识这一个层面，生活并非只有一枝一叶，生活是一个完整的、全部的过程。我们必须理解这整个的过程，尔后才能领悟生活之美——领悟它的伟大、它的痛苦、它的悲伤、它的欢愉。要想清空潜意识，也就是要想认识意识的全部存在状态，我们就得懂得它是由什么构成的，就得觉知到各种形式的限定，这些限定便是有关种族、家庭、团体等等的记忆以及许多不完整的经历。一个人可以对这些记忆进行分析，对其抽丝剥茧，充分地加以探究，并且将其消除掉。但若想做到这些，他就需要无穷多的时间、耐心和细心。很明显，一定有不同的方法来解决这个问题。任何彻底思考过这个问题的人，都会熟悉以下的过程：举出某个反应，对它进行分析，追随它，将其解决掉，并且对每一个反应都用此步骤。如果一个人没有对反应展开彻底分析，或是在分析过程中漏掉了些什么，那么他就会重新来过，在这个无结果的过程里花上好几天的功夫。必须要以不同的方法来消除整个记忆的状态，如此一来，心灵每时每刻才能够是全新的。怎样才可以做到这个呢？你明白了这个问题没有？它是这样子的：我们习惯于带着旧的记忆、旧的传统、旧的习性去迎接生活，我们带着昨天去迎接今天。那么，一个人能否在不去想到昨天的情况下迎接今天、迎接当下呢？显然，这是一个崭新的问题，不是吗？

我们知道，旧的方法是一步一步进行的，分析每个反应，通过实践、训练等等方法来消除掉它，我们懂得，这样的方法需要花费时间。显然，当你把时间作为一种消除的手段，那么你就只会让局限得到进一步的强化。假若我把时间作为一种解放自我的手段，那么在这一过程中，我将会受到限定。所以，我该怎么做呢？由于这是一个崭新的问题，因此我必须得用崭新的方法来着手。也就是说，一个人能够立刻、马上获得自由吗？在没有时间的元素即没有记忆的情况下，能够实现新生吗？在我看来，新生、转变就在当下，而不是在明天，只有当你彻底摆脱了昨天的束缚，方能迎来转变。那么，一个人如何才可以走出昨天呢？当我提出这个问题的时候,你的脑子里会想些什么?——所有真正在紧随我的问题的人,会想些什么呢?当你领悟到你的心灵必须是崭新的,你的昨天必须远离,那么你的心灵会发生什么呢?一旦你洞悉了这其中的真理,你的心灵将会处于何种状态呢?先生,你明白这个问题了吗?也就是说,如果你想要了解某幅现代绘画,那么你显然就得用你所受的古典绘画的训练去认识它。若你把它当作一个事实来认识,你的古典训练会发生什么呢?只要你怀有认识现代绘画的意图,那么你的古典训练便将不在——挑战是新的,你意识到你无法通过昨天的屏幕去认识它。一旦你懂得了其中的真理,昨天便会走远,昨天便会彻底地被清除掉。你必须认识以下真理,即昨天无法去解释今朝。唯有真理才能让一切彻底转变,而领悟有关"当下实相"的真理,必须得投入巨大的注意力。只要有分心,就无法做到全神贯注。

那么,我们所说的分心是指什么意思呢?你对好几样事物都抱有兴趣,这时候你从中挑选出某个兴趣,然后把全部注意力都放到它的上面,此时你便会分心,因为,尔后,任何兴趣若让你的思想从那一主要兴趣移开,都会被你视为分心。你能够挑选出某个兴趣,然后全神贯注在它之上吗?你为什么要把这个兴趣挑选出来而忽略掉其他的呢?你之所以选出某个兴趣,是因为它更加有利可图,所以你的选择是基于利益,基于想要有所得的渴望。在你渴望有所得的那一刻,你就必定会把所有让你的思绪从那一主要兴趣移开的东西当作分心而加以抵抗。除了你的生理欲望之外,你还会有某个主要兴趣吗?我真的怀疑你是否抱有某个主要兴趣。

所以,你并不是分心的——你只不过活在一种没有兴趣的状态。一个渴望认识真理的人,应该把他的全部注意力都放在真理身上。只有当你不做任何选择,从而不去抱有分心的想法,才能实现全神贯注。并没有所谓的分心,因为生活是一种运动,一个人必须把生活当作一个完整的运动去认识,而不是将其划分成关注和分心。因此,他必须察看一切,以便洞悉关于它的真相和谬误。一旦你懂得了其中的真理,就能让意识从昨天的制约下解放出来。你可以凭借自己的力量去检验这一点。若想领悟国家主义的真相，不被困在或赞成或反对的争论之中，那么你就得去对国家主义加以探究，就得对关于这个问题的所有主张都抱持开放的态度。只要你觉知到了国家主义的问题，同时不进行任何谴责或辩护，只要你懂得了如下真理，即国家主义是荒谬的，那么你就会发现，你将摆脱这整个的问题，获得彻底的自由。所以，唯有感知、领悟真理，方能获得自由。要想认识、洞悉真理，就必须全神贯注，这意味着你得把自己的全部身心都放在洞悉和理解上。

问：尽管您一再否定上师的必需性，但您自己难道不就是一位上师吗？这有何差别呢？

克：先生，你所谓的上师意指为何？你为什么需要上师？无论你是否把我视为上师，我都不会让自己成为你的上师的，这便是为什么说追随者是一种诅咒的缘故了。追随者是破坏者，追随者是剥削者。（笑声）请不要一笑了之，认真思考一下这个问题吧，探究出这里面的前因后果。让我们对这个问题一探究竟好了。你所说的上师是指什么意思呢？你通常所指的，是一个可以带领你达至实相的人，对吗？你的上师，不是一个你可以向其寻求指导以获得某个职位的人，你不会把教你弹钢琴的教授唤作上师。很明显，你所说的上师，是指一个能够带领你达至真理的人，他会向你提供行为的模式，他会给你一把钥匙或是开启一扇大门，他会给予你营养、支持和鼓励——也就是说，上师，便是一个能够让你获得深深满足的人。你已经知道表面的满足，你渴望获得更为深层的满足，于是你便求助于某个能够给予你帮助的人。你之所以会寻求上师，是因为你自己是困惑的、混乱的，你渴望获得指引，你希望被告知该如何行动以及该做些什么。因此，上师的涵义，包含了所有这些事情。但是，我们所说的上师，主要是指一个可以帮助我们去解决生活难题的人——不是技术方面的问题，而是更加隐蔽、微妙的心理层面的问题。

那么，真理是静止不动的吗？真理是固定不变的吗？真理究竟是固定的、静止的呢，还是一种动态的、鲜活的事物，于是不会有栖息之所呢？真理处于永恒的运动之中，但倘若你声称真理在某个固定的地方，那么你就不得不去找到一位可以指引你达至真理的上师，上师将变成必不可少的事物，犹如指明灯一般。这意味着，你和上师都必须知道真理就在那儿，在某个固定的地方，尔后你可以去问路，尔后你可以朝着那个固定点进发。为了达至真理，你需要一位上师，他将指引你、带领你达至那个固定的事物。

但真理是固定不变的、静止不动的事物吗？假若它是不变的，那么它是真理吗？此外，如果你渴望获得真理，你去到一位上师那里，那么你必须知道何谓真理，不是吗？当你去到上师那里，你不会说："我想要探明实相。"相反，你会说："请帮助我达至真理。"因此，你已经对何谓真理怀有某个概念了，你已经懂得它的涵义、它的美、它的可爱、它的芬芳。你是否知道什么是真理呢？一个困惑的人，如何能够知道澄明呢？他只可能知道困惑，或者把澄明理解为实相的对立面。真理是实相的对立面、混乱的对立面吗？如果你对真理展开一番思索，会发现，这显然是思想的产物，所以并不是真实的。若上师能够告诉你何谓真理，那么他依然处于思想的领域之内，于是他告诉你的并非真实。因此，当你去到上师那里，你显然是为了获得满意而去的，对吗？——虽然你可能并不喜欢这个词。你尝试过好多事情了——你试过毒品、女人、金钱，这些东西统统不能让你感到满足，它们没有带给你一种有保证的愉悦、有保证的永久。于是你说道："我将要去寻找神。"也就是说，你认为实相可以带给你最终的安宁，最终的满足与安全。你希望真理能够实现这一切，但它或许是最危险、最具破坏性的事物，它可能会摧毁你先前抱持的全部价值理念。你实际上寻求的是安全、满足，可你却将这个美其名曰为寻求神、寻求真理——你称这个是寻求神，从而把真相给掩盖起来。你尝试了各种形式的满足，当你年岁渐长，你感到幻灭，你愤世嫉俗、挫败不已，于是你便希望在神那里寻到圆满或满足。所以，你去到能够带给你这种满足的上师身旁，他越是向你保证这种满足，你就越崇拜他。

换句话说，当你去找上师的时候，你并不是在寻求真理，你寻求的是不同层面的安全、不同意义的永生。

然而真理是永续吗？你并不知道，对不对？可你不敢这么说，因为，承认，不是单纯的口头上的承认，而是真正地承认自己并不知道，是一种十分挫败的体验。但是你显然必须先经历挫败，尔后才能找到真理，你必须处在不确定、彻底挫败、无处逃避的状态，你必须直面空虚，不去通过任何方法逃离，唯有如此，你才能探明何谓真理。然而，推测、思考真理，便是在否定真理，你关于真理所做的推测、思索，全然无效。你的所思所想，是思想的产物，而思想即记忆，记忆不过是一个人跟某个渴望中的结果进行认同。因此，对于一个寻求真理的人来说，上师是完全没有必要的。真理不在远方，真理就在近旁，就在你的思想和感受里，就在你同你的家人、你的邻居、你的财产、你的想法的关系里。在某个抽象的领域里探明真理，不过是思维过程。我们大部分人都把对真理的寻求，当作一种逃避生活的手段，生活对我们来说实在是太难应付了，太多的赋税、太多的痛苦，于是我们便渴望真理，将其作为对生活的逃避。因此我们便去寻求一个上师，让他帮助我们去逃避，他越是帮助我们去躲避，我们就越是依附于他。

这位提问者询问我："您自己难道不就是一位上师吗？"你可以将我视为上师，但我并不是。我也不想成为上师，原因很简单，真理是无路可循的，你无法发现通往真理的道路，因为它无路可循。真理是鲜活的，对于一个鲜活的事物来说，是不会有路径的——只有僵死的事物才会有路可循。真理是无路可循的，要想发现真理，你就得富有冒险精神，做好遭遇危险的准备。你觉得，上师能够帮助你敢于冒险、活在危险之中吗？显然，寻求上师，说明你不敢冒险，说明你只不过是在寻求一条达至实相的路径，将其作为获得安全的手段。所以，如果你愿意的话，你可以视我为上师，但这将是你的不幸，因为没有哪位上师能够带你走向真理，没有哪位领袖能够带你达至实相。实相是永恒的，它就存在于现在，而不是未来，它就在即刻的当下，而不是最后的明天。要想认识当下、认识永恒，心灵就得摆脱时间的制约，思想就得停止。然而你现在所做的每一件事情，都是在培养思想，因此也就限定了心灵，以至于它永远都不是崭新的、鲜活的，没有一刻是静止的、安宁的。只要有思想过程，真理就不会登场——这并不代表你必须处于一种彻底忘却的状态。你无法强行让头脑静止下来，你无法迫使思想停止，你必须认识思想的过程，尔后超越一切思想，唯有这时，真理才会把思想从其自身的过程中解放出来。

因此，真理不是为了那些值得尊敬的人们，也不是为了那些渴望自我拓展、自我实现的人们。真理，不是为了那些寻求安全和永生的人，因为他们所寻求的永恒，不过是短暂的对立面罢了。他们被困在时间的网里，寻求着那个永恒的事物，但他们寻求的永恒，并不是真实的，原因是，他们所寻求的，是他们思想的产物。所以，如果一个人想要探明实相，那么他就必须停止去寻求——这并不意味着他得满足于"当下实相"，相反，一个有意去发现真理的人，应该让其心灵发生翻天覆地的变革。他不可以从属于任何阶级、任何国家、任何团体或意识形态、任何组织化的宗教，因为真理不在庙宇或教堂里，在那些体力或脑力劳动的产品中，是发现不了真理的。只有当体力和脑力的产品被放置一边的时候，真理才会登场。而把体力和脑力产品置之一旁，并不是时间上的事情。当一个人摆脱了时间的束缚，当他不再把时间当作自我拓展的手段，那么真理就会向他走来。

时间，意味着对昨天的记忆，对你的家庭、你的种族、你的个性、你所累积的经验的记忆，而这一切正构成了"我"和"我的"。只要有自我存在，只要有"我"、"我的"存在，无论它存在于哪种层面，是高贵还是卑微，它都依然处于思想的领域之内。只要有思想存在，就会出现对立面，原因是，思想制造出了对立面，只要有对立面，就不可能迎来真理。要想认识"当下实相"，就必须不做任何谴责或辩护，不去责备。由于我们的整个存在结构都是建立在排拒和接受之上的，因此，一个人必须要觉知到这整个的背景。就在我演说的时候去觉知，原因是，不做选择的觉知将会揭示出真理，唯有真理能够让你获得解放，而不是你的上师或你的体系方法，不是那些礼拜和仪式。通过时间、通过训练、通过排拒或认可，你无法找到真理。当心灵彻底静止之时，真理便会到来，而心灵的静止不是被创造出来的，只有当你实现了觉知，心灵才会步入宁静。这种觉知并不困难，它只需要你投以全部的注意力即可。当你仅仅活在头脑的层面，而不是用你的全部身心去生活，那么你就把注意力挡在了门外。

问：相信轮回转世说，难道不能有助于克服对死亡的恐惧吗？

克：现在是七点半——我希望你们没有感到疲累。我是否要继续回答这个问题呢？如果你们仅仅是旁观者，而不是参与者，如果你们仅仅是用耳朵听，而不是去体验，那么你们就会失去许多许多。这就好像带着一面镜子、一个小的铜质水壶来到井旁边，若你不带着自己的全部身心来到这里的话，你就会两手空空而归。然而，一个希望深深畅饮井中甘泉而去到井边的人，会在我的所有话语中发现真理。这真理是鲜活的、崭新的，能够有助于一个人实现新生。

你所说的恐惧和死亡，指的是什么意思呢？我并不是在吹毛求疵。你为什么惧怕死亡？显然，你之所以害怕死亡，是因为你没有实现自身的抱负。你爱着某个人，你可能会失去那人；你正在撰写某本书籍，你可能没来得及写完就撒手人寰了；你正在修建你的房子，你可能还未完工就离世了；你想要干某件事情，但死亡可能突然而至。你害怕的是什么呢？很明显，你害怕突然地离去，害怕没有完成自己的抱负，害怕就此终结。你恐惧的，难道不就是这种结束吗？我们暂时还不会讨论死亡——我们待会儿再来谈这个问题。我们现在先来说说，我们所谓的恐惧意指为何。显然，恐惧是跟某个事物相关的，恐惧，同你的实现自我有关。因此，问题便是，自我实现是否存在？你或许会说，这是在兜圈子，没有直接地回答问题。但这不是，先生，面对生活，你是不可以给出简单的是或否这样的答案的，生活要比这个复杂得多、美丽得多、微妙得多。如果一个人希望得到立即的回答，那么他最好是去吸毒，吸食信仰或是娱乐消遣的毒品，尔后他将不再有任何难题。要想认识生活，一个人就必须去探索、发现；而如果心灵为某个信仰所囿，会将这种探索、发现挡在门外，尔后它将无法去认识这整个的问题。

我们所说的恐惧是指什么意思呢？恐惧是跟某个事物相关的，这个事物便是实现自我的抱负，无论这抱负是大是小。自我实现是否存在呢？我们所说的"自我"，意指为何呢？让我们仔细探究一下，尔后你将发现何谓自我。显然，自我、"我"，是一捆记忆——这捆记忆包括了我所说的永恒、永续。"我"的非肉体的部分，仍然只是记忆，仍然处在思想的领域之内，你无法否认这一点，不是吗？假若你可以思考某个事物，那么该事物一定依然处在思想之域中。思想着手的事物，依旧是它本身的产物，因而也就是属于时间的。很明显，这整个一切就是"我"、自我——无论是高等的还是低等的，所有划分都仍然是在思想领域之内。因此，记忆，无论你喜欢让你的思想定位在哪个层面，都只是记忆罢了。所以，自我便是一捆记忆，再不是其他。并不存在某个精神实体的"我"，或是某个远离"我"之外的精神实体，因为，当你声称"我"之外有某个精神实体的时候，它仍然是思想的产物，所以它还是处在思想的范畴之内，而思想便是记忆。于是，"你"、"我"、自我——无论是高等的还是低等的，无论它可能定位在哪个点上——皆是记忆。

只要存在着记忆，也就是想要变得如何如何、想要成为什么的渴望，就总会有某个要去实现的目标，于是记忆，也就是"我"和"我的"会永续下去。意思便是说，只要有自我实现，那么"我"、"我的"便会持续下去，所以总是会有恐惧。只有当"我"不再持续——"我"即记忆——恐惧才会停止。也就是说，先生，换种方式表述好了，只要我寻求自我实现，这种寻求便意味着害怕不确定，因此我便会恐惧死亡。一旦我不再渴望去实现自我，就不会感到恐惧了。当我认识了实现自我的过程，这种想要实现的欲望便将消失不见。我不能够仅仅宣称我压根儿就不渴望去实现自我——这不过是在重复某个实相，而一再重复的实相便会成为谎言。只要存在着自我的活动，就一定会惧怕死亡，一定会害怕一事无成，害怕走向终结，害怕不再持续。

我们所说的死亡是指什么意思呢？显然，凡是不断被使用的事物，都会走向终结。一部使用频繁的机器会逐渐地磨损、最后报废掉，同样的道理，一具始终处于运用状态的肉体，也会因为疾病、事故、年岁而结束，这是不可避免的——它可能会持续一百年或是十年，但只要它在被使用，就一定会消磨殆尽。我们意识到了这个，并且接受了这个，因为我们看到这一情形在不断地上演。然而有这样一个"我"存在着，它不是肉体，它是我所累积的认知，是我在这辈子干过的那些事，是那些我为之努力的事情，是我积累下来的经验和财富——它不是肉体的"我"，而是心理层面的"我"，它是记忆，我渴望让这记忆持续下去，我不希望它结束。实际上，我们害怕的，并不是死亡，而是这种终结。我们渴望永续，也就是说，你希望你的记忆能够带着它们的丰富、烦乱、丑陋、美丽等等持续下去——你渴望这所有的一切都能永续。因此，只要一个人向你保证了它的永续，你便会赞颂他、敬仰他；如果有人主张你应该理解它，你则会从他身边跑开。在死亡中，一个人害怕的是心理层面的终结，不是吗？你实际上并不知道何谓死亡，你看见尸体被抬走，你看见一个曾经充满活力、生机的事物如今丧失了生命，你不知道死亡之后的是什么。你看到了空虚、赤裸、腐败的事物，你想知道这之后会发生什么——这意味着，你希望有人能向你保证说你的那些记忆会永续下去。

所以，你实际上没有兴趣认识这背后是什么，你并不关心探明未知，你所渴望的是被保证说你的记忆能够持续。你对死亡并无兴趣，你关心的只是作为记忆的你自己的永续。只有当你满怀兴趣的时候，你才能懂得何谓死亡。可惜你对于探明那超越之物的涵义和美并无兴致，你不关心未知，因为你在乎的是已知以及已知的持续。显然，只有当你不去惧怕未知的时候，方能洞悉未知——这表示，只要你执着于、依附于已知，并且渴望已知能够永续下去，那么你就永远无法认识未知。你把自己的生命都交付给了已知，而非未知，认识到这一点很重要，不是吗？你撰写关于死亡的书籍，而不是关于生活的，因为你关心的是永生。

你可曾注意过，凡持续的事物都不会新生呢？一个不断被重复的事物，一个被困在永无止境的因果链条上的事物，显然不会迎来新生。它只是持续着，尽管做着某种改变、修正，但本质上还是一样的。但凡始终一样的事物，都不可能是新的。也就是说，先生们，我希望昨天能够通过今天延续到明天，这种昨天经由今天延续至明天的过程，便是"我"，我希望这个"我"永续下去。这种永续显然不会有新生，因为，凡是持续的事物都懂得对终结的恐惧。所以，一个渴望获得永生的人，将会始终为恐惧所困。新生只会发生在未知里面，只有在未知中才会有创造力，而非在永续中。因此，你必须去探究未知，但若要做到这个，你就不可以执着于已知的延续，因为"我"、"我的"的不断重复，及其争斗、成就、记忆，都陷入时间之域里。自我，也就是被认定为"我"的一系列记忆，渴望永续下去，这种在时间里永恒持续的事物，显然是一种破坏性的因素。只有在未知中才会迎来新生，所以你应该像探究死亡一样去探究生命及其关系、多样性、深度、悲伤和欢愉。已知是记忆以及记忆的延续，已知能够跟未知建立起关系吗？显然不能。要想探究未知，心灵就得变得未知。你十分熟悉"我"和"我的"，熟悉你的同侪、你的记忆、你的宗教团体、你的空虚和欲望——所有这一切构成了你的生活。你对这些东西只是粗浅地、表面地觉知到了，你用已知的心智去迎接、应对未知，你试图在已知和未知之间建立起联系。所以，你同未知并没有直接的关系，于是你便会惧怕死亡。

你对生活有何认识呢？知之甚少。你不知道你跟财富、你跟你的邻居、你的妻子、你的想法之间的关系，你只晓得一些表面的东西，你希望让这些表面之物永续下去。看在老天的份上，这是何等悲惨的人生啊！永续难道不是一件愚蠢的事情吗？只有一个愚蠢的人才会渴望永生——假如一个人领悟到了生命那丰富的感受，他是绝对不会希望永生不灭的。一旦你认识了生活，你就会发现未知，因为生活便是未知。生与死是一体的，那些把生活跟死亡划分开来的人，那些关心着自己的肉体，关心着他们那微不足道的永续的人,十分的愚蠢和无知。这样的人把轮回转世说当作掩盖自身的恐惧,保证他们那愚蠢而卑微的永生的手段。思想显然是持续的,但是很明显,一个寻求真理的人是不会关心思想的,因为思想无法达至真理。认为通过轮回转世,通过"我"的永生便会达至真理,这是一个荒谬的观念,是不真实的。"我"是一系列的记忆,记忆便是时间,单纯的时间的延续,不会带领你走向永恒,因为永恒是超越时间的。只有当未知走入你的心灵,你才不会再去惧怕死亡。生活是未知,正如死亡、真理是未知的一样。先生,生活即未知,但我们却执着于生活的某个微小的表现,我们执着的事物不过是记忆罢了,记忆是一种不完整的思想,因此,我们执着的、依附的东西便是不真实的,毫无意义的。心灵依附于那个被称为记忆的空虚之物,记忆便是头脑、自我,无论你喜欢将它定位在哪个层面上。所以,处在已知之域里的心灵,永远都无法邀请到未知。只有当未知这一完全不确定的状态出现时,恐惧才会停止,伴随着恐惧的停止,便能迎来对实相的感知。

(第六场演说,1948年10月3日)

心智上的专门化意味着死亡

我们一直都在指出,若没有认识自我,就无法一劳永逸地解决人类的任何问题。我们当中很少有人准备去彻底探究某个问题以及将我们自身的思想、情感和行为的运动视为一个统一的整体去看待,我们大部分人都希望立刻获得解答,但却没有认识自身的整个过程。在对这个问题予以思考的过程中,我们必须去研究一下有关进步和专门化的问题。我们相信而且也一直被小心翼翼地灌输了如下观念,即认为存在着进步、发展。现在，让我们对这个问题来一探究竟吧。显然，技术上的进步是存在的——从牛车到喷气式飞机。尔后便会有生长、发展——比如一粒橡树果实长成了一株橡树。最后，我们认为自己也会变得如何如何——我们将会获得某个结果，达至某个目标。因此，这三样东西——技术进步、生长以及变成——都被看作是一种进步。从技术进步的层面来说，要否定进步显然是荒谬的。我们看到粗劣的内燃机最终让位给了涡轮式喷气引擎——从而令速度惊人、时速高达一千五百英里以上的飞机成为可能。否认一粒种子长成一株植物、一朵花、结成果实，这同样是荒谬的。然而我们怀着同样的心态去看待自身的意识，我们认为存在着进步、进化，认为经由时间我们便能达至某个结果。我想要探究这样一个问题，即就人类而言是否存在着进步，是否存在着进化的发展，你我是否能够通过时间获得某个结果——所谓结果，即达至实相。我们谈论着人类的进化、进步，即你最终会变得如何如何——假若此生未能如此，那么来世也会实现。也就是说，经由时间，你将进化得更加伟大、更加美丽、更有价值，诸如此类。

那么，你是否真的能够通过时间的过程而变得更加睿智、更加美丽、更具有德行、更接近真理呢？很明显，生理机能上的进步、发展是存在的，但是否会有心理层面的进化呢，抑或，这不过是当头脑渴望转变自身时，当它落入渴望变得如何的错误想法时产生的幻想呢？为了变得如何如何，你必须在某个方面有专长，不是吗？任何专业化的事物不久都会走向死亡、衰败，原因是，一切的专业化都意味着缺乏适应力。唯有具备高度柔韧性、高度适应力的事物，才可以存活下来。因此，只要我们想着去变成，就一定会走向专业化，而专业化显然意味着一种局限的过程，在它里面，一切适应性、柔韧性皆无可能，于是便会有死亡、衰退和毁灭。你可以发现，凡是专业化、特殊化的动物，不久之后都会毁灭掉自己，这是生物学上的事实。人类是否也有意于专门化呢？若要拥有某个职业，比如成为一名医生、律师、军队的指挥官，或是驾船驶过风暴的大海，那么你就得在某个方面有专攻，但心理上的专业化是否必需呢？意思便是说，认识自我是一种专业化的过程吗？假如是的，那么这种专业化的过程就会毁灭掉人类——这便是在世界上发生的情形。通过专业化实现的技术进步，可谓是相当迅速，从心理层面来讲，人类无法做到很快的适应，这是因为我们用同样的专业化的心态去应对生活。换句话说，技术领域的专业化，让我们有了这样一种成见，即认为我们应该在认识自我上也做到专业化，在了解自身的问题上也要成为专家。所以，我们的心态、我们处理这一问题的方法，便是专业化的，这种专业化意味着想要变得如何如何。为了做到专业化，你就得训练自己、控制自己、限制你的能力，把你的注意力放在某个对象上，诸如此类。所谓专业化，包含了上述所有这一切。

很明显，人是一个复杂的实体，若想认识自我，他就不可以专业化。由于你很复杂、微妙，由许多的元素构成，因此你必须把它们视为一个整体来认识，而不应该专攻某一个方向。所以，要想了解自我的过程，即自知，专业化便是一种破坏，它妨碍了快速的适应力。凡是专业化的事物，不久都会走向衰败和枯萎。因此，若想认识自我，一个人需要拥有高度的柔韧性，当我们在投身于某个事情，在行动、知识方面专业化的时候，就把这种柔韧性给挡在了门外。没有任何路径可循，诸如献身、行动或知识。如果一个人遵循这些道路中的任何一条，成为了其中的专家，那么他就会自取灭亡。也就是说，只要他致力于某条路径、某个方法，他便不可能具有柔韧性，而凡是不够柔韧之物，皆会折断。就像一株不够柔韧的树木，会在风暴中被折断一样，同样，若一个人只适应某个方面，他也会在危急时刻垮掉。认识自我势在必行，因为，单单对自我的认知，便能解决摆在我们面前的无数难题。你无法通过某个路径、方法来实现对自我的认知，路径、方法，意味着专门化，意味着成为一个专家，而你则会在这一过程中走向毁灭。你难道不曾注意过，专家不是完整的人吗？他专攻于某一个方向。要想认识生活的过程，你需要完整的行动，需要始终完整的认知，而不是把注意力集中于某个方向。从进步、发展的层面去思考——即我将会在未来变得如何如何——意味着专业化，因为变成怎样意味着获得某个结果，而为了达至这一结果，你就得去控制、训练。显然，一切控制、训练，都是一种局限化的过程，尽管你或许可以取得某个结果，但在达至这一结果的过程中，你便会走向毁灭，这就是我们所有人身上发生的情形。我们已经无法去快速地适应那始终在变化着的环境了，我们对某个挑战所做的反应，总是有限的，于是也就从未曾认识那一挑战。

因此，当你在心理上从进步的层面、从变成怎样的层面去进行思考，这种变成怎样就意味着取得某个结果，为了达至该结果，你必须控制、训练自己，对于训练来说，专业化是必需的，而这反过来又局限了你的思想，于是你变得不再柔韧，无法快速地去适应，而凡是不能适应的事物，皆会走向灭亡。如果一个人想要认识自我，那么他就得抛掉这种变成怎样的念头，每时每刻去认识自身，不要有时间的残留的影响。很明显，只要你去观察一下，就会发现，一旦记忆不再运作之时，便将迎来觉知，而不是通过记忆的累积。唯有当你对某个人不怀有任何先前的记录，你才能了解他。只要你怀有了先前的记录，你就仅仅是在记住关于那个人的过去的活动和倾向，但你并不是在认识他。要想实现认知，所有变成怎样的念头必须停止，这意味着，应当立刻认识每一个经历，只有当你不去调动过去的限定、背景来解释那一经历或挑战时，你才能马上认识该经历。

认识自我之所以至关重要，原因在于，若不了解那个在观察、思考、感知、探究的人，我便无法认识任何人类的问题。如果我不了解我自己，我就没有思考的根基。认识自我，并不是专业化的结果，不是缘于成为认识自我的专家，这么做将会妨碍我去认识自己。因为，自我便是欲望，它是鲜活的，始终在运动着，不会停歇下来，它不断地在经历着变化。要想认识欲望，你就不可以有某个行为模式，你必须在欲望出现的时候去认识它，每时每刻都要认识它。由于我们的头脑无法快速地跟上欲望的运作，无法马上适应，无法立即感知那一欲望，于是我们便用自己习惯的模式去解释该欲望，该模式成为了对挑战所做的受限的反应。

意思便是说，我们之所以从不曾认识欲望，是因为我们用记忆去解释欲望。要想认识欲望，就不可以从改变欲望或者取得某个结果的层面去进行思考。当每一个欲望出现的时候，去观察它，不要去解释，让欲望的内容传达出自身的涵义。换言之，正如我昨天所阐释的，就像你聆听一首歌曲那样，就像你侧耳倾听树林里的风声那样，请你去聆听一下欲望吧，聆听欲望的全部过程，不要试图去改变它，不要试图去控制或转化它。尔后你会看到，欲望将彰显出自己全部的涵义。唯有当你认识了欲望的内容，方能拥有自由。

简言之，心智上的专门化，意味着死亡。假如你想要认识自己，你就不可以去求助于任何专家、书本，因为你便是你自己的老师和学生。若你求助他人，那么他只会帮助你做到专业化，但倘若你渴望认识自我，这种认知便会每时每刻到来。当你不再去累积昨天，不再累积先前的时刻，当心灵彻底地、充分地认识了自身及其活动，唯有这时，实相才会登场。

问：请您解释一下何谓全神贯注？

克：要想了解全神贯注的涵义，你首先得知道你所谓的分神是指什么意思，因为，如果一个人没有分神，那么他就会是全神贯注的。仅仅去询问并且被告知什么是全神贯注——所谓肯定的、有所指的注意——将会破坏你自己探明何谓全神贯注的能力，这是显而易见的，不是吗？倘或我告诉你什么是全神贯注，你就只是在复制它，对吗？——这可不是真正的全神贯注。遵照某种思想或冥想的模式，抑或让思想集中在某个念头上，并不是全神贯注，但如果你和我去探究一下什么是分神的问题并且理解了它，那么，通过这种逆向式的解决问题的方法，你会发现自己将能做到全神贯注。我希望我阐释清楚了，因为这很重要。任何从正面入手解决问题的方法，都会妨碍我们去认识该问题，但倘若我们以逆向的方式去应对这一问题——逆向思考，是思考的最高形式——我们就将找到能够彻底解决有关何谓全神贯注这一问题的答案了。

那么，你所说的分神是何涵义呢？你的意思是指，你从若干个念头当中挑选出了某一个，你从许多个兴趣当中挑选出了某一个，你努力让自己的思想集中在那一事物上，你将其他任何进入你脑子里的兴趣视为分神，难道不是这样吗？也就是说，我怀有若干个兴趣，我从中挑选出了某个兴趣，尔后努力让我的注意力集中在它上面。然而我的其他的兴趣居于其间，妨碍了我集中思想，我把这个称为分神。因此，如果我能够懂得何谓分神，并且让其停止，那么我自然就能立即做到全神贯注了。我们的困难在于，不做任何选择地认识每一个兴趣，不去挑选出某个兴趣而试图抛弃掉其他的兴趣，将其视为分神。假如头脑能够在每一个兴趣出现时认识它，并因而让自己摆脱每个兴趣，那么，在这种自由的状态里，你就能做到全神贯注了。先生，我们大部分人都是由许多的面具、许多的实体构成的，挑选出其中的一个实体，然后说"我将集中精神在它上面"，这是没有好处的。因为，尔后你将同其他实体发生冲突，那些跟你挑选出来的实体展开争斗的实体，同样是你自己。但倘若你观察所有的实体，对它们进行重估，洞悉它们的真正涵义——只有当你不去谴责、不去辩护、不去进行比较的时候，你才能做到这个——那么，智慧将复苏。只有当你展开探究，当你重新评价每一个实体，方能做到全神贯注，而这便是最高形式的智慧。一个试图把思想集中在某个念头之上的愚蠢之人，将依然是愚蠢的，但如果这个愚笨的人重视自己的所有兴趣，探明它们的真正涵义，那么这种探寻便将开启智慧之门。

所以，你意识到，通过从反面入手去解决该问题，你将探明许多，你将懂得自己周遭的无数问题的涵义。尔后你便不会去抗拒它们，不会把它们扔到一旁，而是在它们出现的时便去加以认识，这意味着你能够迅捷地去探明，探明之后，你将实现全神贯注。要想做到全神贯注，你的头脑就不应该有所分神。面既然你的思想是分神的，那么为什么不去追随每一次分神，然后一探究竟呢？如果你这么做了，便将发现，头脑很快就会变得敏锐起来，充满生机，澄明，富有活力。只有当头脑处于机敏的状态时，你才能做到专心致志，而充分的觉知就存在于这种全神贯注的状态里。

问：您谈到，洞悉某个想法，然后摆脱它的束缚。能否烦您详细解释一下这个呢？

克：洞悉某个想法，是一项相当艰巨的任务，我们当中很少有人愿意这么做，我们喜欢改变想法，将它放进某个不同的框架或模式里头，不想对其展开彻底的思考。我们不应该想着去改变想法，不应该想着去摆脱掉它或是将其置于不同的框框里。我打算以某个想法为例，对其加以分析，让我们一同展开探究吧。

我们大多数人都以为自己很聪明，都以为身上有某个聪明之处。我们聪明吗？不，相反我们十分愚钝，但我们从不承认自己是愚钝的，从不承认自己缺乏感受力。假如我们彻底分析一下这个问题，就不会愚蠢到这般悲惨的地步了。我们并不睿智，没有任何聪慧之处，可却认为自己一半聪明、一半愚钝。我打算对这个想法进行彻底的思考，所以请紧跟我的思路。当你声称"我一半愚蠢、一半聪明"的时候，是哪个部分在主张"我是聪明的"，哪个部分认为"我是愚蠢的"呢？如果聪明的部分声称其他部分是愚蠢的，那么聪明的部分显然认为自己是聪慧的。也就是说，当你声称"我聪明"的时候，你认为自己非常的睿智。智慧是自觉吗？在我说"我是睿智的"那一刻，我显然是愚笨的。（笑声）这可不是聪明的反应——你们可以观察到这一点。当一个人说他很聪明的时候，他显然是个愚笨的家伙。所以，认为自己很聪明的那部分意识，实际上却是愚笨的，一个觉得自己的某部分很聪明的愚钝的心灵，依然是愚钝的。

明白这一点格外重要，因为我们大多数人都认为自己身上有某个聪慧之处。很明显，当一个愚钝的心灵觉得它有聪慧之处时，这个想法依然是愚钝的，不是吗？当一个愚笨之人做礼拜的时候，这个行为同样是愚笨的。如果有一个愚钝的心灵觉得自己的某个部分很聪明，是永恒的，那么这个部分同样是愚钝的。

心智上的专门化意味着死亡　211

因此，我们大部分人都不愿意承认自己是蠢笨的，我们喜欢认为自己身上有某个亮点——神、真理以及其他相关的一切。一个愚笨之人如何能够思考真正智慧之物呢？智慧，并不是自觉，当我对自己说"我很睿智"的时候，我就把自己降低到了愚蠢的水平——这便是我们大部分人所干的事情。因此，你从来不会承认你的全部都是愚笨的——假如你们真正审视一下自己，会发现你实际上正是如此。你们喜欢跟聪慧的事物混在一起，并且自以为睿智。实际上，一个同聪慧的事物混在一起的愚笨之人，把那些睿智的东西也降低到了他自己的水平。当一个心灵觉得自己很聪明的时候，它就是愚钝的，即使它实现了自知，又或者，它很蠢笨，却觉得自己十分聪明——所以它依然是愚钝的。

然而，当心灵意识到自己是愚笨的，接下来的反应会是什么呢？首先，承认自己是愚笨的，这已经是一个重大的实相了，声称我是个撒谎者，这已经是说出实相的开始。所以，一旦我们去思考这一有关愚钝和聪明的想法，便会发现，几乎我们所有人都是蠢笨的，但我们害怕承认这一点。你难道不知道你是多么的愚笨吗？由于我们很愚笨，于是便试图局部地解决我们的各种难题，结果也就依然处于愚钝的状态。可一旦我们承认了这个——不是口头上承认，而是真正意识到自己的愚笨——那么会发生什么呢？当一个愚钝的心灵承认自己是蠢笨的，当它洞悉到这一事实，就不会去逃避了。我们要彻底思考某个想法——看一看当你承认了自己是愚笨的并且直面该事实的时候，会发生什么。在你承认这一事实，即你彻头彻尾是愚笨的那一刻，会发生什么呢？你领悟到，一个思考神的愚笨的心灵，依然是愚笨的——有关神的观念可能是睿智的，但一个愚笨之人会把这一观念降低到他自己的心智水平。只要你能够直面这一事实，即你是愚笨的，那么你就已经开始走向澄明了。试图变得睿智的愚蠢，永远都无法成为睿智，它总是会保持原状。一个试图变得聪慧的愚钝的心灵，总是会保持愚钝的状态，无论它做了些什么。然而，一旦你承认了自己是愚笨的这一事实，就能实现立即的转变。

每个想法也是一样的。以愤怒为例。愤怒可能是某个生理的或者神经的反应，又或者，你之所以会愤怒，是因为你想要隐藏些什么。好好思考一下愤怒，直面它，不去试图为愤怒寻找借口。一旦你直面这一事实，就将开始迎来转变。你不可以去解释一个事实，你会曲解它，然而事实依然是事实。因此，对某个想法展开彻底的思考，便是洞悉"当下实相"，不做任何的歪曲。当我直接地感知到了事实，唯有这时，才能去转变它。只要我躲避、逃离"当下实相"，抑或，只要我试图把"当下实相"变成其他事物，就不可能带来转变，因为，尔后我将无法展开直接的行动。

先生，接下来再以暴力为例。让我们好好思考一下这个观念吧。首先，我不愿意承认我很残暴，因为在社交和道德层面上，我都被告知说暴力是件很坏的事情。于是我便沉思、强迫，我努力想要变成其他的样子，但我从不曾直面自己的真实面目，即从不曾直面我是暴力的这一实相。我把时间花在努力将本来面目转变成其他面目上头。为了有所转变，我必须审视"当下实相"，而只要我怀有某个理想，就不会察看到"当下实相"。如果我察看到了，我就会把理想抛到一边，即抛掉不暴力这一理想，审视自身的暴力，尔后我充分觉知到了我是暴力的，我直接意识到的这一事实，就会带来转变。若你展开检验和探究，就会明白这一点。拒绝洞悉"当下实相"——这便是我们所有人面临的难题。我从不希望去审视"当下实相"，我从不愿意承认我是丑陋的，我总是为自己的丑陋找许多理由。但倘若我能直面自己的丑陋，不做任何解释，不找任何借口，那么我就将迎来转变了。

因此，所谓彻底思考某个想法，便是看一看该想法是怎样在欺骗自己的，怎样去逃避"当下实相"的。只有当你把所有逃避之路都给阻断，尔后去审视这个想法，你才能彻底地、充分地把它想清楚，而这要求你必须格外的诚实。我们大多数人在自己的思想方面都是不诚实的，我们从不希望洞悉任何念头。应该探明想法是怎样在进行着自欺，这是十分重要的，一旦你发现了它的自欺，就能直面"当下实相"了。唯有这时，"当下实相"才会彰显出自身的全部涵义。

问：您为何不创建一个团体或社区，作为您的思想方式的参照，而不是去到许多地方对那些异族民众进行演说，用您的卓越才华和睿智去让他们赞叹不已，让他们相形见绌呢？您是否担心永远无法做到这个呢？

克：先生，才华和睿智应当韬光养晦才对，因为，才华的过多彰显，只会照得人无法睁眼。变得盲目或是显露自己的聪慧，这可不是我的意图所在，这么做愚不可及。然而当一个人十分清楚地洞悉了事物，他就无法帮助着格外清楚地将它们陈述出来。你可能认为这便是才华和睿智。在我看来，我的言论谈不上多么有才华——这是显而易见的，这是事实。此外，你希望我创办一个静修所或是聚居区，为什么呢？你干吗想要我创立静修所呢？你指出，静修所或类似的团体、聚居区，能够扮演起参照物的作用，能够被视为成功的实验。这便是参照物的涵义，对吗？——某个团体，在那里可以实施所有这些事情，这便是你所渴望的。我并不想创办静修所或是某个团体，但你却对此极为渴望。那么，你为何希望有这样一个团体呢？让我来告诉你原因好了。这相当有趣，不是吗？你之所以想要这样的团体，是因为你希望加入其他人之列，建立起一个社团，可是你并不想由自己来创办，你希望让别人去做这个，当这个团体建立起来的时候，你只管加入就够了。换句话说，先生，你害怕靠自己的力量去开办团体，于是你便希望有某个参照物。也就是说，你渴望某个能带给你某种可以实施的权威的事物。换言之，你自己并不自信，所以你便说道："创建一个团体，我会加入的。"

先生，凡你所在之处，你都可以建立起团体，然而只有当你拥有了自信，才能做到这个。困难在于，你并不自信。你为何没有信心呢？我所说的自信，指的是什么意思呢？一个想要取得某个结果的人，一个得到了他所渴望的东西的人，就是自信满满的——商人、律师、警察、指挥官，全都充满了信心，原因何在？一个简单的原因便是，你没有去实验。一旦你对此展开了检验，就会拥有自信。他人无法带给你信心，没有哪本书籍、哪位老师可以让你变得自信。鼓励并不是信心，鼓励不过是表面的、幼稚的、不成熟的。一旦你去展开检验，信心便会登场。当你对国家主义进行检视，对哪怕最微小的事物加以检视，那么，当你检视之时，你就会拥有自信，因为你的心灵将会是迅捷的、柔韧的。尔后，凡你所在之处，都将成为静修之所，你自己就可以创立团体，这一点是显见的，不是吗？你要比任何团体来得重要。如果你加入某个团体，你将由其他人来对你发号施令，你将有法则、规定、管束、纪律，在那个可怕的、令人不快的团体里，你将会成为另一个史密斯先生或劳伦斯先生。只有当你渴望被指引、被告诉说该做什么的时候，才会想要有团体。一个希望获得指引的人，觉知到了自己的内心缺乏信心。只有在你去检验、去尝试的时候，你才会拥有信心，而不是通过谈论自信。先生，参照物便是你自己，所以，无论你身在何方，处于何种思想层面，都应该去检验、去尝试。你便是唯一的参照物，而不是团体。当团体成为了参照物的时候，你便会迷失。

我希望有许多人会联合起来，展开尝试，拥有满满的自信，从而团结起来。但倘若你在一边旁观，询问说："您为什么不建立某个团体让我加入进来呢？"那么这显然是个愚蠢的问题。我并不想建立静修所，原因很简单，你要比静修所重要得多，我真这么觉得。静修所会变成噩梦，先生，静修所里会发生什么呢？老师将变得无比重要，重要的，不是探寻者，而是上师，上师便是全部的权威，你把权威赋予了他，因为，一旦你去支持某个上师，你就将他变成了权威。所以，当你加入这些静修所的时候，你便是在毁灭你自己。（笑声）请不要对这个问题一笑了之。看看那些从静修所里出来的人们吧，他们迟钝、疲惫，他们的血液已经被吸干了，他们像幽灵一般被扔了出来。对某个理念的自我牺牲，并不是探明真理——它只不过是另外一种形式的满足罢了。只要你是在寻求满足，那么你就不是在探寻实相。因此，你才是唯一的参照物，而不是其他人，不是静修所，不是团体。假若你想要建立某个团体作为实验，那么它就不该成为你的参照物，因为，只要它变成了你的参照物、你的权威，你就不再寻求真理了——你沐浴在他人行动的阳光之下。这便是你们所渴望的，你们全都渴望来自他人的光耀，这便是你们为什么要加入静修所、追随上师、创立团体的原因。这些做法不可避免地会失败，因为老师变成了最为重要的事物，而不是你。如果你寻求真理，你就永远不会去参加静修所，永远不会以他人作为参照物。你将以自己为参照，只有当你十分诚实的时候，才能以自身为参照，只有当你展开检验、进行尝试，才能拥有这种诚实。如果一个人进行实验，渴望获得某个结果，那么他显然就不是在做实验。一个做实验的人，并不知道将会发生什么，这才是实验的美妙之处。若你知道实验的结果会是如何，你就不是在进行实验。

所以，拥有老师、建立团体或静修所的困难就在于此：你让它成为了你的参照物，你把它作为了你的庇护所。上师不像追随者那样困惑，你把你的上师变成了你的参考物，你把你的生活拱手交付给了他，被他告诉说该做些什么。没有人可以告诉你该怎么做，假如一个人告诉你该如何是好，他就是个无知之人，就是一个自以为知道其实并不知道的人。不要去寻求参考，不要去寻求庇护，而是应该展开实验，变得自信起来，尔后你将拥有自己的参考物，那便是真理。尔后你将意识到，你就是团体，你就是你自己的静修所。你身处于何方十分的重要，因为，若你去察看一下，会发现，真理就在不远处。

问：现代人在技术发展和组织领域取得了辉煌的成功，然而他在建立起和谐的人类关系这一前景上却是阴霾笼罩。我们怎样才能解决这一悲惨的矛盾呢？我们是否能够设想，世界上的每一个人用慈悲来取得渐进呢？

克：让我们思考一下这个问题，看看它究竟有何涵义吧。这位提问者指出，我们的生活矛盾重重——我们在技术上突飞猛进，然而作为心理的实体，我们却极为落后——于是他询问："精神上如此落后的人，能够承担起这种技术上的进步吗？能够出现某个奇迹，让我发生立即的转变，从而心理实体能跟上技术的进步吗？"我认为，这个问题的涵义如下：

每个人能否通过积累慈悲实现迅速的转变，以便不会再有矛盾呢？也就是说，假如我对这个问题的理解没错的话，让我简单地、直接地表述好了：通过某个奇迹，你能够发生转变吗？神的恩典的增加，能够如此迅速地发挥作用，以至于不再有这种界分和矛盾吗？由于技术进步远远地走在前头，而心理层面上我们则跟得很慢，所以我们必须出现某个奇迹，以便能够跟上技术发展的脚步，否则我们将会走向毁灭。我想知道你们是否明白了所有这一切。让我换种方式来说好了。涡轮喷气式飞机据说时速高达一千五百英里——而且原子弹也已问世，你知道这意味着什么。这样的威力掌握在一个自称是司令、国家英雄的愚蠢之人的手里。心智蠢笨的我，能否跟上所有这一切，以便去加以改变呢？换句话说，问题是这样的：我可以立即转变吗？请务必理解这个。会有奇迹发生吗，如此一来我就能够马上实现转变？我说能够。（笑声）

请不要一笑了之。我的话是相当认真的。我认为，能够立即出现奇迹，但你我必须抱持开放的心态，去接纳该奇迹的发生，而且你还必须成为奇迹的一部分。一个盲人，身处失明的痛苦之中，他渴望被治愈，渴望看见光明。如果你在他的处境，你将会迎来奇迹。在我看来，转变不在将来，而是在当下，新生就在此刻，而不是在明天或是遥远的未来。假若你懂得如何去看待问题，便会有奇迹出现，而这就是我在过去的四五周时间里头一直努力想要指明的。只要你直接地看待事物，奇迹就会发生。先生，若你把绳子误当成了蛇，害怕去察看，那么奇迹便无可能，不是吗？意思便是说，你将总是处于恐惧之中。只有当你去察看的时候，奇迹才会出现。要想察看，你就得怀有渴望，你就得身处痛苦之中，就得希望被治愈。这意味着，你必须十分热切地想要去解决这个问题。然而你并不急切、并不焦虑，你希望有事发生，如此一来你就可以实现转变，可你不会去审视那个问题，对其展开探寻，你不会去探究它、分析它，于是你便依然处于愚钝的状态，技术的进步远远走在前头，你无法跟上它的脚步。

所以，只有当你愿意去接受那个奇迹的时候，才会有奇迹发生。我向你保证，一旦你愿意对奇迹抱持接纳的姿态，一旦你愿意去看待事物的本来面目，奇迹便会到来。不要用各种解释或是为自己辩护来自欺欺人，而是应该去洞悉你的本来面目——尔后你将会看到有极其非凡之物出现。我向你们保证，只要你们不把时间视为转变自我的手段，便能迎来新生，唯有这时，转变才会登场，奇迹并不遥远。然而，哪怕你们身处痛苦之中，却还是如此的懒散，如此不愿意，如此两手空空。先生，雨水落下，润泽大地、树木、花草，但倘若雨水落在一块石头上，那么它还会有任何用处吗？你们就像那块石头，你们的心智愚钝、麻木，你们空虚而冷酷，再多的雨水也无法冲刷掉这些。能够让你们那坚硬的心改变的，是按照事物的本来面目去看待它们，不加以谴责，不为其寻找任何借口，而是承认它们、正视它们——尔后你会看到奇迹发生。当你发现并且承认了你的心灵是坚硬的、冷酷的，承认你的脑子里满是幼稚之物———旦你意识到了这些，就会看到转变的来临。可若想有所发现，有所观察，你就得怀有观察、探明的意图。先生们，看一看你们自己吧——有些人在打哈欠，有些人在心不在焉地抚弄着自己的拇指，有些人在擦着镜片。你们觉得会有奇迹发生在你们身上吗？你们觉得，当你处于安全、确定的状态，当你不愁没钱花的时候，能有奇迹发生吗？当你的手里捧满了钞票，就不可能出现奇迹。你必须放开手，你必须愿意放开手，尔后奇迹才会到来。你必须觉知到自己的本来面目以及你所有的丑陋、欢愉、残忍、粗鲁、快乐和痛苦——简单地、直接地、立即地觉知。一旦你实现了觉知，就会发现，某个你从未曾猜想到的奇迹将会登场，这奇迹便是真理，它能够带来你的转变，能够让你获得解放。

问：您似乎在暗示，一个人注意力集中以及故意让自己思想集中，是在把其他事物排除在外，所以是一种让人变得迟钝的过程。您能否解释一下什么是冥想以及心灵如何才能处于寂静的状态、摆脱一切干扰呢？

克：我不知道"摆脱"是何意思，但这无关紧要。我已经仔细阐明过，专心并非冥想，因为专心不过是一种排他性的选择，因此也就会出现心灵的受限。一个被局限、被缩小的心灵，永远都不可能理解那无限的、不可度量的事物。我已经解释过这一点了，你可以在那些已经出版的书籍里头阅读到这个。我指出，冥想不是祈祷，祈祷是心灵玩的另一个把戏，旨在让自己安静下来。通过不断地重复、念诵那些词语、句子，你能够让心灵变得安静。在这种宁静之中接受到某个回应，但这回应并不是实相的回应，因为这样的祈祷仅仅是一种重复、乞求、祈愿。祈祷里面存在着二元性，一个人在哀求，另一个人在授予。我认为，冥想不是专注，冥想也非祈祷。你们当中那些实践过冥想的人，大多数都属于这两类中的一种。也就是说，你专注于去获得某个结果，抑或你祈祷是为了得到某个你所渴望的东西，一台冰箱或是某种美德。只有当你不去渴望任何事物的时候，才能够探究何谓冥想。假如你从这两种态度去着手，那么你就无法弄明白冥想的真正涵义。我早已阐明了这一切，所以现在不打算再做说明了。

你所说的冥想指的是什么意思呢？你显然是指一个能够快速适应的心灵，如此一来它就可以实现广阔的觉知，如此一来，当每个问题出现之时，就可以立即得到解决，每个挑战就可以获得理解，不会再有昨天的反应，不是吗？先生，一个冥想的心灵，是一个认识了自己的心灵。这意味着，冥想是自我认知的开始，若没有认识你自己，你就无法展开冥想，没有认识自我，你的冥想便是徒劳，没有任何意义。要想展开正确的冥想，你必须首先认识你自己，因此，冥想便是认识自我。认识你自己，就是在意识清醒的时候以及在其所谓沉睡的时候，去察看它的全部内容，包括那些有意识的和无意识的活动。这并不困难，我将会说明一下如何做到这个。但是，请你们现在就展开检验，不要等着回家之后才去着手。在你做试验的时候，你并不知道自己即将发现的是什么。每一次当你解决任何问题时，都会出现新的事物——这便是实相之美，它总是充满了生机与活力，它是常新的。这种鲜活、新颖，无法通过记忆得来。因此，冥想是开启自我认知的大门。所谓自我认知，便是认识心灵的有意识的活动，以及那些暗藏的层面的全部内容。请明白这一点。在我对这个问题一步步展开探究的时候，请跟我一起去思考。我并不是在对你们进行催眠，我并非是从神经学上的价值来使用这些词语。我将会探明什么是冥想，我将通过冥想来发现实相。我们现在就要展开检验去探明，而不是等到明天再来着手。你们可以明天对我提问。请记住这个，先生们。首先，我意识到了这样一个事实，即若没有认识自己，我就无法实现冥想，若没有认识自我，冥想便毫无意义。认识自我没有高低之分——它是思想的整个过程，包括你所熟悉的那些敞开的、坦率的想法，以及所有暗藏在潜意识里的隐蔽的想法。我将要展开冥想，揭示这整个的过程——可以立即做到这一点。真理能够被直接地、立即地感知。

那么，什么是自我呢？很明显，自我便是记忆，不管是哪种层面的，高等的还是低等的，它都依然是记忆，而记忆便是想法。你可以把自我叫做"梵我"，抑或仅仅是对环境的反应，当你将它称为"梵我"的时候，你就把它置于一个很高的层面，但它仍然是思想即记忆的一部分。因此，认识"我自己"的全部过程，便是认识记忆——不仅是前一分钟获得的记忆，而且还包括几个世纪以来的记忆，源自于累积的种族的经历，国家的、地理的、风土气候的影响等等的记忆，所有这一切都是记忆，无论是表面的还是极为深层的。我们将去认识记忆的全部，认识有关记忆的一切详情。

正如我们大多数人能够发现的那样，当我们声称自我便是记忆的时候——不是某个记忆，而是关于所有实体的全部记忆——意思便是说，揭示它的各个层面需要花费时间。一个人若想探究有意识的和无意识的记忆，他就得拥有时间，而运用时间去发现真理、实相，便是在否定、排拒它，我希望你们能够明白这一切。所以，我必须运用正确的手段来达到正确的结果。先生们，意思便是说，假如我花费时间来对意识的和潜意识的所有层面进行分析，我就是把时间当成了一种手段，以达至永恒，于是我便是在用错误的手段来获得正确的结果。显然，我必须运用对的手段来获得对的结果。也就是说，我不应该运用时间。但我已经习惯于把时间当作达至永恒的手段了。训练、冥想、控制、压抑，都意味着需要时间，记忆便是时间。因此，我领悟了一点——那便是，我得用对的手段来找到对的结果。所以，我有了某个问题，我必须在不运用时间的情况下去解决它。分析记忆的全部层面，探究它们的价值，意味着得花费时间。如果我运用了时间，那么我就是在用错误的手段去达至正确的结果，因为我运用时间是为了去发现永恒。只有当我使用正确的方法时，才能发现永恒。所以，我的问题便是：思想，即记忆的结果，也就是记忆本身，怎样才能被立即地消除掉？任何其他的方法，都是在通过时间去解决问题。先生，请审视一下这个问题，请明白其中的涵义。

一个问题摆在了你的面前：自我、"你"，是一捆记忆，必须要被消除掉，因为记忆的持续便是时间，经由时间，你永远无法发现那永恒的、不可度量的、无限的、超越了时间的事物。如何才能做到这个呢？只有当记忆完全停止的时候，方能实现这一点。那么，记忆怎样才会停止呢？请好好想想这个问题。我认为，只要记忆在运作，就不会出现实相——这是一个事实，不是吗？我对这个问题已经做了足够多的阐明了。先生，也就是说，我意识到，心灵是记忆的产物，当这个心灵试图明白怎样才能实现自由的时候，记忆就依然在运作着。当心灵询问说："我怎样才可以摆脱记忆"，这个问题本身就意味着某个源自于记忆的解答。我或许表述得太过简明了。

意识和无意识，是一系列的记忆，当心灵告诉自己说："为了认识实相，我必须摆脱记忆的束缚"，这个想要获得自由的愿望本身便是记忆的一部分，这是一个不争的事实。所以，心灵不再有任何的愿望了——它仅仅面对了这样一个事实，即它本身便是记忆，它不愿改变，不愿变成其他。当心灵发现它自己这方面的任何行动都依然是记忆的运作，因而无法寻到真理，那么心灵会是何种状态呢？它将变得静寂。一旦心灵意识到自身的任何行动都是徒劳，是记忆的全部，因而便是时间的全部，一旦认识到了这一事实，它就会安静下来，不是吗？如果你的心灵理解了我所说的实相,即无论它怎么做,都依然是记忆的一部分,于是它的行动无法摆脱记忆的束缚,那么它便不会有所行动了。当心智领悟到它的这条路走不通的时候,就会停下来了,于是,意识的全部内容,意识和潜意识,都会安静下来。现在,意识没有了任何活动,它已经明白,无论它做什么,都处在一个水平线上,也就是记忆的层面上,所以,懂得了这其中的荒谬,它就会变得安静下来。它没有期待的目标,它不再渴望得到某个结果,它处于彻底宁静的状态,任何方向都没有运动。请洞悉一个被动入睡的心灵同一个安静的心灵之间的区别。

当你的心灵步入宁静之境,在这种状态中,你将发现一种巨大的活力,一种宁静的、警觉的鲜活。所有积极的活动都已停止,心灵处于一种至高的智慧的状态,因为它已经通过无为式的思考即思考的最高形式,解决了记忆的问题。所以,心灵是安宁的、迅捷的,但却是静止的,它不是排他的,不是集中或聚焦在某个问题上,而是实现了广泛的觉知。如此一来会发生什么呢?在这种觉知中,不会有任何的选择,而是仅仅按照事物的本来面目去看待它们——红便是红,蓝便是蓝,没有任何的歪曲。在这种安宁的、不做任何选择的觉知、警觉的状态,你将发现,一切言语、一切思考或推理都已经完全停止了。随之而来的是一种静寂,这种静寂不是被诱导产生的,在这种静寂中,意识不再利用思考来让自己复活、再生,于是也就不再有思考者和思想。此时,既没有体验者,也没有被体验之物,因为体验者与被体验之物都是通过思考过程产生的,而现在思考过程已经完全停止了。有的只是一种体验的状态。在这种体验的状态中,没有任何时间,所有时间,诸如昨天、今天、明天都已彻底停止。如果你能够更加深入地展开探究,就会发现,作为时间的产物的意识,已经彻底转变了自身,现在,它没有了时间,而凡是不受时间制约的事物便是永恒的,不可度量的,它没有开始或结束,没有原因,因而也就没有结果——没有缘起的事物,便是实相。你现在就可以展开体验,但不要通过几个世纪以来的实践、训练或控制。不可错失良机啊!

所以,愿意去认识冥想的心灵,应该着手去认识它自己——在它的各种关系里去认识自己,而不是在孤立隔绝的状态中去认识。作为时间之产物的意识,能够摆脱时间的制约获得自由,不是在未来某个不确定的时候摆脱,而是立即、马上摆脱。只有当你运用正确的方法去解决人类的全部难题——冥想便是正确之法——才能迎来这种自由。积极的解决方法,会囿于某种行为模式。冥想则是一种消极无为的应对之道,因此便是思想的最高形式——即不去思考。一切思考皆属于时间。假如你想要认识某个人类的问题,就必须不去展开任何的思考过程,让头脑从思考过程中解放出来,这便是冥想。若没有认识自我,你就无法实现冥想,只有当你认识了自己——认识自我即冥想的开始——实相才会登场。而唯有实相,方能让心灵、头脑获得自由。

(第七场演说,1948 年 10 月 10 日)

摆脱时间的制约

在周日的会谈期间,我们涉及到了许多的问题,但是在我看来,需要展开讨论、探明涵义的一个最为重要的问题便是时间。我们大多数人的生活都是相当懒散的——就像静止的水面,迟钝、沉闷、丑陋、无趣——我们有些人意识到了这个,于是便一头埋在政治、社会或宗教活动中,以为由此就可以让自己的生活变得充实起来。然而很明显,这样的行为并非充实,因为我们的生活依然空虚;尽管我们可以谈论政治改革,但我们的心灵和头脑却继续处于麻木、愚钝的状态。我们或许能够在社交上极为活跃,抑或献身于宗教事业,但美德的涵义却仍然只是停留在观念上,仍然只是理想。所以,无论我们怎么做,都会发现我们的生活乏味、无趣、没有多少意义,原因是,缺乏觉知的单纯的行动,不会带来充实或自由。因此，假如可以的话，我希望稍微谈一谈什么是时间，因为，在我看来，只有当我们理解了时间的全部过程，方能体验到那永恒之物即实相、真理的丰富、美及意义，毕竟，我们每个人都在用自己的方式寻求着幸福感和充实感。

显然，富有意义的生命，充实的、真正幸福的生命，不会为时间所围，就像爱一样，这样的生命是永恒的。若想认识那永恒的事物，我们就不应该通过时间去着手，而是应当认识时间，我们不应把时间当作达至、认识、领悟永恒的手段。可惜我们大多数人的生活正是如此——把时间花费在了试图去领悟何谓永恒上面。所以，必须要知道我们所说的时间究竟是指什么意思，这是十分重要的，因为我觉得，摆脱时间的制约是可能的。把时间视为一个整体去认识是格外重要的，而不应该局部地、片面地认识它。不过我将尽可能迅速、简明地来说明这个问题，因为我还有许多提问需要回答，而且这是最后一晚的会谈了。所以，如果我讲得十分简单，点到即止，我希望你们不要介意。

认识到我们的生命主要都耗费在了时间上，这是很有趣的——这里的时间，不是从年代顺序意义上来谈的，不是所谓的分钟、小时、月日年，而是指心理记忆层面的时间。我们活在时间的维度上，我们是时间的产物。我们的心智是许多个昨天的结果，所谓当下，仅仅是过去走向未来的通道。我们的意识、我们的活动、我们的存在，全都建立在时间的基础之上。没有时间，我们便无法思考，因为思想是时间结出的果实，思想是无数个昨天的产物。没有记忆，思想就不会存在。记忆就是时间，因为存在着两种时间——年代顺序层面的时间与心理层面的时间。一种时间是由钟表所记录的昨天，一种时间则是记忆里的昨天。你无法抵抗年代顺序层面的时间，这么做将是荒谬可笑的——如此一来你就会错过火车。然而，在年代顺序层面的时间之外，真的还存在着另外一种时间吗？显然有作为昨天的时间，但是否存在着心灵所认为的时间呢？

很明显，时间，心理层面的时间，是意识的产物。没有思想这一根基，时间就不会存在——它只是作为与今天相连的昨天的记忆，它铸造着明天。也就是说，与当下相对应的有关昨天之经历的记忆，正在创造着未来——它仍然是思想的过程，是意识的路径。所以，思想过程带来了心理在时间层面上的进展，可这种时间是真实的吗，就像年代顺序层面的时间那样的真实吗？这种心灵的时间，被当成了认识永恒的手段，那么我们能够对其加以运用吗？因为，正如我所说过的那样，幸福不属于昨天，幸福不是时间的产物，它总是在当下，它是一种永恒的状态。我不知道你是否曾留意过，当你感受到某种拨云见日的极度的狂喜，感受到了某种富有活力的欢愉，在那一刻，时间是不存在的——存在的只有即刻的当下。可是在体验了当下之后，心灵记住并且希望继续这一时刻，它累积了越来越多的事物给自己，因而便创造了时间，所以，时间是由这些"更多"创造出来的。时间是一种获得，时间也是一种拆分，而拆分仍然是一种心灵的获得。因此，单纯地将心灵控制在时间之中，把思想设定在时间的框架即记忆之内，显然是无法揭示出永恒的。

所以，有年代顺序层面的时间，还有心理层面的时间，后者便是心灵本身。我们总是把这两者混淆在了一起，显然，年代顺序的时间被混淆为了心理层面的时间，被混淆为了一个人的智识，被混淆为了我们试图去变成、去达至的年代顺序上的精神状态。因此，这整个想要变得如何如何的过程是属于时间范畴的，一个人显然应该去探寻一下这种变成是否真的存在——这里的变成，是指寻找到实相、神、幸福。你能够把时间当作达至永恒的手段吗？也就是说，通过某个错误的方法，可以获得正确的结果吗？很明显，为了获得正确的结果，必须得运用正确的方法，因为手段和目的是一体的。当我们试图用"变成"的方法寻找到永恒的时候——这意味着训练、控制、抵制、接受、获取和抗拒，所有这一切都牵涉到时间——我们就是在用错误的手段达至正确的结果，于是我们的手段就会产生出错误的结果。只要你用了错误的手段即时间去寻找永恒，那么永恒就将不再，因为时间并非是达至永恒的手段。所以，若想探明永恒，若想认识永恒之物，时间就必须停止——这表示，思想的整个过程必须终止。假如你真正仔细地、广泛地、睿智地探究一下该问题，就会发现，它并不像看上去的那般困难。原因在于，有的时刻心灵处于彻底静寂的状态，这种状态并非创造出来的，而是本身就是静寂的。当然，一个被弄得安静的心灵同一个本身安静的心灵是有区别的。然而，那些安静的时刻不过是一些记忆，记忆变成了时间的元素，妨碍了更加深入地去体验、感受这些时刻。

因此，正如我所指出的那样，为了思想终止，为了迎来永恒，你就必须认识记忆——原因是，没有记忆，思想就不存在，没有记忆，便不会有时间。记忆仅仅是不完整的经历——因为，凡是你充分地、完整地经历过的、体验过的，都不会有任何反应，在这种状态中，没有丝毫记忆。在你经历、体验某件事情的那一刻，不会有任何记忆，没有同被体验之物分离的体验者，没有观察者与所观之物——有的只是一种体验的状态，在这状态里，时间是不存在的。只有当经历变成了一种记忆的时候，才会出现时间。你们大部分人都活在关于昨天的经历的记忆之上，或者是你自己的经历，或者是你的上师的，诸如此类。所以，如果我们认识了记忆的心理功能——它源自于年代顺序层面的行为——那么我们就不会把这二者给弄混了。我们应该审视有关时间的整个问题，不要有丝毫的忧虑，不渴望永生，因为我们大部分人都希望永远持续下去，正是这种持续必须停止。持续不过是时间，持续不会走向永恒。认识时间，便是认识记忆，认识记忆，便是去觉知我们与万事万物的关系——与自然、与人、与财富、与观念的关系。关系揭示了记忆的过程，理解了该过程，便是认识了自我。若没有认识自我的过程，无论这个自我被置于哪个层面上，那么你就无法摆脱记忆的束缚，从而也就无法挣脱时间的羁绊，结果便不可能迎来永恒。

问：梦有意义吗？如果有的话，那么一个人应该如何去阐释梦呢？

克：我们所说的"梦"是指什么意思呢？当我们沉睡的时候，当身体入睡的时候，意识依然在运作着。待我们醒来，我们会记得某些印象、符号、词语的表达或是图像。这就是我们所说的梦，不是吗？——那些回忆清醒时候的印象，那些符号、暗示，关于尚未充分理解的事物的意识的暗示。也就是说，在我们醒着的时候，意识完全忙于谋生，忙于直接的关系，忙于消遣娱乐，等等，因此，意识过着表层的生活。但我们的生活并不仅仅是表层——它始终都在许多不同的层面运作着，这些不同的层面，不断地试图向意识表达出自身的涵义。当意识安静下来的时候，就像在沉睡的时候，那些潜藏的暗示就会以符号的形式传达出来，待我们醒来，这些符号就会作为梦而被记住。尔后，当你做了梦，你便试图去解释它们，或者去到某个心理分析师那里，让他为你释梦，这便是实际发生的情形。你或许不会去找释梦者，因为太花钱了，这么做不会给你带来希望，但你仍然依赖阐释，你希望你的那些梦得到解释，你期待知道它们的涵义，你探寻着它们的意义，你试图对它们进行分析。在这种阐释、分析的过程里，总是会出现希冀、怀疑和不确定。

那么，我们是否需要梦呢？有一些非常表面化的梦，当你晚上吃得太多的时候，你自然会做一些很暴力的梦。有些梦则来自于性压抑或是其他的欲望，当这些欲望被压抑的时候，它们就会在你入睡时显露出来，待你醒来，你把它们作为梦记住了下来。梦有许多的形式，然而我的问题如下：一个人需要做梦吗？如果能够不做梦，那么也就无需去阐释任何东西了。有些心理分析师——不是我从书上读到的，而是我真的认识几个——曾告诉我说，不可能不做梦。但我以为，不做梦是有可能的，你可以依靠自己的力量对此加以检验，从而抛开阐释的恐惧及其焦虑和不确定。正如我所说的那样，你之所以做梦，是因为意识没有觉知到每分每秒实际发生的事情，没有觉知到那不断出现的所有暗示、印象和反应。难道无法做到无为的觉知，从而立即感知和理解一切事物吗？这显然是能够办到的。只有当你无为地觉知了每一个问题，才能马上将其解决，而不用推迟到明天。当你有了某个问题，该问题让你焦虑万分，那么会发生什么呢？你上床睡觉，说道："我把这个难题留到第二天再去解决好了。"次日早上，当你审视这个问题的时候，你发现可以将它解决了，你自由了。实际发生的情形是，一度探寻、焦虑不安的意识，变得安静下来，尔后，一直继续在思考着问题的潜意识显现了出来，给出了暗示，待你醒来的时候，该问题已经迎刃而解了。

所以，以全新的视角去迎接、应对每一个问题，不把它推迟到以后去解决，这是完全能够做到的。只有当你不去谴责、不去辩护的时候，你才可以用新的方式迅速地去面对每个难题，因为，唯有这时，问题才会告诉你它全部的涵义。我们能够以机敏的状态去生活，以无所作为的方式去觉知，如此一来，各个问题才会在出现之时就彰显出自己的全部涵义。你可以凭借自己的力量去对这个进行检验，你不需要去接受他人就此发表的看法。然而，整个的头脑都必须抱持高度的警觉和机敏，这样它才不会有哪个部分是懒散的，于是它就可以通过梦境、通过符号受到刺激和推动了。只有当头脑处于觉知的状态——不是仅仅在一个深度或一个层面去觉知，而是充分地、彻底地察知——才有可能不做梦。

梦也是自我的投射，梦是通过符号、象征对不同经历所做的阐释。很明显，一个人在梦里跟人的谈话，同样也是自我投射——这并不表示，思想不可能同思想相遇，某个被确定的思想不可能跟另一个被确定的思想相遇。这个问题太大了，所以现在还无法展开彻底的探究。但是，一个人能够领悟到，只要我们局部地而不是充分地、整体地看待、处理问题，只要我们对挑战所做的回应是局限性的，就一定会出现这些暗示，它们来自于警觉的意识的一部分，或者是经由梦境，或者是由于猛烈的打击。只要问题未获得充分的理解，你就会做梦，而这些梦需要阐释。阐释永远都不会是完整的，因为它们总是源自于恐惧、焦虑，它们中有一种未知的因素，意识常常会反映出未知的东西。但倘若一个人能够充分、彻底地体验每一个挑战，那么就无需做梦，也无需释梦了。

问：什么是跟自然的正确关系呢？

克：先生，我不知道你是否探明了你与自然的关系。不存在"正确的"关系，有的只是对关系的认知。正确的关系，意味着仅仅去接受某个公式、规则，就像正确的思考所做的一样。正确的思想与正确的思考是两码事，正确的思想，不过是对的、正确的、值得尊敬的事物，但正确的思考则是一种运动，它是认知的产物，而认知不断地经历着变化、改变。同样的，正确的关系，也不同于对我们跟自然的关系的认知。你与自然是何关系呢？——自然便是河流、树木、疾飞的鸟儿、水中的游鱼、地下的矿石、瀑布与浅浅的池塘。你同这些事物是什么关系呢？我们大部分人都没有觉知到这一关系，我们从不曾去凝视一棵树，或者，假如我们这么做了，也是抱着利用那棵树的目的，要么是坐在它的树荫下纳凉，要么是把它当作木材来砍伐。换言之，我们带着功利的目的去看树木，我们从来没有在不去投射自己，不去利用树木以方便自己的情况下去凝视、欣赏树木。我们以同样的方式去对待土地以及土地上的一切，我们对土地没有爱，有的只是对它的利用。如果一个人真的热爱土地，那么他在使用土地上的资源时就会格外的节省。也就是说，先生，假若我们想要认识自己同地球的关系，那么我们就应当非常小心地去使用地球上的一切。

认识一个人同自然的关系，跟认识一个人与其邻居、妻子、孩子的关系一样的困难。但我们不曾去思索过这个问题，我们从来没有坐下来仰望夜空中的繁星、月亮或是田野里矗立的树木，我们太过忙于那些社会的或政治的活动。很明显，这些活动是对自我的逃避，崇敬自然，也是在逃避我们自己。我们总是在利用自然，要么是把它当成一种逃避，要么是为了实用主义的目的——我们从不曾真正停下来，热爱这个地球或是它之上的万事万物。我们从不曾欣赏那肥沃、丰饶的田野，虽然我们会利用它们来为自己提供食物和衣服。我们从不喜欢用自己的双手去耕种土地——我们认为体力劳动是羞耻的。当你用自己的双手去耕种土地的时候，将会有非凡的事情发生。但这工作只由那些低贱的阶级来做，我们这些所谓高贵的阶级，显然要重要许多，所以怎么会用我们的手去干这些粗活呢！结果我们便失去了同自然的关联。

一旦我们认识了这种关系，认识了它的真正涵义，就不会把财产划分成你的和我的，虽然一个人可能拥有一大片土地，在上面盖房子，但不会再有排他意义上的"我的"和"你的"——房子更多的涵义是遮风挡雨的处所，而不是个人的财产。由于我们并不热爱土地以及土地上的一切，而是仅仅在利用它们，所以我们变得丧失了感受力，无法领略一条瀑布的美丽，我们已经失去了同生活的接触和联系，我们从不曾背靠着一棵大树的树干坐着。由于我们不爱自然，所以也就不知道如何去爱人类和动物。沿着街道行走，观察一下那些小公牛是怎样被对待的吧，它们的尾巴都已没了形。你摇了摇头，叹道："真惨啊！"可我们已经丧失了温柔、慈爱和同情心，对美的事物已无任何反应。只有当这种感受力复苏的时候，我们才能懂得什么是正确的关系。这种感受力，并不来自于仅仅挂几幅画，或是在纸上画一棵树，或是在头发里插上几朵花儿，只有当我们将这种实用主义的态度抛置一旁，才能重获感受力。这并不意味着你不可以去使用土地，而是说，你应该在需要使用的时候才去使用它。土地应该得到人类的爱护、照顾，而不是被划分成"你的"和"我的"。在一个围地里种上一棵树，然后宣称它是"我的"，这么做很愚蠢。只有当一个人摆脱了那种排他性、那种独占的欲望，才能够拥有感受力，不仅是对大自然的感受力，还包括对人类以及那永无止境的生活的挑战的感受力。

问：当谈到正确的谋生之道时，您指出，军人、律师、公务员这些职业，显然并非正确的谋生之道。您难道不是在提倡从社会退隐吗？这难道不是在逃避社会冲突以及支持我们周围的不公与剥削吗？

克：要想改变某个事物或是认识某个事物，你必须首先探究它的本来面目，唯有这时，才能迎来新生和转变。仅仅去改变"当下实相"，却没有认识它，将只是浪费时间，是一种倒退。缺乏认知的变革，之所以是一种倒退，是因为我们没有直面"当下实相"。但如果我们开始着手去认识"当下实相"，就能知道如何行动了。若没有先去观察、讨论和理解"当下实相"，你便无法展开行动。我们应该审视社会的本来面目，及其弱点、缺点，要想探究社会，我们就得直接洞悉我们与社会的关系，而不是通过某种智识上的或是理论上的解释。

就当今的社会而言，并不存在在正确的谋生之道和错误的谋生之道之间做选择的问题。你会干自己能够取得的任何工作，如果你足够幸运可以获得一份工作的话。因此，对于一个迫切想要马上得到一份工作的人来说，不存在选择的问题，有活儿他就会干，因为他得填饱肚子。但是，对你们当中那些并没有为生活如此所迫，并不需要马上解决吃饭问题的人来说，应当有一个选择的问题，而这正是我们所讨论的——在一个以攫取、阶级差别为基础的社会里，在一个建立在国家主义、贪婪、暴力之上的社会里，什么才是正确的谋生之道？考虑到这些事情，还会存在正确的谋生之道吗？显然没有。有一些明显错误的职业、错误的谋生之道，比如当军人、律师、警察和政府公务人员。

军队的存在，不是为了和平，而是为了战争。军队的作用，便是制造战争，将军的职能，便是为战争制订计划，如果他不这么做的话，你们就会把他给扔出去，不是吗？你们会把他给踢出局。将军的作用，就是为以后的战争制订计划、做好准备，一个不为日后的战争做好计划的将军，显然是无用的。所以，军人，并不是一种维护和平的职业，于是也就并非正确的谋生之道。我跟你们一样清楚这里面的涵义。只要有主权政府及其国家主义和疆界存在，就会有军队，既然你们支持主权政府，那么你们一定也会去拥护国家主义与战争。因此，只要你是国家主义者，你就不会选择正确的谋生之道。

警察这一职业也是一样的道理。警察的作用，在于保护和维系事物的现状。不仅是在极权政府的手里，而且在任何政府的手里，它都会变成调查、审讯的工具。警察的职能，便是四处巡视、侦探人们的私人生活。你越是革命，对于政府来说，你就越是危险人物，这便是为什么政府尤其是极权政府，会去对那些想要发动外部或内部变革的人们进行清算的原因了。所以，很显然，警察这一职业并不是正确的谋生之道。

律师也是一样。他靠争辩发达，对他的谋生来说，你和我撩起袖子打架、扯开嗓子争吵，是至关重要的。（笑声）你们对此一笑了之。或许你们当中许多人都是律师，你们的笑，表明仅仅是对某个事实做出了神经上的反应。由于逃避了该事实，你将依然继续做着律师这一行。你可能会说，自己是社会的牺牲品，但你之所以会沦为牺牲品，是因为你对社会的现状全盘接受。所以说，律师并不是正确的谋生之道。只有当你不去接受事物的现状，才能拥有正确的谋生之道，在你不去认可事物现状的那一刻，也就不会接受律师这份工作了。

同样的道理，你无法期待能够在一个由聚敛财富的商人组成的大公司里头，或是一个满是官员和官样文章的官僚主义政府里头寻找到正确的谋生之道。政府感兴趣的，只是维系事物的现状，如果你成为了政府的工程师，那么你将直接或间接地去对战争推波助澜。

所以，很明显，只要你认可、接受了社会的现状，那么任何职业，无论是军人、警察、律师还是政府公务员，都不会是正确的谋生之道。既然洞悉到了这一点，那么一个真诚热切的人该怎么做才好呢？他要逃开，隐居在某个村庄里吗？即使他去到了那里，他也必须生活下去。他或许可以行乞，但那些提供给他的食物，间接来自于律师、警察、士兵和公务员。他无法活在孤立、隔绝的状态，因为这是不可能的事儿，隔绝于世，不过是谎言，无论是心理上还是生理上，皆不可能。那么，他该如何是好呢？如果他热切而真诚，如果他对这整个过程抱持理性、睿智的态度，那么他能做的，便是反抗事物的现状并且向社会奉献出他所能给予的一切。也就是说，先生，你接受来自社会的食物、衣服、住所，所以你也应该对社会有所回报才对。只要你把军人、律师、警察、公务员等工作视为谋生之道，那么你就是在维系事物的现状，你就是在支持纠纷、审讯和战争。但倘若你反抗社会的现状，只接受那些必要之物，你就应该回馈社会。探明你给予了社会什么，要比询问什么是正确的谋生之道更加重要。

那么，你给了社会什么呢？什么是社会呢？社会便是一个人同众人之间的关系，是你同他人之间的关系。你给予了社会什么呢？你是否给过他人什么呢？这里的给，是从词语的真正涵义来说的。抑或，你只是为某个东西付了钱？只要你没有弄明白自己向社会、向他人提供了些什么，那么，无论你从社会获取了什么，都注定是错误的谋生之道。这不是敷衍的、狡猾的回答，所以你必须好好思索一下，好好探究一下你同社会的关系这整个问题。你或许会反问我："为了有衣穿，有地方住，有东西吃，您又给了社会什么呢？"我提供给社会的，便是我今天在这里的演说——这可不单单是任何笨蛋都可以提供的口头上的服务。我把我所认为的真理，回馈给了社会。你或许会反驳道："分明只是一派胡言，哪里是真理。"但我确实是把我所认为的真理，奉献给了社会。我更关心我给了社会什么，而不是社会给了我什么。先生，当你不把社会或你的邻居当作自我扩张的手段，你就会对社会在衣食住行方面提供给你的东西完全满意了。于是你也就不会再贪婪，由于不再贪婪，你跟社会的关系就会变得截然不同了。当你不把社会视为自我扩张的手段，你便会去抵制、反抗社会的现状，因此你的关系就将发生变革。你不再依赖他人来获得自己心理上的需要了——唯有这时，你才能拥有正确的谋生之道。

你或许会说，这个回答太过复杂了，其实不然。生活没有简单的答案，如果一个人寻求简单的答案去应对生活，那么他显然就是个愚钝的家伙。生活没有结论，生活没有确定的模式，生活是鲜活的、变化着的、恒动的。对于生活，不存在任何肯定的、确定的回答，然而我们可以理解它的全部涵义和意义。若想认识生活，我们就得首先意识到我们把生活当成了自我扩张的工具、当成了自我实现的手段。我们创造了一个腐朽的社会，在它形成的那一刻，它便开始走向了衰败。因此，一个组织化的社会，与生俱来就有了衰败的种子。

对我们每个人来说，很重要的一点是去探明自己与社会的关系是怎样的，探明这种关系是否建立在贪婪之上——这意味着自我扩张、自我膨胀、自我实现，这里面蕴含着权力、地位、权威——抑或他是否仅仅是从社会中接受、获取诸如食物、衣服、住所这些生活必需品。假若你的关系是基于需求而非贪婪，那么，无论你身处哪里，即使当社会走向腐朽的时候，你也能找到正确的谋生之道。所以，由于当前的社会正在迅速地崩塌，因此一个人必须得去探明。只有那些同社会的关系是建立在需求之上的人们，才能创造出新的文化，他们将成为社会的核心力量。在这个新的社会里，生活的必需品是公平分配的，而不是被用作自我扩张的手段。只要社会对你而言依然是一种自我扩张的工具，你就一定会渴望获得权力，正是权力，导致了一个崇尚阶级划分的社会，这个社会，把人分成高等的和低等的，富人和穷人，应有尽有的和一无所有的，有文化教养的和大字不识的，每一个阶级都在跟其他的阶级争斗着，一切都是建立在获取而非需求之上。正是获取，带来了权力、地位和名望，只要存在着这个，你同社会的关系就必定是一种错误的谋生之道。当你只为了自己的所需而求助于社会的时候，才会有正确的谋生之道——尔后，你与社会的关系就将变得非常简单了。

简单，不是"更多"，也不是系上缠腰布退隐于世。仅仅让自己局限于很少的外物，并不是简单。心灵的简单是不可或缺的，假如心灵被用来作为自我扩张、自我实现的手段，无论这种自我实现、自我圆满是来自于追寻神、知识，还是来自于追逐金钱、财富或地位，都无法实现心灵的简单。一个寻求神的心灵，并不是简单的心灵，因为它的神不过是它自己的投射罢了。所谓简单之人，是指他洞悉并认识了"当下实相"——他再无更多的要求了。这样的心灵是满足的，它理解了"当下实相"——这并不表示得接受社会的现状及其剥削、阶级划分、战争等等。然而，一个洞悉、认识了"当下实相"并因而有所行动的人——这样的人，只会有很少的需求，他的心灵将会格外的简单和宁静，而只有当心灵处于安宁之境的时候，它才能达至永恒。

问：每一门艺术都有自身的技巧，需要付出一定的努力才能掌握该技巧。一个人怎样才能协调好创造力与技巧的圆熟这二者呢？

克：你无法协调好创造力与技巧的圆熟。你或许可以钢琴弹得很完美，但却并没有创造力。你或许可以把钢琴弹得极为娴熟、技巧高超，但却并非是个音乐家。你或许可以掌握色彩的运用，非常灵巧地把颜料涂抹在画布上，但却并不是一位富有创造力的画家。你或许可以用石头雕刻出一张脸或是某个形象，因为你学会了这方面的技巧，但你却并不是一位伟大的创造者。

居先的是创造力，而不是技巧，这便是为什么我们所有人的生活都如此悲惨的缘故。我们拥有技巧——比如怎样去搭建起一座房子，怎样修建桥梁，怎样组装发动机，怎样通过某个体系去教育我们的孩子——我们学习了所有这些技巧，但我们的心灵却无比的空虚。我们是一流的机器，我们知道如何做到最完美的运作，可我们并不热爱活生生的事物。你或许是一名好的工程师、机械师，你或许是个画家，你或许能用英语、马拉地语或任何其他的语言写一手好字，然而创造力并非源自于技巧。如果你有话要说，你会创造出你自己的文学风格，可是当你无话可说的时候，哪怕你字体漂亮、文体优美，你所写的东西也不过是传统的套路，不过是新瓶装旧酒。所以，假如你以格外批判的眼光去观察一下你自己，就会发现，技巧无法带来创造力，可是当你拥有了创造力的时候，你便能在一周内掌握技巧。要想表达某个事物，必须得有表达的东西，你的心中必须在吟唱着一首歌，你必须拥有感受力，这样才能有所表达，而表达本身则无甚重要。只有当你想要把它传达给他人时，表达才会变得重要，然而当你的写作只是为了自娱，表达就不重要了。

因此，失去了歌曲，我们便去追逐歌者，我们从歌者那里学习歌唱的技巧，但却没有歌曲。我认为，歌曲是至关重要的，歌唱的欢愉是不可或缺的，当满怀欢愉之时，便能无师自通地拥有技巧，你将发明出你自己的技巧，你将无需去学习演讲的艺术或风格。当你有了要表达的东西，你会发现，对美的洞悉本身就是艺术。一旦你有了要表达的东西，你就会美妙无比、技巧圆熟地表达出你的这种洞悉。重要的是你的心中要有歌曲，而不是技巧——虽然技巧是必需的。真正重要的是创造力，它才是真正重要的问题。由于你不具有创造力，你没有生命力，你或许可以生一大堆孩子，但这不过是无意的、偶然的行为，而不是生命力。你或许能够写那些有创造力的思想家们的逸闻轶事，但这并不是创造力。

摆脱时间的制约　235

你或许可以展开观察，你或许可以做一场演出的观众，但却不是演员。由于单纯的学习技巧被过多地强调了，因此你必须探明何谓创造力。

一个人怎样才能富有创造力呢？创造力不是模仿，我们的整个生命都是在模仿，不仅在口头层面，而且还在外部的和心理的层面。我们的生命，只剩下模仿、顺从和管制，再无其他。你觉得，当你按照某个模式、某个技巧去进行思考的时候，会有创造力吗？只有当你走出了模仿的制约，摆脱了管制的束缚，才能拥有创造力。这意味着你得摆脱权威，不仅是外在的权威，而且还有内在的权威，即成为了记忆的经验的权威。假如你心怀恐惧，就无法拥有创造力，因为恐惧会导致模仿、复制，恐惧会让你渴望获得安全、确定，而这反过来又会制造出权威。只要头脑从已知走向已知，创造力就不会登场，只要头脑为技巧所困，只要头脑被知识占据，创造力就不会出现。知识属于过去，属于已知，只要智识从已知转移到已知，创造力便不会来临。只要智识在一系列的变化中运作，就无法拥有创造力，因为变化不过是一种改良的持续。创造力只存在于终结里头，而不是持续里。我们大多数人都不希望终结，我们全都渴望永生，我们的永生，不过是记忆的延续。记忆可以被置于梵我的层面，抑或某个较低的层面，但它依然只是记忆。只要所有这些东西存在，就不可能迎来创造力。要摆脱这些事物并不困难，但一个人需要专注、观察以及怀有认知的意图，我向你保证，尔后，创造力便会登场。

当一个人希望有所创造的时候，他必须问一问自己，弄明白他想创造的是什么。是汽车、战争机器、小配件？单纯的对物的追逐，让心智分神，并且妨碍了慷慨这一高尚的品格，以及对美的本能的反应。这就是我们的智识在做的事情。只要智识在活动着，在构想、编造、批评，就不可能会有创造力。我向你保证，一旦你领悟到以下真理，即，若想迎来创造力，心灵必须得处于空无之境，那么创造力就会以超凡的迅捷之速静悄悄地到来，没有丝毫的强迫。只要你洞悉了这其中的真理，就会立即拥有创造力。你不必去描绘一幅画儿，你不必坐在讲坛上，你不必发明数学定理，因为，创造力无需表现。表现创造力，正是毁灭创造力的开始。这并不意味着你不应该去表现它，但如果表现变得比创造力本身更加重要，那么创造力就会后退。对你来说，表现是如此的重要——画一幅画，把你的名字签在画布的底部！尔后，你想要知道谁会讨论这幅画，谁会买这幅画，关于它会出现多少讨论文章以及它们都会说些什么。当你被授予骑士爵位时，你觉得自己有所成就了！这并不是创造力，而是衰退。

只有当意识及其鼓动、腐化停止时，才能迎来创造力。要意识停止下来并非难事，也并不是你应当担负的最终任务，相反，这是一项可以立即展开的任务。我们当前的生活充满了不幸、混乱以及那正以惊人速度在增长着的痛苦和争斗。所以，意识即思想唯一要做的事情，便是停下来，我向你保证，尔后，你将懂得何谓创造力。只有当心灵认识到了自身的不足、贫瘠、孤独，并且安静下来，创造力才会到来。由于觉知到了自身，它便会终结自己，尔后，那富有创造力的事物，那不可度量的事物，便会悄悄地、立即地到来。终止思想过程，意即无为地去觉知一个人自身的不足、贫乏、空虚，不要去争斗、去抗拒，唯有这时，才会出现并非心智的产物的事物，而那并不源自于心智的事物，便是创造力。

问：您每一天都在告诉我们说，我们生活的困难和丑陋，其根源在于爱的缺失。那么一个人怎样才能找到真爱的珍珠呢？

克：要想彻底地回答这个问题，一个人就得展开逆向的思考，因为逆向思考是思考的最高形式。单纯的肯定的、正面的思考，只是在遵从某个模式，所以压根儿就不是思考——它只是去顺应某个观念，而观念不过是意识的产物，所以是不真实的。因此，要想充分地、彻底地思索这个问题，我们必须以逆向的方式展开——这并不表示对生活的否定、排拒。不要一下子跳到结论，而是应该一步一步地来探寻，如果你们愿意的话。若你对这一体验展开深入的探究，而不是仅仅停留在口头上，那么，随着我们逐步的分析和展开，你将懂得何谓爱。我们将要去探寻有关爱的问题。单纯的结论并不是爱,"爱"这个字眼也不是爱。让我们从近处开始,如此一来才能行至远方。

当你和你的妻子的关系充满了占有、嫉妒、恐惧、永无休止的叱责、支配和固执己见,你会把这个称作是爱吗?这能够被叫做爱吗?当你占有了某个人,并因而创造出了一个帮助你去占有此人的社会,你会把这个叫做爱吗?当你把某个人作为满足你性欲的工具,或是以其他方式加以利用,你会把这个称作是爱吗?显然不是。也就是说,只要有嫉妒、恐惧、占有,就不是爱。很明显,爱不会容许争斗和嫉妒。只要你去占有,就会出现恐惧,尽管你可能会把这个视为爱,但它却跟爱相距十万八千里。先生们、女士们,当我们展开探究的时候,请务必去体验一下。你们大多已婚,有儿有女,你们有妻子或丈夫,你们占有他们,利用他们,对他们心怀恐惧或嫉妒。请意识到这个,弄明白这是否是爱。

你可能在大街上看到一个乞丐,你给了他一枚硬币,说了一两句怜悯的话,这是爱吗?怜悯是爱吗?它的涵义是什么呢?向乞丐扔一枚硬币,对他的处境表示一下同情,这么做你就解决问题了吗?我并不是说你不应该怜悯他人——我们探究的是有关爱的问题。当你把一枚硬币放到乞丐的手里时,这便是爱了吗?你有东西要给予,当你给予的时候,这就是爱吗?意思便是说,当你意识到你在给予时,这便是爱吗?很明显,当你有意识地去给予的时候,重要的是你,而不是那个乞丐。因此,当你给予,当你表达自己的同情心,你是重要的,不是吗?你为何应当给予什么呢?你给了乞丐一枚硬币,百万富翁也给了乞丐钱,也总是对那些穷苦之人表达了同情,那么你跟他之间的区别在哪里呢?你有十枚硬币,你给了一枚,他有堆成山的硬币,他给的稍微多一点。他通过攫取、钱滚钱、改革、剥削得到了这些钱,当他给予的时候,你将这个称作是慈善,你赞叹道:"多么高尚啊!"这是高尚吗?(笑声)先生们,请别笑,你们也希望干同样的事儿。当你拥有某些东西,你有所给予,这是爱吗?为什么你会有而其他人却没有呢?你说这是社会的过错,那么是谁制造出了这个社会呢?是你和我。所以,要想反抗社会,我们就得从自己开始做起。

因此，你的同情并不是爱。那么宽恕是爱吗？让我们来一探究竟好了。我希望你们能够在我演说的时候去体验一下，而非仅仅是聆听我讲的话。宽恕是否是爱呢？宽恕指的是什么意思呢？你侮辱了我，我对此怀恨在心，牢牢记住，尔后，要么是因为强迫，要么是出于悔悟，我说道："我原谅你了。"我先是保持，然后是抵抗，这意味着什么呢？我仍然是那个重要的人物，我仍然是重要的，是我原谅了他人。显然，只要怀着宽恕的态度，那么重要的就是我，而不是那个曾经侮辱过我的人。所以，当我累积着怨恨，然后又抵抗这份怨恨，也就是你所谓的宽恕，这就不是爱。一个怀有真爱的人，显然不会存有敌意，他对所有这些事情都抱持漠然的态度。因此，怜悯、宽恕、充满嫉妒、占有和恐惧的关系——所有这些都不是爱，它们全都是意识的产物，不是吗？只要智识扮演着仲裁者，就不会有爱出现，因为智识只有通过占有去进行裁判，而它的裁断不过是各种形式的占有罢了。智识只会让爱腐朽，它无法给予爱生命，无法滋生出美。你可以写一首关于爱的诗歌，但那并不是爱。

所以，智识是时间的产物，当爱被挡在门外时，时间才会存在，因此爱并不属于时间。爱不是一枚被分发出去的硬币。给予你某样东西，让你得到满足，让你有斗争的勇气——所有这些都属于时间的领域，也就是智识的范畴。因此，智识会毁灭爱。正是由于我们这些所谓的文明人培养出了智识、口头表达、技巧，所以爱才会缺失，这就是为什么世界上充满了混乱，为什么我们的难题、我们的不幸与日俱增、越演越烈。正是因为我们依靠智识寻求着解答，所以才无法解决我们的任何难题，所以战争才会接踵而至，灾难才会无休无止。智识制造出了这些问题，我们试图从问题自身的层面也就是智识的层面去加以解决。因此，只有当智识停止的时候，爱才会登场，而唯有爱才能让我们所有的难题迎刃而解。正如阳光同黑暗的关系一样，爱与智识之间也没有关系。智识属于时间，爱则不属于时间。你可以去想你所爱的某个人，但你无法去思考爱。爱是不能够被思考出来的，尽管你或许可以让自己去跟某个人、某个国家、某个教会进行认同，但是当你思考爱的那一刻，爱便不再——有的仅仅是思索。凡是被思考的事物，皆不是爱。

只有当意识处于极度活跃的时候，心灵才会变得空虚无力。由于意识是活跃的，它用它的产物填满了空虚的心灵，我们同这些意识之物玩耍着，我们制造出了问题。把玩问题便是我们所谓的活动，我们对问题的解决，依然是在意识的范畴内。你们做了一切能做的，建教堂，创立新的党派，追随新的领袖，采纳政治标语，殊不知，它们永远无法解决我们的问题。这些问题是意识的产物，意识若要解决自身的问题，它就必须停下来，因为，只有当意识停止时，爱才会出现。爱无法被思考出来，爱无法被培养出来，爱无法被实践出来。实践爱，实践兄弟情谊，仍然是在意识的领域之内，所以也就并非是爱。当所有这一切都停止的时候，爱才会登场，尔后你将知道何谓爱。爱不是量化的，而是质的。你不会说："我爱全世界。"然而一旦你懂得了怎样去爱一个人，那么你就会知道如何去爱全人类了。由于我们并不懂得怎样去爱一个人，所以我们对全人类的爱便是虚幻的。当你心中怀有真爱，就不会有一个或多个之分了——存在的只有爱。只有当爱之花绽放时，才能解决我们所有的难题，尔后，我们便将体会爱的极乐与幸福。

(第八场演说，1948 年 10 月 17 日)

PART 03

印度新德里

在当今文明里人的幸福为什么失去

世界充满了混乱与不幸,每个国家,包括印度在内,都在寻找着某个方法可以走出这种无序以及与日俱增的痛苦。虽然印度已经获得了所谓的自由,但它依然跟其他所有民族一样,为剥削的混乱所困,地区间和阶级间的敌对十分普遍。尽管它在技术领域不似西方那般先进,可它同世界其他国家一样也面临着诸多的难题,没有哪位政治家、经济学家、改革家能够解决这些问题,无论他是多么的伟大。印度似乎被那些摆在其面前的不曾料想到的问题给彻底压垮了,以至于它愿意去牺牲,只为得到立即的结果、必需的价值观念以及对人类争斗的逐步递增的认识。印度正热衷于现代国家那耀眼的浮华,而这显然并不是真正的自由。

印度的问题就是世界的问题,仅仅求助于世界以解决它的难题,这是在逃避对问题本身的认知。虽然印度在古代就已经是伟大行动的起源了,但单纯地诉诸于过去,去呼吸那些死去的事物的空气,并不能让我们以一种富有创造力的姿态去认识当下。除非我们认识了正在经历着阵痛的当下,否则将无法解决人类的任何问题,仅仅逃避到过去或是未来,完全是一番徒劳。

当前的危机显然是空前的,需要我们用全新的方法去解决生活的难题。纵观全世界,人类都处于挫败和悲伤之中,他通过各种方法寻求着圆满,结果全都以失败告终。迄今为止,对这个问题做诊断和开药方,一直都是由那些专家学者来进行的,而一切专门化都会把完整的行动挡在门外。我们将生活划分成了若干个部分,每个部分都有自己的专家,我们把自己的生活拱手交付给了这些专家,按照他们选择的模式去塑造我们的生活,结果我们也就丧失了个体责任的全部意义,而这种无责任排拒了自信。缺乏自信是恐惧的结果,我们通过所谓的集体行动,通过寻求立即的结果,通过为了将来的乌托邦而牺牲掉现在等种种做法,试图掩盖这种恐惧。一旦行动是经过了充分的思考,那么信心就会紧随而至了。

由于我们听任自己变得无责任,所以便滋生出了混乱,我们挑选出了一些领袖,指望他们能够带领我们走出这种混乱,殊不知,这些领袖自己也是混乱的、困惑的。这种做法已经让我们走向了绝望,走向了更深的、更加痛苦的挫败,它让我们的心灵变得空虚,使其无法做到迅捷地、热切地反应,结果我们也就永远无法找到新的方法来解决我们的问题了。不幸的是,我们看起来能够做的,只有追随某个领袖,老的或新的领袖,他许诺说会带领我们去到一个充满了希望的世界。我们并没有认识到自己的无责任,而是求助于某种意识形态或是某个很容易得到公认的社会活动。需要相当的智慧方能清楚地领悟到生活的问题便是关系,必须直接地、简单地来着手这个问题。我们并未认识关系,无论是跟一个人的关系还是跟众人的关系,所以才会去求助于专家,以便解决自身的问题。然而,依靠专家是徒劳的,因为他们只会在自己那受限的模式之内进行思考。为了解决这一危机,你我必须依靠自己——不是作为自身具有某种特殊文化的西方人或东方人,而是作为单纯的人。

现在,我们正受到战争、种族、阶级、技术等诸多的挑战,如果我们对这一挑战所做的回应活力不足,那么我们就将面临更大的灾难与不幸。我们真正的困难在于为东方或西方观念所囿,为某种狡猾的意识形态所囿,以至于几乎已经不能够以新的视角去思考问题了。你或者是个英国人、印度人、苏联人,或者是美国人,你试图根据某种你浸染于其中的模式去解决该挑战,但只要你没有摆脱你所具有的国家、社会、政治的背景或意识形态,那么你就无法充分地去应对这些问题。它们永远不可能按照某个体系方法得到解决,无论是左翼的还是右翼的。只有当你我理解了我们同彼此的关系以及同集体即社会的关系,方能解决这诸多的难题。没有任何事物可以隔绝于世地生活,活着,即意味着处于关系之中。由于我们拒绝去洞悉这其中的真理，我们的关系便充满了冲突跟痛苦。我们躲进那个被叫做"大众"的抽象事物里去，想以此来逃避挑战。这种逃避没有真正的意义，因为大众就是你和我。从大众的层面去思考是荒谬的，原因在于，大众就是与他人关系中的你自己。如果你没有认识这一关系，你就会变成一个受政客、神职人员、专家盘剥和利用的个体。

当今正在上演的意识形态的斗争，其根源在于你同他人的关系的混乱。战争显然是你日常生活的放大的、血腥化的表现。你建立起了一个社会，它是你自己的投射，你的政府，反映的正是你自己的混乱和不完整。由于没有意识到这一点，于是你便试图仅仅从经济或意识形态的层面去解决有关战争的问题。只要存在着民族主义国家及其主权政府和国界，战争就会持续下去。各个国家的代表围坐在一张圆桌旁，根本无法终结战争，原因是，只要你执着于组织化的教条即所谓的宗教，只要你继续推崇国家主义以及那些得到主权政府充分支持的特殊的意识形态，那么国与国之间怎么可能友好共处呢？除非你意识到这些东西是和平的绊脚石，意识到它们的荒谬，否则不可能摆脱混乱、冲突和敌对，相反，无论你说什么或做什么，都会直接对战争推波助澜。

那毁灭人类的阶级和种族的划分，源自于渴望获得安全。任何安全，除了生理上的安全外，实际都是不安全。也就是说，对心理安全的追逐，会破坏生理上的安全。只要我们寻求心理上的安全——这种寻求会制造一个攫取型的社会——那么人类的需求就永远无法得到理性地、有效地组织。人类需求的有效组织，是技术的真正作用所在，然而当技术被我们用来作为获得心理安全的手段时，技术就会变成一种诅咒。技术知识旨在为人所用，可一旦工具失去了其真正的意义被滥用，那么它们就会凌驾于人类之上——机器将一跃成为主人。

在当今的文明里，人的幸福之所以会失去，是因为技术知识被用来满足心理上对权力的赞颂。权力及其国家的、政治的意识形态，成为了新的宗教，这种新的宗教，这种国家崇拜，有它自己的教义、神职人员和裁判。在这个过程中，人的自由与幸福被彻底地否定掉了，因为手段变得居先，目的反而退居其次了。然而手段就是目的，这二者无法分离开来，由于我们将它们给划分开了，因此不可避免地会导致手段和目的之间的矛盾。

只要我们的技术知识是为了个体或群体的领先或荣耀，就永远不可能理性地、有效地组织人类的需求。正是渴望通过技术进步来获得心理上的安全，破坏了人的生理的安全。我们的科学知识已经足以满足人类衣食住用方面的需要了，但只要存在着各自为政的国家及其政府和疆界，科学知识就必然无法获得合理的、正当的运用，这反过来又会滋生阶级和种族的争斗。所以说，你要对人与人之间无休止的冲突负上责任。只要作为个体的你高举民族主义、爱国主义的大旗，只要你执着于政治的、社会的意识形态，你就对战争难辞其咎，因为你与他人的关系只会带来混乱跟敌对。把谬误视为谬误，将会开启智慧之门，单单真理本身就能够给你带来幸福，并因而给世界带来福祉。

既然你对战争负有责任，那么你也应该对和平负上责任。那些真切地感受到这种责任的人们，应该首先从心理上摆脱战争的原因，而不是仅仅投身于去组织政治上的和平团体——这么做只会滋生出更多的界分与敌对。

和平并不是一个与战争相对立的概念。和平是一种生活方式，原因在于，只有当你认识了日常生活，才能迎来和平。唯有这种生活方式，才能有效地去迎接诸如战争、阶级、与日俱增的技术进步等诸多的挑战。这种生活方式并不是智力的方式，一味推崇智力，已经使我们大家走向了当前的挫败及其无数的逃避，这些逃避变得比认识问题本身更加重要了。当前的危机之所以会出现，是因为过于推崇智力，正是智力把生活划分成了一系列对立的、矛盾的行动，正是智力将爱这一凝聚人类的因素给挡在了门外，智力用头脑的各种东西去填满空虚的心灵。只有当头脑觉知到了自身的理性并且能够超越自己的时候，心灵才会变得充实起来，唯有那不朽的心灵的充实，方能给这个疯狂的、争斗不休的世界带来和平。

(在新德里的印度国家电台的广播，1948年11月6日)

我们的问题在于要带着觉知展开行动

行动即关系，没有行动，我们就无法生活或存在。行动似乎产生了不断的矛盾、摩擦、误解和焦虑。我们发现，世界上所有组织化的行动都极为不幸地引发了一系列的灾难。意识到了这种世界性的无序，大多数心怀天下的热诚之士——不是那些虚伪作态的人，而是那些真正关心世界的人——自然就会懂得对行动的问题展开思考是多么的重要了。有集体的行动与个体的行动，集体行动已经成为了一个抽象物，成为了个体的一种极为方便的逃避。个体通过这种想法，即这种不断出现的无序、不幸和灾难，能够依靠集体的行动得到改变或是走向有序，从而推卸掉了自身应该担负的责任。大众显然是一个虚构的实体，大众其实就是你和我。只有当你我没有理解正确行动的关系时，才会去诉诸于那个被叫做大众的抽象事物，并因而消除了对自身行动的责任。为了在行动中有所变革，我们要么求助于某个领袖，要么求助于组织化的、集体的行动，但它依然还是大众的行动。

当我们求助于某个领袖以获得行动的指引，势必就会选择一个我们认为将帮助我们超越自身问题和不幸的人。我们选择某个领袖，指望他带领我们走出这种混乱，殊不知领袖自己也是混乱的、困惑的。我们不会选出一个不像我们自己的领袖，我们不可能如此，而是只会选择一个跟自己相似的领袖，因此他也会是混乱不堪的。结果，这样的领袖、这样的向导、所谓的精神上师，无疑便会带领我们走向更大的混乱与不幸。

既然我们的挑选一定是出于自身的混乱，那么，当我们追随某个领袖的时候，就只是在追随我们自己那困惑、混乱的自我投射罢了。所以，这样的行动，虽然可能产生立即的效果，但无疑将导致更大的灾难。

因此，我们意识到，集体行动虽然在某些事情上可能是值得的，但它注定会走向灾难、混乱，并导致个体的无责任，而追随领袖同样也一定会让混乱愈演愈烈。可我们必须得生活，活着即意味着行动，活着即意味着处于关系之中。没有关系就没有行动，我们无法孤立、隔绝地生存于世，没有隔绝这回事儿。生活便是行动，便是与其他的人事发生关联。所以，要想认识那不会引发更多的不幸和混乱的行动，我们就得认识自己的所有矛盾，认识我们那些对立的因素，认识我们那不断在彼此交战的许多方面。除非我们认识了自己，否则行动将不可避免地会带来更多的冲突与痛苦。

所以，我们的问题在于要带着觉知展开行动，唯有认识了自我，方能实现这种觉知。毕竟，世界就是我自己的投射，我是怎样的，世界就会是如何。世界跟我是不可分的，世界与我并不是对立的，世界和我并不是分离开来的两个实体。社会便是我自己——这二者不是两个不同的、分离的过程。世界是我自己的延伸，要想认识世界，我必须认识我自己。个体同大众、同社会并不处于对立的状态，因为社会就是个体，社会是你和我和他人的关系。只有当个体变得缺乏责任时，个体与社会之间才会出现对立。因此，我们的问题相当巨大，每个国家、每个个体、每个群体都面临着严重的危机。我们、你和我跟那一危机有何关系呢？我们将如何去行动呢？要想带来转变，我们该从哪里着手才好呢？正如我所指出来的那样，如果我们求助于大众，就不会有任何出路。原因在于，大众意味着会有某个领袖，大众总是会受到政客、神职人员和专家的盘剥、利用。既然你我构成了大众，所以我们必须要为自己的行动承担起责任。也就是说，我们必须认识自己的本性，必须了解自己。认识自我，并不是说要退隐于世，因为退隐意味着隔绝，而我们是无法活在孤立隔绝之中的。所以，我们必须要在关系中去认识行动，这种认知，有赖于

我们的问题在于要带着觉知展开行动　247

我们觉知到自己那充满了冲突和矛盾的本性。我觉得，构想出一个我们可以诉诸于它的安宁的状态是十分愚蠢的。只有当我们认识了自己的本性，才能迎来和平与安宁，而不是去预先构想一个我们并不知道的状态。或许存在着宁静的状态，然而，仅仅对其进行猜想、推测是毫无用处的。

要想展开正确的行动，就必须得有正确的思考，而要想实现正确的思考，就得认识自我。只有通过关系，方能认识自我，而不是通过与世隔绝。唯有当我们认识了自己，才能展开正确的思考，并由此实现正确的行动。因此，正确的行动便是来自于认识自我的行动，不是认识我们自己的某个部分，而是认识自己的全部，认识我们那充满了矛盾的本性，认识我们的一切。一旦我们认识了自己，便将迎来正确的行动并因而拥有幸福。毕竟，我们渴望的正是幸福，我们大多数人通过各种方式、通过种种逃避所寻求的正是幸福——通过社会活动、官僚主义的世界、娱乐消遣、性以及其他无数的手段展开的逃避。然而我们发现，这些逃避并不能带来持久的幸福，它们只不过让痛苦得到暂时的缓解罢了。从根本上来说，这些逃避里面没有任何实相，没有永远的欢愉。我认为，只有当我们认识了自己，方能找到这种欢愉、狂喜，方能体会到一个富有活力的生命所具有的真正的快乐。认识自我并非易事，这需要相当的机敏和觉知。只有当我们不去谴责、不去辩解的时候，才能实现这种机敏和觉知，因为，在你去谴责或辩解的那一刻，也就停止了认知的过程。当我们去谴责某个人的时候，也就不再去认识那个人了，当我们去认同那个人，将会再一次地停止对他的认知。认识自我，也是这般情形。观察、无为地觉知你自己的本来面目，这是非常困难的，然而，这种无为的觉知会带来认知以及本来面目的转变，唯有这种转变，方能开启实相之门。

我们的问题，在于行动、觉知和幸福。除非我们认识了自身，否则正确的思考便缺乏根基。若没有认识自己，我的思考就会成为无源之水、无本之木——我将只会活在矛盾的状态中，就像我们大部分人那样。要想让世界发生变革，即我的关系的世界发生改变，那么我就必须得从自身开始做起。你或许会说："以这种方式变革世界，将会耗费很长很长的时间。"假如我们寻求立即的结果，自然就会觉得将花费很长时间了。那些政客们许诺说会有立竿见影的结果，可我担心，对于一个正在寻求真理的人来说，并不存在立即的结果。能够带来变革的是真理，而非立即的行动。只有当每个人探明了真理，才能给世界带来和平与幸福。一方面生存于世，一方面又超脱其外，这便是我们的难题，这是一个需要认真探寻的问题，因为我们无法退隐于世，无法离群索居。但我们必须认识自己，认识自我，将会开启智慧之门。认识自我，便是认识一个人同物、同人以及同理念的关系。除非我们认识了自己同物、人、观念、行动的关系的全部涵义与意义，否则将不可避免地导致冲突与争斗。因此，一个真正热切、诚恳的人，应该从自己开始着手，他必须无为地觉知自己全部的所思、所感、所行。这并不是时间的问题，认识自我永无止境，认识自我只能是每时每刻的，于是也就会感受到每时每刻那充满生机的幸福。

所以，我们大家全都关心正确的行动、安宁和幸福，这些东西只能通过认识我们自己那复杂的本性得来。这种认知并不十分困难，但它要求你抱持相当诚挚的态度，要求你的心灵具有高度的柔韧性与适应力。当我们不断地、无为地去觉知自己的言语、想法和感受，既不去谴责也不去辩护，那么这种觉知就将带来自己的行动并因而带来自身的转变了——这种转变，并非源自于我们为改变自我所做的种种努力。但为了达至真理，就必须具有接受力，这种接受里面，没有任何要求、恐惧和欲望，而这只有在我们展开无为的觉知时方能做到。

在接下来的几周时间里，我们将会对所有这些问题——展开讨论，不过现在我要回答一些提问。要想得到正确的答案，必须首先提出正确的问题。任何人都可以提问，但若想解答问题，我们就得研究问题本身，而不是去研究答案，因为答案就蕴含在问题之中。探究某个问题，认识它，这里面是需要某种艺术的。所以，在我解答你们的提问时，请不要坐等我给出某个答案，因为你我应该共同去思考问题，在问题中找寻到答案。但倘若你仅仅是坐等着他人来给出答案，那么我担心你将会以失望告终。

生活没有绝对的是或否，虽然我们希望它能如此，生活要比这复杂得多、微妙得多。因此，要想找到解答，我们就应该去研究问题，这意味着我们必须耐心地、理性地对问题予以探究。

问： 组织化的宗教在现代社会里有何作用呢？

克： 让我们来探明一下我们所说的宗教和现代社会是什么意思吧。我们所谓的宗教指的是什么呢？宗教对你来说意味着什么呢？它是指一套信仰、仪式、教义，许多的迷信，礼拜、念诵话语，含糊的、未实现的、受挫的希望，阅读某些书籍，追随上师，定期去寺庙，诸如此类，难道不是吗？很明显，所有这一切便是我们大部分人所认为的宗教。但这是宗教吗？宗教是某种习俗、习惯、传统吗？宗教当然远不止于此，它应该超越所有这一切，不是吗？宗教，是指对实相的探寻，同组织化的信仰、庙宇、教义或仪式毫无关系。然而，我们的思想、我们的生活结构为信仰、迷信等所困，所以，现代人显然并不虔诚，结果他的社会也就不是一个理性的、平衡的社会。我们或许可以遵循某些教义，崇拜某些图像，或是创立某个新的国教，但是很明显，这一切都不是宗教。在我看来，宗教便是对实相的寻求，但这种实相是未知的，它并非书本里宣扬的实相，也不是他人的经验。要想找到这一实相，要想揭示、邀来这一实相，那么已知就必须终止，必须去探究、理解和抛却掉所有传统与信仰的涵义。鉴于此，仪式的重复就毫无意义。所以，一个虔诚之人，显然不会从属于任何宗教或组织，他既不是印度教教徒，也不是穆斯林，他不属于任何阶级。

那么，什么是现代世界呢？现代世界是由大众组织里的技术和效率所构成的。技术领域已经取得了非凡的进步，然而在大众的需求上却是分配不均的，生产资料被掌握在极少数人的手里，各个国家、民族之间冲突、纷争不断，那些各自为政的政府，导致了战争接连不断地上演。这便是现代世界，不是吗？技术长足进步，可人类的心理却没有获得同等的进展，于是便出现了失衡的状况；科学飞速发展，但与此同时人类却陷入巨大的不幸，心智空虚。我们学习了许多的技术，比如怎样去造飞机、彼此杀戮，等等。所以，这就是现代世界，这就是你自己的模样。世界跟你并不是分离开来的，你的世界就是你自己。这是一个智力发达、心灵空虚的世界。如果你审视一下自身，会发现，你便是现代文明的产物。你们懂得如何去玩一些把戏，技术上的、物质上的把戏，可你们并不是富有创造力的人类。你们生儿育女，但这并不是生命力。一个人若想有创造力，那么他就需要内心极为充实，而只有当我们认识了真理，当我们能够达至真理的时候，才能让心灵获得充实。

所以，组织化的宗教与现代世界是携手同行的——它们都培养了空虚的心灵，而这便成为了我们生活的不幸的部分。我们十分的肤浅，活在表面。智力上成就斐然，能够发明创造许多东西，生产出最具破坏性的彼此杀戮的工具，在人与人之间制造出了越来越多的界分，但却并不知道何谓爱，我们的心中没有吟唱歌曲。我们玩留声机，听收音机，但却没有歌唱，因为我们的心灵无比的空虚。我们创造出了一个这样子的世界，它处于彻底的混乱和无序，充满了不幸与悲伤，我们的关系脆弱而肤浅。是的，组织化的宗教跟现代世界是共生的，因为这二者都带来了混乱，而这种组织化的宗教及现代世界的混乱，其实是源自于我们自己，它们是我们自身的外在表现与投射。因此，除非我们每个人的内心发生了转变，否则外部世界不可能会有真正的变革。带来这种转变，并不是专家、学者、领袖或神职人员的问题，而是我们每个人的问题。倘若我们把这个问题留给他人来解决，就会丧失掉责任感，结果我们的心灵也就会落入空虚之中。如果一个人拥有技术化的头脑但却心灵空虚，那么他就不是一个富有创造力的人。由于我们已经丧失了这种创造力的状态，于是便制造出了一个这样的世界，它是如此的混乱和不幸，遭受着战争的摧毁，因阶级和种族的界分而变得四分五裂。所以，让我们自己的内心发生根本性的转变，这是我们自己的责任。

问：我处于冲突和痛苦之中。千百年来，我们被告知了痛苦的原因以及终止痛苦的办法，但我们今天还是陷入痛苦并且难以摆脱。能否终止这种痛苦呢？

克：我想知道，我们当中有多少人觉知到了自己正遭受着痛苦。你是否真正意识到而不是仅仅从理论上意识到自己处于冲突之中呢？如果是的话，那么你会怎么做呢？你会试图去逃避痛苦，对吗？一旦一个人觉知到了这种冲突和痛苦，他就会试图用求知、努力工作或是找乐子等方法去忘却痛苦。他渴望逃避痛苦，所有的逃避都是一样的，不是吗，无论它们是文明的还是粗鲁的。我们所说的冲突是指什么意思呢？你什么时候意识到自己处于冲突之中呢？很明显，当你有了"我"这一意识的时候，冲突便会出现。只有当"我"突然意识到了自己，才会认识到冲突，否则你便会过着单调、肤浅、乏味、程式化的生活，不是吗？只有当冲突出现时，你才会觉知自身，只要一切进展平稳，没有矛盾和挫败，那么你就无法在行动中意识到你自己。只要我没有受人摆布，只要我得到了我所渴望的，我就不会处于冲突之中。可一旦我受到了阻挡，我便会意识到自己，于是变得悲伤起来。换言之，只有当我遭遇了行动的挫败，从而意识到了"我自己"，才会出现冲突。那么，我们会渴望什么呢？我们会渴望一种不断自我实现、没有挫败的行动，意思便是说，我们希望生活里不会遭遇受挫。换句话说，我们希望自己的欲望得到满足，只要这些欲望没有获得满足，就会产生冲突和矛盾。所以，我们的问题在于如何实现圆满，如何在没有挫败的情况下达至自我圆满。我想要占有某样东西——财产、某个人、某个头衔或是其他你所渴望的——如果我能够得到它并且继续得到我想要的，那么我就会快乐，就不会出现矛盾。因此，我们寻求的是自我满足，只要我们能够获得这种满足，就不会有冲突出现。

那么，问题是，有所谓的自我满足吗？也就是说，我能够取得什么、变得如何、实现什么吗？在这种欲望里面，难道不会出现不断的争斗吗？意思便是说，只要我渴望变得如何如何，渴望得到什么，渴望自我实现，就一定会遭遇挫败，一定会生出恐惧，一定会出现冲突。因此，真的存在自我实现这回事吗？我们所说的自我实现，实际上是指自我扩张、自我膨胀——"我"变得更加庞大、更加重要，"我"变成了官员、主管、银行经理，等等。那么，假若你更加深入地探究一下，会发现，只要有这种自我的行动，也就是说，只要行动里有这种自我意识，就一定会出现挫败，结果也就必然会有痛苦袭来。所以，我们的难题，不在于怎样去战胜痛苦，怎样把冲突抛到一旁，而是去认识自我，认识"我"的本性。我希望我的话并不是太过复杂。如果我们仅仅只是试图去克服冲突，试图把悲伤撇开，那么我们就不会认识悲伤的制造者即自我的本性了。

只要思想关注着它自己的发展、自己的转变、自己的进步，就一定会出现冲突和矛盾。所以，我们返回到了一个明显的事实上去，即，只要我没有认识自己，就一定会陷入冲突和痛苦之中。因此，认识自我，要比懂得如何克服痛苦和冲突重要得多。以后我们可以更加深入地探究一下这个问题。不过，通过仪式、通过娱乐消遣、通过信仰，或是其他方式的分心来逃避痛苦，便是让你的思想离中心问题即认识自我愈来愈远。要想认识痛苦，就得停止所有的逃避，因为，唯有这时，你才能够在行动中直面你自己。一旦你在行动即关系中认识了自我，就会知道如何彻底让思想从一切冲突中解放出来，如何生活在幸福与实相的状态。

问：我们活着，但却不知道为什么而活。对许多人来说，生命似乎毫无意义。您能否告诉我们，生命的意义和目的究竟是什么呢？

克：你为什么要问这个问题呢？你为什么要请我告诉你生活的意义、目的是什么？我们所说的生活是指什么意思？生活有意义、有目的吗？生命的目的、意义，难道不就在它本身吗？我们为何渴望更多呢？原因是，我们对自己的生活如此的不满意，我们的生活是这般的空虚、这般的华而不实、这般的单调乏味，不断地干着同样的事情，我们希望能够不止于此，希望能够超越正在做的事情。由于我们每天的生活是如此的空虚、沉闷、没有意义、令人厌倦，愚蠢到了不堪忍受的地步，因此我们指出，生命应该具有更加充实的意义，这便是为什么你会提出这个问题的缘故了。很明显，先生，一个生活充实的人，一个按照事物的本来面目去看待它们的人，一个对自己拥有的东西感到满足的人，是不会处于困惑和混乱状态的，他思想分外的清楚，于是也就不会去询问生命的目的何在。对他来说，活着本身就是缘起也是目的。因此，我们的困难在于，我们的生活十分的空虚，所以便渴望找到生命的目的并为之奋斗。这样的生活目的，只会是单纯的智力，不会有任何实相。当一个愚蠢、迟钝的头脑、一个空虚的心灵去追寻生活的目的时，这个目的也将是同样空虚的。因此，我们的问题在于，怎样让自己的生活变得充实起来，不是金钱或任何方面的富有，而是内心的富足——这一点是很明确的。

当你声称生活的目的便是幸福，生命的意义便是去找到神，那么，渴望去寻觅神，这显然是在逃避生活，你的神不过是一种已知的事物。你只会朝着某个你所知道的目标走去，如果你搭起了一个梯子，通向你所谓的神，那么它显然就不是神。只有在生活中，而不是在逃避中，才能认识真理。当你寻求着生活的目的，你实际上是在逃避生活，而不是在认识何谓生活。生活便是关系，生活便是关系里的行动。只要我没有认识关系，抑或当关系是混乱的，那么我便会去寻求某个更加充实的意义。我们的生活为什么会如此的空虚呢？我们为什么会这般孤独和沮丧呢？原因是，我们从不曾去审视、探究自己，我们从来没有承认这种生活是我们已知的全部，承认应当充分地、彻底地理解生活。我们宁可逃离自我，这就是为什么我们会远离关系去寻求生活的目的了。但倘若我们开始去认识行动，即我们跟人、财产、信仰、观念的关系，就将发现，关系自己会带来自身的回报，你不必去寻求。这就好像寻求爱一样，通过寻求爱，你能够找到爱吗？爱无法被培养出来，你只有在关系中才会找到爱，而不是在关系之外。正是因为我们心中无爱，所以才会渴望生活的目的。一旦有了爱——爱本身就是不朽的——就不会去寻求神了，因为爱便是神。

正是因为我们的头脑塞满了技术的东西和迷信的嘀咕，所以我们的生命才会如此的空虚，这便是为何我们会去寻求某个超越自身的目的。

要想探明生活的目的，我们必须穿过自身这道大门，但我们有意或无意地躲避去直面事物的本来面目，于是便会希望由神来为我们开启那道超越之门。只有一个心中无爱的人，才会提出生活的目的何在的问题，而唯有在行动即关系里才会找到爱。

问：只有渴望去干些有价值的事情，才能带给生活刺激或热情。您告诉我们说，这是虚妄的做法。如果拿走了这种工作的动机，那么还会剩下什么呢？

克：先生，我们为什么希望有工作的动机，为什么希望有干事情的动机呢？我们所谓的"动机"是指什么意思？我们想要自己的行动能够有所回报，不是吗？我们可能不会去渴望金钱，渴望某个客观的回报，但却会希望心理上能够有所得，心理上需要有做事情的动机或刺激，这便是为什么我们会去追随上师的缘故了。是动机驱使我们去行动，否则的话，我们在心理上就不会活着。也就是说，我们在心理上渴望得到回报——我们的探寻、我们的思考、我们的感受能够有回报。此乃事实，不是吗？那么我们希望得到什么回报呢？无疑是希望得到满足，只要可以获得心理上的满足，我们就会去做某个事情。因此，我们寻求的是不断的满足，一旦没有得到满足，我们便会感到无比沮丧和挫败。

那么，能否获得永久的满足呢？还是只会得到暂时的满足，因而势必会带来冲突和痛苦呢？因此，我们必须要凭借自己的力量去弄清楚，是否存在永久的满足。我们显然可以抛开暂时的满足，因为我们发现，它们引发了不幸、沮丧、焦虑、恐惧，等等。但我们认为可以找到永久的满足，即我们所谓的神、真理，我们为此去工作、去奋斗。然而是否真的存在永远的满足呢？意思便是说，有永远的心理上的安全吗？你们发明出了永远的心理上的安全，比如神，比如死后灵魂不灭，诸如此类。可这种彻底的满足和安全是否真的存在呢？抑或是不知道未来将如何的头脑——未来是不确定的——把自己的创造物作为确定的存在投射出来呢？也就是说，头脑从未知移向已知，它无法走向未知，于是便渴望能够保证获得下一个已知，当接下来的已知受到质疑时，我们就会感到万分焦虑。

因此，当生理上的安全是必要的，就不会出现所谓永远的心理上的安全。一旦你拥有了这种安全——这种安全是一种自我投射——你就会变得懒惰、满足、停滞不前。可一旦没有任何安全，那么你就必须拥有一个时时刻刻鲜活的、运动的头脑，于是也就会活在一种不确定的状态，而一个不确定的头脑，处于未知状态的头脑、没有去寻求满足的头脑，便会是富有创造力的。只有当心灵步入彻底的宁静，当它不再去寻求，当它不去渴望有所回报，方能迎来富有创造力的状态，尔后便会迎来永远的安宁。我们不知道怎样达至这种状态，所以才会去寻求满足并且执着于这种满足，这种满足成为了行动的动机。然而，无论满足是多么的巨大、完美，它都包含了无止境的恐惧、焦虑、疑问、暴力以及其他相关的一切。但倘若心灵认识了自己并因而达至了那一彻底宁静的状态，那么创造力就会来临，而这种创造力本身便是一切存在的全部目的。

(第一场演说，1948 年 11 月 14 日)

当你停止思想，觉知才会到来

继续我们上周日所谈论的内容吧。在我看来，认识到任何种类的冲突都不会带来创造性的思考，这一点很重要。除非我们认识了冲突、冲突的本质以及一个人跟什么发生了冲突，否则，仅仅去跟某个问题、某个背景或环境展开斗争将会是一番徒劳。就像一切战争都会导致衰退并且无疑会引发更多的战争和不幸一样，与冲突作斗争，也会走向更多的冲突。因此，外部所投射出来的自身内在的冲突，导致了世界的混乱。

所以，认识冲突，并领悟到任何冲突都无法带来创造性的思考以及健全的、理性的人类，这难道不是十分必要的吗？然而，我们全部的生命都花在了斗争上面，我们以为，斗争、努力是生活的必要部分。有自身内部的冲突，有同环境的冲突——环境即社会——它反过来又是我们与人、与物、与观念的关系。这种斗争被认为是不可避免的，我们觉得，斗争对于生活来说是不可或缺的。那么，果真如此吗？是否有某种生活方式是剔除掉了斗争呢？在这种生活方式中，能够在没有通常的冲突的情况下实现认知。不知道你们是否留意过，你越是努力去解决某个心理上的问题，就越会感到困惑和混乱，只有当你不再去努力、去斗争，当你停止了所有的思想过程，觉知才会到来。所以，我们必须要去探究一下，冲突是否必要，是否能够产生创造性的思考与健全的人。

现在，我们要谈谈自身内部的冲突以及与环境的冲突。环境便是一个人自身的样子，你和环境并不是两个不同的过程，你即环境，环境就是你——这是一个显见的事实。你们都属于某个群体，无论是在印度、美国、苏联还是英国，这一环境及其风土、传统、社会、宗教习俗的影响，创造出了你——你便是环境。若想探明是否有某个事物不止是单纯的环境的产物，那么你就得摆脱环境的制约，摆脱它的限定。这一点是显而易见的，对吗？只要你仔细地审视一下自己，就会发现，由于你出生在这个国家里头，所以从气候风土、社会、宗教、经济等各个方面来说，你都是它的产物或结果。也就是说，你是被环境限定的，那么，要想弄清楚是否有某个事物超越了单纯的环境的产物，你就必须挣脱环境的局限。当你受到限定的时候，仅仅去询问是否有某个事物超越了单纯的环境的产物，这么做将会毫无意义。很明显，一个人应该挣脱环境的局限，唯有这样，我们才能明白是否有某个超越之物。声称存在或不存在超越之物，显然是一种错误的思考方式。一个人必须要去发现、去探明，而若要有所探明，他就得展开检验。

因此，认识这一环境并且在内心摆脱它的制约，不仅需要去认识意识中一切暗藏的、储存的影响，而且还得知道我们跟什么有冲突。正如我们所见到的那样，我们每个人皆为环境的产物，我们与环境是不可分的。所以，那个我们与之有冲突的事物是什么呢？那个对环境做出反应的事物是什么呢？那个被我们叫做努力、斗争的东西是什么呢？我们处于不断的斗争之中——但跟什么而战？我们同环境交战，可是，既然我们是环境的一部分，那么我们的斗争就不过是一种把我们跟环境分隔开来的过程。所以，我们并没有认识环境，有的只是冲突罢了。换个方式来表述好了，意思便是说，如果在没有斗争的情况下实现了对环境的认知，就不会存在自我意识了。毕竟，只有当冲突出现时，你才会有自我意识。假若没有任何冲突，你便不会在行动中意识到你自己。唯有当出现结论时，当遭遇挫败时，当你渴望去干某个事情却被阻挡时，你才会在行动中觉知到自己。当你想要达成什么但却遭到了阻拦，你便会感到挫败和沮丧，唯有这时，你才会意识到冲突或是实现自觉。

那么，我们在跟什么事物展开斗争呢？跟我们的问题，不是吗？是什么问题呢？问题只会在关系里出现，它们不会独立于关系存在。所以，只要我没有在与环境的关系中去认识我自己，即我跟物、跟观念、跟财产、跟人的关系——无论是我的妻子、我的邻居还是我所属的某个群体——只要我没有认识我与环境的关系，就必然会出现冲突。环境即关系，所谓关系，便是同物、人、观念有关的行动。只要我没有理解关系，就一定会有冲突，这种冲突把我这一实体同环境分隔开来。我不知道这是否有点儿抽象了，我们会在周二、周四和周六的时候去对这个问题展开进一步的讨论。但我认为，重要的是去认识到这一点，因为，假如我们能够懂得冲突的涵义，那么或许就可用不同的方式来解决问题了。因此，我们没有认识环境——环境即行动中的关系——关系只会存在于你自己同人、物和观念之间。由于我们并未认识环境，所以便会出现冲突，也就是自我意识，于是你跟环境之间就有了一种隔离。正是这种冲突导致了分隔，"我"这一个体源自于冲突，尔后"我"或积极或消极地想要有所得。因此，冲突不可避免地会带来一种隔离性的过程，使得个体与群体、与社会分离开来。这种将"我"隔离开来的过程，只会让我们在日常生活中见到的冲突进一步地强化。

那么,能否活在没有冲突的状态呢?原因是,冲突始终会增强隔离化的过程,结果也就无法解决掉它,只有当冲突停止时,才能有出路。能够在没有冲突的情况下生存于世吗?要探明是否能够活在无冲突的状况下,我们就必须理解我们所说的生活是指什么意思。我们所谓的生活,意指为何呢?显然,指的是关系的过程,因为人不可能活在孤立隔绝之中,没有任何事物可以隔绝于世地生活。我们所说的生活,难道不是指广泛的关系的过程——行动中的关系吗?那么,能够做到认识关系但又不会因关系导致冲突吗?能够实现没有冲突的关系吗?请大家务必意识到这一点的重要性——只要有冲突存在,就不会有创造性的思考与生活。冲突只会让隔离变得更加严重,并且使自身进一步强化。能否没有冲突地生活,关系之中能否不存在冲突呢?在我看来,只有当你认识了关系并且不去抗拒它,才能做到这个。也就是说,我必须认识我在心理层面上同物、同人、同观念的关系。那么,能够认识那一冲突吗?冲突对于认知是必要的吗?意思便是说,我是否必须跟问题作斗争才能认识它呢?抑或还有另外一种不同的解决方法呢?

我认为,有另外一种不同的方法可以去解决有关冲突的问题,对此你可以凭借自己的力量去展开检验,那就是去理解冲突的涵义。意思便是说,当我跟某个问题斗争时,当我费力地想要去解决某个人类的问题或者甚至是某个数学、物理方面的抽象问题时,心灵便会始终处于激动不安的状态——它是焦灼的。很明显,一个不安、焦灼的心灵,是无法实现觉知的。当心灵迈入平静,才能实现觉知,而不是在它跟某个难题奋力交战的时候。我们有许多的难题,涉及到财产、人、观念——我将会在接下来的几个周日里去解答这些问题——然而在我看来,首先要意识到的便是,任何形式的冲突都不会带来觉知。只有当我理解了某个问题,问题才会消除,而要想认识问题,我就不单单要去思考它,而且还得能够把它放下。我不知道你们是否曾经注意过,当你有了某个问题的时候,你会像一条狗围着一根骨头打转转那样对问题焦虑万分。你冥思苦想了一整天，到了晚上，你筋疲力尽，你把问题放到了一旁，暂不去管它了，然后睡了一夜。第二天早上，待你醒来，你会突然发现有了答案。大部分人都遇到过这类情形，原因何在？很简单，对问题苦恼不已的意识，无法在不去寻求解答的情况下彻底地审视问题。意识渴望能够解决问题，所以它关心的并不是问题，而是答案。意识不仅想要得到解答，而且还希望探究整个问题本身，难道不是如此吗？因此，意识是在逃避问题，寻求答案。但答案就蕴含在问题里面，这二者是不可分的。所以，必须要对问题展开充分的探究，不要去寻求解答，如此一来意识才能处于安静的状态。我不久就会把这个跟我们同人、同物、同观念的关系联系起来，看一看，如果不去经历那只会让问题变得混乱的冲突，我们是否就无法立即摆脱掉这些难题。

我将回答提给我的一些问题。重复真理，会妨碍对真理的认知，这意味着，重复真理是一个绊脚石，真理无法被重复。你可以阅读关于真理的书籍，可仅仅重复书中的话，并非是真理。"真理"这一词语也不是真埋本身，词语并不等同于它所指代的事物。探明何谓真理，便是不要去依赖语词，而应当直接地去体验。因此，在思考这些问题的时候，请让我们记住，我们正携手踏上一段发现之旅，所以师生之间的关系没有任何危险。你不是作为观看我演出的观众来到这里的，我们都是演员，因此我们谁都没有在剥削、利用对方。

问：什么是冥想？要如何展开冥想呢？

克： 由于这是一个相当复杂和庞大的问题，所以让我们格外仔细地对这整个问题展开一番探究吧。首先，让我们以逆向的方式去着手问题，因为，正向思考某个我们并不知道的事情，就是让问题继续下去。我们并不懂得何谓冥想，我们被告知了应该以怎样的方式去冥想，应该如何专注，应该做什么、不该做什么，但所有这一切都不会是冥想。因此，为了探明何谓冥想，我们就得以逆向的方式去解决有关冥想的问题。以正向的方式着手，声称这个或那个是冥想，这么做显然是一种重复，原因是你已经被告知了何谓冥想,你不过是在重复被告知的事情,所以这并非冥想,只是重复。我不知道你们是否明白了我所说的,或许,随着我们不断地展开探究,将会阐明得更加清楚一些的。如果我们能够懂得什么不是冥想,就可以弄明白什么是冥想了。很明显,这才是正确的、理性的探究方法。那么,让我们一起来一探究竟吧。

全神贯注并非冥想,我们将会明白这句话究竟是何意思。全神贯注,意味着排他。我希望你们会对这一切感兴趣,因为,跟一个不感兴趣的人讨论,对我而言犹如酷刑,对你们当中那些毫无兴趣的人来说也会是一种折磨。我将告诉你们为什么你们应当对这个问题怀有兴趣,原因是,它在人类意识中开启了一个无比广阔的领域。如果你没有理解意识,那么你的行动就缺乏根基。对我来说,加入党派、重复标语口号等等,都毫无意义。一旦我理解了冥想的问题,我就将懂得有关生活的整个问题了。冥想与生活是不可分的,我稍后将会说明这一点。

我曾指出,全神贯注并不是冥想。我们所说的全神贯注是什么意思呢?我不知道你们是否曾经尝试过做到全神贯注,当你努力想要集中精神的时候,你做了些什么呢?你会在许多的兴趣当中挑选出某一个,然后努力让注意力集中在它上面。它实际上并不是兴趣,但你认为自己应当对其感兴趣。也就是说,你觉得你应该思考一些更加高等的东西,即许多兴趣当中的某一个兴趣,因此你便挑选出了这某一个兴趣,专注在它的身上,把其他兴趣统统排除在外。这便是当你全神贯注的时候实际发生的情形。所以,这样的专注是一种排他的过程。那么,当你努力专注于某个图像、形象或是某个念头上时,会发生什么呢,会出现怎样的情况呢?其他的想法一一涌现,你努力把它们扫除到一旁,但你越是如此,它们越是涌现进来。于是你便把时间花在了抵制其他念头、努力发展某一个念头上。这个过程被叫做全神贯注——即努力让你的思想聚焦在某个被你挑选出来的兴趣上面,同时把其他所有的兴趣排除在外,这就是我们所谓的专注。

要想认识某个事物,你就必须对它投注全部的注意力——所谓全神贯注，便是没有任何障碍的关注，你应该投入自己的整个身心，尔后你便会认识该事物了。可是，当你一边努力要做到专注，一边又要进行抵制的时候，会发生什么呢？你会试图去沿着某条轨迹走，但你的思想不断地偏移到了其他方向上去，于是你便没有在全神贯注。你仅仅投注了一部分的注意力，结果也就无法获得认知。所以，专注并不能有助于我们走向认知，认识到这一点格外的重要。只要注意力是排他性的，就一定会出现分神。如果我试图让自己的注意力集中在某个事物上面，那么意识就会去抵制其他的东西，这种抵制便是分神。因此，只要注意力和分神之间有冲突产生，就不是真正的专注。这是一场交战，只要那疲于争斗的思想停留在了某个挑选出来的兴趣上面，战斗便会继续下去。很明显，聚焦在某个挑选出来的兴趣身上，这并不是冥想，它不过是欲望、抵制以及排他性的选择。这样的心灵是迟钝的，这样的心灵是麻木的、缺乏感受力的，它无法做出反应，因为它的全部时间都用来进行抵制和排他了，它的所有能量都浪费在了分神和专注之间的冲突中。它已经丧失了自身的弹性与展现荣光的能力，所以它是一个衰退的心灵，无法做到迅捷和柔韧。因此，冥想不是专注。

冥想也不是祈祷。请审视一下，在祈祷的时候，我们都做了些什么呢？当我们祈祷时，心理层面实际发生的是什么呢？我们所说的祈祷，究竟是什么意思呢？重复某些语句、哀求、恳请。当我祈祷时，我恳求某个更加高等的实体、更加高等的智慧去扫清我的迷障，带我走出困境，帮助我认识某个问题，或是给予我慰藉和幸福。因此，祈祷通常意味着哀求或恳请，要么是希望被帮助着摆脱自身的困境，要么是得到某个回应和解答——稍后我会来解释这个的。我不知道你是否祈祷过，或许有些人曾有过祈祷的经历。那么，当你祈祷的时候，会发生什么呢？不要说什么这是一派胡言而否认它，理由是成千上万的人都祈祷过，他们一定收到了某个回应，否则他们是不会去祷告的。让我们来探明一下这回应是否是真理。

在你祈祷时，会发生什么？通过重复某些话语，通过反复念诵咒语，心灵会变得安静下来。所以，祈祷的一部分作用，便是麻醉心灵，使其步入宁静，原因在于，当心灵安静下来时，它便能够去接受。也就是说，盘腿而坐或是双膝跪下，两手合十，反复念诵某些话语，心灵自然就会慢慢沉淀、安静下来。在这种安宁的状态中，它便有了接受的能力。那么，它所接受的是什么呢？它收到了它所寻求的回答，尔后我声称，神跟我说过话了，我的祷告得到了回应，我已经找到解决我那些困难的法子了。于是我便认为，我在祈祷中发现了实相。然而，实际发生的情形是怎样的呢？那焦灼不安的表层的意识，变得安静下来，在这种宁静的状态里，它可以接收到潜意识的暗示以及来自于我所渴望的那些事物的暗示。这些回应能够源于神或实相吗？很明显，我们怀有一种极为不寻常的观念——即认为神对我们分外的关心，以至于，当我们因自身的贪婪、嫉妒、暴力而把世界弄得一片混乱的时候，我们只需要去祈祷，神便会回应我们。希特勒就是这么祈祷的，天主教徒就是这么祈祷的，同盟国就是这么祈祷的——这个国家也是这样向神祷告的。这其中区别何在呢？我们全都渴望收到某个让人满意的回应或解答，而由于祈祷是一种获得满足的手段，因此回答也将是令人满足的，不管你把它叫做来自心灵的声音还是实相的声音，它都是令人满足的。所以，祈祷是一种让心灵安静下来的手段，以便找到或得到满足。只要心灵寻求满足，它就不是在探寻实相。只要心灵寻求着慰藉、庇护，它就无法接受未知，它能接受的只有已知，即它自己的自我投射。这便是为什么祈祷会带给人满足，为什么它会得到令人满意的回答。

因此，专注不是冥想，祈祷不是冥想，显然也不是投入的冥想。什么是你全身心投入的对象呢？当你说"我本性虔诚，我投身于某个事物"，你所谓的投入是指什么意思呢？你投身于某个反过来会令你获得满足的事物，你不会投身于某个会带来麻烦的事物。你投身于能够带给你愉悦、满足、安全感和幸福感的事物，能够让你变得感性的事物，你所投入的那个事物，其实是你自己的投射。你投入的对象，让你感到某种微妙的满足，所以，你所谓的投入，并不是冥想。

那么，何谓冥想呢？如果专注、祈祷、投入皆非冥想，那么什么才是冥想呢？很明显，认识自我，便是冥想的开始。认识你自己，就是在行动中去觉知自身，即看一看，当你全神贯注、当你进行祈祷、当你投身于某个对象的时候，实际发生的是什么。它是一个你去发现自我、探明自我的过程。只有在关系即行动中，你才能发现自我。毕竟，假若你意识到了在你专注之时所发生的是什么，那么你就会探明自己的思考方式了。当你对专注展开探究时，你便开始在行动中发现自我，于是，通过专注，你开始认识了自己。同样的，在你进行祈祷或者在你感觉到无比投入的时候，你应该着手在行动中去认识你自己。一旦你懂得了祈祷和投入的全部涵义，你就开启了认识自我的大门。所以，当你沿着有关专注、祈祷、投入的思想过程一路探寻时，你便是在同这些事物的关系中去发现你自己——所有这一切，就是冥想的过程。

因此，冥想是认识自我的开始——认识自己的本来面目，而不是应有面目。渴望变得如何如何，妨碍了你去认识自己的本相。冥想即觉知，不去谴责任何想法、感觉、词语。在你去谴责的那一刻，你就会让其他的思想过程运作起来，于是也就停下了自我发现的脚步。毕竟，正如我所说的那样，冥想是一个自我发现的过程，这种自我发现是没有止境的。所以，冥想是一种永恒的、无限的过程。要想认识那无法言说的永恒、未知，就必须充分了解思想的过程，你只有在关系里才能认识它，而不是在抽象事物或孤立中。不存在所谓的孤立、隔绝这回事儿，即使一个人坐在一间封闭的屋子里头，或是退隐到山林，他也依然还是活在关系里，他无法逃离关系。唯有通过关系，我才能认识我自己，并因而懂得怎样去展开冥想。

冥想是认知的开始，冥想将开启自知的大门。没有冥想，就没有自知；没有自知，也就不会实现冥想。所以，你应该着手去认识你是谁。如果不从近处开始，如果不去认识你日常的思想、感受和行动的过程，你将无法达至远方。换句话说，思想必须了解自身的运作。当你在运动中认识了你自己，就会发现，思想从已知移向已知。你无法去思考未知。你的已知并不是真实的，因为，凡你所知，皆在时间的领域之内。挣脱时间的罗网，才是需要重点关注的，而不是去思考未知，原因在于，你无法去思考未知。你的祈祷所收到的回应，也是属于已知的范畴。若想接受未知，意识本身就必须变成未知。意识是思想过程的产物，是时间的产物，这一思想过程必须终止。头脑无法去想到那永恒的、无限的事物，所以，思想必须摆脱时间的制约，必须消除掉意识的时间的过程。只有当思想彻底走出了昨天的羁绊，并因而不把现在作为走向未来的手段，那么它才能够达至永恒。已知的事物同未知没有任何的关联，因此，你不会向未知祈祷，你不会去专注于未知，不会投身于未知的事物。所有这一切都毫无意义，有意义的是去探明意识是如何运作的，也就是在行动中去认识你自己。所以，我们在冥想中应该关注的是认识自我，不单单是表层的意识，而且还包括那些暗藏的、内在的意识。如果没有认识所有这一切并摆脱其限定，那么你就无法超越意识的局限。这就是为什么思想过程必须要终止的缘故了，而为了停止思想过程，就得实现对自我的认知。因此，冥想是智慧的开始，而所谓智慧，便是认识一个人自己的头脑与心灵。

这是有关生死的问题，因为，假如你理解了我所说的，你的生活就将发生变革，就将迎来全然不同的体验。但倘若这仅仅是口头的、随便的消遣逗乐，那么你就会只是继续不受干扰地聆听。可如果你懂得了如何去聆听，你便会有很大的转变，于是也就能够实现变革。因此，先生，请不要只是聆听话语，因为话语并没多少意义。然而，我们大部分人都活在没有任何实质意义的词语之上，我们无法做到没有词语的思考。没有词语的思考便是无为式的思考，这是思考的最高形式。当词语十分重要的时候，当词语即目时，是无法实现这种思考的。以"神"这个词语为例。在你使用"神"这一词语的时候，你会感到格外的兴奋，你的心灵会为之颤抖不已，这意味着，重要的是这个词语，而不是它所指代的事物，于是你便被困在了词语的罗网之中。一个寻求实相的人，不会把词语同它所指代的事物弄混淆。

如果我回答另外一个问题,希望你们不要介意。

问:对某个事物、某个人或是某个观念感兴趣,难道不会带来一方面毫不费力,一方面却又能全神贯注于感兴趣的对象上吗?

克:我之前没有看到这个问题,所以我打算跟你们一起来展开思考。如果我没理解错的话,这位提问者想知道,当一个人对某样东西感兴趣的时候,难道不会做到一方面毫不费力,一方面又能全神贯注吗?也就是说,当我感兴趣于认识某个问题,并且把注意力投注在它身上,这种注意力难道不是完完整整的、没有分神吗?第二个问题是,假如一个人怀有兴趣,不就可以做到毫不费力了吗?

我们所说的兴趣是指什么意思?我们能否诚实地说,我们只对某一个事物感兴趣呢?显然,这不是真话。我们对许多的东西都有兴趣,我们的注意力有时候集中在一个事物上,有时候又转移到了另一个事物上。只要有某个兴趣吸引了我们的注意,就会出现分神,尔后我们会去关注,这就是实际的情形。意思便是说,我有多个兴趣,我是一个有着好几张面孔的个体,我从这些兴趣当中挑选出了一个,认为它将对我有所裨益。当我这么做的时候,会发生什么呢?当我集中注意力的时候,我实际上是把其他的兴趣都排除在外了。很明显,一旦我把注意力放在某一个兴趣上头,我的注意力就是排他性的,因此,尽管我对其他许多事情都感兴趣,但我努力把它们都剔除在外。也就是说,我兴趣多多,我从中挑选出了某一个兴趣,然后努力让自己的注意力集中在它身上,当我这么做的时候,我便制造出了抵制,这意味着一种斗争的状态、痛苦的状态。只有当我认识了所有的兴趣,不去挑选出某一个兴趣、排除其他,才能做到不费力气。因为,毕竟,你并不是由某个单独的兴趣构成的,你是由许多易变的、多样的兴趣形成的一个整体。这些兴趣总是改变着,从中挑选出一个,让你的思想集中在它身上,这么做是让思想变得狭隘、琐碎、排他,这样的心灵无法实现觉知。但如果心灵在每时每刻每一个兴趣出现时,都懂得了它的涵义,那么它便能够做到广泛的觉知和感知。

立刻看一看在这个大厅里发生的情形吧。你注意到了我所说的，你不是排他性的，对吗？你正在聆听关于"当下实相"的真理，这是一个显见的事实，所以你的觉知是广泛的，而不是局限的。你只是让自己去看，去享受，不做丝毫努力，但你的注意力完全集中，没有任何抵制或排他。假如你去探究一下，会发现这是极为非凡的。我们是广阔的，可又能够去注意那某一个。专注于某一个，破坏了广泛的觉知，但倘若你实现了广泛的觉知，那么你就能够在不做任何抵制的情况下去注意某一个事物了。我不知道你是否洞悉了这里面的美。先生，这是爱，不是吗？爱是广阔的，所以，你能够将爱给某一个事物。然而，我们大多数人都不拥有这种广阔的、博大的爱，结果我们便只爱某一个，而这种单独性将我们摧毁掉了。

因此，不费力气的专注是存在的。当多变的、多样的兴趣被放在一起，当我们认识了它们，那么，单单这种专注本身就可以带来觉知。可一旦注意力集中在某一个兴趣上面，把其他的兴趣统统排除在外，这种全神贯注就是排他性的、破坏性的，它让心灵变得狭隘，因此是一个导致退化的因素。狭隘的心灵或许可以产生立即的结果，但它无法实现广泛的认知，可一旦心灵迈入广阔之境，它便能够将那一个囊括其中了。假如有抵制，那么心灵就无法拥有这种弹性、柔韧和迅捷，所以，一个人必须去觉知和认识那许多的兴趣，而不要去加以抵制。当每一个兴趣出现的时候，去查看它，不要谴责，也不要辩护，就只是去探究它，充分地、彻底地吸收它。无论它是对性爱的兴趣，是想要出人头地的欲望，还是任何其他的兴趣，这都无关紧要。探究每一个兴趣，感知它的涵义，认真思考它，尔后你将发现，心灵能够广泛地觉知每一个兴趣，无需一步一步地探究便可以立即领悟其涵义了。显然，这样的心灵对于认识实相是不可或缺的，因为实相不是排他性的。

心灵是排他性的，原因是我们训练它仅仅去应对某一个事物，强迫它集中在某一个兴趣上面，而将其他兴趣排除在外，于是它便无法接受那无限的事物。虽然你可以阅读关于无限的书籍，重复你所读到的内容，可是，通过这么做，你不过是在催眠自己罢了。但倘若你能去查看每一个兴趣，既不去谴责，也不做辩护，不去认同你自己，倘若你能够觉知到它的全部内容，那么你将发现，获得了自由的心灵，可以做到快慢皆宜。这就好像一部马力强劲同时又非常平稳的引擎——尽管它能够以极快的速度运转，但也可以十分的缓慢。唯有这时，心灵才能够接受到实相的暗示。然而，一个排他的、局限的、狭隘的心灵，永远无法认识永恒。认识永恒，即认识自我。当兴趣多多的时候，我们必须在每个兴趣出现时去认识它，唯有这样，方能迎来自由，而实相便会在这种自由中被发现。

(第二场演说，1948年11月28日)

认识自我就可以终结痛苦

由于这是最后一次演说，所以，假如我简要概括一下我们在过去的六周时间里所讨论的内容，或许会比较好一些。我们的生活充满了如此多的各个层面的问题，不仅有生理上的问题，而且还有一些更加隐蔽、更加错综复杂的心理问题。我们不去解决那些心理层面的问题，抑或甚至不去试图认识它们的细微之处，而是仅仅想着去重新调整它们带来的结果。我们试图去调和它们造成的结果，却没有真正认识导致这些结果的原因。所以，在我看来，认识心理上的冲突和悲伤要更加重要，因为，单纯地调和结果与影响，无法深入地、最终地解决产生出来的问题。若我们只是重新调整那些结果，而没有理解导致这些结果的心理斗争，自然就会引发更多的冲突、敌对与混乱。因此，当我们认识了那些带给我们幸福的心理因素，或许便可以创造出新的文化和新的文明了。我认为这是绝对能够实现的，但它必须要从我们每一个人开始做起，原因是，毕竟，社会就是我同你的关系以及你同他人的关系。社会是我们的关系的产物，没有认识关系即行动，冲突便不会终止。所以，应该充分认识关系及其原因和结果，尔后我才能够去改变我的生活方式，或者让我的生活方式发生根本性的变革。

我们关心个体的问题以及自身心理的痛苦，一旦认识了个体的问题，我们自然就能重新调整其结果了。但我们不应该从结果开始着手，因为，毕竟，我们并不是活在结果的层面上，而是活在更为深层的原因上。所以，我们的问题在于，如何去认识个体身上的痛苦和冲突。仅仅口头上去解释痛苦，仅仅依靠单纯的智力去认识到痛苦的原因，都无法消除痛苦，这是一个显而易见的事实。然而，我们大部分人都活在词语的层面，由于词语变得如此重要，因此我们很容易满足于解释。我们阅读《薄伽梵歌》、《圣经》或是其他对痛苦之因做出解释的宗教书籍，我们很满意，我们用这些解释去消除痛苦。词语已经变得比认识痛苦本身更加重要了，但词语并不等于它所指代的事物。再多的解释、再多的理由，也无法让一个饥肠辘辘的人填饱肚子，他想要的是食物，而不是对食物的解释或是食物的味道，他很饿，他必须得有可以填饱肚皮的东西。我们大多数人都满足于对痛苦的原因所做的解释，因此，我们并不认为痛苦是一件必须要彻底消除的东西，是必须要被认识的我们身上的一种冲突。一个人要如何去认识痛苦呢？只有当解释沉淀，当他认识了各种逃避并将它们抛到一边，当他洞悉了痛苦中的实相，才能理解问题。然而你发现，你不希望去认识痛苦，你逃到俱乐部里，你看报纸，你做礼拜，去寺庙，投身政治或社会公益——而不是去直面实相。所以，培养起各种逃避，变得比认识痛苦更加重要。若想意识到自身的逃避以及不再去逃避，需要一个充满智慧的心灵，一个格外警觉的心灵。

我已经解释过，冲突无法带来创造性的思考。要想富有创造力，要想生产出你需要的东西，心灵就得处于宁静、充实的状态。假如你想要去写作，想要充满奇思妙想，想要探究真理，那么冲突就必须停止。可惜，在我们的文明里，逃避变得要比认识冲突更为重要。各种现代的产物帮助我们去逃避,逃避,是彻头彻尾的丧失创造力——它是一种自我投射,这么做并不能解决我们的问题。能够消除我们问题的,是停止逃避,与痛苦共存,因为,毕竟,要想认识某个事物,一个人就得对它投入全部的注意,分神只是逃避罢了。认识逃避,也就是通过洞悉逃避的荒谬,从而不再去逃避,领悟痛苦的全部涵义,这便是认识自我的过程。没有认识自我,没有从根本上认识你自己——不是仅仅认识你的行动的表面结果,而是认识自身的全部过程——如果没有实现这种自我认知,那么思想便无根基。你可以像一部留声机那样重复,但你不会成为音乐家,你的心中不会有歌曲吟唱。

所以,单单通过认识自我,就可以让痛苦走向终结。毕竟,痛苦的涵义是什么——不是作为口头上的解释,而是作为事实?痛苦是怎样产生的,不是单纯的科学观察,而是实际发生的情形?显然,为了有所探明,就必须怀有不满的火焰。要想探明,一个人就得燃起不满的火焰。可一旦有了不满——我们大多数人都是不满的——我们就会找到解决不满的捷径。我们变得出人头地——当上了职员、官员、部长大臣或是其他你所希望成为的角色——用这些东西来浇熄不满的火焰。我们在生理与心理上都渴望获得安全,我们希望得到安全,不愿受到干扰,我们想要获得确定感。只要心灵寻求确定、安全,就不会有不满的火焰。我们大部分人都把生命花在了这上头,我们全都在寻求安全。很明显,必须得有生理上的、物质上的安全,诸如食物、衣服、住所——然而当我们寻求心理上的安全时,这一切就会遭到否定——心理安全是一种通过物质必需品的自我扩张。一个房子本身并不重要,它不过是个遮风挡雨的住所,但我们把这房子当成了自我扩张的手段。这就是为什么财产会变得格外重要的缘故,于是我们便建立起了一种无法公平分配生活必需品的社会制度。

所以,不满是动力、是创造力,推动我们向前。假如我们可以认识不满,不去寻求确定感以及心理上的安全,从而熄灭掉这不满的火焰,如果我们可以让不满之火熊熊燃烧下去,那么我们的问题就会变得简单了。因为，正是不满具有创造力，正是不满使得我们由此能够向前迈进。可一旦我们浇熄了这团不满之火，抵制它，把它藏起来，那么心灵就只会关心怎样去协调结果，不满不再是继续前行、探究未知的手段。这便是为什么每个人真正认识自我是如此的重要了。探究自我，并不是结束，而是开始，原因在于，认识自我永无止境——它是一种持续不断的运动。假如你格外仔细地观察一下自己，会发现，没有某个时刻你可以声称"我已经理解了我自己的全部"，这就好像阅读浩繁的书海一样。一个人越是探究自我，就会有越多探究的必要。因此，自我的运作是永不停歇的，这个自我不是高等的或低等的，而是时时刻刻的自我及其行动、想法和言语。认识自我，将会开启智慧之门。在认识自我的过程中，一个人会发现一种彻底宁静的状态，心灵不是被动地处于宁静，而是它本身就是静寂的，只有当心灵迈入静寂，当它不为思想过程所困或者忙于自身的产物——唯有这时，创造力、实相才会登场。正是这种创造力、这种对于实相的领悟，才能解决我们的难题，而不是去寻求问题的答案。

所以，自知是冥想的技巧，没有自知，就不可能展开冥想。自知无法从书本或上师、老师那里获得。自知要从每时每刻了解自己开始做起，这种认知要求一个人在任何时刻都要对每一个想法投以全部的注意力，因为，当你去谴责或辩护的时候，就无法做到全神贯注。当心灵去谴责或辩护，它所做的，要么就是去排拒它所感知到的事物，要么就是去逃避。责备一个孩子，要比了解他容易得多。同样的道理，当某个想法出现时，把它放到一边或是压制它，要比对它投以完全的注意从而探明其全部涵义容易许多。因此，问题在于认识自我，只有当一个人既不去辩护，也不去责难或抵制的时候，他才能够正确地解决问题——尔后你将发现，问题会像一张地图那样彰显出自己的全部涵义。

要想发现永恒，就必须认识意识的过程。你无法去思考未知，你只能够思考已知。凡已知的皆非真实，实相是无法被思考、冥想、描画或构想出来的。如果能够如此，那么它就不是真实的，因为它不过是意识的投射罢了。只有当思想过程停止，当意识处于绝对的静寂——唯有通过认识自我,才能迎来静寂——才可以认识实相。消除我们的问题的,是实相,而不是我们狡猾的分心与构想好的逃避。

我这里有几个问题,我将试着尽可能简洁、清楚地回答一下。

问:我的父母很正统,他们很依赖我,但我自己不再相信他们的传统了,那么我要怎样应对这样的局面呢?这对我来说实在是一个棘手的问题。

克:一个人为何不再相信传统呢?在你声称"我已经不再恪守传统"之前,你难道不应该去探明一下原因何在吗?是否是由于你意识到,传统不过是一种没有多少意义的重复,是一个人生活的框架,因为他害怕去超越和发现呢?抑或,你放弃传统仅仅是一种单纯的反应,原因是,现在时兴的事情便是去抵制旧的、古老的东西呢?你是否还没有去认识传统就加以抵制了呢?——这仅仅是一种反应罢了。如果情况是如此,那么就会截然不同了,会带来另外一个完全不同的问题。但倘若你之所以不再恪守传统,是因为你发现,一个为传统、习俗所囿的心灵是无法实现觉知的,那么你便懂得了传统的全部涵义。

我不知道你是哪一种做法:你要么保护、维持传统,要么抛弃传统,又或者,传统是很自然地离你而去的,因为你已经认识了它。假若情况是后者,那么你对自己身边那些传统的人负有什么责任呢?你是否应当屈服于他们的传统,因为他们是你的父母,他们会在家里大哭大闹,给你带来麻烦,骂你是不孝之子?你应该向他们妥协吗,因为他们会不让你安生?你的责任何在?如果你屈服的话,那么你对传统的认知就毫无意义,尔后你会息事宁人,你不想惹麻烦。然而很明显,你应该有麻烦,变革是必需的——不是那种流血式的革命,而是心理层面的变革,它要比单纯的外在效果的变革重要得多。我们大多数人都害怕发生根本性的变革,我们向父母屈服,说道:"世界上的麻烦事已经够多了,为什么我还要添油加火呢?"但是很显然,这并不是解决问题的答案,对吗?当一个人有了麻烦的时候,应该把问题敞开,应该去探究它。仅仅接受某个态度，因为父母将会让你不安生、把你赶出屋子而做出让步，并不能带来思想的澄明，这不过是把冲突藏起来、压制起来，而受到压制的冲突，犹如心理系统的毒药。

如果你同你的父母之间关系紧张，那么，若你想要过得快乐、富有活力与生机，你就必须直面这种冲突。然而，我们大部分人都不愿意过一种充满活力的生活，都满足于麻木、沉闷的状态，所以我们说道："好吧，我让步。"毕竟，同他人的关系，尤其是跟父母或孩子的关系，是一件格外困难的事情，因为对我们绝大多数人而言，关系是一个满足的事情，我们不希望关系里出现任何麻烦。显然，一个在关系里寻求满足、满意、慰藉、安全的人，不再拥有鲜活的关系，他让关系变成了一个毫无生机的东西。毕竟，什么是关系呢？关系的作用何在呢？很明显，它是我发现自己的途径，关系是一种自我揭示的过程。可如果自我揭示是令人不悦的、不满意的、使人烦忧的，我们就不希望进一步地去探究自我了。于是，关系仅仅变成了交流的手段，因此也就变成了毫无生机的东西。但倘若关系是一个积极的、活跃的过程，在这一过程里蕴含着自我揭示，在这个过程里，我就像照镜子一般地发现了自我，那么，关系不仅会带来冲突的干扰，而且也会带来澄明和愉悦。

那么问题便是：当你不再恪守传统的时候，你对那个依赖你的人负有何种职责呢？随着年岁渐长，你会变得越来越保守、传统，也就是说，由于你知道自己不久将会走向生命的终结，你不晓得在生命的另一端等待你的是什么，于是你便会去寻求安全和确定。可是，一个一味地去相信但却缺乏认知的人，显然是愚蠢的，你应当鼓励愚蠢吗？信仰导致了敌对，信仰的本质便是界分：你相信某个东西，我相信其他的，你是位共产主义者，我则是个资本主义者，这仅仅是信仰的问题；你自称是印度教教徒，我说自己是穆斯林，我们彼此杀戮。所以，很明显，信仰是一个让人们之间相互敌对的诡计。意识到了所有这些因素，那么你的责任何在呢？一个人能建议他人去做什么吗？你和我可以展开讨论，然而在探究之后，是你自己应该去有所行动。要想展开探究，你就得投入注意力,就得直面你的决定带来的后果,你不可以把它留给我或是其他任何人去处理。这意味着,你认识了困难并且十分愿意去直面这些困难,例如被撵出家门、被骂做是不孝子以及所有其他的麻烦。这表示,对你来说,传统毫无意义,重要的是真理,即认识问题,于是你做好了直面困难的准备。可我们大多数人都不渴望那种由真理带来的澄明的幸福,我们想要的是单纯的满足,因此我们妥协,说道:"好吧,我会照着你希望的去做,但是看在老天的份上,请让我一个人待一会儿!"这么做,你将永远无法创造出新的文明、新的社会。

问:现代知识分子普遍认可的结论是,教育者是失败的。那么,那些职责为教书育人的人们,其任务是什么呢?

克:这里面包含了好几个问题,要想认识这些问题,一个人就必须展开格外审慎的探究。首先,你为什么生孩子?仅仅是因为意外,始料未及吗?你生孩子,是为了有人继承你的姓氏、头衔、财产吗?还是说,你是因为心中有爱,才会生儿育女的呢?究竟是哪一个原因?如果你只是把孩子当作玩具,抑或你感到孤单,而孩子可以帮助你排遣这孤单——那么孩子就会变得无比重要,因为他们是你的自我投射。但倘若孩子不是单纯的消遣的工具或是意外的结果,倘若你真的热爱他们——这里的热爱是从词语的深层涵义上来讲的,爱某个人,意味着同他充分的交流、融合——那么教育就将具有截然不同的涵义了。假如为人父母的你真正爱你的孩子,你就会发现,他们将得到正确的教育。换言之,孩子应该被帮助着成为一个拥有智慧与感受力的人,一个心智具有高度适应力与柔韧性的人,一个能够去应对任何状况的人。显然,只要你真的爱你的孩子,那么,作为父母的你就不会去拥护国家主义、民族主义了,你不会从属于任何国家、任何组织化的宗教。因为,很明显,如果你是国家主义者,如果你崇拜国家,你就势必会毁灭你的孩子,原因是,你将成为战争的罪魁祸首。要是你真的爱你的孩子,你便会探明你同财富的正确关系应该是怎样的,因为,正是占有的本能给予了财富如此重大的意义，从而让世界走向毁灭。若你真的爱你的孩子，你就不会从属于任何宗教，原因在于，信仰导致了人与人之间的敌对。只要你热爱自己的孩子，你就会去做所有这些事情。所以说，这是一个方面。

另一个方面就是，教育者需要受到教育。你教育孩子的目的是什么？是让他们成为职员抑或受到崇拜、赞美的职员，地方长官、工程师、技师吗？生命的全部，是否就只是受到崇拜的职员、技术人员、机械师，就是把人变成炮灰吗？教育的目的和意图是什么？是生产士兵、律师、警察吗？显然，士兵、律师、警察的职业，对于正派之人来说并不是正确的谋生之道。（笑声）请不要一笑了之，一笑而过，你便把问题抛置到了一旁。你将发现，这些职业不会有助于人类的福祉，尽管它们或许在一个已变得腐朽的社会中是必要的。所以，你必须首先探明为什么你要生孩子，你教育他们的目的何在。如果你只是想把他们教育成为技师，那么你自然会找到最优秀的技师来教育你的孩子，他会被打造成一部机器，他会训练自己去遵循某个模式。我们的生活、我们的努力、我们的幸福，难道旨在变成发明、制造新的毁灭人类的工具的技师、坦克或飞机专家、科学家、物理学家吗？因此，教育是你的责任，不是吗？那么你希望你的孩子成为什么，抑或不成为什么呢？生活的目的何在呢？假若它仅仅是为了去适应某个体系，为了某个政党而淹没掉自己，那么这将会非常的简单，于是你需要去做的，就只有遵从和适应。但倘若生活意味着过一种正确、充实、快乐、感性的人生，就应该有截然不同的教育，这种教育，旨在培养感受力、智慧，而非单纯的技术——虽然技术是必需的。

因此，作为父母——天知道你们为什么成了家长——你们必须弄清楚自己的职责何在。先生们，你们爱得如此轻松，你们声称自己心中有爱，然而实际上你们并不爱自己的孩子。你没有感情。你接受社会的事件与局限，认为它们是不可避免的。你不希望去改变它们，不想带来革命，不想创造新的文化、新的社会。很明显，你的孩子将受到怎样的教育，这取决于你。正像这位提问者所说的，全世界的教育都宣告失败，它制造出了一场接一场的灾难，导致了越来越严重的破坏、血流成河、烧杀劫掠，显然，教育已经失败。如果你求助于那些专家、学者，让他们来教育你的孩子，灾难就一定会继续下去。原因是，专家们只关心局部而非整体，他们自己也是野蛮的。很明显，首要之举便是让爱的花朵绽放，因为，如果心中有爱，就能找到教育孩子们的正确方法。可是你看一看，我们全都只有头脑而没有心灵，我们培养着智力，我们的内心失衡得厉害——于是，怎样教育孩子便成为了一个棘手的大问题。显然，教师自己也需要接受教育——这个教师便是你，因为，家庭环境跟学校环境同样的重要。所以，你首先必须转变自我，尔后才能为孩子营造出正确的教育环境，原因在于，环境可以把他变成一个残忍的、毫无感情的技师，也可以把他塑造成一个觉知力敏感的、有智慧的人。环境就是你自己和你的行动；除非你转变你自己，否则我们生活于其间的环境、当前的社会，将不可避免地会对孩子造成危害，把他变成粗鲁、野蛮、愚蠢的家伙。

显然，先生们，那些对这个问题深感兴趣的人们，会开始着手去改变自己，并因而让社会发生转变，而这反过来又会带来新的教育方式。可惜你并非真正感兴趣，你会聆听所有这一切，然后说道："是的，我同意，但太缺乏可行性了。"你并没有将它当作一种直接的责任去对待，你实际上并不关心这个。如果你真的爱你的孩子，意识到战争迫在眉睫，正如它必然如此那样，那么你难道不会去找到制止战争的法子吗？你看，我们心中并没有爱，我们使用"爱"这个词语，但该词的内容不再有任何的意义，我们只不过在使用这个词语罢了，没有任何实际性的指代。我们仅仅活在词语的层面，于是，复杂的问题就在这里停住了，我们必须要直面它才对。不要说什么我没有向你指明一条出路，出路、方法就在你自己身上，就在你同你的孩子、你的妻子、你的社会的关系里。你就是那一线曙光，你就是希望，要不然的话，压根儿就没有办法解决这个问题。

看一看正在发生的情形吧。越来越多的政府在负责教育的问题，这意味着他们想要生产出有效率的人，要么是技术人员，要么是为战争服务，于是，孩子一定会受到严格的管制，他们一定会被告诉去思考什么，而不是怎样去思考，他们被教育着活在标语口号的层面上。那些掌权之士不希望受到干扰，他们渴望继续大权在握，因此，维系当权者的地位，在这里那里搞一些无关痛痒的小小变化，就成为了政府的主要职能。所以，你应当把所有这些因素都列入考虑之中，你必须去领悟生活的意义是什么，你为什么活着，为什么生儿育女，你必须探明如何才能创造出新的环境——因为，环境是怎样的，你的孩子就会变得如何。他会聆听你的谈话，他会重复成年人的思想和行为。所以，你应该营造出一个正确的环境，不仅是在家里，而且还在外面即社会。你必须建立起新的、与此前截然不同的政府，它不是建立在国家主义之上，不是各自为政的政府及其军队和种种杀戮民众的有效方法。这意味着，你必须懂得你在关系里的职责何在，只有当你爱着某个人的时候，你才能真正在关系里洞悉你的责任。当你的心灵是充实的，你便会顿悟了。这一点迫在眉睫——你不可以坐等那些专家到来，让他们告诉你该怎样去教育你的孩子。唯有爱着孩子的你才能寻到出路，因为，只有那些心灵空虚的人才会去寻求专家的帮助。

你已经听了所有这些话，那么你会有何反应呢？你会说："是的，很好，很好，应该这么做才对。不过，让其他某个人来开始好了。"——这实际上表明你并不爱你的孩子，你同你的孩子没有亲密的关系，所以你才看不到困难所在。你越是没有责任感，政府担负起的职责就会越多——政府是由极少数人构成的，是某个左翼的或右翼的党派执掌的。你自己必须要致力于此，必须要出力，因为我们正面临着一场重大的危机——不是耸人听闻的口头上说说，不是政治的或经济的危机，而是有关人类堕落、退化的危机。因此，这是为人父母的你的责任，你必须要转变自我，必须要看到这场劫难正在危险地逼近。我们相聚在此，却不去做些什么，又或者如果我们做了，我们只会去求助于某个领袖，然后把自己的身心完全地交付给他。当你追随领袖的时候，你将会出于自身的混乱和困惑挑选出他，于是领袖本人也会是困惑的，这是一个十分显见的事实。（笑声）请不要对此一笑了之——而是认真地去审视一下，看一看你正在做什么。去处理、应对这场我们已经身陷其中的骇人听闻的恐怖，是你的责任。但你却不去直面它，你离开了演讲大厅，然后做着跟昨天一样的事情。你觉得，当你询问有关教育的问题，把孩子交到某个会教育他、体罚他的老师的手里，你的责任便结束了。你难道没发现这一点吗？除非你爱你的妻子、你的孩子、而不是仅仅把他们当作工具或是令你感到满足的手段，除非你真正被这一切所触动，否则你将无法找到正确的教育方式。教育子女，需要你对生活的全部过程感兴趣。你的所思、所行、所言，无比的重要，因为，正是这些东西创造着环境，而环境又塑造着孩子。

问：婚姻是任何组织化的社会的必需部分，但您似乎反对婚姻制度。您的看法是什么呢？同时还想请您解释一下性的问题，为什么性会成为我们日常生活中仅次于战争的迫切难题呢？

克：提出一个问题很简单，难就难在十分仔细地去探究问题本身，而答案就蕴含在问题之中。要想理解这个问题，我们必须洞悉它所包含的诸多涵义。这并非易事，因为我们的时间极为有限，我将不得不简要地回答。如果你不仔细跟上我的思路，那么你或许就无法理解。让我们来分析一下问题本身，而不是去解答，原因在于，答案就在问题里，而非在问题之外。我对这个问题的认识越多，我对答案就洞悉得越清楚。假如你仅仅只是寻求答案，那么你将失望而归，因为你是在问题之外找答案。让我们审视一下婚姻，但不是停留在理论层面，或是把它当作一个理想去看待，这么做十分荒唐，我们不要把婚姻理想化，让我们审视它的本来面目，因为尔后我们就能对它做些什么了。如果你把它浪漫化，你便无法展开行动，但倘若你审视它，按照它的本来面目去看待它，那么你或许就能够有所行动了。

那么，实际发生的情形是怎样的呢？在人年轻的时候，性欲会很强烈，为了对这一欲望进行控制，你们便有了婚姻这种制度。双方都有生理上的欲望，于是你们便结婚了，生孩子了。你把自己的余生系在一个男人或女人的身上，这么做你便有了永久的愉悦的来源，你的安全便有了保证。结果却是你开始走向了衰退，你活在习惯的循环里，而习惯就是衰退。认识这种生理的、性的欲望，需要相当的智慧，可我们并没有被教育着成为一个理性的、睿智的人。我们只不过跟一个同自己生活在一起的男人或女人做爱罢了。我在二十岁或二十五岁成家，我不得不跟一个我并不了解的女人共度余生，我对她一无所知，可是你要求我的余生都得同她在一起。你把这个称作婚姻吗？随着年岁渐长以及慢慢的观察，我发现她跟我几乎没有什么共同点，她的兴趣与我截然不同，她感兴趣的是俱乐部，我感兴趣的是沉思。但我们生了孩子——这是最不可思议的事情。先生们，请不要看着那些女士发笑，这是你自己的难题。所以，我同我不知道的意义建立了关系，我既没有发现它，也没有认识它。

仅仅对极少数、极少数热爱婚姻关系的人来说，它才有意义，尔后它就会是牢不可破的，它不是单纯的习惯或方便，也不是基于生理的需求。在这种爱里面——爱是绝对的、无限的——两个人融合在了一起，希望、解救的良方便在这样的关系里。然而，对于你们大部分人来说，婚姻关系都不是交融性的。要想让两个单独的个体融合在一起，你必须认识你自己，她也必须懂得她自己，这意味着你们都得心中有爱。可惜你们的婚姻里没有爱，这是一个不争的事实。爱是鲜活的，不是单纯的满足或习惯，爱是绝对的、无限的。你并没有像这样去对待你的丈夫或妻子，不是吗？你活在你的世界里，她则活在她的世界里，你们确立了某种习惯，性的愉悦可以得到保证。在一个有稳定收入的男人身上，会发生怎样的情形呢？很明显，他将走向衰退。你难道不曾注意到这个吗？观察一个收入稳定的男人，不久你便会发现，他的心灵迅速地走向衰老。他或许会拥有很高的职位，很好的声誉，但生命的全部欢愉已经从他身上溜走了。

同样的道理，你有了婚姻，在婚姻中，你可以得到稳定的、长久的性的愉悦，你的婚姻不过是一种习惯，里面没有理解、没有爱，你被迫生活在这种状态里。我并不是说你应当去做什么,而是首先要审视问题本身。你觉得这对吗?这并不意味着你必须抛弃你的妻子,另寻他人。这种关系的意义是什么?显然,爱,便是同某个人去交流,可是你同你的妻子有交流吗,除了身体上的交流之外?你了解她吗,我是说除了身体的了解以外?她了解你吗?你们双方都活在各自的世界里,每个人都在追逐着自己的兴趣、欲望、需求,每个人都在从对方那里获得满足以及经济的或心理的安全,难道不是这样吗?这样的关系,根本不是真正的关系——它是一种心理、生理和经济需求的相互自我封闭的过程——结果便是冲突、不幸、唠叨、占有性的恐惧、嫉妒等等,这是显而易见的。你认为,这样的关系是否来源于丑陋的孩子和丑陋的文明呢?因此,重要的是去洞悉这整个的过程,不是将它视为某种丑陋之物,而是把它当作正在你眼皮底下上演的事实情形。意识到这个之后,你会怎么做呢?你不可以任其如此,但由于你并不想对它展开探究,于是你便去饮酒作乐,投身到政治活动中去,招妓,或是去干其他任何可以让你远离那栋屋子、远离那个唠叨不休的妻子或丈夫的事情——你自以为你已经解决了问题。这便是你的生活,不是吗?所以,你必须要做点什么,这表示,你应该直面问题,也就是说,如果有必要的话,应该打破这一切。因为,当一个父亲和母亲不断相互叱责、争吵不休时,你觉得这难道不会给孩子带来极为负面的影响吗?在之前有关教育孩子的问题上,我们已经思考过这一点了。

因此,作为习惯的婚姻,作为培养性愉悦的婚姻,是一种衰退性的因素,原因在于,这种习惯里面没有爱。爱不是习惯,爱是欢愉的、充满生机的、鲜活的事物。所以,习惯是爱的对立物,但你却为习惯所困,结果,你与另外一个人的这种习惯性的关系,自然是没有生命力的、僵死的。于是我们便重新回到了根本性的问题上头了,那就是,社会的变革取决于你自己,而不是依靠制定新的法律法规,立法只会导致更多的习惯或遵从。所以,作为一个有责任感的个体,你在关系中必须做点什么——你应该有所行动。只有当你的心智苏醒时,你才能展开行动。我看到你们当中有些人在点头，表示对我的话十分认同。然而，一个显见的事实便是，你并不希望对转变负起责任，你不愿意直面这场探明如何正确生活的剧变。于是问题继续存在，你的争吵也会继续下去，最后你走向了死亡。当你去世时，有人会垂泪，但这泪水不是为了其他人而流的，而是因为此后他将孤独一人。你们依然毫无改变，你们认为自己是万物之灵长的人类，能够去制定法律，能够身居要职，能够谈论神，能够找到解决战争的办法，诸如此类。这些事情毫无意义，原因是，你们并没有解决任何一个根本性的问题。

问题的另一个方面是关于性的，以及性为什么会变得如此重要。为何这种欲望会这般地掌控你呢？你曾经思考过这个问题吗？你并没有想过这个问题，因为你已经沉溺其中，你没有探明为什么会出现性的难题。先生们，为何会有这个难题呢？当你通过完全压制性欲的方法来应对的时候——如像终生不婚者等的主张那样——会发生什么呢？它依然存在。你憎恨任何谈论女人的人，你觉得你可以完全压抑自己身上的性欲，以这种方式来解决你的问题，但你却为它所困。这就好像住在一个屋子里头，你把自己所有丑陋的东西放在一个房间里，但它们并没有消失，依然在那儿。因此，训戒并不能解决性的问题——训戒是理想化、压抑、替代——因为你已经尽力了，但这不是出路。那么，真正的解决方法是什么呢？那就是去认识问题，所谓认识，便是不去谴责，也不去辩护。让我们用这种方法来审视问题吧。

为什么性在你的生活中会变成一个如此重要的问题呢？性行为，难道不是一种忘却自我的办法和感觉吗？你明白我的意思吗？性行为里面会有彻底的融合，在那一刻，一切冲突都完全停止了，你感到极大的快乐，因为你不再感到需要作为一个单独的个体，你不再为恐惧所累。也就是说，那一刻，没有了自我意识，你感觉到忘却自我带来的澄明、抛却自我的快乐。于是性就变得重要起来，因为你在其他方向上的生活充满了冲突、自我扩张和挫败。先生们，看一看你们的生活吧——政治的、社会的、宗教的生活——你们努力想要变得如何如何，努力想要出人头地，在政治上，你渴望成为大权在握的人，成为拥有地位和声誉的人。不要去看其他人，不要去看那些部长大臣们，如果把你放到那个位置上，你也会跟他们一样的。因此，你在政治领域不断努力着想要飞黄腾达，你不断进行着自我扩张，不是吗？结果你便会制造出冲突，你没有放弃掉那个"我"，相反，这个"我"不断得到强调。你同物即财产的占有上的关系也是同样的情形，宗教领域也是如此，你所做的事情，你的宗教实践，都没有任何意义，你仅仅只是在相信，你执着于、依附于那些标签和字眼。只要你观察一下，就会发现，你没有摆脱"我"这一中心意识获得自由。尽管你的宗教主张"忘我"，但你所做的事情却是不断地在宣扬你自己，你依然是重要的实体。你或许可以阅读《薄伽梵歌》或是《圣经》，可你还是部长大臣，还是剥削者，还是在榨取人民、建立庙宇。

所以，在每一个领域里，在每一个活动里，你都沉溺并强调着自我，强调着你的重要性、你的名望、你的安全。因此，只剩下一个忘记自我的来源了，那就是性，这就是为什么对你而言男人或女人会变得至关重要的缘故了，这就是为什么你必须去占有对方的缘故了。于是你便建立起了一个这样的社会，它强调财产、占有，并为你的财产和占有提供保证。当自我在其他所有地方都变得如此重要的时候，性自然就会成为一个最为关键的问题了。先生们，你们觉得，一个人能够生活在没有矛盾、没有痛苦、没有挫败的状态中吗？可一旦真的不去强调自我，无论是在宗教活动还是在社会活动里，那么性就会变得无甚意义了。正是由于你害怕自己将会是个无名小卒——在政治、社会或宗教领域——所以性才会变成一个问题。但倘若在所有这些事情里，你让自己缩小，尽量做到忘我、无我，放下我执，那么你会看到，性将不会再是一个难题了。

只有当爱登场的时候，才会有所谓的纯贞，当爱绽放，性的问题便会消失。如果你没有认识自己的头脑，认识你的头脑的运作，你就无法了解性，因为性是头脑的产物。问题并不简单，它需要的，不是单纯的形成习惯的实践活动，而是相当多的思索以及去探究你与人、与物、与理念的关系。先生，这意味着，你必须踏上探索自身心灵和头脑的艰辛之旅，并因而带来自我的巨大转变。爱是纯贞，当爱来临，而不是单纯的由头脑构想出来的纯贞的观念，那么性就不会再是一个问题，而将拥有截然不同的意义了。

问：在我看来，上师是能够让我醒悟到真理、实相的人。那么我同这样一位上师交谈又有什么不对呢？

克：之所以会提出这个问题，是因为我曾经指出，上师妨碍了我们去认识真理。不要说你错我对或是我对你错，让我们去探究一下这个问题，让我们像成熟、有思想的人那样去探寻，既不去否定，也不去辩护。

上师或你，哪一个更重要呢？你为什么要求助于上师呢？你回答说："为了醒悟到真理。"你真的是为了领悟真理才去追随上师的吗？让我们仔细地思考一下这个问题。显然，当你去到上师那里，你实际上是在寻求满足。也就是说，你有了某个难题，你的生活乱成一团、混乱不堪，你想要逃避这一切，所以便去求助于某个被人称为上师的人，你从他那里得到口头上的慰藉，或者逃避去独立思考。这便是实际发生的情形，而你把这个过程美其名曰为寻求真理。意思便是说，你渴望得到慰藉和满足，你希望有人清除掉你的困惑与混乱，你将这个帮助你找到逃避的人叫做上师。实际上，你求助于上师，是因为他向你保证说将会满足你的这些渴望。你搜索、追寻上师，就如同浏览橱窗一般，你看到了什么最适合你，然后便将它买下来。在印度，情形就是这样子的：你四处搜寻上师，当你找到了某位上师，你便紧紧抱着他的脚、脖子或手不放，直到他让你得到满足。碰一个人的脚——这真是一桩不可思议的事情。你抚摸上师的脚，却去踢打你的仆人，结果你便失去了人的意义。因此，你去到上师那里是为了寻求满足，而不是为了达至真理。从理想层面来说，或许他应当让你醒悟到真理，然而实际情形却是你获得了满足。原因何在？因为你说道："我无法解决我的问题，必须得有人向我伸出援手。"

有人能够帮助你解决由你自己导致出来的混乱和困惑吗？什么是混

乱？关于什么的困惑？关于什么的痛苦？在你跟物、跟人、跟观念的关系中充满了困惑与痛苦，假如你无法认识自己制造出来的这些困惑和混乱，那么其他人怎么可能帮助到你呢？他可以告诉你该做些什么，但你必须得自己去做才行，这是你自己的责任。你不愿意担负起这个责任，所以才会鬼鬼祟祟地跑到上师那里——这里使用"鬼鬼祟祟"一词是很恰当的——你以为自己已经解决了问题，结果恰恰相反，你压根儿就没有把问题给解决掉，你这只是逃避罢了，而问题依然存在。奇怪的是，你总是会挑选一位向你保证说将会满足你的渴望的人当上师，因此你不是在寻求真理，上师并不重要。你实际上是在寻找某个能让你的欲望得到满足的人，这便是为什么你会制造出一个领袖，宗教的或政治的领袖，然后把自己完全交付给他，这便是为什么你会接受他的权威。权威是邪恶的，无论是宗教的还是政治的权威，原因在于，至关重要的是领袖及其地位，而你是无关紧要的。你是个有着悲伤、痛苦和快乐的人，当你否定掉自己，把自己完全交付给他人，那么你也就把实相挡在了门外，因为，只有通过自身，你才能够找到实相，而不是依靠其他人。

你声称，你接受上师，将其视为能够让你醒悟到实相的人。让我们探明一下他人能否让你醒悟到实相吧。我希望你可以去探寻这一切，因为这是你的问题，而不是我的。让我们弄清楚他人究竟能否帮助你醒悟到实相。我已经滔滔不绝地讲了一个半小时，那么我能够让你醒悟到实相吗？"上师"一词的含义，难道不是指一个带领你达至真理、幸福、永远的极乐的人吗？真理，是一种他人可以带领你达至的东西吗？他人能够指引你去往某个地点。真理是否跟这一样呢——它是否是某个你可以被带往的永远静止不动的事物呢？只有当你为了得到安慰，出于自身的欲望制造出了它，它才会是静止不动的。然而真理并非静止不动，没有人可以带领你达至它，如果有人声称他能够办到，那么请务必提防他，因为这不是真的。真理时时刻刻都是未知的，它无法被头脑捕获，无法被构想出来，它不会停泊下来。所以，任何人都不能够带领你达至真理。

你或许会问我说："您为什么要在这儿发表演说呢？"我所做的一切，

只不过是在向你指明"当下实相"以及如何去认识本来面目,而非它的应有面目。我不是在谈论理想,而是在说实实在在就摆在你面前的事物,是为了让你去审视它、洞悉它。所以,你要比我更加重要,要比任何老师、拯救者、标语口号、信仰都重要,因为,你只有通过自己的力量才能找到真理,而不是依靠他人。当你重复他人的真理,那么它就会变成谎言,真理无法被重复。你能够做的,只有去洞悉问题的实相,而不是去逃避。当你按照事物的真实面目去看待它,而不是当你被他人强迫时,你就会开始觉醒。没有所谓的救赎者,除了你自己。一旦你怀有了直接审视实相的意图并投以关注,那么你的这种关注就会将你唤醒,原因是,关注涵盖了一切。若想投以关注,你必须投身于"当下实相",而要想认识"当下实相",你就得对它有所知。所以,你应该去看、去观察,应该全神贯注地去觉知到它,因为,在你给予"当下实相"的这种全部的注意力当中,涵盖了万事万物。

因此,上师无法让你觉醒,他所能做的,只有指明"当下实相"。真理,不是能够被头脑捕获的事物。上师可以给你话语,可以给你解释,给你意识的符号,但符号不是实相。如果你为符号、象征所困,那么你将永远无法寻到出路。所以,重要的不是老师,不是符号,不是解释,而是那个在探寻真理的你。正确的探寻,便是投以关注,不是去关注神或真理,因为它对你来说是未知的;而是去关注你同你的妻子、你的孩子、你的邻居的关系的问题。只要你建立起了正确的关系,你就会热爱真理了,原因在于,真理不是可以被购买的东西,真理无法通过自我牺牲或是通过反复念诵曼彻而来。只有当你认识了自我,才能迎来真理。自知会带来觉知,一旦有了觉知,问题便将不再。当问题消失时,心灵会迈入宁静,它不再被自己制造出来的那些东西所困。它不再受困于自己造出来的那些事物之中。当心灵不去制造问题,当它在每一个问题出现的时候立即就认识、理解了对方,便将迈入彻底的静寂,而不是被动的安静。这整个的过程便是觉知,它会带来一种不被干扰的宁静状态,这种宁静不是源于任何自我修炼、练习或控制,而是由于在问题出现时就认识了对方所带来的一种自然而然的结果。问题只会出现在关系里面,一旦认识了自己与物、与人、与念头的关系,心灵就不会有任何烦扰、不安了,思想的过程就是宁静的。在这种状态里面,既没有思想者,也没有思想,既没有观察者,也没有被观察之物。所以,思想者停止了,尔后,心灵不再为时间所囿。一旦没有了时间,那永恒之物就会降临。

然而,永恒是无法被思考出来的,意识作为时间的产物,无法去思考那永恒的、不为时间所限的事物。思想无法构想或表述那超越了思想的事物,当它这么做的时候,它所表述出来的东西,依然是思想的一部分。所以,永恒不属于意识、思想,只有当爱登场的时候,永恒才会到来,因为爱本身即是永恒。爱不是某种可以被思考出来的抽象事物,爱只有在你同你的妻子、你的孩子、你的邻居的关系里才会被找到。一旦你领悟到爱是无限的,它不是意识的产物,那么实相便会到来,而这种状态将是一种彻底的极乐。

(第三场演说,1948年12月19日)

PART 04

印度巴纳拉斯

想要摆脱痛苦，就应该从自身入手

在接下来的几周时间里，每个周日将会有一系列的演说，每周二、周四和周六则会展开讨论。在我看来，首先应该学会聆听的艺术，这是十分重要的。我们大部分人之所以聆听，是为了证实自己的信仰或是强化自己的意见，又或者，我们聆听，仅仅是为了去反驳，抑或是为了锻炼我们的智力，学习某种新的技术。然而在我看来，如果聆听只是为了巩固自己的信仰或是学习某种新的探究方法，那么这就是一种错误的聆听之道。不过，显然有一种正确的聆听的方法，尤其是去聆听某些可能有点陌生的新鲜事物，某些或许头一次听说的东西。当一个人听到新鲜事物的时候，他要么容易将其抛到一边，觉得无法理解，又或者很容易匆促做出判断。但倘若他能够格外留神地去聆听，那么他所领悟到的要远比仅仅通过自身的成见与印象去听多得多。

也就是说，假如我想要认识你所说的某个事物，那么我就应该不单单聆听口头的表述，而且还得聆听你想要去表达的内容。话语并没有多少意义，真正重要的是你想要去表达的东西。所以，交流要比口头表达重要得多，只有当两个人怀有相互理解的愿望，他们之间才能有真正的交流。如果你并不渴望去了解，如果你来到这里仅仅是为了去批评、表达、理智化，那么就不可能实现交流。但倘若你怀有认知的意图，我们之间便能产生深刻、睿智和广泛的交流了。我认为，意图、愿望，远比能够去进行哲学探讨、展开批评或是学习某种表达思想的新方法来得重要。在接下来的六周时间里，我将展开一系列的演说，这期间，你我必须实现真正的交流，这样我们才可以相互了解，认识彼此的问题和困难以及如何去应对生活中的冲突等等。因此，我们的关系，应该是建立在这种交流之上的。

我来到这里，并非只是为了做一系列的演讲，阐释我的理念，因为我不相信"理念"。理念不会转化，不会产生真正的革命，理念永远不会带来永久的、根本性的变革，而这种变革又是必需的——我们不久会在接下来的演说期间深入探究这个问题。

那么，如果我们想要展开探究，就应该——如果可能的话——试着去建立起一种交流的关系，但不是像演讲者和听众或者老师和学生之间的那种关系，因为这么做是很荒谬的。我们必须要应对自身诸多生活的难题，并且理解它们，因此我们应该格外仔细地、留神地去检视它们，这就是我们将要去做的事情。认识、理解，是指投入全部的关注。对于我们大多数人来说，困难在于我们总是试图去找到某个解决问题的答案。或许我需要稍微详细地阐释一下这一点。当我们有了某个问题，无论是社交上的、心理上的还是所谓精神上的问题，我们总是努力去找到解答，找到出路，努力想要摆脱那个问题，不是吗？假如你审视一下自己的问题，会发现，你的倾向便是去找到解决问题的方法，对吗？可如果我们懂得如何去审视问题，那么答案就将蕴含在问题之中，而不是在问题之外。所以，如果我可以强调一下的话，这便是我们在这些演讲期间所要做的事情。我不会给你们提供某个解答，好让你们去接受、去认同，或是当作一种新的行为模式去采纳。但倘若你我能够共同审视一下问题，洞悉它的涵义，那么或许我们就可以找到正确的答案了——答案不在问题之外，而是就蕴含在问题之中。

先生们，我们的问题是什么呢？我们当前所面临的难题是什么？是个体的问题呢，还是大众的问题？是某个国家、某个民族的问题呢，还是影响全世界、不限于任何种族或国家的问题？很显然，它并不是一个仅仅影响个体即"你"和"我"的问题，而是摆在全世界面前的问题，它是有关崩溃、衰微的重大问题。一切试验，社会学的和心理学的试验，都迅速丧失了它们的价值，战争的阴霾一直笼罩在我们的上空，到处都是阶级的或地区间的争斗，虽然一个人可以谈论和平，但备战始终存在着，这是我们每天都熟悉的情形，一种意识形态同另一种意识形态发生着冲突，左翼跟右翼对抗，诸如此类。

那么，这个世界性的重大问题，究竟是你的问题、我的问题，还是与我们无关呢？战争同你无关吗？国家的争斗同你无关吗？地区的纷争同你无关吗？腐败、衰退、道德崩溃——这些跟我们每个人都毫无关系吗？这种分崩离析与我们直接相关，因此，责任在我们每一个人的身上。很明显，这便是主要的问题所在，不是吗？让我换种方式表述好了，也就是说，问题是要留给那少数几个左翼或右翼的领袖，留给政党，留给某种意识形态，留给联合国，留给专家学者去解决吗？还是说，问题跟我们密切相关，这意味着，我们是对这些问题直接负有责任，还是不去负责呢？显然，这就是问题的关键所在，不是吗？你们当中许多人或许未曾思考过这个，所以对你们来说它可能相当的陌生，但问题是，个体的问题是否也是世界的问题，你是否能够对此做些什么，不是吗？——宗教的崩塌，道德的失范，政治的腐败以及只会带来衰退的所谓的独立。这是你的问题呢，还是说你想碰碰运气，抑或坐等发生某个奇迹从而带来变革呢？或者你要把问题留给某个权威，留给某个左翼或右翼的政党去解决吗？你会作何反应呢？你难道不需要去解决它吗，你难道不需要去处理它吗，你难道不需要对这种挑战做出积极的回应吗？我并不是口上说得漂亮，而是切切实实的，根本不存在辞藻华丽的问题——这是可笑的。我们始终都面临着挑战，生活本身就是一个挑战。我们是否要去回应挑战呢，我们根据什么限定去做出回应呢？当我们回应时，这回应能否应对那一挑战呢？

所以，要想应对这世界性的大劫难，这世界性的危机，这巨大而空前的挑战，我们难道不应该去探明自己将如何做出回应吗？因为，毕竟，社会便是你与我与他人之间的关系，没有任何社会不是建立在关系之上的，你、我以及他人是什么样子的，社会就会是什么样子的，这是显见的。那么，为了改变社会，为了带来彻底的、根本性的变革，我们难道不应该去认识你与我与他人之间的关系吗？原因是，很显然，我们所需要的就是一场革命，不是那种流血式的革命，不是单纯的观念的革命或是基于观念之上的革命，而是基本价值观的转变，不是依照某种模式或意识形态的变革，而是在认识了你与我与他人之间的关系即社会之后所出现的变革。因此，要想让社会发生根本性的、彻底的转变，那么我们的责任、我们每个人的责任，就是去探明我们对这一挑战的直接反应是什么，难道不是吗？我们是要作为印度教教徒、穆斯林、基督徒或是作为共产主义者、社会主义者去做出回应吗？这样的回应会有效吗？这样的回应会带来根本性的变革吗？我希望我把问题阐释清楚了。

如果你以印度教教徒的身份去对这一世界性的危机、这一新的挑战做出回应，那么你显然就没有理解该挑战，你仅仅是根据某个旧的模式对挑战予以回应，而挑战总是新的，于是你的回应也就没有相应的有效性和鲜活性。如果你是作为一个天主教教徒或是共产主义者来做出回应，你同样是在根据某种模式化的思想予以反应，难道不是吗？所以，你的回应没有任何意义。难道印度教教徒、穆斯林、佛教徒、基督徒没有制造出这个问题吗？新的宗教是崇拜国家，旧的宗教是崇拜理念，所以，若你根据旧的限定来对挑战进行回应，那么你的回应将无法让你认识新的挑战。

因此，若想应对新的挑战，一个人需要做的，便是让自己彻底挣脱背景的制约，以全新的姿态去迎接那一挑战。显然，只有当一个国家、一个文明、一个民族能够以新的姿态去迎接挑战的时候，它才能够幸存下来、持续下来，否则将会走向毁灭与死亡，这便是实际发生的情形。我们在技术上已经取得了相当的进展，然而在道德上、精神上却远远滞后，我们在缺乏道德上的力量的情况下去迎接着技术领域的飞速进步，结果冲突和矛盾便会始终不断。

所以，很明显，我们的问题在于存在着这种新的挑战，难道不是吗？所有的领袖都失败了——精神的、道德的、政治的领袖——领袖之所以总是会走向失败，是因为我们是出于自身的混乱、困惑挑选出这些领袖来的，于是，我们选出的任何领袖，不可避免地都会带着我们走向混乱。

先生，请务必懂得这里面的重要性，不要将其抛在一边。请意识到领袖是一种危险，不仅是政治的领袖，还有宗教的领袖。原因是，被我们选出来作为领袖的那个人，是我们出于自身的混乱与困惑挑选出来的。我倍感困惑，我不知道该做些什么，该如何行动，于是我便求助于你，由于我很困惑，所以我才会挑选出你。假如我思想清楚澄明，我就不会挑选你了，我无需任何领袖的指引，因为我的心中自有明灯照耀——我可以凭借自己的力量去思考问题。只有当我困惑的时候，才会去求助他人，我或许会把他叫做上师、圣哲、政治领袖等等，但我是因为自己的困惑、混乱才去找他的，我只会通过自己漆黑一片的混乱去查看事物。

假如一个人热切地想要去探究关于痛苦这一灾难性的难题，那么他就应该从自身开始入手。只有认识了我们自己，才能迎来一个富有活力和生机的世界，一个洋溢着幸福的世界，一个不再有虚幻的理想的世界。

问：您宣扬世界一统的思想，倡导一个没有阶级的社会，这是共产主义的基础。然而您的认可源于何处呢？对于新的变革，您有什么技巧可以建议吗？

克：你所说的认可是指什么意思？你指的是"我的权威是什么？"对吗？是谁给了我说话的权威？抑或，什么是我的标签？换句话说，你感兴趣的是标签、名号，你想弄明白是谁赋予了我权威，谁给了我准许，难道不是吗？这表示，你对我的标签更感兴趣，而不是渴望去探明我所说的话里面蕴含着什么真理，不是吗？先生们，你们是在聆听，还是在关注其他的东西呢？先生，这是一个相当重要的问题，让我们充分地探究一下，如何？

我们大部分人都会去欣赏或者遵循某个事物，因为它得到了权威的认可。某某人画了一幅画，所以它一定是幅杰作。某某人写了一首诗，他声名显赫，于是该诗定是上乘之作。他有一大帮子追随者，因此他的话必定是真理。换言之，你的认可取决于流行、成功、外在的表现，不是吗？所以，当你询问我说我的认可源于何处，你是想知道我是否是世界导师。而我要说的是,我们不要这么愚蠢了。我究竟是不是世界导师,这毫无关系,我认可什么,这根本不重要。然而,真正重要的是去检验一下我所说的,抛开权威的慰藉,完全凭借你自己的力量去探明。这便是为什么我会反对组织的缘故——因为组织在精神上制造出了权威的背景——这是理由之一——可一个寻求真理的人是不会去关心权威的,无论是书本的权威,比如《薄伽梵歌》、《圣经》,还是某个人的权威,他所寻求的是真理,而非某个人的权威。所以,只要你留意我的标签,想要弄清楚这个标签是否值得去崇拜、去聆听,那么我担心你和我是在浪费时间。因为,我没有任何权威,我只是在表述一些在我看来是真理的观点,我依靠的是直接的体验,而不是通过阅读某些书籍或是遵从、追随某个人。原因是,我从未读过所谓心理或宗教方面的书籍,我凭借的是我自己的直接体验。如果你希望去探究一下,我深表欢迎,但倘若你到处寻找标签,那么你是不会找到的。

可我担心我们大部分人都在这么做,这就是为什么你会提出"您认可什么"这个问题的原因了。由于我没有任何权威,所以我不会去扮演你或他人的上师、权威的角色。因此,假如你怀有兴趣,那么你应该直接地去聆听我所说的话,然后探明这里面的真理。这意味着,你必须让你的心灵挣脱一切权威的束缚,使其能够直接地、简单地去审视事物。

这位提问者还希望知道我有什么新的技巧可以建议。先生,让我们再一次地来认识一下"技巧"这个词好了。变革是技巧的问题吗?一场政治的变革、社会的变革,或许需要某些技巧,因为你可以遵循某种思想体系、意识形态去产生某个结果,而要想来带这一结果,你就得认识那一意识形态以及懂得把它付诸实施的方法——无论是共产主义的意识形态还是法西斯主义或资本主义的思想体系,你必须学习某个技巧来产生结果,可这是根本性的变革吗?技巧可以带来真正的变革吗?必须得有根本性的、彻底的社会变革,必须得转变一切。那么,作为方法、手段的技巧,能够让社会发生这种转变吗?还是说,个体,也就是认识了问题的你我,自身必须处于一种变革的状态呢?于是,他们对社会展开的行动就是革命性的,他们不是仅仅去学习变革的技巧,他们自己正处于变革之中。我表述清楚了吗?

所以,当你询问说我有什么变革的技巧,我的回答是,让我们首先审视一下你所谓的"技巧"一词指的是什么意思。你本身是具有革命性的,而不是仅仅试图去找到某种革命的方法,这难道不是更加重要的吗?你为什么不具有革命性呢?为什么你的身上没有一种新的生活呢?为什么你没有一种新的看待生活的方式呢?为什么你的心里没有一团熊熊燃烧的不满的火焰呢?为什么?原因是,一个彻底不满的人,不是仅仅对某些东西感到不满,而是从心底深处感到不满,所以他不需要任何变革的技巧。他就是革命,他对社会来说是一种危险,你将这样的人称作革命之士。那么,你为什么不是这样的人呢?在我看来,真正重要的不是技巧,而是让你成为一个革命之士以及帮助你醒悟到彻底变革的重要性。一旦你发生了转变,那么你就能够有所行动了,就会迎来那持续不断的鲜活,而这就是变革。

因此,依我之见,内在的变革、心理转变的重要性,要远远超过外在的革命。外部的革命,不过是一种变化,是一种经过了改变和修正的持续,而内在的转变却是永无止息的,它不会停止下来,它始终都在更新着自己。我们当前迫切需要的便是———一个彻底不满的民族,从而准备好了去洞悉事物的真相。一个自满的人,一个对金钱、地位、观念感到满足的人,永远无法领悟真理。唯有那感到不满的人,唯有那勇于去探究、询问、质疑和审视的人,才能够探明真理。这样的人,他的内心将会发生彻底的变革,继而他的各种关系也将发生转变。于是,他将开始去改变他的世界,即他与人们的关系,尔后他会影响自身关系的世界。所以,在我看来,仅仅寻求某个技巧或是询问我有什么好法子可以带来新的革命,有点儿离题万里了——或者说,你没有领悟到自身变革的重要性。而要想让你的内在发生转变,那么你就必须醒悟到、意识到你生存于其间的那个环境。

先生们,任何新的文化、新的社会,都必须从你们自己开始入手。

基督教、佛教或是任何其他的重要事物是如何开始的呢？它们全都开始于少数几个真正对理念、对那一感受满怀兴趣的人，他们将自己的心灵向新的生活彻底敞开，他们是核心、是起点，他们不是去信仰某个事物，而是在内心体验到了实相——关于自己所见到的事物的实相。如果我可以建议的话，你和我必须要去做的，便是凭借我们自己的力量去直接地审视事物，而不是依靠某种技巧方法。先生，你或许可以阅读一首情诗，你或许会读到什么是爱情，但倘若你没有体验过何谓爱，那么，无论你读了多少书或是学习了多少技巧，你都无法闻到那爱的芬芳。因为我们心中没有爱，所以才会去寻求技巧。我们疲惫不堪，我们饥肠辘辘，所以才会肤浅地去寻求所谓的技巧方法。一个饥饿的人是不会去寻找方法的，他只会寻找食物，他不会站在餐馆外面去闻食物的香气。因此，当你寻求技巧的时候，这表明你实际上并不饥饿。"如何"并不重要，但你为什么询问"如何"十分的重要。

所以，唯有当你认识了自我，才能迎来内在的变革、内在的不断的更新。你只能在关系里去认识自我，而不是在隔离的状态。正如没有任何事物可以活在孤立隔绝当中，你只有在关系中才能学会认识你自己，认识各个层面的你。由于关系充满了痛苦，始终处于运动之中，于是我们便希望逃避关系，希望在关系之外找到实相。殊不知，关系外无实相。一旦我理解了关系，那么这种理解、这种觉知本身就是实相。因此，一个人应该具有相当的警觉，应该处于醒悟的状态，始终去观察，对每一个挑战和暗示都抱持敞开的姿态。然而，这需要心智保持高度的觉知，不幸的是，我们大多数人都处于沉睡的、麻木的状态，都处于沮丧、挫败之中，尽管年纪轻轻，但一只脚已经踏入了坟墓。我们总是从获取的层面去思考问题，总是渴望有所得，因此我们从不曾真正地活着。我们总是关心所谓的结果，我们寻求着结果，而不是真正懂得生活真谛的人。所以，我们从不曾具有革命性。如果你直接地去关注生活本身，而不是有关生活的理念，那么你的内心将自觉自愿地发生转变，你自己就会是一场变革，这是因为你直面了生活，而不是通过话语、成见、意图、目的等一系列的屏障去认识生活。

一个直面生活的人，会处于一种不满的状态，你的心里必须燃烧着一团不满的火焰，唯有这样，你才能找到实相。正是实相，能够让你获得自由，正是实相，能够让意识从它的各种幻觉和创造物当中解放出来。然而，找到实相，向实相敞开，便是要怀有不满的火焰。你无法去寻求实相，必须是实相向你走来，可是，只有当心灵处于彻底的不满并且时刻做好了准备，实相才会到来。可惜我们大部分人都害怕不满，因为天知道这种不满会把我们带到何方，于是我们的不满被安全、确定以及小心翼翼规划好的行动给包围了起来，这样的心智状态是无法认识真理的。真理不是静止的，因为它是永恒的、无限的，意识之所以无法跟上真理的脚步，原因在于它是时间的产物，而凡是属于时间的东西，皆无法体验永恒。真理会向一个处于不满状态的人走来，但他必须不去寻求结果，因为，一个寻求结果的人，他实际上寻求的是满足，而满足，绝非真理。

(在甘地墓的第一场演说，1949 年 1 月 16 日)

唯有通过体验，才能发现事情的实相

一个人必须要区分由信仰引发的感受与体验本身。信仰显然有碍于体验，唯有通过直接的体验，而不是通过信仰，一个人才能探明关于事情的实相。信仰并非必需，而体验则是不可或缺的，尤其是在一个矛盾丛生、专家遍地的世界中，每一个专家都提供了自己的解答。作为普通人的我们，必须要去探明这一切混乱和痛苦的实相。所以，我们应该探究一下信仰是不是必需的，以及是否有助于我们去体验实相。

正如我们所见到的那样，世界分裂成了两大阵营：一部人相信物质生活是最为重要的——社会的物质生活，环境的改变，人对环境的重建——另一部分人则认为，精神生活才是至关重要的。极左的人相信环境的转变，还有一些人则主张，唯有人的精神生活才是最重要的。

现在，你和我必须要去探明有关这个问题的实相。依照实相，我们的生活才是正确的。专家们声称，环境居于首要地位，有一些人则主张精神才是处于优先地位的。你我应该去弄清楚这里面的真相是什么。这不是有关信仰的问题，因为，同体验相比，信仰没有任何的有效性。我们究竟应该强调哪一个呢，是环境还是精神生活？你我应该怎样去探明这个问题的真相呢？不是通过皓首穷经的阅读，不是通过去遵从左翼或右翼的专家，不是去遵从那些主张社会的物质生活最为重要的人，不是去研究他们的全部著作和专业知识，不是去遵从那些宣扬说精神生活是第一位的人或是去钻研其著作。显然，单纯地去相信此或彼，并不能探明关于这个问题的实相。

然而我们大多数人都为信仰所困，都是不确定的。我们时而思考这个，时而又会去想那个，我们并不确定，我们深感困惑，其实那些专家们对自己的确定性也感到困惑。对于任何事物，我们都不可以去想当然，不可以遵从这两个阵营中的任何一个，因为他们都会带着我们走向混乱与困惑，因为任何对于权威的接受，都将危害社会。社会上的领袖，是导致社会走向衰退的因素。可是，被困在这二者之间不知道该如何是好的你与我，必须要去探明有关这个问题的实相——不去依照任何专家学者的主张。

所以，你打算如何着手呢？先生，这是当前最主要的问题之一：我们当中有些人把自己全部的精力、力量、思想都投入到了环境的改变中去，他们希望，环境的改变最终将会带来个体的转变；还有一些人则越来越多地转向了信仰、传统、组织化的宗教，等等，这两个阵营彼此交战。你和我必须要做出决定——不是决定该站在哪一边，因为这并不是一个表明立场的问题，而是必须要明确地知道这里面的真理。

很明显，我们也不可以去依赖自己所抱持的成见，因为我们怀有的成见，无法向我们揭示出问题的实相。如果你是在某种宗教环境的浸染下长大的，你受着这一环境的限定，那么你会说，精神生活第一位。而另外一个同你的成长背景、环境截然不同的人则会主张，社会的物质生活才是最为重要的。

那么，作为普通人的你和我，怎样才能不去依赖知识、理论和历史证据的累积呢——你我如何才能去探明所有这一切的实相呢？这难道不是一个至关重要的问题吗？原因是，我们将来的行动的责任，正是依靠这一探明。所以，这不是有关信仰的问题，信仰不过是一种限定，信仰无助于我们去探明关于这个问题的真理。

因此，要想领悟该问题的真理，我们首先必须摆脱自身所受的宗教背景与物质背景的制约，难道不是吗？这意味着，我们不可以单纯地去接受、认可，应该挣脱所受的背景的限定，无论是那让我们相信社会的物质生活居于第一位的限定，还是那让我们认为精神生活至上的限定。我们必须从这二者的束缚下解放出来，唯有如此，方能去探明有关它们的实相。这是十分显见的道理，不是吗？要想洞悉某个事物的实相，你就得以全新的姿态着手，不去抱持任何的成见。

所以，若想探明这里面蕴含的实相，你我必须得摆脱自身的背景、环境，那么这能否做到呢？也就是说，我们是单单靠面包过活吗？还是说，有某个其他的因素在根据我们内在的心理影响着外部的结果、环境呢？弄清楚这个问题的实相，对于每一个有责任感的热诚之士来说都是至关重要的，因为，他的行动将依靠这个展开。要想探明该问题的实相，一个人必须得在行动中去觉知自身。社会的物质方面在你的生活里居于何种地位呢？环境在你的生活中扮演着主要的角色吗？对于我们大部分人来说，显然如此。环境是否塑造着、影响着我们想法和感受呢？所谓的精神生活，源于何处？环境的影响会在哪里停止呢？很明显，要想有所探明，一个人就得去研究自己的所思、所感、所行。换言之，他必须得自知——不是在书本里找到的知识，不是从各种来源那里累积到的知识，而是你时时刻刻、日复一日地从生活当中认识到各个层面的你自己。

因此，当你在与环境、与精神的关系中去认识自我，那么你就会洞悉事物的真相了。显然，正如我们在昨天以及前几天所讨论的那样，生活是一个有关关系的问题，生活、生存，即意味着处于关系之中，只有在关系里，只有认识了关系，我们才能着手去探明这其中所蕴含的实相，即物质生活究竟是否是最重要的。所以，我们应该在认识关系的过程中去体验这个，而不是单纯地去依附于信仰。尔后，体验将会让我们领悟到这二者的实相。

所以，自知对于探明真理来说是格外重要的，这意味着，一个人必须去觉知每一个想法、感受，洞悉这些反应源于何处，只有当他既不去谴责、也不去辩护的时候，他才能做到如此清楚和广泛的觉知。也就是说，假如我们觉知到了某个念头、感觉，从头至尾跟随它，不做任何责难，那么我们就可以弄清楚，它究竟是对环境的反应，还是仅仅对某个物质需要的反应，抑或这个念头是否还有其他的源头。

因此，通过觉知，既不去谴责、也不去辩护，我们就将开始认识自我——自我，实际上就是对各种刺激的反应，对环境即关系的反应。于是，关系，或者说对关系的认知，就会变得格外的重要——我们自己同财富、同他人、同观念的关系。如果你抱着谴责或辩护的想法，就无法去认识关系的运动。若你希望去认识某个事物，那么你显然就不应该对其予以责难。假如你想要去了解你的孩子，你就得在他玩耍的时候去研究他、观察他、琢磨他的各种情绪，诸如此类。所以，同样的道理，我们必须时时刻刻去探究自我，而不是只在某个时间里头。只有当我们不做任何谴责，才能真正探究自我。要做到不去责难相当的困难，因为责难或比较是在逃避"当下实相"。研究"当下实相"，需要心灵具有高度的警觉，当心灵为责难、比较所困的时候，这种警觉会变得迟钝。责难，显然不是了解，责备一个孩子、一个大人，要比认识他、了解他容易得多。认识一个人，要求你怀有兴趣，投入关注。

因此，我们的问题是认识自我，对于我们每个人来说，自我既是环境，又不止于此。这个不止于此的事物，并不是某个信仰的产物，我们必须要去探明它，必须要去体验它，而信仰对于体验来说是一种绊脚石。所以，我们应该按照自己的本来面目去看待自己，探究自我的本来面目，而这种探究只有在关系里才能做到，而不是在孤立隔绝中。

我这里有几个提问。提出问题很容易，任何人都可以提出问题。然而，当我们严肃地提出一个正确的问题时，就能找到正确的回答。你们在这里已经询问了我好几个问题，如果可以建议的话，我想指出，有一种聆听的方法，能够有助于去认识问题。你有了某个问题，你向我提出来，希望得到回答。很显然，有一种聆听的方法，那便是去接受。就好像坐在一幅画前面，吸收着它的内容，而不是努力去理解那幅画。我不知道，你是否发生过这样的情形，当你看到某些抽象的超现实主义的绘画时，你的第一反应就是对其大加责备，说道："真是毫无意义，这都是些什么呀？！"——原因是你被训练着只知道去欣赏古典艺术。然而还有另外一种审视这些画作的方法，那就是不做任何谴责，而是抱着一种接纳的心态，如此一来，这些绘画就可以向你彰显出它们的涵义了。很明显，这是认识事物的唯一方法——抱持接纳的、敞开的心态，这样你的问题才会收到正确的解答，假如你正确聆听了的话。

显然，潜意识要比意识更急切地想要去认知，因为意识处于不安的状态，被搅动、被撕扯，有了无数的问题。但是很明显，有一部分意识没有激荡不安，这部分意识急切地想要去探明。如果我们能够让这部分的意识有机会去聆听、去接纳，那么我相信，你将发现你的那些问题无须你努力去认识便会迎刃而解了。换种方式表述好了，也就是说，认知不是努力与否的事情，你对自己所面临的问题不断地苦思冥想、焦虑万分，这么做并不能令你认识该问题。同样的，如果我可以建议的话，聆听，然后认知，胜于去反驳或是去强化你自己的自负和成见。

问：过去能够立刻被消除掉吗？还是说它总是需要时间呢？

克：我们是过去的产物，我们的思想是建立在昨天、成千上万个昨天之上的。我们是时间的结果，我们的反应、我们当前的态度、立场，都是无数时刻、事件和经历所累积的影响。因此，对于我们绝大多数人来说，过去即现在——这是一个无法否认的事实。你、你的想法、你的行为、你的反应，全都源自于过去。现在，这位提问者想要知道，能否立即把过去给抹掉，即不是在将来而是立刻消除掉过去？还是说，对意识来讲，这种累积的过去，需要时间才能让心灵在当下获得自由？认识这个问题是十分重要的。意思便是，由于我们每个人都是过去的产物，都带着由无数始终变化着的影响所构成的背景，所以，能够在不经历时间过程的情况下将这一背景给抹去吗？我说得是否清楚？问题显然很清楚。

那么，什么是过去呢？我们所说的过去究竟指的是什么呢？我们并不是指年代顺序意义上的时间，不是指之前的分分秒秒——我们指的不是这个，那已经过去了。我们的意思，显然是指累积的经历、累积的反应、记忆、传统、知识、储存在潜意识里的无数想法、感受、影响和反应。带着这一背景是不可能去认识实相的，因为实相必须是不为时间所囿的——它是永恒的。因此，一个人无法用源自于时间的思想意识去认识永恒。这位提问者想要知道，意识能否获得自由，抑或，作为时间之产物的意识，是否能够立即停止，还是说，一个人必须得经历一系列漫长的研究、分析，才能让意识挣脱其背景的束缚呢？你认识到了这个问题的困难性。

意识是背景，意识是时间的产物，意识是过去，不是将来，它可以把自己投射到未来中去，它把现在当作了通往未来的手段，所以，无论它做了什么，无论它的活动如何，不管是未来的活动、当前的活动还是过去的活动，它都依然存在于时间之网里。意识能否彻底停止呢，也就是说，思想过程能否结束呢？意识显然有许多个层面，我们所说的意识，包含有多个层面，每个层面都同其他的层面相互关联，每个层面都依赖于其他层面，都相互发生着作用。我们的整个意识，不仅在经历、体验，而且还在进行着命名，并且作为记忆储存了起来，这便是意识的全部过程，不是吗？还是说这一切太难理解呢？

当我们谈论意识的时候，我们指的是经历，对该经历进行命名，并因而将此经历储存在记忆中，难道不是吗？很明显，所有这一切，这诸多的层面，便是意识。那么，作为时间之产物的意识，能否经过一步步的分析过程，从而让自己挣脱背景的制约呢？抑或，它能否彻底摆脱时间的束缚，直接地审视实相呢？

让我们来一探究竟吧。你对这个感兴趣吗？因为你知道，这真的是一个相当重要的问题，原因在于，正如我不久将会阐释的那样，我们有可能摆脱背景的制约，从而立即获得新生，无需去依赖时间——不用依赖时间，马上让我们重新得到活力。如果你感兴趣，我将做一番详细的说明，你便会洞悉这里面的道理。

许多分析家声称，要想摆脱背景的制约，你必须检视每一个反应、每一种情结、每一个障碍，而这显然意味着一种时间的过程。这表示，分析者必须认识他正在分析的对象，他不应该曲解他所分析的事物。因为，假如他有所曲解，那么他就会得出错误的结论，从而建立起另一个背景。你明白没有？所以，分析者必须能够去分析自己的思想和感受，不应有哪怕是最轻微的偏离，在分析的过程中，他不应该漏掉任何一步，因为，一步棋走错，满盘皆输，错一步，就会得出错误的结论，于是便会沿着另外一条路径、在另外一个层面上重新建立起一个背景。因此便会生出这样一个问题来：分析者与他所分析的事物是分离开来的吗？分析者和被分析之物，难道不是一个统一的、一体的现象吗？先生，我并不确定你是否对这个感兴趣，但我还是会继续探讨下去的。

很明显，体验者与体验是统一的现象，它们并不是两个分离的过程。所以，首先，让我们领悟一下分析的困难。分析我们头脑的全部内容是几乎不可能的，因为，毕竟，谁是分析者呢？分析者与他所分析的事物并不是分离开来的，尽管他可能觉得自己是不同的，他或许可以把自己跟那个被分析之物分离开来，但分析者其实是他所分析的对象的一部分。我有了某个想法，我有了某种感受——例如我很愤怒，那个分析愤怒的人，依然是愤怒的一部分。因此，分析者与被分析之物是一体的现象，它们并不是两个分离的力量或过程。所以，分析自我，把自己一页一页揭开来加以审视，观察自己的每一个反应，其难度相当大。显然，这并不是让我们摆脱背景的制约的方法，不是吗？因此，必须得有一种更简单、更直接的方法，而这便是你我即将要去探明的。但是，若想有所探明，我们就应该摒弃掉那些谬误，切不可对其执着不放。所以，分析不是真正的方法，我们应该摆脱分析的过程。你不会去走一条明知道是死胡同的路，同样的，分析的过程也不会带领你去到任何地方，于是你便不会去选择这条道路，它在你的体系方法之外。

那么你还剩下什么呢？你仅仅习惯了去进行分析，不是吗？观察者在展开观察——观察者与所观之物是一个统一的现象——观察者试图去分析他所观察的对象，但这么做并不能让他摆脱自身的背景。所以你应该放弃这种方法，不是吗？我不知道你是否明白了所有这一切？如果你领悟到它是一种错误的方法，如果你认识到了这一点，不是仅仅口头上认识到，而是真正认识到这是一种错误的方法，那么你的分析会出现怎样的情形呢？你会停止分析，不是吗？尔后你还会剩下什么呢？先生，假如你愿意的话，请去观察它、跟随它，于是你会发现一个人可以何等迅速地摆脱背景的制约。倘若这不是正确的法子，剩下来你还能做什么呢？那个习惯去分析、探究、剖析、做结论的头脑，处于何种状态呢？如果这个过程停止了，你的头脑将会处于什么样的状态呢？

你说，头脑是空白一片。现在，请去深入探究一下那个空白的头脑吧。换句话说，当你抛弃掉那些已经被知道是谬误的东西，你的头脑会发生什么？毕竟，你抛弃掉的是什么呢？你抛弃掉了源于某个背景的错误的过程，难道不是这样吗？在某个刺激下，你抛弃了这一切。于是，当你放弃分析的过程及其涵义，洞悉了它的谬误，那么你的心灵就走出了昨天，从而能够直接地去审视事物，无需经历时间的过程，结果也就立即抛掉了背景。

先生，让我换种方式来表述好了。思想是时间的产物，对吗？思想是环境的结果，是社会与宗教的影响的结果，这些都是时间的组成部分。

那么，思想能够挣脱时间的制约吗？也就是说，作为时间产物的思想，能否停止，摆脱时间的过程呢？我们可以去控制思想，塑造思想，但思想的控制依然还是处于时间的领域之内。因此，我们的困难在于：作为时间之产物的意识，源于无数个昨天的意识，怎样才能立刻挣脱这一复杂的背景呢？你可以摆脱背景的制约，不是在明天，而是在当下、现在。只有当你认识到何谓谬误，才能马上挣脱背景的束缚，而这谬误显然就是分析的过程，这是我们唯一拥有的东西。当分析的过程彻底结束时，不是通过强迫，而是通过认识到了这种方法毋庸置疑是错误的，那么你会发现，你的心智将彻底走出过去——这并不表示你未认识到过去，而是说，你的思想意识同过去没有直接的联系，于是它便能够立即挣脱过去的影响。这种彻底摆脱昨天的束缚的自由——这里所说的昨天，是指心理层面的，而非年代顺序层面的时间——是能够实现的，而这正是认识实相的唯一方法。

让我说得简单点好了，当你想要认识某个事物的时候，你的头脑会处于何种状态呢？当你渴望去了解你的孩子，当你渴望去了解某个人，理解某个人所说的话，那么你的头脑会处于怎样的状态呢？你不会去分析、批评、评判他所说的话，你只会去聆听，不是吗？你的头脑将会处于这样的一种状态：思想过程没有在活动，但却保持高度的警觉，对吗？这种警觉不属于时间，不是吗？你仅仅处于一种警觉的、被动接纳的状态，但又是展开着彻底的觉知，只有在这种状态里，你才能够去认识、了解某个事物。很显然，当头脑激动不安、焦虑万分，当它进行着剖析、分析，就无法实现认知。只要怀有强烈的认知意愿，那么头脑显然就会是静寂的。当然，你必须对这一点展开检验，而不是单纯地去接受我的观点。然而你会发现，你分析得越多，你的理解就会越少。你或许可以理解某些事件、某些经历，但分析的方法是无法清空意识的全部内容的。只有当你认识到了分析的方法是错误的，才能够清空意识的全部内容。一旦你把谬误视为谬误去对待，那么你就将开始洞悉何谓真理，正是真理，才能把你从背景的制约下解放出来。要想接受到真理，头脑就必须停止去进行分析，就不应该被困在思想的过程中，思想过程显然就是分析，而这又会给我们带来一个截然不同的问题，即："什么是正确的冥想？"而我们将在下一次去讨论这个问题。

问：我需要沐浴老师的爱的阳光，这样我才能够成长、成熟起来。这种心理上的需要，难道不是跟需要食物、衣服、住所一样的正常吗？而您似乎反对一切心理上的需求。那么，关于这个问题的真相是什么呢？

克：你们大部分人，大概都有某种老师吧，对吗？有种上师，或者是在喜马拉雅，或者是在这儿，在某个拐角，难道不是吗？某种导师。那么，你为什么需要他呢？很明显，你需要他，并不是出于物质上的目的，除非他许诺说后天就可以让你有一份好工作。因此，你需要他，大概是为了心理上的目的，不是吗？那么，你为何需要他呢？显然，你之所以需要他，是因为你说道："我很困惑，我不知道怎样活在这个世界上，有太多矛盾的事物了，到处都是混乱、不幸、死亡、衰退、腐朽和崩溃，我需要某个人给我建议，告诉我该怎么做。"这难道不就是你需要上师、你去求助上师的原因吗？你说道："由于倍感困惑，所以我需要一位老师来帮助我去理清这种混乱和困惑，又或者帮助我消除掉困惑。"难道不是这样吗？因此，你的需求是心理层面上的。你不会把你的总理、首相当作上师，因为他仅仅应对社会的物质生活，你需要他是为了生理上的需求。然而，你在这里是出于心理上的需要而去求助于某位老师的。

那么，你所谓的"需要"一词是指什么意思呢？我需要阳光，我需要食物、衣服和住所，同样的，我是否需要老师呢？要回答这个问题，我必须弄清楚是谁在我的周围和我的身上制造出了这种可怕的混乱。如果我对这种混乱负有责任，那么，唯有我才能够清除掉这混乱，这意味着，我自己必须认识混乱。但是你通常会去求助于某个老师，以便他可以把你从这种混乱中解救出来，或是向你指明出路，给你指引，告诉你该怎么去应对这混乱。抑或你说道："嗯，这个世界如此的荒谬，我必须找到真理。"而上师或导师则声称："我已经找到了真理。"于是你便去到他那里，想分享这真理。

混乱、困惑，能够被他人清除掉吗，不管此人多么的伟大？显然，混乱存在于我们的关系之中，所以，我们应该去认识自己同彼此、同社会、同财富、同观念等等的关系。那么，他人能够让我们认识那一关系吗？他人或许可以指明，但我必须去认识我自己的关系，认识我身处何方。先生，你对这个感兴趣吗？我的困难在于，我感觉你对此并不感兴趣，因为你看着其他人去展开行动。当你提出一个问题的时候，你并不觉得聆听答案是重要的，所以，你实际上是很敷衍地在看待你的上师与你的困惑。你的上师所说的话，对你实际上并不重要，然而，去找上师已经成为了一种习惯。因此，生活对你而言并不重要，并不是某种具有生机和活力、某种必须要去认识的事物。我在你的脸上能够看出这一点，你对这个问题并非真正感兴趣。你聆听，要么是为了在寻求上师的过程里获得支持，要么是为了让你自己更加坚信上师是不可或缺的。殊不知，用这种方法，我们是无法探明关于事物的真相的。如果你扪心自问一下，如果你探究一下自己为什么需要上师，那么你便会找到真理。

因此，先生，这个问题里面涵盖了许多内容。你似乎认为真理是静止的，于是上师便能够带领你达至真理。一个人可以指引你去到某个地方，所以你觉得上师也能够指引你到达真理。这表示，真理是静止不动的，然而果真如此吗？你希望如此，因为，凡是静止的事物都是非常令人满意的，至少你知道它是什么，你可以依附于它。因此，你实际上是在寻求满足，你渴望安全，你渴望上师给你保证，你想要他告诉你说："你做得很好，继续下去。"你想要他给予你精神上的慰藉、情感上的支撑，于是你去到那位始终会让你感到满足的上师那里。这便是为什么会有如此之多的上师，因为有如此之多的学生。这意味着，你并非真的是在寻求真理，你渴望得到满足，那个带给你最大满足的人，你把他称作你的上师。这种满足或许是神经上的，即生理上的，或许是心理上的，你觉得，有他在，你感觉到莫大的安宁、平静，感觉自己获得了理解。换言之，你希望一位可以帮助你去克服困难的十分荣耀的父亲或母亲。先生，你可曾静静地坐在树下？这么做，你同样会感到莫大的宁静，你也会感觉到自己得到了理解。换句话说，有一位特别宁静的人在场，你也能变得安静下来，你把这种宁静归功于那位老师，于是你把花环戴到了他的头上，但却对你的仆人拳脚相加。所以，当你声称你需要上师的时候，显然包含了上述所有这一切，不是吗？向你保证了某个逃避的上师——这位上师，成为了你心灵的需要。

混乱只存在于关系之中，我们为什么需要他人来帮助自己去认识这混乱呢？你或许会说："您在做什么？您难道不正扮演着我们的上师的角色吗？"我显然并不是你们的上师，因为，首先，我不会带给你任何满足，我不会告诉你每时每刻或者日复一日应该做什么，我只是向你指明某些东西，你可以采纳我的观点或者将其置之一旁，怎么做完全取决于你，而不是我。我对你没有任何要求——既不需要你的崇拜，也不需要你的奉承、侮辱或是神化。我认为这是事实，接纳或抛开。但你们大多数人都会将其置之不理，原因很明显，那就是，你在我的话里面没能得到满足。然而，一个真正热切认真的人，一个真正严肃地渴望去探明的人，将会在我的观点里面找到充分的养料，即，混乱只存在于你的关系里面。因此，让我们去认识那一关系吧。

认识关系，便是去觉知，而不是去逃避它，便是去洞悉关系的全部内容。真理不在远方，真理近在咫尺——真理就在每一片树叶里、每一个笑容里、每一滴眼泪里，真理就在一个人的话语、感受和思想里。可是真理被掩盖了起来，以至于我们必须去揭示它、洞悉它。揭示真理，便是去发现何谓谬误，一旦你懂得了什么是谬误——当谬误被清除掉——真理便会到来。

因此，真理每时每刻都是鲜活的，它需要我们去探明、发现，真理无法被信仰、引用和构想出来。但若要洞悉真理，你的心智就必须具有高度的适应力，必须保持相当的警觉。然而不幸的是，我们大部分人都不想要一个柔韧、警觉、迅捷的心灵，我们希望被曼彻、法会弄得昏昏入睡——老天，我们用了多少法子来让自己麻木啊！很明显，我们需要某个环境、某个氛围、某种独处,不是去追逐或逃避孤独,而是一种全神贯注的独处。只有当你遭遇到了麻烦,只有当你的问题真的相当棘手,才能实现这种独处、这种彻底的专注。如果你有一个朋友,如果你有某个可以帮助你的人,你就会去求助于他。但是很明显,将他视为你的上师,这是一种幼稚的、不成熟的做法,这就好像寻求母亲的围裙带一样。

我知道,当我们遇到困难时,我们的全部本能便是去求助他人,求助母亲、父亲或是一位十分荣耀的父亲,即你所谓的大师或上师。但倘若这位上师称职的话,他显然就会告诉你说,应当在行动即关系中去认识你自己。很明显,先生,你要比上师重要得多,你要比我重要得多,因为这是你的生活、你的痛苦、你的挣扎、你的争斗。上师、我或者他人或许是自由的,但这对你又有什么价值呢?所以,崇拜上师有害于你去认识自己。这里面有一个特别的因素:你越是表现出对某一个人的尊敬,你对其他人的尊敬就会越少,你向你的上师致以最深的敬礼,但却对你的仆人施以拳脚,因此你的尊敬没有多少意义。我知道这些便是全部的事实,我知道或许你们当中大部分人都不喜欢我所说的这一切,因为你的心灵渴望得到慰藉,因为它早已伤痕累累,它被困在这么多的麻烦和痛苦之中,于是它说道:"看在老天的份上,请给我一些希望、一些庇护吧。"先生,只有处于绝望中的心灵,才能找到实相,只有完全不满的心灵,才能跃入到实相之中——而不是那个心满意足的心灵,不是那个值得尊敬、被许多的信仰围困起来的心灵。

因此,你只能在关系里成长、成熟起来,你只能在爱中绽放,而不是在满足的状态里。可我们的心灵是枯萎的,我们用头脑的各种东西把心灵填塞满了,于是我们便会去求助他人,用他们的思想、观念把我们的头脑塞满。由于我们心中没有爱,所以才会试图通过老师、通过他人来找到爱。爱不是一种可以被找到的东西,你无法购买到它,你无法将自己献祭给它,只有当你达至无我之境,放下我执,心中才会绽放爱的花朵。只要你寻求满足,逃避,拒绝在关系中去认识你的混乱,那么你就仅仅是在强调自我,结果也就把爱挡在了门外。

我是否应该回答更多的问题呢，还是说已经够了呢？你们难道不觉得疲累吗？不累？先生们，你们被我的声音、我的话语迷住了吗？很明显，先生们，在回答提问之前我们所讨论的，我所说的，以及这两个问题，一定让你们感到很心烦吧？一定相当让人心烦，如果没有，那说明你有问题。因为，其中的一个问题批评了你的整个思想结构以及你那些舒适安逸的方法，这种扰乱一定会让你疲劳不堪。假如你不觉得累，假如你没有感到心烦，那么你坐在这儿有什么意义呢？先生们，我们应当非常清楚地知道我们、你和我试图去做什么。或许你们当中大多数人都会说："我知道所有这一切，商羯罗、佛陀、其他人曾经说过这个。"你的这番话表明，你表面上博览群书，你把我所说的这些话转移到了你头脑里，归类储存了起来，结果也就把它抛在了一边。这是一种很方便的处理你所听到的东西的法子，这说明你的聆听不过是停留在口头层面，而不是吸取了所听内容的全部，全部内容会让你感到心烦意乱。先生们，若不展开大量的探究，是无法获得宁静的。你和我要去做的，便是探明什么是真理，什么是谬误。所谓探究，就是耗尽你的精力、能量，这就像是身体上的筋疲力尽——探究，应当跟耗尽全力一样。

然而不幸的是，你发现，你习惯于去倾听，你仅仅是观众，享受着、观看着他人去表演，所以你不会感到疲劳，观众永远都不会累，这表明他们实际上并没有参与到演出中来。正如我一再指出的那样，你不是观众，我也不是为你表演的演员。你来这儿，不是听歌的，你和我努力要做的，是去在我们自己的心中找到一首歌曲，而不是聆听他人的歌声。你们习惯了听别人唱歌，所以你们的心灵才会如此的空虚，它们之所以总是空洞无物，是因为你们用别人的歌声来填塞自己的心灵。但这并不是你的歌声，于是你不过是一部留声机，根据情绪换着唱片，但却不是音乐家。尤其是在遭遇重大痛苦和麻烦的时候，我们每个人都必须要成为音乐家，必须用歌声来给自己重新注入活力，这意味着我们得是自由的，得清空心灵中那些被头脑填塞的东西。因此，我们应该认识头脑产生出来的东西，洞悉这些事物的荒谬，尔后，我们就不会再用这些东西来填满自己的心灵了。当心灵处于空无之境——不是像你所做的那样，用灰烬塞满心灵，而是心灵是空无的，头脑是宁静的，于是便会有歌声响起，这歌声无法被破坏或曲解，因为它不是由头脑构想出来的。

（在甘地墓的第二场演说，1949 年 1 月 23 日）

改革不过是一种后退

看到这儿只有我们这几个人，那么是否应当先把演说改成讨论，然后再回答提问呢？思考一下革命、改变、改革的问题，或许是很值得的，想一想它们的涵义及其在生活中的持久意义，以及革命——不是改变、改革——是否并非唯一永久的解决之道。

在一个既定的社会秩序里，改革不过是一种后退——请不要看起来如此吃惊——难道不是吗？改革难道不是仅仅在维系一种现存的社会状况，对它做一些改变、修正，但实际上却是维系着同样的结构吗？改革，是改良性地让社会模式持续下去，难道不对吗？这种模式使得社会具有一定的稳定性，改变也是同样的，不是吗？改变同样是一种修正性的持续，因为改变意味着某种你试图去遵从的公式或是某种你要建立的标准——此标准跟当前的标准近似。因此，从根本上来说，改革和改变或多或少都是一样的，二者都意味着以一种修正的方式让当前状况持续下去。二者都表明，改革者或是某个希望带来改变的人，有某个衡量准则或是模式，他照此去规范自己的行动，所以，他的改革、他的改变，都是对其所受的背景和限定做出的反应。因此，他的改革或改变，是对他的成长背景或限定的反应，这仅仅近似于一种自我投射的标准。我希望你们明白这一切。我是在边想边说，之前我不曾思考过这个，所以让我们着手展开吧。

因此，一个渴望改变的人，一个希望带来某种革新与变化的人，实际上他的行动会损害变革。一个改革者或是希望带来改变的人，实际上是在倒退。原因是，要么是不断的变革，要么是单纯的改变——变革性的修正。而修正、改良，则是他所成长的背景或限定的反映，仅仅是以另外一种形式继续着那一背景。改革者希望给现存社会带来转变，但他的改革仅仅是对某个背景的反应，尽力和他希望建立起来的那个标准相近，依然是他的背景的投射。所以，改革者或某个想要带来转变的人，是社会中的一种倒退性的因素。请认真思考一下这个问题，不要去否定，不要将其置之一旁。

改革者跟革命者之间的关系是什么呢？我们所说的革命者是什么意思呢？是指一个有着确定模式或公式的人，一个希望根据那一公式来行事的人吗？这样的人就是革命者吗？无论革命的方式是和平的还是流血的，都无关紧要，这不是重点。是指一个怀有某种公式、标准、模式的人，他让自己的行为尽可能去接近这个标准、模式，是指字面基本意义上的革命者吗？探明这个十分的重要，因为有关革命的问题——左翼的、右翼的或中间路线的革命——关系到我们每一个人——或者至少关系到许多人。

当我们谈论革命的时候，指的是某种按照或左或右或中间路线展开的革命。当一个人自称是革命者时，他实际上就跟改革者、就跟那些希望带来转变的人一样，是社会的一种倒退性的因素，难道不是吗？因此，如果一个人怀有某个公式，试图让社会去接近那一公式，那么他实际上是让社会走向倒退的因素。

那么，谁才是真正的革命者呢？我们可以发现，革命者怀有某个公式，他希望带来转变，改革者也是一样。他们并无二致，因为他们从本质上来说都抱持着一样的行动立场。对他们而言，行动就是去尽可能符合某个理念。理想主义者、改革者、革命者，都怀有某种模式，所以，他们的行动从根本上来说都是对其背景所做的反应，因此也就是一种倒退性的因素,难道不是吗?

这便是为什么这样的革命最终会失败的缘故了——因为它不过是尽可能地符合或左或右的模式,不过是对某个对立物所做的反应。你们明白了没有?改革也是一样的,改革者希望改变社会的某种失衡,他的改革源自于对其背景和限定所做的反应,所以他们都是一样的,对吗?流血的革命者、改革者、持续的修正者,他们显然都不是真正的革命者。

现在,我们将要去探明我们所说的革命究竟指的是什么意思。革命,难道不就是两个有限的反应之间的一系列的间隔吗?革命,究竟是源自于某个静止的状态,还是源自于充满活力的行动,抑或,革命是不断地挣脱背景的束缚,因而在任何时刻都不会静止下来呢?也就是说,革命是否是修正性的持续的突然中断,因而是对背景的反应的突然中断,还是一种任何时刻都不会静止下来的不断的运动呢?

因此,革命是否指改变或改革呢?改革和改变,代表着这样一种状态:它里面没有任何真正的行动,是一种需要被改变的静止的状态。正如我们所说的那样,改革者或某个希望改变的人,甚至是所谓的革命者,目标都是一样的,对他们来说,改革或革命仅仅是一种逐渐变得静止的过程。我觉得这一点很清楚。我们让自己——也就是说,社会、群体——变得静止,静止的意思是指,持续同样的行为模式,虽然我们可能看上去在运动、生活、行动、生儿育女、修建房屋,但它始终是在同一个静止的模式当中的。

如果我可以建议的话,这难道不是唯一真正的革命吗?也就是说,永远不要让自己变得停滞不前、静止不动。社会,即你和我之间的关系,应该永远不要静止下来,唯有如此,我们的关系才能有不断的变革。那么,是什么让我们变得停滞的呢?是什么让我们的行动毫无深度、毫无意义、毫无目的、毫无美感的呢?——这就是我们大部分人的生活,我们活着,我们生育孩子,我们建造东西,但这显然是一种停滞、静止的状态,而不是充满生机与活力的状态。是什么使得我们停滞不前的?是什么让社会——社会实际上就是我们的关系,你与我的关系以及我与他人的关系——走向停滞的呢？是什么因素导致了毫无意义的行动，毫无意义的生活？什么能够让我们的关系具有深度呢？尽管我或许跟你生活在一起，尽管我或许可以同你一道工作，但总是存在某种破坏性的东西，它总是死寂的、没有活力的、总是黑暗的、停滞的。如果我们能够认识它并且将其移除，那么我们的关系便会迎来不断的变革，便会始终具有活力，始终有变化——不，我并不想用变化这个词——始终有转变。

什么能够带来转变呢？什么能够带来真正的革命而不是经过改良的持续呢？什么能够摧毁掉这种停滞的、静止的状态呢？什么能给我们的关系带来深刻性呢？我们为什么变得陈腐、疲惫，用性爱让自己筋疲力尽，以各种方式走向衰退，为什么？假如我们能够认识这个，就将处于一种不断转变的状态。那么，什么会让关系变得深刻呢？什么让我们变得疲惫、陈腐、堕落？什么让我们去寻求改良、修正、变化以及其他的一切呢？很明显，是我们的思想，它是过去的产物。没有记忆，就不会有思想，记忆总是死的，它是逝去的东西，只不过它在当下的行动中让自己复活，但它是一种衰退的行为，死寂的、没有活力的行为，尽管它看起来如此活跃，充满了速度和能量。然而，思想实际上是源自于某个固定的记忆模式，不是吗？记忆是固定的，所以，源自于记忆的东西，一定也会同样是受限的，于是，思想过程本身就会导致陈腐、死寂、疲惫、停滞的状态，难道不是吗？因此，基于某个观念、想法之上的革命，必定迟早以死亡告终。思想是一种构思能力，或者朝着某个理念去探索，它是为了某个乌托邦、某个未来去牺牲掉当下。先生，你明白了吗？

建立在功用、习惯这类念头上的关系，必定会制造出一个停滞的社会。想要让社会发生转变的改革者所展开的行动，依然是一种没有生机、黯淡无光的行动，抑或是一个停滞的头脑所做的反应。假如你去观察一下，会发现，让我们的关系变得陈腐、毫无活力的正是思考，思考、盘算、衡量、判断、权衡、调整自己去适应。而那能够让我们获得解放的事物便是爱，爱不属于思想的过程，你无法去思考爱、权衡爱，你可以去想你所爱的人，但你不可能去思考爱。

所以，一个心中有爱的人，才是真正的革命者，他才是真正虔诚的人，因为，真正的宗教不是建立在思想、信仰或教义之上的。如果一个人被困在信仰和教义的罗网里，那么他就不是虔诚之徒，而是一个愚笨的家伙。然而，心中怀有爱的人，才是真正的革命者——他的身上将会迎来真正的转变。因此，爱不是一种思想过程，你无法去思考爱，你或许可以去想象爱应当是怎样的，这不过是一种思想的行为，但它并不是爱。心中有爱的人才是真正虔诚的人，无论他是爱着一个人还是爱着许多人。爱不存在所谓的个人的或者非个人的，爱就是爱，爱无疆界，爱不分阶级、种族。心中有爱的人是革命之士——他本身就是一场革命。爱不是思想的产物，因为思想源于记忆，源于限定，所以只会导致死亡和衰退。

因此，只有当爱登场，才会出现真正的革命，才会出现根本性的、彻底的转变，而爱便是最高的信仰。当思想过程停止时，当你放弃了那一过程的时候，方能迎来这种状态。唯有当你认识了某个事物，而不是去否定它、抵制它，才可以做到放弃它。只有当一个社会、一个群体处于这种状态时，才能够真正具有革命性，才能够不断地转变自身，而不是去依照某个公式或准则。原因在于，公式、准则仅仅是思想过程的产物，所以从本质上来说，正是公式、准则，导致了停滞的状态。我们同样可以发现，仇恨无法带来根本性的变革，因为，仇恨毋庸置疑是冲突、敌对、混乱的产物，不可能是真实的，不可能具有生机勃勃的革命性。仇恨来自于这种思想过程，仇恨是想法，只有当思想过程终止时，才会出现由爱带来的转变，所以，思想永远无法产生富有生机的变革。

问：您相信灵魂吗？

克：现在，让我们探究一下这两个词语，一个是"相信"，一个是"灵魂"。"相信"一词指代的是什么呢？你是否懂得"指代"这个词的意思呢？意思是，你所指的某个事物。当你声称你相信有神论，那么这种信仰或者"神"这个词语的背后，指的是什么呢？我暂时不打算去讨论有关"神"的问题，然而，这种信仰背后指称的事物是什么呢？

很明显，相信，是在投射一个人自己的意愿，不是吗？你声称你相信神，你相信国家主义，这究竟指的是什么意思呢？你用这个观念把自己包裹起来，你通过国家主义使用的是自我保护的观念，你开始信仰国家主义。信仰显然源于想要获得主观的或外在的安全感，抑或它是一种基于记忆的体验，这种记忆指挥着你的信仰。当你说你相信灵魂的时候，是什么让你相信它的呢？显然是你所处的环境，所受的限定。然而，左翼分子、无神论者则会说并不存在灵魂这样的东西，因为他也有他自己所处的背景、所受的限定。有神论者受着限定，无神论者亦然。

那么，是否存在灵魂这样的事物呢？——这就是你希望从我这里获知的。灵魂，意即某种精神实体，不是吗？或者是指性格？先生们，当你谈论灵魂的时候，你所指的是什么意思呢？你是指精神吗？我们询问自己说，是否存在灵魂这一精神实体。它显然存在，但我们所指的意思远不止于此。有作为性格的灵魂，但很明显，当我们谈论灵魂时，所指的不止于性格。性格可以根据环境被改变，性格不是永恒的，它能够在环境的影响下发生转变。但是，在我们谈论灵魂的时候，我们所指的不仅仅是这个——还有品性，不是吗？指的是某个被我们假定为灵魂的东西。先生们，难就难在这里。当你提出这样的问题时，必须得格外仔细地去加以探究。

我们知道，只有性格被环境塑造、控制、改变。只有当个人认识并打破了环境的影响和它们的局限，他才可以探明是否存在着更多的东西。受限的心灵，即被环境局限的心灵，无法弄清楚是否存在着其他的特性，即你所询问的事物。这不是有关信仰的问题；不管是不是关于信仰的，都只能够去体验，而不是去相信。只有当没有任何限定的因素即思想过程，你才能够去体验。

我们可以十分清楚地看到世界上正在发生的情形。正面的品性永远不会被控制、塑型，不会困在时间之网里，但性格却是可以被改变的。你出生在某个国家，你在那里受到了某些影响，有了某些性格的模式，某些因素影响着、塑造着你的心智，然而在另一个国度里，也有同样的塑造在发生着,只不过是以另外一种方式罢了。因此,所谓的人的个性是可以被改变的、控制的、扩大的。显然,这种性格并不是正面的品性,于是,为了认识正面的品性,那么性格或者限定就必须终止。这并不表示,你必须变得模糊不清、散漫放任,我们唯一能够做的,就是让性格流动不拘,而不是静止不变,让性格能够迅速地去适应、去调整。毕竟,美德便是快速去调整、适应的能力,它不是培养起某个观念,培养观念并不是美德。美德不是对恶行的抗拒、抵制,它是一种存在的状态,存在不是观念。一个培养美德的人,并非是真正有德行的人。要想体验它,那么思想过程就必须停止。

所以,我们发现,性格是可以被改变、修正、塑造的,这种改变、塑造的过程,始终都在有意或无意地展开着。然而,你所寻求的是正面的品性。你不可以去相信,一旦你使用了"相信"一词,你就永远不会找到它了,因为相信是一种思想过程,思想永远不能够找到那超越之物。通过你所拥有的发现的工具,即头脑,你从不曾找到它。你可以发明,你可以谈论,你可以描述,你可以用它来耍乐,但思想永远不能找到它。正面的品性显然不属于时间的范畴,我们拥有的唯一工具便是属于时间的,比如性格,因此我们以不同的方式回到了同一个问题上来。

只要我们把头脑当作认知的工具,就不可能获得认知。思想不会带来觉知,相反,只有当你停止思想时——看在上天的份上,不要把它叫做直觉——才能有所觉知。你所说的直觉,指的是感知,而非行动,但这样的界分是不真实的。这里面涵盖了很多,我们下一次再来仔细探究吧。

问:根据新的方法,教育的涵义是什么呢?

克:那么,你所说的新的方法又是指什么呢?不幸的是,这些似乎在过去的十场讨论中都已经被我说过了。这位提问者想要知道,按照新的方法,教育的涵义为何。

先生,你所说的教育是指什么?我们为什么要让自己受教育?你为什么要把你的孩子送到学校去？你会说是为了学习一门谋生的技术，难道不是吗？你只对这个感兴趣，不是吗？只要他成为了一名学士、硕士，天知道还有什么其他的，你就会给他某个他可以借此来谋生的工具、本事，对吗？你们绝大多数人感兴趣的，只是让孩子具备某种技能，不是吗？

那么，培养技能就是教育吗？我知道，必须要会读会写，必须要学习工程技术或是其他的东西，因为这些在我们的社会里是不可或缺的。可是，技术提供的是本领、能力，而不是体验。因为，毕竟，我们所说的教育，是指能够把生活当做一个整体去体验，对吗？我能否仅仅通过学习一门技术就可以学会把生活视为一个整体去体验呢？我们承认技术是必需的，但是，我需要把生活作为一个统一的整体去体验、去迎接，不是吗？体验痛苦、悲伤、欢愉，体验一切，体验美丽、丑陋，体验爱——我必须去体验生活，必须品尝生活的各种滋味，不是吗？——在各个层面去体验。那么，技术能够帮助我去迎接生活吗？我知道，我们承认技术是不可或缺的，切不可轻视了技术，但倘若技术成为了我们为之奋斗的唯一目标，那么我们难道不是把对生活的整个体验拒之门外了吗？可如果你能够帮助一个人将生活视为一个整体去体验，这种体验就会带来自身的技术，而不是用迂回的方式。

这是否困难呢，这是否有点儿复杂呢？现在，先生，让我换种方式来表述好了。我们制造出了体验的工具，难道不是这样吗？毕竟，你教育你的儿子去体验生活、结婚、做爱、崇拜、恐惧、政府，这些全都是生活。我们制造了体验的工具，但是工具，也就是技术，能够去体验吗？你给了他一些玩具，然后说道："去体验吧！"什么？玩具或是拿着玩具，就能够实现体验了吗？

如果我们用不同的方法来着手，也就是，帮助学生去体验，那么，这番体验就将产生出工具，而不是像单纯的技术现在所做的那样，成为体验的绊脚石。这是否有点儿抽象呢？让我再一次换种方式来表述吧。你教育我成为了一名技师，给了我谋生的技能，我的全部生活就是当个

改革不过是一种后退　317

技师。我觉得，梦到此为止了，我是个技师，我以一个技师的身份去对待我的妻子、我的孩子和我的邻居。职业、技术、技能、功用，变得如此的重要，可功用无法去体验生活。我指的是生活的全部，而不是仅仅修建一座桥梁或是道路或是一栋难看的房子。

  那么，我们正在做的是什么呢？我们强调工具的制造，因此，我们希望通过工具、手段去体验生活，这便是为什么现代教育遭遇彻底失败的缘故——因为你们只是掌握了技术，你们有了非凡的科学家、物理学家、数学家、桥梁建造专家、你们上天入地，尔后呢？你们体验了生活吗？仅仅作为一名专家就能够体验生活了吗？只有当他不再是专家的时候，他才可以真正体验生活。所以，我们首先把他变成了专家，然后希望他能够去体验。你可以发现，这是一个何等错误的方法啊！但是，难道没有可能在学校或社区里营造出一种环境，让一个孩子、男孩或女孩依靠体验的能力去直接地展开体验吗？你是否明白这里头的涵义了呢？

  很明显，这才是真正的变革——作为一个完整的人去充分地、彻底地体验。当他体验的时候，他显然就会有所创造，也就是说，假如他去体验艺术、美，那么他毋庸置疑地就会产生出绘画、写作的技术，他将愿意去表达。可是现在，你告诉他怎样写散文，教会他各种文体以及其他的一切，从而束缚住了他。但倘若他能够去体验某种感受，那么这种感受将会找到自己的表现方式，于是他就能找到属于自己的风格、体式，当他写情诗的时候，呈现出来的就会是一首情诗，而不是经过深思熟虑后的节奏、韵律。

  所以，我们现在做的是什么呢？我们制造出了工具，但却摧毁了个体。功用变成了最为至关重要的东西，而不是人本身。可如果一个人始终都在充分地、完整地去体验，那么他就会制造出自己的工具。先生，这不是一个不合情理的梦。当我们是真正的人，当我们没有被各种愚蠢的事实即我们所谓的教育给填塞满的时候，我们就会实现这个梦了。当你有话要说的时候，你把它表达出来，它就是你的风格、你的文体。可是现在我们没有任何要表达的东西，因为我们已经通过技术把自己给毁掉了，我们把技术当成了生活的最终目的，原因是我们仅仅把生活看作赚钱、买面包、黄油、一份差事，在我们眼里，生活只是一份工作而已。

因此，假若我们看到了这一点，那么，那些体验者难道无法通过教育有所表现吗？如果一个身为教师的人真正在体验，那么他的表现就会是根据自己的性情、能力、技能等等去教育学生。于是，教育将会成为帮助其他人去体验的手段，而不是让学生为技术所困。

先生，换种方式说好了：只要我们没有认识生活，那么我们就会运用工具，指望着借此可以去认识生活。然而工具无法理解生活，必须得通过生活、行动、体验，方能理解、感受人生。你知道，另外一个因素便是，培养技能会让一个人感到安全，不仅是经济上的安全，而且还有心理上的，因为你觉得你有能力去做某件事儿。做某件事情的能力，给了你一种非同寻常的力量，你说道："我可以做这个或那个，我可以弹钢琴，任何时候我都可以出去造一座房子。"这让你感到自己是独立的，充满了生机与活力。但我们强化了技能，结果也就把生活挡在了门外，因为生活充满了危险，它是无法预料的、流动的、变化莫测的。我们不懂生活的涵义，我们必须不断地去体验生活，生活必须时时更新。由于害怕未知，于是我们说道："让我们培养技术，因为这将给予我们安全感，内在的或外在的安全感。"所以，只要我们把技术当作得到内在安全感的手段，就无法去认识生活。若不体验生活，技术便毫无意义，我们只是在毁灭自己。

我们拥有许多非凡的、能干的技师，可发生的情形是怎样的呢？技术被专家用来毁灭彼此，这就是政府们所希望的，他们想要的是技师，而不是真正的人，因为独立的、真正的人，对于政府是一种危险。于是，政府打算去操控所有的教育，原因是他们希望出现越来越多的技师。

因此，新的应对方法并不是单纯地培养起某种技能——这并不表示你要否定技术——但是它将有助于塑造一个完整的人，一个能够通过体验来获得技术的人。显然，先生，这非常的简单，我的意思是，话语上很简单。然而你会发现，它将在社会上产生非同寻常的效果。我们将不会在五十岁或四十五岁的时候被某种技术给淘汰掉。如今，当我四十五或五十岁时，我已经老朽，我把我的生活给了一个腐朽的社会或政府，这个社会、政府除了对少数几个统治者来说，压根儿就毫无意义。我的生活过得像个苦役，我已筋疲力尽。但是，生活应当变得越来越充实才对，可只有当技术没有被用来取代体验的时候，生活才会变得充实起来。先生，如果一个人真正去思考一下这个，就会迎来彻底的变革。只要我们仅仅顾着培养、发展技术，而不去展开完整的行动去体验生活，那么就必然会走向毁灭，必然会处处都是竞争、混乱以及无情的敌对。你们正在变成有着完美技能的个体，你越是强调技术，毁灭就会越大。假若有一群展开体验并因而从事教育的人，那么他们将会是真正的老师，他们将产生出自己的技术。

所以，体验居先，生活居先，而不是技术。先生，当你有了强烈的绘画的冲动时，你会拿起画笔去描画，你不会左思右想绘画技巧的问题。你可以学习技巧，但创作的冲动将产生出它自己的技巧，而这才是最伟大的艺术。

世界上发生着十分有趣的事情，尤其是在美国，工程师们疯狂地设计着不需要人来操作的机械，生活将会完全被各种机器操控，那么人类会发生什么呢？他们都在极为迅速地变成技师，所以他们将会毁灭掉彼此，因为他们没有其他的事可做。他们不知道如何运用自己的闲暇时间，于是便通过杂志或者冗长的思考，通过收音机、电影以及各种会让人筋疲力尽的娱乐来寻求着逃避。他们还有其他的事情可做吗？解决的办法就在把生活当做一个整体去体验的能力。因此，这意味着要教育教师去体验生活的全部，帮助他成为一个真正的人，而不是一个技师或专家。

这跟我们学习某种技术截然不同。你们有些人知道如何去冥想，你学会了技巧，但你并不是冥想者。你们有些人学习了弹奏钢琴的技巧，但却并不是音乐家。你懂得怎样阅读，但无法成为作家，因为你表达的欲望里面空无一物，你已经用技术把自己的心灵和头脑给塞满了。你脑子里满是引文，你觉得自己很了不起，原因是你能够谈论其他人思考过的或者说过的东西。你的技术背后是什么呢？话语、话语，单纯的话语，也就是技术。这就是我们对自己干的事情——所以请不要一笑了之。

因此，体验居先，生活居先，而不是技术居先。爱才是首要的，而不是如何表达爱。你阅读关于爱情的书籍，但你的心灵却是干涸的、贫乏的，这便是为什么你会去阅读的原因了——那就是让你自己获得刺激。这便是你们所有人在做的事情，因为你们培养着思想，而思想是死的，当你慢慢走向死亡的时候，你渴望得到刺激，你认为技术将会带给你这种刺激，可刺激总是会带来衰退，让你变得越来越愚钝、麻木和疲惫。

问：您一直都在领导一场圣战，反对盲目的信仰、迷信与组织化的宗教。如果我说，虽然您口头上抨击通神学的宗旨，但您却实践了它的核心事实，那么我是对是错呢？您在倡导真正的通神论。您的立场跟通神学会之间并没有真正矛盾的地方，而该学会的伟大主席还是第一个将您引介给世界的人呢。（笑声）

克：现在，让我们不要去讨论具体的人，比如贝赞特夫人和我自己，因为这样子的话我们会迷失的。

让我们探明一下我是否领导着一场圣战，反对盲目信仰、迷信和组织化的宗教吧。我不过是试图去陈述一个事实。任何人都可以依照自己所受的背景、限定去解释某个事实，但事实依然是事实。我或许可以根据自己的好恶去解释事实，然而事实并没有被改变——它还在那儿。

同样的，信仰、迷信、组织化的宗教的教义，都无法帮助你去认识真理。必须要摒弃掉这些东西的屏障去审视真理，而不是按照我的意愿去看待。组织化的信仰、宗教即组织化的教义，无法帮助我去理解生活，它们可以帮助我去依据我所处的背景、限定来解释生活，但这并不是对生活的认知，这么做，再一次表明了我是按照我的工具、能力或限定去解释生活的。然而这并不是体验生活，宗教并非是通过某种信仰去体验生活，而是没有任何限定地、直接地体验生活。所以，必须得摆脱组织化的宗教的束缚。

改革不过是一种后退　321

通神学的观点为何呢？当这位提问者说我实践了通神学的核心事实时，你和我必须要弄清楚，在这位提问者看来，什么是通神学的核心事实以及什么是通神学会。那么，通神学的核心事实是什么呢？我真的不知道，不过，让我们去探究一下吧。通神学有哪些事实呢？——神性的智慧吗？这就是该词的涵义。（被打断）"没有任何宗教高于真理。"这便是核心事实吗？

通神学和通神学会是两码事。那么，你谈论的是哪一个呢？请坐下来，我向你保证，我既不是攻击，也不是防卫。我们希望去探明关于这个问题的真理，至少我是这么想的。你或许不是，至少那些信徒，那些把自己的全部身心都交付的人，那些有既得利益的人，会坚持说这便是通神学——可这些人并不是真理的寻求者，他们不过依赖于自己的既得利益，期待着能够有所回报，所以他们并不是在寻求真理。

现在，我们应该弄清楚通神学和通神学会这二者之间是否有区别。很明显，基督的教义与教会是不同的，佛陀的教义跟佛教、跟这个组织化的宗教也是不一样的，这是十分显见的事实。教义是一码事，组织化的团体、组织化的宗教、组织化的教义则是另外一码事，对吗？因此，通神学与通神学会是不同的，不是吗？那么，你希望探明的是哪一个：是通神学的核心事实，还是通神学会的呢？如果你感兴趣的是通神学即神智学的核心事实，那么你打算怎样去展开探究呢？也就是说，通神学的核心事实便是智慧，不是吗？先生，难道不是这样子的吗？称它为神性的或人的智慧，都是无关紧要的。那么，智慧可以在书本里找到吗？智慧可以由他人给予吗？智慧可以被描述、被诉诸文字、被表达出来、被学习、被重复吗？这是智慧吗？当我重复佛陀的话语或经验的时候，这就是智慧吗？这种重复，难道不是谎言吗？智慧，难道不是被直接体验的吗？当我只怀有他人智慧的信息，我就不可能体悟智慧。

先生们，你们当中那些想要找到通神学核心事实的人，请仔细听好，不要充耳不闻。智慧可以被组织起来吗？智慧可以像你传播政治口号或政治观点那样被传播开来吗？智慧可以为了他人的利益被组织起来和传播吗？智慧可以通过权威而获得吗？智慧必须通过直接的体验得来，而不是通过获知他人所说的关于智慧的看法，难道不是吗？当你声称没有任何宗教高于真理的时候，这意味着，通神学的核心事实便是找到真理，不是吗？发现真理，认识真理，爱真理，对吗？真理是能够被重复和学习的东西吗？你能够像学习一门技术那样学会真理吗？真理，难道不是要直接去体验、感受与认知的吗？我并不是说通神学没有涵盖这一切，我们在讨论核心事实是什么。我读过的通神学的著作，并不比我看过的其他宗教书籍多……或许这便是为什么一个人可以稍微自由地去思考所有这些问题的缘故吧。

所以，通神学的核心事实，即智慧与真理，能否通过某个组织化的团体得到表达呢？抑或，组织化的团体能够帮助他人来达至智慧和真理吗？因此，让我们现在离开一会儿——离开一下通神学的核心事实。

现在，来谈谈通神学会。我不知道你为什么会对这些东西感兴趣！

那么，什么是组织化的团体？组织化的团体的功用何在？——不是你希望它具有什么功能，而是它实际上的作用。组织化的团体有何作用呢，尤其是这种团体？传播智慧，是吗？那么尔后呢？解释这一智慧，给人们提供一个平台，让他们聚在一起展开探寻吗？你会说是的，对吗？也就是说，组织化的团体，是为了把那些渴望去探寻真理与智慧的人们聚集在一起吗？显然如此！不是吗？（打断）先生，我不打算去反驳你，因为，毕竟，组织化的团体的存在，一定是为了某个目的。我们马上就要变成主角了——他在一边，我在另一边。（笑声）他，某个团体或团体某部门的领袖，我则是他的对手。先生，请允许我声明一下，在这里，我不是你的对手，相反，我感觉这样的团体会妨碍认知。

你们的团体为什么会存在呢？是为了宣传理念吗？抑或是为了帮助人们探寻通神学的核心事实吗？还是为了作为一个包容的平台，以便观点各异的人可以根据各自的背景、限定来阐释真理呢？你们或者是一群志同道合的人，声称："我们之所以会在这个团体里，是因为抱持着相近的观点。"又或者，你们聚在一起，是为了探寻真理，帮助彼此去找到真理。

这些是四种可能性，我们可以把这些添加进来。现在，所有这些从本质上来说能够被分成两个原因：即，我们聚在一起，组成一个团体，是为了发现真理以及宣传真理。那么，你能够宣传真理吗？你能够探寻真理吗？让我们来分析一下好了。

你能否传播真理呢？你所说的传播是指什么意思？例如，你认为轮回转世是一个事实。我以此为例。你说道，让我们去传播这个吧，它将帮助人们，缓解他们的痛苦，诸如此类——这意味着，你知道关于轮回转世的真相。你是了解轮回转世的真相呢，还是仅仅知道口头表达关于永生的观念呢？你在书中读到过轮回转世说，你传播这种观念，传播读到的话语。先生，你明白了吗？这是传播真理吗？你能够传播真理吗？你可能会反问我说："那么您是在做什么呢？"我告诉你，我并不是在宣传真理，我们只是帮助彼此获得自由，如此一来真理才会向我们走来。我不是在传播真理，我并没有给你某个"观念"。我所做的，是去帮助你意识到那些令你无法直接体验真理的障碍物是什么。一个传播真理的人，是否真的就道出了真理呢？请注意，这是一个相当严肃的问题。你可以去宣传，但是你的宣传并非真理，不对吗？"真理"一词并非就代表真理，不是吗？你仅仅是在传播"真理"、"轮回转世"这些词语，抑或你是在对它进行解释，然而"真理"一词并不代表真理本身。真理应该是去体验的，所以，你的宣传只不过是口头上的，而不是真实的。

另一个观点是：人们聚在一起，是为了探寻真理，这是其中的一部分。那么，你能否探寻真理呢？还是说，其实应该是真理向你走来呢？这二者区别是很大的。如果是你去探寻真理，那么你便渴望运用真理，你把真理当作一种保护，或者想要得到安全和慰藉，得到这个或那个，你把真理当作是让自己得到满足的手段。当我寻求某个东西的时候，这就是我的目的，我们不要用一大堆词汇来自欺欺人了。当我寻求权力时，我就会去追逐权力，我就会运用权力。当你追逐真理的时候，这表示，你一定已经认识了真理，因为你无法去追逐未知的东西。你所知道的是自我保护，所以它并不是真理。真理能够被找到吗？抑或，你能够通过信仰达至真理吗?

在讨论通神学会的过程中——当然,你知道,我并不关心这个,我已经跟这个学会彻底断绝了关系,你希望知道,我所说的、我的教义跟通神学和通神学会的核心事实是否是一样的。我显然会说,不是。你喜欢断章取义,你会说,我们一手造就出了你,因此你是我们的一部分,就像孩子是父母的一部分,这是一个非常方便的论据。然而事实上,当一个男孩渐渐长大的时候,他将会跟他的父亲完全不同。

很明显,先生,当你变得越来越丰富,精神层面上了一个台阶,你会否认真理,对吗?真理并不在阶梯的顶端,你所在之处即真理,真理在你的所思、所感、所行里面,当你亲吻时,当你拥抱时,当你去剥削、利用他人时——你应该洞悉这一切事情里所蕴含的真理,而不是无数生活的循环的尽头的某个真理。觉得你有朝一日可能会得道成佛,不过是另外一种自我投射的扩张与膨胀,这是不成熟的想法,不值得那些有活力、思想深刻、情感充沛的人们去思索。如果你认为自己将来会变成个人物,这就表示你现在还不是。重要的是现在,而非明天,假若你现在不怀抱友爱之情,那么你明天也不会如此,因为明天即现在。

你们作为一个团体聚在了一起,你们询问我是否跟你们是一样的。我认为不是。你可以让我们"融汇在一起",你可以扭曲一切以满足一己之便,你可以黑白颠倒。然而,一个不诚实、不能够直接感知事物本来面目的心灵,只会从既得利益的层面进行思考,无论是在信仰、财产还是所谓的宗教地位上的既得利益。我并不是说你应当离开你的团体,我压根儿就不关心你是去是留。但如果你们认为自己是真理的寻求者,聚在一起是为了找到实相,那么我担心你们会大错特错。你们或许会说:"这是你的看法。"我会说,你们很对。假如你们说"我们试图相互友爱",那么我会再一次指出,你们走上了歧路,因为友爱不在路的尽头。若你们说你们在培养宽容、友爱,我会说友爱和宽容并不存在,它们不是培养出来的,你们不会培养出宽容。当你爱着某个人的时候,你不用去培养宽容,只有心中无爱的人才会去培养它。这又是智力上的本领。如果你们声称你们的团体根本不是基于内在的或外在的信仰，那么我会说，从你们的外部及内在的行为来看，你们都是一种分离性的而不是统一性的因素。你们有你们秘密的仪式、秘密的教义、秘密的大师，所有这一切都代表着一种分离主义。从这个意义上来讲，组织化的团体的真正功能，就是让人与人之间隔离开来。

所以，我担心，当你们非常深入地去探究这个问题的时候，你们、通神学会和我，并不能融汇在一起。你们或许喜欢让我们有交集，但这是截然不同的事情——这并不表示你们必须离开你们的团体，然后到这个阵营里来。不存在"这个阵营"，真理没有所谓的立场问题，真理便是真理，它是唯一的，没有什么所谓的立场，没有路径可循，任何路径都无法达至真理，没有哪条路可以到达真理，必须是真理向你走来。

只有当你的心智变得简单、澄明，当你的心中怀有爱而不是填塞满了属于头脑的、智力层面的东西，真理才会向你走来。当你心中有爱，你不会去高谈阔论为了友爱组织起来，你不会谈论所谓的信仰，你不会谈论界分或导致界分的权力，你不需要去寻找和谐。尔后，你将成为一个简单的人，没有任何标签，没有所谓的国籍。这意味着，你必须让自己挣脱所有这一切，让真理登场。只有当头脑处于空寂的状态，当头脑不再去制造东西的时候，才能迎来真理。尔后，真理会不请自来，会像风一般悄悄地、迅捷地到来。真理不是当你去观察、去等待的时候到来的，而是以隐蔽的、不引人注意的方式出现，它会像阳光一样突然而至，它会像夜晚一般的纯净。但若想接受到真理，心灵必须充实，头脑必须空寂。然而现在，你的头脑是满满的，心灵却是空空的。

（在甘地墓的第三场演说，1949 年 2 月 6 日）

记忆，绝非觉知之道

我想知道对我们大部分人来说，行动究竟意味着什么？行动是来源于某个念头呢，还是去符合、接近某个念头或者遵从某种模式、想法呢？行动是否不依赖关系？行动，难道不就是关系吗？如果我们把行动建立在某个想法、准则或结论之上，那它是行动吗？行动是基于信仰即某种思想形式吗？这样的行动，有力量去释放出活力以及富有创造力的能量和觉知吗？

显然，重要的是去探明我们的行为在多大程度上依赖于想法，以及究竟是念头在先还是行动在先，思考是否是一种逐步展开的行动，抑或行动是否独立于思考即思想的过程呢？我们必须讨论一下这个问题，必须有所探明，因为，假如行动仅仅是遵从某种模式、某个念头或想法，那么念头，而不是行动就会变得至关重要。于是，行动不过是对某个想法的实施。尔后便会出现如下问题：怎样用想法去应对行动，怎样把想法付诸于实践，以便完成某个念头，怎样通过行动来实现想法，诸如此类。想法是行动的主要诱因吗？还是说，行动居先，尔后才出现念头呢？很明显，假如我们非常仔细地去观察一下，就会发现，行动在先。我们首先做了某件事情，令人愉悦或者不令人愉悦的事情，然后才会出现源自于行动的想法。尔后，想法进一步控制了行动，于是想法变得至关重要了，而不是行动。因此，对于我们大多数人来说，困难在于，想法，即对之前的经历、对过去的记录，在控制、引导和塑造着行动，难道不是吗？

正如我所指明的那样，行动便是关系，当行动、当关系是基于某个想法的时候，会发生什么呢？源于想法的行动，一定会继续限定思想，因为，想法是一个人的背景的产物，而背景塑造着行为，从而控制着关系。

所以，源于某个念头的行为，永远无法具有解放性，它必定始终是受限的，原因在于，念头就是某个受限的反应，于是源于念头的行为也必然是受限的。通过基于念头之上的行动，不会有任何的自由、任何富有活力的释放。然而，我们所有的行为体系都是建立在想法之上的。

因此，求助于某个想法，把它当作变革的手段，当作释放出富有创造力的能量的手段，这显然是大错特错的。那么，什么是没有想法的行动呢？我希望你们会对这个问题感兴趣，因为这是我们的难题。我们的生活便是行动，行动即关系，如果行动仅仅是某个想法的产物，而想法不过是过去的经历的残渣，那么这种行动就永远不可能带来解放，它仅仅是以一种修正的、改变的方式在持续着过去。所以，我们不可以通过源于想法的行动去寻求自由、解放，寻求对实相的认知。经历、之前的经历，不会成为达至真理的路径。作为记忆的经历会留下印痕，它无法带领我们去认识真理。因此，经历是一种想法，是对昨天的记忆，它塑造着行动，所以显然无法达至真理。记忆，并非觉知之道，也就是说，如果行动是基于某个想法即之前的经历的产物，这种行动就是过去的结果，于是永远不可能去认识鲜活的当下。

那么，什么才是真正的行动的方法——即不源于想法的行动呢？有一种行动，它并非只是想法的重复。经验，不是达至真理的方法，可是对我们大多数人来说，经验是最为重要的。我们通过记忆的屏障去经历，而这又会局限经历。也就是说，想法、背景遇到了挑战，出于反应，便有了经验。这种经验是受限的，所以行动也是受限的，因此，作为经验的行动无法达至真理，无法带领我们实现觉知。请务必领悟这里面的重要性：经验妨碍了体验的状态，因为经验是一种受限的行动，由于受限，结果永远不可能是完整的。因此，经验总是会妨碍我们去认识实相。这跟我们的信仰是相反的——我们认为，为了实现认知，必须得有更多的经验、知识、技术。

所以，必须得从完全不同的方法来着手。你应该凭借自己的力量去探明，你的行动是否是基于某个想法，是否能够出现没有思想过程的行动。我们认识到，基于想法之上的行动，并不能走向真理，基于经验之上的行动，是受限的行动。凡可以被度量的事物，皆无法认识那不可度量之物，而经验始终是能够被度量的，因此，经验并不是我们所理解的那样。于是，基于经验的行动将有碍于我们去认识实相或者认识任何新的事物。所以，必须得采取不同的方法。让我们探明一下，什么是不基于想法的行动吧。

你什么时候会在没有思想过程的情况下去行动呢？什么时候会出现不是源于经验的行动呢？因为，就像我们所说的那样，基于经验的行动是局限性的，因此便是一种阻碍。当建立在经验之上的思想过程没有控制行动时，自然而然就会出现并非源于想法的行动了——这意味着，当头脑不去控制行动，便将出现不依赖于经验的行动。当基于经验的头脑不去引导行动，当基于经验的思想不去塑造行动，只有在这种状态里，才会实现觉知。什么是没有思想过程的行动呢？存在没有思想过程的行动吗？也就是说，我想要建造一座桥梁、一栋房子，我懂得技术，技术告诉我如何去修建，我们把这个称作行动。有写诗、画画的行动，有政府责任、社会的、环境的反应的行动，所有这一切都是建立在某个想法或者影响行动的先前的经验之上的。然而是否存在没有思想过程的行动呢？

很明显，当思想停止时，就会出现这样的行动了，而只有当爱登场，思想才会终结。爱不是记忆，爱不是经验，爱不是去思考你所爱的人，因为如此一来它就仅仅只是想法了。显然，你无法去思考爱，你可以去想你所爱的人或者献身的人——你的上师、你的偶像、你的妻子、你的丈夫——但想法、符号、象征，并不是真实的。所以，爱并非经验。

那么，当爱登场，便会出现行动，不是吗？这种行动难道不具有解放性吗？它不是思考的产物，爱与行动之间，不像想法和行动之间那样存在间隔。想法总是旧的，它把自己的阴影投射到当下，试图在行动与想法之间搭起桥梁。当爱来临——爱不是思索，不是思考，不是记忆，不是某个经验、某个被实践的戒律的产物——那么，这爱便是行动，这是唯一具有解放性质的事物。只要有思考，只要有想法即经验对行动的影响、塑造，就不会有任何的自由，只要这种过程继续着，那么一切行动都将是受限的。一旦你洞悉了这其中的真理，爱的品性——爱不是思考，你无法去思考爱——便会出现。

这就是当你用自己的全部身心去爱着某个人的时候会出现的真实情形，这确实会发生。你可以去想某个人，然而很不幸，这并不是真实的，实际发生的是思想取代了爱。尔后，思想可以调整自己去适应环境，可是爱永远都不会调整自己去适应什么。调整、适应，从本质上来说属于心智的范畴，思想、心智可以发明出"爱"，当我说"我爱你"的时候，我是在调整自己去适应你。然而，只要有爱存在，就不会有任何的调整、适应——爱是单独的，它没有附属物，所以它不会让自己去适应任何东西。当你心中有爱，那么这种调整适应的念头，基于想法的行动的遵从的念头，就会完全停止。一旦你心中有爱，便会出现真正的行动，即关系。只要关系里有调整、适应，爱就不会到来。当我因为爱你而让自己去适应你的时候，我不过是去遵从你的意愿，适应总是针对低等而言的。你如何能够让自己去适应更加高等即高尚的、纯粹的事物呢？你无法做到。因此，只有当爱不存在的时候，才会出现所谓的适应。爱不是任何东西的次等物，它是唯一的，但不是孤立隔绝的。这样的爱便是行动，即关系，它不会像思想那样会腐败，因为不存在调整、适应。只要行动是建立在想法之上，那么行动就不过是一种调整适应，是一种经过了改良的、修正的持续。如果一个社会源自于去符合、接近某个理念，那么它就会充满冲突、痛苦和争斗。假若行动不是来自于想法，它里面就会有自由。爱不是献身于思想，一个献身者，并不是爱真理的人。献身不是爱，爱里面，没有你和他人，而是两个人的彻底融合，无论是男人与女人的融合，还是献身者与其理念的融合。这样的爱并不是少数人的礼物，它不是只留给有权有势者的。

然而，你并没有懂得基于经验之上的行动究竟是什么意思。当一个人真正深刻地洞悉了这个，当他觉知到了所有的涵义，就会停止思考的过程了。尔后，将会出现一种全新的生活状态，一种源于不满之火的生活状态。不满，不是通过自我实现得到缓解、平息。但是，只要不存在任何自我实现，不满就会是跃入到未知的跳板，正是这种未知的特性才是爱。如果一个人意识到自己处于爱的状态，那么他就不是在爱着某个人或物。爱不属于时间之域，所以，你无法去思考爱，你能够思考的是时间，你能够思考的，不过是它自己的投射，它已经是已知的。当你懂得爱，当你实践爱，很显然它也就不再是爱了，因为它不过是经验对当下的适应，而只要有适应，就不会有丝毫的爱存在。

问：让心灵宁静下来的最好方法是什么呢？冥想与念诵神的名字被认为是唯一的途径。您为什么要对此予以批判吗？智力本身能够达至这个境界吗？

克：让我们探究一下冥想的问题，这实际上是个相当复杂的难题，需要展开审慎的思考。让我们洞悉它的全部涵义，让我们把冥想当作一幅地图去徐徐展开其全部吧。

我们所说的冥想是什么意思呢？我们所谓的冥想，是指心灵的宁静吗，就像通常理解的那样，难道不是吗？让我们看一看怎样来着手这个问题，因为手段很重要，因为手段决定了结果。如果你控制自己的心灵，使其变得宁静，那么你的心灵应当会安静下来。然而，它却并不是如此，它不过是一个被控制的心灵，一个被困在房子里的心灵，这样的心灵不是静寂的——它只是受着束缚，被困在掌控之中。因此，我们必须要对这个问题做一番仔细的分析。

冥想的目的是什么？是为了让心灵变得静寂吗？心灵的静寂，对于发现真理或体验实相是必需的吗？冥想，是否是一种排他的过程呢？让我们以逆向方式来展开探究，因为我们不知道何谓真正的冥想。人们左一言右一语的，你不知道什么才是真正的冥想。你想获得心灵的静寂，是否要通过一系列对思想的排拒抑或抵制呢？也就是说，心灵处于游移不定的状态，不停地游走，你开始去挑选某一个轨迹，抵制所有其他的，即一种排他的过程。你专注在某个你所挑选出来的想法上，从而建起了一堵抵制的高墙，你试图把所有其他的想法都挡在外面。努力学着全神贯注，这就是你始终在做的事情。尔后，专注便成为了一种排他。你进行着挑选，让自己的念头集中在某个词语或形象上面，集中在某个短语或符号上面，抵抗着其他每一个冒出来的、干预进来的念头。因此，我们所说的冥想，是在培养抵制，是排他性地让思想集中在某个我们所挑选出来的念头上。

是什么让你做出选择的呢？是什么让你说这个是好的、正确的、高尚的，其他的则不是呢？很显然，选择是基于愉悦、回报抑或有所得，抑或它仅仅是一个人对自身环境、传统所做的反应。你为什么要去挑选呢？为什么不去检视每一个想法呢？当你对许多东西都感兴趣的时候，为何要去挑选其中一个出来呢？为何不去探究每一个兴趣呢？干吗不在每一个兴趣出现的时候对它进行探究，而不是仅仅专注在某个念头、某个兴趣之上，然后去抵制其他的呢？毕竟，你是由许多的兴趣构成的，你有许多面孔，有意的或无意的。为什么要挑选出其中的某一个，抛弃掉其他呢？——你把自己的精力都花在了控制上面——从而导致了抵制、冲突和摩擦。但倘若你在每一个想法出现时对其展开探究——每一个想法，而不是少数几个——就不会有任何排他的过程了。不过，要检视所有的想法是件十分艰苦的事情，因为，当你审视某个想法时，其他的想法会蹑手蹑脚地溜进来，可如果你展开觉知，既不去控制，也不去辩护，那么你会发现，仅仅审视那一个想法，就没有任何其他的想法闯进来了。只有当你去谴责、比较、遵从的时候，其他的念头才会进来。明白了吗？

因此，专注并不是冥想。我们将要去探明什么是冥想，但首先得知道什么不是冥想。专注，意味着控制，意味着各种排拒、抵制。一个被困在排他性的专注之中的心灵，永远无法找到真理。但如果心灵去认识每一个兴趣、思想的每一个运动，如果心灵去觉知每一个感受、每一个反应，洞悉每一个反应里面所蕴含的实相——这样的心灵，如此柔韧、如此迅捷，能够去认识"当下实相"，也就是真理。然而，一个专注在某个念头上的心灵，不是迅捷的心灵；一个被控制的心灵，不是柔韧的、具有适应力的心灵。当心灵仅仅学习着去专注时候，如何能够做到敏锐、迅捷和柔韧呢？

那么，冥想不可能是祈求，祈求即祈祷。你曾经祈祷过吗？当你祈祷时，真实发生的情形是怎样的呢？你为什么要去祈祷？只有当你陷入困境，只有当你遭遇麻烦，才会去祈祷，不是吗？当你快乐、愉悦、澄明时，你不会去祈祷，只有当你遭遇困惑、混乱，当某件事情让你感到害怕，你想要避开时，你才会去祈祷，抑或你祈祷是为了得到自己渴望的东西。你之所以会祷告，是因为你内心怀有恐惧。我并不是说祈祷只是恐惧，但是，所有的恳求皆因恐惧而生。恳求、祷告，或许可以带给你欢愉，向所谓的未知事物哀恳地祈求，可能会带给你你所寻求的答案，然而，这个对于你的祈求的回答，来自于你的潜意识，或者来自于你全部需求的储藏库。这个答复，并不是来自于神的声音。

在你祈祷的时候，会发生什么呢？通过不断地念诵某些话语，通过控制你的念头，心灵会逐渐变得安静，不是吗？至少，意识会安静下来。你会像基督徒那样双膝跪下，或者像印度教教徒那样端坐下来，你不断地念诵经文，通过这种念诵，心灵步入宁静。在这种静寂之中，会出现某种暗示，这种对于你所祈祷的事物给出的暗示，可能源自于你的潜意识，或者是你的记忆做出的反应。然而很明显，它并不是实相的声音，因为实相之声必须向你走来，它是无法通过诉求而获得的，你无法祈祷得到它，你无法通过做礼拜、唱祈祷歌以及其他的一切，通过给它献花、通过安抚它、通过克制自己或是仿效他人来诱使它进入到你那个小小的笼子里，这些全都是自我催眠。可一旦你学会了通过念诵话语让心灵安静下来以及在这种静寂中接受到暗示的法子，那么危险便是——除非你在这些暗示刚一出现的时候就能够充分地警觉到——你将会被困住，尔后，祈祷将会替代对于真理的寻求。所以，一个通过祈祷而变得安静下来的心灵，并不是真正的宁静，因为这种状态是被特意造出来的，所以也能够被消除掉。发生的全部情形便是，你头脑的意识层面，通过安抚变得宁静，通过念诵变得迟钝，然后接收到了某个对你的祈求的回应。你得到了答复——但它并不是真理。如果你有所求，如果你去祈祷，你接受了某个暗示、某个回应，但你最终还是要为此付出代价。

因此，我们发现，作为祈求、恳请的祷告，有助于让心灵安静下来。但也有另一种祈祷，它要达到完全的接受，不是在寻求某个事物，至少不是有意识的。这种通过祈祷而产生的感性的接受，同样是一种静寂，它不过是你的欲望在呼唤来自潜意识的反应。通过种种手段变得安静的心灵所具有的敞开的接受性，并不能够实现觉知，因为心灵是被变得安静的，而不是真正自发地步入宁静。一个因控制而变得安静的心灵，永远不可能拥有真正的宁静，它会收到某个回复，但这回复只可能源于它自身的局限之内。一个愚笨的头脑可以被变得安静，但它的答复还是愚蠢的。一个愚笨的头脑可以认为它所收到的答复直接来自于神，但事实并非如此。一个通过种种方式变得安静的心灵，只能根据它自身的限定去接受回复。所以，我们领悟到，祈祷并不是冥想。

献身也不是冥想，冥想不是对某个理念的自我牺牲。你所献身的对象是什么？你献身于某个会带给你满足的事物，假如它无法令你得到满足，你就不会对其献身了。只要你所献身的对象可以让你获得满足，你便会皈依于它，当它不再能够给你满足时，你则会去到其他地方。你更换着你的上师，你更换着理念。老师、上师、偶像，都是皈依者的一种自我投射，这种自我投射是建立在获得满足之上的。因此，你实际上是在献身给自己，是某个神性、某个理念、某个大师或者某个图像的具象化。你只会献身给能让你获得满足的东西，所以，一位皈依者及其所有的礼拜、花环、圣歌，其实都是在崇拜他自己的形象，他自己那个被赋予了荣光、被放大了的形象。而这显然并不是冥想。

冥想不是训练。单纯地训练心灵，是在局限心灵，在其周围建起一堵高墙，如此一来它就无处可逃了。这便是为什么一个被训练的心灵，一个找到了替代物的心灵，找到了升华的心灵，一个被塑型、控制、压抑的心灵，依然是无法获得自由的心灵。自由是否可以通过训练得来呢？

你能否训练自己实现自由呢？如果你使用错误的手段，那么结果也会同样是错误的，因为结果跟手段是不可分的。所以，当心灵受到控制，以便得到某个结果，那么结果就只是那受控的心灵的投射罢了，于是不会有任何的自由，有的只是一种受控制的状态。因此，冥想并不是训练。

冥想不是专注，冥想不是祈祷，冥想不是献身，冥想不是训练的过程。当你发现专注、祈祷、献身和训练皆非冥想，那么会发生什么呢？你会在行动中去发现自己，不是吗？认识这些事物，便是发现你自己的思想的过程，也就是自知，对吗？揭示这一过程，便是在行动中探明自己，认识这个，便是认识你自己。所以，冥想是认识你自己的过程。没有自知，就不会有冥想，这便是你刚刚探明的道理。因此，你是在通过专注、通过祈祷、通过训练、通过献身去在行动中观察你自己。

我们现在要做的，便是发现自己的本来面目，没有任何欺骗、没有丝毫幻觉。尔后会出现怎样的情形呢？自知本身并不是终点，自知是一种"变成"的运动。当我在行动中审视我自己的这四个方面，我发现，只有一个过程，那便是，我感兴趣的是变得如何如何，是永生不朽。因此，越是认识了自我、各个层面的自我——即洞悉每个时刻的实相，不是源于经验的实相，而是直接的感知、领悟——心灵就会越宁静。例如，意识到了有关祈祷及其全部涵义的实相，显然就能够让心灵从祷告、恐惧、恳求中解放出来。同样的，在洞悉训练的实相及其全部涵义的过程中，就可以挣脱训练获得自由了，于是便会迎来更多的知识、智慧与觉知。心灵挣脱了想要变得怎样的欲望，结果也就能够实现对真理的觉知了。

现在，我们必须去体验这个，不去体验，我们就不可能更加深入地探究。如果你依然为祈祷所困，你的深入探究就将毫无意义，如果你依然被困在训练里，那么我们将要着手的一切也就没有任何价值——所以，若你依然关注于控制思想，结果也会是一样。然而，一个静寂的心灵——不是被变得安静，被刻意弄得安静的——一个由于怀有真正的兴趣、已经洞悉了真理、真理已经向它展现的心灵，是充满智慧的，不再有任何冲突的心灵。通过时时刻刻去感知思想和感受的运动，通过洞悉这种运动中所蕴含的实相，就可以消除掉冲突。只有当你不再去谴责、辩护和比较时，方能感知真理，抑或真理才会登场。唯有这时，心灵才会宁静，唯有这时，记忆才会终结。

那么，当心灵变得宁静的时候，当它不再渴望变得怎样，不再去寻求某个结果，当它处于高度的警觉、无为的警觉，会发生什么呢？在这种静寂中会有行动，会有体验，这里面时间是不存在的。它将是一种存在的状态，其中既没有过去，也没有现在或是将来。

冥想，便是生活在每一天的时时刻刻。它不是一个人把自己隔绝在某个房间或是某个山洞里头，因为这么做他将永远无法认识实相。实相必须要在关系中去发现，不是遥远的关系，而是我们日常生活的关系。如果没有在关系里去认识实相，你就无法懂得什么叫做拥有一个静寂的心灵。正是实相让心灵安静，而不是你想要安静的欲望。真理是要在关系即行动中去发现的，关系就像是一面镜子，你在里面可以照见自己。

因此，自知是开启智慧的钥匙。没有智慧，就无法获得心灵的宁静。智慧不是知识，知识其实是智慧的绊脚石，它妨碍了去探明每时每刻的自我。静寂的心灵将会懂得真正的存在，将会懂得什么是爱。爱既不是个体的也不是非个体的，爱就是爱，心灵是无法去界定或描述爱的。爱本身即永恒，爱本身就是那最为高等的、不可度量的实相。

（在甘地墓的第四场演说，1949年2月13日）

承认"当下实相"是最为困难的

由于这是最后一场演说，所以，如果可以建议的话，我希望简单概括一下在过去五周时间里我们所讨论过的内容。正是因为缺乏认知的能力，所以才引发了许多的问题。没有能力去认识某个问题，便导致了冲突。假如我们能够去认识问题，那么问题自己就会消失不见了，正是由于无力去认识挑战，才带来了问题。

生活必定是一系列的挑战与回应。挑战并不依照我们的好恶或是自身的欲望，而是在不同的时候呈现出不同的形式。若我们能够充分地、直接地去迎接挑战，就不会有任何问题出现了。然而由于我们并没有充分地去迎接挑战，所以才会有问题出现。怎样才能拥有这种能力呢？生活的挑战并不是局限在某个单独的层面，生活并不是只有一个层面，比如只有经济的或精神的层面。正如我们所讨论过的那样，生活是不同层面的关系，它始终都处于流动之中，始终都以各种方式表现出来。所谓幸福的人，便是能够始终在各个层面彻底地、充分地去应对生活的人。

因此，如果一个人认为生活仅仅是为经济的或智力的环境所限定，如果他只是从这种观点出发来迎接生活，那么他显然就是一个不完整的人，就会遭遇无数的冲突，因为生活分明不是只处于一个层面的，生活是与物、与人、与观念的关系。若我们没有正确地、充分地去应对这些关系，就会出现由挑战带来的冲突。

所以，我们的问题在于，如何带来、如何有意地培养出——假若一个人能够有意培养的话——那种始终迎接挑战的能力。原因是，挑战无时无刻不存在，如果不做出回应，便会走向死亡、走向衰退。只有当我们懂得了怎样始终去迎接挑战，怎样不断地、自由地、充分地去迎接挑战，才能迎来真正的生活，才会有思想、感受的深度与高度。

那么，一个人怎样才能拥有这种能力呢，怎样才能得到这种能力呢？显然并没有确切的答案。尽管你或许可以把所有关于如何应对生活的书籍看个遍、研究个遍，但这种对于事实的认知实际上是一种障碍。原因是，由于有了事实，你便试图用知识、讯息的框架去迎接挑战。很明显，事实并不能带来或产生出那种能力。如果没有充分迎接生活的能力，生活就会变成痛苦之源。因此，它不是事实，不是知识——你可以阅读《薄伽梵歌》，你可以阅读所有的圣典，聆听所有圣人发表的演说，你可以去实践无数的戒律——但这些无助于你去拥有应对生活的能力。

所以，假如需要的不是事实、不是知识，那么又是什么呢？我们首先必须探明什么是生活本身，什么是活着，尔后才能有所发现，不是吗？如果我们可以认识这一点，或许就能具备迎接挑战即生活本身的能力了。生活既是挑战也是回应，不对吗？它不单单是挑战，也不单单是回应。生活即体验，在关系里面去体验。一个人无法活在孤立隔绝的状态，所以生活即关系，而关系便是行动。一个人怎样才有能力去认识关系即生活呢？关系，意味着与人、与物、与观念的交流，不是吗？生活即关系，它表现为与物、与人以及与观念的联系。在认识关系的过程中，我们将有能力去充分地迎接生活。因此，我们的难题并不在于能力——因为能力依赖于关系——而在于对关系的认知，一旦认识了关系，自然就会让我们拥有了快速适应、调整和反应的能力。

很明显，关系是一面镜子，你在里面可以去发现自我。没有关系，你就无法生存于世，活着，即意味着处于关系之中。你只能生活在关系里，否则，你将无法存活，生活就将毫无意义。你存在，不是因为你认为自己如此，你存在，是因为你处于关系之中。正是由于缺乏对关系的认知，才会导致冲突频生。

现在，我们并没有认识关系，因为我们把关系当作了进一步获取、进一步转变、进一步变得如何如何的手段。然而，关系是自我发现的途径，原因在于，关系就是生活，没有关系，我就无法存活于世。要想认识我自己，我必须认识关系。因此，关系是一面镜子，我在里面可以照见我自己。这面镜子能够被歪曲，也能够照射出本来面目。可惜，我们大多数人都在关系即那面镜子里只看到自己愿意看到的东西，我们看不见"当下实相"。我们宁愿理想化，宁愿去逃避，我们宁愿活在未来，而不是去认识当下的关系。

所以，当下、现在，仅仅被当作了由过去走向未来的道路，结果，总是处于当下而非处于过去或将来的关系，也就失去了任何意义，于是便有冲突发生。之所以会有冲突出现，是因为我们把当下作为了通往将来或过去的道路。头脑是过去的产物，没有过去，就不会有思想，没有背景，没有限定，就不会有思想。然而，作为过去的产物的思想，无法去认识当下，而只是把当下作为通往未来的途径。未来总是一种"变成"，所以，当下——当下之中就会有认知——永远不曾被抓住。只要有"变成"，就一定会出现冲突，而"变成"总是过去利用现在去获取、去达到。在"变成"的过程里，思想被困在时间的网中，时间，不是解决我们难题的方法。你只能在当下去认知，而不是在明天或昨天——总是在现在，虽然现在可能成为明天。因此，认知是无限的、永恒的，你无法去认识来生或来年。

因此，只有当一个人认识了关系，才能够去认识生活。关系是一面镜子，它一定会反射出一个人的本来面目，而不是他希望自己应有的样子、不是他理想中的模样。要一个人认识到自己的本来面目实际上相当不易，原因是，他习惯于去逃避"当下实相"。静静地去观察、感知"当下实相"是很艰辛的事情，因为一个人习惯了去谴责、辩护、比较和认同。在进行辩护、谴责的过程中，无法去认识本来面目，而唯有当你认识了"当下实相"，方能摆脱其束缚获得自由。

所以，只有当你把关系视为"变成"的手段，也就是说，当你通过关系来让自己获得满足的时候，生活就会充满问题、冲突与痛苦。一旦我利用他人或者一旦我利用财富或某个观念来作为自我扩张的手段，即让满足永续下去，那么生活就将变成一系列无休无止的冲突和不幸。只有当我认识了关系——认识关系是认识自我的开始——对自我的认知才会让你可以正确地思考"当下实相"。正是正确的思考能够解决我们的种种难题——不是上师，不是那些英雄人物，不是圣人，不是书籍，而是洞悉"当下实相"的能力以及不去逃避它。

承认"当下实相"，便是认识"当下实相"。然而，承认"当下实相"是最为困难的，因为心灵拒绝去看、去观察、去接受"当下实相"。洞悉"当下实相"、观察"当下实相"，需要行动，而理想、"变成"的过程，都是在逃避行动。由于我们用逃避、无为、理想把自己包围起来，所以便逃离了"当下实相",也就是关系,可是,唯有在关系里,我们才能清楚地看到自己的真实模样。你越是去探究"当下实相",越是会看到意识的深层,也就是说,看到各个不同层面的生活。自由就蕴含在这里面——不是训戒,不是被培养、被封闭的思想,而是由作为美德的真理所带来的自由,因为,若无美德,便不会有任何自由。然而,一个变得有德行的人则是不自由的,美德只存在于当下,而不是将来。所以,我们认识到,生活的全部涵义并不是去逃避当下,而是在关系中去认识、理解当下。关系只存在于当下,关系之美,只在当下。

毕竟,这就是爱,不是吗?爱,并不存在于明天,你不可以说你明天会去爱,你要么现在就爱,要么永远都不会。爱是如此广博之物,唯有在关系里,方能理解爱的美与意义。然而,仅仅通过训练去培养爱,实际上是将爱挡在了门外,尔后,爱会变成单纯的智力。一个用头脑去爱的人,心灵是空虚的。头脑可以调整自己,思想可以调整自己,但爱从不会去"调整",它是一种存在的状态。凡纯粹的东西,始终都是纯粹的,哪怕它被划分开来。正是爱,正是真理,具有解放的力量。

问:您指出,心智、记忆以及思想的过程必须要停止,尔后才能实现认知,但是您却向我们传授思想。您所说的,是对过去某个事情的体验呢,还是您交流的时候正在体验呢?

克:你什么时候会传达想法呢?你什么时候会把你的体验告诉给他人呢?是当你已经有了体验的时候,而不是在你去体验的那一刻。这种传达,只会是一种事后的结果,你必须得有记忆、话语、手势去表达你所拥有的某种体验,所以,你的传达,是在表达某个已经结束的体验。

那么,你何时获得认知呢?我不知道你是否曾经留意过,在心灵相当安静的时候,甚至哪怕只是一秒钟的安静,觉知便会到来,一旦思想的话语不在,觉知的灵光便会闪现。只要你对其展开体验,就能凭借自己的力量发现,当心灵步入宁静,当思想缺席,当心灵不再因自己的各种噪音裹足难行,你便会拥有觉知的闪光,实现顿悟。因此,只有当心灵处于格外安静的状态,才能实现对某个事物的认知——认识一幅现代绘画,认识一个孩子,认识你的妻子、你的邻居,或是认识所有这一切事物中所蕴含的真理。然而,这样的静寂是无法培养出来的,因为,倘若你培养一个安静的心灵,那么它就不是真正宁静的心灵,而是一颗死寂的、毫无生机的心灵。

要想实现认知,就必须得拥有一颗宁静之心,对于那些就此问题展开检验的人们来说,这一点是极为显见的。你越是对某样东西感兴趣,你越有认知的意愿,你的心灵就会越简单、澄明和自由。尔后,不再有言语,毕竟,思想即言语,正是言语在进行着干扰。正是言语即记忆的屏障,在挑战与回应之间进行着干扰,正是言语在对挑战做出回应,即我们所谓的智力。所以,心灵充满了各种聒噪,被言语塞满,无法去认识真理——关系里的真理,而非某种抽象的真理。不存在抽象的真理。然而,真理是非常隐蔽的,正因为隐蔽,所以很难跟上真理的脚步。真理并不抽象,它会十分迅捷、十分隐蔽地到来,无法为思想所困。它就像是暗夜里的窃贼,偷偷地到来,而不是在你准备好去接收它的时候,你的接收,不过是贪婪的邀请。因此,一个为言语所困的心灵,是无法去认识真理的。

接下来的问题是:当一个人在体验的时候,难道不能够去交流吗?要想交流或表达什么,必须得有事实的记忆。就像我在跟你们谈话,我使用你我都能理解的词语。记忆,源于培养学习、储存词语的能力。这位提问者想要知道怎样让头脑不是仅仅在事后、在体验之后去表达,而是一边体验、一边交流。也就是说,一个崭新的心灵,一个鲜活的心灵,一个正在体验、不受过去的记忆的干扰的心灵。因此,首先让我们明白这其中的困难。就像我所指出来的那样,我们大部分人是在体验之后去表达,于是,表达变成了进一步体验的绊脚石,因为表达、即用言语传达某种体验,只会强化对该体验的记忆。强化关于某个体验的记忆,会妨碍下一次去自由地体验。我们的表达,要么强化了该体验,要么执着于该体验。我们用言语描述这一体验,以便将其确定为记忆,或是为了将它表达出来。通过言语去表达某个体验，便是在强化那一已经结束的体验，于是你就是在强化着记忆，因此，正是记忆在迎接着挑战。在这种状态下，当对于挑战的回应仅仅是口头层面的，那么过去的体验就会成为一种障碍。所以，我们的困难在于体验以及去表达这种体验，而不是用言语去表达，从而妨碍了进一步的体验。

在所有这些讨论和演讲期间，假如我只是重复过去的经验，那么不单单会让你和我感觉乏味无比，而且还会强化过去，从而妨碍在当下去体验。实际发生的情形是，一边体验，一边展开着交流。交流不是口头层面的，不是把体验给覆盖起来。如果我们把体验覆盖起来，披上一件外衣，将其塑型，则体验的芬芳与深刻性都会丧失殆尽。因此，只有当体验不被辞藻包裹之时，才能拥有鲜活的心灵、全新的心灵。当用言语表达它的时候，就会有将其包裹、覆盖、塑型的危险，于是也就让心灵背负起了形象、符号。只有当你不去重视辞藻而是仅仅去体验的时候，才可以拥有一颗鲜活的心灵。体验是时时刻刻的，如果体验变成了累积，就无法去体验了，因为，尔后体验的是累积，而不是真正的体验。只有当你不去进行任何累积的时候，才能每时每刻都在体验。词语便是一种累积，一方面去表达，一方面又不会被困在词语的罗网里，这是十分困难和艰辛的。

毕竟，头脑是过去、是昨天的产物。那不属于时间的事物，是无法被时间追随的。头脑，无法跟上那不为时空所囿、那迅捷非凡的事物。然而，当心灵去体验而不是去"变成"的时候，一切都会是崭新的。正是辞藻让"当下实相"变得陈旧，正是昨天的记忆遮掩住了当下。要想认识当下，就必须去体验，可是当辞藻变得至关重要的时候，体验就会受到妨碍。所以，唯有当词语、当过去不被用来作为一种"变成"的手段，才会拥有一个崭新的心灵———一个始终都在体验但又不会被体验塑型的心灵。

问：婚姻与贞洁是否相容呢？

克：让我们一同来探究一下这个问题吧，这里头涵盖了许多的内容。贞洁并不是头脑的产物。

贞洁不会通过训练而得来，贞洁不是一个可以被实现的理想。凡源于头脑的事物，凡被头脑创造出来的事物，都不是贞洁的，因为当头脑创造出了贞洁这个观念的时候，它便是在逃离"当下实相"。试图变得贞洁的人，是不洁的。这是要说明的一点，我们不久就会加以探索。

接下来，这个问题里面包含了有关性欲的问题，包含了有关性的整个问题。让我们探明一下，为什么对于我们大部分人来说，性会变成一个难题，以及怎样才能理性地去应对性方面的需求，而不是把它变成一个问题。

那么，我们所说的性是指什么意思呢？仅仅是身体行为，还是指刺激、推动着该行为的想法？很显然，性属于头脑的范畴，由于它属于头脑，所以一定会寻求满足，或者遭遇挫败。请不要对这个话题感到紧张，我发现，你们全都显得有点儿紧张，让我们把性的问题如同其他问题一样自如地去谈论吧，不要看上去如此的沉重和迷失。让我们简单、直接地处理这个问题，一个问题越是复杂，就越需要清楚的思考，越应该用简单、直接的方式去解决。

为什么性会成为我们生活中的一个难题呢？让我们来一探究竟，不要感到局促、焦虑、恐惧，也不要予以谴责。为何它会变成一个问题呢？显然，对于你们大多数人来说，性都是一个难题，原因何在？或许你从不曾问过自己为什么性会是个难题，让我们来解开答案好了。

性之所以会变成一个问题，是因为在该行为中似乎有一种彻底的无我，在那一刻，你感到极度的欢愉，原因是不再有自我意识，不再感到"我"的存在。越是渴望性——越是抛却了自我，就会越感到彻底的欢愉，没有过去或将来，这需要通过完全的融合来实现彻底的快乐——那么性自然就会变得至关重要起来，难道不是这样吗？由于性给了我一种纯粹的、没有掺杂任何事物的快乐，让我完完全全地忘记了自我，于是我对性的渴望越来越多。那么，我为什么对性的需求日益增多呢？原因是，在其他地方，我都处于冲突之中，在其他地方，在生活的所有其他层面，都在强化着自我。经济、社会、宗教领域，全都在不断增强着自我意识，全都处于冲突状态。毕竟，只有在遭遇冲突的时候，你才会意识到自我，自我意识究其本质来说，就是冲突的产物。因此，我们在其他地方都处于冲突之中，在我们同财产、同人、同观念的关系里，充满了冲突、痛苦、争斗与不幸。然而，在一种行为中，所有这一切却都完全地停止了，于是你自然渴望更多的性，因为它能让你感到快乐，而生活里的其他事情却带给你痛苦、烦恼、冲突、混乱、敌对、焦虑和毁灭，结果性行为也就成为了最为重要的事情了。

所以，问题显然并不在于性，而是在于如何挣脱自我的羁绊。你已经尝过了那种无我的状态是何滋味了，或许是短短的几秒钟时间，或许是一天。只要有自我存在，就会有冲突、悲伤和争斗，于是你便不断地渴望更多摆脱自我的状态。然而核心问题是，各个不同层面的冲突以及怎样抛却自我，你寻求着快乐，寻求着那种自我及其所有的冲突都消失不见的状态，你发现，正是在性行为当中，你可以片刻地找到这种状态。抑或，你训练自己，你挣扎着，你控制着，你甚至通过压制进行着自毁——这意味着你渴望摆脱冲突，因为，只要冲突不在，欢愉就会到来，如果能够挣脱冲突的罗网，便能在生活的所有层面感受到快乐。

是什么导致了冲突呢？这种冲突是怎样出现在你的工作、你的各种关系以及一切事情中的呢？甚至当你写诗、歌唱、画画的时候，都会有冲突出现。

那么，这种冲突是怎样形成的呢？难道不是因为渴望变得如何如何才会出现的吗？你画画，你想要通过色彩去表达自己，你想要成为最出色的画家。你学习，你焦虑，希望世界能够对你的绘画报以一片喝彩。然而，只要你渴望变得更加优秀，渴望更多的东西，就一定会有冲突出现。正是心理上的欲望在要求"更多"，需要更多是心理层面的，当心灵在寻求、追逐某个结果的时候，就会渴望"更多"。当你想要成为一位圣人，当你渴望去认知，当你实践着美德，当你存在着阶级意识，觉得自己是一个"更为优等"的个体，当你往上爬以便提升自己——所有这些都说明一个想要变得如何的心灵。于是，"更多"就带来了冲突。一个寻求着"更多"的心灵，永远不会意识到"当下实相"，因为它总是活在"更多"之中——活在它想要变成的状态里，但却绝非活在"当下实相"中。除非你消除掉了这种冲突的全部内容，否则，通过性行为来实现忘我，将会始终是可怕的难题。

先生们，自我不是某个可以被放在显微镜下去研究的客观实体，抑或可以通过书本去学习、通过引文被了解的事物，无论这些引文多么有分量。只有在关系里才能认识自我，毕竟，冲突存在于关系里，无论是跟物、跟某个观念的关系，还是跟你的妻子或你的邻居的关系。如果没有解决那一根本性的冲突，仅仅贪恋通过性去获得某种释放，那么这么做显然就会导致失衡，而我们正是在这么做。我们之所以会失衡，是因为我们把性当成了一种逃避的方法。社会、所谓的现代文明，帮助我们去这么干，看看那些广告、电影上面撩人的姿势与裸露的身体吧。

你们大部分人都是在年纪轻轻时就走入了婚姻，这个时候，生理上的欲望是相当强烈的。你娶了个妻子或是嫁了个丈夫，而你不得不在之后的余生里头都跟这个女人或男人度过。你们的关系不过是身体上的，其余的一切都必须被调整着去适应，因此会发生什么呢？你或许比较理性，而她则相当感性，那么你同她之间的交流何在呢？又或者她非常实际，而你则喜欢做梦，你们之间是如此的不同，那么你和她之间会有什么联系呢？你性欲过度，她则不然，但是你利用她，因为你有权力对她如此，当你在利用她的时候，你同她之间怎么可能会有真正的交流呢？我们的婚姻如今都是建立在欲望之上的，可是婚姻里的矛盾和严重的冲突却越来越多，于是出现了离婚。

所以，这个问题需要我们以理性的姿态去应对，这表示必须改变我们的教育的整个根基，而这要求我们去认识生活的事实以及我们每天的生活，不但要认识、了解生理上的欲望即性欲，而且还要懂得怎样理性地去应对。可是现在我们并没有这样去做，不是吗？这是一个被遮掩起来的话题，是个秘密的事情，只会在私下里去谈论。当欲望极为强烈的时候，强烈到不去顾及其他的一切，我们便结了为夫妻度过余生。看看一个人对自己以及对他人都做了些什么吧。

一个理性的人，如何能够跟一个感性、愚钝或是没有受过教育的人去交流呢？于是，除了性以外，还会有什么交流可言呢？困难就在于，满足性欲、满足生理上的需求，使得某些社会规则成为了必须，结果你们便有了婚姻法。你们有各种占有的方法，这些方法给你们带来了愉悦、安全感和慰藉。然而，带来持续愉悦的事物却会让心灵变得愚钝和麻木，就像不间断的疼痛会让心灵麻木一样，不间断的愉悦，也会使得心智枯萎。

你怎样才能拥有爱呢？显然，爱不是某种属于头脑的东西，对吗？爱不是单纯的性行为，对吗？爱是头脑无法构想出来的事物，爱是无法被阐明的事物。你们在没有爱的情况下有了关系，你们在没有爱的情况下结为了夫妇，结果，在婚姻里，你们"调整自己"去彼此适应。多么好的说法啊！你们调整自己去适应彼此，这又是一种理性的行为，不是吗？她嫁给了你，但你是个难看的、肥胖的家伙，你们被自己的性欲裹挟着前行。她必须要同你生活在一起，她不喜欢这栋房子，周围的环境，可怕的一切，不喜欢你的粗鲁，但是她说道："好的，我结婚了，我必须得忍受这一切。"于是，作为一种自我保护，她不久开始说道："我爱你。"你知道，当我们渴望得到安全的时候，便会去忍受某些丑陋的东西，这种丑陋的事物似乎变得美丽起来，因为它是一种自我保护，否则我们就可能受到伤害，可能被彻底地毁灭，于是我们发现丑陋的、可怕的东西都逐渐变得美丽了。

这种调整、适应，显然是一种智力行为，一切调整皆是。然而很明显，爱是无法调整适应的。先生们，你们知道，假如你爱着某个人的时候，是不会存在任何"调整适应"的，难道不是吗？有的只是完全的交融。只有在无爱时，我们才会开始去调整、去适应，而这种所谓的调整适应，就被叫做婚姻。因此，婚姻之所以会失败，是因为它是冲突的根源，它是两个人之间的一场战役。就像所有问题一样,这是个相当复杂的难题,而且是尤其复杂,因为欲望是如此的强烈。

因此,一个单纯地调整自己的心灵,永远不会是贞洁的,一个通过性来寻求快乐的人,永远不会是贞洁的。尽管你可能会在性行为中片刻地忘却自我,然而,正是对快乐的追逐,使心灵变得不洁。只有当满怀真爱时,才能拥有贞洁,没有爱,就不会有贞洁。爱不是可以被培养起来的东西,只有当你彻底地忘却了自我,爱才会到来。要想体会到爱的幸福,一个人就得通过认识关系来获得自由。尔后,当爱来临,性行为就将具有截然不同的意义了,尔后,性行为就不会是一种逃避,不会是习惯。爱不是理想,爱是一种存在状态,只要有"变成",就不会有爱。唯有当爱绽放,才会有纯洁,然而,一个想要"变成"的心灵,一个试图变得纯洁的心灵,是没有爱的。

问: 我们被告知说,为了步入认识实相所必需的那种宁静状态,就必须去控制思想。能否请您告诉我们怎样去控制思想呢?

克: 首先,先生,请不要跟随任何权威,权威是一种恶,权威会破坏、会妨碍、会导致腐化。一个听从权威的人,将会毁灭掉自己,同时也会毁灭掉被他置于权威地位的东西。信徒毁灭大师,正如大师毁灭信徒;上师摧毁学生,正如学生摧毁上师。通过权威,你将会一无所获。你必须挣脱权威的束缚,方能寻找到实相。摆脱权威,无论是外在的权威还是内在的权威,是最为困难的事情之一。内在的权威是经验的意识、知识的意识,外在的权威是国家、政党、团体、组织。如果一个人想要发现实相,那么他就得避开外部的和内部的一切权威。因此,请不要由他人告知该思考什么,他人的话变得至关重要——这是读书的祸根。

这位提问者是这样发问的:"我们被告知说",谁在告诉你呢?先生,你难道没发现,领袖、圣人、伟大的导师之所以全都失败了,是因为你依然故我吗?所以请不要去管他们。你之所以让他们全军覆没,原因在于你并不是在寻求真理,你只是渴望得到满足。不要去追随任何人,包括我自己在内，不要让别人成为你的权威。你自己应该就是老师和学生，一旦你把他人认作老师，把自己视为学生，那么你就将真理挡在了门外。在寻求真理的路途上，没有老师，也没有学生，重要的是对真理的寻求，而不是你或者那个将帮助你找到真理的老师。你看，现代教育以及之前的教育，都教你该思考什么，而不是如何去思考。它们把你放在某个框框里头，这个框框毁灭了你，因为，只有当你感到困惑、混乱的时候，你才会去寻求上师、老师、领袖，政治上的或者其他领域的，否则的话，你永远不会去追随任何人。假如你非常清楚，假如你内心有明灯，就不会去追随任何人了。但由于你并未如此，所以你便去追随他人，你的追随是出于自身的混乱、困惑，因此你追随的对象也一定会是混乱的，你的政治或宗教领袖，跟你一样都是困惑的。所以，首先应该清除掉你自身的混乱，成为你自己的指路明灯，尔后问题才会消失。大师和学生之间的界分并不是精神上的。

这位提问者想要知道如何控制思想。首先，要想控制思想，你必须懂得什么是思想以及谁是控制者，这二者是两个分离的过程，还是统一的现象？在你声称"我将要控制思想"之前，你首先得了解何谓思想以及何谓控制者，不是吗？没有思想，会有控制者吗？如果你没有任何想法，会有思考者吗？思考者便是思想，思想与思考者是不可分的，它们是一个统一的过程。

因此，你留下的只有想法，而不是思考者。尽管你使用了"我思考"这样的语句，但这只是一种交流的形式，实际上存在的只有一种思考的状态。思想创造了思考者，尔后思考者又表达出了自己的思想，思考者不过是用言语表现出了思想。

所以，我们必须探明什么是思想，尔后才能知道究竟是否能够去控制思想以及你为什么想要去控制它。或许有一种截然不同的方法去终结思想过程，但不是通过控制，因为，一旦你施以控制，通过意愿的行为去加以努力，那么你就没有认识思想。于是你仅仅只是在对某个想法加以责难，同时对另外一个想法予以辩护，凡是你去辩护的对象，你都希望去维系它，凡是你去谴责的对象，你都想要将其抛置一边。因此，让我们弄明白我们所谓的思想究竟指的是什么意思。

什么是思想呢？如果没有记忆，就不会有思想，不是吗？思想，源自于累积的经验即过去，对吗？若没有过去，当下就不可能有任何的想法，对吗？所以，思想是过去对现在的挑战做出的反应，也就是说，思想显然是记忆的反应。可是，何谓记忆呢？记忆、持续的记住，是经历的言语化，不是吗？有挑战，有回应——即经历——这种经历用言语表达了出来。这种言语化制造出了记忆，记忆对挑战所做的反应便是思想，所以，思想是一种言语表达，对吗？

我不知道你是否曾经尝试过在没有语词的情况下去思考。在你思考的那一刻，你必须使用语词。我并不是说不存在一种无言语的状态，我们不是在讨论这个。思想即语词，没有语词，思想——我们所知道的思想——就不会存在。因此，若你意识到语词、言辞是一种思想过程，那么这就不是有关控制思想的问题了，而是如何停止语词化的思考的问题。只要有某个经历的语词化，就一定会有想法。思考，便是用语词表达出来。因此，我们的问题，不在如何去控制思想，而在于是否能够不去语词化，不把一切付诸于语词。为什么我们要把自己的反应变成语词呢？为什么我们要这么做呢？一个显而易见的原因便是——为了交流，为了告诉别人我们的感受。此外，我们用言语表达，还为了强化那一感受，不是吗？为了让它固定下来，为了察看它，为了再次捕捉到那一逝去的感觉。语词，替代了那已逝的感受，于是语词变得至关重要起来，而不是感受、反应、经历。语词取代了体验，因此，语词变成了思想，进而妨碍了体验。

于是，我们的问题便是：能否做到不用言语表达、不去命名呢？显然是可以办到的，你经常会这么做，只不过是无意识罢了。当你面临某个危机、某个突然而至的挑战，就不会有任何的言语了，你只是充分地去迎接它。所以，这是能够做到的，不过只有当语词不再重要的时候，这意味着当思想不再重要，当想法、念头不再重要的时候。一旦想法变得重要，模式就会重要，意识形态就会变得重要，基于某个想法的变革

承认"当下实相"是最为困难的　　349

就会变得重要，然而，建立在想法之上的变革并不是真正的革命，它不过是做了一定的改变，继续着原来的想法、昨日的想法。

因此，只有当体验不再重要的时候，当没有体验的状态，也就是没有语词的屏障去充分地应对挑战，语词才会变得重要起来。当迎接挑战的是记忆，那么你就是把生命交付给了语词即记忆，因为记忆里面没有任何生命，不是吗？词语本身没有任何意义，只有当迎接挑战的是过去、是记忆，词语才会获得生机、力量、动力和充实，于是，死的东西又重获生命。随着它从本身死寂的事物中获得更多的生命力，思想就会变得至关重要起来，思想本身没有任何意义，除了在跟过去即言语的联系中。这不是控制思想的问题。相反，一个受控的心灵，是无法去接受真理的，受控的心灵是焦虑不安的，是抵抗的、压制的、替代的，这样的心灵是恐惧的。一个焦虑不安的心灵，怎么可能平静呢？一个恐惧的心灵，怎么可能安宁呢？只有当心灵不再被困于词语的罗网，才可以获得宁静。一旦心灵不再用词语来表达每一个经历，那么它自然就会处于一种正在体验的状态了。

只要在体验，就既不会有体验者，也不会被体验之物。在体验的状态里——这种状态是常新的，是一种正在发生、正在进行的状态，虽然一个人可以通过运用词语来表达这种存在状态——他将懂得，语词不是体验，语词不是它所指代的事物，语词没有任何内容，唯有体验本身才充满涵义。因此，体验并不是言语表达，体验是认知的最高形式，因为它是思考的否定，否定性思考是觉知的最高形式，当你用语词把思想表达出来的时候，就无法实现否定性思考。所以，这压根儿就不是有关控制思想的问题，而是关于摆脱思想的束缚获得自由。只有当心灵挣脱了思想的羁绊，方能感知、领悟实相，而实相便是永恒、便是真理。

问：您所说的转变是指什么意思呢？

克：很显然，必须得有一场根本性的变革。世界性的危机需要一场变革，我们的生活需要变革，我们每日的事件、追逐、焦虑需要一场变革，我们的种种难题需要一场变革。必须得发生翻天覆地的革新，因为我们周遭的一切都在崩塌，尽管看起来似乎井然有序，但事实上却是在缓慢地、逐步地走向衰退和毁灭——破坏之浪不断地追赶着生命之浪。所以必须得有一场革命——但不是建立在某个理念之上的革命，这样的变革不过是观念的继续，而不是根本性的转变。基于某个理念的变革，会导致流血、分裂和混乱。你无法通过混乱带来秩序，你不可能故意地制造出混乱，然后指望经由这种混乱可以产生出有序，你不是那些被神挑选出来从混乱中创造出秩序的人。对于那些愿意为了带来秩序而去制造越来越多的混乱的人，这种想法是错误的，原因是，一旦他们掌权了，就会认为自己知道所有带来秩序的方法。然而，洞悉了这整个的劫难——没完没了的战争，阶级之间、民族之间无休无止的冲突，那可怕的经济与社会的不公，能力与天赋的不平等，那些极其幸福、宁静的人同那些为仇恨、冲突、痛苦所困的人之间的巨大鸿沟——洞悉了所有这一切，就必须得有一场革命，得有彻底的转变，不是吗？

那么，这种转变、这种根本性的变革，是终极目标呢，还是时时刻刻出现的呢？我知道我们希望它是终极目标，因为从将来的层面去进行思考要容易得多，我们最终会转变，我们最终会获得幸福，我们最终会找到真理，但与此同时，让我们继续这样下去吧。很明显，这样的心灵，喜欢从将来的层面去思考的心灵，是无法在当下展开行动的。因此，这样的心灵并不是在寻求转变，它不过是在逃避转变。我们所说的转变是指什么意思呢？

转变不是在将来，永远不可能是在将来，它只会是在当下，转变是时时刻刻的。那么，我们所谓的转变，意指为何呢？显然很简单——把谬误视为谬误，把真理看作真理。在谬误中洞悉真理，在那被视为真理的事物中洞见其谬误，视谬误为谬误，视真理为真理，这就是转变。原因在于，当你极为清楚地洞悉了某种真理，那么真理便会让你获得解放；当你意识到某个事物是谬误，那么这谬误便会自行消失。先生，一旦你领悟到那些仪式不过是空洞的念诵，一旦你洞悉其中的真相，不对其进行辩护，就能迎来转变，因为，另外的束缚已经不再，不是吗？只要你意识到阶级差别是错误的，意识到它导致了冲突、不幸以及人与人之间的界分——只要你懂得了其中的真理，那么这真理就会让你获得解放。对真理的领悟、感知，便是转变，不是吗？由于我们被如此多的谬误包围，所以，时时刻刻意识到谬误，就是转变。真理不是累积的，它是每时每刻的。那累积起来的事物是记忆，通过记忆，你无法找到真理，因为记忆属于时间的范畴——时间便是过去、现在和未来。时间是持续，它永远无法找到那永恒之物，永恒不是持续，但凡持续的事物都不是永恒的。永恒是在即刻，永恒是在当下。当下，既不是过去的投射，也不是过去通过现在走向将来的持续。

　　一个渴望将来的转变的心灵，抑或把转变视为终极目的的心灵，是永远无法找到真理的。原因在于，真理必须是时时刻刻的，必须是崭新的。很明显，通过累积是不可能有发现的，如果你背负着过去的重担，那么你如何能够有所发现呢？只有不再背负那一重担，你才可以发现新的事物。所以，要想在当下、在每时每刻都发现崭新之物、发现永恒，一个人就需要拥有一颗格外警觉的心灵，一个不处于"变成"状态的心灵。一个渴望变得如何如何的心灵，是永远不会懂得满足的极乐的——不是沾沾自喜、自鸣得意的满足，不是获得了某个结果后的满足，而是当心灵从"当下实相"里领悟到了真理和谬误之后得到的满足。对真理的感知是时时刻刻的，如果用语词来进行表达，就会妨碍这种感知。

　　因此，转变不是某个最终的结果，转变不是一个结果。结果意味着残渣，意味着因果，只要有原因，就会为结果所囿。结果，仅仅是你渴望有所转变带来的产物。当你想要有所转变的时候，你就依然是从"变成"的层面去思考的，而凡是在变成的事物，都不可能认知那正处于存在状态的事物。真理便是每时每刻的存在，持续的幸福不是幸福，幸福是一种永恒的存在的状态。只有当你的心中燃烧着熊熊的不满的火焰——不是在逃避的渠道里找到的不满，而是没有出口的不满，没有任何逃避，不再去寻求达到、实现的不满——才能迎来那种永恒的状态。唯有这时，在这种高度不满的状态里,实相才会到来。这种实相是无法被购买到的、被出售的、被重复的,无法在书本里获得,它必须每时每刻被发现,在笑容里、在泪水里、在枯萎的树叶下,在游走的念头里,在爱的充实里——因为爱与真理是不可分的。爱的状态里,作为时间的思想过程已经完全停止了。哪里有爱,哪里就会有转变,没有爱,变革就毫无意义,因为,尔后,变革不过是破坏、衰败以及愈来愈严重的不幸。只要有爱,便会有革新,原因在于,爱就是时时刻刻的转变。

(在甘地墓的第五场演说,1949年2月20日)

PART 05

美国加州

幸福与满足是不同的

我觉得，我们应当抱持极为诚挚的态度，这是非常重要的。那些来参加这些聚会的人，那些去各种这类会议的人，认为自己是非常认真、严肃的。然而，我希望探明我们所谓的认真、严肃指的是什么意思。如果我们从一个演讲者转向另一个演讲者、从一个领袖转向另一个领袖，从一个老师转向另一个老师，如果我们在探寻某个事物的过程中去参加不同的团体或是加入各个组织，这是否是一种认真的态度呢，是否表明我们很严谨呢？所以，在我们着手去探明何谓认真严肃之前，显然必须首先弄清楚我们到底在寻求什么。

我们大多数人所寻觅的是什么呢？我们每一个人所渴望的是什么呢？尤其是在这个不安宁的世界，这里，每个人都在试图寻找到某种宁静、某种幸福、某个避难所。显然，重要的是探明我们努力寻觅的是什么，我们努力想要去发现的是什么，难道不是吗？或许大部分人寻觅的是某种幸福、某种宁静，在一个充斥着骚乱、战争、争辩和冲突的世界里，我们希望有一个能够提供庇护与安宁的避难所，我认为这便是大多数人所寻求的。于是，我们不断地追逐和跟随，从一个领袖到另一个领袖，从一个宗教组织到另一个宗教组织，从一个导师到另一个导师。

我们寻觅的究竟是幸福，还是某种我们希望从中可以获得幸福的满足感呢？显然，幸福与满足是不同的，你能够寻觅到幸福吗？你或许可以得到满足，但显然无法觅到幸福，幸福是一种衍生物，是某种其他事物的副产品。因此，在我们将心智投入到某个需要我们给予大量的热诚、专注、思考和细心的事物之前，必须得知道自己寻觅的究竟是什么，是幸福，还是满足？恐怕大部分人寻觅的是后者，我们渴望被满足，渴望在寻觅的最后获得某种充实感。

那么，你们能否寻觅到某个事物吗？你们为什么要来参加这些会议呢？你们大家为何全都坐在这里听我演说呢？你们干吗要听我的演说，干吗要如此辛苦地在这样烈日炎炎的日子里不远千里来听我的演讲呢？弄明白原因将会是非常有意思的。还有就是，你们在听什么？你们是否试图找到某个可以解决自己各种难题的答案？这就是你们为什么要从一个演讲转到另一个演讲，为什么要加入各个宗教组织、阅读书籍等等的原因吗？抑或，你们是努力想要探明是什么导致了所有的烦恼、不幸、争斗吗？很明显，这并不要求你应当博览群书，应当去参加无数的会议或是寻求导师的指引，不是吗？它所要求的是你抱持清楚的意愿，对吗？

毕竟，倘若一个人寻觅的是宁静，那么他是能够轻而易举地获得它的。人们可以盲目地献身于某种事业或某个理念，并从中得到庇护。但显然，这并不能解决问题，仅仅孤立于一个封闭的理念里，是无法从冲突中解脱出来的。所以，我们必须不仅向外，而且向内去发现，我们每个人想要的究竟是什么，不是吗？假如在这一问题上清楚明了了，那么我们便没有必要再去求助于某个地方、某位导师、某座教堂或某个组织了。于是，我们的困难就在于，要十分清楚自身的意图，不是吗？我们能够做到这一点吗？这种清楚、明晰，来自于体察，来自于试图明白他人所说的话，来自于街角的某所教堂里牧师对普通信众的布道？你是否曾经把对这一问题的叩问诉诸某个人呢？但我们正是这样去做的，难道不是吗？我们阅读无数的书籍，参加许多的会议和讨论，加入各种各样的组织——目的便是试图找到能够解决我们生活里种种冲突的妙计和消除苦难的良方。又或者，假若我们并不去做这些事情，我们便自以为已经找到了解决之法。也就是说，我们声称某个组织、某位导师、某本书籍使我们获得了满足，我们已经寻找到了所希冀的一切，我们处在这种状态里，这种被定型化、被封闭的状态。

所以，当我们真正认真而深刻地去询问自己，安宁、幸福、真理、神或任何你所希冀的事物，是否能够由他人给予我们，就必须要切中要旨。这种不断的寻求与渴望，能否带给我们对实相的感知以及那种当我们真正认识了自己之后所出现的富有创造力的状态呢？通过探寻，通过追随他人，通过加入某个组织，通过阅读书籍等等，可以实现对自我的认知吗？毕竟，这便是主要的问题所在，不是吗？——即，只要我没有认识自己，我的思考就会缺乏根基，我所有的探寻就会是一番徒劳。我或许可以逃避到幻觉中去，可以逃开那些争辩、斗争和冲突，可以去对他人顶礼膜拜，可以求助于他人来获得自身的救赎，但只要我对自己一无所知，只要我对自己的整个过程毫无觉知，那么我的思想、情感和行动就将是无根之木、无源之水。

然而，我们最不想去做的事情，就是认识自己，但这却是我们可以建立的唯一根基。可是，在我们能够让自己的思想、情感拥有根基之前，在我们能够有所转变之前，在我们能够对旧的、陈腐的事物展开声讨或将其摧毁之前，必须认识自己的本来面目。因此，四处寻求，替换一个又一个老师、上师，做瑜伽、呼吸，举行仪式，追随大师以及其他相关的一切，都是彻底无用的，不是吗？这些事情都毫无意义，哪怕我们追随的人可能会说："研究你自己。"原因在于，我们是什么样子，世界就会是什么样子。假如我们褊狭、善妒、空虚、贪婪——那么我们在自己周围建立起来的环境就会如此，我们所生活的社会就会如此。

所以，依我之见，在我们踏上寻找实相、寻找神的旅程之前，在我们能够有所行动之前，在我们可以与他人即社会建起关系之前，必须要首先去认识自己。我觉得，所谓认真之人，就是把认识自我放在首位、充分关心这一点的人，而不是去想着如何达到某个目标。因为，假若你我不了解自己，那么我们如何能够在行动中让社会、关系以及我们所做的任何事情发生变革呢？很明显，这并不表示，认识自我与关系是对立的或者隔离开来的，这显然也并不意味着，强调个体、"我"，就是在跟大众、跟他人对立。我不知道你们当中某些人是否曾经认真地着手去探究过自己，观察每一个词语及其反应，观察思想和感受的每一个运动——就只是去观察它，觉知你身体的反应，无论你的行动是源自于你身体的中心还是源于某个想法以及你如何对世界形势做出反应，我不知道你是否曾经认真地去探究过这个问题。当其他的一切都宣告失败，你们当中有些人感到厌倦的时候，或许会偶然地去分析过这个问题，作为最后诉诸的手段。

如果没有认识你自己，没有认识你自己的思考方式以及你为什么会对某些事情进行思考，没有认识你所受的限定和背景以及你为什么会对艺术、宗教抱持某种信仰，会对你的国家、你的邻居、你的妻子持有某些观念，那么你怎么可能对事物展开正确的、真正的思考呢？显然，不了解你的背景，不了解你思想的内容以及它源于何处，你的探寻就是彻头彻尾的徒劳，你的行动就将毫无意义，不是吗？无论你是美国人还是印度人，也不管你所皈依的是哪种宗教，都是毫无意义的。

因此，我们显然必须得首先从自身开始着手，尔后才能够弄明白生活的终极目的是什么以及所有这一切的涵义——战争、国家间的敌对、冲突、整个的混乱，不是吗？这听上去简单易行，但却是极为困难的。原因在于，要想探寻自己，要想观察自己的思想是如何运作的，一个人就得做到格外的敏觉，如此一来他才会开始对自己的思想、反应、感受的错综复杂越来越警觉，才会开始对自身以及与之有关的他人展开更为广阔和深刻的觉知。认识自我，便是在行动即关系中去探究自我。然而困难在于，我们是如此的缺乏耐心，我们渴望有所得，渴望达至某个目的，结果，我们既没有时间也没有条件去给自己研究、观察的机会。抑或我们忙于各种活动——赚钱谋生、养育子女——或是在各种组织中担负职责，我们用各种方法让自己忙碌不堪，以至于几乎没有时间去进行自我反思，去观察、探究自己。所以，反思的责任实际上取决于自己，而非他人。对上师及其思想体系展开狂热的追逐，阅读他们对这个或那个问题发表的最新著作，诸如此类，就像在美国以及全世界的情形那样，在我看来，是如此的空洞，如此没有意义。因为，你或许可以走遍全世界，但最后你却不得不返回到自身。由于我们大部分人都缺乏对自我的认知，因此，着手去清晰地观察我们的所思、所感、所行的过程相当的不易。

幸福与满足是不同的 359

这便是我在接下来的几周时间里将要去讨论的问题。

你越了解自己，你就会越澄明。认识自我没有终点——你不是要达至某个结果，你不是要获得某个结论，认识自我，犹如一条永不停息的河流。随着一个人对自身展开探究，随着他越来越深入地去研究自我，他将会步入宁静。只有当心灵处于宁静的状态——通过认识自我，而不是通过强加的自我训练——唯有这时，在这种安宁与静寂中，实相才会到来。只有在这个时候，你才能体会到极乐，才能展开富有创造力的行动。依我之见，没有实现对自我的认知，没有经历这种体验，仅仅是去阅读书籍、参加讨论、展开宣传，都是十分幼稚的做法——这些不过是某种活动而已，并没有多大的意义。但倘若一个人能够认识自己，并因而带来了这种富有生机的幸福，体验到了某种不属于头脑的事物，那么，或许我们周围的直接关系就将发生转变，进而我们所生活的世界也将迎来改变。

问：我是否必须得处于某种特殊的意识层面才能理解您呢？

克：要想认识某个事物——不仅是理解我所说的，而且还包括理解任何事物——需要些什么呢？认识你自己，认识你的丈夫、你的妻子，理解一幅画作，懂得一处风景或是树木，需要些什么呢？需要正确的关注，不是吗？原因在于，若想认识某个事物，你必须全身心地投入其中，必须投以全部的、深深的关注，对吗？当你分神的时候，怎么可能做到全部的、深深的关注呢？——例如，当你在我演讲的时候去记笔记，你或许记下了某个不错的词语、句子，于是你说道："托神的福，我会把这个记下，我会在我的演说里头运用它。"当你仅仅关注于词语，如何能够做到全神贯注呢？也就是说，你关注的是口头层面，结果也就无法超越这一层面。词语不过是交流的手段罢了，可如果你没有能力去交流，而是仅仅执着于词语，那么你显然就不可能做到全神贯注，于是也就无法实现正确的认知。

所以，聆听是一门艺术，不是吗？要想认识某个事物，你必须投以全部的关注,一旦你有任何的分神——记笔记或是当你坐得不舒服,抑或当你通过努力拼命想要理解的时候,就无法做到全神贯注。努力想要去理解,显然会妨碍理解,因为你的全部注意力都被放在了努力上面。我不知道你是否曾经留意过,当你对别人说的某个东西感兴趣的时候,你不会刻意去努力,不会竖起一堵高墙去抵挡分心。一旦你怀有兴趣,就不会分心,你将急切地、自发地把自己的全部注意力都放到正在说的事情上面去,只要你怀有兴趣,便会自发地去给予关注了。然而,我们大多数人都发觉要做到这样的关注很难,因为,在意识的表层,你可能会有意地想要去认知,但内心却在抵抗,或者内心可能希望认知,可外在却是在抗拒。

因此,要想对某个事物投以全部的关注,你的整个身心就必须是统一的。原因在于,在意识的某个层面,你或许想要去探明、想要去认知,然而在另一个层面,这种认知可能意味着破坏,因为它或许会使得你去改变自己的整个生活。于是,你的内心便会有争斗、挣扎,对此你可能并没有觉知到。尽管你认为自己是在关注,但实际上内在或外在却是在分心,而这便是困难所在。

所以,要想认识任何事物,一个人就得投入充分的关注,这便是为什么我在各个会议上都始终建议说不应当记笔记,你来到这里,不是为了替我或替自己做宣传,你倾听,应该只是为了获得认知。我们认知中的困难在于,我们的心灵从不曾安静,我们从不曾以接纳、敞开的心态去静静地审视任何事物。报纸、杂志、政客、那些敲击着讲桌滔滔不绝的传教士,向我们投来了无数的垃圾,每个角落的每个布道者,都在告诉我们该做什么、不该做什么。所有这一切都不断地涌入进来,于是内心自然会对这些生出抵触。只要心灵处于扰乱的状态,就不可能实现觉知,只要心灵不是格外的安宁、静寂,不是处于接纳的、敏感的状态,那么它就无法去认知。心灵的这种敏感,并不仅仅只是处于意识的表层,而应该是一种彻底的、完全的宁静。当你立在某个非常美丽的事物面前,如果你开始闲聊起来,那么你将无法感受到它的意义。可一旦你安静下来，一旦你处于机敏的状态，它的美就会向你走来。同样的，如果我们想去认识某个事物，那么我们不仅应该身体上静止不动，而且心灵也应当处于高度敏觉但又宁静的状态。心灵的这种无为的机敏，并不是通过强迫得来的，你无法训练心灵实现静寂，那样它不过像是一只被训练的猴子，外表安静，但内心依旧狂野。所以，聆听是一门艺术，你必须把你的时间、你的思索、你的整个身心都投入到你想要去认识的对象身上去。

问：把您说的话教授给其他人，这么做是否可以使我更加容易地理解您的观点呢？

克：通过把它告诉别人，你可以学习一种整理事物的新方法，把你想要说的东西传达出来的聪明的方法，但是很明显，这并不是认知。如果你连自己都不了解的话，那么你能够以怎样的名义把它告诉给其他人呢？显然，这不过是宣传罢了，不是吗？你并不了解某个事物，但你将其告诉给他人，你认为真理是能够被重复的。假如你有了某种体验，那么你觉得你能够将它告诉给别人吗？你或许可以在口头上表达出你的经历，但你能够把你的体验告诉他人吗——也就是说，你能够传达出你对某个事情的体验吗？你可以描述体验，但你无法传达出体验的状态。因此，被重复的真理也就不再是真理了，只有谎言才可以被重复，但就在你"重复"某个真理的那一刻，它便失去了意义。我们大部分人关心的是重复，而非体验。一个在体验着某个事情的人，不会去关心单纯的重复，不会热衷于试图让他人皈依，不会关心宣传、布道。然而不幸的是，我们大多数人关心的都是宣传，因为，通过宣传，我们不仅试图让他人信服，而且还想通过盘剥他人来谋生，于是宣传、布道逐渐变成了一种轻松的、有利可图的营生方法。

因此，假若你没有被困于单纯的言语的层面，而是真正忙着去体验，那么你我就能展开交流了。但如果你想要宣传、布道——我以为，真理是无法被宣传的——我们之间将无法建立任何关联。我担心，这便是我们当前的困难所在。你希望在没有体验的情况下去告诉他人，你指望着在告诉的过程中去体验。殊不知，这仅仅是感官上的满足，没有任何的意义，这背后没有真理，没有实相。可一旦交流的是体验过的实相，则会让我们无所束缚。所以，体验要比口头层面的交流重要得多，有意义得多。

问：在我看来，生命的运动是在跟人与观念的关系中去体验、去经历。让自己同这种刺激隔离开来，便是活在令人压抑的真空状态。我需要有一些娱乐消遣，只有这样我才能感觉到自己是鲜活的。

克：这个问题里面，包含了有关超然于世和关系的整个问题。我们为什么希望隔绝呢？我们大多数人都想要超然世外，这种本能究竟是什么呢？对大部分人来说，之所以会出现隔绝于世的念头，是因为有如此多的宗教导师都谈到过这个——"为了找到真理，你必须超然物外，你必须隐遁于世，你必须弃绝世俗的生活，唯有这样，你才能探明实相。"我们能够在关系里做到隔绝于世吗？我们所谓的关系是指什么意思呢？所以，我们必须稍微仔细一点来探究一下这个问题。

那么，我们为何会有这种本能的反应，为何会不断地渴望超然于世呢？各个宗教导师曾经指出过，你必须隔绝于世。原因何在？首先，问题是，我们为什么会依附、贪恋、执着？不是如何做到隔绝于世，而是你为何会去依附？很显然，如果你能够找到这个问题的答案，就不会有隔绝于世的问题了，不是吗？我们为什么依附于那些有吸引力的东西、依附于感官享受、依附于心智的产物呢？假如我们可以探明自己为何会有所依附，那么或许便能找到正确的解答了——而不是关于如何做到超然物外。

你为什么有所依附、有所贪恋？如果你不去依附的话，会发生什么？如果你不贪恋、不执着于你的名声、财产、地位——你知道，你正是由所有这些东西构成的：你的家具、你的汽车、你的个性、你的特质、你的美德、你的信仰、你的观念——那么会出现怎样的情形呢？倘若你无

幸福与满足是不同的　　363

所依附，你将发现自己什么也不是，对吗？如果你不去依附于你的慰藉、你的地位、你的自负，你就会突然迷失，不是吗？因此，害怕空虚，害怕自己是个无名小卒，使得你去依附于某些东西，或者是去依附你的家庭、你的丈夫、妻子，或者是去依附一把椅子、一部车子，或者是去依附你的国家——具体依附什么并不重要。害怕自己无足轻重，于是便去依附于某个东西，而在这种依附的过程里就会出现冲突与痛苦。因为，你所执着的东西，不久就会崩溃、瓦解、消亡——你的汽车、你的地位、你的财产、你的丈夫。所以，在紧紧抓住不放的时候，你会感到痛苦，而为了躲避痛苦，我们便声称自己应该隔绝于世。如果你审视、探究一下自己，会发现，情形就是这样。害怕孤独，害怕自己无足轻重，害怕空虚，使得我们去依附于某个事物——国家、理念、神、某个组织、某位大师、某条戒律或是任何其他你愿意去依附的东西。在依附的过程中，痛苦会袭来，而为了逃避这种痛苦，我们就试图培养超然于世的状态，结果我们便让这个恶性循环持续了下来——总是感到痛苦，总是在挣扎、奋斗。

那么，我们为什么不能就是一个无名小卒呢，不能就是一个无足轻重的人呢？不是仅仅在口头层面，而是从内在来说？尔后就不会再有依附的问题了，也不会再有超然于世的问题了，不是吗？在这种状态里，会有关系存在吗？因为，这便是这位提问者想要知道的。他指出，如果没有与人、与观念的关系，一个人就会活在一种压抑的真空之中。是这样吗？关系，就是一种依附的过程吗？当你依附于某个人的时候，你同这个人有关系吗？当我依附于你、紧紧抓着你、占有你，我跟你有关系吗？你之所以对我来说是必不可少的，是因为，若没有你，我就会迷失，就会感到不适应，就会觉得悲伤、孤独。于是，你成为了我的必需品，你变成了一个有用的东西，以填满我的空虚，你并不重要，重要的是你满足了我的需要。当你对于我来说是一种必需品，就像是一件家具，那么我们之间会有真正的关系存在吗？

让我换种方式来表述好了，没有关系的话，一个人能够存活于世吗？

关系，仅仅是一种刺激吗？因为，假如没有你所说的娱乐消遣，你就会感到迷失，你就会觉得自己不是鲜活的。也就是说，你把关系当做了一种让你感到活力的娱乐消遣，这便是该提问者所说的。

因此，没有关系，一个人能够生存于世吗？显然不能，没有任何事物可以活在孤立隔绝之中。我们有些人或许想隔绝于世地生活，但一个人其实是不可能做到这样的。所以，关系仅仅变成了一种消遣，让你感觉自己是活着的；彼此争吵、斗争，诸如此类，令一个人感到自己是活的、有生机的。于是，关系仅仅成为了一种消遣。正如这位提问者所说，如果没有消遣，你会觉得自己是死寂的，因此，你把关系仅仅当作了一种消遣的手段，这种消遣，无论是饮酒、去看电影，还是积累知识——任何形式的消遣——显然都会让心智变得迟钝、麻木，不是吗？一个愚钝的心灵——如何能够同他人建立起任何关系呢？唯有敏感的头脑，唯有觉悟了慈爱的心灵，才可以同事物建立亲切关系。

所以，只要你把关系视为一种消遣，你显然就会活在一种真空的状态，因为你害怕走出这种消遣的状态。于是，你害怕任何形式的隔绝。尔后，关系是一种消遣，让你感觉到自己是活着的。然而，真正的关系并不是消遣，而是一种这样的状态：你在其中，在跟某个事物的关系里不断地去认识你自己。意思便是说，关系是一种自我揭示的过程，而不是消遣。这种自我揭示是非常痛苦的，因为在关系里你会很快探明自我，如果你对于发现自我抱持敞开的态度的话。但由于大部分人都不愿意去发现自我，宁可在关系中去掩藏自己，所以关系变得盲目的痛苦，我们试图让自己摆脱关系。关系不是一种刺激，你为什么想要通过关系获得刺激呢？如果你真是这么希望的，那么关系就会像刺激一样变得枯燥无趣。我不知道你是否曾经注意过，任何刺激最终都会让心灵走向愚钝、麻木，都会让心灵的感受力消失殆尽。

所以，根本不应该出现超然于世的问题，因为，只有一个占有许多东西的人才会去思考所谓的弃绝，但是他从来不去质疑自己为什么会去占有以及是什么背景使得他去占有的。一旦他理解了占有的过程，自然就能摆脱占有欲的束缚了——而不是去培养某个对立物比如超然物外。只要我们将他人当作自我满足的手段，或是当作逃避自我所必需的，那么关系就仅仅是一种刺激、一种消遣。你之所以对我而言十分重要，是因为我内心贫乏，我的心灵里面空无一物，结果你就成为了一切。这样的关系，注定会是冲突、会是痛苦，而但凡带来痛苦的事物，也就不再会是消遣了。于是，我们便想逃避这种关系，即我们所说的隔绝于世。

所以，只要我们在关系里运用了意识，就无法去认识关系。原因是，毕竟，正是意识让我们隔绝于世的。当爱来临，就不会有依附或放开的问题了。一旦爱停止，便会出现依附或放开的问题。爱不是思想的产物，你无法去思考爱，它是一种存在状态。当意识用其盘算、嫉妒、各种狡猾的欺骗去进行干扰的时候，关系就会成为难题。只有当关系是一种自我揭示的过程，它才会具有意义。如果在这个过程中一个人可以深入地、全面地、充分地去认识自我，那么关系中就会迎来和平——而不是两个人之间的争斗、敌对。唯有在这种安宁中，在这种实现了对自我的认知的关系里，和平才会登场。

（在欧加的第一场演说，1949 年 7 月 16 日）

仅仅聆听，既不接受也不排拒

正如我昨天所建议的那样，我们应当能够做到仅仅是聆听正在说的内容，既不去接受，也不去排拒。我们应该可以做到真正的聆听，以使我们对于在谈论的某个新事物，不会立刻予以排拒——这也并不表示我们必须去接受、认可正在说的。这么做其实是十分荒谬的，因为，那样接受的话，我们将仅仅是在树立权威，而只要有权威存在，就无法去思考、去感受，无法探明新事物。由于我们大多数人都容易在没有真正认识某个事物的情况下就急切地去接受它，所以便会出现危险，即我们可能不假思索、不深入探究该事物便予以接受了，不是吗？今天上午，我可能会谈到某些新观念或者换种方式来表述，假如你没有以轻松、安静的心态来聆听的话——安静会带来认知——那么你可能就会有所遗漏。

这个上午，我想要讨论一个可能相当困难的话题——有关行动、活动以及关系的问题，尔后我会回答提问。但是在我开讲之前，我们必须首先知道我们所说的行动、活动究竟是指什么意思。因为，我们的整个生活都是建立在行动或者更确切地说是活动之上的——我希望对行动和活动做一下区分。我们看起来忙于做着某些事情，我们是如此的忙碌，忙得团团转，不惜任何代价去做某个事情，不惜任何代价想要有所得、有所进展，试图获得成功。行动在关系里的作用何在呢？原因是，就像我们昨天所讨论的，生活是关于关系的问题，没有任何事物可以活在孤立隔绝的状态。假如关系仅仅是一种活动，那么它就没有多少意义。我不知道你们是否曾经留意过，一旦你停止了活动，那么你立即就会感到紧张、焦虑和恐惧，感觉自己仿佛没有再活着了，于是你必须继续活动。你会害怕独自一人——单独出外散步，没有书，没有收音机，没有人跟你聊天，你害怕就只是静静地坐着，什么也不做，无论是手上还是脑子或心灵。

所以，要想认识活动，我们显然就必须认识关系，不是吗？如果我们把关系当作一种让自己分散注意力的事情，以逃避其他的事情，那么关系就仅仅是一种活动。我们大多数人的关系，不过是一种让注意力得以分散的事物，所以关系里包含的只是一系列的活动，难道不是吗？正如我所指出来的那样，只有当关系是一种自我揭示的过程，只有当自我在关系的行动中得到了展现，关系才具有真正的意义。可惜，我们大部分人都不希望在关系里将自我一一展现出来。相反，我们把关系作为掩盖自身的贫乏、麻烦和不确定的手段，于是，关系就变成了单纯的活动。我不知道你是否曾经注意到，关系是非常痛苦的，只要关系不是一种你在其中可以发现自我、揭示自我的过程，那么它就仅仅是一种逃避自我的手段罢了。

我觉得，认识到这一点尤为重要，因为，正如我们昨天所讨论的，认识自我的问题，就蕴含在关系的展现中，无论是跟物、跟人还是跟观念的关系。关系能否建立在观念之上呢？很显然，任何基于某个念头、想法的行动，都必然只是让该念头得到持续，所以也就只是一种单纯的活动。行动不是基于想法之上的，行动是立即的、自发的、直接的，不包含思想过程在内的。可一旦我们把行动建立在某个想法之上，它就会变成单纯的活动，如果我们把关系建立在某个念头上，那么这种关系显然就只是一种活动而已，没有多少意义在里面，它不过是执行某个模式、公式、观念。由于我们渴望从关系里有所得，因此这样的关系总是局限性的。

想法，源自于某种欲望、某种渴求、某个目的，难道不是吗？假若我之所以同你建立关系是因为我需要你，无论是生理上的还是心理上的需要，那么这种关系显然就是建立在某个念头之上的，不是吗？因为我想要从你身上得到些什么。这种基于某个念头之上的关系，不可能是一种自我揭示的过程，它仅仅是一种活动、一种重复，习惯就是在其中建立起来的。所以，这样的关系始终会是紧张的，会充满痛苦、争斗、挣扎，带给我们巨大的苦恼。

能够在没有念头、没有需求、没有占有的情况下建立起关系吗？如果我们由于某种欲望、某种生理或心理的需求而彼此发生关联，那么我们之间能够实现紧密的交流吗——即建立在意识各个不同层面之上的真正的关系？没有这些由欲望带来的限定性的因素，能够建立起关系吗？正如我所言，这是一个相当困难的问题，一个人必须得格外深入地、安静地去探究，它不是一个接受或排拒的问题。

我们知道，我们当前的关系是一种争斗、痛苦抑或仅仅是一种习惯。倘若我们能够充分地、彻底地认识与某一个人的关系，那么或许便可以认识与众人也就是与社会的关系了。若我没有认识与一个人的关系，自然也就无法去认识我与整体、与社会、与众人的关系。只要我同某一个人的关系是基于某种需要、某种满足,那么我跟社会的关系就一定会是一样的,结果必定会与单个人以及与群体发生争斗。能否在没有需要的情况下同某个人、同群体生活呢?这显然是难题所在,不是吗?不仅是你同我之间,而且还有我同社会之间。要想理解这一问题,要想对其展开非常深入的探究,你就得去分析有关认识自我的问题,因为,如果没有认识你的本来面目,没有确切地知道何谓"当下实相",那么你显然就无法同他人建立起正确的关系。你将尽其所能地做一切——逃避、崇拜、阅读、看电影、听收音机——可只要你没有认识你自己,你便不可能拥有正确的关系。于是,你的内心以及你的外部、你的周围便会出现争斗、战争、敌对、混乱。只要我们仅仅把关系当作一种满足、逃避、消遣的手段,即单纯的活动,就无法认识自我。但倘若你愿意去探究关系的问题并且在关系里充分地袒露自我,那么你便能够通过关系实现对自我的认知、揭示自我。原因是,毕竟,没有关系,你就无法生存。但我们希望关系是舒服的,可以让我们得到满足,让我们有所得,也就是说,我们把关系建立在了某个念头之上,这意味着,头脑在关系里占据了重要的位置。由于头脑总是关注于保护自己,关注于保持在已知的领域内,所以它便把一切关系都降到了习惯的层面或是安全的层面,结果关系也就变成了单纯的活动。

  因此,你发现,假如我们允许的话,关系可以成为一种自我揭示的过程。但由于我们并没有让它如此,所以关系仅仅变成了一种让人得到满足的活动。只要头脑仅仅用关系来实现自身的安全,那么关系就注定会带来混乱与敌对。能够在没有欲求、渴望、满足这些念头的情况下生活在关系之中吗?也就是说,能够在没有头脑的干扰之下去爱吗?我们用头脑去爱,我们的心灵被头脑的各种东西给塞满了,然而很明显,头脑的产物不可能是爱。你无法去思考爱,你可以去想你所爱的那个人,但这想法并不是爱,于是,渐渐的,想法取代了爱。当变得至关重要的时候,那么很明显就不会有丝毫的爱存在了。这显然就是我们的难题,对吗？我们已经用头脑的各种东西把心灵给塞满了，头脑的产物主要就是念头——应当如何、不该怎样。关系能够建立在念头之上吗？若如此，那么它就是一种自我封闭的活动，从而不可避免地会出现争斗、冲突和不幸，难道不是吗？可如果头脑不去干预，那么它就不会竖起障碍，不会去训练、压制或禁锢自身了。这之所以相当的困难，是因为，头脑能够不再去干预，不是通过决心、实践或是训练，只有当你充分理解了它的过程，头脑才会停止去干预。唯有这时，才可以跟某一个人或者跟群体建立起正确的关系，不再有争斗与不协调。

问：我从您那里确切地获知，学问与知识皆为障碍。那么它们妨碍了什么呢？

克：很明显，知识跟学问有碍于我们去认识新事物，去认识永恒。发展起某种完美的技术，并不能让你富有创造力，这一点是极为显见的。你可能懂得怎样绘出非凡的画作，你可能拥有技术，但你或许并不是一位富有创造力的画家。你可能知道如何写诗，技术上臻于完美，但你或许并不是一位诗人。成为诗人，意味着能够接纳新的东西——足够敏感，从而可以对新事物做出回应，难道不是这样吗？然而，对于我们大多数人来说，知识或者学问，已经变成了一种嗜好，我们以为，通过知识，我们便可以充满创造力。一个被事实、知识包裹、充斥的头脑——能够自发地接受新事物吗？如果你的头脑被已知的东西塞得满满的，那么它里面还会有空间去接受未知的事物吗？显然，知识总是属于已知的范畴，我们试图用已知去认识未知，认识某种无法度量的事物。

以发生在我们大部分人身上的一件普通事情为例：那些信徒、那些虔诚之士——无论这个词目前指的是什么意思——试图去想象神是什么，抑或试图去思考何谓神。他们阅读无数的书籍，阅读各个圣徒、大师、大哲的故事以及其他有关的一切，他们努力去想象或是感受他人的体验。也就是说，你试图用已知去触摸未知，那么你能够办得到吗？你能够思考那不可知的事物吗？你只能去想你所知的东西。然而，这种曲解此刻正在世界上发生着——即我们以为,假如拥有更多的讯息、更多的书籍、更多的事实、更多的印刷物,那么我们便能够实现认知了。

很明显,要想觉知某种并不属于已知范畴的事物,就必须认识已知从而将其抛到一旁。为什么心灵总是依附于已知呢?难道不是因为,心灵不断地寻求着确定和安全吗?其本质,就存在于已知、时间之中。这样的心灵,把根基建立在过去、时间之上的心灵,如何能够去体验那超越时间的永恒呢?它或许可以去构想、勾画未知,但这完全是荒谬的。只有当你认识了已知并将其抛到一旁,才能够迎来未知。做到这个十分困难,原因是,一旦你体验了某个事物,头脑就会把它翻译成已知的术语并将其淡化为过去。我不知道你是否曾经留意过,每个经历都立即被翻译为了已知,被命名、列表、记录。因此,已知的运动便是知识。很明显,这样的知识、学问是一种妨碍。

假设你从来没有阅读过一本书,宗教的或心理学方面的书籍,而你又不得不去找到生活的意义,那么你将如何着手呢?假设没有大师,没有任何宗教组织,没有佛陀、基督,你必须从头开始,那么你要怎么做呢?首先,你必须认识自己思想的过程,不是吗?而不是把你自己、你的想法投射到未来,造出某个让你获得满足的神——这么做实在是太幼稚了。所以,你首先得认识自身思考的过程。显然,这是探明新事物的唯一方法,对吗?

当我们声称学问或知识是一种绊脚石的时候,显然并没有把技术知识包含在内——比如怎样驾驶一部车子、怎样操作机器或是这类知识带来的效率。我们心里记着的是截然不同的事情——富有创造力的幸福感,这种感受是多少知识或学问都无法带来的。富有创造力,这个词语最本质的含义便是时时刻刻都能摆脱过去的羁绊。原因在于,正是过去不断地遮蔽住了现在。仅仅依附于讯息,依附于他人的体验,依附于别人的言语,无论这个人是何等的伟大,努力让你的行为符合他人的观念——所有这一切便是知识,不是吗?但若想发现新事物,你就得从自身开始做起,你必须踏上一段完全不受知识羁绊的旅程。理由是,通过知识和信仰去体验是非常容易的，但这些体验仅仅是自我保护的产物，因此彻头彻尾是虚假的。假如你想要凭借自己的力量去探明新事物，那么背负着过去尤其是知识的重担——他人的知识，无论这个人多么的伟大——将会是毫无益处的。你把知识当作了自我保护的手段，你希望确定你跟佛陀或耶稣或 X 拥有相同的体验，但如果一个人通过知识不断地在保护自己，那么他显然就不是在寻求真理。

探明真理，无路可循，你必须潜入那片未知的海洋——这并不是压抑的、冒险的。很明显，当你想要发现新事物的时候，当你对某个事物进行检验的时候，你的头脑必须格外的宁静，对吗？但倘若你的头脑被事实、知识塞满了，那么它们就会成为认识新事物的绊脚石。对于我们大多数人来说，困难在于，意识已经变得如此重要，拥有压倒性的意义，以至于它不断干扰那可能是崭新的事物、可能与已知同时存在的事物。因此，对于那些想要去寻求真理、试图去认识永恒的人们来说，知识与学问是一种妨碍。

问：我从您的多次演说中获知的是，要想实现认知，首先必须停止思想。这必须得终结的思想究竟是什么呢？您所说的思考和思想是指什么意思呢？

克：我希望你们会对这一切感兴趣，毕竟，你们应当怀有兴趣，因为这便是你们在做的。我们拥有的唯一工具就是头脑、思想，那么我们所谓的思考是指什么意思呢？我们所说的思想又意指为何呢？它是如何出现的？其作用何在？所以，让我们共同来探究一下吧。尽管我或许能够给出回答，你也一样，但还是让我们一起来展开思索吧。

什么是思想呢？很明显，思想是过去的产物，不是吗？思想是基于过去的反应，许许多多个昨天的反应。如果没有昨天，你不可能思考。因此，思想源自于确立在头脑里面的受限的反应，头脑是过去的产物，也就是说，思想是记忆的反应。如果你没有记忆，就不会有任何思想。若你不记得回家的路，那么你便无法到达那里，因此，思想是记忆的反应。记忆是一种过程，是经历的残留物——无论是直接的体验还是过去的经历。接触、感觉、渴望，产生了经历，意思便是说，通过接触、感觉和渴望，带来了经历，这一经历留下了某种残留物，即我们所说的记忆，不管是开心的还是不开心的，有益处的还是无益处的。由这个残留物，便会出现某种反应，即我们所谓的想法，它依照不同的环境的影响等等受到限定。也就是说，意识——不仅是表层的意识，而且还有意识的整个过程——是过去的残留物。毕竟，你我皆为过去的产物，我们的全部生活，我们所有思想、感受的意识的过程，都是建立在过去之上的。我们大部分人都活在意识的表层，我们活跃于此，我们有各自的难题、无数的争斗、每天的问题——我们对此感到满足。然而很明显，处在表层的事物、那较少彰显出来的事物，并非意识的全部内容。要想认识意识的整个内容，表层的意识就必须安静下来，哪怕只是几秒钟、几分钟，尔后才能够接收未知的事物，不是吗？

如果思想仅仅是过去的反应，那么，为了接收新事物，思想过程就得停止，对吗？若思想是时间的产物——它也的确是——那么，要想获得永恒的事物、你所未知的事物的暗示，思想过程就必须终止，难道不是吗？要接收新事物，旧的就必须停止。假如你有一幅现代绘画，假如你不理解它，你是无法用自己所受的古典训练去认识它的，至少暂时会如此。你必须把所受的古典训练抛到一旁，如此才能认识新的事物。同样的道理，若你想要认识某种新的事物、永恒的事物，那么头脑，即思想的工具、过去的产物就应该停止。终止思想的过程——尽管这听起来可能相当疯狂——并不能通过训戒、通过所谓的冥想而得来。在之后的几周时间里，我们将会讨论什么是正确的冥想等问题。但我们可以发现，头脑所做的让自己结束的任何行动，都依然只是一种思想的过程。

所以，要探究这个问题真的是相当困难和微妙。原因在于，除非出现了富有创造力的更新，否则不可能拥有幸福、欢愉和极乐。只要头脑不断地把自己保护进未来、明天、下一秒，就无法迎来这种富有活力的更新。由于头脑始终都在这么做着，所以我们没有了活力与生机。我们可以生育孩子，但倘若头脑不停地把自己保护进未来、明天之中，就不可能拥有内在的生命力，不可能感受到那种非凡的更新——这种更新里面有不断的鲜活、新鲜，这种更新的状态中是没有丝毫的思想意识的。这便是为什么认识思想的全部过程是如此重要的缘故了。若没有理解思想的过程——及其所有的细微之处、它的多样性、它的深刻——你便不可能涉及其他问题。你或许可以谈论它，但你必须得停止思考——虽然这听起来很疯狂。要想拥有那种更新、那种鲜活、那种非凡的迥异的感受，头脑就得认识自身。这就是为何应当更加深刻、更加广泛地认识自我是如此重要的缘故了。

问：我同意您说的知识并不能带来幸福。我一直努力做到热切地去接收来自内心的暗示，去直觉地感受到它们。我这么做对吗？

克：若想理解这个问题，我们就得知道我们所说的意识是指什么。因为，你所谓的直觉，可能是你自身欲望的投射。有如此多的人都声称说："我相信轮回转世。我感觉事实就是如此，我的直觉告诉我是这样的。"很明显，是他们想要让自己得到永生。由于他们是如此惧怕死亡，所以便渴望被保证说有来世，诸如此类，于是，他们"直觉地"感到轮回转世是真实存在的。因此，要想认识这个问题，我们就得了解你所说的意识是何涵义。当你不断地寻求某个结果的时候——当你想要有所得，想要实现增长，当你渴望幸福的时候——能够接收到内心的暗示吗？显然，若想收到来自内心的暗示，那么意识、表层的意识就必须彻底摆脱一切束缚与成见，就必须挣脱一切欲望的羁绊，必须摆脱所有国家主义的影响，否则，你的"暗示"将会使你变成最大的国家主义者，成为世界上其他国家的恐怖因素。

因此，我们的问题在于，怎样才能接收到未知的暗示，同时又不会歪曲它，不会把它翻译进我们那受限的思想模式？要想认识这个，我们就必须去探究如下的问题，即什么是意识。我们所说的意识、觉知究竟是指什么意思呢？意识的过程是怎样的？你什么时候会说你有所意识呢？很明显，当你在体验的时候，你会声称："我意识到了。"对吗？当你有了某个经历的时候——不论是开心的还是不开心的经历，都无关紧要——就会觉知到你正在对那一经历有所意识。尔后，由这一经历，接下来便是你去对它进行命名，对吗？你说道："这个经历是开心的，那个是不开心的，我记住了这个，那个我不去记住。"于是你便对它进行了命名，接着你就去记录它，对不对？通过对其命名的过程，你便在记录它。你明白这一切了吗？（笑声）

所以，只有当你在经历、命名和记录的时候，才会有意识。不要不假思索地就接受我的话——而是应该自己去展开观察，尔后你将会懂得这个过程是怎样运作的。这便是始终在各个层面有意或无意发生的情形。在意识的深层，这一过程几乎跟意识的表层是同时的，但不同的是，意识的表层会有选择，而在意识更为广阔、深入的层面则是立即的认可，没有选择，难道不是吗？只有当这种命名或记录的过程停止时——当问题太大或者太困难的时候，才会发生这一情形——表层意识方能接收到暗示。你努力去解决某个问题，但却无法解答，于是你便听之任之了，一旦你放手，就会出现回应，就会得到暗示，因为意识不再努力去找到答案了，它安静了下来。所谓筋疲力尽，便是安静的过程，于是意识能够接收到暗示。然而，大多数人拥有的所谓的直觉，实际上是他们自己的愿望罢了，这便是为什么会有这么多的战争、组织化的信仰、敌视，为什么会有这么多的争斗——因为每个人都认为自己的直觉是这般的正确，以至于他愿意为其献出生命或者残害他人。

我担心，如果一个人觉得自己正在遵循直觉行事，那么他显然就步上了歧途。原因在于，要想认识所有这一切，一个人就必须超越理性，而要想超越理性，你就得首先知道什么是理性的过程。你无法超越你未知的事物，为了超越它，你必须知道它是什么，你必须了解理性的全部涵义——如何去推理，如何去探究它——你不可以越过它。这并不表示，你得拥有一个格外聪明的脑子，你得是一个非常伟大的学生，得是个博学之士。它需要的是诚实的思考与澄明，需要的是你渴望抱持开放的姿态，渴望去迎接"当下实相"，不惧怕痛苦。尔后，内在与外在之间的障碍便不复存在了，尔后，内在就是外在，外在就是内在。但若想获得这种统一，就必须认识意识的过程。

问：请您清楚地解释一下，记忆在我们的生活里有何作用。您似乎在区分两种记忆，事实上，是否不仅有作为我们唯一的意识的工具的记忆，而且还有让我们觉知到时间与空间的记忆呢？所以，我们能够像您所建议的那样摒弃掉记忆吗？

克：让我们以新的视角来探究一下这个问题吧。让我们忘记已经说过的这些，努力去探明我们究竟指的是什么意思好了。我们在今天早上已经指明，思想是过去的产物，这是一个十分显见的事实——不论你喜欢与否，事实就是如此。思想是建立在过去之上的。没有意识，就不会有任何思想。正如我所言，意识是一种体验、命名即记录的过程。这便是你始终都在做的事情：如果你看见了这个（指着一棵树），你会把它叫做树，给它命名，你认为你已经有了某种体验。这种命名的过程，便是记忆的一部分，对吗？这是一种十分方便的体验的方法，你觉得你通过给某个东西命名从而体验了它。你称我是印度人，你认为你了解所有的印度人，我称你是个美国人，然后便完事了。于是，我们以为，通过给事物命名，我们也就认识了该事物。我们对其命名，以便认识它，将它归为某个种类，这个或那个，但这并不是认识、体验某个事物。我们这么做是出于懒惰——通过给人们命名来对其进行划分要容易得多。

因此，这种体验的过程，即接触、感觉、渴望、觉知、确认和体验——这种命名的过程，被认为是意识，对吗？该意识的一部分是清醒的，其他部分则是睡着的。意识，我们日常的意识、表层的意识，是醒着的，其余则处于睡眠状态。那么，当我们睡着的时候，表层的意识是安静的，所以它能够接收到暗示。这些暗示被阐释成了梦境，但却需要进一步的解析。现在，这位提问者想要知道我们所谓的记忆是指什么意思——它的作用何在以及我们是否能够摒弃掉它。所以，问题实际上是，思想有何作用呢？离开思想，记忆便没有了任何作用，因此问题在于，思想的作用是什么？思想能够被消除吗？

所以，思想的作用是什么呢？我们说，思想是记忆的反应，而记忆则是不完整的经历，出于自我保护而被命名、被思考，诸如此类。假如思想是记忆的产物，那么思想在生活中的作用何在呢？你什么时候会运用思想呢？我想知道你们是否曾经思考过这个问题？当你想要回家的时候，你会运用你的思想，不是吗？你会思考怎样到达你的住所，这便是思想的一种。你的思想何时会运作呢？当你想要去保护自己的时候，对吗？当你寻求安全——经济的、社会的、心理的安全，难道不是这样吗？当你渴望去保护自己的时候，也就是说，当你渴望自我保护时，思想便会运作起来。当你对他人好的时候，这是一种思想的过程吗？当你爱着他人的时候，这是一种思想的过程吗？当你爱着某个人，你把这爱作为了自我充实的手段，那么它显然就是一种思想过程，于是也就不再是爱了。因此，一旦你心怀恐惧，一旦你渴望去占有，一旦发生了冲突，便会出现思想过程——换言之，当自我、"我"变得重要时，就会出现思想过程，这是极为显见的，对吗？因为，毕竟，思想关注的是"我"，当"我"、"自我"占据了主导地位，就会开始作为自我保护的思想的过程。否则你不会去思考，你不会去觉知自己的思想过程，不是吗？只有当冲突出现时，你才会意识到思想过程——要么是保护，要么是抛弃，接受或排拒。

这位提问者想要知道记忆在我们的生活里有何作用。如果我们认识到，只有当"我"变得重要时，才会开始思想的过程，认识到，只有当渴望自我保护的时候，"我"才会重要起来，就会懂得，我们生活的大部分时间都用在了自我保护上。所以，思想在我们的生活里占据了颇为重要的位置，原因是，我们大多数人都关心着自己。大部分人都关注于如何保护自己，如何有所得，如何达成什么，如何获取，如何变得更加完美，如何拥有这种或那种美德，如何抛却，如何排拒，如何超然物外，如何找到幸福，如何变得更加美丽，如何去爱，如何被爱——你知道我们是何等地关注于自身啊。

于是，我们的大部分时间都花在了思想过程之中，我们便是思想过程，我们同思想不可分。思想即记忆——怎样变得更加有所得。也就是说，当你渴望"更多"或"更少"、"积极"或"消极"，思想过程便会登场。当你意识到"当下实相"的时候，不会出现思想过程。事实不需要思想过程，但倘若你想要逃避事实，就会开始思想过程。假若我接受了自己的本来面目，那么就不会有想法，当我接受了"当下实相"，便会有其他事物发生，便会出现一种截然不同的过程，但不是思想过程。所以，只要渴望"更多"或"更少"，就一定会出现思想，一定会出现记忆的过程。毕竟，如果你想要成为一个非常富有的人、一个有权势的人、受欢迎的人或是神灵庇护的人，如果你想要功成名就，那么你就一定会有记忆。也就是说，你一定会想着这事儿，一定会削尖了脑袋想着变得如何如何。

那么，这种"变成"在生活里占据何种位置呢？很明显，只要我们渴望出人头地，就一定会出现竞争，只要我们的欲望、我们的追逐是想要变得"更加怎样"或者"更少怎样"——变得"积极"或"消极"——就一定会有争斗和敌对。然而，要做到不去"更加怎样"或者"更少怎样"却是格外艰难的。你口头上或许可以将其抛到一旁，说"我是个无名小卒"，可这么做不过是活在口头的层面上，没有多大的意义——这是空洞的字眼。这便是为什么一个人必须要认识思想的过程，即意识的过程——这意味着有关时间的整个问题，即关于昨天、明天的整个问题。一个为昨天所囿的人，是无法认识永恒的。我们大部分人都被困在时间的罗网里，我们的思想，从根本上来说都被时间之网束缚——它是时间的巨网。我们的思想以及思想的过程便是时间之网——被教育、被培养、被弄得敏锐——我们想要寻觅到某种超越的事物。

我们从一个老师转到另一个老师那里，我们追随一个又一个的英雄，一个又一个的大师，我们的头脑在这些事情上磨砺着自己，从而指望发现那超越之物。然而，思想永远无法寻觅到超越之物，因为思想是时间的产物，凡是属于已知的事物都不可能接收到未知。所以，一个被已知所困的人，永远都不可能充满生机与活力，不可能具有创造力，他或许会拥有某些具有创造力的时刻，就像一些画家、音乐家、作家那样，但他们却囿于已知——受欢迎的程度、金钱以及其他各种事情，于是他们便迷失了。这就是为何那些努力去认识自己的人——不是去找到自我，因为这是错误的行为，你无法找到——必须要停止寻求的缘故。你能够做的，唯有去认识你自己，认识你的思想与存在的错综复杂以及种种细微之处。而你只有在关系即行动中才可以认识这个，当关系是基于某个念头的时候，行动就会被挡在门外，尔后，关系不过是一种单纯的活动、运动，而不是行动。活动只会让心智走向麻木、迟钝，唯有关系才能使头脑变得警觉、心灵变得敏锐，如此一来它便能够去接收、去感受。这便是为什么重要的是你在展开探寻之前必须首先认识自己。如果你去探寻，你将会有所发现，但它不会是真理。因此，必须停止这种急于想要达成、想要找到的疯狂与恐惧。尔后，伴随着对自我广泛而深刻的认知，你将会认识到实相，而实相是无法被邀请到来的。唯有当实相来临，方能迎来那富有创造力的幸福。

（在欧加的第二场演说，1949 年 7 月 17 日）

信仰妨碍对自我的认知

上周六和周日，我们讨论了认识自我的重要性。正如我所阐释的那样，原因在于，我不知道，若没有认识自我，我们如何能够拥有正确思考的基础，若没有充分地认识自己，一个人如何能够展开和谐的、真正的行动，无论该行动是怎样的包罗万象，无论它是集体的还是个体的。

没有认识自己,便无法真正探寻何谓真理,什么才是生活中重要的东西以及什么是正确的价值观念。没有实现对自我的认知,我们就无法超越头脑中那些自我保护的幻觉。就像我们解释的那样,认识自我,不仅意味着一个人同他人之间的关系的行为,而且还指他跟社会之间的关系的行为,假如没有这种认知,就不会有完整的、和谐的社会。所以,一个人应当尽可能充分地、全面地认识自己,这真的是格外的重要。那么,能否实现这种认知呢?一个人能否充分地而不是片面地认识自身的全部过程?因为,正如我所说的那样,若没有认识自己,一个人的思考便缺乏基础,他将为幻觉所困:政治的、宗教的、社会的幻觉——它们是如此的无穷无尽。认识自我能够做到吗?怎样才能认识自己呢——方法、途径是怎样的?过程是怎样的?

我认为,要想探明认识自我的方法,一个人首先就得懂得障碍是什么,对吗?通过探究我们认为生活里哪些东西是重要的,探究那些我们所接受、认可的事物——价值观念、准则、信仰以及我们所坚持的无数事物——通过对它们进行检验,我们或许便能懂得自身思考的方式并因而认识自己。也就是说,通过认识那些被我们认可的事物,通过对其进行质疑,展开探究——通过这一过程,我们将了解自己的思考方式、反应方式,并由此认识自己的本来面目。这显然是我们能够探明自身的思考和反应的唯一方法——即充分探究我们世世代代所接受的价值观念、准则、信仰。一旦洞悉了这些价值理念的背后是什么,我们便能知道自己对它们是如何反应的,并因而或许可以探明自身思考的方式。换言之,认识自我,显然就是去探究一个人在与某个事物的关系里所具有的反应。人是无法通过孤立隔绝来认识自我的,这是一个极为显见的事实,你或许可以退隐到山林、洞穴,抑或在河岸边追逐某种幻觉,但倘若一个人将自己孤立隔绝起来,就不会有任何关系,隔绝即死亡。唯有在关系中,一个人才能认识自己的本来面目。因此,通过探究我们所接受的事物,通过对它们展开充分的而非表面的研究,我们或许就可以认识自己了。

在我看来,我们大多数人急切地去接受并且视为理所当然的事物之一，便是有关信仰的问题。我不是在对信仰展开攻击，今晚我们试图要做的，是弄明白我们为什么要接受信仰。如果可以知道接受信仰的动机、原因，那么或许不仅能够懂得我们为何会如此，而且还能摆脱信仰的束缚。原因是，一个人能够意识到，政治的、宗教的、国家主义的信仰以及其他各种信仰是怎样将人类划分开来的，是怎样导致了冲突、混乱与敌对的——这是一个显而易见的事实，可我们却不愿意将它们摒弃。有印度教信仰、基督教信仰、佛教信仰，有无数宗派的信仰、国家主义的信仰以及各种政治意识形态——所有信仰都相互展开着争斗，试图让对方改宗。一个人显然可以发现，信仰导致了人们的界分与不容异说。那么，能否在没有信仰的情况下生活吗？只有当一个人能够在同某个信仰的关系中去探究自己，他才会探明此问题。能否在没有信仰的情形下存活于世——不是去改变信仰，也不是用一种信仰来替代另一种，而是彻底挣脱一切信仰的羁绊，如此一来，一个人才可以时时刻刻用崭新的姿态去迎接生活。毕竟，这便是真理，即有能力每时每刻以全新姿态去迎接一切，没有过去的局限性的反应，这样才不会有累积的影响——这种累积的影响，是横在自我同实相之间的障碍。

很明显，我们大部分人都接受或抱持信仰，首要的原因便是恐惧。我们觉得，若没有信仰，便会迷失，于是我们把信仰当作行为的方式，当作某种模式，根据它去指导自己的生活。我们还以为，通过信仰便可以展开集体行动。所以，换句话说，我们认为，信仰对于行动是必需的。果真如此吗？要展开行动就必须得有信仰吗？也就是说，信仰作为某种理念，对行动而言是必需的吗？理念和行动，孰先孰后呢？显然，先有行动，无论是愉悦的还是痛苦的行动，我们根据该行动来建立各种理论。行动始终在先，不是吗？一旦有了恐惧，一旦为了展开行动而渴望去信仰，就会出现观念。

假如你思索一下，将发现，之所以会渴望去接受某种信仰，其中一个原因便是恐惧。因为，若没有信仰，那么我们身上会发生什么呢？我们难道不会对可能发生的事情恐惧万分吗？如果我们没有基于某种信仰之上的行为模式——不管是信仰神，还是信仰共产主义、社会主义、帝国主义或是我们浸染于其中的某种宗教准则、教义——我们就会感到彻底的迷失，不是吗？这种对某个信仰的接受，难道不是在掩盖恐惧吗——对空虚、空无一物的恐惧？毕竟，只有当一个茶杯空着的时候，它才是有用的。一个充塞着信仰、教义、主张、引文的心灵，实际上是毫无创造力的，它不过是一个重复性的心灵。逃避那种恐惧——害怕空无一物，害怕孤独，害怕停滞，害怕不会达成、不会成功、不会功成名就，不会出人头地——显然就是我们会如此急切、如此贪婪地去接受信仰的一个原因，不是吗？通过接受信仰，我们能认识自己吗？正相反，信仰，宗教的或政治的信仰，显然会妨碍对自我的认知。它犹如一个屏障，我们透过它来察看自己。我们能否在没有信仰的情况下去审视自己呢？如果我们移除掉了这些信仰，移除掉了一个人所抱持的诸多信仰，还会剩下什么可以察看的呢？一旦我们不再有任何信仰——心灵使自己去认同这些信仰——那么，没有了认同的心灵，就能够审视自己的本来面目。很明显，尔后，便将开启认识自我的大门。倘若一个人感到害怕，倘若有那种被信仰遮掩起来的恐惧，倘若他在认识信仰的过程中去直面这种恐惧，而不通过信仰这道屏障——难道无法摆脱恐惧的反应吗？也就是说，认识到一个人是恐惧的，但不去逃避。与"当下实相"共存，显然要比通过某个信仰去逃避"当下实相"有意义得多、有价值得多。

因此，一个人开始认识到，存在着各种对自我的逃避，逃避自身的空虚，逃避心灵的贫乏——诸如知识、诸如娱乐，都是逃避，各种各样的上瘾、消遣，无论是学问的还是愚蠢的，聪明的或者没有价值的。我们被这些东西包围着，我们就是它们。假若心灵能够领悟它所抱持这些事物的涵义，我们或许便可以直面自己的本来面目了，无论这面目是怎样的。在我看来，一旦我们能够做到这个，就将迎来真正的转变了。因为，尔后，不会再有恐惧的问题了，因为恐惧只有在同某个事物的关系里才会存在。当有你以及与你有关的某个事物，当你不喜欢与你有关的那个事物并且试图去逃避它的时候——恐惧便会登场。可一旦你就是那一事物，就不会出现逃避的问题了。只有当你对某个事实产生了情感的反应时，才会滋生出恐惧，但只要该事实被视为其本来面目看待，就不会有丝毫的恐惧了。当我们所谓的恐惧不再被命名，而是仅仅被审视的时候，显然就会出现革新，不会再感到逃避或者接受。

所以，要想认识信仰，不是粗浅的、表面地认识，而是深刻地认识，一个人就得知道心灵为什么会让自己去依附各种信仰，为什么信仰会在我们的生活里变得如此的重要：关于死亡的信仰，关于生命的信仰，关于死后所发生的情形的信仰，主张有神论或无神论的信仰，宣称真理存在或不存在的信仰，还有各种政治信仰。这些信仰，难道不是在表明我们自身内在的贫乏吗？它们难道显示的不是一种逃避的过程或者防卫的行为吗？在我们对自己的信仰展开探究的过程中，难道不应该着手在意识的表层及深层去认识自己的本来面目吗？因此，一个人越是在同其他事物比如信仰的关系中去研究自己，心灵就会变得越宁静，没有错误的管制，没有任何强迫。很明显，心灵对自己的认知越多，就会变得越安静。你越是了解某个事物，你对它越熟悉，心灵就会越宁静。心灵必须是真正的宁静，而不是通过各种手段被弄得安静。很明显，一个依靠各种手段变得安静的心灵，与一个自身宁静的心灵是有很大不同的。你可以通过环境，通过各种训练、技巧等方法强迫头脑安静下来，但这并不是真正的宁静——而是死寂。但倘若心灵步入宁静是因为它理解了各种恐惧，是因为它认识了自己，那么，这样的心灵便是富有创造力的，这样的心灵将会不断地更新着自己。只有那因为自身的恐惧和信仰而自我封闭的心灵，才会停滞不前。可是，一个心灵若认识了它同各种价值观念的关系——不是强加某种价值标准，而是认识了"当下实相"——那么很显然，这样的心灵就会变得宁静，真正的宁静。这不是有关"变成"的问题。唯有在这时，心灵才能够时时刻刻领悟实相。实相，显然不是终极结果——即累积的行动的结果。实相只有每时每刻去感受，只有当不再有过去对现在、对当下的累积的影响，才能感知到实相。

这儿有许多问题，我将对其中一些做出回答。

问：您为什么要演说？

克：我觉得这个问题相当有趣——因为我要做出回答，而你也要予以回答。不单单是我为何要演说，而且还有你为何要聆听？如果我演说是为了自我表现，那么我就是在利用你。如果发表演说对我而言是必须的，目的是要感到沾沾自喜，感到受人奉承，感到自大、自负以及其他的一切，我就必定是在利用你。于是你跟我便没有任何关系，因为你只是让我获得自我膨胀的必需品。我需要你，尔后让自己得到鼓励，感觉自己是充实的、自由的、受人夸赞，有这么多的人在听我讲话，那么我便是在利用你，是一个人在利用其他人。很明显，你同我之间于是不会有任何关系，因为你只是对我有用罢了。一旦我利用你，我跟你会有什么关系呢？不会有任何关系。若我之所以演说，是因为我抱持一系列的观念，我想要将它们传达给你，那么观念就会变得格外重要起来。我不相信观念会带来根本性的转变，会让生活发生革新，观念永远都不会是新鲜的，永远无法带来变革、带来富有生机的进步。原因在于，观念不过是某个持续的过去的反应，尽管有所改变或修正，但依然属于过去。假若我之所以演讲，是因为我希望你有所变化，抑或想要你去接受我的思考方式，加入我的团体，成为我的门徒，那么，作为个体的你将会消失不在。原因是，尔后，我关心的只是依照某个观念去改变你，于是你不再重要，重要的是模式。

那么，我为什么要发表演说呢？假如原因不是上述这些，那么我为何要如此？我们稍后再来回答这个问题。接下来的问题是，你为什么要听我的演讲？这个问题难道不是同样重要吗？或许更加重要。如果你聆听是为了得到某些新的观念或者某种看待生活的新视角，那么你将会感到失望，因为我不打算给你提供新的理念。如果你聆听是想体验某种你觉得我已经体验过的东西，那么你就只是在模仿，指望由此可以获得你认为我所拥有的事物。很明显，生活的真谛是无法由他人替代你去体验的。抑或，由于你深陷麻烦、痛苦与悲伤之中，遭遇无数的冲突，于是你便来到这里，想要知道怎样摆脱掉它们。恐怕我无法帮助到你，我唯一能够做的，便是把你自己的困难指出来，尔后我们可以相互展开讨论，但必须要由你自己去发现。所以，你应当凭借自己的力量弄清楚你为什么要来这里听我演讲，这是非常重要的。原因在于，若你怀有某个意图，我则有其他的目的，那么我们永远都不会走到一起，于是你跟我之间不会有任何关系，不会有任何交流，你我将会南辕北辙、擦肩而过。然而很明显，这并非是我们聚会的目的，我们努力要做的，是携手踏上一段旅程，一边走一边去体验——不是我教授你抑或你聆听我的教诲，而是我们一同展开探索，假如可能的话。这样一来，在发现和认知的过程中，你不仅是大师，同时也是学生。于是，不会再有高低之分，不会再有一个人博学广闻，另一个人则无知愚昧，不会再有一个人已经功成名就、学有所成，另一个人则依然还走在通往成功的路上。这样的界分，显然会扭曲关系，而如果没有认识关系，就无法理解实相。

我已经告诉了你我为什么要做演说，尔后你或许会认为，我需要你是为了有所发现。显然不是这样的。我有话要说——你可以接受，或者置之不理。假如你接受了它，并不是你从我这里获得它的，我不过犹如一面镜子，透过这面镜子，你能够看到自己。你可能不喜欢这镜子，于是将其丢弃。然而，当你看着这镜子的时候，请你非常清楚地、理性地去看它，不要因为任何感情的因素而让镜面模糊不清。弄明白你为何来到这里听我演讲，这显然十分重要，不是吗？如果这仅仅是某个下午的娱乐消遣，如果你来到这里而不是去看场电影，那么你的聆听就是毫无价值的。如果你来这里不过是为了辩论，抑或得到某些新的观念，以便你可以在自己讲演、写书或讨论的时候用到它们——那么这同样也是没有意义的。但倘若你来这里真的是为了在关系中去探明自己——这或许在你与他人的关系里将有所裨益——你的聆听就会是有意义的、有价值的，尔后，它不会像你所参加的许多其他会议那样。很明显，这些聚会是有意图的，不是为了让你来听我讲话，而是为了让你在我努力去描绘的那面镜子当中去审视你自己。你不必去接受你所看到的——这么做是愚蠢的。可如果你客观地去察看那面镜子，就像你聆听音乐那样，就像你坐在一棵树下，看着夜色那样，不去谴责，不做任何辩护——就只是看着它——如果没有任何抗拒，那么，这种对于"当下实相"的觉知便是一件非凡的事情。这显然就是我们在所有这些演讲期间试图要去做的事儿。于是，真正的解放将会到来，但不是通过努力，努力永远无法带来自由，努力只会带来替代、压制或升华，然而所有这些都不是自由。只有当你不再努力想要变得如何如何，才能获得真正的解放。尔后，"当下实相"的真理会来临，而这便是自由。

问：我听您演讲，跟我师从一个又一个老师，这二者的目的有区别吗？

克：很明显，这个问题得靠你自己去探明，不是吗？你为什么从一个老师转向另一个老师，从一个组织转向另一个组织，从一种信仰转向另一种信仰呢？又或者，你为何被某种信仰如此束缚呢——比如基督教或者任何其他的信仰？原因何在？你干吗要这么做？此番情形不单单发生在美国，而且还在世界的每一个角落上演着——这种可怕的不安宁，这种想要去找到什么的渴望。为什么？你觉得，通过探寻，你会有所发现吗？可是，在你能够展开探寻之前，你必须拥有探寻的方法，不是吗？你必须有能力去探寻——而不是仅仅开始去探寻。显然，要想探寻，要想有能力去探寻，你就得认识你自己。若你没有首先认识自我，没有认识你所探寻的是什么以及那个正在探寻的主体是什么，那么你如何能够展开探寻呢？印度教教徒来到这里，给出了他们所拥有的——你知道，诸如瑜伽、大师——你也来到这里，宣传布道，试图让他人皈依。为什么？如果既没有老师也没有学生，这个世界将会变得幸福。

我们实际上寻求的是什么呢？是否因为我们对生活感到厌倦，厌倦了某套仪式、某套教义，于是我们便转向另外的一种，因为它是新的、因为它更加令人兴奋——梵文，留着胡须、身披宽袍的男人以及其他的一切？是这个原因吗？又或者，我们是希望在佛教、印度教或其他组织化的宗教信仰里找到庇护所、找到逃避呢？抑或，我们是在寻求得到满足吗？很难区分以及认识我们真正寻求的是什么。原因是，我们每个时期都在变化，当心生厌倦时，当身处不幸时，当疲累不堪时，我们便会渴望某种终极的、永恒的、绝对的事物。只有极少的人在自己的寻求或者说探询的过程中持之以恒。我们大部分人都渴望娱乐消遣。假若我们是知识分子，就会希望知识类的娱乐消遣，等等。

因此，一个人能否真正地、确实地凭借自己的力量去探明他所渴望的究竟是什么呢？不是一个人应当有的，或者他觉得自己应该有的，而是依靠自己的力量在内心弄明白他渴望的是什么，他如此无休无止地寻求的是什么。以及，当一个人探寻的时候，他能够有所发现吗？显然，我们将会探明自己在寻求什么，可一旦我们得到了想要的东西，不久它就会褪去，化为灰烬。所以，我们首先必须弄清楚谁是探寻者以及他所寻求的是什么，尔后才能着手展开探寻，这显然是格外重要的，不是吗？因为，若探寻者不认识他自己，那么他所发现的不过是一种自我投射的幻觉罢了。你或许可以快乐地活在那种幻觉之中，度过你的余生，但它依然只是幻觉。

所以，在你探寻之前，在你从一位老师转向另一位老师、一个组织转向另一个组织、一种信仰转向另一种信仰之前，应当弄明白谁是那个正在探寻的人以及他所寻求的究竟是什么，这显然是极为重要的——而不只是茫然地从一家店铺走到另一家，指望由此可以觅到那条你理想的衣裙。因此，很明显，首要之举便是认识你自己，而不是踏上探寻之路——这并不意味着你应该向内转，避免一切行动，这是不可能办到的。唯有在关系里你才能认识自我，而不是在孤立隔绝中。那么，一个人来到这里听我演讲的意图，与他去另一位老师那里的意图，这两者之间的区别何在呢？显然，如果他来到此处仅仅是为了有所得——比如获得安抚、慰藉，被给予新的理念，被说服去加入或离开某个组织，老天知道还有些什么别的——那么就不存在任何不同。很明显，这里没有庇护所，没有组织。你我相聚于此,是试图去真正地洞悉"当下实相",如果我们能够做到的话——发现我们自己的本来面目——这是相当不易的,因为我们是如此的狡猾,你知道我们在自己身上玩弄的无数伎俩。我们聚在这里,是要努力袒露自我,觉知自我,原因是,在这种袒露的状态里,智慧将会到来,而正是智慧能够带来幸福。但倘若你的目的是要寻找慰藉,寻找某种可以让你掩藏起自我的东西,某种可以提供逃避的事物,那么,很明显,有许多方法能够办到——通过宗教、政治、娱乐、知识——你了解这所有的逃避之法。我不知道,任何形式的沉迷、消遣、逃避——无论是愉悦的还是不快的,一个人如此急切地让自己去适应这些沉迷、分心和逃避,因为它许诺说在最后将得到奖赏——如何能够实现对自我的认知?而认识自我是如此的不可或缺,单单认识自我,便可以带来那富有生机的安宁。

问:我们的头脑只认识已知,那么,我们身上究竟是什么东西在促使我们去发现未知、实相、神呢?

克: 你的头脑会渴望未知吗?我们身上是否有某种驱动力让我们去探寻未知、实相、神呢?请认真思考一下这个问题。这不是一个辞藻浮夸的问题,而是确确实实值得我们去探明的。我们每个人的身上是否存在一种内在的驱动力,促使我们去发现未知呢?有吗?你怎样才能发现未知呢?假如你并不认识未知,那么你如何能够发现它呢?请不要把这个问题抛置一旁。那么,它是对实相的渴望吗?抑或,它不过是一种对已知的渴望、对自我膨胀的渴望?你明白我的意思吗?我懂得许多事情,可它们并未带给我快乐、满足和愉悦,于是,我如今渴望其他将能赋予我更大的愉悦、幸福、希冀和活力的东西——随你怎么说都好。已知、即我的头脑——因为,我的头脑便是已知,它是已知的产物、过去的产物——头脑能够去寻求未知吗?假如我不认识实相、未知,那么我如何能够去探寻它呢?很明显,实相必须自己到来,我是无法去寻求它的,一旦我去追寻它,我就是在寻求某种已知的事物,它只是我的一种自我投射罢了。

因此，我们的问题，不在于我们身上是什么东西在促使我们去寻找未知——这一点足够清楚了。是我们自己的欲望，想要更加的安全、更加的永久、更加的确定、更加的快乐，想要逃离混乱、痛苦、困惑。这是我们显而易见的欲望。当有了这种驱动力、这种渴望，你就会找到一个绝佳的逃避、绝佳的庇护所——在佛陀、基督的身上或是政治标语中以及其他相关的一切事物中。然而很明显，这并非实相，并非未知。所以，必须停止对于未知的渴望，必须停止对未知的寻求，这表示，必须认识那累积起来的已知即头脑。头脑应该认识到自己就是已知，因为这便是它所知道的全部。你无法去思考你未知的东西，你只能去思索你知道的事物。

我们的困难在于，不让头脑在已知中行进，而只有当头脑认识了自身以及它的全部运作是怎样源自于过去，怎样经由现在把自己投射到将来，它才能不囿于已知。它是已知的一种持续的运动，那么该运动能否停止呢？唯有当头脑认识了自身过程的机械性，唯有当它认识了自己及其运作、方式、目的、追逐和需求——不仅是表面的需求，而且还有深层的内在的欲望和动机——该运动才会走向终结。这是一项相当艰难的任务，不是仅仅参加一次会议、讲座或是阅读一本书籍，你就可以有所探明的。相反，这需要不断的警觉，不断地去觉知到思想的每一个运动——不仅在你醒着的时候，而且还在你睡着的时候。它必须是一个完整的过程，而不是个别的、局部的过程。

此外，意图也必须正确，也就是说，必须停止那种迷信，即我们内心全都渴望未知。认为我们都在寻求神，这是一种幻觉——我们并不是如此。我们不必去寻求光明，当黑暗不再，光明自然就会到来，通过黑暗，我们是无法找到光明的。我们唯一能够做的，便是移除掉那些导致黑暗的障碍，而这种移除取决于意图。如果你移除它们是为了看到光明，那么你就不会移除任何东西——你不过是用光明一词替代黑暗罢了。即使越过黑暗去张望，也只是在逃避黑暗。

所以，我们必须要思考的，并非是什么在驱使着我们，而是为什么我们身上会有如此的混乱、困惑、争斗与敌对——我们生活中一切愚蠢的东西。当这些东西不再，光明便会降临，而无需我们去找寻。当愚蠢消失不见，智慧就将登场。然而，一个愚笨却试图想要变得聪慧的人，依然是愚蠢的。很明显，愚蠢永远无法被改造成智慧，只有当愚蠢停止，才会有智慧、理性。但是，一个蠢笨却努力想要变得智慧的家伙，显然永远都不会聪明。要想懂得何谓愚蠢，一个人就得对其展开探究，不是肤浅的、表面的探究，而是充分的、彻底的、深刻的、深入的研究，他必须研究各个不同层面的愚蠢。一旦愚蠢终结，就将迎来智慧。

因此，重要的不是探明是否存在着某种超越已知的事物，不是弄清楚是什么驱使我们去寻求未知，而是领悟我们身上究竟是什么导致了混乱——战争，阶级差别，势利，追名逐利，累积知识，通过音乐、通过艺术、通过如此多的方法去逃避。洞察它们的本来面目并且返回到我们自己的本我，这显然是极为重要的。我们能够从这里开始着手，尔后，抛却已知就会变得相对容易起来。当心灵处于宁静，当它不再把自己投射到未来、明天之中，不再有所渴望，当心灵迈入了真正的、深刻的安宁，未知就会登场，你不必去寻求它。你无法邀请它到来，你只能够邀约你已知的东西，你无法邀请一位未知的客人，你只可以邀请你认识的人。但是你并不认识未知、神、实相，随你怎么称呼都好，它必须自己到来。只有当田野肥沃，土壤被耕种，它才会来临。但倘若你的耕种是为了让它出现，那么你将不会拥有它。

所以，我们的问题，并不在于去寻求那不可知的事物，而是要去认识头脑累积的过程，而头脑始终是与已知共存的。这是一项艰巨的任务：需要投以专注，需要不断的觉知，在这种觉知中，没有丝毫的分神，既不去认同，也不去谴责，而是跟"当下实相"同在。唯有这时，心灵才能步入宁静。无论多少冥想、训练，都无法让心灵获得真正意义上的静寂。风止，水才会静，你不可能人为地让湖水平静。因此，我们的工作，不是去追逐那不可知的事物,而是去认识自身的混乱、困惑跟痛苦。尔后,未知将会悄悄地到来,到那时,你将能体验到巨大的欢愉。

(在欧加的第三场演说,1949年7月23日)

什么是简单

今天上午,我想探讨一下什么是简单,或许由此可以发现何谓感受力。我们似乎认为,简单仅仅是一种外在的表现,是摒弃世俗的享乐——家徒四壁,衣着朴素,银行账户的存款少之又少。显然这并不是简单,而仅仅是一种外部的表现罢了。在我看来,简单是不可或缺的,然而,只有当我们开始懂得了认识自我的重要性,才能做到真正的简单。有关认识自我的问题,我们之前已经讨论过了,直至八月底,我们都会对此问题进行探讨的。

简单,并非只是去适应某种模式,它要求拥有领悟简单之道的超凡智慧,而非仅仅去遵从某种模式,无论该模式从外在看来是多么的有价值。不幸的是,我们大多数人都是从外在的简单、外部的事物开始的。要做到只拥有少量的物品,做到知足常乐,满足于并不多的财产,或许还能将其与他人分享,这是相对容易的。但是很明显,单纯的外在的简单显然并不代表内心的简单。因为,在当今的世界上,我们为越来越多的外部事物所逼迫,生活变得日益复杂起来。为了躲避这种情形,我们试图去放弃或离开各种事物——汽车、房子、组织、电影院以及其他无数逼迫我们的外部环境。我们以为,通过摒弃外物、退隐于世便可以实现简单,许多圣人和导师都对这个喧嚣的世界采取了退避的姿态。在我看来,对我们任何人来说,这样的退避或放弃无法解决问题。根本的、真正的简单,只能够是内在的,尔后才会有所谓外在的简单。那么,接下来的问题便是,怎样才能做到简单呢?简单,将令一个人越来越富有感受力,而一个具有感受力的心灵又是至关重要的,因为它可以迅捷地感知与接收。

所以,一个人只有认识了那些将其捆绑住的无数障碍、依附和恐惧,才能实现内心的简单。可惜,我们大部分人却喜欢被捆绑住——被人、被财产、被理念捆绑,我们喜欢当囚徒,我们是心灵上的囚徒。尽管从外部来看我们似乎十分简单,然而在内心,我们是自己无数的欲望、期盼、理念跟动机的囚徒。只有当一个人的内心完全自由时,他才能够寻找到简单。因此,简单必须要从内在做起,而非从外部着手。

昨天下午,我们讨论了摆脱信仰的羁绊的问题。很明显,当一个人懂得了信仰的整个过程,懂得了心灵为何会依附于某种信仰,便将获得超凡的自由。一旦挣脱了信仰的束缚,就能做到简单。不过,这种简单需要智慧,而要做到睿智,一个人就得觉知到自身的障碍,为了觉知,他必须时时留神,不陷入任何窠臼之中,不让自己囿于任何思想与行为的模式。因为,毕竟,一个人的内在行为会影响到外部世界,社会或任何行动都是我们自身的投射,如果不改变内在,那么单纯的外在的立法将是毫无意义的,尽管它带来了某种变革、调整,然而一个人的内在总是会战胜外在。倘若一个人内心贪婪、野心勃勃、追逐某些理念,那么这种内在的复杂最终将颠覆与推翻外部社会,无论这个外在的社会规划得多么仔细。

所以很明显,一个人必须要从内在开始着手——不是排他性的,不是抵制外部世界。显然,通过认识外部世界,通过探明冲突、斗争和痛苦是如何在外部世界上演着,你将会逐步走向内在。因为,一个人探究得越多,自然就会触及到导致这些外部的冲突和苦难的心理状态。外在的表现,仅仅是我们内心状态的反映。但要想认识内部状态,一个人就必须经由外部世界才能达到。我们大多数人都是这么做的。在认识内部世界的过程中——不是排他性的,不是对外部世界予以抵制,而是通过了解外部世界，进而深入到内心——我们会发觉，随着我们着手去探究内在的复杂性，我们将会变得越来越富有感受力、越来越自由。这种内心的简单是如此的至关重要，因为，正是简单创造了感受力。一个缺乏感受力、一个缺乏机敏和觉知的心灵，将无法去接纳任何事物，无法展开任何富有创造力的行动。这便是为什么我会指出，人们往往习惯于去遵从，把遵从视作一种让自己变得简单的方法，殊不知，实际上这么做反而会令我们的心智走向迟钝、麻木，丧失感受力。由政府、自身以及想要功成名就的念头等等所施加的任何专制性的强迫——任何形式的遵从，都必然会导致麻木，因为这并不是一种源于内心的简单。你或许可以做到表面上遵从简单的生活原则，就像许多宗教人士所做的那样：他们恪守各种戒律，参加各种组织，用某种特殊的方式来冥想，诸如此类——所有这些都做到了表面上的简单。然而，这样的遵从并没有通往简单，任何形式的强迫永远都无法实现真正的简单。相反，你越是压抑，越是努力使自己获得升华、净化，简单就会越少；反之，你越是认识了净化、升华、替代的过程，那么你实现简单的可能性就越大。

我们在社会、环境、政治和宗教等诸多领域的难题是如此的复杂，以至于，我们只能通过变得简单而非变得博学多闻或聪慧无比来解决这些问题。原因是，一个简单的人会比一个复杂的人看待问题直接许多，并且拥有更为直接的体验。我们的头脑里面塞满了无数有关事实的知识，塞满了他人的言论，以至于我们无法变得简单起来，无法拥有直接的体验。这些难题要求一种新的解决途径，只有当我们的内心真正做到了简单的时候，问题才能够被解决。实现简单的惟一方法便是认识自我，了解我们自己，懂得我们思想与情感的方式，我们思想的运动，我们的反应，我们是如何出于恐惧而去遵从公众的舆论，遵从其他人所说的话，遵从佛陀、基督与圣人之言——所有这些都表明，我们的本能是去遵从，是渴望安全和确定。当一个人寻求安全感的时候，他显然就会处于一种恐惧的状态，因而也就没有所谓的简单可言。

不实现内心的简单，一个人就无法拥有对花草树木、飞鸟走兽，对山峦丘陵、风霜雨露，对我们周围所有事物的感受力。假如一个人没有做到简单，他便不能富有感受力地去洞悉事物的内在涵义。我们大部分人都肤浅地活在意识的表层，我们试图有思想或有智慧，这与虔诚是同义的，我们试图通过强迫和自我修炼来让心灵变得简单起来。可这并不是真正的简单，当我们强迫心灵做到简单，这种强制只会让心灵坚硬，而不会使其变得柔韧、清晰和机敏。实现整体的简单，实现我们的整个意识过程的简单，这是极为艰难的。因为，必须没有丝毫的保留，必须满怀热切的渴望，想要去探究我们生存的全部过程，而这意味着得觉知到每一个暗示，觉知到我们的恐惧与希冀并对它们展开探究，从而逐渐摆脱其束缚。只有当头脑和心灵都真正迈入了简单的境界，唯有这时，我们才能解决摆在面前的诸多难题。

知识无法解决我们的问题。例如，你或许知道有轮回转世说，即生命体死后仍然会继续存在。你"或许"知道——我没有说你必然知道——又或者你可能对该观点深信不疑。然而这并不能解决问题，你无法用你的理论、知识或深信将死亡这个问题搁置到一边，死亡，要比所有这些理论都更加神秘、深刻，更加具有能量。

因此，一个人必须能够对所有这些事情重新探究一番。原因是，只有通过直接的体验，我们的问题才能解决，而要拥有直接的体验，就得做到简单，这意味着必须要具备感受力。我们的头脑充斥着关于过去和未来的各种讯息，它为各种知识所累而逐渐走向了迟钝。然而，只有当心灵能够调整自己去始终着眼于当下，着眼于每时每刻，它才可以去应对环境不断施加在我们身上的强大的影响和压力。

所以，一个身披长袍、一天只吃一顿饭的人，或者无数次起誓说要这样、不要那样的人，并不代表他就是个虔诚之人。唯有内心简单、无所欲求的人，才是真正的虔敬。这样的心灵具有超凡的接受力，因为它已无所碍、无所惧、无所求，于是便能够去接受高贵、优美、神与真理。然而，一个追逐实相的心灵并不是简单的心灵，一个想要有所得的心灵，一个不断在寻求的心灵，一个处于不安和焦虑之中的心灵，并不是简单的心灵。一个遵从于权威、遵从于某种模式的心灵，无论是内在的还是外在的，都无法具有感受力。只有当心灵真正富有感受力、机敏，意识到了自身所发生的一切，意识到了自己的反应和思想，只有当它不再想要去变得如何如何，不再把自己塑造成某种样子——唯有这时，它才有能力去接纳真理。唯有这时，幸福才会到来，因为幸福不是一个目标——它是实相的产物。一旦心智变得简单并因而具有了感受力——不是通过任何形式的强制、指挥或强加——我们便会发现能够轻而易举地解决掉自己的那些难题。无论这些问题多么的复杂，我们都可以用新的方法来解决它们，用不同的视角来审视它们。当前我们所需要的是这样一群人：他们不去套用各种左翼或右翼的理论和准则，能够凭借一颗富有创造力、深谙简单之道的心灵去重新审视我们周遭的困惑、混乱与敌对。假如你没有实现内心的简单，那么你便无法以崭新的姿态去应对所有这些问题。

你知道，只有当我们以新的方法来处理问题的时候，才能够将其解决。但倘若我们按照某种思想的模式——宗教的、政治的或其他的模式——来进行思考的话，就无法用新的方法、新的视角来应对问题了。因此，我们必须要挣脱所有这一切的束缚，迈入简单之境。这便是为什么时刻保持觉知，能够去认识我们自己的思想过程，能够全面地、充分地认识自我是如此重要的缘故。因为只有这样，我们才能做到简单和谦逊。谦逊不是一种美德或实践，经由努力而取得的谦逊不再是谦逊，一个刻意让自身变得谦逊的人也不再是谦逊的。只有当一个人的谦逊不是被培养出来的，他才可以去应对生活中那些紧迫的事情。原因在于，尔后，他自己不再是重要的，他不会去审视自己的各种压力，不会感到自己是多么的重要，而只会去看待问题本身，于是便能将其解决掉了。

问：我一直是许多宗教组织的成员，但您把它们全都推翻了。我觉得了无生趣，但还是得工作，因为不想饿肚子。清早从床上爬起来对我来说真是件难事，我对生活里的任何事情都没有兴致。我认识到，我不过是有一天没一天地苟活着，没有感到任何人的价值，可我对任何事情

都没有哪怕只是丝毫的热情。我担心这样下去我会自我了断的。我究竟该怎么办才好呢？（笑声）

克：虽然你们在发笑，但我们大部分人难道不都跟他同样的处境吗？尽管你或许依然从属于许多的组织——宗教的、政治的以及其他的——抑或你可能把它们统统放弃了，但你的内心难道不怀有同样的绝望吗？你可能会去求助于那些分析家们，或是去找神职人员进行忏悔，并由此获得暂时的安抚与宁静，可你还是会感到孤独、痛苦、迷失以及永无止境的绝望，难道不是吗？加入组织，沉溺于各种各样的娱乐消遣，沉迷于知识，每天都做礼拜，还有其他相关的一切，这些确实会让我们得以逃避自我。可一旦这些事情停止，一旦理性地将它们抛到一旁，同时不用其他形式的逃避来替代，一个人就会感到孤独、迷失、绝望，对吗？你或许博览群书，你或许被你的家人、孩子、财富所围绕——每年换一部新车，看最新出版的文学作品，听最新式的唱机，等等，然而当你理性地把这些娱乐消遣抛到一边，那么你不可避免地还是会面临上述所说的这一切痛苦，不是吗——内心的挫败感，无助感以及无休无止的绝望？或许你们大多数人都没有觉知到这个，抑或即便觉知到了，你们也会逃避的。但问题还是在那里，并未消失。所以，一个人该怎么做才好呢？

首先，在我看来，要实现充分的觉知从而直面这一处境，这是相当困难的。我们当中很少有人能够做到直面这一处境，因为极其痛苦，当你直面它的时候，你会如此焦急地想要离开，以至于你可能会不惜做任何事情，甚至是自杀——抑或远远地逃开，躲进某个幻觉或任何可以让你分心的事情中去。所以，首要的困难在于，要充分地觉知到你面临着这种痛苦的处境。很明显，为了有所探明，一个人必须得身处绝望之境。当你尝试过了身边的所有事情，尝试过了每一扇你可以去逃避的门，而它们中没有一个可以提供给你庇护，你就逐渐接近要义了。

如果你真的领悟了要旨——不是想象中的，不是为了去做其他的事情而希望如此——如果你真的直面这一处境，那么我们就可以着手去讨论该如何应对的问题了，尔后才值得去进一步展开。假如你不再用一种逃避去取代另一种逃避，不再离开这个组织而去加入那个组织，不再追逐一个又一个的事物，假如所有这一切都停止——对于每一个睿智的人来说，必定最终会停止——那么接下来要如何呢？现在，若你到达了这个阶段，接下来的反应会怎样？当你不再去逃避，当你不再去寻找某个出路、某个逃避的方法，那么会发生什么呢？只要你去观察一下，将发现我们会这么做——出于对此的恐惧感，或者渴望去认识它，于是我们便会对其进行命名，不是吗？我们说道："我很孤独，我很绝望，我处在这种境地之中，我想要去认识它。"也就是说，通过命名，我们在自己同这一问题，即我们所说的孤独、空虚之间建立了某种关系。我希望你们明白我所说的。通过描述我们跟它的关系，我们赋予了它神经学和心理学的涵义。

但倘若我们不去对它进行命名，而仅仅只是审视它，那么我们将与其建立截然不同的关系。尔后，它不会与我们是分隔开来的——它就是我们。例如，我们说道："我害怕这种孤独、绝望的处境。"恐惧只会存在于跟某个事物的关系之中。当我们控制它的时候，当我们把它命名为孤独的时候，这个叫做孤独的事物便会出现了。于是你会感觉你跟孤独是两个不同的事物，但果真如此吗？你、观察者，正在观察着这一事实，即被你命名为孤独的事物。观察者与其所察看的事物是分开的吗？只有当他对其命名的时候，这二者才是不同的。可如果你不去对它命名，那么观察者便是所观之物。命名的作用仅仅是去划分，于是你不得不跟该事物交战。但倘若不做任何界分，倘若观察者与所观之物之间是统一的——只有在不去命名的时候，才会出现这种情况——你可以尝试一下这样，尔后你将发现，恐惧感会消失得无影无踪。当你声称自己空虚、孤独，声称自己这样或那样，声称自己处于绝望的境地，正是恐惧妨碍了你去审视它。恐惧只会作为记忆而存在，当你去命名的时候，恐惧便会到来，可一旦你能够去审视它，不做任何命名，那么它显然就会是你自己了。

因此，只要你领悟了要义，只要你不再对你所惧怕的事物进行命名,你便会是该事物了。一旦你即那一事物,也就不会再有任何问题了,不是吗?只有当你不想成为那一事物,抑或当你希望让该事物变得与其本来面目不同,问题才会滋生。可如果你即该事物,观察者便是所观之物——这二者是一个统一的现象,而不是分离开来的——那么也就不会再出现任何难题了,对吗?

请对此做一番检验吧,你将发现,孤独、绝望会何等迅速地消失不见,会被超越,会有其他的事物出现。我们的困难在于,当我们毫无恐惧地审视它的时候,必须要明了要义。只有当我们开始意识到它,当我们开始去对它命名,当我们想要对它做些什么,才会生出恐惧。可一旦观察者领悟到他与那一被他叫做空虚、绝望的事物并不是分离的,那么这个词语就不再具有意义了。该词语不再是它所代表的涵义,不再是绝望。当词语被移除掉了它全部的涵义,就不会再感到恐惧或绝望了。尔后,假如你进一步去探究的话,会发现,当不再有恐惧、绝望,当这个词语不再重要的时候,显然就能获得超凡的解放。在这种自由的状态里,生机、活力、创造力便会到来,它们让生活变得鲜活起来。

让我换种方式来表述好了——我们通过习惯的方法来解决这一关于绝望的问题,也就是说,我们带着过去的记忆来阐释此问题。思想,即记忆的产物,是建立在过去之上的,它永远无法解决这一问题,因为它是个崭新的问题。每个问题都是新的,当你背负着过去的重担去应对新的问题,显然就无法将其解决掉,你无法通过词语的屏障即思想的过程去解决问题。可一旦你不再用言辞来命名、来表达——因为你认识了它的全部过程,你将其抛到了一旁——那么你便能够用新的方法、新的视角去应对问题了。尔后,问题不再是你所认为的那样了。

因此,你或许会在这个问题的最后问道:"我该做些什么呢?我感到绝望、困惑和痛苦,您并没有向我提供一个可以去遵循的方法,以便让我获得自由。"然而很明显,一旦你理解了我所说的,就会手握钥匙了——倘若你能使用它的话,那么这把钥匙将会开启无数的大门,数量多到超出你的想象。尔后你会发现,词语在我们的生活里扮演了何等重要的角色——诸如神、国家、政治领袖、共产主义、天主教这些词语——到处都是词语、词语、词语，它们在我们的生活中是多么的重要！正是这些词语使得我们无法以新的视角去认识问题。真正的简单，便是要挣脱所有这些印象、词语及其涵义的桎梏，以新的方法来解决问题。我向你保证，你可以做到的。若你愿意这么做的话，将会相当的有趣，因为它会揭示出许多许多。我觉得，这是解决任何根本性问题的唯一方法。你必须深入地去解决如此深刻的问题，而不是流于表面。这个有关孤独、绝望的问题——我们大多数人都会在某些时候或多或少地面临这一问题，我们对这种感受都是十分熟悉的——并不是仅仅逃避到某种娱乐活动中去或者做礼拜就可以解决掉的。除非你能够直接地去应对和体验它，不去命名，不去描述，不在你自己跟它之间竖一道屏障，否则该问题将会一直存在。

问：如果一个人在心灵安静的时刻领悟了您所说的真理，他渴望保持这种清醒，但却发现自己不断地迷失在本能的冲动以及那些微小的欲望所汇成的海洋中，那么您对他有何建议呢？

克：这便是发生在我们大多数人身上的情形，不是吗？有时候我们是清醒的，其他时候则昏昏睡着；有时候我们可以清楚地洞察万事万物及其意义，其他时候则陷入彻底的困惑、混乱、黑暗和模糊之中；有时候我们会感到非凡的极致的愉悦，这种欢愉同任何行动无关，其他时候则需要很费力地去感到快乐。那么，一个人该怎么做才好呢？他是否应当去记住那些我们瞥过一眼的事物并且紧紧抓住它们不放呢？又或者，当那些微小的欲望、冲动以及生活里的黑暗事物每时每刻涌现之时，我们就应该去及时地应对它们吗？我知道，我们大部分人都宁愿执着于那种欢愉，我们做着努力，我们训练自己去抵抗、去战胜那些琐碎的事情，试图让眼睛望向地平线，这是我们大多数人所渴望的，不是吗？因为，这会容易许多——至少我们认为如此。我们宁可诉诸于某个过去的经历，该经历带给我们许多欢愉、快乐，我们执着于它，就像一些老年人会常常地回望青春时光，或者就像其他一些人会诉诸于未来、来世以及他们打算在下一次、明天或百年之后去达至的某种伟大。也就是说，有些人会为了过去牺牲掉现在，不断地美化着过去，另外一些人则会为了将来而牺牲掉现在。这两种人并无二致，只不过所用的词语不同罢了，但本质是一样的。

那么，一个人要怎么做呢？首先，让我们弄清楚自己为什么会执着于某个快乐的经历或者逃避某个令人不快的经历。我们为何会执着于某个曾让我们的生理或心理感到巨大欢愉的事情呢？我们干吗会经历这种执着的过程？为什么一个已经结束、已经逝去的经历会这么这么的重要呢？难道不是因为我们觉得，若没有这一非凡的经历，当下就空空如也了吗？当下、现在是这样的了无生趣，是这般的艰难，于是就让我们回望过去吧。当下令人厌烦，当下是一种折磨，充满了烦忧，所以让我们至少在未来有所成就吧——成为一个佛教徒、基督徒，老天知道还有什么。

因此，只有当我们没有认识现在的时候，过去和未来才会变得有用起来或者令人感到快乐。我们抗拒现在。因为，拿走了过去，拿走了你的所有经历、你的知识、你的积累、你的财富——你会是什么呢？你带着过去来迎接现在，于是你实际上从来不是在迎接当下，你不过是用过去或将来遮掩住了现在。我们训戒自己，以便认识当下，我们说道："我不应该去想过去，我不应该去想将来，我要全神贯注在当下。"你意识到，认为自己明天或昨日是非凡之人，这是荒谬的、幼稚的，于是你说："现在我必须认识当下。"你能够通过训练、强迫来认识某个事物吗？你或许可以通过训练、强制一个男孩来迫使他表面上安静下来，但他的内心却依然骚动不已，不是吗？同样的道理，当我们强迫自己去认知的时候，会实现觉知吗？但倘若我们可以懂得真正的效用，懂得我们为什么会执着于过去或者一心希望将来可以出人头地——倘若我们真的理解了这一切——就可以让心灵拥有感受力，使其能够去迎接当下了。

所以，我们的难题并不是认识现在，而是执着于过去或未来。因此，我们必须去探究为什么我们会如此执着。为什么过去对老人来说是那般的重要，为什么未来对其他人来说是那般的重要？为何我们会如此执着过去或将来？原因在于，我们以为，经历让我们丰富，因此过去便是重要的，难道不是吗？当一个人风华正茂的时候，他偶然瞥见了海上的一丝微光，那是一种鲜活、生气，如今却已经褪色殆尽，但至少他可以记住那缕光，那种非凡的热烈、年轻的感觉，于是他便不断地回望过去，活在过去。也就是说，他活在一种死寂的、没有生机的经历中，它已经结束了、逝去了——但他通过回想这一过去的经历并活在其中而让它复活了。可无论怎样，它都是死去的东西，所以，当一个人这么做的时候，他在当下或是未来也是没有生命力的——就像许多人那样。换句话说，他害怕现在什么也不是，害怕做一个简单的人，一个对现在具有感受力的人，于是他希望用自己昨日的经历来获得充实。可这是充实吗？昨日的经历能够让一个人充实起来吗？很明显，你拥有关于昨日的记忆，但记忆会带来充实吗？抑或，它只是一些没有什么意义的词语呢？只要你对此做一番检验，那么你显然就能够凭借自己的力量领悟到这一点了。

当我们求助于过去来让自己获得充实，我们就活在了词语的层面。我们让过去复活，但过去本身并没有生命力，它只有在跟现在的关系中才具有生机。当现在令人感到不快的时候，我们就会让过去复活，而这显然并不是真正的充实。当你意识到自己是充实的，那么你实际上是贫乏的。觉知到你自己如何如何，明显是在排拒你的本来面目。假如你觉知到自己有德行，那么你显然就不再是有德行的人了；假如你觉知到你是快乐的，那么快乐会在哪里呢？只有当你忘却了自我，当你不再感到"我"是重要的，幸福才会到来。可只要过去或未来变得至关重要，那么这个"我"、自我就会重要起来。所以，单纯地训练自己去做到怎样怎样，永远不会带来无我的状态。

问：我对任何事情都没有兴趣，可大部分人都忙于许多的兴趣。我

什么是简单 401

不必工作，因此我不工作。那么我是否应该从事某种有用的工作呢？

克：当社工或者从事政治、宗教方面的工作——是指这个吗？由于你没有其他的事情可做，于是你就变成了一个改革者！（笑声）先生，假如你无所事事，假如你感到十分无聊，为什么不就这样呢？如果你身处痛苦之中，那就痛苦好了！不要试图找到某个出路去逃避这一切。因为，若你能够认识你的无聊并与之共处，那么你感到无聊这一情形本身将会意义无穷。但倘若你说"我了无生趣，所以我要做点别的什么"，那么你不过是在试图逃避自己的厌烦和无聊。由于我们的大部分行为都是逃避，所以你在社会领域以及任何其他的领域将会造成更多的危害。你的逃避所带来的不幸，要比你保持自己的本来面目大得多。困难在于怎样跟你的本来面目共处，而不是去逃开。由于我们大多数人的行为都是一种逃避，所以，对你来说，停止逃避，直面自己的真实模样十分困难。因此，如果你真的感到无趣，我会很高兴，我会说：完全停下来，让我们待在这儿，让我们去审视它。为什么你应该去做些什么呢？你怎么知道，当你在逃避的时候，当你身处这一状态的时候，你不是在对人们造成更大的危害呢？你逃避到了某个事物中去，这不过是一种幻觉，当你走进这个幻觉之中，宣传它，那么你所带来的危害要比你仅仅保持无聊的状态大得多，不是吗？先生，若你觉得了无生趣，那就继续保持这种状态吧，你还能做什么呢？这个人说他的钱足够一辈子用了，所以他暂时没有生存的问题。

假如你感到无趣，为什么你会如此呢？这个被叫做无聊的东西究竟是什么呢？你为什么对任何东西都没有兴趣呢？一定有什么原因让你觉得人生如此的乏味：痛苦、逃避、信仰、无休止的活动，都会让心灵变得愚钝、麻木，让头脑变得僵化、顽固。探明是什么原因导致了你的无聊、乏味，便是不去做任何分析。这跟我们下一次将要讨论的问题是截然不同的。可一旦你能够弄清楚自己为什么会觉得无聊，为什么对一切都没有兴致，那么你显然就能够解决问题了，不是吗？尔后，你的兴趣将会苏醒并且运作起来。但倘若你并没有兴趣去探明自己为何会这般无聊，你就不可以强迫自己仅仅为了做点什么而对某个活动感兴趣——就像围着笼子打转的松鼠一样。我知道，这是我们大多数人都会沉溺的一种活动。然而，我们能够在内心去探明为什么自己会处于这种了无生趣的状态，我们能够明白为什么大部分人都会处于这一状态——我们在情感上、智力上已经让自己筋疲力尽了，我们试过了如此多的事情，如此多的感官的刺激，如此多的娱乐消遣，如此多的体验，以至于我们变得迟钝、无聊、疲惫。我们加入某个团体，做我们想干的一切，之后离开，然后加入其他的团体，尝试其他的事情。如果我们在一位心理咨询师那里失败了，就会去找另一位心理咨询师，抑或去求助于神职人员。倘若继续失败，我们则会去追寻另一个老师，诸如此类。我们总是不断地在这么做着，不断地拉紧又松开，这么做会让人筋疲力尽的，不是吗？就像所有感官上的刺激，不久就会让人的心智走向愚钝和麻木。

所以，我们已经在这么做了，我们从一种感官刺激转到另一种，直到真的筋疲力尽，方才有所领悟。现在，认识到了这一点，不要再进一步了——休息一下，安静下来。让心智依靠自己来积聚力量，不要去强迫它。就像土壤会在寒冬时节更新自己一样，当我们让头脑安静的时候，它也会更新自己的。可是很难让头脑安静下来，很难让它在经历了所有这些之后静下来，因为它始终都想做些什么。一旦你领悟到自己身处何方，一旦你真正地去直面你的本来面目，去做你自己——哪怕你是无聊的、丑陋的、可憎的或是其他不好的样子——那么你就能够去应对它了。

当你接受了某个东西，当你接受了自己的本来面目，会发生什么呢？一旦你接受了自己的真实模样，还会有问题出现吗？只有当我们不去接受一个事物的本来面目，希望去改变它的时候，才会有问题出现。但这并不意味着我在倡导满足，实际上恰恰相反。所以，只要我们接受了自己的真实模样，就会发现，我们所害怕的事物，我们所说的无聊、绝望、恐惧，将会发生彻底的改变。我们惧怕的事物，将出现根本性的变化。

正如我所指出来的那样，这便是为什么认识我们自身思想的过程和方式是如此重要的缘故。认识自我，无法通过任何人、任何书本、任何忏悔、心理学或心理分析来实现。它只可以靠你自己去发现，因为它便是你的生活。如果没有实现对自我深刻的、广泛的认知——你尽了一切可能，改变外在的或内在的环境和影响——那么生活将会始终成为滋生绝望、痛苦和悲伤的土壤。要想超越头脑那些自我封闭的活动，你必须首先认识它们，而认识它们，便是在关系中，在跟物、跟人、跟理念的关系中去觉知到自己的活动。在这种关系里——关系即一面镜子——我们开始去审视自己，既不去辩护，也不去谴责。通过更加广泛、更加深入地认识我们自己头脑的方式，就能够进一步地展开探究，尔后，心灵便可以迈入静寂，接受到实相。

（在欧加的第四场演说，1949年7月24日）

专业化是一种绊脚石

在过去的四场演说或讨论中，我们一直在思考认识自我的问题。原因是，正如我们所指出的那样，如果没有认识一个人自身的思想与感受的过程，显然就无法展开正确的行动和思考。所以，这些聚会、讨论或会议的首要目的，实际上是看看一个人能否凭借自己的力量直接体验自身思考的过程，并且完整地、充分地觉知到它。我们大部分人的觉知都只是流于表面，都只是在意识的表层，而不是将其视为一个完整的过程。正是这种完整的过程能够带来解放，带来觉知，而非局部的过程。我们有些人或许可以局部地、片面地认识自我，至少我们以为对自己多少有所了解，但这种或多或少的了解并不够，因为，如果一个人对自己只是稍有认识，那么这种认识更容易成为一种妨碍而不是帮助。只有把自己当作一个完整的过程去认识，即从生理和心理上去全面认识自己，不仅要认识那些浅显的层面，而且还要认识那些暗藏的、无意识的、更为深刻的层面——只有当我们了解了全部的过程，才能全面地而不是局部地去应对那些不可避免会出现的难题。

那么，今晚我想要讨论的正是这种应对整个过程的能力，以及这是否是有关培养特殊能力的问题。所谓特殊能力，意味着某种专业化。觉知、幸福、认识某种超越了单纯的生理感官的事物，能够通过专业化得来吗？因为，能力意味着专业化。在一个专业化与日俱增的世界里，我们依赖着那些专家们。如果一部车子出了毛病，我们就会去找机械师看看；如果身体有恙，我们就会去看医生；要是心理失调，若我们荷包充裕以及有法子的话，则会去找心理医师咨询或是找神职人员寻求帮助，诸如此类。也就是说，我们在遭遇失败和不幸的时候，会去求助于那些专家。

那么，认识自我，需要专业化吗？专家只懂得自己的专业领域，无论他达到了多么高的水平。对自我的认知，需要专业化吗？我不这么看，而且恰恰相反。专业化，意味着将我们全部身心的过程局限在某个点上，然后专注于那一点，难道不是吗？由于我们必须要把自我当成一个完整的过去认识，所以不可以专业化。原因在于，专业化显然代表着一种排他，但认识自我不需要任何排他，相反，它要求把自我视为一个完整的过程去展开充分的、全面的觉知，所以专业化是一种绊脚石。

毕竟，我们必须要怎么做呢？认识自我，显然意味着去认识我们同世界的关系——不仅是跟人、跟观念的世界，而且还有跟自然、跟我们拥有的事物的关系。那就是我们的生活——生活便是处于跟万事万物的关系之中。认识关系，要求专业化吗？答案显然是否定的。它要求的是觉知，从而能够把生活视为一个整体去迎接。那么，一个人要怎样才能实现觉知呢？这便是我们的难题所在了。一个人如何才能拥有这种觉知？假如我可以使用这个词语，不让它代表专业化的话。一个人如何能够把生活当做一个整体去应对呢？——这不仅意味着同你的邻居之间的人际关系，而且还指跟自然、跟你的财产、跟观念、跟头脑的产物比如幻觉、欲望等等的关系。一个人怎样去觉知关系的整个过程呢？很明显，这便是我们的生活，不是吗？没有关系就没有生活，就像我一直在阐明的那样。认识这种关系，不表示孤立隔绝，相反，它需要充分地认识或觉知关系的全部过程。

那么，一个人怎样才能实现这种觉知呢？我们怎样才能觉知事物呢？你怎样觉知跟某个人的关系？你怎样觉知那些树木以及公鸡的啼声？如果你阅读报纸的话，当你看报纸的时候，你如何觉知自己的反应呢？我们是否不仅觉知到了意识的表层反应，而且还觉知到了那些内在的、更为深层的反应？我们如何觉知到某个事物呢？很明显，我们首先会觉知到对某个刺激所做的反应，这是一个显见的事实，对吗？我看到了树木，于是就会有所反应，接着便是感觉、接触、认同和渴望，这是一个通常的过程，不是吗？不必研究任何书本，我们就可以观察到那些真切发生的事情。

因此，通过认同，你得到了愉悦和痛苦。我们的"能力"，便是去关注愉悦、逃避痛苦，对吗？如果你对某个事物感兴趣，如果它带给你欢愉，你马上就会有这种"能力"了，马上就会觉知到这个事实。若它带给你的是痛苦，那么你就会发展起逃避它的"能力"。所以，在我看来，只要我们求助于"能力"去认识自己，就会走向失败，原因是，认识自我并不依赖所谓的"能力"，它不是某个你经由时间、经由不断的打磨就会发展、培养起来的技能。这种对自我的觉知，显然能够在关系的行动中得到测试，我们可以在自己交谈的方式、行为的方式中去检验自觉的能力。在会议结束之后去观察一下你自己，在桌上去观察你自己——就只是观察，不去认同、不去比较、不去谴责，只是观察，你将发现会出现非凡之物。你不仅终结了无意识的活动——因为我们大部分的活动都是无意识的——你不仅结束了这种活动，而且，更为深入的，你还会在不必展开探究的情况下就能明白该行动的动机。

一旦你有所觉知，就能懂得自己思考与行动的全部过程。然而，只有当你不做任何谴责的时候，上述情形才会发生。也就是说，只要我去责难某个事物,那么我就没有认识它,这是逃避觉知的唯一方法。我觉得,我们大多数人都是有目的地这么做的,我们立即会予以谴责,我们认为自己已经了解了。假如我们不去责难而是去审视,去觉知,那么该行动的涵义就会开始彰显出来。若你对此加以检验,就能凭借自己的力量有所发现。只是去觉知——不做任何辩护——这看上去或许相当消极,实则不然,相反,这种所谓的无为,却是一种直接的行动。若你对此做一番检验,就会懂得这一点的。

毕竟,如果你想要认识某个事物,你就必须抱持一种无为的态度,不是吗?你不可以不断地去思考它、猜想它或是质疑它。你必须具有足够的感受力,以便去接受到该事物的涵义,这就仿佛一个易感光的照相板。若我想了解你,我就得保持一种被动的觉知,尔后你才会开始将自己的故事向我全盘托出。这显然并不是一个有关能力或专业化的问题。在这一过程中,我们开始认识自己——不仅认识了我们意识的表层,而且还包括意识的更深层面,而这种更深的层面也是更为重要的,因为那里有我们全部的动机与意图,有我们那些暗藏的、混乱的需求、焦虑、恐惧和欲望。从外在来看,我们似乎将它们掌控得很好,然而在我们的内心深处,它们却沸腾着、燃烧着。除非我们通过觉知充分地认识了它们,否则显然无法获得自由、幸福与智慧。

所以,智慧是专业化的东西吗?——所谓智慧,便是完全察知到我们自身的过程。这种智慧,可以通过某种专业化培养出来吗?因为现实情形便是如此,不是吗?牧师、医生、工程师、实业家、商人、教授——我们拥有所有这些专业化的智能。我们以为必须要使自己成为专家,如此方能认识到智慧的最高形式——即无法被言语描绘的真理和神。我们学习、摸索、探寻,或者是以专家的智识,或者指望于专家。我们研究自身,目的是想发展某种有助于化解我们的冲突与苦难的能力。

因此,我们的问题在于,假如我们做到了完全的觉知,那么我们日常生活里的冲突、不幸和痛苦便可以由他人来解决了吗?倘若不能,那么我们能够自己去应对吗?要想认识某个问题,显然需要一定的智慧,但这种智慧无法通过专业知识的培训来获得。只有当我们无为地察知到了自身意识的整个过程，也就是在不做是非对错选择的情形下去察知自我，方能迎来这种智慧。当你展开无为的觉知，通过这种无为的姿态，你将有所发现——这里所说的无为，并不是指懒散懈怠或者昏昏入睡，而是指一种相当的机敏——问题便会有截然不同的意义，这表示，不再对问题进行鉴定，因而也就不再有评判，于是问题开始彰显出自身的涵义。假如你能够始终这么做的话，那么每个问题就都可以从根本上得到解决了，而不是流于表面。这也正是困难所在，因为我们大多数人都无法做到无为的觉知，从而让问题自身向我们展示出它的涵义，而不是我们主动地去对问题进行阐释。我们不知道怎样不去带着个人的主观色彩而是客观地去看待一个问题——如果你喜欢用这个词语的话。非常不幸，我们无法做到这一点，因为我们想要得到问题的结果，我们渴望能有一个答案；或者我们试图根据自己的愉悦或痛苦来对问题进行解释，或者我们已经有了关于如何应对问题的答案了。因此，我们是在用旧的模式来解决问题，而问题总是新的，挑战总是新的，但我们的回应却始终是旧的。我们的困难便是要充分地迎接挑战。

问题总是关于关系的——与物、与人或者与观念的关系，再无其他。要想应对有关关系的问题及其不断变化的需要，要想正确地、充分地去迎接这个问题，一个人就必须做到无为的觉知。这种无为，不是关乎决心、意志或训练的问题，首先是要觉知到我们并不处于无为的状态，要觉知到我们渴望获得问题的解答——这显然是首先需要做到的：在与问题的关系中去认识我们自己以及我们是如何去应对它的。尔后，当我们开始在与问题的关系中了解了自身——我们是如何反应的，我们在面对问题时的各种偏见、需要和追求是什么——那么这种觉知将会揭示出我们自己思想的过程以及我们的内在本质，从而让我们获得自由。

所以，生活是一个有关关系的问题，认识关系——关系并不是静止不动的——就必须展开觉知。这种觉知应该具有适应力，应该是一种机敏的无为，而非积极的主动。正如我所指出来的那样，这种无为的觉知，无法通过任何训练或实践获得。就只是每时每刻去觉知我们的思想与感受，不仅是在我们醒着的时候，因为我们将发觉，随着探究的逐渐深入，我们会开始做梦，会开始产生各种用来释梦的象征和符号，于是我们便打开了那扇通往潜藏之域的大门，尔后这些暗藏的事物就变成了已知。但要想发现未知，我们就得超越那扇门——而这显然正是我们的困难所在。实相不是通过头脑就能够获知的，因为头脑是已知、过去的产物。所以头脑必须要认识自己及其运作和实相，唯有这时，方能探明未知。

问：所有的宗教都主张某种形式的自我修炼，以便让人性中的兽性得到节制。圣人和神秘主义者们宣称，他们通过自我修炼达至了神性。您似乎暗示说，这样的训练妨碍了我们去认识神。我深感困惑，在这个问题上，究竟哪一方才是正确的呢？

克：很明显，这并不是一个谁对谁错的问题。重要的是凭借我们自己的力量去探明有关这一问题的真相——不是依照某位圣人或某个来自印度或其他地方的人的言论。所以，让我们一起来展开探究吧。

现在，你在这两种观点之间徘徊：一个人主张自我修炼，另一个人则倡导不用自我修炼。通常发生的情形是，你会选择更加便利、更让你满意的一方。你喜欢某个人，喜欢他的长相、他的个性、他的偏好以及其他的一切。所以，请把这些统统抛到一旁，让我们直接审视这个问题，让我们凭借自己的力量去探明该问题的真理吧。因为，这个问题涵盖了很多方面，我们必须格外审慎，必须试探性地去着手。

我们大部分人都希望有某个权威来告诉自己该如何做。我们寻找着行动的方向，因为我们的本能便是去寻求安全，而不是遭受更多的痛苦。有人据说已经达至了幸福、极乐，于是我们希望他能告诉我们怎么做才可以达至幸福，这便是我们所渴望的，我们想跟他一样获得幸福以及内心的宁静和欢愉。在这个充满了混乱与困惑的疯狂的世界中，我们希望有人可以告诉自己该如何做。这实际上就是我们大多数人的基本本能，我们依照这一本能去塑造自己的行为。神、这一至高之物，它是无法被命名的，无法用言语去度量的——那么，通过自我修炼，通过遵照某种行为模式，能够达至它吗？我们务必要一起来思索一下这个问题——不要被暂时的大雨所扰。如果你们感兴趣的话，让我们来一探究竟吧。我们希望达至某个目标、某个结果，我们以为，通过实践，通过训戒，通过压制或释放、升华或替代，就能找到自己所寻求的事物。

训戒的涵义是什么呢？我们为什么要训戒自己呢，如果我们这么做的话？我想知道我们是否如此——但我们为什么要这么做？不，认真地说，为什么我们要做这个呢？训戒能够与智慧同行吗？让我们充分地探究一下，看看能够探究到多远吧——如果这外面的雨允许我们这么做的话——我们可以对此问题做一番分析。因为，大多数人都觉得，通过某种训戒来克服或压制我们身上那野蛮、丑陋的本能，就一定能够拥有智慧。那么，野蛮、丑陋的本能，通过训戒便能被控制住吗？我们所说的训戒是什么意思呢？某种许诺说会有所回报的行为；某种若付诸实施就将满足我们的渴望的行为——它可能是积极的，也可能是消极的；某种若我坚持不懈、怀抱满腔热忱去实践就会让我最终得偿所愿的行为模式，它可能很痛苦，但为了得到我渴望的东西，我愿意去经历。也就是说，那个好斗、自私、虚伪、焦虑、恐惧的自我——你了解有关自我的一切，它正是我们身上残忍、野蛮的原因——我们希望去改变它、控制它、摧毁它。那么怎样才能做到这个呢？通过训戒，或者通过理性地认识自我的过去以及自我是什么，它是怎样产生的，等等，就可以做到吗？也就是说，我们应该依靠强制或是依靠理性，消除掉人身上的兽性？智慧属于训戒的范畴吗？让我们暂时忘记掉圣人以及其他所有人的话吧——我不知道他们是否说过相关的言论，我也不是对圣人颇有了解的专家。不过，让我们凭借自己的力量去探究这个问题吧，就仿佛我们是第一次审视这一问题，尔后我们或许最终可以得到富有创造性的洞见，而不是仅仅去引用他人的言论，这么做完全是徒劳的。

我们首先指出，在我们身上存在着冲突——黑与白、贪婪与不贪，诸如此类。我是个贪婪的人，这种贪欲带来了痛苦，为了挣脱贪欲的罗网，我必须训戒自己。意思便是说，我必须抵抗任何会带给我痛苦的冲突，在这个例子当中，该冲突便是我所说的贪欲。尔后我说道，它是粗暴的、不道德的、不圣洁的，等等——我们为了抵抗贪欲，给出了无数社会的、宗教的理由。那么，通过强制可以消除或是摧毁我们身上的贪欲吗？首先，让我们探究一下压制、强制、抵抗、消灭贪欲等等行为指的是什么。当你这么做的时候，当你抵抗着贪欲的时候，会发生什么呢？那个正在抗拒贪欲的事物是什么呢？这便是首先要回答的问题，不是吗？你为什么要抵抗贪欲，那个声称"我必须摆脱贪欲"的实体是谁？这个声称"我得挣脱贪欲的束缚"的实体，依然是贪婪的，不是吗？原因是，到目前为止，贪欲一直都在折磨着他，让其痛苦不堪，只不过现在它是让人痛苦的，于是他便说道："我必须摆脱贪欲。"摆脱贪欲的动机，依然是一种贪婪，因为他想要变得跟自己的本来面目不同。不贪现在是有利的，所以我便试图做到不贪，可是这个动机、意图仍然是想要变得如何如何，即想要变得不贪——这显然还是贪婪，这又一次以否定的形式在强调着自我。

因此，我们发现，出于各种极为显见的原因，贪欲是令人痛苦的。只要我们享受贪欲，只要贪婪让我们有所得，就不会出现任何问题了。社会以各种方式鼓励我们变得贪婪，各个宗教也以不同形式鼓励我们如此，只要贪婪是有利可图的，只要它不带来痛苦，我们便会对它趋之若鹜。可一旦它让人痛苦了，我们就希望去抵抗它，这种抵抗便是我们所谓的训戒自己不去贪婪，然而我们通过抵抗、通过压制、通过升华是否就能够摆脱贪欲了呢？渴望挣脱贪欲的"我"所做的任何行动，依然是贪婪的。所以，我这方面所做的任何与贪婪有关的行动或反应，显然并不是解决之道。

要想认识某个事物，尤其是某个我不了解的东西，某个我的头脑无法理解的东西——即这位提问者所说的神，首先必须得怀抱一颗不受干扰的宁静的心灵。若想认识任何事物，任何复杂的问题——有关生活或是关系的问题，实际上是任何问题——心灵就必须得迈入静寂之境。这种静寂,是否能够通过任何形式的强制得来呢?表层的意识或许可以强迫自己,让自己安静下来,但是很明显,这样的安静是一种衰败的安静,是一种死寂,它无法拥有适应力和感受力。因此,抵抗并非正途。

那么,意识到这个需要智慧,对吗?意识到通过强制会让心智变得迟钝、麻木,已经是智慧的开始了,不是吗——意识到训戒仅仅是出于恐惧而去遵从某种行为模式。因为,这就是训戒所指的涵义——我们害怕无法得到自己想要的。当你训练头脑的时候,当你训戒自己的时候,会发生什么?显然,头脑会变得坚硬,对吗,会变得缺乏柔韧度,会变得不迅捷,无法快速地调整适应。你难道不了解那些约束自己的人们吗——假如真有这样的人存在的话?结果显然就是一种衰退,内在的冲突被掩藏起来了,但它依然还在那里,依然在沸腾着。

因此,我们领悟到,训戒即抵抗,只会导致一种习惯,而习惯显然不会是智慧的产物,习惯永远都不会是,实践也永远不会是。如果你整天在钢琴上练习的话,你的十个手指头或许可以变得更加灵活,但指挥手是需要智慧的,而我们现在就要去探讨有关智慧的问题。

你看到某个你认为他很幸福的人或者是因为有所成就的人,他做了某些事情,而渴望幸福的你则去效仿他。这种模仿被叫做训戒,对吗?我们模仿是为了获得另外一个人所拥有的东西,我们模仿是为了得到幸福,而你认为那个人是幸福的。那么幸福可以通过训戒得来吗?通过实践某个准则,通过进行某种训戒,通过遵循某个行为模式,你就由此得到解放了吗?很明显,若想有所发现,就必须得获得自由,不是吗?如果你想要发现某个事物,你的内心就必须是自由的,这一点是极为显见的。通过用某种方式去塑造你的头脑,即你所说的训戒,你能够获得自由吗?答案显然是否定的。你不过是一部重复的机器,遵照某个结论、某种行为模式进行着抵抗。所以,自由是无法通过训戒得来的。自由只有伴随着智慧而来,一旦你懂得任何形式的强制都会把自由挡在门外,无论是内在的自由还是外在的自由,那么这种智慧就会被唤醒,抑或你就将拥有这智慧。

因此，首先需要的，显然并不是训戒，而是自由，而唯有美德方能带来这种自由。贪婪是混乱，愤怒是混乱，怨恨是混乱，只要你懂得了这个，你显然就将摆脱它们获得自由了——不是你去抵抗它们，而是你意识到只有在自由的状态里你才能有所发现，意识到任何形式的强制皆非自由，于是也就无法去发现、去探明。很明显，美德所做的，便是让你获得解放。一个无德行的人是困惑、混乱的，当你身处混乱之中，你怎么可能有所发现呢？怎么可能办到呢？所以，美德不是某种训戒的最终产物，美德本身便是自由。自由，无法通过任何并非美德的行动获得，这种行为本身并不是真实的。我们的困难在于，我们大部分人都博览群书，我们大部分人都肤浅地去遵从如此多的自律——每天早上在某个时间起床，以某种姿势坐着，努力用某种方式去控制头脑——你知道，实践、实践。因为，你被告诉说，假如你这么做的话，就能有所得，假如你这样做了若干年，到最后你便能够达至神。我或许表述得粗鲁了些，但这就是我们思考的基础。很明显，神根本不会这样轻易地降临，神并不是某个可以购买到的东西——我做了这个，你就会给我那个。

各种外部的影响、宗教的教义和信仰以及我们自己内心想要有所得、有所成就的渴望，是如此束缚了我们大多数人，以至于我们很难以新的视角、新的方法去想这个问题，而不是从训戒的层面去进行思考。因此，我们首先应该非常清楚地了解训戒的涵义——它是如何局限了心智，如何通过我们的欲望、通过影响以及其他的一切去强迫心智做某个行动的。而一个受限的心灵，无论它多么的有"德行"，都不可能是自由的，因此也就无法认识真理。只有当你获得了自由，神、真理，随便你怎么称呼都好——才会到来。只要存在着基于恐惧的强制，不管是积极的还是消极的，就不会有自由。若你寻求某个结果，因为你依附于它，那么你便无法获得自由。你或许可以摆脱过去，但未来会牵绊住你、束缚住你，于是你依然是不自由的。唯有在自由的状态中，一个人才能有所发现、有所探明：新的想法、新的感受、新的概念。很明显，任何建立在强迫之上的训戒，都会将这种自由挡在门外，无论是政治上的还是宗教上的。

由于训戒，即带着预见中的结果去遵从某种行为是一种限定和束缚，所以心灵永远不会获得自由，它只能够在那一窠臼中去运作，犹如一张卡在留声机上的唱片。

因此，通过实践，通过习惯，通过培养某种模式，心灵只会获得它预见中的东西，于是它便不是自由的，因而也就无法认识那不可度量的事物。觉知到这整个的过程——你为什么不断地训戒自己去遵从公众的舆论，去遵从某些圣人之言，你知道，这所有的一切，即去遵从他人的看法，不管这个人是位圣人还是你的邻居，这都是一样的——觉知到这种通过实践、通过各种隐蔽的方式的遵从，比如自制、排拒、宣称、压制、升华，所有这些都意味着遵从某种模式，觉知到这一切，便将开启自由之门，而美德则源于自由。美德，显然不是培养某种观念，例如不贪，倘或把不贪当作一个目的去追逐的话，那么它就不再是美德了，不是吗？也就是说，若你意识到你是不贪的，那么你还是有德行的人吗？然而这正是我们通过训戒去做的事情。

所以，训戒、遵从、实践，只会让自我意识得到强化，使其想要有所得，有所实现。心灵实践着不贪，于是它便没有摆脱自身不贪的意识，结果它实际上并未做到不贪，它不过是披上了一层被叫做不贪的新的外衣。我们可以明白有关这一切的整个过程：动机、渴望获得某个结果、遵从某种模式——所有这一切仅仅是从已知移向已知，总是在头脑那自我封闭的过程之内运作着。意识到这一切，觉知到这一切，便是智慧的开始。智慧既不是美德，也不是非美德，它不可以被放置在美德或非美德的模式里头，不可以被认为是有德行的或者无德行的。智慧将带来自由，而自由既不是肆意任行，也不是混乱无序。没有这种智慧，美德便不会存在，而美德带来自由，在自由的状态里，实相、真理才会到来。只要你充分领悟了这整个的过程，就会发现冲突将不复存在。正是因为我们身处冲突之中，正是因为我们想要逃避这种冲突，所以才会去求助于各种形式的训戒、排拒和适应。可一旦我们懂得了什么是冲突的过程，就不会再有训戒的问题了，因为，尔后，我们每时每刻都能认识冲突的方式。

这需要相当的警觉，需要你时时刻刻去观察自己，而奇怪的地方就在于，尽管你可能并不是始终都处于观察的状态，但你的内心会有一个记录的过程，一旦怀有了意图——感受力、内在的感受力就会每时每刻去拍照记录——如此一来，在你安静的那一刻，内心就会反射出图像。

因此，这并不是有关训戒的问题。感受力永远都不会是通过强迫得来的。你或许可以强迫一个孩子去做某件事情——让他待在角落里别动，他可能会表现得很安静，然而他的内心深处却在沸腾着，他望着窗外，寻思着如何逃开。我们仍然在这么做着。所以，训戒的问题以及孰对孰错，只能够靠你自己去解答了。原因在于，这里头涉及到的东西太多了，远不止是我刚才所谈到的那些。

你还会发现，我们害怕走错路，因为我们想要获得成功。我们渴望受到强制，这种渴望是基于恐惧，然而未知是不会被困在训戒的罗网中的，相反，未知一定是自由的，不属于你头脑的模式。这便是为什么头脑的宁静是如此不可或缺的缘故了。当头脑意识到它是安静的，那么它便不再是宁静的了，当头脑意识到它是不贪，摆脱了贪欲，那么它不过是披了一层新的外衣，这外衣便是所谓的不贪，但这并不是真正的宁静。这就是为何一个人还必须认识有关控制者与被控者的问题。很明显，控制者与被控之物，这二者并不是分开的现象，而是统一的——控制者与被控者是一体的。认为他们是两个不同的过程，这是一个骗局。不过，我们下一次再来讨论这个问题。

问：如果没有一个通过有力的实践来维系的目标清晰的模式，那么究竟我们怎样才能驯服自己以及孩子体内的那头老虎呢？

克：这意味着你知道你的目标，对吗？你知道目标吗？你知道生活的目标以及实现它的方法吗？这是否就是为什么你必须得通过训戒、通过实践展开某种精力充沛的行为，从而得到你想要的？探明你想要的是什么，你期待的目标是什么，这难道不是一件十分困难的事情吗？政治党派或许怀有某个目标，但即使这样，他们要实现自身的目标也是极为不易的。然而你是否能够说"我知道目标"呢？目标这种东西真的存在吗？请注意，一个人必须格外仔细地去探究这个问题——并不是我在对你们的目标予以质疑。我们必须要认识到这一点。

在生命的某个时期，我们会怀有某个目标——成为一个火车司机、一个电车司机，成为一名消防员，成为这个或那个——尔后我们又会生出其他的目标。目标始终都在根据我们的痛苦和愉悦而变化着，不是吗？你可能有一个目标，那就是成为一个非常富有的人、一个非常有权势的人，但是很显然，这并不是我们当前在这里所讨论的。野心勃勃的人会有目标，但他是反社会的，他永远都不会发现真理。一个充满野心的人，不过是把自己投射到了未来，渴望在宗教或世俗领域里出人头地罢了。这样的人，显然不可能发现真理，因为他的心灵只关心成功、获取、成为大人物，他关心的是自己及其欲望。然而，我们大多数人尽管或多或少都有点儿野心——我们渴望的不过是多一点点的金钱，多一点点的友谊，多一点点的爱，多一点点的美貌，多一点点的这个或那个，诸如此类，许多的东西——那么我们知道自己最终要的是什么吗，不是仅凭一时的情绪？大部分宗教人士都会回答是的，他们也的确如此，他们渴望真理、渴望神、渴望最高的存在。但要想达至这至高的存在，你就得知道它是什么，它可能同你想的大相径庭，也可能符合你所想。所以，你无法去渴望它，如果你这么做了，它就是另一种野心、另一种安全，于是它便不是你所渴望的实相。

因此，当你询问说："如果没有一个通过有力的实践来维系的目标清晰的模式，那么究竟我们怎样才能驯服自己以及孩子体内的那头老虎呢？"你的意思，难道不是指我们如何才能生活在与他人的关系里，而不是反社交的、自私的、被我们自己的偏见所囿？若想驯服心中的那头野兽，我们就必须知道它是哪一种动物，而不是仅仅给它起个名字，然后试图去驯服它。你应该知道它是由什么构成的。所以，假如你把它唤作老虎，它便已经是头老虎了，因为你怀有关于老虎是怎样的形象，抑或贪婪是什么的概念。但倘若你不去对它命名，就只是去察看它、审视它，那么它显然就会具有不同的涵义了。我不知道你们是否明白了我所说的。在接下来的几场演说中，我们将会讨论同样的问题，因为，这是唯一一个要用不同方式去阐述的问题。

因此，让我们不去唤它为老虎，不去说"我有某个目标，要想实现它，必须得进行自我约束"，而是去探究这整个的过程吧。不要带着某个结论去着手这个问题，因为，正如我所指出的，问题总是新的，它需要你用一个崭新的头脑去审视，一个不去用言语进行描述的头脑。而这是相当困难的，因为我们只能从言语的层面去思考——我们的思想即是语词。试着抛开语词去思考，就能明白这是何其难了。

所以，我们的问题在于，如何在不自制的情况下去驯服我们自己或是我们孩子内心的那头野兽，假若我们为人父母的话。要想驯服某个东西，你就得认识它、了解它。当你不认识某个事物时，你便会惧怕它，你说道："我觉得我身上有种冲突，有一种相反的欲望，即我所说的内心的那匹老虎，那么我该怎样去驯服它呢，怎样让这股欲望平复下来呢？"唯一的方法便是去认识它，而只有当我审视它的时候，才能够认识它。假如我去谴责它、给它命名、为它辩护或是让自己与其认同，那么我就无法去审视它。只有当我无为地觉知到了它是什么，才可以实现对它的认知，只要我在谴责它，就无法做到无为的觉知。因此，我的难题便是去认识它，不用某个名称去唤这个事物。我必须知道为什么我会去谴责，原因在于，首先便去谴责某个事物要容易得多，不是吗？这是摆脱它的方法之一——称其为德国人、日本人、印度教教徒、基督徒、共产主义者，老天知道还有什么别的称呼——我们以为自己已经通过给它命名而认识了它，于是，名称、命名也就妨碍了认知，这是一个显见的事实。

妨碍认知的还有评判，因为，我们已经是抱着某个成见、偏见，某个欲望、要求在审视一个事物。我们审视一个东西，是因为想要从它那里有所得。我们怀有一个目标，我们希望去驯服它，我们想要去控制它，以便它可以成为其他东西。一旦你明白了这个，那么你的心灵就会步入宁静，就会去观察该事物，不再把老虎命名为老虎，它没有名称，于是你同它的关系就是直接的,而不是通过语词。正是由于我们与它没有建立直接的关系,所以才会出现恐惧。只要你同某个事物有了关系,只要你直接地、充分地去体验它,就不会感到惧怕了,不是吗?于是你便移除掉了恐惧的原因,从而能够认识它,结果也就可以将其消除了。你已经认识的事物将被消除掉,没有被认识的事物则会依然是个难题,这是一个极为显见的事实。我们的困难在于始终去审视"当下实相",不做任何阐释,因为,头脑的作用便是根据它自己的想象、爱好和欲望去交流、储存、翻译——而不是去认知。要想实现认知,就不应该出现上述这一切。要想认知,就必须迈入宁静,而一个忙于评判、谴责、解释的头脑,并不是静寂的。

问:我无法控制我的想法。我必须控制它们吗?这难道不意味着选择吗?除非我有一个基于大师的教义的标准,否则我如何能够相信自己的判断呢?

克:要想知道怎样去控制你的想法,你首先得知道你的想法是什么,不是吗?这便是问题所在,对吗?要想探明你为什么无法控制自己的想法,你必须知道何谓思想,对吗?那么什么是思想呢?谁又是思想者呢?很明显,这便是问题的关键,不是吗?谁是思想者?思想与思想者是分开的吗?然后才会有思想者去控制其思想的问题。如果思想与思想是一体的,而不是两个分离的过程,那么就不会出现思想者去控制思想的问题了。因此,你必须首先弄明白思想者与其思想是否是分离的。存在没有思想的思想者吗?如果你没有想法,还会有思想者吗?所以,离开了思想,思想者也就不会存在。我们有的只是想法。思想创造出了思想者,而思想者为了让自己得到永续、安全以及其他相关的一切,于是便说道:"我与思想是分开的,思想必须受到控制。"因此,除非你解决了这个问题,除非你直接地去体验了这个问题——即思想者是否与思想是分离的——否则有关控制思想的问题将会一直存在。可一旦你直接地体验了,一旦你领悟到思想者便是思想,那么你的问题就会不同了。

尔后，接下来的问题是：当你控制了想法时———套想法与另外一套对立——就会出现选择。你选择了某些想法，希望专注于它们而不是其他的想法，为什么？我们关心的是思想，而不是某套想法。假若你说"我更喜欢这个想法而不是那个"，那么就会出现选择。可你为什么会更喜欢这个呢？这个更喜欢的事物是什么呢？先生们，这并不是太复杂，这不是形而上学或是大话。就只是去审视它，你将发现困难所在。首先，我们必须看到困难是什么，尔后才能去解决它。当你去选择的时候，那个在进行选择的是谁呢？如果选择者怀有某个依照那些大师的教义得出的标准，就像提问者在问题中所说的那样，那么选择者就会变得非常重要，不是吗？原因是，若他依照大师的准则去进行选择，他就是在培养和强化选择者，对吗？

先生，让我们把问题说得稍微简单些好了。我的想法四处游走着，我想要静静地去思考某个问题，可我的想法往各个方向游走，那么它们为什么会四处走动呢？因为，我的想法除了那一事物之外还对其他的东西感兴趣，这是一个显见的事实，对吗？否则它们也就不会到处游走了。我的意识现在没有四散，是因为我对自己谈论的问题感兴趣，于是也就不会有努力的问题，不会有训戒的问题，不会有控制的问题，其他的一切我都没有兴趣。

所以，我们必须探明各个兴趣的意义，而不是为了某一个兴趣而将其他的兴趣排除在外。一旦我能够弄明白每个兴趣的涵义及其价值，那么我的思想就不会游走了，不是吗？但倘若我抵抗着各种兴趣，试图专注在某一个兴趣之上，那么它就会游走。于是我说道："好吧，让它游走好了。"我审视着所有的兴趣，审视着那一个接一个地出现的兴趣，如此一来，我的脑子便把所有的兴趣都扫了一遍，没有因为某一个兴趣而被局限住，于是它就会是柔韧的、具有适应力的。那么会发生什么呢？我发现，我的头脑不过是许多彼此相互对立的兴趣，它选择去强调某一个而把其他的排除在外。

当头脑意识到自己是由许多兴趣组成的，那么每个兴趣便都有了

专业化是一种绊脚石　419

意义，于是也就不会出现排除其他、专注一个的情况了，从而也就不会有选择的问题，因此头脑开始了认识自身的全部过程。但倘若你怀有某种选择的标准，这个标准是依照那些大师之言，而你试图用这种标准来生活——那么会发生什么呢？你将会让思想者、选择者得到强调，不是吗？这是很明显的。那么，这个选择者是谁呢？选择者与选择是分开的吗？正如我所阐明的那样，思想者是无法脱离思想而存在的，这是头脑玩的一个把戏，想要把自己划分成思想者与思想。一旦我们真的认识了它，懂得了它的真正涵义，体验了它——不是口头上去宣称，因为，如此一来它就失去了任何意义——就会发现我们身上将发生彻底的转变。尔后，我们永远都不会再提出这个问题来了。那些大师的标准，那些伟人的教义，或者其他什么——你是所有这一切的产物，不是吗？你是人的全部过程的产物——你并非仅仅属于美国，而是属于世界。你同这个标准并不是分离的，你就是标准，而这只是头脑想要让自己分离出来所玩的把戏。

由于你意识到万事万物都是短暂的，所以你便希望至少"我"能够是永续不朽的。你说道："我是不同的。"在头脑的这种分离的行动中会出现冲突，它为自己创造出了一种隔离，然后说道："我与我的想法是分开的，我必须控制自己的思想。那么我怎样才能控制它呢？"这样的问题是没有意义的。只要你去思考一下，会发现自己是由许多的兴趣、许多的想法组成的，选择一个想法而抛掉其他，选择一个兴趣而抗拒其他的兴趣，依然是在玩着把戏，即把你自己同思想分离开来。但如果你认识到头脑便是兴趣，便是思想——意识到并没有所谓的思想者和思想之分——那么你就会用一种全新的视角去解决这个问题了。尔后你将发现，思想者与思想之间没有冲突，每个兴趣都会有它的意义，都会得到充分的思考，于是也就不会有专注于某一个中心的兴趣而把其他的兴趣都视为干扰的问题了。

(在欧加的第五场演说，1949 年 7 月 30 日)

什么是真正的宗教

今天上午，我想要讨论一下什么是真正的宗教，不过，为了探明这个问题，我们必须首先去审视自己的生活，不要把某些被我们认为是精神的、浪漫的、感性的东西添加在它上面。所以，让我们去审视一下自己的生活，以便弄清楚我们所说的宗教究竟是什么意思，以及是否有某种方法可以去探明何谓真正的宗教。

首先，对于我们大多数人来说，生活充满了冲突，我们身陷痛苦和悲伤之中，我们的生活是如此的空虚、无聊，死亡的阴霾无处不在，对于这一切有无数的解释。生活基本上是习惯的不断重复，总的来说，生活是痛苦的、令人疲惫的、乏味的、悲伤的，这就是我们大部分人的生活。为了逃避这种情形，我们便去求助于信仰、仪式、知识、娱乐、政治、各种活动，任何形式的逃避，只要有助于去躲开我们每日那令人厌倦、枯燥乏味的例行公事，我们都会举手欢迎。这些逃避，无论是政治上的还是宗教上的，就其本质来说，一定都会变成无聊、乏味的例行公事和习惯。由于我们的生活基本上是一种由我们的身体中心而来的反应，由于它导致了痛苦与烦恼，于是我们试图逃避到我们所谓的宗教、精神领域中去。

只要我们寻求着任何形式的感官的东西，就必然最终会走向无聊和乏味，因为一个人会过度沉溺，会感到疲惫厌倦——这又是一个十分显见的事实。你拥有越多感官上的享乐，它们最后就会变得越让人觉得无聊乏味，越会成为习惯性的。那么宗教是感官的东西吗？——宗教是指对真理、对实相的寻求，是指去探明、认识或体验那至高的存在。它是感官、感觉、诉求吗？对我们大多数人来说，宗教便是一系列的信仰、教义、仪式，是不断地重复组织化的仪式，诸如此类。如果你对这些东西做一番检视，会发现它们同样源自于感官上的欲望。你前往教堂、寺庙或是清真寺，你反复念诵那些句子，你沉浸在某些仪式之中。它们全都是刺激，它们给了你某种感觉，你对这感觉分外满意，给它起了个冠冕堂皇的名字，可它从本质上来说不过是感觉罢了。你为感觉所囿，你喜欢这种良好的自我感觉，喜欢反复念诵那些祷文，等等。但倘若一个人对此展开深入的、理性的探究，会发现，从根本上来说，这些东西都只是感觉罢了，尽管它们可能在表现形式上有所变化，给你带来某种新鲜的感受，但本质上都只是感觉，所以最终会让人感到乏味、厌倦和形成习惯。

因此，很明显，宗教并不是仪式，宗教也不是教义，宗教不是持续着从孩提时代便被灌输的某些宗旨或信仰。无论你是无神论者还是有神论者，都不会让你成为一个真正的虔诚之人。信仰显然不会使你变成一个虔诚的人。一个人投下了一枚原子弹，数分钟之内便杀死了成千上万的人，但他却可能相信上帝，一个活得浑浑噩噩的人也可能相信神抑或不信——而他们显然都不是虔诚的宗教徒。信神或不信神，与寻求实相、真理毫无关系，与发现、体验实相也毫无关系，而后者才是真正的宗教。宗教，并不是通过任何组织化的信仰，通过任何教会，通过任何知识，无论是东方的还是西方的知识得来的。虔诚，是指能够直接体验那不可度量、无法用言语来描述的事物。但只要我们去逃避生活，逃避那被我们变得如此乏味和空虚的生活，逃避那被我们变成了一系列的例行公事的生活，那么我们就不可能去体验实相。生活即关系，它已经成为了一种例行公事，因为我们的内心没有丝毫的生机与活力，因为我们的内心是如此的贫乏，于是在外部层面我们就试图用信仰、娱乐、知识以及各种各样令人兴奋的东西去填补那种空虚。

只有当我们不再去逃避的时候，才能终结这种空虚，这种内在的贫乏，而当我们不再去寻求官能上的感受，才可以做到停止逃避，尔后，我们便可以直面心灵的空虚。空虚与我们并不是分离开来的，我们就是那空虚。正如我们昨天所讨论的，思想同思想者并不是分开的，空虚与那个感觉到空虚的观察者也不是分开的。观察者跟所观之物是一个统一的现象，当你直接地体验到了这个，就会发现，那个让你害怕的事物即空虚，那个让你寻求着各种逃避——逃避到感官事物中去，包括宗教——的事物将会终结，而你能够直面它，与它共处。由于我们并未懂得逃避的涵义以及逃避是如何出现的，由于我们并未去检视它们，去充分地探究它们，所以这些逃避才会变得比实相更加重要、更有意义。逃避局限住了我们，由于我们做着逃避，所以内心没有创造力。当我们时时刻刻去体验实相，心灵便会拥有创造性，但并不是持续不断地去体验——因为持续不断同时时刻刻的体验是有所不同的。凡持续的事物必定会走向衰败，而每时每刻被体验的事物则不会死亡、不会衰败。如果我们能够每时每刻去体验某个事物，它就会充满生命力；如果我们能够始终以新的视角去迎接生活，那么生活就会生机勃勃。但若想拥有某种你渴望它能持续下去的体验——那么这里面便会出现衰退。

如此多的人都曾有过某种愉悦的体验，他们希望这体验能够持续下去，因此他们总是不断地重温过往，让这体验复活，他们诉诸于它，憧憬着它。但这些人是可悲的，因为它不会继续，所以就会出现一个不断衰败的过程。但倘若你时时刻刻去体验，就会获得更新，这种更新是创造性的活力。假使你的心灵忙着去逃避，被困在那些在我们看来理所当然的事情之中，那么你便无法获得这种更新，这种充满创造性的热忱。这便是为什么我们必须要去审视所有被我们视为理所当然的价值理念。我们生活里的一个主要价值观念便是宗教，而它是如此的组织化，我们从属于这个或那个组织化的宗教、团体、教派或社团，因为它给予了我们某种安全感。与最大的组织认同，抑或与最小的或最排他的组织认同，让我们感到满足。只有当我们能够去审视所有这些束缚着我们的影响——这些影响帮助我们去逃避自身的无聊，逃避自身的空虚，逃避我们自己的缺乏责任感，缺乏富有生命力的欢愉——只有当我们对它们展开了探究，然后将其抛到一旁，直面实相——唯有这时，显然我们才能真正探明整个有关何谓真理的问题。原因是，当我们这么做的时候，就可以去认识自我，认识自我的整个过程，只有当我们认识了这一过程，才能展开正确的思考、感受和行动。我们不可能为了摆脱思想的过程而去展开正确的思考。要想获得自由，一个人就得认识自己。认识自我将会开启智慧的大门，没有认识自我，就不可能拥有智慧。知识、感觉是可以有的，但官能上的感受会让人感到乏味和厌倦，永恒的智慧却永远都不会衰退，永远不会终结。

问：我发现，通过努力，我可以做到专心致志，我能够抑制或者撇开那些不请自来的念头。我没有发觉抑制妨碍了我的身心健康。当然，我也会做梦，不过我可以阐释那些梦境并且消除掉冲突。一个朋友告诉我说，我会变成一个沾沾自喜的家伙的，您认为他的预言会是对的吗？（笑声）

克：让我们首先认识一下我们所说的努力和专心是指什么意思吧。通过努力，我们是否就可以认识事物了呢？——努力是指运用意志力，也就是欲望。依靠意志力的运作去认知，也就是说，特意地展开努力，我们就能够实现认知了吗？又或者，认识事物是截然不同的，它不是通过努力得来的，而是依靠无为的机敏呢？——即不去运用意志力。你什么时候会实现认知呢？你可曾审视过这个问题？你何时会认识某个事物呢？不是当你同某个事物、某个你想要去认识的对象交战的时候。当你不断地去探索、质疑、斥责、分析时——这里面没有认知——显然不会获得觉知。唯有当心灵处于无为的觉知和机敏的状态——意思便是直接去接触或体验该事物——才能够认识它，这一点是十分明显的。请注意，对于你们当中有些人来说，我的话可能有些不太礼貌或者不够新鲜，但请你们对其加以检验，而不是马上就予以排拒。

当我们彼此交战、彼此发生冲突的时候，会有认识和理解吗？只有在你我静静地坐下来展开讨论，试图去探明之时，才会有所认知。因此，努力显然有害于认知。也就是说，你可能有某个问题，你可能对它展开探究，它令你焦虑不安，你把它分析了个透，从各个方面去加以审视，在这个过程中，没有任何觉知。只有当脑子不去想这个问题，将它放下，只有当头脑在有关问题的方面安静下来，才能认识问题。然而，冲突、分析是否是认知中的必要步骤，这是一个截然不同的问题，我们现在还不会对这一问题加以探究。

接下来便是有关专注的问题了。你所说的专注是指什么意思？让思想集中在某个对象上头，而把其他的兴趣排除在外，对吗？这就是我们所谓的专注：让思想聚焦在某个念头、形象、兴趣上，而把其他所有的兴趣都挡在外面——这是一种抑制。这位提问者声称，专注并没有带给他任何危害，虽然他也做梦，但他能够轻易地阐释这些梦并且将其抛到一旁。

那么，这样的专注在做的是什么呢？排他又是在做什么呢？排他的结果是什么？显然是冲突，不是吗？我或许可以专注在某个事情上而把其他的排除在外，但是其他的东西依然存在着，想要涌入进来，于是便会发生冲突——我是否意识到了这个不是重点，但冲突存在着。显然，只要冲突继续下去，就无法实现认知。我也许能够做到专注，但只要我同那个吸引我注意力的事物以及我在排除的事物之间发生着冲突——只要我的内心有冲突，就必定会导致糟糕的结果。因为，任何形式的抑制都一定会带来心理上的撕扯，会让我要么是身体患病，要么是精神失衡。被抑制的事物必定最终会冒出来，方法之一便是通过梦境。这位提问者说他能够阐释自己的梦，从而摆脱掉它们，他似乎对此颇感满意，他想要知道自己是否有点儿沾沾自喜。只要你对结果满意，你显然就一定是自鸣得意的。我们大部分人都讨厌处于不满的状态；当内心不满时——我们多数人都是如此——我们便找到了各种方式去掩盖这种不满，掩盖心底这把熊熊燃烧的不满之火。其中一个逃避的方法，最能掩盖不满的方法，便是学习专注，如此一来你便能够成功地遮掩住你的不满了。尔后，你就可以把你的心思集中在某个兴趣上头，追逐着它，你感觉自己最后克服了、疏导了心中的不满。但是很明显，不满无法被意识疏导，因为意识究其本质来说便是不满的。这便是为什么单纯的专注即排他并不能让你摆脱不满获得自由——也就是去认识不满。专注是一种排他的过程，无法带来认知。然而，正如我昨天所阐释的那样，假如你在每个兴趣出现时紧随其后，假如你去探究它、审视它、认识它——那么你便能够获得一种不同的专注，一种并非排他的专注。我们不久就会在另一个问题中讨论这个的。

问：假如我们经验的载体被永远玷污了的话，那么我们如何能够以全新的姿态开始呢，正如您不断在建议的那样？我们怎样才能真正忘记自己是谁呢？能否烦您解释一下忘我是指什么意思？我怎样才能把这个载体即我自己给抛掉呢？

克：唯有当永续不再，方能实现更新。凡持续的事物，都无法更新；凡终结的事物，都可以更新；凡死亡的事物，都能够获得重生。

当你说你被永远地玷污了，这不过是一种口头上的宣称，那么很显然，你仅仅是在持续罢了。当你说你被永远地玷污了,这是事实吗？还有，怎样才能忘却自我呢？我们无法忘记自己，但我们可以审视自己，可以去觉知自己，对于自己的本来面目，既不去辩护，也不去认同。如果你去觉知它，就会发现将出现转变。然而困难在于要无为地觉知，不做任何谴责，唯有在这时，才能出现终结。但倘若你仅仅只是去认同、谴责，那么你就是在让某个个性继续下去，而凡是持续的事物都不是真实的，都不会获得更新。

"能否烦您解释一下忘我是指什么意思？"你难道不知道吗？你难道不知道当一个人幸福、平和、静寂的那些时刻吗？这些时刻会出现这样一种状态：不包含丝毫的努力，不再去想到自我，难道不是吗？只要存在着"我"这种自我意识，就不可能忘掉"我"的活动。很明显，意愿、欲望的任何活动，一定会培养和强化着自我，而自我便是许多的记忆、个性、特质，这些东西会导致冲突。只要有冲突存在，就一定会有自我意识，假如存在着冲突，就永远无法获得宁静，不管这冲突隐藏得有多深，也不管它是处于哪个层面。

"我怎样才能把这个载体即我自己给抛掉呢?"你为什么想要抛掉这个载体呢?你显然无法办到,你唯一能够做的便是去认识它——认识自己所有的错综复杂、细微之处以及最隐蔽的深处。一旦你认识了某个事物,你便能够摆脱它的束缚获得自由了。然而,单纯地去排拒它、压制它、升华它,用各种口头的表述去解释它,显然都不是认知。唯有当你认识了事物,才可以挣脱它的羁绊。假如它的特性持续存在的话,你便无法实现对它的认知。因此,只有当不再有持续,方能迎来更新。可是我们大多数人的目的、意图、想法都是要永续下去,名望、财富、美德、一切事情,我们都努力想要建立起一种永恒,从而可以持续下去。在这里面没有丝毫的更新,没有创造力。很明显,创造力只会是每时每刻出现的。

问:请您仔细解释一下什么是真正的冥想。关于冥想有如此多的说法,它们是根本上不同呢,还是因其倡导者的个人特性而变化呢?

克:这真的是一个很重要的问题,让我们一同来探究一下吧,如果我可以建议的话。因为,冥想的意义甚大,它可以开启真正的认识自我的大门,它可以打开通往实相与真理的大门。当我们打开这扇大门去直接体验的时候,便能够认识生活即关系了。冥想、正确的冥想,是至关重要的。所以,让我们探明一下什么是正确的冥想吧。要想弄清楚何谓正确的冥想,我们就必须以逆向思考的方式来着手。单单声称这个或那个是正确的冥想,只会让你获得某种模式,你会采纳、实践这一模式,可它并不是正确的冥想。因此,正如我所谈论的那样,请在我们一同探究的过程中紧随我的思路,直接地去体验。因为,存在着不同类型的冥想。我不知道你们当中是否有人做过冥想或者沉迷于此——把自己关在房间里头,锁上门,在黑暗的角落坐下来,诸如此类。所以,让我们探究一下我们所说的冥想的整个过程吧。

首先,让我们以含有训戒之意的冥想为例。任何形式的训戒都会强化自我,而自我正是争斗和冲突的根源。也就是说,假如我们训戒自己以便变得如何如何，正如许多人所做的那样——"这个月我要做到和蔼待人，我要心怀仁慈"，诸如此类——这样的训诫，这样的实践，必定会让"我"得到强化。你或许可以表面上做到待人友善，但是很明显，若一个人刻意实践着友善并且意识到了这种友善，那么这就并非是真正的友善。所以，这种实践，即人们所谓的冥想，显然不是正确的冥想。因为，正如我们昨天所讨论的，如果你实践某个事情，心灵被困于其中，那么你便无法获得自由。然而我们大部分人都渴望得到一个结果——意思便是说，我们希望在月末或者某个时期结束的时候可以做到友善，原因是，那些大师们指出，为了达至神，我们必须要善待他人。由于我们想要找到神，将其视为我们的安全与幸福的最终源泉，结果我们便用友善、仁慈去换取神——这显然是强化着"我"和"我的"，强化着这一自我封闭的过程。任何封闭的事物，任何束缚性的行为，都永远无法带来自由，这一点是显见的。假如还不清楚的话，我们或许可以下次来讨论这个问题。

尔后便有专注的整个过程，专注也被我们称作冥想。你在一间漆黑的屋子里盘腿而坐，因为这是源于印度的方式，抑或坐在椅子上，你的面前摆着一幅画或是雕像，你努力让心思集中在某个词语、句子或心理意象上面，把其他的念头排除在外。我确定你们许多人都曾做过这样的事情。然而，其他的念头总是不断地涌入进来，你把它们推到一旁，你继续着这番努力，直到你能够专注于某个想法而把其他的都挡在外面。尔后你感到十分的满意——最后你学习着把你的思想集中在某个你认为至关重要的点上。通过这种排他，你有所发现吗？通过排他、压制、排拒，你的心灵能够安静下来吗？因为，正如我所言，只有当心灵真正处于静寂之中，没有任何的压制，没有近乎排他地专注在某个观念上面——不管该观念是某位大师的还是某种美德或是其他——才能够实现觉知。通过专注，心灵永远不会迈入静寂。在意识的较高层面，你表面上或许可以强迫头脑安静下来，让你的身体处于静止不动的状态，但是很明显，这并不是你整个身心的宁静。所以这也不是冥想，这不过是强迫罢了——

当引擎想要全速运转的时候，你阻止它，你踩刹车。但倘若你能够去审视脑子里涌现出来的每一个兴趣、每一个念头，充分地、彻底地加以探究，对每一个想法展开思索，那么意识便不会四处游走了，因为它已经发现了每个想法的价值，于是它便不再受到吸引，这意味着不再有干扰、不再有分心。一个会分心而抗拒分心的心灵，无法实现冥想。其原因要从什么是分心说起。我希望你们去审视我所说的话，在我谈论的时候去展开体验，去探明有关这个问题的真理。正是真理，而不是我的话或是你们的看法可以让你获得解放。

我们所说的分心，是指任何偏离了我们认为自己应当投以兴趣的事物的运动。所以你选择了某个兴趣，某个所谓的崇高的兴趣，然后集中精神在它上面，而任何远离它的运动便是分心，因此你予以抵抗。但你为什么要挑选某个兴趣出来呢？很明显，是因为该兴趣让你感到满足，因为它带给你某种安全感、充实感，带给你某种不同的感受。于是你便说道"我应该把思想专注在它上面"，任何偏离它的运动都是分心。你把生命花在了抵抗分心以及专注在其他事情之上。但倘若你去审视一下每一个分心的事物，而不是仅仅让思想集中在某个吸引物上头，那么你会发现，意识不会再分心，因为它已经认识了那些分心的事物以及吸引的事物，于是便能够展开非凡的、广泛的觉知，没有任何的排他。所以，专注不是冥想，训戒也不是冥想。

还有祈祷——这是有关祈祷与接收的整个问题，它也被叫做冥想。我们所说的祈祷是什么意思呢？大致的形式便是恳求，还有一些不同层面的隐蔽的形式。大致的形式我们全都知道："我深陷麻烦，我很痛苦，身体上的或心理上的，我想寻求帮助。"因此我便哀求、恳请，显然将会收到答复。如果没有回复，人们也就不会祈祷了，成千上万的人都祈祷。只有当你身处困境之时，才会去祈祷，而不是在你幸福的时候，不是在你感到满足的时候。

那么，当你祈祷的时候，会发生什么呢？你会有某个公式，对吗？通过重复某个公式，表层的意识会安静下来，不是吗？尝试一下，你会看到的。通过念诵某些句子或词语，你发现自己的身心渐渐变得宁静。也就是说，你的表层意识安静下来，尔后，在这种状态里，你能够接收到其他某个事物的暗示，对吗？因此，通过反复念诵话语，通过所谓的祈祷，你让意识走向安静，然后你便可以接收到暗示，这些暗示，不仅是来自于潜意识，而且还来自于你周围的任何事物。然而很明显，这并不是冥想，原因在于，你接收到的东西必定是让你感到满足的，否则你便会去排拒它了。所以，当你祈祷并因此让意识安静下来的时候，你渴望的是去解决某个问题、某个困惑或是某个让你痛苦的东西。于是，你寻求着一个将会令你感到满足的答案。当你认识到了这一点，你说道："我不应该去寻去满足，我将向那痛苦的事物敞开，勇敢地去面对它。"心灵能够在自己身上玩弄把戏，因此一个人必须认识到这个有关祈祷的问题的全部涵义。一个人已经学会了某个诡计——怎样让意识安静下来，如此一来它便可以接收到某些解答，愉悦的或者不快的，但这并不是冥想，对吗？

接下来是关于献身给某个人的问题——把你的爱全部奉献给神，奉献给某个形象、某位圣人、某个大师。这是冥想吗？你为什么要把你的爱献给神，献给你无法知道的事物呢？我们为什么对未知如此的着迷，以至于把自己的生命、自己的整个身心都贡献给它呢？这整个关于献身的问题——难道不正说明了，由于我们自己的生活是如此痛苦，由于我们同其他人类没有建立任何充满生机的关系，于是我们便试图在某个事物、在未知、在对未知的崇拜中去保护自己吗？你知道，那些献身给某个人、某个神灵、偶像、大师的人，通常都是残忍的、顽固的，他们不容异说，愿意去消灭其他人，因为他们是如此地认同那个偶像、大师或体验。所以，全身心地投入给某个对象，无论是自造的还是他人制造的对象，显然都不是冥想。

那么，何谓冥想呢？如果这些东西都不是冥想——训戒、专注、祈祷、献身——那么什么才是真正的冥想呢？我们了解这些形式，我们对此很熟悉。但若想探明我们不熟悉的事物，那么就得首先摆脱那些我们熟悉的东西，不是吗？假若它们不是真实的，就应该被抛到一旁。唯有这时，你才能够探明何谓真正的冥想。如果我们已经习惯于那些错误的价值观念，那么，为了探明新的价值观，那些错误的价值理念就应该停止，难道不是吗？不是因为我这么主张，而是因为你依靠自己的力量去思考、去感受。一旦它们消失不见，你会剩下什么呢？你对这些事物的检验，会剩下什么呢？它们难道不会揭示出你自己的思考的过程吗？若你沉溺于这些事情，就会发现它们是虚幻的，你弄清楚了为什么你会沉溺其中。因此，只要对所有这一切展开审视，便会揭示出你自己的思考的过程。所以，审视这些事情，便是认识自我的开始，不是吗？

于是，冥想便是自知的开始。如果没有自知，你或许可以坐在某个角落里，对大师展开冥思，培养美德——那么它们全都是幻觉，对于一个真正渴望去探明何谓正确的冥想的人来说，它们是毫无意义的。原因在于，假如没有认识自己，你就会用某个你所谓的大师的形象来保护自己，而它成为了你献身的对象，你甘愿为了它去牺牲、去建立、去破坏。因此，正像我已经阐明的那样，只有当我们去探究自己跟这些事物的关系，才能够认识自我，这种探究、审视，将会揭示出我们自己的思考的过程。于是，我们的整个身心便会迎来澄明，而这便是觉知以及认识自我的开始。没有认识自己，就无法展开冥想，若无冥想，就无法实现对自我的认知。把你自己封闭在某个角落里，端坐在某幅画的面前，经年累月地培养美德——每个月都培养一个不同的美德——去教堂，做各种礼拜仪式，所有这些皆非冥想抑或真正的精神生活。精神生活来自于对关系的认知，而认识关系便是认识自我的开始。

当你经历了并且抛弃了所有这些只会揭示自我及其活动的过程，那么意识就不仅能够做到表层的宁静，而且还可以实现内在的深层的静寂。因为，尔后，所有的欲求都停止了，不会再去追逐官能上的感受，不会再有我自己想要在将来或是明天变得如何如何。大师、门徒、学生、佛陀，你知道，攀登成功的阶梯，出人头地——所有这一切都会停止，因为所有这些都意味着一种"变成"的过程。只有当你认识了"当下实相"，这种"变成"的过程才会停止，而认识"当下实相"源于自知，自知原因在于，自知会确切地揭示出一个人的真实模样。一旦所有的欲望都停止了——这只能通过自知来达到——心灵便会步入宁静。

欲望的终止，无法通过强迫、祈祷、献身、专注而得来，所有这些都不过是强化了在对立面中的欲望的冲突。而一旦所有这些都停止了下来，那么意识就会实现真正的安宁——不仅是在表层，而且还包括内在的、深层的意识。唯有这时，它才能够接收到那不可度量之物。在我看来，认识到这一切便是冥想，而不是单单认识其中的一个部分。原因是，如果我们不懂得如何去冥想，就无法知道怎样去展开行动，毕竟，行动便是在关系中去认识自我。单单把你自己关在一个专门用来祭祀、焚香缭绕的屋子里头，阅读有关其他人的冥想及其意义，这么做纯属徒劳——没有任何的意义，它不过是一种最佳的逃避。然而，觉知到所有这些人类的活动即我们自己——渴望获得、渴望征服、渴望拥有某些美德，所有这些欲望都会让"我"得到强化，将"我"视为当下或未来的重要之物，这种"我"变得如何如何的过程——觉知到所有这一切，将会开启自知与冥想的大门。尔后你会发现，假如你真正有所觉知，便会发生不可思议的转变，这种转变不是口头上说说，不是单纯的重复和感觉，而是确实会有某个事物出现，该事物无法被命名，无法被言说。这不是少数人拥有的天赋，不是大师们的天赋——只要你愿意去检验、去尝试，那么每个人都可以做到认识自我。你不必加入某个协会、阅读书籍或是匍匐在某位大师的脚下，因为，自知将会让你摆脱人类发明出来的一切荒谬和愚蠢。唯有这时，通过自知以及正确的冥想，才能获得自由。在这种自由的状态里，实相将会到来。然而，你无法通过智力的过程拥有实相，它必须向你走来，而只有当你挣脱了欲望的羁绊，它才会到来。

（在欧加的第六场演说，1949年7月31日）

扰乱，对于觉知是不可或缺的

在过去的三个周末，我们一直都在以不同的方式来讨论自知的问题，以及理解我们自身思考和感受的过程是何等的必要。没有清楚、明确地认识自己，就无法展开正确的思考。但不幸的是，似乎给许多人留下了这样一个印象，至少给那些对所谓的思考抱有成见的人们留下了这样的印象，即这种方法是个人主义的，完全是自私的，是以自我为中心的，无法达至实相，通往实相有许多的路径，而这种认识自我的方法不可避免地会走向无为、自我中心以及个人的粗野。

只要你用理性对此问题做一番格外审慎且彻底的探究，就会发现，真理是无路可循的，既没有所谓你们的方法，也没有所谓我的方法——知识之路、忠于神之路、献身之路以及其他无数由哲学家们依照各自的特性和神经反应所发明的方法。假如一个人能够仔细地去思考一下这个问题，不抱持任何的成见——我所说的成见，是指致力于某种基于想法或信仰之上的行动，完全没有觉知到某种思考的形式、某种方法势必会带来局限，无论它是知识之路、献身之路、还是行动之路——那么他就会发现，任何路径、方法，都将不可避免地带来局限，从而无法达至实相。因为，行动之路、知识之路或献身之路，究其本质，显然都是不充分的。一个有学问的人，无论他多么的博学，无论他的知识可能多么的广博，倘若他心中没有爱的话，那么他的知识就将毫无价值，不过是书本上的学问罢了。一个怀有信仰的人，正如我们所讨论过的那样，必定会按照他所抱持的教义、宗旨去塑造自己的生活，于是他的体验必定是局限性的，因为他是依照自己的信仰去体验的，这样的体验永远不会带来解放。相反，它是局限性的。就像我们曾经指出来的那样，唯有在自由的状态里，我们才能发现新的事物、根本性的事物。

所以，在我看来，对我们大多数人来说，困难在于，我们受制于如此多的信仰、教义，以至于它们妨碍了我们以新的视角、眼光去看待新事物。因此，由于实相、神，随便你怎么称呼都好，一定是某种无法想象的事物、某种不可度量的事物，所以意识不可能去理解。它尽了一切努力，还是无法超越自己，它会在自己的意象中去创造实相，但这并非是实相，而仅仅是它自己的自我保护罢了。所以，要想认识实相，抑或，为了那个浩瀚无垠的事物能够出现，一个人就必须懂得自身思考的过程，这是一个十分显见的方法。这不是我的或你的方法，而是唯一理性的方法。智慧不是你的或我的，它超越了一切国家、一切方法，超越了一切宗教的、社会的或政治的活动，它不属于任何团体或组织。只有当你认识了自己，智慧才会到来——这显然并不表示在强调个体。相反，正是坚持一种方法、信仰或任何意识形态，才是在强调个体，虽然这个个体可能从属于某个大的团体，与某个大的群体相认同。仅仅跟集体进行认同，并不意味着一个人摆脱了受限的个性。

因此，对于实相、神的认知，显然无法通过任何路径得来，意识到这一点很重要。印度教教徒非常聪明地把人划分成了不同的类型，并为他们确立了各种路径。很明显，任何路径——它是对个体的强调，而不是摆脱个体——都无法通往实相，因为它会培养特殊性，它不是摆脱自私、成见，认识到这一点是至关重要的。所以，我们在过去的三周时间里一直都在讨论自知的重要性——自知完全不是在强调个体。如果我没有认识我自己，那么我的思考便将缺乏根基，无论我想的是什么，都不过是一种强加，是外在地去接受各种影响以及环境的制约，这显然不是思考。由于我是在某个社会里被教育长大的，这个社会要么是左倾的，要么是右倾的，我从孩提时代起便接受了某种意识形态，这不表示我能够以新的视角去思考生活，我不过是在那个模式里头运作着，拒斥着其他任何给我的东西。但要想展开正确的、真正的、深刻的思考，一个人就得从质疑整个环境的过程与外部环境的影响开始，从质疑我所身处的这个环境开始。没有认识这一过程及其所有的细微之处，那么我显然就没有根基去进行思考。

因此，彻底地、充分地认识意识的过程是绝对不可或缺的，不是吗？不仅仅是表层的意识，还有深层的意识。原因在于，认识表层的意识相对来说容易一些——观察它的反应，意识到它的行动和思考是多么地出于本能，但这不过是开始，对吗？更加深入地去探究我们思考的整个过程则要困难得多，如果没有认识这整个的过程，那么你相信什么、不信什么，你思考什么，你信不信大师，你信不信神——所有这一切实际上都毫无关系，都是幼稚的。

聆听他人的话，在关系里看到一面认识自我的镜子，这要相对容易一些。但我们的问题在于还要更加深入地展开探究，而这也正是我们的困难所在。或许我们当中少数几个人能够抛开自身那些肤浅的偏见、信仰，离开某些团体，加入新的组织——一个人可以做的许多事情。然而，更重要的是潜入意识的深层，确切探明发生的情形，不是吗？也就是说，我们抱持的是什么、致力的是什么，对于这些我们是如此的无知无觉，我们的信仰、我们的恐惧，我们完全没有意识到这些，可正是它们实际上在指导和塑造着我们的行动。原因在于，内在总是会征服外在，你或许可以聪明地审视外部，但内在最终会战胜外在。在任何乌托邦的社会里，你可以非常仔细、非常聪明地建立起某种社会秩序，但倘若没有从心理上认识人的整个构成，那么外在总是会被粉碎的。

那么，怎样才能探究意识的深层呢？因为，我们的大部分特性、大部分恐惧——正是恐惧使得我们去信仰——我们大多数的欲望和野心，就潜藏在意识的深层。如何才能将它们开启，将它们暴露出来并且去认识它们呢？假若我们可以探究这个问题并且真正展开了体验，而不是仅仅停留在口头层面，就能够摆脱它们的束缚了，对吗？

以愤怒为例。能否做到体验愤怒，觉知愤怒，但又不对它命名呢？我不知道你是否曾经尝试过、体验过某种未被命名的状态？假使我们有了某个体验，我们会给它起个名字，以便去探究它，将它告诉别人或者强调它。然而，我们从未曾在不去命名的情况下去体验一个事物，这对我们大多数人来说是相当困难的，不是吗？用言语进行描述几乎总是先于体验。但倘若我们不去对某个体验进行命名，那么我们或许便能够探究意识的深层了。这就是为什么我们应该觉知自身的偏见、恐惧、野心，即使这种觉知流于表层，为什么我们应该觉知到我们囿于某个窠臼之中，无论我们是年轻还是年迈，是左倾还是右倾。所以，必须怀有某种不满——这种不满显然常常会遭到那些年长者的否定，因为他们不希望感到不满，他们已经尘埃落定，即将慢慢地走向死亡，于是他们固守陈规，排拒一切新事物。但是很明显，不满是必需的——不是那种很容易就会被疏导进某个陈规、行动或信仰里去的不满，而是那种永远不会感到满足的不满。因为，我们的大部分不满都来自于不满足，一旦我们找到了满足，不满之火便会熄灭。所以，我们的大部分不满，实际上是寻求得到满足。然而，不满显然是这样一种状态，它里面没有对满足的寻求。只要我被轻易地满足了，问题便结束了。假若我接受了左翼、右翼的意识形态或者某种信仰，那么我的不满就很容易被满足。但不满显然是另外的特性。满足，便是认识了"当下实相"的状态。要想认识"当下实相"，就不应该抱有任何偏见。按照事物的本来面目去看待它们，需要头脑相当的警觉和机敏，但倘若我们很容易就被满足了，那么这种警觉就会钝化。

因此，在所有这些事情中，即有关关系的问题中，我们的难题是，在行动中去觉知自身，在我们的所思、所言中去觉知自身，如此一来我们便可以在关系里认识自我，便可以审视自己的本来面目。然而，把我们的信仰强加在我们的本来面目之上，显然不会有助于去认识我们的真实模样。因此，摆脱这种强加是必需的——政治的、社会的或宗教的强加——而这只能在关系里得到揭示。只要我们没有认识关系，就一定会出现冲突——两个或者多个之间的冲突。若想终止这种冲突，就必须认识自我，当心灵安静下来——不是被刻意地、人为地弄得安静——唯有这时，方能认识实相。

大家向我提了许多的问题，我自然无法一一解答，但我将会试着尽可能多回答一些相关的问题，虽然有时候可能是用不同的表述方式来提同样的问题。所以，我希望你们不会介意。

问：如果我百分百的诚实，我不得不承认我心怀怨恨，有时候我几乎会憎恨所有人。这让我的生活非常不开心，充满了痛苦。我在理性上认识到自己便是这种怨恨、这种憎恶，但我无法应对。您能够为我指明出路吗？

克：那么，我们所说的"理性"是指什么意思呢？当我们声称自己理性地认识了某个事物时，我们意指为何呢？有所谓理性的认识存在吗？抑或头脑仅仅只是认识了词语，因为这是我们彼此交流的唯一方式呢？我们口头上认识事物了吗？这是我们必须首先弄清楚的问题——所谓理性的认识是否不会妨碍认知。显然，认知是完整的，而不是局部的、片面的，我要么认识某个事物，要么就不认识。对自己说"我对某个事物有着理性的认识"，这显然会妨碍认知，这是一种局部的、片面的过程，因此也就完全没有实现觉知。

那么，问题是：一肚子怨恨的我，怎样才能摆脱或者应对这个问题呢？我们如何去应对某个难题呢？什么是问题？很明显，问题便是某种干扰性的事物。

我可以有所建议吗？请你就只是紧跟我的思路，不要试图去解决你所面对的怨恨、憎恶的难题——就只是去紧跟问题的展开。虽然很难对这个问题进行探究，以便最后你可以摆脱掉它，但让我们看一看我们是否现在就可以做到这个。一起做一番尝试，这将是相当有趣的试验。

我心怀怨恨，我仇视他人，这带来了痛苦，我觉知到了这一点，那么我该怎么做呢？它是我生活里一个非常让我心烦意乱的因素，我该如何是好呢？我怎样才能真正摆脱掉它呢？不是暂时地抛掉它，而是彻底地挣脱它的制约。那么我该怎么做呢？

它对我来说是个难题，因为它让我心神不宁。假如它不是让人烦忧的事情，那么它对我而言就不是个问题了，对吗？由于它让我痛苦、心烦意乱、焦虑，由于我觉得它是丑陋的，所以我才希望摆脱掉它。因此，我反对的事物是烦忧、扰乱，对吗？我在不同的时候、不同的情绪下给它起不同的名称，今天我叫它这个，改天我又称呼它为那个。但从根本上来说，我的渴望便是不受扰乱，难道不是吗？因为欢愉不会让人感到心烦意乱，于是我便接受它、认可它，我不希望摆脱欢愉，因为这里面没有烦乱——至少暂时是如此。然而，憎恶、怨恨却给我的生活带来了相当大的干扰，于是我便想要摆脱掉它们。

因此，我关心的是不受扰乱，我努力想要找到某种让自己不被干扰的方法。那么我为什么不应该受到扰乱呢？我必定要经历烦乱才能有所探明，不是吗？为了能够探明，我必须得经历巨大的改变、混乱、焦虑，对吗？原因在于，假如我没有受到扰乱，我就会昏昏入睡——或许这正是我们大部分人所渴望的，即被安抚着送入睡眠，远离任何扰乱，找到与世隔绝的处所，退隐于世，安全。所以，若我不介意受到扰乱——这里的扰乱是指真正意义上的，而不是流于表面——若我不介意被干扰，因为我想要去探明，那么我对待憎恶、怨恨的态度就将发生改变了，不是吗？如果我不介意经受扰乱，那么名称就不再重要了，对吗？"憎恶"这个词语就不会具有重要性了，对吗？抑或"怨恨他人"就不再重要了，不是吗？原因在于，尔后我便直接地体验了我所说的怨恨的状态，同时并不去对这一体验进行命名。我不知道我是否阐释清楚了。

也就是说，愤怒是一种非常让人烦乱的元素，正如憎恶跟怨恨一样，我们当中很少有人不用言语来描述愤怒，而直接体验愤怒。假使我们不去命名它，假使我们不把它叫做愤怒，那么显然便会有截然不同的体验了，对吗？由于我们对其命名，所以我们便让一种新的体验降了级或者用老的术语把它固定住了。但倘若我们不去命名它，那么我们就可以直接地理解这种体验，而这种认知会让体验发生转变。我表述清楚了没有？请记住，这个问题并不简单。

以吝啬为例好了。如果我们是吝啬的，我们大多数人都对此没有觉知到——在金钱事务上的吝啬，吝于去原谅他人，你知道，就是为人处事上的吝啬。我敢肯定我们对此都很熟悉。现在，觉知到了这一点，那么我们打算如何摆脱这种个性呢？——不是变得慷慨大方，这不重要。摆脱吝啬，意味着慷慨——你不必非要变得慷慨。所以，很明显，一个人必须觉知到它。你或许在某些方面十分的慷慨，比如捐一大笔钱给你所属的团体，对朋友也是慷慨解囊，但却在给小费的问题上格外的吝啬——你知道我所说的"吝啬"是指什么意思。一个人对此并无意识，当他觉知到了这个，会发生什么呢？我们会运用自己的意志力做到慷慨，我们努力去战胜吝啬，我们训练自己慷慨待人，等等。但是，对某件事情运用意志力，毕竟仍然在广义上属于吝啬的范畴。因此，假如我们不去做上述这些事情，而是仅仅觉知到吝啬的涵义，不去对它命名，那么我们就将发现会出现根本性的变化。以愤怒为例：如果你不去命名它，就只是去体验它——不是通过言语描述，因为言语化是一种让体验变得钝化的过程——但倘若你不去对它进行命名，那么它就是敏锐的，它会变得很尖锐，犹如一种冲击，唯有这时，你才能够摆脱掉它。

请务必对此展开检验。首先，一个人必定会受到扰乱，我们大部分人都不喜欢被干扰，这是很明显的，我们认为自己已经找到了一种生活的模式——大师、信仰，无论是什么——我们在这种模式上确定下来。这就好像在官僚机构里头拥有一份好差事，余生都在那儿工作。我们怀着同样的心理去解决自己想要摆脱的种种个性。我们没有懂得，受到扰乱、内心处于不安全的状态以及无所依傍，其实是多么的重要。显然，只有在不安全的状态下，你才能够有所发现，有所顿悟，实现觉知。我们希望像某些人那样，腰缠万贯、悠闲度日，但是很显然，他不会受到扰乱，他不想被干扰。

所以，扰乱对于认知是不可或缺的，为了找到安全感所做的任何尝试，都会妨碍认知，当我们想要摆脱某个干扰性的事物时，它显然就是一个绊脚石。可是如果我们能够直接地去体验某种感受，不去对其进行命名，我以为，我们就会在其中大有发现。尔后，不会再有跟它之间的交战，因为体验者与被体验的事物是一体的，这一点至关重要。只要体验者用言语去描述他的感受、体验，那么他就将自己同被体验之物划分开来，并在它身上展开行动，但这样的行动是人为的，是一种虚幻的行为。而倘若不去命名、不去描述，那么体验者跟被体验之物就是一个统一的现象。这种统一是必需的，我们得从根本上直面这一点。我希望我阐释清楚了，如果没有的话，我们在其他集会里再做讨论吧。

问：我多年前便开始听您的演说了，那个时候对我意义还不大。但现在，听您演讲似乎意义深远。这是为什么呢？

克：对此现象有几种解释：你成熟了；你进步了；生活在叩你的门；你经历了许多痛苦；等等——也就是说，我们讨论的内容是否对你有意义。假如你认为这是一派胡言，那么就很简单。那些相信进化论的人将会给出另外一种解释：即你慢慢成熟起来，你必须得有时间，不是几年，而是来生。时间对于觉知是不可或缺的，尽管你一开始没有理解，但你通过逐步的经验的成熟，以后会实现认知的——你知道，即一个人怀有的各种理论。但是很明显，看待这个问题还有一种更加简单的方法，对吗？或许出于某种未知的原因，你的朋友把你带到了这里，你随意地听了听，然后离开了。除了此处这些美丽的树木以外，我的演讲对你没啥意义，你有一段很棒的驱车经历，你知道，以及其他的一切，你离开了。然而很明显，你无意识地吸收了某些东西。你难道不曾留意过，当你开车或步行的时候，虽然你的意识可能是在驾驶上面或者留意地看着某个事物，但你意识的其他部分则在无意识地吸收着。有事情发生了，一粒种子已经播种了下来，只是你对此还未觉知，但尔后它破土而出了，它就在那里。所以，起初可能对你意义不大的东西——因为你聆听着你还没有意识到的内容——后来在你身上起了反应。

显然，这便是宣传的整个过程，对吗？不是说我是个宣传员——我很讨厌宣传。但这正是世界上发生的情形，不是吗？报纸、杂志、电影、广播以及其他相关的一切。你继续对你正在做的事情感兴致，广播或报纸正在对你展开着宣传攻势。你的意识在别处，但你无意识地吸收着，尔后，当吸收之物起了作用，它便会冒出来——就像对战争、国家主义、对接收某些左倾或右倾的信仰会自动有反应。你认为孩子们是怎样被灌输进了某些理念的呢？是那些观念不断地对潜意识进行着撞击，他们接受了，当他们长大成人，他们变得一样，要么是左倾的，要么是右倾的，要么隶属于这个宗教，要么从属于那个宗教，他们抱持着无数的信仰，心灵受着约束。潜意识始终都在进行着接受，它可以接受丑陋，也可以接受美丽，可以接受真理，也能接受谬误。我们的难题在于，要摆脱所有这些烙印，以全新的视角看待生活，难道不是吗？那么能否挣脱由这些不断的撞击所带来的影响呢？也就是说，能否一方面觉知到这些撞击，一方面又不被其影响呢？因为它们就在那里。我们能够做到足够的机警，以便懂得何谓虚假，以便不再有任何抗拒吗？因为，一旦你去抵抗，你实际上就是在强化你所抗拒的事物，结果你也就成为了它的一部分。但倘若你认识了它，那么显然它就不会再对意识或潜意识产生影响了。因此，能否摆脱所有这些我们从小就浸染其中的局限性的影响呢？能否摆脱国家主义、民族主义、阶级差别，摆脱无数的宗教信仰和政治意识形态呢？显然，一个人必须要挣脱所有这一切的束缚，否则他就无法探明那超越了自由的事物。但要想摆脱这些羁绊，他就得对所有这些事物展开探究，不是吗？就不能盲目地去接受——这不表示要培养质疑。所以，为了实现这种进步，一个人必须认识自身意识的内容，认识自己的本来面目。

问：您能否跟我们谈一谈罪孽呢？

克：很不幸的是，每个组织化的宗教都培养着负罪感，目的是想推进文明。我们大部分人都怀有这种负罪感——我们越是感性，这种感受就越是强烈。你越是感到负有责任，你就越会觉得负疚。你目睹着这个世界的混乱，那不断迫近的战争以及一切正在上演的诡计——你很警觉，你怀有足够的兴趣和智慧——你感觉你负有责任。由于一个人能够做的极其有限，所以他会深感愧疚，这是一个方面。尔后，为了把人类控制在文明的限定之内，这种负罪感就被小心翼翼地培养了起来，不是吗？否则你就会越界。因为，如果我们没有准则，如果我们没有约束，如果我们没有道德规范——不是说现在就有很多规范——就将乱套。因此，宗教即组织化的信仰仔细地维系着、培养着这种负罪感，即你必须听从命令，你不应该犯罪过，你不应该行丑陋之事。它把我们控制在某种模式之内，只有寥寥数人才能够超越这一模式，因为我们希望待在这个模式之中，我们想要受人尊敬——害怕公众舆论和如此多的事情把我们控制在这个模式里头。由于恐惧，由于不去依靠自身的认知，所以我们大多数人都依赖于他人——神职人员、传道者、领袖、政客，你知道，一个人培养起来的无数依赖。所有这些自然让我们内心更加的焦虑，想要去做对的事情，罪恶感也就由此而生了。

宗教里面满是关于罪恶的胡言乱语。然而，还有一些显而易见的事情，不是吗？——例如，美德是不可或缺的。但被刻意培养起来的美德也就不再是美德了，它不过是另外一种名称的自我强化罢了。只有当你不再心怀想要功成名就的欲望，只有当一个人不再害怕自己会是个无名小卒，美德才会到来。正是重复某种干扰、某种行动，才给他人和自己带来了不幸，这可能就被称作是一种罪恶。这显然是首要之事，对吗？要格外清楚地看到在关系里被发现的事物，但不去重复它。重复显然是错误，而不是首要的行动。要想理解这一点，理解欲望的这种重复的特性，一个人就得理解自身的整个过程。

所以便有了这种被叫做罪恶的东西，有了这种负罪感。一个人可能会做错事，比如焦虑，比如说他人的闲言碎语，但是很明显，为此烦恼才是一个人会做的最糟糕的事情。如果你意识到自己做了错事，观察它，彻底地探究它，然后摆脱它——不要不断地重复它。原因是，对一个人在过去所做的或者下一分钟可能会做的某件事情烦忧不已，不断地对它感到焦虑，这种恐惧，只会让头脑更加不得安宁，不是吗？闲话、焦灼，说明头脑的不安宁。当不再有不安宁，不再有分心，而是进入警觉的状态，那么问题便将消失不见了，对吗？对于我们大多数人来讲，负罪感把我们牢牢控制住了，然而它不过是恐惧罢了。恐惧，显然不会带来认知的澄明，恐惧里面，没有任何交流可言。正是恐惧必须要被清除掉，而不是觉得一个人是有罪的。

问：如果没有一个协调好的计划——这意味着牺牲个体的意愿以便促进一个共同的目标——便无法展开集体的行动。若个体是无私的，就无需控制和权威。如果不去控制个体那飘忽不定的意愿，我们如何能够达至一个共同的目标呢，即使他偶尔是善意的？

克：为了展开集体行动，我们诉诸于强迫或者专制主义，抑或是某种形式的恐惧、威胁、奖赏，对于这些我们都很熟悉。国家或者某群人确立起了某个目标，然后通过赏罚的手段来强迫、劝诱或说服其他人予以合作——我们所知道的各种各样可以带来协调性行动的方法。这位提问者想要知道，是否强调个体并不会妨碍共同的行动，这意味着，是否有一个我们大家全都认可的共同目标，那么我们就不必屈从于它而把自己的意愿抛到一旁？

如何才能实现协作呢——这实际上便是问题的症结所在，对吗？行动中的合作、协调，要么是因为恐惧，要么是因为智慧和爱。当某个国家处于战争状态，那么就会出现基于恐惧的合作。恐惧、仇恨、嫉妒，显然会比智慧与爱更能让人们迅速地集合在一起。聪明的政客们意识到了这一点，于是便进行煽动——我们对这一切也是很熟悉的。可是，能够通过爱而让人们理性地团结在一起吗？这实际上便是问题的关键，不是吗？原因是，我们发现，越来越多的人是因为仇恨、恐惧、强迫而聚在一起的——集体运动，运用心理战术来进行劝服、宣传工作以及其他相关的一切。如果这是正途的话，那么我们所讨论的内容就将毫无意义。但倘若你不去出于贪婪而跟他人合作、团结，那么你是否就不必让个人意志屈从于某个更高的目标了呢？

举例说明，我们全都赞成和平之花应该在世界上绽放，那么这种和平如何才能实现呢？显然，只有当人们心怀无私，当"我"不再重要，和平才会到来。因为我的内心是和平的、安宁的，所以我的行为才会是和平的，于是我才不会是反社会的，我将把自己身上任何会导致敌对的东西抛置一旁。因此，我必须要为和平付出代价，不是吗？但它一定是源自于我的。我们当中赞成这一点的人越多，就越有可能实现世界的和平——这并不表示要让个体的意志屈从于整体的意志，屈从于某个目标、计划或是乌托邦的理想。原因在于，我发现，除非我是和平的，否则世界便不可能迎来和平，这意味着没有国家主义、民族主义，没有阶级，你知道，和平里面所涵盖的一切内容——这意味着彻底的无私。一旦做到了这些，我们就能实现合作了，尔后，必定会有协作。当外部强迫我去跟国家、团体合作的时候，我可能会照办，但我的内心却在抗拒着，我的内心没有丝毫的自由可言。抑或我可以把乌托邦当作一种自我实现的手段，但这同样是一种自我膨胀。

所以，只要个体的意志因为贪婪、因为认同而去屈从于某个理念，那么个体和集体之间最终必然会爆发冲突。因此，显然不应该将个体或者集体作为彼此的对立面去强调，而是强调摆脱"我"、"我的"的意识。假如有了这种自由，就不会出现个体同集体相对立的问题了。但由于这似乎是不可能的，所以我们被劝服去加入集体当中，展开某种行动，牺牲个体以成全整体，这种牺牲是由他人、由领袖强加在我们身上的。但我们能够审视这整个问题，不是出于对个体和集体的关心，而是理性地认识到，只要你我的内心没有做到和平，就不可能让世界拥有和平，这种和平是无价的，无法购买到的。你与我必须要摆脱那些令我们的内心充满冲突的因素，这种冲突的中心便是自我，"我"，便是一己之私。然而，我们大部分人都不希望挣脱这个"我"，这便是困难所在。我们大多数人都喜欢"我"所带来的愉悦和痛苦，只要我们被"我"的痛苦和欢愉控制着，那么"我"跟社会之间，"我"跟集体之间就一定会爆发冲突。集体将操控"我"、毁灭"我"，如果它可以办到的话。但是"我"要比集体更加强大，因此它总是绕开它，试图在它里面找到立足之地，试图拓展自己、实现自己。

显然，摆脱自我并因而去寻求实相、去有所探明以及实相的到来，便是人的真正价值所在。宗教在它们的仪式和繁文缛节中玩弄着这一切——你知道，宗教的整个运作。但如果一个人觉知到了这整个的过程，关于这个我们已经讨论了多年，那么智慧便能重新觉醒并且运作起来。在这里面，没有自我释放，没有自我实现，而是创造力。正是这种实相的创造力——实相不属于时间的范畴——才能让一个人摆脱一切集体和个体的事务，尔后，他便真正能够有助于创造出崭新的世界。

(在欧加的第七场演说，1949年8月6日)

观念局限了我们的行动

我确定你们当中许多人都相信不朽、相信灵魂或者梵我，等等。或许你们有些人对这些东西有过体验。但如果我可以建议的话，今天上午我想要从不同的视角来着手这个问题，让我们以非常严肃认真的态度去展开研究，探明其中的真相吧——而不是依照某种信仰的模式、宗教教义或者你自己的体验，无论它可能是多么广大、美丽和浪漫。因此，请务必对我们即将讨论的内容做一番理性的检视，不抱持任何偏见，怀着探明的意图，既不去排拒，也不去辩护。原因在于，我们要讨论的是一个相当困难的问题，里面包含的内容很多。假若一个人能够以新的视角去进行思考，那么或许我们就可以用不同的方法展开行动以及应对生活了。

我们似乎觉得观念非常的重要，我们的脑子里塞满着各种念头。我们的头脑就是思想——没有念头，没有想法，没有语词，就没有头脑。

观念在我们的生活中占据着举足轻重的地位——我们的所思、所感以及我们被囿于其中的各类信仰和理念。对我们大多数人来说，观念意义非凡——既有那些看上去条理清晰、富有理性和逻辑的念头，也有那些不切实际、愚蠢，没有多少意义的念头。我们的头脑充斥着各种观念，我们的整个结构都是建立在它们之上的。这些观念显然是因为外部影响、环境的限定以及内在的需求而出现的。

我们可以清楚地发现观念是如何形成的。观念便是感觉，没有感觉就没有念头。由于我们大部分人都是靠感觉过活，所以我们的整个结构便是建立在观念之上。我们受着局限，通过感觉寻求着自我拓展，于是观念就变得格外重要起来——对神的观念、对道德的观念、对各种社会组织的观念，等等。

因此，观念塑造着我们的体验，这是一个极为显见的事实。也就是说，观念局限着我们的行动，不是行动产生想法，而是想法导致了行动。我们先思考，尔后才有行动，这个行动便是建立在念头之上的，所以体验源于观念。但体验跟正在体验是不同的，假如你留意过的话会发现，正在体验的状态里根本没有任何念头，有的只是体验即行动本身，尔后才会在该体验之外产生好恶的想法。我们要么希望这种体验继续下去，要么不想它继续。如果我们喜欢该体验的话，就会在记忆中重温它，这是因为我们需要去重温它带来的感觉——而不是展开新的体验。很明显，正在体验跟体验是有所区别的，这一点应当讲清楚。正在体验的时候，既没有体验者，也没有被体验之物，有的只是一种正在体验的状态。然而在体验之后，我们会需要、会渴望由该体验带来的感觉，而这种欲望也就滋生出了念头。

举例说明。你曾经有过某个愉悦的体验，它结束了，你对它十分的渴望。意思便是说，你渴望的是那种感觉，而不是体验的状态。感觉，基于欢愉和痛苦、躲避和接受、否定和继续，制造出了念头。那么，观念从本质上来说并不重要，因为一个人意识到观念会持续下去。你可能会死去，但你怀有的想法，无论是片面的还是完整的，充分显现的还是显现了一点的，显然都会以某种形式继续下去。

所以，假如念头是感觉的产物——它们也的确如此——假如头脑满是各种观念，假如头脑即想法，那么作为许多想法的集合的头脑便会持续下去。但这显然并非是不朽，因为念头不过是愉悦的或不愉悦的感觉的产物，而不朽必定是某种超越思想的事物，头脑无法去猜测不朽，因为它只能够从愉悦和痛苦、躲避和接受的层面去进行思考。由于头脑只能从这些层面去思考，无论它的思索是何等的深刻或广博，都依然是建立在思想之上的。但想法、念头会持续，而凡是持续的事物显然皆非不朽。因此，要想认识或体验不朽，抑或为了体验这种状态，就应该不去进行任何思考。一个人无法思考不朽，如果我们可以摆脱思维的过程，也就是说，如果我们不从观念的层面去进行思考，那么就只会有体验的状态，在这种状态里，思想终止了。你可以依靠自己的力量去对此加以检验，不要盲目地接受我所说的，原因在于，这里面涵盖的内容很多很多。头脑必须彻底安静下来，没有任何运动，既不向后也不向前，既不向下也不向上。意思便是说，必须完全停止思维的过程，这是相当困难的，这便是为什么我们会去执着于诸如"灵魂"、"不朽"、"永生"、"神"这些字眼的缘故——它们全都会对人的神经产生影响，即会让你产生某种感觉。头脑便靠这些感觉过活，假如让它摆脱这些东西,它就会迷失。于是，它继续强化着过去的体验，而这些体验如今都变成了感觉。

头脑能否做到如此安静——不是局部的安静，而是完全安静下来——以便去直接体验那无法想象、无法用言语来描述的事物呢？凡是持续的事物，显然都局限在时间的范畴之内。通过时间，无法带来永恒，所以，神是无法被思考的事物，如果你去思考它，那么它就只不过是某个观念、某种感觉罢了，于是它也就不再是真实的。它仅仅是一个观念。观念是持续性的，会被承袭下去或者受到限定，这样的观念不是永恒的、无限的。在我们讨论的时候，真正去感受到这一点，明白其中的真相是至关重要的——不要说什么"它是这样的，它不是那样的"，"我相信不朽，而你不信"，"你是不可知论者，我是虔诚的"，所有这些说法都是幼稚的、欠缺思考的——没有任何意义。我们正在着手的问题，并不单纯是观念的问题，不是所谓的好恶或者偏见的问题。我们正要努力去探明什么是不朽，不是像那些隶属于这个或那个团体所谓的宗教人士一般，而是去体验这一事物，去觉知到它——因为创造力就蕴含在这里面。一旦你体验了它，那么整个有关生活的问题便会发生重大的、革命性的变化。如果没有展开体验，一切争论和琐碎的看法实际上都将毫无意义。

因此，一个人必须要觉知到这整个的过程：念头是如何形成的，行动是如何由念头产生的，念头是怎样依赖于感觉的，是怎样控制着行为并因而局限着行为的。它们是谁的观念，是左派的还是右派的，这些并不重要。只要我们依附于观念，那么我们就会处于没有任何体验的状态。尔后，我们不过是活在时间的领域之内——活在过去，这会带来更多的感觉；抑或是活在将来，这是另外一种形式的感觉。只有当头脑挣脱了观念的束缚，才能够去体验。就只是聆听，既不要去排拒，也不要去接受。就只是仔细地聆听，就像你聆听林间的轻风一般，你不会去反对林间的风儿，因为它是令人愉悦的；抑或假如你不喜欢它的话，你会离去。那么在这里也请这么做吧，不要去排斥，就只是去探明。原因在于，如此多的人都就不朽的问题表达了他们的看法，宗教导师谈过，各处的牧师们谈过，如此多的圣人、如此多的作家，要么否定，要么肯定；他们说不朽是存在的，抑或人仅仅是环境影响的产物，诸如此类——这么多的观点，众说纷纭，莫衷一是。看法不是真理，真理一定是要每时每刻直接去体验的，它不是你渴望的某种体验——你渴望的体验尔后不过是感觉罢了。只有当一个人能够超越那无数的观念——观念便是"我"，便是头脑，它局部地或者整个地持续着——只有当一个人能够超越这一切，当思想彻底安静下来，唯有这时，才会拥有体验的状态。尔后，一个人将会懂得何谓真理。

问：一个人怎样才能准确无误地认识或感受到实相呢？怎样才能懂得某个体验确切而永恒的意义即真理呢？不管我什么时候意识到了、感受到了真理，那个我将与其交流的人都会告诉我说我不过是在自我欺骗罢了。无论何时我觉得自己实现了觉知，都会有人告诉我说我是身处幻觉之中。是否有法子可以在不自我欺骗的情形下去认识关于自我的实相吗？

克：任何形式的认同都必定会走向幻觉。有精神上的幻觉，有心理上的幻觉。精神上的幻觉，我们知道怎样去应对，当一个人认为自己是拿破仑或某个伟大的圣人时，你晓得该如何去做。但心理上的认同跟幻觉却是截然不同的，政界或宗教界的人士让自己与国家或神认同，他便是国家，如果他有某种才干，那么他就会成为世界上其他国家的噩梦，无论是以和平的方式还是暴力的方式。有各种各样的认同，认同权威，认同某个国家，认同某种理念，认同某个信仰，这种认同会让一个人去做各种事情。又比如认同某种意识形态，为了这一认同，你愿意去牺牲一切人、一切事，包括你自己和你的国家，以便得到你想要的。还有认同某个乌托邦的理想，为了该认同，你迫使其他人去遵从某个模式。此外还有行动者的认同，这种认同作用有多个，我们大部分人都处在这种行动的位置上，都摆好了某种姿势，不管是有意的还是无意的。

因此，我们的困难在于，我们让自己去认同于某个国家、某个政党、某个宣传、某种信仰、某种意识形态、某位领袖——所有这一切都是一种认同。

接下来便有认同我们自己的体验。我有过某种体验，某个让我激动不已的体验，我越是回想它，它就会变得越强烈、越罗曼蒂克、越感伤、越夸张。我把它唤作神——你知道无数自我欺骗的法子。很明显，当我依附于、执着于某个事物的时候，便会滋生出幻觉。如果我怀有某个已经结束的体验，我重温它、回顾它，那么我便会陷入幻觉之中。若我希望某件事情再次出现，若我执着于去重复某种体验，那么它就必定会将我领至幻觉。所以，幻觉的基础便是认同——认同某个形象，认同某个关于神的理念，认同某种意见或是认同那些我们热情执着的体验。我们执着的不是体验，而是在我们体验的那一刻这番体验所带来的感觉。假使一个人在自己的周围确立起了各种各样的认同，那么他就是活在幻觉当中。如果一个人因为自己所依附的某种感觉或理念而去相信什么，他就必定会活在幻觉里，活在自我欺骗之中。因此，你去重温或者去排拒任何关于你自己的体验，都一定会带来幻觉。只有当你认识了某个体验，同时不去执着于它，才能停止幻觉。这种占有欲，便是幻觉与自我欺骗的基础。你渴望有所成就，你必须要认识这种想要功成名就的欲望，这样才能够理解幻觉的过程、自我欺骗的过程。假如我认为自己将会成为一个伟大的导师、一代大师，来世成为佛陀、成为 X、Y、Z，抑或假如我觉得我现在就已经达至了这般高的境界并且执着于此，那么我显然就一定会陷入幻觉，因为我活在感觉之上，感觉是一种观念，我的头脑靠观念过活，不管这些观念是谬误还是真理。

一个人怎样才能知道某个体验在某一特定时刻是不是真实的呢？这是问题的一部分。你为什么想要知道它是不是真实的？事实便是事实，它既不是真实的也不是虚假的。只有当我希望根据自己的感觉、自己的理念去解释某个事实的时候，我才会步入自我欺骗的境地。当我愤怒时，它是一个事实，没有自我欺骗的问题。在我起色心的时候，在我生出贪欲的时候，在我发火的时候，这是一个事实。只有当我开始对它进行辩护，寻找理由，按照我的喜好和成见去解释它或者逃避它的时候——唯有这时，我才必须要问一问："什么是真相？"也就是说，一旦我们怀着所抱持的观念、用感性的方式去应对某个事实，那么我们就会步入幻觉与自欺的世界。审视某个事实，摆脱所有这一切，要求我们展开非凡的觉知。因此，一个人应该凭借自己的力量去探明自己是否摆脱了想要去认同的欲望，是否摆脱了想要去拥有某种感觉即你所说的体验的欲望，是否摆脱了想要去重复、拥有或返回某个体验的欲望，这要比弄清楚自己究竟是不是陷入幻觉和自欺之中来得重要。毕竟，你时时刻刻可以认识你自己的本来面目，而不是去通过那道观念即感觉的屏障。认识你自己，无需懂得真理抑或知道什么不是真理。在镜子里面审视你自己，看一看你是丑陋的还是美丽的，看见你的真实模样，而不是幻想中的样子，做到这些,不需要真理。然而,对于我们大多数人来说,困难便是,当我们看见自己的样子时,就会想要对它做些什么,想要去改变它,给它另一个名称,假如它是让人痛苦的,则会去躲避它。在这个过程里,显然会有自我欺骗,对这个你多少都会有所熟悉。政客们做过这种事,神职人员在以宗教之名谈论神的时候也干过这个,我们自己在为观念的感觉所困并且依附它们的时候,也会这么做——这是真实的,这是虚幻的,大师存在,或者没有——这些全都是如此的荒谬与幼稚。但若要探明什么是真实的,一个人就需要具备相当的机敏,就需要展开非凡的觉知,这种觉知里面,既没有谴责,也没有辩护。

所以,一个人可以说他在自我欺骗,当他去认同某个国家、某种信仰、某个观念、某个人,抑或当他渴望去重复某个体验即重复该体验带来的感觉,或者当他重温孩提时代,希望重拾儿时的体验,重温那种欢愉、亲近、感受力,或者当他想要出人头地的时候,便会出现幻觉。要做到不被自己或他人欺骗是很困难的,只有当你不再渴望变得如何如何,不再渴望功成名就的时候,才能停止这种欺骗的过程。尔后,心灵便可以按照事物的本来面目去审视它们,便可以洞悉"当下实相"的意义。尔后,不会再有真实与虚假、真理与谬误之间的交战。尔后,不会再去寻求远离谬误的真理。因此,重要的是去认识头脑的过程,这种认知是真实的,不是理论上的,不是感情至上的,不是幻想的。进到黑漆漆的屋子里头,展开一番思索,展开幻想——所有这一切都跟实相没有任何关系。由于我们大部分人都是感性的、爱幻想的、寻求着官能上的感受,所以我们会为观念所困,而观念并不是"当下实相"。因此,挣脱了观念即感觉的心灵,这样的心灵便是走出了幻觉的泥沼。

问:经验表明,只有当争论和冲突停止,只有当达成了某种和平或者理性上的和谐一致,才会实现认知。即使是在认识数学和技术方面的问题时,也是这样子的。然而,只有努力去做了分析、探究或者展开了检验之后,才能体验到这种安宁。这是否意味着,这种努力是必需的呢,尽管对于安宁来讲还不是充分的开端?

克：我希望你们已经明白了这个问题。说得简单些好了，这位提问者询问：在心灵获得宁静之前，难道不需要努力去展开探究、分析和检验吗？在心灵能够实现认知之前，难道不需要付出努力吗？意思便是说，在拥有创造力之前，难道不需要技术吗？如果我有某个问题，我难道不应该对其充分地加以探究、思考、探寻、分析、剖析，尔后才能摆脱掉它吗？尔后，当心灵安静下来，答案便会自动浮现了。这便是我们经历的过程，我们有了某个难题，我们思考它、质疑它、谈论它、然后，被这个问题搞得筋疲力尽的头脑慢慢安静了下来，尔后，不知何故，答案突然就冒了出来，我们对这个过程都很熟悉。这位提问者问道：难道不需要首先努力去展开探究吗？

我为什么要经历这个过程呢？让我们不要把问题提错了——问题不在于是否有必要，而在于我为何要经历该过程？我之所以经历这一过程，显然是为了找到答案，我所焦虑的便是想要找到解答，不是吗？害怕无法找到答案，于是我便做了所有这些事情。尔后，在经历了这一过程之后，我筋疲力尽了，于是说道："我没能解决问题。"之后，头脑变得安静下来，然后答案便自己浮现了出来——有时候会如此或者说经常会这样。

所以，问题不在于这个最初的过程是不是必需的，而在于我为什么要去经历这个过程？很明显，那是因为我在寻求解答，我感兴趣的不是问题本身，而是怎样才能摆脱这个难题，我寻求的不是对问题的理解，而是对问题的解决。这二者显然是不同的，不是吗？原因在于，答案就蕴含在问题里面，而不是在问题之外。我经历了探寻、分析、剖析的过程，目的是想逃避那个问题。但倘若我不去逃避问题，而是努力审视问题，既没有恐惧，也没有焦虑，倘若我仅仅审视问题——数学的、政治的、宗教的或者任何其他领域的问题——不去寻求答案，那么问题便会开始自己告诉我答案了，这显然便是真实发生的情形。我们经历了这个过程，最后将它抛到一旁，因为它里面没有出路。因此，我们为什么不能一开始就做对，也就是说，不去寻求问题的解答呢？——这相当艰难，不是吗？

原因是，我对问题的理解越多，它里面蕴含的意义就会越多。要想认识问题，我就得静静地着手，不要把我的观念、我的好恶等感受强加在它上面，之后，问题将会自己彰显出它的意义。

为什么不能从一开始就让头脑安静下来呢？只有当我不去寻求答案，当我不再害怕问题，心灵才会迈入安宁。我们的困难，便是问题中所包含的恐惧。所以，如果一个人提问说是否有必要展开努力，那么他就会收到错误的、虚幻的解答。

让我们以不同的方式去看待这个问题吧，问题需要我们投以关注，而不是出于害怕去分心。当我们寻求着某个问题之外的解答，某个会让我们感到满意或者让我们去逃避的解答，也就不会去关注问题本身了。换句话说，假如我们可以抛掉上述所有这些去着手问题，就能够认识问题了。

因此，问题不在于我们是否应当经历这种分析、探究、剖析的过程，不在于为了获得宁静，是否必须这么做。当我们不再惧怕之时，宁静就会到来，由于我们害怕问题，所以才会被困在自身的追逐和欲望之中。

问：我不再压制自己的想法，结果我对于那些时而冒出来的念头感到十分的震惊，难道我真的有那么坏吗？（笑声）

克：受到震惊和冲击是好事，不是吗？震惊意味着刺激和感受，对吗？可如果你没有感到震惊，如果你仅仅声称你的内心有某个你不喜欢的东西，你打算去压制它、改变它，那么你就不会受到震惊了，对吗？（笑声）不，请不要对这个问题一笑了之。原因是，我们大多数人都不希望受到冲击——我们不想知道自己的真实模样，这就是为什么我们学习去压制、训戒，学习为了我们的国家和为了自身而去毁灭邻居以及我们自己，我们不希望认识自己的本来面目。所以，发现自己的真实模样，是一件会带给人巨大冲击的事情，应该是这样子的。由于我们希望它是不同的，我们喜欢把自己想象成、勾画成美丽的、高尚的模样，想象成这个或那个——所有这一切都是一种抗拒。我们的美德仅仅变成了抗拒，于是也就不再是美德了。敏锐地意识到一个人自己的本来面目，需要某种自发性，在这种自发的状态里，一个人将会有所探明。但倘若你把自己的念头和感受压制、训戒得如此彻底，以至于没有任何的自发性，那么你就无法发现任何东西。我不知道这是不是我们大多数人所渴望的——内心死寂，毫无生机。原因是，这样活着要容易得多——献身于某个理念、某种信仰、某个组织或政府，天知道还有什么其他的东西——并且像机器一样自动地运作，这要容易得多。但是，内心觉知到、意识到所有可能性则太过危险、太过痛苦，我们用一种体面的方式让自己变得迟钝和麻木，用一种被认可的训戒、压制、升华、否定——你知道，各种各样可以让我们变得迟钝的法子。

那么，一旦你发现自己的本来面目是丑陋的、邪恶的，就像这位提问者所说的那样，你打算怎么做呢？以前你去压制，因此也就从未曾探明，如今你不再去压制，结果便发现了自己的本来模样，接下来你的反应会是怎样呢？很明显，你如何应对，你如何着手——这才是更加重要的事情。当你发现自己是邪恶的、丑陋的，会发生什么呢？你会怎么做呢？就在你发现的那一刻，你的脑子已经开始运作起来了，不是吗？你难道不曾留意过吗？我发现自己是个吝啬之徒，这对我来说犹如晴天霹雳，我该怎么办呢？尔后头脑开始说道："我不应该吝啬。"于是它便去培养慷慨。外在的慷慨是一回事，心灵的慷慨又是另外一回事，培养慷慨是属于外部层面的，你无法培养起心灵的慷慨。如果你培养心灵的慷慨，那么你就是用头脑的东西去塞满心灵。因此，当我们发现了某些不慷慨的事情时，会做什么呢？请去观察你们自己，不要坐等我给出答案或解释——在我们一同展开探究的过程中，去审视、去体验。并不是说这是一门心理学的课程，但是很明显，在聆听像这样的问题时，我们必须在探寻的过程中去体验，尔后获得自由，而不是日复一日地以愚蠢的方式继续着同样的生活。

所以，我们该如何是好呢？本能的反应便是，要么去辩护，要么去排拒，这么做会让我们变得迟钝、麻木。然而，应该洞悉事物的本来面目，应该看到我是个吝啬的人,然后就此打住,不要做任何的解释——就只是认识到自己是吝啬的,这是多么了不起的事情。这意味着,不对自己的感受进行言语的描述,不去命名。假如一个人真的在此停下来,那么他会看到将出现非凡的转变。尔后,他广泛地觉知到了这种感觉的涵义,尔后,他不必对那一感觉做任何的事情。因为,当你不对某个事物进行命名的时候,它就会消退而去。若你对此加以检验,会发现,一旦你不去命名或辩护,而是仅仅去察看,安静地审视你并不慷慨或者你很吝啬的这个事实,那么你将会获得何等非凡的觉知。我用了"慷慨"、"吝啬"这些字眼,仅仅是出于交流之便,词语并不是它所指代的那个事物,所以请不要被词语裹挟,而是应当去审视事物本身。显然,当一个人觉得自己了不得的时候,去探明自己的本来面目,吃惊地或者震惊地发现自己的真实模样,这是十分重要的。认为自己是这个或那个,这是异想天开和愚蠢的。所以,当你把这一切抛到一旁,仅仅去审视"当下实相"——这需要的是非凡的警觉,而非勇敢,而非美德——当你不再去压制它、谴责它、为它辩护、给它命名,你会发现将出现非凡的转变。

问: 感知到一个人的思想和感受,以及被感觉到的状况改变或永远消失,这两者之间会有时间上的间隔,那么是什么决定了这个呢?换句话说,为什么一个人内心的某些令人不快的状况不会在它们被观察到的那一刻就消失不见呢?

克: 很明显,这取决于投以正确的专注,不是?当一个人感觉到了某种令人不快的个性时——我使用这些字眼,只是为了交流的方便,我不会给"感觉"赋予任何特殊的意义——在转变之前会有一个时间间隔,这位提问者想要知道原因何在。显然,感觉同改变之间的间隔,取决于专注。如果我仅仅只是去抗拒它,如果我去谴责它或对其进行辩护,那么会有专注可言吗?很明显,不会有任何的专注,我不过是在逃避它罢了。若我试图去战胜它、训戒它、改变它,这就不是专注,对吗?只有当我对事物本身怀有充分的兴趣——而不是如何去改变它,因为尔后我不过是在躲避，在分心，在逃开——才能实现专注。

因此，重要的不是发生了什么，而是能够在一个人发现了某个令人不快的东西时做到正确的专注。假如有任何形式的认同，任何愉悦或不悦的感受，就无法实现正确的专注，这一点是极为显见的——一旦我因为自己渴望它或者不想它而分了心，就无法做到专注了。如果这一点非常清楚了，那么问题就简单了，尔后不会再有间隔。但我们喜欢间隔，我们喜欢经历所有这些如迷宫一般繁冗的方法来逃避我们必须要去应对的事情，我们奇迹般地、坚忍不拔地发展起了各种逃避，这些逃避已经变得比事情本身更加重要。但倘若一个人洞悉了这些逃避，不是停留在口头层面，而是真正意识到自己正在逃避，那么他便能投以正确的专注，尔后，他不必再去同逃避展开交战了。当你看见某个有害的事物时，你不必躲开，它是有害的东西，你不要去管它。同样的，当问题真的很严重，当震惊非常强烈的时候，你自发地就会投以正确的专注了，之后便会做出立即的反应。可一旦冲击、问题不是那么严重的时候——我们小心翼翼地不让任何问题变得过于严重——那么我们的心灵就会被弄得迟钝，并且枯萎下去。

问：艺术家、音乐家是否做着无用的事情呢？我不是在说一个从事艺术或音乐的人，而是那种与生俱来的艺术家。您可否探究一下这个问题呢？

克：这是一个非常复杂的问题，所以让我们慢慢来探究。正如这位提问者所说，世界上有两种类型的人——一种是与生俱来的艺术家，一种是那些从事艺术或音乐的人。那些从事文艺工作的人，显然做这个，要么是因为感觉，要么是因为精神的振奋，要么是因为各种逃避，抑或仅仅是当作一种娱乐消遣，一种上瘾的东西。你可以搞搞艺术音乐，就像另一个人喝酒或是沉溺宗教教义，或许你的行为危害更小一些，因为你是自己一个人单打独斗。此外还有另一种艺术家——如果有这样的人存在的话，他去绘画、弹琴或者谱曲以及做其他相关的一切，都是骨子里来的。那么，这个人身上会发生什么呢？你一定认识这样的人。作为个体的他会有什么事情发生呢？作为社会实体的他呢？这样的人身上会发生什么？对于所有那些富有天赋、才能的人来说，危险便是他们会觉得自己是优越的、高人一等的，他们认为自己是社会中坚，他们是优选出来的。所有的罪恶都是由这种孤芳自赏而生：他们不合群，他们秉持个人主义，他们好斗并且极其的自我中心——几乎所有有天赋的人都会像这个样子。因此，天赋、才能是一种危险，对吗？不是说一个人能够躲避天赋或才能，而是说他必须意识到这种天赋的涵义及危险。这样的人可能会聚在实验室或是音乐家、艺术家的聚会里，但他们始终是自己同他人之间的一道障碍，对吗？你是外行而我则是专家——一个人知道得更多，一个人知道得较少，以及这里面所包含的全部认同。

  我并没有在轻视任何人，因为这么做会是愚蠢的，但一个人应该觉知到所有这一切。把它们指出来，并非是要辱骂或嘲笑某个人，毕竟，我们当中很少有人是与生俱来的艺术家。我们喜欢弹琴，因为它是有利可图的或者会带来名声，它会带给我们某种地位。如果我们真的是极具天赋的艺术家，那么显然就会具有感受力，而不是把自己孤立隔绝起来。艺术并不属于任何国家或是某个人，但艺术家不久会把自己的天赋变成个人的——他的画作，这是他的作品、他的诗篇，这些东西让他无比的膨胀，就像我们其他人一样。于是，他变得无礼，不尊重他人，认为自己是更加重要的。由于我们大部分人幸运或不幸地都没有处在这种位置，所以我们把音乐或艺术仅仅当做一种感官上的东西。当我们听见某个悦耳的声音时，可能很快就会有反应，但若是不断地重复这声音，不久就会让我们变得迟钝，它不过是我们沉溺其中的感觉罢了。假如我们不去沉溺其中，那么美便会具有不同的意义了，尔后，我们每一次都会以崭新的眼光和方法去着手。这种每次都以新的视角去看待事物的做法，不管是丑的还是美的，格外的重要，它能够带来感受力。但倘若你为自己的才能或上瘾的东西所困，被你自己的高兴、自己的感觉所困，那么你便无法做到富有感受力。很明显，真正富有创造力的人都会以新的眼光去迎接事物，他不会仅仅照着电台播音员告诉他的或者讨论所说的去做。

因此，这里面的困难在于要始终保持这种感受力，始终做到警觉，不管你是个艺术家还是仅仅只是在玩艺术。当你自视为艺术家而看重自己的时候，这种感受力就会走向迟钝。你或许拥有想象力，你或许能够把这种想象力付诸绘画、雕刻、文字之中，可一旦你让自己去跟它认同，你便会迷失，想象力也会终结，你丧失掉了感受力。世人乐于赞美你，说你是了不起的艺术家，你也好这口。我们大多数人并非是天生的伟大的艺术家，对于我们来说，难题便是不去迷失在官能的感受之中，因为感觉会走向钝化，通过感觉，你无法去体验。只有当有了直接的关系，才能获得体验，只要存在着感觉这道屏障，只要你想要变得如何如何，渴望改变或是永生，就无法拥有直接的关系。因此，我们的困难在于要保持高度的敏锐力和感受力，一旦我们仅仅去寻求感觉以及感觉的重复，便会将这种感受力挡在门外。

（在欧加的第八场演说，1949 年 8 月 7 日）

问题乃是我们自身思考方式的反映

今天晚上我想只回答提问，不像往常一样先做一番讲话。不过在回答问题之前，我想要就这些提问和回答谈一两点。

首先，我们大部分人都很容易去相信，头脑很善于说服我们去以不同的方式进行思考，去采纳某个新的观点或者去相信那些本质上并非真实的事物。那么，在回答这些问题的时候，我希望指明，我并不打算说服你们沿着我的思路去思考，我们要一同努力去找到正确的答案。我为你们解答，不是让你们仅仅去接受或排拒。我们要共同去探明什么是真理，而这需要一个抱持开放姿态的心灵，一个理性的、善于去探寻的心灵，一个敏觉的心灵——而不是一个为偏见所围以至于仅仅只是去排拒抑或一个急急忙忙去接受的心灵。在回答这些问题的过程中，脑子里应该确立这样一个基本的事实：即它们只是我们自身思考方式的一种反应，它们向我们揭示出了我们在想些什么，它们应当犹如一面镜子，我们从中可以认识自己。毕竟，这些讨论、这些谈话，目的只有一个，那就是认识自我。因为，正如我所说的那样，唯有首先认识了自我——深入地、深刻地认识，而不是流于表面——我们才能懂得真理。要做到深刻地而非粗浅地认识自我是相当不易的，这不是有关时间的问题，而是程度的问题，重要的是直接的感知与体验。这些讨论与谈话的目的也正在于此，如此一来我们每个人都可以直接地去体验正在讨论的内容，而不是仅仅停留在口头层面的认识。重要的是必须铭记于心，我们每个人都应当去找到真理，我们每个人都应当既是大师也是学生——这需要相当的谦逊，而不是对我所认可的或否定的东西盲目地加以接受。

所以，在我回答这些问题的时候，请牢牢记住这一点。因为，我们所有人都面临着无数的难题，生活并不是那么愉悦的或简单的，它相当的复杂。只有当我们理解了生活的全部，才能认识它，而生活的整个过程就存在于我们身上，而不是在我们之外。因此，重要的是去认识我们自己，尔后我们便能应对那些每日都会面对的事情，应对那些始终在撞击着我们的影响。

问：闲言碎语在自我揭示的时候是有用的，尤其是在把其他人向我展示时。严肃来说，我们为什么不把闲话当作一种发现实相的手段呢？我不会对"闲言碎语"这个词表示异议，因为它已经被谴责很多年了。

克：我想知道我们为什么要讲闲话呢？并不是因为它把其他人展示给了我。为什么别人应该被展露给我看呢？你为何想要知道别人的事情呢？为何要对别人的事情如此关心呢？首先，先生，我们干吗要说闲话？它是一种不安宁，对吗？就像焦虑，它表明的是一颗不宁静的心灵。为

问题乃是我们自身思考方式的反映　459

什么会渴望去干涉别人的生活，为什么想要知道别人在做什么、说什么？只有非常肤浅的心灵才会喜欢这种闲言碎语，不是吗？一个被错误引导的充满好奇的心灵，才会如此。这位提问者似乎认为，他去关心别人——关心他们在做什么，关心他们的想法、看法——那么这些人就会展示在他面前了。但如果我们不了解自己，那么能了解他人吗？如果我们连自己的思考方式、行为方式都不了解的话，还能够去评判别人吗？为什么要如此关注别人的事情呢？想要知道别人在想些什么、有什么感觉，并且对此议论纷纷，这么做实际上是一种逃避，难道不是吗？它难道不是在让我们逃避自己吗？这里面蕴含的难道不是一种想要去干涉别人生活的欲望吗？不去干涉他人的话，我们自己的生活难道还不够艰难、不够复杂、不够痛苦吗？还有时间以这种琐碎、残酷、丑陋的方式去想别人的事情？我们为什么要这么做？你知道，每个人都在这么干，实际上每个人都在说着他人的闲言碎语。原因何在？

我以为，首先，我们说别人的闲话，是因为我们对自己的思考过程和行动过程不够感兴趣。我们希望看看别人在做什么，或许，说得好听点，希望去模仿别人。当我们讲闲话的时候，通常都是在谴责别人。然而，说得仁慈点，这是在效仿别人。我们干吗想要去模仿他人呢？这一切难道不是说明我们被笼罩在他人巨大的阴影之下吗？只有格外愚钝的心灵才会渴望刺激，并且在自身之外去得到它。换句话说，闲话是一种我们沉溺其中的官能上的感受，不是吗？它可能是一种不同的感觉，但这里面包含的依然是那想要找到刺激、找到消遣的欲望。所以，假如一个人真正深入地去探究这个问题，他会返回到自身，会意识到闲话其实说明他很肤浅，通过议论别人来从外部寻求刺激。当下次你说某个人的闲话时，请观察一下你自己，若你展开觉知，会懂得闲话表明你自己是何其糟糕。不要说什么你不过是对别人好奇，从而试图把你自己的糟糕给掩盖起来。说别人的闲言碎语，说明你的内心不安宁，说明你寻求着刺激感，说明你很肤浅，对人缺乏真正的、深刻的兴趣，这些东西其实跟闲话无关。

那么，接下来的问题便是怎样停止这种闲言碎语，这就是接下来的问题，对吗？当你意识到自己在讲他人闲话的时候，你如何去停止这种行为呢？如果议论别人已经成为了一种习惯，成为了日复一日去做的丑陋之事，那么你要怎样停止呢？是否会出现这个问题呢？当你知道自己在讲别人闲话，当你觉知到你在议论别人，觉知到了它的全部涵义，尔后你是否会对自己说道："我怎样停止讲闲话呢？"一旦你意识到自己在说别人闲话，那么这种行为难道不会自行停止了吗？根本不会出现"如何停止"的问题。只有在你没有觉知的时候，才会发出"怎样停止"的疑问。说别人的闲言碎语，显然意味着缺乏觉知。下一次在你讲他人闲话的时候，请你自己去对这个加以检验，那么你会发现，一旦你意识到了自己在谈论别人，意识到了你的舌头正在失控，你立即就会停止闲言碎语的。不需要运用意志力来停止讲闲话，需要的只是觉知到你正在说他人的闲话，需要的是懂得这里面的涵义。你不必去谴责闲言碎语或者对其辩护，就只是去觉知到它，你将发现你马上就会停止讲闲话了，因为它为一个人揭示出了他自己的行为方式、思考模式，在这种揭示的过程里，他发现了自我，这要比讲别人的是非、议论别人在做什么、想什么、如何行为来得重要。

我们大多数人每天都会读报，结果脑子里也就塞满了各种闲言碎语，全世界的闲言碎语。这完全是一种自我逃避，逃避我们自己的琐碎与丑陋。我们以为，通过这种流于表面的对世上事件的兴趣，我们就会变得越来越聪明，越来越能够应对自己的生活。所有这些，显然是各种逃避自我的手段，不是吗？原因在于，我们的内心是如此的空虚和浅薄，我们是这样的惧怕自己，我们的心灵这般贫乏，以至于闲言碎语成为了一种重要的娱乐活动，成为了我们逃避自己的法子。我们试图用知识、仪式、闲话、群体集会——用无数逃避的方法来填满心灵的空虚。于是，逃避，而不是对"当下实相"的认知变得至关重要起来。认识"当下实相"，要求我们投以关注，认识到一个人是空虚的，认识到他身处痛苦之中，这需要投以巨大的关注，而不是去逃避。然而我们大部分人都喜欢这些逃避，因为它们更加让人快乐、让人愉悦。此外，当我们认识了自己的本来面目，要正视我们自己是非常困难的，这是我们所面临的一个难题，我们不晓得该如何做才好。当我了解到自己是空虚的，了解到我遭受着痛苦，身处困境，我不知道该做些什么，该怎样去应对，结果我们便去诉诸于各种各样的逃避。

所以，问题在于，该做什么？当然，一个人显然无法去逃避，因为这是荒谬的、幼稚的。可一旦你面对着自己的真实模样，那么你要怎么做呢？首先，能否不去排拒或辩护，而是就跟你的本来面目共处呢？——这是非常不易的，因为心灵寻求着解释、谴责、认同。如果它不去做这些事情，而是与自己的本来面目共处，那么它就会去接受自己的真实模样了。假如我接受了自己是个棕色人种，事情就结束了，但倘若我渴望变成肤色浅一些的人种，就会生出问题。因此，接受本来面目是非常困难的，只有当一个人不去逃避的时候，他才可以做到。谴责或辩护就是一种逃避。所以，当一个人认识到了这整个的过程即自己为什么会去讲别人的闲话，当他意识到了这其中的荒谬、残酷以及其他的一切，他就会跟自己的本来面目共处。我们解决这个问题的方法，通常要么是去消灭它，要么是把它变成其他的样子。可如果我们不去这么做，而是怀着认识自我的意愿着手，跟自己的本来面目共处，那么我们就将发现它不再是我们惧怕的事物了，尔后也就能够去改变我们自己的本来面目了。

问：我们怀有许多的理想，选择面很广。我们试图通过各种方法来认识它们，这是一种漫长的、需要耗费时间的法子。在听您演讲的时候，我感觉理想跟实践之间的区别或者说距离是虚幻的，是这样的吗？

克：首先，我们每个人是否意识到自己怀有理想呢？是否意识到由于有了这些理想，于是我们便会努力去实践它们或者达成它们呢？以有关暴力的问题为例。我们有一个理想，那就是不暴力，我们努力在日常生活中去实践这一理想。抑或以你们怀有的其他理想举例，如果我们是严肃认真的，而不是仅仅活在口头层面，便会始终努力去实践该理想。这需要时间，需要展开不断的实践，会经历一系列的失败，等等。

我们为什么怀抱理想？我们为什么要怀有一大堆的理想？它们会让我们的生活变得更好一些吗？通过不断的训戒，能够获得美德吗？美德是一种结果吗？抑或它是某种截然不同的事物呢？以谦逊为例，你能够实践谦逊吗？还是说当自我不再重要的时候，才会做到谦逊呢？尔后，"我"和"我的"不会再是压倒一切的因素了。但倘若我们把它变成了一种目标——即自我不应当是占据一切的——便会生出如下问题：即怎样才能达到这种状态呢？因此，这整个的过程非常的复杂和虚幻，不是吗？显然必须得用不同的方法来着手这个问题。怀有一大堆的理想，这难道不是一种逃避吗？原因是，它给了我们把玩的时间。我们说道："我在实践它；我在训戒自己；总有一天我能够做到的；必须慢慢地走，必须朝它迈进。"——你知道我们会给出各种各样的解释。

那么，有不同的解决方法吗？因为，我们可以看到，不断地朝着某个理想去训戒自己，让自己去接近那一目标，这么做实际上并不能带来问题的解决。我们没有变得更加和善，没有变得少些暴力，我们或许可以表面上做到——但并不是从根本上有所改变。所以，一个人怎样才能一边不怀有不贪的目标，一边又能做到不贪呢？举个例子，假设我很贪婪或者是个吝啬之徒抑或是个易怒之人——任何这类不好的品性。通常的做法便是有了某个理想，然后努力通过实践、训戒等方法让自己去达至那一目标。这么做能够让我摆脱贪婪、愤怒、暴力吗？能够让我挣脱暴力的枷锁的，是不再渴望变得如何如何，不再渴望有所得，不再渴望去保护什么、去达至某个结果，诸如此类。因此，我们的问题就在于怀有这些理想，就在于不断地渴望变得如何如何，难道不是吗？这实际上便是问题的症结所在。毕竟，贪婪或愤怒是"我"、自我的一种表现，只要这个"我"存在着，那么愤怒就会继续下去。单纯地控制它，让它以某种方式来运作，并不能让它摆脱愤怒。这个过程只会使自我得到强化，不是吗？

假如我意识到了自己是易怒的或贪婪的，那么我是否需要经历训戒的过程，以便摆脱愤怒和贪欲呢？难道没有另外一种不同的方法来解决这个问题吗？只有当我不再寻求官能上的享受，才能以不同的方法来应对这一问题。愤怒让我得到了一种愉悦感，不是吗？尽管我可能事后会讨厌发火，然而在我动怒的时候，这里面会有一种兴奋、刺激，愤怒是一种释放。所以，在我看来，首要之举便是意识到这个过程，意识到理想并不会根除掉任何东西，它不过是把问题给搁置起来了。也就是说，要想认识某个事物，我就得全身心地去关注它，理想只是一种分心，它让我无法对那一感觉或者那一个性投以完全的关注。假如我展开充分的觉知，假如我全身心地去关注那个被我叫做贪婪的个性，没有掺杂进来某个理想让我去分心，那么我就将处于认识贪婪的状态之中，从而将它给解决掉，难道不是吗？你知道，我们如此习惯于把问题搁置起来，理想帮助我们去一拖再拖，但倘若我们能够抛掉所有的理想，因为我们已经认识了逃避，认识了理想具有的拖延的特性，倘若我们直面事物的本来面目，立刻对它投以全部的关注——那么显然就能够去改变它了。

如果我意识到自己是个暴力分子，如果我觉知到了这一点，同时不去试图改变它抑或变得不暴力，如果我仅仅只是去觉知——那么，由于我对它投以了全部的注意力，结果它便向我敞开，让我看到了暴力的各种涵义，于是显然就会发生内在的转变了。但倘若我去做到不暴力或者不贪婪或者是其他你怀有的理想，那么我就只是在把问题搁置起来，难道不是吗？因为我没有全身心地去关注"当下实相"，即贪婪或暴力。你知道，我们大部分人都把理想作为一种拖延的手段抑或是想要变得如何如何，作为达至某个结果的手段。当你非常渴望去实现某个理想的时候，这种渴望里面显然包含有暴力。在变得如何如何的过程里，在让我自己朝着某个目标去运动的过程里，显然包含有暴力，对吗？你知道，我们全都希望变得如何如何，全都希望出人头地，我们想要获得幸福，想要变得更加美丽，想要拥有更多的美德，我们想要更多更多更多。很明显，在这种渴望变得更怎么样的过程里，在这种欲望里，包含有暴力，包含有贪婪。但倘若我们意识到我们渴望得越多，冲突就会越多，那么便会懂得，理想不过帮助我们增加了我们的冲突——这并不意味着我对自己的本来面目感到满意，恰恰相反。只要我渴望变得如何如何，就一定会出现冲突，一定会遭遇痛苦，一定会有愤怒、暴力。如果我真的感受到了这一点，如果我被它深深地影响了，如果我意识到了它、觉知到了它，那么我便能够立即去应对这个问题，而不会怀抱一大堆的理想去鼓励自己成为这个或那个。尔后，我的行动便是立即的，我同它的关系便是直接的。

但这也生出另外的问题来，那便是体验者与体验的问题。对于我们大多数人来讲，体验者跟体验是两个不同的过程，理想跟我自己也是两种不同的状态，我希望变成那样，于是，"我"这个体验者、思想者跟思想是不同的，是这样吗？思想者与思想是分开的吗？还是说存在的只有思想，是思想创造出了思想者呢？所以，只要我跟思想是分开的，我就能够去控制它，我就能够去改变它。但是这个"我"即操控某个想法的人，跟那个想法是分开的吗？很明显，他们是一个统一的现象，对吗？思想者与思想是一体的，而不是分开的。当一个人发怒的时候，他就是愤怒，此时存在的是一种被我们命名为愤怒的完整的感受。然后我说"我是愤怒的"，于是我便把自己同愤怒分隔开来，尔后我便能够去操控它，对它做某些事情。可如果我认识到自己就是愤怒，认识到我就是那一个性本身，该个性同我并不是分开的，很明显，一旦我体验到了这一点，就会采取截然不同的行动，就会采取截然不同的解决方法了。

现在，我们将自己与那一想法、感觉、个性划分开来，结果"我"便成为了一个和该个性分离的实体，于是"我"可以去控制那一个性。但那一个性跟"我"即思想者并不是分开的，当你有了完整的体验，在这种体验里面，思想者与思想是一体的而不是分开的，那么显然就会有完全不同的反应和解决办法了。只要你对此加以检验，就会发现这一点。原因在于，在体验的那一刻，既没有体验者也没有被体验之物，只有当体验逐渐褪去的时候，才会出现所谓的体验者和被体验之物。尔后，体验者说"我喜欢这个"或者"我不喜欢这个"，"我想要更多"或者"我想要少一些"，尔后，他希望培养理想，希望实现该理想。但倘若思想者便是思想，没有两个分离的过程，那么他的整个态度就会发生转变了，对吗？于是对思想就会做出完全不同的反应，于是不会再有让思想去接近、符合某个理想或者是摆脱思想，于是不会再需要付出努力了。我认为，凭借自己的力量去探明这一点、去直接地体验这一点真的是非常的重要，而不要是因为我这么说抑或其他人这么说。重要的是获得这种体验——即思想者便是思想。不要让这个变成新的信口胡说，变成我们用的某套词语。通过言语描述，我们是无法去体验的，我们有的不过是感觉，而感觉并非体验。假若一个人能够意识到这个统一的现象，意识到思想者与思想是一体的这个过程，那么我觉得我们就会比仅仅怀有理想或者一个理想也没有的时候更加深刻地认识这个问题了，这实际上有些离题了。

如果我便是我的思想，我的思想跟我并不是不同的，那么就不必展开任何努力了，不是吗？尔后我不会想要变得如何如何，尔后我不会再去培养美德。这并不是说我已经是个有德行的人，当我意识到自己是有德之人时，我并不是有德行的，在我意识到自己是谦逊的那一刻，谦逊显然消失不见。因此，若我能够认识那个展开努力的人——"我"要变成自己那些自我保护的需求、欲望，这些都是我自己——那么很显然，我的整个看法就将发生根本性的改变。

这便是为什么展开正确的冥想，懂得何谓正确的冥想是如此重要的缘故了。它不是去达至某个理想，不是努力去获得什么，不是实现什么，不是专注，不是培养某些品性，诸如此类，这些我们之前都讨论过了。正确的冥想便是认识"我"、自我的整个过程，因为，正如我所指出来的那样，正确的冥想即认识自我，如果没有冥想，一个人就无法探明什么是自我的过程。假如没有冥想者对某个事物展开冥想，那么冥想便是去体验实相，去体验思想者即思想的整个过程。唯有这时，心灵才能迈入真正的宁静，于是它才可以去探明是否存在着某种超越意识的事物。这不是单纯地口头上宣称有还是没有，宣称存在着梵我、灵魂，随便你如何称呼都好——我们不是在讨论这些东西。它是任何言语都无法表述的。尔后，意识会是安静的——并非仅仅是表层的意识，而是意识的全部内容、整个的意识都是安静的。但倘若去展开努力，意识便无法获得宁静，只要一个人认为自己跟思想是分开的，便会有那个展开努力的人，便会有行动的意愿。这需要展开相当多的探究与思索，而不是仅仅流于表面、流于感官层面的体验。当一个人有了直接的体验，那么达至理想便是虚幻的——它根本没有任何意义，于是它便是一种错误的方法。尔后，一个人懂得这种变得更加怎样、变得更加伟大的过程与实相毫不相干。只有当心灵彻底安静下来，当不再展开任何努力，实相才会到来。美德便是一种自由的状态，在这种状态里面，不再有任何努力，因此美德是一种完全停止了努力的状态。但倘若你努力去变得有德行，那么它显然就不再是美德了，对吗？

所以，只要我们没有认识到、体验到思想者与思想是一体的，那么所有这些问题就都会冒出来。可一旦我们体验到了这一点，就会停止展开努力了。要想体验到这一点，一个人必须充分觉知到自身思想与感受的过程，觉知到自己渴望变得如何如何的过程。这就是为什么说若一个人真的在寻求真理、神，那么重要的是去认识到必须要结束这种往上爬、增长、获取的心理过程。我们是如此的世俗，职员会希望变成老板，工头会希望当上总管——我们也怀着类似的心态去迎接实相。我们以为自己会做同样的事情，会攀登成功的阶梯。我担心恐怕无法用这种方式办到，假如你这么做了，你将会活在一个幻觉的世界里，因而也就活在冲突、痛苦、不幸和争斗之中。但倘若一个人抛却了这样的心态、这样的念头、这样的看法，那么他就会实现真正的谦逊，他就是谦逊，而不是变得谦逊。尔后也就能够去直接地体验实相，单单这种体验本身便可以将我们所有的问题迎刃而解——而不是我们那些狡猾的努力，不是我们那伟大的智力或者深刻、广博的知识。

问：我已摆脱了野心的羁绊。我是不是出了什么问题啊？（笑声）

克：如果你意识到自己已经没有了任何野心，那的确是出了问题。（笑声）尔后一个人会变得自鸣得意、备受尊敬、毫无生趣以及缺乏思想。

为什么你应当挣脱野心的束缚呢？你怎么知道你已经摆脱了野心呢？显然，渴望去摆脱某个东西，这便是幻觉和无知的开始，难道不是吗？你知道，我们发现野心会带给人痛苦，我们渴望出人头地，结果却遭遇了失败，于是我们便说道："野心太让人痛苦了，我要摆脱掉它。"假如你的野心取得了成功，假如你完成了自我实现，得到了你所渴望的，就不会出现这个问题了。但由于没有成功，由于发现那里面没有圆满，于是你便抛掉野心，谴责野心。很明显，野心是没有价值的，一个野心勃勃的人显然无法找到真理，他或许会成为某个俱乐部、团体或某个国家的一把手，但是很明显，他并不是在寻求真理。

然而对于我们大多数人来说，困难在于，如果我们没有成功地实现自己渴望的目标，那么我们要么会变得怨声载道、愤世嫉俗，要么会努力去追求精神、宗教方面的东西。于是我们说"这么做是错的"，尔后将它抛到一旁，可我们的心态是一样的。我们可能在世俗世界里中没有获得成功，没有成为一个伟大的人物，但我们依然渴望在精神或宗教世界里出人头地——比如成为一个小团体的领袖。野心是一样的，不管它是在世俗世界中还是转向了神。有意识地认识到你摆脱了野心的束缚，这显然是一种幻觉，对吗？若你真的摆脱了野心，还会提出你摆脱与否的问题吗？当一个人充满野心的时候，他显然心里是很清楚的，不是吗？我们可以清楚地看到野心给世界带来的各种影响——它的残忍、它的无情以及对权力、地位、名声的欲望。然而当一个人有意地摆脱了某个东西，这难道不会有变得受人尊敬、变得沾沾自喜以及自满的危险吗？

我向你们保证，做到机敏、警觉，富有感受力地生活，不被对立面所困是极其不容易的，它需要相当的敏锐、智慧与觉知。尔后，即使你摆脱了野心，你将身处何方呢？你变得更加和善、更加睿智，变得对外部和内部的事件更加敏感了吗？很明显，这里面有危险，有变得愚笨、呆滞、迟钝、无趣的危险，难道不是吗？一个人越是敏锐、警觉，就越能够获得真正的自由——不是摆脱这个或那个。自由需要智慧，而智慧不是只要你坚持不懈就可以培养起来的东西。智慧是能够在关系里去直接体验的事物，而不是通过那道你认为关系应该如何的屏障。毕竟，我们的生活便是一种关系的过程，生活即关系，这要求具有非凡的警觉、机敏，不去思考你究竟是否挣脱了野心的羁绊。然而野心是关系的绊脚石，野心勃勃的人是一个孤立的个体，所以他不可能拥有正确的关系，不管是跟他的妻子还是跟社会的关系。生活便是关系，无论是跟一个人的关系还是跟许多人的关系。这种关系被野心扭曲了、破坏了、腐蚀了，当一个人意识到了这种腐蚀，显然就不会有摆脱野心的问题了。

因此，在这里面我们的困难在于要有所觉知，要觉知到我们的所思、所感、所言——不是为了把它变成其他的东西，而是仅仅去观察，去意识到这个。只要我们实现了这样的觉知——这里面没有谴责，没有辩护，有的只是关注以及充分地意识到"当下实相"——那么这种觉知本身就将具有非凡的效果。但倘若我们仅仅试图变得更不怎么样或者更怎么样，就会走向麻木、迟钝、无趣，就会成为一个自以为受人尊敬的得意之徒。一个受人尊敬的人，显然永远无法找到真理。觉知需要内心燃烧着熊熊的不满的火焰，这种不满不会通过任何满足或满意被轻易地疏导。

那么，假如我们懂得了所有这一切，懂得了我们今晚讨论的所有这些内容，不是仅仅停留在口头层面，而是真正展开了体验，不是在偶然的时刻，不是当我们被逼进了死胡同，就像你们当中有些人现在的处境一样，而是每天、每时每刻去觉知，假如我们展开了觉知，静静地去观察——那么我们就会变得极其敏锐、极其富有感受力，但不是那种感性化，这只会带来模糊和扭曲。让心灵富有感受力，要求的是简单——不是只系一条缠腰布抑或衣服简朴、无房无车，这里的简单，是指"我"、"我的"不再重要，不再有占有的意识——这种简单里面，不再有努力为之。尔后你便能够去体验实相，尔后实相便会到来。毕竟，这是唯一可以带来真理、带来永恒的幸福的事物。幸福本身不是结果，它只是个副产品，它只会伴随着实相而来。不是你去追逐实相——你无法办到，而是实相必须向你走来。只有当你获得了彻底的自由与宁静，它才会到来。不是

问题乃是我们自身思考方式的反映　　469

你变得安静，这是一种错误的冥想的过程，变得安静跟安静有很大的不同。一旦你真正迈入宁静，不是人为地、刻意地变得安静下来，那么那个无法言明的事物就会到来，而创造力与生机也会到来。

(在欧加的第九场演说，1949 年 8 月 13 日)

能否在没有观念的情况下展开行动

在过去的五周时间里，我们一直都在讨论认识自我的重要性，原因是，如果没有认识自我——不是局部的认识，而是充分的、全面的认识——就无法展开正确的思考，也因此无法实现正确的行动。没有自知，就不会有完整的行动，若没有自知，就只能展开局部的、片面的行动。由于片面的行动势必会带来冲突和痛苦，因此，对于那些真正想要全面地认识有关生活种种问题的人们来说，重要的是去理解关系的问题——不仅是跟一两个人的关系，而且还包括跟全体即社会的关系。要想认识有关关系的问题，我们就得认识自我，认识自我便是行动，而不是从行动中退出。只有当我们认识了关系——不单单是跟人的关系，还有跟观念、跟事物、跟自然的关系——方能展开行动。所以，行动便是与物、与财产、与自然、与人以及与观念的关系。没有理解这整个的过程即我们所谓的生活，生活必然就会充满矛盾与痛苦，必然会是不断的冲突。因此，要想认识生活的过程即认识我们自己，我们就必须理解自身的思想与感受的全部涵义，这便是为什么我们一直都在讨论自知何等重要的缘故。

或许我们当中有些人读过几本关于心理学的书籍，对于心理学方面的术语多少知道一点儿，可我担心，单纯的粗浅的知识是不够的，仅仅通过单纯的知识和学习得来的口头上的认知是不够的。重要的是在关系里认识我们自己,而关系并不是静止不动的——它始终都处于运动变化之中。所以,要想跟上关系的运动,就必须不囿于任何一种观念。我们大部分人都是观念的奴隶,我们就是观念、一系列的观念,我们的行动受到观念的限定,我们的整个看法都为观念所囿。因此,观念塑造了我们的关系,关系为某个观念所限定,妨碍了我们对关系的认知。对我们来说,观念格外的重要,具有非凡的意义。你有你的看法,我有我的观点,我们在观念上始终处于冲突的状态,不管是政治的、宗教的还是其他方面的理念,每一个都同其他的相对立。观念一直都在导致对立,因为观念是感觉的产物,只要我们的关系受到感觉、观念的限定,那么我们便无法认识那一关系。于是,观念妨碍了行动,它不会推动行动——而是局限着行动,我们在日常生活中经常会看到这一情形。

因此,能否在没有观念的情形下展开行动呢?我们的行动能否不是观念先行呢?理由是,我们意识到观念是怎样让人们分隔开来的——观念便是信仰、成见、感觉、政治的和宗教的看法——如今,这些东西将人们划分成了不同的阵营,把世界撕裂成了一个个碎片。培养智力已经变成了主导性因素,我们的智力引导着、塑造着我们的行动。所以,能够在没有观念的情形下去行动吗?当问题真的很深刻,需要我们投以全部的关注,我们就会没有任何想法便去行动了。我们或许会试图让行动符合某个观念,但倘若我们去探究问题,倘若我们真正努力去认识问题本身,就会开始把观念、成见、看法抛到一旁,以崭新的视角和方法去处理问题了,这显然就是当我们有了某个问题的时候应该做的事情。我们试图依照某种观念去解决问题,抑或依赖于某个结果,诸如此类。当以这种方法无法解决问题的时候,我们就会把所有的观念抛到一旁,就会放弃我们的想法,从而以新的方式、用一颗宁静的心灵去应对问题。我们是无意识地在这么做,很明显,这便是发生的情形,对吗?当你有了某个问题,你对此焦虑不已,你希望从这个问题得到一个结果,或者你根据某些观念去对问题进行阐释。你经历了所有这些过程,但问题依然悬而未决，于是，头脑变得疲惫不堪，不再去对问题左思右想了，尔后它便安静下来，它获得了休息，它不再对问题忧心忡忡。不久，就像经常会发生的那样，它立即明白了怎样去解决问题，关于问题，它茅塞顿开了。

所以，行动显然不在于去遵从某个观念，尔后它不过是思想的继续——而不是行动。我们能够在不让行动去符合某个观念的情况下生活于世吗？原因在于，观念会继续，假如我们让行动去遵从某个念头，便会让行动得以持续，结果就会有"我"、"我的"与行动的认同。于是，"我"因为观念、因为思想过程得到了强化，而这个"我"恰恰是一切冲突与不幸的根源。

很明显，不朽并不是一个观念，它是某种超越了理念、超越了思想、超越了无数记忆的事物，而理念、思想和记忆这些东西全都是"我"。只有当思想停止的时候，只有当停止思考过程的时候，才能体验这一状态。体验我们所说的不朽，体验这一永恒的状态，并不是思想的产物，因为思想不过是记忆的持续，不过是记忆的反应。只有认识了自我——不是通过试图去达至该状态，因为这么做仅仅只是努力去体验某个自我投射的事物，因而是不真实的——才能体验到那一非凡的状态。由于这一缘故，所以重要的是去认识我们意识的全部过程，即我们所说的"我"和"我的"，而唯有在关系里才能认识我们的意识，而不是在孤立隔绝的状态中。

这就是为什么对于那些真的想要去认识真理、实相或神的人们来说，必须得充分领悟关系的涵义，原因在于，关系便是唯一的行动。如果关系是基于某个想法、观念，就无法展开正确的行动。若我试图局限我的关系，让它去符合某个观念或者局限于某个观念，正如我们大部分人所做的那样，那么它就不是行动了，而这种关系里面也不会有任何的认知。可一旦我们意识到这是一种错误的行为，只会走向幻觉、局限、冲突和界分——观念总是会带来界分——那么我们就将开始直接地认识关系，不会把某种成见、限定强加在关系之上。尔后我们将会看到，爱不是一种思想过程,你无法去思考爱。然而我们大多数人却是这么在做的,所以它不过是感觉罢了。假若我们把关系局限为某种基于感觉的观念,那么我们便会把爱抛弃掉,尔后我们会用头脑的各种东西把自己的心灵塞满。尽管我们或许会感受到那种感觉,并且将其称作爱,但它并非真爱。爱显然是某种超越了思想过程的事物,可只有通过在关系中去认识思想的过程,才能发现爱——不是通过排拒思想过程,而是通过在关系里觉知到我们的思想和行为方式的全部涵义。只要我们能够展开得更加深入一些,就会明白行动与观念无关。尔后,行动便是时时刻刻的,在这种体验即正确的冥想中,蕴含着不朽。

问:批评在关系里有何作用?建设性的批评与破坏性的批评有何不同?

克:首先,我们为什么要批评呢?是为了获得理解吗?还是说它不过是一种挑剔、唠叨的行为呢?如果我批评你,我会由此了解你吗?通过评判,能够获得理解吗?若我希望实现理解,若我希望深刻地而不是肤浅地理解我与你的关系的全部涵义,那么我会开始去对你评头论足吗?抑或,我是否应该去觉知到你我之间的这种关系,静静地去观察它——不是发表我的看法、讨论、判断、认同或者谴责,而是安静地观察发生的情形呢?假如我不去批评,会发生什么呢?一个人很容易会睡着,不是吗?这并不意味着,若我们挑剔、唠叨的话就不会睡着了。或许这会变成一个习惯,我们通过习惯让自己沉沉睡去。通过批评,能够更加深刻、广泛地认识关系吗?当然,不管这批评是建设性的还是破坏性的,都是无关紧要的。所以,问题在于:要想认识关系,头脑必须处于怎样的状态?认识的过程是怎样的?我们如何去认识某个事物?假如你对你的孩子怀有兴趣的话,那么你要怎样去了解他呢?你会展开观察,不是吗?在他玩耍时,你会去观察他,在他处于不同的情绪时,你会去研究他,你不会把自己的观点投射在他身上,你不会说他应当这样或那样,你只是敏锐地观察,只是灵敏地觉知,对吗?尔后,你或许能够开始认识你的孩子了。但倘若你不断地去批评他，不断地灌输你自己的个性、特质、看法、决定他应该怎样、不该怎样，还有其他相关的一切，那么你显然就会在这一关系里竖起一道障碍。然而不幸的是，我们大部分人都会为了塑造、为了干预而去批评，影响某个事物——比如你跟你的丈夫、孩子或是其他任何人的关系——这么做我们获得了某种愉悦、某种满足。你在这里面体会到了一种权力感，你说了算，在这里面有一种巨大的满足感。很明显，经由这整个的过程，不会实现对关系的认知。有的只是强加，有的只是希望按照你的愿望、你的个性的模式去塑造别人。所有这些都妨碍了我们去认识关系，不是吗？

接下来便是自我批评。批评自己，批评、谴责自己或者为自己辩护——这么做会让一个人认识自我吗？当我开始去批评自己的时候，我难道不会局限认知和探索的过程吗？自省，即一种自我批评的形式，能够揭示出自我吗？什么会让揭示自我成为可能呢？不停地分析、担忧、批评——显然无助于揭示自我。只有不断地去觉知自我，既不去谴责，也不去认同，方能揭示自我，如此一来你便可以开始去认识自我了。必须得有某种自发性，你不能不停地去分析它、训练它、塑造它，这种自发性对于认知来说是不可或缺的。如果我仅仅是去限制、控制、谴责，那么我就会让思想和感受的运作停下来，不是吗？正是在思想、感受的运动之中，我才能够有所探明——而不是在单纯的控制中。当一个人有所发现，那么重要的是去弄清楚对它怎样展开行动。若我依照某个观念、某种标准、某个理想去行动的话，我就是在强迫自我进入到某个模式之中，在这里面，没有丝毫的认知可言，没有任何超越可言。但倘若我能够静静地观察自己，既不去谴责，也不去认同，那么我就可以去超越它了。这便是为什么让自我去符合某个理想的做法彻头彻尾是错误的。理想是自制的神，去符合某个自我投射的形象，显然不是解放。

因此，只有当心灵静静地去觉知、去观察的时候——这很困难，因为当我们处于活动的状态，当我们去批评、谴责、辩护的时候会获得愉悦感——才能实现认知。这就是我们存在的整个结构，我们试图通过观念、成见、看法、经验、记忆这一道道的屏障去认识事物。能否摆脱所有这些屏障，从而直接地认知呢？很明显，当问题十分紧急的时候，我们便会这么做了，我们不会去经历所有这些方法——而是会直接地去应对问题。所以，只有当我们理解了自我批评的过程，只有当心灵迈入寂静之中，才能实现对关系的认知。如果你聆听我的演讲，努力做到不费太大力气就能领悟我希望传达的思想，那么我们便可以彼此了解了。但倘若你始终都在进行批评，抛出你的看法，抛出你从书本里头学到的东西，抛出其他人告诉你的东西，等等，你和我就没有建立关系，因为你我之间横着一道屏障。可如果我们都努力去探明问题的实质，而答案就蕴藏在问题里面，如果我们双方都急切地想要去对问题一探究竟，找到其中的真理，探明实相——那么我们就彼此关联起来了。尔后，你的心灵一方面是机敏的，一方面又是无为的，你会展开观察，看看这其中的真相究竟是什么。因此，你的心灵必须处于一种格外迅捷的状态，不为任何观念或理想所囿，不被你因自己的经验而巩固起来的任何判断、意见所局限。显然，一旦心灵处于一种迅捷、柔韧的状态，一旦它实现了无为的觉知，觉知便会到来。尔后它便能够去接纳，尔后它便是敏锐的。当心灵塞满了各种观念、成见、看法的时候，不管是赞成的还是反对的，它就无法做到敏锐。

因此，要想认识关系，就得做到无为的觉知，这并不会破坏关系，相反，它会让关系变得更加富有生机，更有意义。尔后，在那一关系里才会产生真爱，才会有温暖、亲近感，而这并不是多愁善感。只要我们在同万事万物的关系里都可以这样去着手或者处于这种状态，那么我们的难题就将迎刃而解了——财产的问题、占有的问题。一个占有金钱的人就是金钱，一个让自己去认同财富的人就是财产、房子或者家具。同观念、同人也是一样的，当你去占有的时候，就不会建立任何的关系。可我们大多数人之所以会去占有，是因为，假如我们不去占有的话，就没有其他的东西了，如果我们不去占有什么，如果我们不用家具、音乐、知识，不用这个或那个把自己的生活填满，我们便会是一具空壳。这副空壳制造出了许多的噪音,我们把这噪音叫做生活,并且对此感到心满意足。当这一切瓦解崩溃的时候,痛苦就会袭来,因为尔后你突然发现了自己的本来面目——发现自己其实只是一副毫无意义的空壳。所以,觉知到关系的全部内容便是行动,由这一行动就能够产生真正的关系,就能够探明它那伟大的深意以及懂得什么是爱。

问:当您谈到永恒的时候,似乎您指的是某种事件连续之外的事物。在我看来,时间对于行动来说是必需的,我无法想象没有事件的连续的生活。您或许指的是,通过知道你的哪个部分是永恒的,于是时间便不再是达至某个目的或者走向进步的手段了?

克:首先,我们无法讨论什么是永恒。头脑是时间的产物,因此它无法去思考永恒。原因是,毕竟,我的头脑、你的头脑,都是过去的产物,它是建立在过去之上的,它的思想是过去也就是时间的产物。我们试图用这一工具去思考某种并不属于时间的事物,而这显然是不可能办到的。我们能够推测它,我们能够撰写关于它的书籍,我们能够想象它,对它玩各种把戏,但这一切都不是真实的。所以,让我们不要对它推测、猜想吧,我们甚至不要去谈论它。推测什么是永恒的状态,这是完全没有用处的,没有任何意义。但我们可以做些别的,那便是去探明怎样让头脑摆脱自身的过去,摆脱它自己的自我投射。我们能够弄明白是什么让头脑得以持续的,是什么让它成为了连续的事件,是什么让它作为了演进和认知的手段。我们可以发现,凡是持续的东西都必定会走向衰败,凡是持续的事物都无法更新自身,唯有那会走向终结的事物才能够迎来更新。如果头脑仅仅为某个习惯或者某种观念所困,抑或被理想、信仰、教义的罗网所困——那么对于这样的头脑来说,显然是不可能有更新的,它无法以新的视角去看待生活。只有当头脑把上述这一切都抛到一旁,只有当它获得自由的时候,才能够以新的眼光去审视生活。只有当过去终结,这意味着,当不再有作为"我"、"我的"的认同,不再让"我"、"我的"得以持续下去——我的财产、我的家、我的妻子、我的孩子、我的理想、我的神、我的政见——才会迎来新生，才会获得一种富有生机与活力的推动力。正是这种不断的认同，让连续的事件得到了持续，让"我"变得更广阔、更庞大、更高贵、更有价值、更聪明，等等。

生活是连续的事件吗？我们所说的连续事件是指什么意思呢？就因为我记得昨天，所以我便知道自己活着吗？就因为我认识回家的路，于是我便知道自己活着吗？抑或，因为我打算出人头地，所以我知道自己活着吗？我怎样才能知道自己活着呢？显然，只有在当下，我才能够知道自己是有意识的。意识，仅仅是连续的事件的结果吗？对我们大部分人来说是如此，因为我的过去，因为我跟某个事物认同，所以我知道自己活着，知道自己有意识。如果没有这种认同的过程，还能知道一个人是有意识的吗？为什么一个人要去认同呢？为什么我要跟自己的财产、名声、野心、进步去认同呢？原因何在？若我们不去认同的话，会发生什么呢？这么做会否定掉所有的生活吗？或许，假如我们不去认同，可能行动的领域会更加广阔，思想与情感会更加深刻。我们之所以会去认同，是因为这么做让我们觉得自己是活着的，觉得自己是一个实体、一个单独的实体。因此，感到自己是单独的，这种感受所以会变得重要，是因为，通过这种单独性，我们享受着"更多"，若我们排拒这种单独，就会担心自己无法去享受，无法拥有欢愉。很明显，这就是渴望永生的根源所在，不是吗？然而，工作中还有一种集体的进步。由于孤立隔离意味着相当程度的破坏，所以有跟它相对立的，那就是集体主义，抛弃掉个体的隔离主义。然而，通过另外一种形式的认同，个体变成了集体，从而保持着他的孤立隔离——正如我们能够看到的那样。

只要有通过认同的持续，就不可能获得新生。唯有停止去认同，方能迎来新生。我们大多数人都害怕终结，都畏惧死亡，无数书籍都描写了死后会怎样，我们更感兴趣的是死亡，而不是活着。原因是，伴随着死亡，似乎会有一种结束，会停止认同。显然，凡是持续的事物都不会有更新，唯有在死亡里面才能迎来新生。所以，重要的是每时每刻都终结——不是坐等着因年迈和疾病而到来的死亡。这意味着对一个人累积的所有东西及认同的一切事物,对他积累的全部经验抱持一种漠然的态度,这便是真正的简单,而不是累积的认同的继续。

因此,当这种认同的过程——该过程会让记忆复活,从而让记忆在当下持续——当认同停止,便能迎来新生、生机与活力。在这种更新的状态里,没有任何的持续。凡是更新的事物都不会永生不灭,它是每时每刻的。

这位提问者还询问道:"您或许指的是,通过认识到您的哪个部分是永恒的,时间便不再是一种达至某个结果的手段了,对吗?"你有某个部分是永恒的吗?凡是你能够去思考的事物,都依然是思想的产物,因此也就不是永恒。理由是,思想是过去即时间的结果。如果你假定自己身上存在着某种永恒的东西,你便已经是在思考它了。我还不够睿智,不足以去讨论这个问题。你可以清楚地发现,永恒不是你能够去思考的事物。你无法朝永恒迈进,你无法朝它演进,若你这么做了,那么它就不过是思想的投射,因此依然是在时间之网中。这么做只会走向幻觉、不幸以及欺骗的种种丑陋——但我们喜欢这样,因为头脑只能够在已知的范畴内运作,只会从安全移向安全,从确定移向确定。在时间束缚之内的事物不会是永恒的,一旦头脑去思考它,它便处在了时间之网里,于是便不是真实的。

所以,当你领悟到了认同的整个过程,当你明白思想是怎样让事物得以持续,以便获得安全,思想者是如何把自己跟思想划分开来,从而让自己获得安全——当你洞悉了时间的全部过程,当你认识了该过程,不是仅仅停留在口头层面,而是深刻地感受到了这一点,从内心体验到了这一点,那么你就会发现,你将不会再去思考所谓的永恒了。尔后,意识安静下来,不是浅层的安静,而是深层的宁静,尔后它会变得静寂——它本身就是宁静,于是你便可以直接体验那不可度量的事物了。然而,单纯地去思考、猜想什么是永恒,这纯粹是在浪费时间,你或许就跟玩扑克牌一样。一旦你有了直接的体验,就会把所有猜想抛到一边了。怎样在没有意识干扰的情况下拥有这种直接的体验——这便是我们讨论的内容。可一旦有了这种直接的体验，意识就会去依附它的感觉，尔后希望重复那一体验。这实际上表明，意识感兴趣的是感觉，而不是体验本身，结果，意识永远无法去体验，它知道的只是感觉罢了。只有当意识不是体验者的时候，才能拥有那一体验。因此，通过意识是无法去认识、想象或者体验永恒的。由于这是我们以牺牲其他一切为代价发展起来的唯一工具，所以，当我们着眼于意识的过程时，我们就会迷失，我们必定会迷失。我们必须走向终结——这不是绝望，不是恐惧。懂得了意识的过程，领悟了什么是实相，一旦你明白了何谓实相，它就会结束，无需任何强制。唯有这时，才能迎来新生，也就是永恒。

问：在我理解某个事物与实现它之间，是否有间隔呢？这种间隔难道不意味着，一边是理想，一边是通过实践和技能实现了这一理想呢？我们希望从您这里得到的正是这种"如何"或者说方法。

克：知与行之间存在间隔吗？我们大部分人都会说是的，我们声称这二者之间有间隔："我明白了，尔后我便在此基础上去行动。""我理性上认识了，但我怎样才能将其付诸于实践呢？""我明白您的意思，可我不知道如何把它付诸行动。"这种间隔——是必需的吗？抑或，我们只是在自欺呢？当我说"我明白"的时候，我实际上并没有明白，如果我明白了，就不会有任何问题出现了。若我明白了某个事物，就会随即展开行动了。如果我看到了一条毒蛇，我不会说："我看到了，那么我该怎么行动呢？"我自然会有所行动的。然而我们并没有明白；我们之所以不明白，是因为我们不希望去明白，因为它太紧急了、太危险了、太重大了。明白将会干扰我们的整个思想过程，将会颠覆我们的生活。于是我们说道："我懂了，请告诉我该怎么做吧。"所以，你感兴趣的是方法，是"如何"去做，是实践。因此我们说道："我明白了这个观念，我理解了，可我如何去行动呢？"尔后我们试图去让行动跟该观念连接起来，我们迷失了。尔后我们会去寻求各种方法，你去求助于各种各样的老师、心理咨询师、上师，你加入许多的团体，它们声称可以帮助你使行动跟观念联系起来。这是一种极为便利的生活方式,这是一种快乐的逃避,是一种非常受人尊敬的逃避行动的法子,而我们则被困在这个过程里头。我意识到我应该是个有美德的人,我不应该发怒,不应该吝啬——但请告诉我怎样才能做到。这个"怎样做"的过程,在宗教上成为了一种有利可图的事情,成为了一种盘剥,以及随之而来的其他一切——巨额的财富,你知道,它的整个游戏。

换句话说,我们没有明白,我们不愿意去明白,但我们不会诚实地道出这一切的,一旦我们承认了这个,就不得不采取行动了。尔后我们知道我们是在自欺,这会让人非常的不快,于是我们说道:"我逐渐地在学习,我依然弱小,我还不够强大,这是逐渐进步、演化、发展的事情,我最终会到达那里的。"所以,我们永远都不应当说我们明白了、理解了或是懂得了,原因是,口头上说说没有任何的意义。知与行之间没有间隔,在你懂得的那一刻,你就会展开行动。当你在驾驶一部车子的时候,你就在这么做,如果你没有这么做,危险便会袭来。然而,我们发明了这么多的躲避的法子,我们变得如此聪明、如此狡猾,只为了不去发生根本性的改变。可是,感知与行动之间是没有间隔的。当你看到了一条毒蛇,你会迅速做出反应——你会立即有所行动。当有间隔的时候,这就表明心灵的呆滞、懒惰和躲避。这种躲避、这种懒惰,变得格外受尊敬,因为我们所有人都在这么干。因此,你寻找着某个方法,以便让观念跟行动联系起来,于是你也就活在幻觉之中,你或许喜欢这样子。然而,对一个真正有所感知的人来说,不会有问题出现,而是会立即展开行动。我们之所以没有感知,是因为我们抱持着无数的成见,是因为我们的厌恶、我们的懒散,是因为我们希望有东西会改变它。

所以,从脱离行动的观念的层面去思考,显然是无知的做法。声称"我将会有所作为"——成为佛陀、大师、或是其他你所希望的——这明显是一种错误的行为。重要的是去认识你现在的模样,如果你一再地把问题搁置起来,如果你的理想同你自身之间有距离,那么你便无法认识自己的本来面目。由于我们大多数人都沉溺于某种形式的刺激,所以我们显然不会怎么去关注这一切。观念永远无法让行动获得解放，相反，观念会局限行动。只有当我在前行的时候时时刻刻去认知，不囿于某些信仰或者某个我想要去实现的理想，方能展开行动。这便是刹那相续地死亡，新生就蕴含在这里面。这种新生将会让接下来的问题迎刃而解，这种新生将会带来新的光芒，将会赋予万事万物新的意义。只有当观念与行动之间不再有间隔、不再有距离的时候，才能迎来新生。

问：您经常谈到一边要去生活、去体验，一边要无所欲求。什么样的状态才是有意地无所欲求呢？这跟谦逊有关吗？这跟向神的恩典敞开有关吗？

克：有意识地做到怎样，这不是自由。如果我意识到自己是不贪的，意识到我已经超越了愤怒，那么我显然就还没有摆脱贪婪跟愤怒。谦逊是某种你无法去意识到的东西，培养谦逊，便是在负面地培养自我膨胀。所以，任何被刻意培养、实践的美德，显然都不再是美德了，它不过是一种抵抗，是一种自我膨胀，然后在这里面获得自身的满足，但它不再是美德。美德仅仅是一种解放，在这种自由的状态里，你将会发现真理和实相。假如没有美德，就不可能有自由。美德本身不是目的，它不可能通过刻意地、有意识地努力去做到无所欲求来实现，因为，尔后它便是另一种获得和达成了。纯真，不是仔细培养的结果。

做到无所欲求是至关重要的，只有当一个杯子空着的时候，它才是有用的，同样的道理，只有当一个人无欲无求的时候，他才能够接受到神的恩泽与真理。能否达至无所欲求的状态呢？你能够达至它吗？就像你修建了一栋房子或者积累金钱，你能够做到这个吗？坐下来，冥想一下无欲无求，有意地去抛开一切，让你自己的心怀敞开，这显然是一种抵抗，不是吗？这是刻意在运用意志力，而意愿便是欲望，当你渴望做到无欲无求的时候，你实际上已经在有所求了。请务必懂得这里面的重要性：当你渴望某个积极的东西时，你知道它意味着什么——争斗、痛苦——于是你便抗拒它们，你对自己说道："现在我什么都不要。"但欲望依然是一样的，它是同样的过程，只不过朝着另外一个方向罢了。想要做到无所欲求，跟希望达成什么是一样的。所以，问题不在于一无所求，抑或有所欲求，而在于去认识欲望的整个过程——渴望成为什么或者渴望不成为什么。在这个过程中，那个怀抱欲望的实体同欲望是分开的，你不会说"欲望便是我"，而是说"我有所渴望"。因此，体验者、思想者与体验、思想之间有了区分。请不要把这个问题弄得形而上学或者太过困难了，你可以非常简单地看待它——所谓简单，是指一个人能够在其中感受到自己。

所以，只要你渴望自己无所求，那么你就是在有所求。这种想要变得如何如何的欲望，将作为体验者的你跟该体验划分开来，在这种情境下，你不可能真正去体验。原因是，在体验的状态里，既没有体验者，也没有体验。当你去体验某个事物的时候，你不会去想自己正在体验。当你真正快乐的时候，你不会说"我很快乐"，一旦你这么说了，快乐便消失不见了。因此，我们的问题不在于如何做到无所欲求，这实际上是相当幼稚的，也不在于怎样学习某种新的行话或者试图去变成这一行话，而在于如何认识欲望的整个过程。它是如此的微妙、如此的复杂，以至于你必须格外简单地来着手——而不是带着谴责、辩护导致的各种冲突，不是它应该如何，不该如何，应该怎样去消灭欲望，应该怎样让欲望得到净化、升华，以及你从书本、从宗教团体那里学到的一切。假如我们能够抛开这一切，就只是静静地去观察欲望的过程，即我们自己——这并不是说你体验了欲望，而是指你应该正在体验欲望——那么我们就能发现，自己将会摆脱这种不断地、急迫地想要成为什么或者不成为什么的欲望，这种想要变得如何如何，想要有所得，想要当上大师，想要拥有美德的欲望，将会摆脱欲望及其追逐的一切愚蠢。尔后我们便能够去直接体验了，也就是说，在没有观察者的情形下去体验了。唯有这时，才能够做到彻底的敞开，才能够无所欲求，并因此能够去接受实相与真理。

（在欧加的第十场演说，1949 年 8 月 14 日）

服从是另一种形式的支配

在过去的几周里,我们一直都在讨论认识自我的问题。原因是,一个人越是去思考生活中那诸多冲突性的与日俱增的问题,无论是私人的还是社会的问题,就越会意识到,除非自我发生根本性的、彻底的转变,否则显然无法应对这些摆在我们每个人面前的难题。因此,假如一个人想要去解决我们生活里的任何一个难题,那么他就必须依靠自己的力量直接地应对它们,就必须跟它们建立关系,而不是仅仅指望那些专家、宗教领袖或是政客们开出的药方。由于我们的生活、我们的文化、文明变得越来越复杂,所以,直接应对这些与日俱增的难题就变得相对困难起来。

在我看来,其中有一个难题是我们大部分人尚未非常深入地、从根本上去面对的,那就是有关支配与服从的问题。如果可以的话,我希望在回答问题之前简单讨论一下支配所具有的两面性。我们为什么有意或无意地去支配别人呢——男人和女人,女人和男人,诸如此类?有各种不同方式的支配,不仅是在私人生活里,而且还有政府的整个趋向也是要去支配民众。为什么支配的思想不断地上演着,从一个时期到另一个时期?只有少数的人似乎逃开了它。我们能够从不同意义上去思考这个问题吗?也就是说,我们能够不走向对立面地去认识该问题吗?因为,一旦我们认识了有关支配的问题,一旦我们理解了它,就会立即开始去服从,抑或就会从它的对立面即服从的层面上去进行思考。我们能否不走向它的对立面来思考问题呢,能否直接地审视该问题呢?尔后,我们或许便能够理解支配这一复杂问题的全部了——寻求操控他人的权力,或者让自己屈从他人。毕竟,服从是另外一种形式的支配,让自己服从他人，无论是服从一个男人还是服从一个女人，都是一种逆向的支配，通过排拒支配，一个人会变得顺从。我并不认为，从对立面的层面去思考就可以解决这一问题。所以，让我们好好探究一下它吧，看看它为何会存在。

首先，一个人应该觉知到那些明显的支配形式，不是吗？如果我们处于敏觉的状态，那么大多数人都会有所觉知的。然而还存在着无意识的支配，对于这种支配，我们大部分人都没有觉知到。也就是说，这种无意识的想要去支配他人的欲望，做了一番伪装，或者说披上了服务、爱、仁慈的外衣。无意识地想要去支配的欲望以各种不同的形式存在着，我觉得，认识到这一事实，要比仅仅试图去管制一个人被他人支配的这种表层的支配来得重要得多。

那么，我们为什么会无意识地想要去支配别人呢？我们大多数人或许都没有觉知到自己在各种层面的支配——不仅是在家里，而且还在口头上——此外还有内心渴望去寻求权力，寻求成功，这些全都表明了支配。原因何在？为何我们希望去支配别人抑或屈从于他人？假若一个人有意地向自己提出这个问题，那么他会做出怎样的反应呢？我们大部分人都不知道为什么自己希望去支配别人。首先，这里面有支配他人所带来的无意识的快感。可这就是让我们想要去支配别人的唯一动机吗？这显然是一部分动机，但远不止于此，还有更加深层的涵义。我想知道你是否曾经观察过自己在关系里的支配，要么是作为男人，要么是作为女人？若你曾经觉知到了这个，那么你的反应如何呢？我们为什么不应当去支配他人呢？在关系即生活中，我们是否通过支配别人获得了理解呢？在关系里，假如我去支配你抑或你对我颐指气使，那么我们能够彼此理解吗？毕竟，这就是生活，不是吗？关系即生活，关系即行动，如果我仅仅活在自我封闭的支配的行为里，还会有任何关系可言吗？支配难道不是一种隔离的行为，从而把关系挡在了门外吗？支配难道不是一种隔离的行为，从而破坏了关系吗？这真的是我寻求的东西吗？倘若存在着支配或服从的意识，那么两个人之间还会有关系存在吗？生活便是关系——一个人无法活在孤立隔绝的状态中。然而，我们的目的难道不是无意地用武断的自信感即支配感而把自己给孤立隔离起来吗？

因此，支配的过程难道不就是一种隔离的过程吗，而这难道不是我们大部分人所渴望的吗？我们大多数人都坚忍不拔地培养着它。因为，在关系里抱持开放的姿态是非常痛苦的，它需要非凡的智慧、适应力、迅捷和理解，当情况不是如此时，我们就会努力去把自己隔离起来。所以，支配的过程就是隔离的过程，不是吗？显然是的，它是一种自我封闭的过程。当我封闭起来的时候，当我被自己的看法、欲望、野心以及想要支配的别人欲望包围起来的时候，我还会跟人建立起正确的关系吗？如果没有关系，那么怎么可能实现真正的生活呢？难道不会出现不断的冲突，因而导致痛苦吗？因此，我们在关系里的无意识的渴望便是不想受到伤害，便是去寻求安全、庇护，当这种渴望遭遇挫败的时候，就无法实现圆满了。尔后，我开始把自己隔离起来，隔离的过程之一，便是支配。这种会导致隔离的恐惧采取了另外的形式，不是吗？在这种隔离的过程里，不仅有支配抑或服从他人的欲望，而且还有孤独感。毕竟，我们大部分人都是孤独的——我不想使用"独自"这个词，因为意义不同。我们大多数人都是孤独的，我们活在自己的世界里，尽管我们或许会处于关系之中，尽管我们可能会结婚生子，但我们实际上是活在自己的那个世界里头。这是一个非常孤独的世界，这是一个悲伤的世界，偶尔会有瞬间的欢愉和幸福，但它始终是一个孤独的世界。为了逃避这个，我们努力想要出人头地，我们努力去支配，努力去主张。所以，为了逃避自己的本来面目，支配便成为了我们能够逃避自我的一种手段。

因此，支配这一行为，不仅会发生在我们不想去面对自身本来面目的时候，而且还会发生在我们渴望把自己孤立隔绝起来的时候，难道不是吗？只要我们能够在自己的内心审视这一过程——不是以谴责的心态，这么做只是采取了对立的立场，而是去了解我们为什么会如此渴望支配他人抑或变得格外的顺从——只要我们能够明白这个问题，不抱持对立的意识，我以为，我们便能真正体验那种我们试图去逃离的孤立的状态了，尔后也就可以将其解决掉了。也就是说，一旦我们认识了某个事物，就能摆脱它获得自由。只有当我们没有认识事物的时候，才会心怀恐惧。

因此，我们能否在不去谴责的情况下审视这个问题呢？我们能否仅仅只是去观察，在自己身上静静地观察这一过程的运作呢？我们可以在自己的所有关系中十分容易地观察它，就只是安静地观察这整个的现象揭示出自身，你将发现，一旦你不去谴责，不去为你的支配做辩护，它就会开始展现出来，不会再有任何障碍，尔后你会开始洞悉支配的全部涵义，不仅包括个人的支配，而且还有公众的支配，一个团体对其他团体的支配，一个国家对另外国家的支配，一种意识形态对另一种意识形态的支配，等等。对于任何一种认知来说，自知都是至关重要的。由于我们的关系便是生活——没有关系，就不可能有生活——因此，如果你正确地着手，就会开始看到，这种支配的过程以如此多的方式表现出来，一旦你理解了这整个的过程，无论是有意识的还是无意识的，便将摆脱它获得自由。很明显，必须得摆脱它的制约，唯有这时，才能够有所超越。原因在于，假使一个心灵仅仅是去支配、主张，囿于某种信仰、某种观念，那么它就不可能走得更远，不可能展开一段漫长的旅程，不可能展翅翱翔。因此，在认识自我的过程中，理解这个格外困难、复杂的支配问题是不可或缺的，难道不是吗？它的形式很隐蔽、很微妙，当它以正当的形式出现时，它就会变得极其难以对付了。服务的愿望以及无意识的支配欲，应对起来会困难得多。当有支配存在的时候，会有爱吗？你能够一边同某个你声称自己爱着他的人建立正确的关系，一边又去支配他吗？一旦只有利用没有关系的时候，那么你显然不过是在利用他，不对吗？

所以，要想认识这个问题，一个人就必须敏锐地觉知到有关支配的整个问题。不是说你不应当去支配别人或者顺从别人，而是说你应该觉知到这整个的问题。若想实现觉知，一个人就得这样去着手：既不去谴责，也不去采取任何立场。然而，要做到这样十分的困难，因为我们大多数人都很容易去谴责。我们之所以谴责，是因为我们以为自己理解了，殊不知我们其实并没有理解。一旦我们去责难，也就停止了认知。谴责某个人——这是把问题抛到一边的最简单的法子之一。然而，认识这全部的过程，需要心灵处于相当敏觉的状态，当心灵去责备、辩护或者仅仅让自己跟它感受到的东西认同时，它就不是敏觉的。

因此，自知便是时时刻刻不断地去发现，但倘若过去抛出某个看法或者设置某个障碍，就会把发现挡在门外。头脑的累积的行动，妨碍了立即的觉知。

我这里有几个问题，但在回答它们之前，我想说，你们当中那些做笔记的人不应当这么做。我会解释原因的，我是在对个人说，在对你说，不是对一群人说。你和我共同去体验某个事物，你不要把我说的话记录在案，你是在去体验。我们一起踏上一段旅程，如果你仅仅关心着做笔记，那么你就没有真正在聆听。你会说，你把我的话记下来是为了加以思考，或者是为了告诉给你那些并不在这里的朋友们。但是很明显，这并不重要，不是吗？重要的是你我获得认知，为了实现认知，你必须投以全部的关注。当你做笔记的时候，你怎么可能做到全神贯注呢？请务必懂得这其中的重要性，尔后你自然会放弃做笔记了，你无须被强迫，无须被告知。因为，这些会议期间，重要的不是这些话语、字眼，而是背后蕴含的内容，是心理上的暗示，除非你投以全部的关注，除非你有意识地去注意，否则你便无法认识这些。

问：过去的经验，难道无助于当下获得自由以及展开正确的行动吗？知识难道不是一种解放性的因素而是障碍吗？

克：我们通过过去可以认识现在吗？我们通过经验的累积可以认识事物吗？我们所说的知识是指什么意思？你声称累积经验可以带给你认知，那么我们所说的累积经验是什么意思呢？我们所说的这一切究竟是何涵义呢？我们所谓的过去的经验是指什么？让我们稍微探究一下吧，因为，弄清楚过去即你累积的有关事件、经验的记忆是否能够让你去认识当下的某个体验，这是格外重要的。

那么，当有了某个体验的时候，会发生什么呢？它的过程是怎样的？什么是体验？是挑战与回应，对吗？这便是我们所说的体验。挑战必定总是新的，否则它就不是挑战了，如果我根据自己过去的限定来做出回应的话，那么我能够充分地、彻底地去迎接挑战吗？我能够认识它吗？毕竟，生活是一种挑战与反应的过程，它是不断的过程。当回应不充分的时候，挑战与回应之间就会出现冲突——就有悲伤和痛苦存在。当回应与挑战均等时，就会有和谐，挑战和回应之间就会是统一的。假若回应是基于过去的种种经验，那么我能够去应对挑战吗？这样的回应充分吗？它能够在同样的水平上去迎接挑战吗？什么是回应呢？回应源自于各种经验的累积——记忆、种种经历带来的感觉，不是体验本身，而是对该体验的记忆以及它所带来的感觉。因此，是感觉在迎接挑战，这便是我们所说的累积的知识，不是吗？所以，知识总是已知的、过去的、局限的，用有限的知识去迎接无限的挑战，于是这二者之间不会有任何关系。尔后，你根据受限的头脑、受限的反应去对挑战进行阐释，那么它难道不会成为障碍吗？

所以，问题在于如何充分地迎接挑战。假如我用自己过去的经验去迎接挑战，我可以清楚地发现这是不充分的。我的头脑便是过去，我的思想是过去的产物，因此，思想能够迎接挑战吗——思想、知识的产物，各种经验的结果，等等？思想能够应对挑战吗？由于思想是受限的，那么它如何能够应对挑战呢？它只会局部地应对，因而也就是不充分的——于是便会出现冲突、痛苦以及其他相关的一切。所以，有另外一种不同的方法去迎接挑战，对吗？那么这种方法是什么呢？这便是这个问题里面所包含的内容了。

首先，一个人必须明白挑战总是新的——它必然是新的——否则它就不是挑战了。问题总是新的，因为它每时每刻都在变化着，如果不是这样的话，它就不是问题了，它就是静止的了。因此，若挑战是新的，那么头脑必须也是新的，它必须以新的方式去应对挑战，不背负过去的重担。然而，头脑便是过去，因此头脑必须安静下来。当问题十分严重的时候，我们本能地就会这么做，几乎是不加思索的。当问题真的是新问题时，头脑便会迈入宁静，它不再叽叽喳喳，不再背负那些累积的知识。尔后，它以这种新的姿态对挑战做出回应，于是也就能够认识挑战了。很明显，一切创造力便是这样到来的。创造力抑或创造的意识是每时每刻的，它没有任何的累积。你或许有技术去表现这种创造力，但只有当头脑处于绝对安静的状态，不再背负过去，不再背负它所积累的无数的经验和感觉，才会获得这种创造的意识。

因此，充分地去应对挑战，依靠的不是知识，不是先前的记忆，而是以新的方式去迎接挑战。当你让累积的经验持续下去的时候，就把这种新鲜、崭新，就把这种更新的特质挡在了门外。所以，每分钟都必须终结。

请注意，你们有些人或许会觉得像这样谈论很不错，但如果你真正对此加以检验的话，就将发现一个人会何其迅速地认识挑战，他同挑战的关系会何等的深刻，而不是仅仅去对挑战做出反应。很明显，只有当头脑能够更新自己，能够处于鲜活的状态——不是"开放"——一个人才能实现认知，尔后，它就像是一个滤网。由于问题总是新的——痛苦总是新的，如果它真的是痛苦的话，而不是仅仅关于其他东西的记忆——所以你必须以新的方法、视角去认识它，应对它，你必须怀有鲜活的心灵。因此，知识作为经验的累积，无论是个体的还是集体的经验——这样的知识对于认知来说都是绊脚石。

问：我相信所谓的来生，关于这个有很好的验证。那么，我对永生的笃信，会妨碍我通过自知获得自由吗？有基于客观证据之上的信仰，有源于内在心理状态的信仰，对这二者加以区分难道不是十分必要的吗？

克：显然，重要的不在于人死后灵魂是否不灭，不在于是否有永生，而在于我们为什么要去相信。是怎样的心理状态使得我们需要去相信什么呢？请让我们弄清楚这个问题吧。我们现在不是要去争论是否真的有所谓的来生，这是另外一个问题，我们其他时候再来探究这个。问题在于：我的内心是怎样的驱使、怎样的心理必需使得我去相信这些的呢？很明显，事实是不需要你这方面的相信的，日出日落——这不用你去相信。只有当你想要根据自己的欲望、心理状态去对某个事实加以解释，以便让它去符合你的成见、空虚和个性时，才会出现所谓的信仰。因此，重要的是你怎样去对待这个事实——无论它是关于来生的事实还是任何其他的事实。所以，问题不在于人的肉体消亡以后是否还会以其他的形式存活下去，而在于你为什么会去相信，促使你去相信的心理状态是怎样的？这一点显然很清楚，对吗？因此，让我们探究一下这种心理状态是否不会妨碍认知。

如果一个人面对着某个事实，那对此也就没有什么好说的了，它是一个事实——比如太阳落下。然而问题在于，为什么我的内心会有这种不断的驱动力，让我去相信某个东西呢——比如相信神、相信某种意识形态、相信未来的乌托邦、相信这个或那个，原因何在？我们干吗会去信仰？为什么会有这种促使我们去相信某些东西的心理驱动力呢？假如我们不去相信的话，假如我们仅仅是去审视事实，那么会发生什么呢？我们能够做到吗？这几乎是不可能的，因为我们希望根据自己的感觉去解释事实，难道不是吗？于是，信仰变成了感觉，横在事实与我自己之间，结果信仰就成为了一种障碍。我们跟我们的信仰是分开的吗？你相信自己是个美国人，抑或是个印度人，你相信这个或那个，相信轮回转世——相信无数的东西。你就是你所相信的东西，不是吗？你为什么会去相信呢？这并不意味着我是无神论者或是在否定神，这么做是愚蠢的——我们不是在讨论这个。实相跟信仰没有关系。

所以，问题在于，你为什么要去相信？信仰里面所蕴含的心理需求是什么？信仰到底有利可图的是什么？难道不是因为，如果没有信仰，你就一无所有吗？没有信仰这个保证物，你还会是什么呢？不给你自己贴上某个标签，你不就啥也不是了吗？如果你不相信轮回，如果你不自称是这个或那个，如果你没有任何的标签，那么你会是什么呢？于是，信仰扮演起了标签的作用，它就犹如一张身份证件，拿掉了这张证件，你岂不会迷失吗？正是这种基本的恐惧、这种迷失感，使得信仰成为了必需，难道不是吗？请好好想想这个，不要去排拒。让我们共同体验一下我们正在谈论的问题吧，不要仅仅只是去聆听，然后离开，继续抱持着我们通常的信与不信。我们正在讨论关于信仰的整个问题。

于是，"信仰"这个词语变得重要起来，标签变得重要起来。假若我不自认是个印度人及其蕴含的所有意义，我就会迷失，我就没有了身份。然而，让我自己跟印度认同，认同自己是个印度人，这带给了我巨大的声望，让我有了位置，让我得到了确定，让我具有了价值。所以，当我心理上有意或无意地认识到，如果没有一个标签，我就会迷失，那么信仰就会成为必需。尔后，标签变得至关重要——不是我是谁，而是标签：基督徒、佛教徒、印度教教徒。尔后，我们努力依照这些信仰来生活，殊不知，它们不过是自我投射，因而并不是真实的。显然，一个信仰神的人——他的神是一种自我投射的神，是自制出来的神——与一个不信神的人，这二者其实是一样的。要想认识神，认识那至高的事物，一个人就得以崭新的姿态着手，为某个信仰所围。我认为这便是我们的难题所在——社会的、经济的、政治的领域，在我们个人的种种关系里——也就是说，我们抱着成见去解决所有这些问题。由于问题是活生生的，所以，只有当心灵是鲜活的，不为某个自我投射的、自制出来的信仰所围时，才能够充分地迎接生活中的各种难题。

所以，若你没有认识想要去相信什么的欲望，那么信仰显然就会成为绊脚石，一旦你认识了这种去相信的欲望，就不会有信仰的问题了，尔后你便能够直面事实的本来面目。然而，即使死后真的有永生，但这能够解决当下生活的问题吗？如果我知道自己死后还会存活下去，那么我能够就此认识生活吗？——生活是当下的，而不是明天。要想认识现在，我必须得去信仰吗？很明显，认识当下——当下便是生活，它不是单纯的一段时间——我就得怀有一颗能够充分迎接当下、对当下投以全部关注的心灵。但倘若我的注意力被某个信仰给分散了，那么我显然就无法充分地、全面地去迎接当下。

因此，信仰有碍于我们去认识实相。由于实相是未知的，而信仰则是已知的，所以已知如何能够去迎接未知呢？但我们的困难在于，我们希望用已知去迎接未知，我们不想放开已知，因为它太可怕了，有这样大的不安全、不确定，这就是为什么为了保护自己，我们用各种信仰把自己团团包围起来的缘故。唯有在不确定、不安全的状态里——这种状态中没有任何庇护的意识——你才能有所发现。这便是为何为了发现你必须迷失。可我们不希望迷失，为了保护自己不走向迷失，我们有了各种自制出来的信仰和神，以便保护我们。一旦发生了真正的危机，这些神与信仰都没了价值。所以，对于一个真的渴望去发现实相的人来说，信仰只会是一种妨碍。

问：为什么尽管您所说的一切都是在反对权威，但某些人通过认同您的观点或者认同您的生活方式而使他们自己赢得了权威呢？那些没有经验的人，怎样才能不让自己被困在这些人的罗网之中呢？（笑声）

克：先生，这是一个非常重要的问题，因为它会引发接下来的一个问题，那便是我们想要让自己去跟某个事物认同的欲望。首先，你为什么希望让自己去认同我或者我的生活方式，抑或其他的东西呢？你如何知道这个的呢？是因为我碰巧发表了讲话或者碰巧有点名气吗？很明显，你让自己去认同某个你设计出来的东西，你不是去认同某个鲜活的事物，你认同的是某个自制出来的东西。你给它贴了一个标签，这个标签碰巧很出名，抑或有少数人知道，这种认同让你得到了名望，尔后你便可以去利用、盘剥别人了。你知道，通过自称是某某的朋友或者某某的门徒，你获得了来自他人的荣光。你千里迢迢来到印度去找你的神或是你的大师，然后让自己去跟某个教派或某种理念进行认同，这么做大大推进了你一把，尔后你便可以去利用周围的人，这真是一种愚蠢的行为。它让你获得了一种权威感、权力感，让你觉得自己是实现了觉知的人，其他所有人都是未知味觉的，你是大师最亲近的门徒——你知道，我们用来利用那些盲目者的各种方法。

　　因此，要第一个认识的便是这种想要去利用他人的欲望，它意味着想要让你自己获得权力、地位、名望的欲望。由于每个人都怀有这种渴望，无论是没有经验的还是有经验的，所以每个人都被困在这张巨大的罗网之中。我们全都想要去利用别人，但我们不会说得这么直白赤裸，而是会用各种好听的话把这个真相给掩盖起来。由于我们大家全都对其他人有所依赖，不仅是出于生理上的需要，而且有心理上的需要，因此我们全都在利用别人。假如我利用你是为了在这些会议中表现自己，那么你会更加喜欢这样的，我会觉得很满足，我们显然是在相互彼此利用。然而，这样的过程把对真理、对实相的探寻挡在了门外。你无法让那些没有经验的人不被那些声称自己实现了觉知，声称自己是大师最亲近的门徒的人困在罗网之中。先生，或许你自己也可能正身陷其中呢，因为我们不希望摆脱一切认同的束缚。很明显，真理同任何人无关，它不依赖于任何人的阐释。你必须直接地去体验它，而不是通过他人，它不是感觉的事情，不是信仰的事情。但倘若我们为感觉和信仰所困，那么我们就会去利用别人了。因此，假如一个人真的想要去直接地探寻真理，就不会出现剥削、利用他人的问题了。但这要求相当的诚实，这意味着一种单独性，只有当一个人独自一人充分地、彻底地探究了这个问题，他才能够实现认知。由于我们大部分人都不愿意去经历痛苦、悲伤，不愿意面对我们心理状态的种种复杂，于是我们便被那些利用者们扰乱了，我们喜欢被人利用。这需要展开相当耐心的觉知，需要不再去跟任何东西认同，需要去认识、领悟实相的全部涵义。

（在欧加的第十一场演说，1949年8月20日）

生活的难题不需要方法

我不知道一个人是抱着怎样的态度来听这些演讲的,我担心他聆听的目的,很可能是希望培养起某个方法、技巧、手段。我认为,意识到这个趋向是十分重要的,原因是,假如我们为某个技巧、方法所困的话,就会彻底失去那种富有创造力的自由,也就是说,通过培养某种技巧、方法,我们将失去创造力。今天上午,我想讨论一下培养技巧、方法到底意味着什么,它是怎样让心智变得愚钝的,不仅是在口头层面,而且还有更深的心理层面。因为,我们大多数人都是没有创造力的,我们可能偶尔会画点画,写一两首诗,或是极少的时候欣赏一下美景,但我们心灵的绝大部分都被困在这种方式、习惯里,即某种技巧里,以至于我们似乎无法有所超越。生活的难题不需要某个方法,因为它们是这样的鲜活,所以,如果我们用某个固定的模式、方法去解决,就会完全误解,就无法充分地去应对问题。我们大部分人都想拥有某种技巧、方法,因为生活的问题和运动是这样的鲜活、这样的迅捷,以至于我们的心灵无法快速地、清晰地去迎接它。我们以为,假如懂得怎样去迎接生活,那么我们就可以应对它了。于是,我们试图从别人那里学到方法、技巧、手段、途径。

我相信,我们大部分人都很关心所谓的方法,不要否认这一点,因为很难做到不想获得某个方法以便实现什么。原因是,当我们有了方法的时候,就会强调结果。我们更加关心的是结果,而不是去认识问题本身,不管结果会如何。为什么我们大多数人会去寻求获得幸福的方法、正确的思考方式、心灵的或灵魂的宁静抑或其他东西呢?

首先,我们是怀着工业技术的心态去迎接生活的,也就是说,我们希望有效率地去应对生活，为了实现这一点，我们认为自己需要有某种方法。大部分的宗教团体、大部分的老师都会提供某个方法：怎样达至和平，怎样获得幸福，怎样拥有一颗宁静的心，怎样做到专注，等等。那么，只要有效率存在，就会有冷酷无情，你越是有效率，就越不包容，越是封闭，越是抵制。这逐渐发展起了骄傲的意识，骄傲显然是隔离性的，它有害于理解。我们推崇那些有效率的人士，全世界的政府关心的都是培养效率以及效率化的组织——生产的效率，杀戮的效率，一个政党实施其意识形态的效率，一个教会或是某个宗教贯彻自己教义的效率。我们全都希望做到有效率，于是也就培养起了对于某种模式的心理需要，我们将会去遵从这一模式，以便获得效率。效率，意味着培养某种技术、方法，效率，表明心理上不断地去实践某个习惯。我们了解工业上的习惯，但却对心理上那种抵制的习惯知之甚少。我相信这就是我们大部分人所寻求的——培养某个习惯，以便让我们有效率地去迎接如此迅捷的生活。

所以，假如我们能够认识这一培养技巧、方法、手段的问题，不仅是在口头层面上，而且还在更加深层的心理层面上，我想，我们便能懂得何谓创造力了。原因是，一旦有了创造的欲望，它就能找到自己的表现方法或途径。但倘若我们把精力都消耗在了培养技巧、方法上面，那么显然就永远无法发现创造力。我们为什么需要方法，需要某种行动的心理模式，以便让我们获得确定、效率、持续的努力呢？毕竟，假如你阅读过宗教书籍的话，我相信——不是我有所阅读——它们中的大部分都包含有方法。方法之所以会变得重要，是因为方法指明了目标，于是目标便同方法分隔开来了。是这样吗？手段跟目的是分开的吗？如果你在心理上培养起了某个习惯、方法、技巧、手段，那么目的难道不是已经被设计出来了吗，已经定型了吗？因此，手段跟目的并不是分开的。也就是说，你无法通过暴力的方式让世界获得和平，不管是哪种层面的。手段与目的是不可分割的，如果心灵去培养习惯，那么它将会带来一个已经预见到的、已经存在的、已经由头脑设计好的结果，而这便是我们大部分人所渴望的。方法仅仅是培养已知、安全、确定，头脑希望用已

生活的难题不需要方法 495

知去认识未知，结果它便永远无法认识未知。因此，重要的是方法，而不是结果，因为手段跟结果是一体的。所以，若心灵去培养习惯、方法、技巧，那么它就会妨碍创造力，妨碍那种非凡的自发发现的觉识。

于是，我们的问题不在于去培养新的方法、新的习惯，抑或是发现某个新的途径，而是彻底摆脱心理上对于某种方法的寻求。如果你有话要说，你就会开口的——正确的语词就会脱口而出。但倘若你没有什么可说的，那么你去培养超凡的雄辩才能——你知道，去学校学习怎样演讲——你所说的都将没有太大的意义。

因此，我们大多数人为什么会去寻求方法、技巧呢？显然是因为我们渴望获得安全，渴望确信没有走错路，我们不想去检验、去发现。方法的实施，妨碍了时时刻刻地去发现，因为真理是每时每刻的——它不像持续的、增长的、发展的弧。所以，我们能否在心理上不去渴望获得安全，不去培养某个习惯以及去实践它呢？这些全都是抵抗、防卫，我们抱着这种防卫性的机械主义想要去认识某个鲜活的、迅捷的事物，如果我们可以明白这一点，可以懂得培养或寻求方法意味着什么，如果我们可以领悟这么做的心理涵义——不是仅仅表面的或工业层面的涵义，这是很显见的——如果在我解释的时候，如果在你我对其展开检验的过程中，我们可以充分地认识它，那么或许我们便能探明摆脱这种欲望指的是什么意思了。

心理上能够做到不去想要获得安全吗？技巧、方法，提供了安全。你墨守成规，于是不会再有做对或做错，你不过是如机器一般自动地运作罢了。对于几个世纪以来都被训练着去培养习性、方法的心灵来说——这样的心灵能够摆脱这些获得自由吗？只有当我们懂得了习惯的全部涵义，懂得了它势头的全部过程，才能让心灵得到自由。也就是说，在我谈论该问题的时候，你应当静静地去观察一下自身的过程，觉知到你那些想要获得成功、想要有所得的欲望造成的累积性的结果——这些欲望把觉知挡在了门外。原因是，欲望无法让你认识生活，认识这整个的过程——你应该自发地去迎接生活。假如一个人能够明白这整个的心理过程及其外在的表现——所有的政府、所有社会、各种各样的团体是多么需要效率以及效率带来的冷酷无情——那么心灵或许便将开始从它那些通常的习惯当中突围而出了。尔后，它便能够真正获得自由，不再去寻求方法。一旦心灵迈入宁静，那富有创造力的事物就将到来了，这一事物便是创造力本身。它会找到自己的表现方式，你不必为它挑选出某种表现形式。若你是位画家，你就会挥笔作画。正是创造性的觉知能够带来生机与活力，带来优雅、美与幸福——而不是用你所学到的技术去表现某个事物。

因此，实相、神，随便你怎么称呼都好，是无法通过某种技巧、方法，无法通过漫长而坚定的实践、训练得来的，它不是一条被铺设的目的地已知的路线。一个人必须步入那片未知的海域，必须得独自前行。独自，意味着没有任何方法，当你有了方法的时候，你便不是单独的了。必须要彻底地清除掉所有这些累积的实践、希冀、欢愉以及对安全感的渴望——这些全都在不断地维系着某种方法、手段、技巧。唯有这时，实相才会到来，尔后问题也就能得到解决了。一个时时刻刻去终结的人，也因此时时刻刻在更新的人，便能够去迎接生活，而不是与生活分隔开来，他便是生活本身。

问：一个人怎样才能在不去命名或贴标签的情况下觉知到某种感受呢？假如我觉知到了某种感受，那么在这个感觉出现之后，我似乎立即就能知道它是什么。抑或，当您说"不去命名"的时候，您是否指的是另外的意思呢？

克：这是一个相当困难的问题，需要展开大量的思索，需要懂得这里面包含的全部内容。在我解释的时候，我希望你们能够紧紧跟上我的思路，不要只是口头上说说，而是要去体验。我认为，如果我们能够充分地、深刻地认识这个问题，就会大有所获。倘若时间充裕的话，我将试着从不同的方向来着手这一问题，因为这是个十分复杂、微妙的问题。需要你投以全部的注意力，因为你要去体验我们所讨论的内容，而非仅仅是去聆听，之后再尝试着去体验。没有所谓的之后——要么你现在就体验，总是在现在、在当下，要么你永远都无法体验。

那么，我们为什么要去命名某个事物呢？我们为什么要给一朵花、一个人、一种感觉贴上标签呢？或者是跟人交流一个人的感觉，或者是去认同那一感觉，难道不是这样吗？我对某个事物、某种感受进行了命名，并把它传达了出去。"我很生气。"抑或，我让自己与该感觉认同，以便增强它、消除它或者对它做别的事情。意思便是说，我们去命名某个东西，比如一朵玫瑰，把它传递给其他人。或者我们认为，通过对它进行命名，于是我们便认识了它。我们说"这是一朵玫瑰花"，马上看着它，然后便走开了。通过给它起个名字，我们觉得自己就认识了它，我们对它进行了分类，以为由此便认识了这朵花的全部内容与美。

那么，当我们不是仅仅去传递的时候，当我们给一朵花或是其他事物命名的时候，会发生什么呢？请跟上我的思路，与我一起好好思考一下，虽然我可以说得大声一些，但你们还是要参与到谈话里面来。通过对某个事物进行命名，我们仅仅是把它归了个类，我们以为自己已经认识了它，我们没有更加仔细地去审视它。但倘若我们不对它命名，就会不得不去观察它了。也就是说，我们用一种新的视角、新的检验的方法去看待这朵花儿抑或其他任何东西，我们观察着它，就仿佛之前从不曾看过它一样。命名是一种非常便利的处理人的法子——通过声称他们是德国人、他们是日本人、他们是美国人、他们是印度人，你知道——给他们贴上一个标签，并撕毁这个标签。可如果你不去给人们贴标签，那么你就不得不去审视他们，尔后，杀人就会变得非常难了。你可以用炸弹把标签销毁，感觉到正义。但倘若你不去贴标签，并因而不得不去审视每一个个体——不管他是一个人、一朵花还是一个事件或是一种情绪——那么你就不得不去思考你同它的关系以及随之而来的行动。因此，命名或是贴标签，是一种非常方便的处理事物的法子，是一种十分方便的排拒它、谴责它或为其辩护的法子。这是问题的一个方面。

接下来，你根据哪个中心去命名呢？你是从哪个中心出发去命名，挑选、贴标签的呢？我们全都觉得有一个中心、核心存在，我们由这个中心去展开行动，去做出判断，去进行命名，难道不是吗？那么这个中心是什么呢？有些人喜欢认为它是一种精神存在，是神，随便你怎么称呼都好。所以，让我们弄明白我们是根据什么中心去命名、判断的吧。显然，这个中心就是记忆，不是吗？一系列被封闭的、被确定的感觉——过去，通过现在而复活了。这个中心，通过命名、贴标签、记忆，靠现在存活着、维系着。我希望你们明白了我的话。随着我们不断地展开，不久我们就会懂得，只要有这个中心存在，就不可能实现认知，唯有消除掉了这个中心，才能获得觉知。因为，毕竟，这个中心便是记忆——关于各种经历的记忆，这些经历被我们进行了命名、被贴上了标签、被予以了认同。带着这些被命名过的、被贴了标签的经历，我们从这一中心出发，根据经历带来的或愉快或痛苦的记忆和感觉，来决定是接受还是排拒，来决定这样或不这样。因此，这个中心便是语词。如果你不去对这个中心进行命名的话，还会有中心存在吗？意思便是说，如果你不从语词的层面进行思考，如果你不使用语词，那么你还能够思考吗？思考是通过言语形成的，抑或，言语开始对思考做出反应。所以，这个中心，便是对无数快乐的、痛苦的经历的记忆，是这些记忆的言语化。请在你自己的身上观察一下，你会发现，语词、标签变得比实质、比内容更加重要，我们活在语词之上。请不要去否认这个，不要说是对还是错，我们正在展开探寻。假若你仅仅是探索事物的一个方面，或者在一个地方原封不动，那么你就不会理解它的全部内容。因此，让我们从不同的视角来着手该问题吧。

　　对我们来说，如真理、神这类词，抑或是这些词所指代的感受，已经变得非常重要。当我们说"美国人"、"基督徒"、"印度教教徒"或者"愤怒"一词的时候，我们便是这个词语所代表的感觉。但我们不知道这个感觉是什么，因为语词变得格外的重要。当你自称是名佛教徒、基督徒的时候，这个词语的涵义是什么呢？你从未检视过的那藏在词语背后的意义是什么呢？词语、标签便是我们的中心。如果标签无关紧要，如果重要的是标签背后的东西，那么你便能够展开探寻了。但倘若你去认同那个标签并且执着于它，你就无法进行下去。我们与标签进行认同：房子、形式、名字、家具、银行账户、我们的看法、我们的刺激物，等等，我们是所有这些东西——这些被某个名称所代表的东西。结果，物体变得重要起来，名称、标签变得重要起来，所以说，中心就是语词。

那么，假若没有语词，没有标签，就不会有中心了，对吗？于是便会消解、消除——不是消除恐惧，这是完全不同的事情。会有一种什么也不是的感觉，因为你已经移除掉了所有的标签，抑或是因为你已经明白了自己为什么会给感觉、想法贴上标签，你处在了一种完全崭新的状态，不是吗？你的行动不再是从某个中心出发了。中心即语词，已经被消解掉了，标签已经被拿走了，那么作为中心的你将身处何方呢？你就在这里，不过已经发生了转变，这种转变会有一点儿让人害怕，于是你不去继续探索它里面包含的东西，你已经开始去判断它，去决定自己是喜欢它还是不喜欢，你没有继续去认识那到来的事物，但你已经在做着判断，这表示，你的行动是从某个中心出发的。所以，一旦你去判断，你就会固定不动了，"喜欢"或"不喜欢"这类词语变得重要起来。然而，当你不去命名的时候，会发生什么呢？你会更加直接地去观察情绪、感觉，于是也就同它有了完全不同的关系，就像当你不去给一朵花起名字的时候所发生的情形，你就会不得不以新的眼光去审视它。当你不去对某群人命名时，你便会不得不去审视每一张脸孔，而不是把他们当作一个整体去对待。结果，你会变得更加敏锐，更富有观察力，更为觉知，你会怀有更为深刻的怜悯与爱。但倘若你把他们视为一个整体去看待，那么这一切就都结束了。

若你不去贴标签，你便不得不在每个感觉出现的时候去关注它。那么，当你去贴标签时，感觉跟标签是分开的吗？抑或是标签唤醒了感觉？请仔细思考一下这个问题。当我们去贴标签的时候，大多数人都会让感觉得到强化。感觉与命名是同时发生的。如果命名跟感觉之间存在着间隔，你就会发现，若感觉与命名是分开的，那么你便可以去应对那一感

觉同时又不对其予以命名了。理解这一切有些难吗？我很高兴，恐怕应当是不容易的。（笑声）

问题在于，怎样从某种被我们命名的感觉中解放出来，比如愤怒，难道不是吗？不要去克服它，不要去升华它，不要去压制它，这些做法全都是愚蠢的、幼稚的，而是如何真正摆脱它。要想真正摆脱它，我们就得探明词语是否要比感觉重要。"愤怒"一词变得比这一感觉本身更加重要。为了探明这个，感觉同命名之间就必须得有间隔。这是一个方面。

那么，假如我不去命名某个感觉，假如思想不会仅仅因为语词而运作，抑或假如我不从语词、形象、符号的层面去思考——那么会发生什么呢？很明显，尔后，头脑便不仅仅是发现者，也就是说，当头脑不从语词、符号、形象的层面去思考，就不会有与思想即语词分开的思想者了。尔后，头脑就会安静下来，不是吗——不是被刻意地弄得安静，而是它本身就是宁静的。一旦头脑真正迈入了寂静，就能立即去应对那些出现的感觉了。只有当我们对感觉命名从而使其得到强化的时候，感觉才会持续，它们被存储在中心里。我们由这一中心出发去贴上更多的标签，要么让感觉得到强化，要么把它们传递出去。

因此，当头脑不再是中心，不再是由语词、由过去的经历构成的思想者——这些经历全都是记忆、标签，被分门别类地储存了起来——当它不做上述这些事情的时候，那么头脑显然就会安静下来。它不再受约束，它不再是"我"这一中心——我的房子、我的成就、我的工作——这些依然是语词，它们刺激了感觉，从而让记忆得到强化。当所有这一切都不再发生时，头脑就会非常安静了。这一状态不是否定。相反，要想触及到问题的实质，你就必须经历所有这一切，这是一项巨大的任务，它不单单是学习一套词语，然后像个学童那样去重复它们——不是去命名。理解其中的涵义，展开体验，懂得头脑是怎样工作的。当你不再去命名的时候，意思便是说，不再有一个与思想分开的中心时——显然，这整个的过程便是真正的冥想——你便能够触及到问题的核心了。一旦头脑真的迈入寂静，那不可度量的事物便会到来了。任何其他的过程，任何其他的对实相的探寻，都不过是自我设计、自制出来的，因而也就不是真实的。

然而这个过程十分的艰辛，它意味着意识必须不断去觉知内心发生的一切。要想做到这个，由始至终就不可以做任何的评判或辩护——不是说这是终点，没有所谓的终点，因为那非凡之物依然在继续，没有许诺。必须由你展开检验，必须依靠你自己的力量去深入地探究，如此一来才能消除掉这个中心的诸多层面。你可以马上去做，又或者十分懒散。但是，观察头脑的过程是相当有趣的——它是如何依赖词语的，词语是如何刺激着记忆的，如何让已逝的经历复活、重燃生命的。在这个过程中，头脑要么活在未来，要么活在过去。于是，词语具有了巨大的意义，神经学上的以及心理上的。请不要从我这里或者书本上学习这一切，你无法从他人那里学到这个，无法从书本里头找到这个，你从书本里学到的或者发现的东西，都不是真实的。然而你可以去体验它，你可以在行动中去观察自身，观察你自己的思考，看一看你是怎样思考的，看一看你是多么迅速地在一种感觉出现的时候就去对它命名的——观察这整个的过程，将会让头脑从它的中心解放出来。尔后，变得安静下来的头脑就可以接受到那永恒之物了。

问：如果个体同集体之间有关系的话，那么正确的关系是怎样的呢？
克：你认为个体与集体之间有关系存在吗？你同集体之间有关系吗？国家、政府，希望我们仅仅是公民，是集体。但我们首先是人，尔后才是公民——不是公民在先，人在后。国家希望我们不是个人，而是集体，是大众。原因是，我们越是公民，我们的能力就会越大，效率就会越高——我们变成了官僚组织、权威化的政府、国家所希望的工具。

因此，我们必须区分个体跟公民，单个的人跟集体。个体、人，有他自己的个人化的感受、希冀、失落、失望、憧憬、感觉和欢愉。有一种观点认为，应当把这一切都简化为集体，原因是，应对集体非常的简单，发布一条法令就搞定了，给个批准就会执行。所以，组织越多，人们被组织起来的效率就会越高,个体就越受到排拒,不管是被教会还是被政府——尔后,我们全都是基督徒,全都是印度教教徒,而不是一个个的人。抱着这种态度,在这种我们大部分人都渴望的状态下,个体还会有位置可言吗?我们意识到,集体行动是必需的,然而,只有否定个体才能实现集体行动吗?个体同集体是对立的吗?集体难道不是虚幻的吗?大众难道不是不真实的吗?意识到应对个体很困难,于是我们便制造出了个体的对立面即集体、大众,尔后试图在个体与集体之间建立起某种关系。如果个体是理性的,他就会合作。这显然便是我们的问题所在,对吗?我们首先制造出了集体,尔后试图找到个体与集体的关系。

但是,让我们弄清楚集体是否是真实的吧。我们这群人在这里,能够通过催眠、宣传等手段被变成集体,通过各种方法,我们可以被激起去为了某种意识形态、某个国家、某个教派、某个理念等等展开集体行动。也就是说,通过恐惧、奖赏以及其他相关的一切,可以从外部来强加、引导或者强迫人们展开集体行动。制造了这种限定之后,我们试图让真实的个体与那被制造出来的事物建立起关系。可是,通过明确地认识了单独性的全部涵义,个体就能够失去自己的单独意识从而展开协作性的行动吗?但由于这是如此的困难,所以国家、政府、教会、组织化的宗教,强迫或诱使个体变得合作。个体在历史上有何位置呢?你和我所做的有什么重要性吗?历史的运动在继续,实体在这一运动中有什么位置?或许压根儿就没有,你和我根本不算什么。这运动是巨大的,它发生着、展开着,它积累了几个世纪的势能,它将继续下去。作为个体的你,同这一运动有怎样的关系呢?你所做的事情,会影响到它吗?因为你是个和平主义者,你就能够阻止一场战争的爆发了吗?你高举和平的旗帜,不是因为有战争,不是因为你与它建立起了某种关系,而是因为战争本身就是错误的,你觉得自己不可以去杀戮,事情就此结束。然而在我看来,试图在你的觉知、你的理性同这种巨大的、有逻辑的战争的运动之间找到某种关系,这么做纯属徒劳。我可以是一个单独的个体,但是要懂得是什么导致了我身上的反社会的情绪,从而去摆脱单独的行

生活的难题不需要方法 503

动。我或许可以拥有一点儿财富，但这显然不会让我变成一个分离主义的个体。不过，正是这种想要把自己隔离起来、想要出人头地的心理状态——才是灾难性的，才具有如此的破坏性。于是，为了克服这个，我们便有了外部的批准、强加和法令。

问：痛苦的涵义是什么？

克：你什么时候会痛苦？痛苦的涵义为何？身体上的痛苦有一种涵义，但我们所说的心理上的痛苦却有着几个层面的不同意思。痛苦的涵义是什么呢？你为什么想要知道痛苦的涵义呢？这并不是说它没有涵义——我们将要去一探究竟。可你为何希望去探明呢？你为何希望弄清楚自己痛苦的原因呢？当你询问自己说"我为什么会痛苦"并且去寻求痛苦的原因时，你难道不是在逃避痛苦吗？当我寻求痛苦的涵义时，我难道不是在躲避它、逃离它吗？事实是，我正在受着痛苦，可一旦我让头脑去思考这个问题，说道："那么，原因何在呢？"我就已经减弱痛苦的强度了。换言之，我们希望痛苦被减弱、稀释、消除、解释过去。很明显，这么做并不能让我们认识痛苦。所以，如果我不再渴望去逃离痛苦，那么我就将开始理解它的意义了。

那么，什么是痛苦呢？痛苦是各个层面的干扰——身体上的以及潜意识的各个层面上的，对吗？它是一种我不喜欢的剧烈的扰乱。我的儿子死了，我在他身上寄托了自己全部的希望——或者是在我的女儿、我的丈夫抑或其他人身上。我在他身上倾注了我所渴望的全部，我把他视为我的同伴——你知道，所有这一切——突然，他离开了人世。于是便会出现扰乱，对吗？我把这种扰乱叫做痛苦。请注意，我这么说并不是严苛，我们正在去检验，正在努力去认识痛苦。假若我不喜欢这种痛苦，那么我会说道："我为什么会痛苦呢？""我这样地爱他。"我试图逃避到词语、标签、信仰中去，就像我们大多数人会做的那样，它们就像是麻醉药一般。但倘若我不去这么做，会发生什么呢？我就只是去觉知痛苦，既不去谴责它，也不去为其辩护——我正在受着痛苦。那么我便可以紧紧跟上它的运动了，不是吗？尔后我就可以理解痛苦的全部意义了——"我理解"指的是努力去认识某个事物。

因此，痛苦的涵义是什么呢？那个遭受着痛苦的事物是什么呢？不是为什么会有痛苦，不是痛苦的原因何在，而是实际上发生的情形是怎样的？我不知道你是否明白这其中的不同。于是，我就只是去觉知痛苦，痛苦与我不是分开的，我不是作为一个观察者在观察着痛苦——它就是我的一部分——也就是说，我的全部便是痛苦。尔后我就可以跟上它的运动了，明白它会去往哪里。很显然，一旦我这样做了，痛苦便会向我敞开，向我彰显出它的全部涵义，不是吗？尔后我就会发现，我强调的是"我"——而不是某个我爱着的人。他的作用，不过是掩盖了我的痛苦、我的孤独、我的不幸。由于我是个无名小卒，所以我才希望他能够出人头地。结果，他走了，我被丢下了，我感到迷失与孤独，没有了他，我就空空如也，所以我号啕大哭，我哭，不是因为他的离去，而是因为我被丢下了，因为我从此独自一人了。要领悟这一问题的实质是非常不容易的，对吗？认识到这一点，而不是仅仅询问说："我很孤独，我怎样才能摆脱这种孤独呢"，要做到这个很难。这是另外一种形式的逃避，但是要意识到它，要与它共存，要懂得它的运动。我只是把这个作为了一个例子。所以，渐渐的，如果我让它敞开、展现出来的话，我会发现，我之所以痛苦，是因为我迷失了，我被号召去注意某个我并不愿意去审视的事物，某个被强加在我的身上、我不愿意去审视、去认识的事物。有无数人帮助着我去逃避——成千上万的所谓的宗教人士以及他们的信仰、教义、希冀和幻想——"这是因果报应，这是神的旨意"，你知道，所有让我得到某条出路的法子。但倘若我能够与它处，不去逃避它，不去试图限定它或者排斥它，那么会发生什么呢？当我的头脑紧跟痛苦的运动，它会处于怎样的状态呢？请跟上我的思路，好好思索一下这个问题，继续我们之前所讨论的内容。

痛苦究竟只是一个词语呢，还是一种事实呢？如果它是一个事实而不单单只是一个词语的话，那么词语就没有任何的意义了。于是，只有强烈的痛苦的感受存在。关于什么呢？关于某个形象、某个经历、某个你拥有或者未拥有的东西。假如你拥有，你称它是欢愉，假如你没有，它便是痛苦。所以，痛苦、悲伤，是在同某个事物的关系里的。这个事物仅仅是语词呢，还是一种事实呢？我不知道你们是否明白了我所说的这一切。意思便是说，当痛苦袭来的时候，它只会存在于跟某个事物的关系里，它无法独自存在，就像恐惧无法单独存在一样，而是只会存在于跟某个事物的关系中，比如跟某个人、某个事件、某种感受。那么，你充分觉知到了痛苦。痛苦跟你是分开的吗，因而你不过只是感受到了痛苦的观察者？还是说，痛苦其实就是你的一部分呢？很明显，我们正在努力去认识什么是痛苦，我们正在试图充分地探究它，而不是流于肤浅的层面。

那么，当不存在遭受着痛苦的观察者时，痛苦跟你还是分开的吗？你就是痛苦，不是吗？你与痛苦并不是分开的——你即痛苦。那么会发生什么呢？请好好思考一下。没有标签，没有命名，没有把它抛到一旁——你就是痛苦，你就是这一感受，你就是这种苦恼的感觉。那么，当你就是痛苦时，会出现什么情形呢？当你不去对它命名，不去畏惧它，还会有与它相关的中心存在吗？如果中心与它是有关的，那么它就会惧怕痛苦，尔后它一定会有所行动，一定会针对痛苦做些事情。但倘若这个中心便是痛苦，那么你会做什么呢？如果你就是痛苦，你不去接受它，不去给它贴标签，不去把它抛到一旁——如果你就是这一事物，会发生什么呢？尔后，你会说自己痛苦吗？显然将会发生根本性的变化，尔后，不会再有"我痛苦"这样的话了，因为已经没有了那个受着痛苦的中心。这个中心之所以会痛苦，是因为我们从不曾去探究过这一中心究竟是什么，我们就只是从词语到词语，从反应到反应，我们从不会说："让我去探究一下那个遭受着痛苦的事物究竟是什么。"你无法通过强迫、通过训戒去洞悉，你必须带着兴趣，带着自发的认知去审视问题。尔后你将发现，那个被我们称为痛苦的事物，那个我们逃避着的事物以及训戒，全都消失不见了。只要我与那个处于我外部的事物没有建立关系，问题就不会有，可是一旦我同这个我之外的事物有了关系，问题就会出现。只要我把痛苦视为某种外部的东西——我痛苦是因为我失去了我的兄弟，是因为我身无分文，是因为这个或那个——我便同它建立起了关系，而这种关系是虚幻的。但倘若我就是这一事物，倘若我洞悉了事实，那么这整个的一切就都会转变了，就会具有截然不同的意义了。尔后便会有完全的、充分的关注，但凡被充分投以关注的事物就会被认知，从而被消除掉，于是也就不会再有恐惧，继而"痛苦"一词便将不复存在了。

（在欧加的第十二场演说，1949年8月21日）

为什么我们被困在自我意识里

在过去的五周时间里，我们一直都在讨论认识自我的重要性，以及它是如何的不可或缺。一个人应当首先认识自己——不仅要认识表层的意识，还要认识那潜藏的无意识的层面——尔后他才能够有所行动，才能够展开正确的思考。你们当中有些人曾经试着去对我们讨论的问题展开检验，那么你们一定在检验的时候遇到了非常奇怪的事情：那便是，通过自知，一个人会强化自我意识，也就是说，一个人会越来越关心自己。我们大部分人都为此所困，人似乎无法超越这个。今天晚上，我希望讨论一下，为什么我们大多数人都会在自我意识里去克制自己、限制自己，从而无法实现超越。因为，这里面涉及的东西很多，需要进一步的阐释和讨论。不过，在展开探究之前，我想要说明一两件事情。

首先，请不要拍照干扰。你知道，所有这一切，一个人谈论的东西是非常严肃的，至少对我是如此。如果你真的抱持着非常认真的态度，那么你就不要去想着拍照和索要签名。还有，这么做是非常幼稚的、不成熟的，假如我可以这么说的话。我想说明的另外一件事情就是，正如我之前所指出来的那样，你我相聚在此，努力携手去展开检验和探究，去深入到摆在我们面前的问题的实质。如果你感兴趣的是把我说的话记录下来，那么我们就无法实现上述的目的了。你应当可以直接地应对问题，而不是之后再去思考，因为，当你真的去体验某个事物的时候，你就不会去做笔记了。当你没有在体验时，当你没有真正在思考、感受、检验时，才会去记笔记。但倘若你真正去体验，去探究我正在谈论的内容，那么你是不会有时间去做笔记的。很明显，体验是无法通过词语得来的，这么做只会让感觉得到强化。可如果我们能够对正在谈论的问题展开更加深入、直接的探究，就可以获得体验了。所以，只要我们每一个人都抱持着足够认真的态度，去检验正在说的问题，而不是仅仅将其搁置起来或者离开中心问题，那么这就是非常好的做法了。

正如我所指明的，在探寻自知的过程中，一个人被困在了自我意识里头，他越来越强调"我"，那么这种情形究竟是怎样发生的呢？就像我们在所有这些演讲期间所说的那样，重要的是去摆脱"我"、"我的"，摆脱一己之私。原因在于，如果一个人不了解自我的全部过程及内容，那么他显然就无法展开正确的思考——这一点是不言自明的。然而我们却逃避对于自我的认知，我们以为，通过逃避认识自我，就能够更加容易地应对自我或者忘却自我了。但倘若我们能够更加深刻、更加关注地去审视自我，就有变得越来越自我意识的危险。那么我们能否超越这个呢？

要想认识这个，我们就得去探究有关真诚的问题。简单不是真诚，一个真诚的人永远无法做到简单，原因是，一个努力想要做到真诚的人，总是会渴望让自己去接近、去符合某个理念。一个人需要做到非凡的简单，如此方能认识自我——当你不再渴望有所得，不再渴望去达至什么、获得什么，才能做到简单。一旦我们想要通过自知而有所得的话，便会出现自我意识，而我们则会被困于其中，这是一个显见的事实。假若你不是仅仅去检视各个心理学家和圣人所说的话，而是凭借自己的力量去展开检验，那么当你意识到，除非有彻底的简单而不是真诚，否则你将无法展开下去，你就将触及问题的实质了。只有当你渴望通过自知来获得什么、实现什么——比如幸福、实相抑或是觉知——才会出现自我意识。也就是说，只要你希望通过自知来得到些什么，便会生出自我意识，它妨碍了你去进一步探究问题。由于我们大部分人尤其是那些所谓的宗教人士都在努力做到真诚，因此我们必须要去认识这个问题，认识"真诚"这个词。真诚发展起了意愿，而意愿便是欲望。为了让自己去接近某个理念，于是你不得不做到真诚，结果，模式以及实践该模式就变得至关重要起来。为了把某个模式付诸实践，你必定要怀有意愿，而这就把简单挡在了门外。只有当你不再渴望有所得，当你愿意去探究自知的问题，同时不去怀有某个预见的目的，才可以做到简单。我认为，对这一点加以思索真的是很重要。需要的不是真诚，不是运用意志力成为什么或者不成为什么，而是在事物出现时自发地、时时刻刻地去认识自己。当你让自己去符合某个东西的时候，怎么可能做到自发呢？

你什么时候会在自己身上有所发现呢？只有在未预料的时候，只有在你不是有意识地去控制你的头脑、你的想法和感受的时候，只有在你自发地对生活的各种事件做出反应的时候。尔后，你根据这些反应有所发现。但如果一个人努力想要做到忠于某个观念，那么他永远无法实现简单，于是也就永远无法充分地、彻底地认识自我。只有当你展开无为的觉知——这种觉知不是在运用意志力——才能更加充分、更加深入和广泛地去认识自我。意志力与真诚是同行的，而简单与无为的觉知则是一路的。原因是，只要一个人展开了无为的、深刻的觉知，就将立即实现认知。

正如我们所讨论的那样，当你想要去认识某个事物的时候，假若你的精力一直都消耗在了想要去认识它上面，一直都在努力去认识它，自然就无法实现认知。但倘若你展开无为的、敏锐的觉知，那么你便可以认识它了。同样的道理，要想更加深入、广泛地认识自己，就必须得做到无为的觉知。而这是相当困难的，因为我们大部分人要么就会去谴责，要么就会去辩护，我们从不曾无为地去审视事物。我们把自己投射在对象上面——比如一幅绘画、一首诗歌或是任何其他东西上面——尤其是我们关注的方面，我们无法在既不去谴责也不去辩护的情况下审视自身，而这显然才是至关重要的，如果我们想要获得更加深入和广泛的认知的话。由于我们大多数人在探寻自知的过程中都会被困在自我意识里头，所以危险便在于，被困的我们让那个困住我们的东西成为了最重要的事物。要想超越自我意识，就应该不再渴望去得到一个结果，因为，毕竟，达至某个结果便是头脑渴望的，它希望获得安全与确定，于是也就出于自身的势能制造出了某个形象、某个观念，而它则从这个形象或观念中寻求着庇护。只有当一个人不再渴望得到一个结果的时候，只有当他时时刻刻都在生活的时候，才能避开头脑制造出来的各种幻觉，不被困于其中。

问：可否烦您解释一下您所说的每天都终结是什么意思呢？

克：为什么我们如此惧怕死亡呢？那是因为死亡是未知的。我们不知道明天将会发生什么，事实上，我们不晓得即将会发生什么。尽管我们所建的一切都是为了明天，但实际上我们根本不知道明天会怎样，因此我们总是对明天充满了恐惧。所以，恐惧是决定性的因素，恐惧在于无法去迎接未知，结果我们背负着今天的重担走向明天。这就是我们所做的事情，不是吗？我们让我们的特性、我们的嫉妒、我们的愚蠢、我们的记忆获得持续。无论身处何方，我们都日复一日地携带着这些东西，难道不是吗？因此也就没有消亡，没有终结，有的只是得到了保证的持续，这便是事实。我们的名声、我们的行为、我们所做的事情、我们的财产、我们想要有所成就的渴望——所有这些都提供了一种持续性。那么，凡是持续的事物显然无法获得新生，只有当终结时，方能迎来更新。如果你明天跟今天是一样的，那么怎么可能会有所谓的新生呢？意思便是说，倘若你依附于某个观念、某种你昨天有过的体验，而你希望明天能够继续这一体验，那么就不会有更新。存在的是对该体验所带来的感觉的记忆的持续，但体验本身却是死寂的。有的只是对该体验带来的感觉的记忆，你渴望持续的正是这种感觉。很明显，只要存在着持续，就不会有新生。然而这便是我们大部分人所渴望的——我们希望持续下去，希望获得永生。我们希望我们的焦虑、我们的欢愉、我们的记忆都持续下去，于是大多数人实际上都丧失掉了生机与活力，无法获得新生。但倘若我们每一天都走向终结，在一天结束的时候把我们所有的焦虑、嫉妒、愚蠢、空虚以及残忍的闲言碎语都结束掉——你知道，所有这些东西——倘若我们每一天都能够终结，不去把这些东西带入到明天，那么我们就可以得到重生了，对吗？

所以，我们为什么要去累积外物呢？除了家具以及其他一些东西之外，我们还累积了些什么呢？观念、词语、记忆，不是吗？我们带着这些东西活着——我们便是这些东西。我们希望带着这些东西去生活，我们希望得到永生。可如果我们不去持续，就能够迎来全新的认知，就能够抱持彻底崭新的开放姿态了。这并不是形而上的东西，也不是异想天开。凭借你自己的力量去展开检验，你将看到会有非凡之物出现。心灵是怎样日复一日在某个问题上焦灼不安啊！这样的心灵显然无法看见新事物，不是吗？我们为自己的信仰所困——这些信仰就是我们自己。信仰便是语词，语词变得重要起来，结果我们就活在感觉之中，我们希望这感觉永远继续下去，结果也就无法获得更新。但倘若一个人不去持续，倘若他不让某种焦虑继续下去，而是去思考它，充分地探究它，继而将其消除掉，那么他的心灵便是崭新的，从而能够以新的视角去迎接其他事物。然而困难在于，我们大部分人都希望活在过去，活在过去的记忆里，抑或是活在将来，活在将来的希冀、憧憬里——这表明当下并不重要，因此我们实际上是活在昨天或明天，并且让这二者得以持续。假如一个人对这个问题展开真正的检验，真正做到了每一天、每一分钟都对自己累积的事物抱持漠然的态度，那么他就将获得不朽。

不朽不是持续，持续不过是时间，不过是让记忆、观念、词语持续下去。可一旦我们摆脱了持续的制约，便将迈入永恒的状态，若你仅仅是持续的产物,那么你就无法认识永恒。所以,重要的是每一分钟都去终结,每一分钟都能再一次新生——而不是你活在昨天,这一点真的十分重要,如果你认真去探究一下的话,因为,创造性和转变就蕴含在其中。我们大多数人都过得如此不幸,原因在于我们不知道怎样去更新,我们被昨天弄得筋疲力尽,被昨天的记忆、不幸、悲伤、事件、失败摧毁掉了。昨天,成为了压在我们头脑和心灵上的重担,我们背着这一重负,渴望去认识某种无法在时间的局限内去认识的事物。这便是为什么,假如一个人想要富有创造力——这里是从词语的深层涵义上来说的——就必须每一分钟都去终结自己累积的全部。这不是幻想,不是某种神秘的体验。当一个人懂得了作为持续性的时间是怎样妨碍了创造力这句话的全部涵义,他就可以直接地、简单地去体验这一点了。

问: 如您所说,当真理被一再重复时,它是怎样变成谎言的呢?谎言实际上是什么呢?为什么撒谎是不对的呢?从我们生活的各个层面来讲,这难道不是一个深刻而微妙的问题吗?

克: 这里头包含有两个问题,所以让我们首先来探究一下:当真理被重复的时候,它是怎样变成谎言的呢?我们重复的是什么?你能够重复某种觉知吗?我认识某个事物,我可以重复它吗?我能够用言语来描述它,能够把它传递给他人,但被重复的显然并不是这种体验。然而我们为词语所困,没有懂得体验的涵义。如果你有过某种体验,那么你可以重复它吗?你或许希望重复它,你或许渴望再次体验它,体验它所带来的感觉,可一旦你有了某种体验,它便结束了,无法被重复。能够被重复的是感觉,以及让该感觉复活的相应的语词。不幸的是,由于我们大部分人都是宣传员,于是我们便被困在词语的重复之中。所以,我们活在语词之上,而实相则被挡在了门外。

以爱的感觉为例。你能够重复它吗?当你听见说"爱你的邻居"时,这对你来讲是真理吗?只有当你热爱自己的邻居,它才是真理,能够被重复的只有词语,而不是爱。然而我们大多数人都满足于重复,都对此感到快乐,"爱你的邻居"抑或"不要贪婪",结果,你通过单纯的重复而得到的他人的真理或者某个真实的体验,不会变成实相。相反,重复妨碍了实相,单纯地重复某些观念,并不是实相。

那么,这里头的困难在于,一方面去认识问题,一方面不从对立面的层面去思考。谎言并不是真理的对立面,一个人可以洞悉正在说的话里的真理,不是在对立面中,不是在谎言或真理的比较中,而只是意识到,我们大部分人是在没有觉知的情况下去重复的。例如,我们一直都在讨论"不去命名",我确信,你们当中许多人都会重复这句话,认为它是"真理"。如果某种体验是直接的,那么你永远都不会去重复它。你或许会把它传递给别人,可当它是一种真正的体验时,它背后的感觉就会消失不见,词语背后的情感内容就会被彻底消除掉。

再以我们几周前讨论的一个问题为例好了:思想者与思想是一体的。这对你来说可能是个真理,因为你直接体验过了。但倘若我重复它的话,它就不会是真理了,对吗?——请注意,真理,并非是作为谬误的对立面存在的。这句话不是真实的,它不过是重复性的,于是也就没有任何意义。但是你发现,通过重复,我们创立了某个教义、建立了某个教会,然后在其中寻求庇护。词语不是真理,但却变成了"真理"。词语并不是它所指代的那个事物,然而对于我们来说,词语就是其指代的事物。这便是为什么一个人必须要格外的审慎,这样才不会去重复他实际上并不认识的某个事物。假如你认识某个事物,你就可以把它传递出来,但词语和记忆已经失去了它们情感上的意义。因此,在通常的交谈中,一个人的观点、一个人所用的词语会发生变化。

由于我们通过自知寻求着真理,而不是单纯的宣传者,因此,重要的是去认识它。原因在于,通过重复,一个人用词语或感觉把自己给催眠了,他困在幻觉里头。要想摆脱掉这个,就必须直接地去体验,而要想展开直接的体验,一个人就得在重复、在习惯、语词、感觉的过程中去觉知自身。这种觉知让他获得了非凡的自由,如此一来他就能够迎来新生,就能够拥有全新的、不断的体验。

另一个问题是:"谎言实际上是什么呢？为什么撒谎是不对的？从我们生活的所有层面来讲，这难道不是一个深刻而微妙的问题吗？"什么是谎言？一种矛盾、自我矛盾，对吗？一个人可以有意或无意地提出相反的说法，可以是刻意为之，也可以是无意的，矛盾可以是非常隐蔽的，也可以是十分明显的。当矛盾中的裂缝格外巨大时，一个人要么会变失常，要么会意识到这裂缝，然后着手去修补它。要想认识这个问题，即何谓谎言以及我们为什么撒谎，一个人就必须展开探究，同时不从对立面的层面去思考。我们能否一方面去审视这个有关矛盾的问题，一方面又不会试图做到不矛盾呢？我不知道我是否把意思表达清楚了。在探究这个问题的过程中，我们的困难在于，我们很容易就会对谎言加以谴责，而不是去认识它，难道不是这样吗？我们能否不从真假的层面去思考，而是从什么是矛盾来着手呢？我们为什么会有矛盾？为什么我们身上会有矛盾？难道不是因为我们试图去符合某个标准或模式吗？——不断地让自己去接近某个模式，不断地努力去成为什么，要么是在别人的眼里，要么是在我们自己的眼里，我们总是渴望去符合某种模式，不是吗？当一个人不去符合该模式的时候，就会有矛盾出现。

那么，我们为什么怀有某种试图去符合的模式、标准和观念呢？原因何在？显然是为了得到安全，为了受人欢迎，为了别人对自己有好的看法，诸如此类。于是便根植下了矛盾的种子。只要我们让自己去接近、符合某个东西，只要我们努力想要成为什么，就一定会出现矛盾，所以，真理同谬误之间一定会有这种裂缝存在。我认为，只要你安静地去探究这个问题的话，就会意识到这一点十分的重要。不是没有所谓的真假对错，而是为什么我们身上会有矛盾存在？难道不是因为我们努力想要有所成就吗？——努力成为一个高尚的人，努力怀有美德，努力待人和善，试图有创造力，努力得到幸福，等等。当我们渴望成为什么的时候，在这种欲望里面，就会出现不去成为什么的矛盾。正是这种矛盾具有如此大的破坏力。如果一个人能够同某个事物彻底的认同，认同这个或那个，那么矛盾便会停止，可一旦我们让自己与某个事物彻底认同，就会自我封闭，就会有所抵制，而这会带来失衡——这是一个极为显见的事实。

那么，我们身上为何会有矛盾呢？我做了某个事情，我不希望它被发现，我想了某个事情，它还没有达到标准，置我于一种矛盾的状态，我不喜欢这样。所以，只要有符合，就一定会生出恐惧，正是恐惧导致了矛盾。但倘若没有变得如何如何，倘若不去试图有所成就，那么就不会感到恐惧了，尔后也就不会有矛盾，于是我们身上的任何层面都不会出现有意或无意的谎言。由于我们大多数人的生活都是关于情绪的，姿态的，都依赖于情绪，于是我们便有些装腔作势——这就是矛盾。当情绪消失，我们就呈现出自己的本来面目了。真正重要的是这种矛盾，而不是你撒的究竟是不是一个有礼貌的无恶意的小谎。只要存在着这种矛盾，你的生活就一定会是肤浅的，于是也就会有不得不被保护的小小的恐惧——接下来便是一些无恶意的小谎，你知道，以及随之而来的其他相关的一切。我们可以审视这个问题，不要去询问何谓谎言，何谓真理，而是不去提出对立面，去探究我们身上矛盾的问题——这是相当困难的。原因在于，由于我们如此依赖自己的感觉，因此我们大部分人的生活都充满了矛盾。我们依赖记忆，依赖看法，我们怀有如此多的恐惧，我们想要把这些恐惧给掩盖起来——所有这一切都导致了我们内心的矛盾。当这种矛盾变得无法忍受时，一个人就会发狂。一个人渴望和平，但他做的每一件事情都导致了战争，不仅是在家里，而且还有外面。我们仅仅试图变得这样或那样，而没有去认识是什么导致了矛盾，结果也就导致了更大的裂缝。

那么，能否认识为何我们内心会矛盾重重呢？——不仅是在表层，而且在更加深刻的心理层面上。首先，一个人是否意识到自己过着矛盾的生活？我们渴望和平，但我们却高举着国家主义、民族主义的大旗；我们希望避免社会不幸，但我们每个人都是这样的个人主义、这样的自我封闭和局限，于是我们也就始终活在矛盾之中。原因是什么？难道不是因为我们是感觉的奴隶吗？关于这一点，既不要去否定，也不要去认可。这需要充分认识感觉即欲望的涵义。我们渴望如此多的事物，而它们统统彼此矛盾。我们便是这一张张相互冲突的面具，当某张面具合适我们的时候，我们就会戴上它，当其他面具更加有利可图、更加让人高兴的时候，我们则会把上一张给抛弃掉。正是这种矛盾的状态导致了谎言。与此相对立的，我们制造出了"真理"。但是很明显，真理并不是谎言的对立面，凡是存在对立面的事物皆非真理。对立物包含有它自己的对立面，所以它不是真理。

要想非常深刻地认识该问题，一个人就得意识到我们生存其中的全部矛盾。当我说"我爱你"的时候，伴随这句话而来的是嫉妒、焦虑和恐惧——这便是矛盾。必须要认识这种矛盾，只有当一个人觉知到了它，但同时既不去谴责也不去辩护——就只是观察它，那么他就能够认识矛盾了。若想无为地觉知矛盾，他必须认识辩护和谴责的全部过程。因此，无为地去观察某个事物并非易事，然而在认识的过程中，一个人将会开始理解自身思想与感受方式的整个过程。当他洞悉了自己身上的矛盾的全部涵义，就会发生非凡的转变了。尔后，你就是你自己，而不是你试图去变成的某个事物，你不再去遵从某个理想，不再去寻求幸福，你就是你的本来面目，你可以从这里开始展开，尔后也就不会有所谓的矛盾了。

问：我真心觉得自己希望去帮助人们，我认为我能够给予帮助。但无论我对别人说什么或做什么，都被解释为是一种干扰，被认为是想要支配他人。所以我遭到了其他人的阻挠，我感到十分挫败。为什么我会发生这样的事情呢？

克：我们什么时候会说希望去帮助别人呢？我们所说的"帮助"一词，究竟指的是什么意思？就像"服务"这个词语——它的涵义为何？你去到加油站，服务员会为你提供服务，你付钱给他，但他用的是"服务"这个词，就像所有的从业者那样，所有从商的人都会使用这个词语。那些希望提供服务的人们——他们难道也怀有同样的精神吗？如果你也能给予他们什么的话，他们就会希望提供帮助，也就是说，他们之所以想要帮助你，是为了实现自我。当你抗拒，当你开始去批评的时候，他们会感到挫败。换句话说，他们并没有真正在对你伸出援手，通过帮助、通过服务，他们实际上是在实现自我。换言之，他们披着帮助和服务的外衣，寻求的却是自我实现——当这种所谓的帮助遭遇阻挠的时候，他们就会心生怒火，开始讲是非讲闲话，开始痛斥你。这是一个十分显见的事实，对吗？你难道无法在不去寻求回报的情况下帮助和服务他人吗？——要做到这个十分困难，极为不易，你不可以就只是说："能够办到这个。"当你给了别人什么东西的时候，比如几百美金，你难道没有去执着于某个事物吗？你难道不会把自己跟这几百美金系在一起吗？它难道不是你的一个尾巴吗？你能够在给予之后做到忘却吗？这种来自心灵的给予，才是真正的慷慨。然而，人为的慷慨总是会被什么东西给束缚住。同样的，那些想要提供帮助的人，当他们因为种种原因受到阻挠的时候，就会感到挫败与失落，他们无法忍受批评。他们的行为被误读了，因为，通过急于向你伸出援手，他们其实是在实现自我。

因此，问题在于是否存在自我实现，难道不是吗？这是接下来的问题。有自我实现吗？"自我实现"一词，难道不是一种矛盾吗？当你想要在某个事物中去实现自我时，这个你在其中圆满自我的东西是什么呢？它难道不是一种自我投射吗？比如说，我希望帮助你，我用了"帮助"一词，从而将我想要实现自我的欲望给掩盖了起来。当我怀有这样的欲望时，会发生什么呢？我既不会给予你帮助，也不会达至圆满。原因是，对于我们大部分人来说，达至圆满，意味着从做某事中获得愉悦，这让我们感到满足。换言之，自我实现是一种满足，对吗？我寻求着表层的或永久的满足，我把这个叫做自我实现。然而，满足能够永久吗？答案显然是否定的。很明显，当我们谈论自我实现的时候，我们指的是一种满足，它要比表层的满足更为深刻。可是，满足能够是永久的吗？由于满足永远都不会是永久的，所以我们不断改变着自己自我实现的目标——在某个时期是这个，之后又变成那个，最后我们说道："我的圆满必须是在神那里，在实相里。"这意味着，我们让实相变成了一种永久的满足。因此，换句话说，当我们谈论自我实现的时候，其实是在寻求

为什么我们被困在自我意识里　　517

得到满足。我们不会说:"我之所以想要去帮助你,是为了让自己获得满足。"这么说太过粗鲁,我们对此会十分的隐蔽。我们会说:"我想要为你服务,想要给予你帮助。"一旦我们遭遇阻挠,就会感到失落和挫败,就会心生愤怒。在帮助和服务的外衣下,我们做了许多可怕的丑陋的事情——欺骗、幻觉。所以,诸如"自我实现"、"帮助"、"服务"这样的词语,需要我们去展开检验。一旦我们真正理解了它们,不是单纯口头上的理解,而是深刻的理解,就会对别人伸出援手,同时又不去寻求任何的回报。这样的帮助,永远都不会被误读——即使被人误解,也无关紧要。尔后,不会再感到挫败和愤怒、不会再有批评和闲话。

问:什么是独在?这是一种神秘的状态吗?它是否意味着让自己摆脱关系的束缚呢?独在,是一种实现认知的途径,还是在逃避外部的冲突与内在的压力呢?

克:我们大多数人难道不都试图在关系里隔离自我吗?我们试图去占有别人,试图去支配别人——这便是一种隔离,不是吗?我们的信仰、我们的观念,便是一种隔离。当我们退隐于世的时候,它便是一种隔离,对吗?内心的压力与外在的冲突,迫使我们去保护自己、封闭自己,这就是一种隔离,不是吗?通过隔离,能够获得任何觉知与理解吗?如果我抗拒你,如果我让自己封闭在我的看法、我的成见、我对你的批评等等当中,那么我会认识你吗?只有当我不把自己隔离孤立起来,只有当我们之间没有任何障碍,既没有言语上的障碍,也没有心理状态、情绪和个性上的障碍,我才能够了解你。但要想认识你,我就必须做到独在,不是吗?这里的独在,是指不受影响,不自我封闭。

我们大部分人都是由记忆、个性、偏见以及无数的影响所构成的,我们试图通过所有这一切去认识事物,当我们是被这些东西构成的时候,怎么可能实现认知呢?一旦摆脱了这一切,便能做到独在,这种独在并不是一种逃避。相反,只有认识了所有这些东西,才能带来独在的状态,而你则用这种独在的状态去直接地迎接生活。假如我们是许多的看法、信仰，假如我们仅仅是被这些东西构成的，我们会认为自己是一个完整的存在，抑或会试图背负着所有这些重担去寻求完整。很明显，只有当我们通过认知摆脱了不断作用在一个人身上的全部影响——信仰、记忆、特性等等，一个人不可以就只是把这些东西扔到一旁了事——才会实现完整，不仅是表层的完整，而且还是一种彻底的、充分的完整。尔后，随着他开始去认识这些事物，便会进入一种独在的状态，这种独在不是矛盾，不是集体或个体的对立面。

当你想要去认识某个事物时，你难道不是独自一人吗？在那一刻，你难道不是彻底完整的存在吗？你难道不会投入全部的注意力吗？通过退隐，可以获得认知吗？通过抗拒，可以实现认知吗？当你去排拒某个东西的时候，这么做会带来认知吗？显然，认知不是通过抗拒，通过退隐，通过排拒而得来的。只有当你理解了某个问题的全部涵义，问题才会消失不见，你不必去抗拒它。你不必放弃财富以及某些明显的贪婪，可一旦你能够直接地审视它们，不做任何评判，就只是无为地去觉知到它们，那么它们就会从你身边离去。在这种无为觉知的状态里，难道不会有全神贯注吗？——不是作为某个对立面，也不是排他性的关注。在觉知中是没有矛盾的，于是也就不会有隔离。我们大多数人都是孤独的、寂寞的——这里头没有丝毫深刻性，我们很快就会终结。正是这种孤独导致了退缩、逃避和掩盖，如果我们想要认识这种孤独，就必须把所有这些遮掩都抛弃掉，然后与其共处。这种存在状态便是独在，尔后你将不会受其他东西的影响，尔后你将不会为情绪所困。做到独在是至关重要的——可我们大部分人都害怕这个，我们几乎从不曾单独一个人外出，我们总是会有收音机、杂志、报纸、书籍，抑或如果没有这些东西，我们就会忙着想这想那，不让自己的头脑闲下来。头脑从不曾安静过，而这种宁静便是独在，这种独在不是被制造出来的，不是被产生出来的。当有噪音的时候，你却是宁静的，那么你便实现了独在，不是吗？

你必须做到独在。假如你是一个成功人士，那么显然就有地方出错了，我们大多数人都在寻求成功，这便是为什么我们从不曾做到独在的缘故。我们是孤独的，但却从来没有独在过。只有当你实现了独在，才能迎接那没有任何东西能够比拟的实相。由于我们大多数人都惧怕独自一人，于是我们便建起了各种各样的庇护所、各种各样的安全防卫，并给它们起了堂而皇之的美名。这些东西提供了最佳的逃避，但它们全都是幻觉，没有任何意义。只有当我们领悟到它们毫无意义——是真的意识到，而不仅仅是口头上说说——唯有这时，我们才能实现独在，唯有这时，我们才能真正实现认知。这意味着，我们必须摆脱掉我们坚韧不拔建立起来并小心翼翼去保护的一切过去的经验、记忆和感觉。很明显，唯有不受限定的心灵，才能认识那不受限定的实相，要想让心灵不受限定，一个人就必须不仅要直面孤独，而且还要有所超越，必须不去执着于那些蜂拥而来的记忆，因为记忆不过是语词，是具有感觉的语词。只有当心灵彻底安静下来，不受任何的影响，它才能够认识实相。

（在欧加的第十三场演说，1949 年 8 月 27 日）

观念是一种逃避

今天上午，我想首先回答一些提问，然后再用一场演讲做结。呈上来的问题很多，不幸的是，无法一一作答。所以，我挑选了那些有代表性的，并且试图尽可能多回答一些。此外，在回答提问的过程中，一个人自然无法探究每一个细节，因为这将耗费太长的时间，所以他只能处理那些根本的东西，至于细节则需要靠你们自己去填满了。你们当中那些定期来这儿的人会发现，假如你离去的时候，不是只记住了一些词语，不是只记住了在树下聆听演讲的美好感觉，没有因为飞鸟、拍照、做笔记以及其他各种让思想走神的东西给分散了注意力——假如你没有只是活在语词的层面，而是真正在生活，真正在体验我们讨论的内容，那么你将发现，只要认识了这些问题的简单扼要的要点，你就可以把细节填满了。

问：观念会导致界分，但观念同样也让人们聚集起来，这难道不是爱的表现吗，这难道不是让共同生活变得可能吗？

克：我想知道，你什么时候会提出这样一个问题呢？你是否意识到观念、信仰、看法将人们分隔开来，是否意识到意识形态把人们划分成了不同的阵营，是否意识到观念势必会带来分裂呢？观念不会让人们团结起来——尽管你或许试图让属于不同的甚至对立的意识形态的人们聚集起来。观念永远无法让人们团结起来，这一点是十分显见的。原因在于，观念总是会因为冲突而走向对立和毁灭。毕竟，观念便是形象、感觉、语词，那么语词、感觉、想法，能够让人们团结起来吗？抑或，一个人需要截然不同的事物才可以让人们聚拢起来呢？一个人认识到，憎恨、恐惧、国家主义、民族主义把人们聚在一起。某种共同的仇恨有时候会把人们聚在一起，然后与另外一群人形成对立，正如国家主义让人们结成了对立的群体一样。很明显，这些便是观念。那么爱是观念吗？你能够思考爱吗？你可以去想某个你爱的人或者某群你爱的人，但这是爱吗？当你去思考爱的时候，这是爱吗？这种想法是爱吗？显然，唯有爱才能够让人们凝聚起来，而不是思想——不是一个群体同另一个群体的对立。有爱的地方，就不会有群体，不会有阶级，不会有国家主义。因此，一个人必须要探明我们所说的爱究竟指的是什么。

我们知道我们所说的观念、看法、信仰是指什么，在过去的几周时间里，我们展开过粗浅的讨论。所以，我们所谓的爱意指为何呢？它是一种属于意识的事物吗？当心灵被意识的产物填满时，它便属于意识的范畴。对我们大部分人来说，情形就是如此，我们已经用意识的各种东西，比如看法、观念、感觉、信仰把心灵给塞满了，我们在这些东西的包围下去生活，去热爱，我们活在其中。然而这是爱吗？我们能够去思考爱吗？当你热爱什么的时候，思想会运作吗？爱与思想并不是对立的，让我们不要把它们划分成对立面吧。当一个人怀有爱的时候，会有界分的意识吗，会把人们聚在一起抑或把他们驱散吗？很明显，只有当思想过程没有运作时——这并不表示说一个人应该变得疯狂、失常——才能体验到爱的状态。相反，这需要去超越最高形式的思想。

因此，爱不是属于意识的东西。只有当意识真正安静下来，当它不再去期待、要求、寻觅、占有、嫉妒、恐惧、焦虑的时候——当意识真正迈入宁静——唯有这时，爱才会到来。当意识不再去保护自己，不再去追逐自己的感觉、需求、欲望、潜藏的恐惧，不再去寻求自我实现，不再为信仰所束缚——唯有这时，爱才会到来。然而，我们大多数人都以为，爱伴随着嫉妒、野心，伴随着对个人欲望和野心的追逐。显然，只要这些东西存在着，就不会有爱。所以，我们应该关注的不是爱，爱是自发出现的，无需我们去寻求，而是应该去关注那些妨碍了爱的事物，那些自我保护、竖起障碍的意识的产物。这便是为什么说，重要的是去认识意识的过程是怎样的，意识正是自我的所在地，尔后我们才能懂得何谓爱。这便是为什么说，重要的是去更加深入地探究有关自知的问题——不是仅仅声称"我应该爱人"，或者"爱让人们团结"，抑或"观念导致分裂"，这么做不过是简单地重复你听到的东西，因此是毫无价值的。词语会带来混乱。但倘若一个人能够认识自身思想方式的全部涵义，认识自身各种欲望及其追逐和野心的全部涵义，那么他就可以拥有爱或者懂得何谓爱了。但这需要对自我的非凡认知。只要做到了忘我——不是有意为之，而是自发的，这种忘我不是源于一系列的实践、训练，实践、训练只会带来局限——爱便会登场。当你在清醒或睡梦中，在有意或无意中认识了自我的整个过程，就能够做到忘我了。尔后，当意识真正发生在关系里，在每个事件里，在对一个人面临的每个挑战做出的每个反应里，你就会认识它的全部过程。在认识意识的过程中——从而让意识摆脱它那自我建造的、自我局限的过程——爱便会登场。

爱不是多愁善感，不是罗曼蒂克，它不依赖于任何东西。要想认识爱或者处于爱的状态是相当困难和艰辛的，原因是，我们的意识总是在干扰、局限、侵犯它的运作。所以,重要的是首先去认识意识及其方式,否则我们将被困在那些没有多少意义的幻觉、词语和感觉里头。由于对大部分人来说,观念不过扮演着庇护所的角色,不过是一种逃避——已经变成信仰的观念——所以它们自然就会妨碍充分的生活、完整的行动以及正确的思考。只有当我们对自己有了更加深入和广泛的认知,才能够展开正确的思考,才能够自由地生活。

问:可否麻烦您解释一下,您所认为的事实记忆跟心理记忆之间的区别何在?

克:我们不要费一刻工夫去研究事实记忆跟心理记忆的区别,让我们就去思考一下记忆吧。我们为什么会活在记忆里呢?记忆跟我们是分开的吗?你和记忆是不同的吗?我们所说的记忆,究竟指的是什么意思呢?记忆,就是一些事件、经历、感觉的残留物,对吗?你昨天有过某个经历,它留下了一些印记、一些感觉,你把这感觉称作记忆,用言语描述过的或者没有被言语化的。我们便是所有这些记忆、这些残留物的总和。很明显,你与你的记忆并不是分开的。有有意识的记忆,也有无意识的记忆,有意识的记忆很容易就会自发地反应出来,无意识的记忆则是非常深层的,暗藏着的,安静地候在某个地方。显然,你我便是所有这一切:种族的、群体的、个体的——你和我就是所有这些记忆。你同你的记忆并不是分开的,移除掉你的记忆,你还会身处何方呢?如果你移除掉它们,你就会在精神病院告终。

但为什么意识——它是记忆的产物、过去的产物——为什么意识会执着于过去呢?这便是问题所在,不是吗?为何意识——它是过去的结果,是昨天、无数个昨天的产物——为何思想者会执着于昨天呢?没有任何情感内容的记忆,有其自身的涵义,但我们赋予了它们情感内容,比如喜欢或不喜欢:"我会保留这个,我不会保留那个","我会思考这个,在我年迈的时候我会去沉思那个,或者在将来继续那个"。我们为什么会这么做呢?很明显,这便是问题的关键,对吗?不是说我们必须忘记事实的或心理的记忆,因为,所有印象、所有反应、所有的一切都在那里,它们是无意识的,你所经历的每个事件、每个想法、每个感觉都在那里——它们是暗藏着的,被掩盖了起来,但依然存在着。随着年纪的渐长,我们依照自己所处的限定和环境去重温那些记忆,我们活在过去,抑或活在将来。我们记住了那些年轻时候拥有过的快乐时刻,或者去遥想未来——我们将会变得如何。

于是,我们活在这些记忆里头。为什么?我们生活着,仿佛我们与这些记忆是分开的。显然,这便是问题所在,不是吗?我们所说的记忆,指的是语词,对吗?形象、符号,它们不过是一系列的感觉——我们就靠这些感觉过活。结果,我们把自己同感觉分隔开来,说道:"我渴望那些感觉。"这表示,"我"把自己跟记忆划分开来,从而让自身得以永恒。可它并不是永恒的,这只是一种虚幻的永恒。

那么,"我把自己跟记忆划分开来,在对当下的反应中使记忆复活",这整个的过程——这全部的过程,显然会妨碍我们去迎接当下,不是吗?如果我想要认识某个事物,不是理论上的、口头上的、抽象的认识,而是真正去认识它,那么我就必须对它投以全部的关注。若我被我的记忆、我的信仰、我的看法、我昨日的经历分了神,我就无法对它全神贯注了。因此,我应该充分地去应对挑战。然而,这个"我"把自己同记忆分隔开来,从而让自身得以永恒,这个"我"注意着当下,观察着事件、经历,根据它过去的限定来做出结论——假如你去检验的话,会发现这一点是非常简单和明白的。正是昨天的记忆——关于占有、嫉妒、愤怒、矛盾、野心的记忆,关于一个人应当如何或不该如何的记忆——正是所有这一切构成了这个"我",所以这个"我"跟记忆并不是分开的。特性无法同事物、同自我分离开来。

因此,记忆便是自我,记忆便是语词,语词代表了感觉,生理上的和心理上的感觉,而我们依附于这种感觉。我们依附的是感觉,而不是体验,因为,在体验的那一刻,既没有体验者,也没有被体验之物——有的只是体验本身。只有当我们没有在体验的时候,才会执着于记忆,就像许多人所做的那样,尤其是在他们年迈的时候。观察一下你自己,你就会发现这一点的。我们活在过去,抑或活在将来,我们把当下仅仅视为由过去走向将来的通道,结果当下便失去了任何意义。所有的政客都沉溺于此,所有的思想家、所有的理想主义者——他们总是诉诸于将来或者是过去。

所以,如果一个人懂得了记忆的全部涵义,他就不会把记忆抛到一旁、消除它们或是试图摆脱它们,而是认识到,意识是怎样依附于记忆的,从而也就让"我"得到了强化。毕竟,"我"便是感觉,我是一系列的感觉,一系列的记忆。它是已知的,我们希望从已知去认识未知。然而,已知必定会是未知的绊脚石,因为,要想认识实相,就必须怀有一颗崭新的心灵——不去背负已知的重担。神、实相,随便你怎么称呼都好,是无法想象出来的,无法用言语来描述的,无法被诉诸于词语。假如你这么去做了,那么被你诉诸于词语的事物就不是实相,它不过是对于某个记忆的感觉,对某个限定的反应,因此也就不是真实的。所以,假如一个人希望认识永恒,那么作为记忆的意识就必须终结。意识必须不再依附于已知,因此它必须能够去接受未知。倘若意识背负着记忆、已知、过去,你就无法去接纳未知。所以,意识应该彻底宁静——要做到这个相当不易,原因是,意识总是在保护,总是在游走,总是在制造、滋生。你应该在同记忆的关系里去认识这个过程。尔后,心理记忆跟事实记忆之间的差别就会是一目了然的,简单易懂。于是,在认识记忆的过程中,一个人懂得了思想的过程,毕竟,这就是自知。要想超越意识的局限,就得摆脱想要成为什么、达至什么、获得什么的欲望。

问:生活难道不是真正的创造吗?我们难道实际上不是在寻求幸福吗?难道没有生活里的平静,即您谈论到的真实的存在吗?

克:在回答这个问题的过程中,要想充分地、意义深远地认识这个,我们或许应当首先认识寻求这个观念,难道不是吗?我们为什么要寻求幸福?为什么不断地想要获得幸福、欢愉或者出人头地呢?为什么会有这种追求，为什么会为了寻求而付出巨大的努力呢？假若我们能够认识这个，并且展开充分的探究，而这便是我不久要去做的事情，那么我们或许就将在不去寻求幸福的情况下懂得何谓幸福了。因为，毕竟，幸福是一种副产品，重要性居于其次。它本身不是目的——如果它本身即目的的话，那么它就没有任何的意义了。

幸福是指什么意思呢？一个喝了一杯酒的人会感到幸福，一个投下一枚炸弹、杀人无数的人也可能会感到兴高采烈，声称自己很幸福或者与神同在。瞬间的感觉会消失，但它可以带来幸福感。很明显，幸福，还必须得有其他的特质，因为幸福不是目的，它远不止是美德。美德本身也不是目的——它带来了自由——只有在这种自由的状态里才会有所发现。所以，美德是必不可少的。然而，一个没有德行的人是盲从的、卑屈的、是混乱无序的，在所有地方都会是迷失的、困惑的。然而，认为美德本身便是目的，或者幸福本身就是目的，这是毫无意义的。因此，幸福不是 个目的，它是次要的问题，是一个在我们认识了其他事物之后所得到的副产品。重要的是认识其他事物，而不是仅仅去寻求幸福。那么，我们为什么要寻求呢？我们付出努力是为了什么呢？我们正在展开努力，我们干吗要努力？努力的涵义为何？我们声称自己付出努力是为了有所发现，是为了去改变，是为了达成什么，如果我们不去努力，就应该会走向瓦解、延迟或倒退，是这样吗？请注意，展开充分的探究格外的重要，这个上午，我将尽可能努力去研究这个问题。若我们不去努力，会发生什么呢？我们会停滞不前吗？然而我们正在努力着，原因何在呢？努力去改变，努力让自己变得不同，努力变得更加快乐、更加美丽、更加有德行——这种不断的斗争和努力。假如我们能够认识这个，或许就可以更加深刻地领悟其他的问题了。

你为什么要去寻求？是因为疾病、身体欠佳、情绪的原因而去寻求吗？你之所以去努力，是因为你不快乐，你渴望获得幸福吗？你寻求，是因为你快要离世，于是你希望有所发现吗？你寻求，是因为你不快乐，希冀得到幸福，于是你便去寻求，于是你试图去找到幸福吗？因此，一个人必须知道自己的寻求是基于什么样的动机，不是吗？你无休无止地去寻求，动机为何呢？——如果你真的是在寻求的话，不过我对此表示质疑。你所渴望的是替代："由于这个无利可图，或许那个会有益"，"既然这个没有给我带来幸福，或许那个能够"。所以，一个人真正寻求的，不是真理、不是幸福，而是一种能够给他带来幸福的替代品，一种有利可图、十分安全、可以让他感到满足的东西。很明显，这便是我们寻求的事物，假如我们的内心非常诚实和清楚的话，但我们却用"神"、"爱"等等词语给自己的满足披上了一件虚假的外衣。

那么，我们为何不用另外一种方式来着手这个问题呢？我们为何不去认识实相呢？我们为何不能够按照事物的本来面目去审视它们呢？这表示，假如我们身处痛苦之中，那么就让我们与痛苦共存，去审视它，不要试图把它变成其他东西。如果我遭遇痛苦，不仅是生理上的，而且还有心理上的，我如何去认识它呢？很明显，方法便是不要希望去改变它。首先，我必须审视它，我必须与其共处，我必须去探究它，我不应该去谴责它，不应该对它进行比较，希望它变成其他东西，我应该完全与其共存，不是吗？——做到这个相当的困难，因为心灵拒绝去审视痛苦，它希望去逃避，它说道："让我去找到一个答案，一个解决办法，一定有的。"换句话说，它在逃避"当下实相"。对于我们大多数人来说，这种逃避便是我们所谓的寻求——寻求大师，寻求真理，寻求爱，寻求神：你知道，我们用来逃避实际发生情形的各种术语。为了认识发生的事情，我们必须得去努力吗？当我们不去渴望时，就不得不努力去逃避。可一旦它在那里了，那么要想认识它，我们就必须付出努力吗？显然，我们努力去逃避、去掩盖本来面目，我们应对"当下实相"也是抱着同样的心态，即努力去躲避的心态。通过努力，你会认识"当下实相"吗？抑或，是否应该不做任何努力去认识"当下实相"呢？因此，这便是问题之一，对吗？

对于我们大部分人来说，不断努力着去逃避对"当下实相"的认知，已经变成了一种习惯。怀着同一心态，即努力去逃避的心态，我们说道："好吧，我会放下所有的逃避，努力去认识当下实相的。"通过努力，我们能够真正地、深刻地认识事物吗，能够认识某个具有意义的事物吗？要想认识某个事物，难道不应该让头脑处于一种无为状态，一种无为的机敏状态吗？请注意，你无法通过努力来让头脑达至这种无为的机敏状态，不是吗？如果你努力做到无为，你就不再是无为的了。若一个人真的明白了这一点，明白了其中的涵义，洞悉了这里面的真理，那么他就将迈入这种无为之境了，他不必刻意地去努力为之。

所以，当我们去寻求的时候，我们要么是抱着逃避的动机去寻求的，要么是努力想要变得比"当下实相"更好，抑或一个人说道："我就是所有这一切，我应该逃离"——这是一种失常。很明显，当事物就在那里——你必须认识它，尔后才能进一步探究——寻求真理、寻求大师便是一种失常的状态，这会滋生出幻觉和无知。因此，一个人首先必须探明自己寻求的是什么，以及为什么要去寻求。我们大多数人都知道自己寻求的是什么，所以它是一种被制造出来的东西，因而是不真实的，它不过是一种自造物。因此，它不是真理，不是实相。在认识这种寻求的过程中，认识这种不断努力去变得如何，去训练、去排拒、去宣称的过程中，一个人应该探究这样一个问题，即什么是思想者。那个努力的人与他渴望成为的事物是分开的吗？很抱歉，表述清楚这个问题有点儿困难，但我希望你们不要介意。你们提出了问题，而我将试着去解答。

努力的人与他所努力的对象是分开的吗？这一点实际上非常重要，因为，若我们能够洞悉其中的真理，就会发现将立即有所转变，这种转变对于觉知来说是不可或缺的——或者说，它本身就是觉知。原因是，只要有一个展开努力的单独的实体，只要有一个与体验、思想、对象分隔开来的作为体验者、思想者的实体，就总是会出现寻求、训练以及弥合思想与思想者之间的间隔的问题。但倘若我们能够探明这个问题的真理——即思想者是否与思想是分开的——并且洞悉其中的实相，那么就会有截然不同的过程运作了。因此，在你寻求之前，在你找到你寻求的对象之前——无论它是一位大师还是一场电影或者任何其他给你带来兴奋的东西，它们全都处于同一个层面——你必须弄清楚寻求者与他所寻求的对象是否是不同的,以及他为什么是不同的。为什么那个做着努力的人跟他渴望成为的事物是分开的呢?他是分开的吗?换种方式表述好了:你有一些想法,你也是思想者。你说道:"我在思考","我是这样的,我应该成为那样的","我很贪婪、吝啬、嫉妒或者愤怒","我有一些习惯,我应该改掉它们"。那么,这个思想者与思想是分开的吗?如果他是不同的,那么这整个的过程就一定会带来努力、弥补间隔,一定会出现思想者试图去改变他的想法,试图做到专注,试图去逃避,视图去抗拒其他想法的侵蚀。可如果他不是不同的,那么他的生活方式就将发生彻底的改变。所以,我们必须要格外审慎地去研究和探明——不是停留在口头层面,而是当我们在这个上午展开探究的过程中去直接地体验它,如果我们可以的话。这意味着,不要被我说的话迷惑住了,或者盲目地去认可,因为这么做毫无意义,而是应该依靠自己的力量真正去体验这种差别是否是真实的以及为什么会存在。

很明显,记忆与"我"即那个思考它们的人并不是分开的,我就是这些记忆,关于如何回我住所的记忆,关于我年轻时候的记忆,关于那些未体验的欲望和已经实现的欲望的记忆,关于探询、怨恨、野心的记忆——所有这一切便是我,我同它并不是分隔开来的。这显然是一个十分明显的事实,对吗?这个"我"并不是分隔开来的,即使你可能相信它是分开的。既然你可以去思考它,那么它就依然是思想的一部分,而思想则是过去的产物,所以它仍然处在思想即记忆的网里。

因此,那个展开努力的人、那个寻求者、思想者与思想之间的界分是人为的、虚假的,之所以会出现这种界分,是因为我们发现想法是转瞬即逝的——它们来了又去,它们本身没有内容,于是思想者把自己划分开来,让自身获得了永久——他存在着,不管想法如何改变。这是一种虚假的安全,如果一个人洞悉了这其中的虚假,真正去体验它,那么就只会有思想存在,既没有思想者,也没有被思考之物。尔后你会看到——假如它是一种真正的体验,而不是口头上说说或者仅仅是娱乐、爱好的话——你会发现,若它是一种真正的体验,那么你的思想就会发

观念是一种逃避 529

生根本性的变革了。尔后会出现真正的改变，因为，尔后，不会再去寻求宁静或者独自了。有的只是去关注何谓思考，何谓思想。于是你会发现，假如发生了这种转变，就不会再展开努力，而是会进入一种无为的觉知的状态，在这种状态里，你将会在每一种关系、每一个事件出现的时候去认识它们，于是，头脑总是崭新的，能够以新的视角去迎接事物。因此，那种不可或缺的宁静，不是能够被培养起来的，当你懂得了这一本质——即思想者便是思想，所以"我"是短暂的——自然而然就会获得宁静了。因此，这个"我"没有永久性，这个"我"不是精神实体。如果你能够认为这个"我"是消逝的或者是某种精神实体，是永恒不灭的，那么他就依然是思想的产物，于是也就属于已知，因而也就不是真实的。

所以，实现认知，懂得思想者与思想之间是一种彻底的统一和完整——这是无法被强迫的——这真的很重要。它就像是一种无法被邀请而来的深刻体验，你无法躺下来醒着去思考它，必须要立即意识到它。我们之所以没有发现它，是因为我们依附于过去的信仰、限定以及学到的东西——即"我"是一种不属于所有想法的精神实体。很明显，无论你思考的是什么，它都是过去的产物，是你的记忆、语词、感觉和限定的产物，这一点是十分清楚的。你显然无法去思考未知，你无法懂得未知，所以你无法去思考它。你可以思考的是已知，因此，它是来自于过去的投射。一个人必须懂得所有这一切的涵义，尔后他就能够体验到思想者与思想之间的那种统一了。界分是出于自我保护而被人为地制造出来的，所以不是真实的。一旦你体验到了那种统一，我们的思想、感受以及生活观就将发生彻底的转变。尔后，存在的只有体验的状态，而不是同被体验之物分离的体验者，必须要去改变这种情形。有的只是一种不断在体验的状态——不是中心在体验，不是那个中心、"我"、记忆在体验，而是只有一种体验的状态。当我们完全缺席时，当自我消失时，我们偶尔会实现这种体验。

我不知道你是否曾经留意过，当你去深刻体验某个事物的时候，既没有体验者的感觉，也没有体验，有的只是正在体验的状态，它是一种彻底的完整。当你暴跳如雷时，你没有觉知到自己就是体验者，后来，随着愤怒的体验逐渐褪去，你开始意识到自己是愤怒的。尔后你会对愤怒做些事情，去排拒它、为它辩护、去谅解它——你知道，各种试图将它消除掉的法子。但倘若没有那个愤怒的实体，只有体验的状态，就将迎来彻底的转变了。

如果你对此加以检验，会发现将获得这种根本性的体验、这种根本性的转变，它是一种变革。尔后，心灵安静下来——不是被刻意地弄得安静，不是被强迫变得安静，被训戒着实现安静——这样的安静是死寂，是停滞不前的。如果通过训戒、强迫、恐惧来让心灵变得安静，那它就会是一个死寂的毫无生机的心灵。可一旦你去体验了那种生机、那种真实——它是转变的开始——那么，无需任何强迫，心灵便会迈入寂静。当心灵安静下来，它就能够去接纳，因为你不再把精力用于抵抗，在自己跟实相之间竖起一道道障碍，不管这是何种实相。你读到的有关实相的一切，都不是实相，实相是无法用言语来描述的，假如它被描述了，那么它就不是真实的。要想心灵是崭新的，要想它能够接纳未知，那么它就必须是空无的。只有当你认识了心灵的全部内容，它才会是空无的。要想认识心灵的全部内容，一个人就得去觉知每一个运动、每一个事件、每一种感觉。因此，自知是至关重要的。但倘若他通过自知寻求有所成就，那么自知会再一次导致自我意识，他会被困在其中，一旦你被困住，那么要想挣脱这张罗网就会相当困难了。要想不被困于其中，我们就必须理解欲望的过程，理解想要出人头地、想要有所得的欲望——不是对食物、衣服、住所的欲望，这是截然不同的，而是心理上想要得到某个结果、想要出人头地，想要拥有名望、地位、权势的欲望，抑或是想要变得谦逊的欲望。很明显，只有当心灵处于空无的状态，唯有这时，它才会是有用的。但倘若心灵塞满了恐惧、塞满了它在过去有过的记忆，塞满了过去的经历带来的感觉——这样的心灵将会没有丝毫的价值，不是吗？这样的心灵，无法去认识创造力。

显然，我们一定都体验过这样的时刻，那就是意识消失，突然闪过一丝欢愉，闪过某个念头，灵光乍现。这是怎样发生的呢？当自我消失时，当思想、焦虑、记忆、追逐的过程停止时，便会出现上述情形。因此，只有通过认识自我，让头脑进入到这种彻底赤裸的状态，创造力才会到来。这一切意味着艰难的尝试，不是仅仅沉溺于口头的感觉，寻求，从一个上师转到另一个上师，从一个老师走向另一个老师，举行各种荒谬的、毫无用处的仪式，反复念诵话语，寻求大师——所有这些都是幻觉，它们毫无意义，只是些爱好罢了。然而，探究自知的问题，同时又不被困在自我意识里头，更加深入地、深刻地去探究，以便头脑完全安静下来——这才是真正的宗教。尔后，头脑就能够去接受到那永恒之物了。

(在欧加的第十四场演说，1949年8月28日)

PART 06

英国伦敦

完整地应对生活的难题

这是一系列演说中的第一场,由于大部分人都不可能参加所有的谈话,所以,假如能够办到的话,我会试着让每一场演说本身是一个完整的实体。

我们大多数人都面临着各种难题,对于我们来说,困难在于,我们试图从每个问题自身的层面去解决它,没有试着把问题当作一个整体去加以解决,而是从某个单独的视角去着手,抑或我们试图把问题与全部的过程即生活划分开来。如果我们有了一个经济方面的难题,就会努力从一个单独的方面去应对,无视生活的全部,当我们用这样的方式去处理每个问题的时候,显然就会走向失败,因为我们的生活并不是处在一个密不漏水的隔间里头。我们的生活是一个完整的过程,无论从心理上还是从生理上来说,当我们试图在没有认识生理问题的情况下去解决心理问题时,就会做出错误的强调,进而让问题变得更加复杂难解。在我看来,我们必须要去做的是,一方面着手每一个问题,同时又不把它当作一个孤立的问题去对待,而是将其视为整体的一部分。所以,我们生活中的难题是什么呢?原因在于,依我之见,如果我们能够懂得怎样正确地应对每一个问题,那么我们不仅可以认识问题,而且还能领悟生活的全部涵义。如何全面地、完整地去着手某个难题,不把它放在一个单独的层面上,不去从某个单独的视角审视它,而是将其视为整体的一部分去对待——这便是我们的困难所在,对吗?

怎样才能完整地去应对某个问题呢?我们所说的问题,究竟是什么意思呢?因为,我们所有人都面临着各种各样的问题,有的严重,有的无关紧要,有的需要立即加以解决,有的则可以暂时搁置起来。我们被无数或隐蔽或明显的问题驱使着，那么我们怎样才能真正地、正确地去解决它们呢？我们所说的问题是指什么意思呢？我们是否意识到自己有许多的问题？我们要怎样去解决它们？我们对待问题的态度是怎样的？我们所谓的问题，意指为何？很明显，指的是一种冲突的状态，只要我们身上存在着冲突，那么我们就会把这种冲突看作是一个问题，看作是必须要去解决、消除、认识的事物，抑或是我们希望去逃避的东西。所以，我们要么是怀着逃避它的渴望去着手某个问题即冲突的，要么是想要找到解决它的法子，难道不是吗？那么，答案与问题是分开的吗？还是说，答案就蕴含在对问题本身的认知中，而不是对问题的逃避中呢？显然，我们当中那些希望去逃避问题的人会有无数的法子——饮酒、作乐、宗教的或心理的幻觉，诸如此类。找到逃避我们问题的办法，对它们装作视而不见，这么做相对来说要容易得多，我们大部分人正是这么做的，因为我们不知道如何去应对它们。我们总是根据自己抱持的信仰、成见，根据某个老师、心理师或其他人告诉我们的话而有了一个事先准备好的答案，我们带着这个事先备好的答案试图去应对、解决问题，这种做法显然会以失败告终，因为它不过是另外一种形式的逃避罢了。

因此，在我看来，认识问题，需要的不是一个事先备好的答案，不是努力给问题寻求一个解决办法，而是应该直接地去思考问题本身，也就是应对问题的时候不要想着找到一个答案。于是你便与问题有了直接的关系，你就是问题，问题不再与你是分隔开来的。我认为，一个人首先应该认识到的是——世界的问题及其所有的复杂性，与我们自己并不是分开的。我们便是问题，只要我们认为问题与自己是分开的或者在自身之外，那么我们的应对不可避免地就会以失败告终。但倘若我们能够把问题看作是自己的一部分，与自身并不是分开的，或许就可以深刻地认识它了——这实际上意味着，问题之所以会存在，是因为我们没有认识自己，不是吗？假如我没有认识自己，没有认识自身的全部复杂性，那么我的思考就将缺乏根基。很明显，"我自己"并不是处在某一个单独的层面，"我自己"处于所有的层面，无论我可能把它放置在哪个层

完整地应对生活的难题 535

面上。因此，只要我没有实现对自我的认知，只要我没有充分地、深刻地认识自己——意识以及潜意识，表层的意识以及那些深层的、暗藏的意识层面——那么我显然就没有办法去应对问题，无论它是经济的、社会的、心理的还是任何其他方面的问题。

自知是认识问题的开始。如果没有自知，信仰、观念、知识便将毫无意义，没有自知，它们就会带来幻觉，就会导致各种各样的复杂和愚蠢，我们能够隐蔽地逃进这些复杂和愚蠢中去——大部分人正是这么做的。这便是为什么我们会加入如此多的协会、团体、极为排他的组织和秘密团体的缘故。愚蠢的本质难道不就是排他吗？一个人越是愚蠢，就越会排他，无论是宗教上的还是社交上的，每一种排他都会引发自身的问题。

所以，在我看来，当我们去认识摆在自身面前那些或隐蔽或明显的诸多难题时，之所以会遭遇困难，是因为缺乏对自我的认知。正是我们自己导致了问题，我们便是环境的一部分——但又不止于此，假如我们能够认识自我的话，就会探明这一点。仅仅宣称我们不单单只是环境的产物，而是某种精神的实体，声称我们身上具有某种永恒性、某种精神涵义——在我看来，所有这一切显然都是一种幻觉，因为，这不过是用言语去描述某种你并不知道的事物。你或许会有某种感觉，但它不是真实的。实相是必须要去发现的、必须要去体验的。然而，要想从本质上深刻地体验某个事物，你就应该不抱持任何信仰，原因是，你的信仰会局限你所体验的东西，信仰会制造出它自己的体验，于是，这样的体验并不是真实的，它不过是对挑战做出的受限的反应罢了。

因此，要想认识我们每个人所面临的无数难题，就必须实现自知，不是吗？自知——这是最困难的事情之——并不意味着退隐或孤立隔绝。很明显，认识自我是不可或缺的。然而，认识自我，并不表示从关系里退出。认为一个人可以通过隔绝于世、通过排他，或是通过求助于某位心理师、某位神职人员来充分地、彻底地、深刻地认识自我，抑或认为一个人可以从书本里学到认识自我，这明显是错误的。自知显然是一种过程，它本身并非目的。要想认识自己，一个人就得在行动即关系里觉知自我,你只有在关系里才能发现自己——与社会的关系,与你的妻子、你的丈夫、你的兄弟的关系,与人的关系——而不是在孤立隔绝的状态中,也不是在退隐的状态。然而,探明你是怎样反应的以及你的反应是什么,需要心灵处于非凡的机敏的状态,需要实现敏锐的感知。

因此,由于问题都来源于某个整体的过程,而不是一种排他的、孤立的结果,所以,要想认识问题,我们就必须理解自身的全部过程。若想认识我们自己——不单单只是表层的认识,不是仅仅认识意识表层的一两个层面,而是要洞悉意识的全部内容,洞悉我们存在的全部内容——若想充分地、深刻地认识自我,就得在关系里去感知它、体验它。我们要么可以把关系变得排他、狭隘、有限,从而妨碍我们去认识自己,要么可以把关系作为一个整体,作为发现自我的手段去加以审视和觉知。很明显,唯有在关系里,我的本来面目才会一一显现出来,对吗?关系是一面镜子,我在里面可以照见自己的真实模样。但是我们大部分人都不喜欢自己的真实模样,于是我们就开始或积极或消极地整治自己在关系之镜中所感知到的东西。也就是说,我在关系里、在关系的行动里有所发现,而我不喜欢发现到的东西,于是我开始去修正我不喜欢的事物,修正我感知到的令人不悦的东西,我希望去改变它——这意味着我已经怀有了某种我应当如何的模式,一旦有了我应该怎样的模式,就不可能去认识我的本来面目了。当我怀有了某个我所渴望成为的形象,抑或我应当如何或是不该如何的形象——某个标准,我希望依照这个标准去改变自己——那么我显然就没有认识自己在关系里的真实模样。

我觉得,认识到这一点真的十分重要,因为在我看来,这便是我们大多数人走入歧途的地方,我们不希望去认识自己在关系里某个时刻的真实模样。假如我们仅仅只关心自我改进,就无法去认识自我,无法认识"当下实相"。你关心的只是取得某个结果、达至某个结果,这么做最终会让人感到一种可怕的厌倦,因为它不会通往任何地方。然而,要认识我的本来面目，而不是应有面目，这是相当艰难的，因为心灵是如此急切地、如何隐蔽地想要去逃避事物的实相，于是它便发展起了各种标准、模式、假设，这些东西将"当下实相"挡在了门外。因此，要想认识自我——自我不是死寂的，而是活生生的——你就必须以新的方式积极地去着手，所以，不可以积极地或消极地宣称某个标准。

所以，若想认识自我——只有在关系里才能实现对自我的认知，而不是在关系之外——就得不做任何谴责。如果我去谴责某个东西，我就没有认识它，抑或假如我去接受、认可某个事物，我也没有认识它。接受，不过是与问题认同，而否定或谴责则是另外一种形式的认同。但倘若我们能够就只是去审视问题，既不去谴责，也不去辩护——意思便是说，我自己在关系即行动里的真实模样的问题——便可以认识"当下实相"，进而展现出"当下实相"。

因此，由于我们的问题来自于自我的全部过程，而这种过程便是关系里的行动，无论是跟物、跟观念还是跟人的关系，所以我们应当实现对自我的认知，这是至关重要的。没有自知自己，我的思考就会缺乏真正的基础，我可以去思考，抑或至少我认为自己能够思考。我或许会抱持一些看法，或许会有无数的信仰，或许会从属于这个团体、那个组织或是教会，或许拥有广博的知识。很明显，所有这一切都不是正确思考的基础，它们只会带来幻觉，带来更多的冲突与混乱。因此，要想展开正确的思考，就必须实现自知——也就是每时每刻认识到你的本来面目，觉知正在发生的一切，觉知内心对每一个外部的挑战、每一个经历做出的反应——这是必不可少的，不是吗？但倘若你怀有任何形式的信仰，倘若你对昨天的经历有任何形式的依附，那么你便无法充分、彻底、深刻、广泛地认识自己。要想认识某个事物，你得怀有一颗崭新的心灵，而不是抱有成见的心灵，不是充斥着经验的心灵。原因是，要认识自我，就必须发现自我，显然，发现只能够是每时每刻的，所以必须是自发的——不是受限于某个模式的想法，不管这想法多么高尚或是多么荒谬、愚蠢。

所以，觉知某个经历即关系的全部涵义并非易事，它需要一个相当敏觉的心灵。然而心灵却因为执着于昨天的经历，因为信仰而变得迟钝。正如我所指出来的那样，依照信仰去体验，只会局限住心灵，这样的体验，尽管让人非常满足，但显然会限制你广泛地、深刻地认识自我。通过觉知关系里的反应，将会实现对自我的认知，原因是，假如你有了某种体验，而你依附于这一体验即记忆，你带着这种受限的思想、带着这一记忆去应对某个新的挑战，那么你显然就无法认识那个挑战。很明显，关系便是挑战，对吗？关系不是静止不动的。由于我们无法充分地去迎接挑战，所以才会有了各种问题。由于我们是民族主义者、天主教徒、新教徒、佛教徒，老天知道还有什么别的，抑或由于我们从属于这个团体或那个组织，所有这些东西全都是局限性的，结果我们便无法去迎接那不断出现的挑战。原因是，若想迎接挑战，就必须充分地自知。依赖记忆，依赖过去的经验，将其作为发现自我的手段，这显然会局限我们的思考与感知。因为，毕竟，我们大多数人寻觅的是什么呢？尽管我们有自己的问题，尽管我们在经济上焦虑重重，尽管存在着这样巨大的不安全感，有接连不断的战争，有国家主义带来的种种麻烦，有无数教派、宗教导致的排斥异己，还有我们自己想要唯我独尊的渴望——尽管存在着所有这些愚蠢的行为，但我们真正寻求的是什么呢？如果我们可以懂得这一点，或许就能实现觉知了。因为，我们是根据自己的年纪，根据我们生活的时期和环境去展开寻求的。

经由这一切的混乱，我们难道不能寻觅到某种持久的、永恒的事物，某种被我们称之为实相、神、真理的事物吗？你喜欢怎样称呼都好——其实名称无甚重要，因为词语显然并不等于它所指代的那个事物。所以让我们不要被词语束缚住了，把这个问题留给那些专业的演讲者去解决吧。在我们大部分人的内心深处，显然有对于永恒之物的寻觅，难道不是吗？——寻觅着某种我们可以去依附的事物，某种将给予我们保证、希望、持续的热诚和确定的事物。因为我们的内心是如此的不确定，我们并不认识自己，我们熟知事实和书本上所说的一切，但却对自己却一无所知，我们没有一种直接的体验。

完整地应对生活的难题 539

那被我们称为永恒的事物是什么呢?我们所寻觅的、将给予我们永恒或者我们希望它能带给我们永恒的事物是什么呢?我们难道不是在寻觅着永远的幸福、永远的满足和永远的确定性吗?我们渴望某种将会永远持续下去、将会让我们得到满足的事物。倘若我们让自己摆脱了一切词语的束缚,然后真正去审视它,便能够得到所希冀的事物了。我们期盼着永久的愉悦、永久的满足——我们将其称为真理、神抑或其他你愿意赋予的名称。

因此,我们渴望愉悦,这么说可能有点儿粗鲁,但这确实就是我们渴望的——渴望那能够给我们带来愉悦的知识,渴望那令我们感到快乐的经历,渴望那不会因时光的流逝而逐渐消退的满足感。我们体验过各种各样的满足感,而它们最后都难逃褪色的命运,如今,我们希望在真理、在神那里寻找到永恒的满足。显然,这便是我们每一个人所寻觅的东西——无论是智者还是愚人,无论是理论家还是为某件事情奋斗着的现实中的人。是否存在永恒的满足感呢?是否存在着永生不灭的事物呢?

假如你寻觅的是永恒的满足感,你把它称作神、真理抑或其他名称——名称无关紧要——那么你显然就必须要对自己正在寻觅的东西有所了解,不是吗?当你声称"我在寻觅永远的幸福"——神、真理抑或其他你愿意称其为永恒幸福的事物——难道你不应该去了解那个正在展开寻觅的主体即探询者、寻觅者本身吗?原因在于,可能并不存在所谓的永远的安全、永远的幸福。真理或许是某种截然不同的事物,我认为,它与那些你能够看见、想象和设计出来的东西是完全不同的。所以,在我们寻觅某种永恒之物以前,显然应该去了解一下寻觅者本身,难道不是吗?当你说"我正在寻觅幸福"的时候,这个寻觅者与他所探寻的事物是分开的吗?思想者和思想是分开的吗?这二者难道不是一种统一的现象而非分离开来的过程吗?因此,在你试图弄清楚探寻者寻觅的究竟是什么之前,必须得对探寻者本身有所了解,不是吗?

这便是为什么在我看来,认识自我是如此重要、如此不可或缺的缘故了——因为,这整个问题就蕴含在自我里面。规定说你就是目的,你就是绝对，你就是神，你就是这个或那个，这显然是一种言语上的表达，它会带给你一种逃避，你的确通过它在逃避。声称你是或不是，声称你是对或是错，这些都毫无意义，因为你根本没有基础去展开这样的思考。只有当你认识了自己，才能够实现正确的思考。而要想认识自我，你就得充分觉知思想的每一个运动，尔后，在这种觉知中，你将知道思想者与他的思想是否是分离的。如果是分离的，那么我们就会出现许多关于怎样去控制思想的复杂问题了，尔后会开始各种愚蠢的训戒——冥想，让思想者去接近、符合某个想法。然而，存在着与自己的想法分离的思想者吗？思想者难道不就是思想吗？他们并不是分隔开来的，而是一个整体的过程。所以，我们便是思想，而不是思考着那些想法的思想者。我们必须直接地去体验这一点，必须意识到思想者即思想。一旦有了这样的体验，我们就将发现，超越思想是可能的了。

因为，毕竟，思想不过是记忆的反应，凡是被记忆制造、产生出来的东西，都不是真实的。记忆，教育，从属于这个或那个团体，抑或相信这个或那个教义，并不能带来神。这些东西全都不过是思想的产物，而思想便是记忆、经历的反应。然而，要想探明是否存在着实相，是否存在着神这样的事物，显然就必须首先去认识自我，而不是去推测有神或无神，因为，一切推想都是在浪费时间。

所以，要想认识那些摆在我们每个人面前的问题，无论它们是多么的复杂、多么的棘手，一个人显然就必须意识到，它们并不是外在于我们的，并不是在我们思想之外的——必须意识到这些难题是我们自身的过程或产物。世界便是我们，而不是与我们分隔开来的，世界的问题就是我的问题，就是你的问题，而不是存在于我们之外。若想消除掉这些难题——不是停留在表层，不是暂时地消除，而是从根本上消除，永远消除——就必须实现对自我的认知。而要想认识自我，就得在关系里展开不做选择的觉知，尔后，一个人将会认识到自己的本来面目，尔后，他可以更加深入、充分地去探究自己。但倘若你通过谴责或者通过认同、遵从把自己的真实模样给掩盖了起来，那么你就不会获得任何认知，于

完整地应对生活的难题　541

是认识自我的过程便会受到局限。唯有彻底地、充分地认识自我，认识自身意识以及潜意识的全部内容，唯有当心灵安静下来，不是被刻意地变得安静——唯有这时，方能发现、体验、认识实相。

这就是为什么冥想非常重要的原因。这里的冥想，指的不是那种我们大部分人沉溺其中的冥想，多数人的冥想，不过是强迫着或者去符合某个观念，或者去训戒，以便让心灵安静下来——这么做是幼稚的，因为心灵无法以人为的手段变得安静。那个让心灵寂静的人是谁呢？这样的努力只会带来幻觉，我们将会在下一次探究这个问题。然而，当心灵安静下来，不是通过强迫，不是通过任何形式的遵从，当它没有被迫使，没有被迫去遵从，当它通过认识自身的过程真正迈入了宁静——唯有这时，才能够发现那永恒之物。尔后，你不必去寻求真理，寻觅真理便是将真理挡在门外，因为真理是无法被求得的——它必须向你走来。只有当心灵迈入寂静——不是靠人为的手段变得安静，而是真正的宁静——真理才会登场。唯有通过自知，才能获得这种寂静、这种安宁。

我这里有一些提问，我将试着做出回答。

问：会爆发另一场战争吗？多久会到来呢？

克：你想要我给出预言啊！如此一来你便可以去保护自己的投资了。那么，你为什么要问这样一个问题呢？你难道不知道究竟是否会有一场战争来袭吗？不是来自报纸，不是来自你的政治领袖——因为，毕竟，你是根据自己的困惑挑选出了你的领袖：你越是困惑，你就会有越多的领袖；你越少困惑，你的内心越是清楚明白——这一点不是通过学习得来的——你需要的领袖就会越少。所以，你难道不能凭借自己的力量弄清楚是否会爆发一场新的战争吗？

我们所说的战争是指什么意思呢？战争，不单单是指那种激烈的、流血成河的——那是最终的形式。可我们难道不始终处于同自我的交战中吗，继而是跟环境、跟我们邻居的交战中吗？很明显，你不必被告知说我们身处战争。我们是怎样的，就会创造出怎样的世界出来。只要我们高举国家主义、民族主义的大旗，战争就是不可避免的；只要你是英国人，我是印度人，就必然会有战争；只要有壁垒森严，只要有主权政府、军阀割据，就一定会走向战争；只要存在着社会的、经济的界分，存在着各个等级、阶级的排他，就一定会导致战争。

我们全都明白这个。你或许阅读过一两本历史书籍，对历史有一些肤浅的认识。以下这些便是战争的显在原因：当一个国家希望比另一个国家优等，当一个群体感觉比另一个群体低等，当存在着各种偏见——白种人、黑种人、褐色人种抑或其他肤色的人种。你觉得这一切是怎样产生的呢？显然，我们是什么样子的，就会创造出什么样子的世界，世界便是我们自己的产物，是我们的自我投射。

所以，只要你是国家主义者，只要你在信仰方面是排他的，尽管你可能表面上看起来很"宽容"，就一定会出现战争。宽容属于意识的范畴，它是被那些聪明人士发明出来的。若你的心中怀有爱，你就不会去"宽容"。只有当你我不再为等级、阶级束缚，只有当我们不受制于任何形式的宗教、组织化的信仰，不管它是大是小，只有当我们不再对权力、地位、权威、慰藉心存贪念——唯有这时，和平才会到来。和平不是立法的产物，和平不是由联合国产生出来的，外部的法律法规怎么可能让你变得和平呢？外部的强迫怎么可能让你去热爱他人呢？如果你依赖于某种外部的权威来让自己变得和平，来让你变得和善、不贪，那么你便是在求助于某种永远都不会出现的东西。因此，只要你我通过国家主义、通过信仰，通过幻觉去追求我们自己的安全，就一定会有战争与冲突——无论是身体上的还是意识的各个层面上的，都是一样的。我们不过是让内心的冲突永远持续下去，从而使得外部的冲突也变得无休无止。

你知道，我们全都懂得这些事情，各个角落的传教士都在谈们这些。但我们并不是安宁的，我们没有停止贪欲，尽管我们可能对金钱没有贪念，但却渴望拥有更多的东西、渴望更多的权力、更多的自我扩张，渴望在现在或是将来的某一天出人头地。这整个等级的、社会的发展的意识，抑或内在的发展的意识——所有这一切显然表明了一种最终将会导

完整地应对生活的难题　　543

致冲突、战争、毁灭和不幸的过程。我们全都懂得这些事情，但却不去询问为什么它们会继续存在着。很明显，弄清楚我们为何没有去经历感受到事物——这要重要得多。我们或许并没有感受到它们，我们或许只是活在口头层面，声称："一定不会爆发战争的。"

我们全都相信兄弟友爱，我们加入各种信仰友爱之情的组织，然而，我们的内心却跟一个坐在办公室里谋划着战争的人一样腐烂——原因是，我们想要在家庭、群体、社会和国家里头是个人物，我们渴望权力，我们不满足于只是个无名小卒。因为我们被对于外部的刺激和炫耀的欲望裹挟着，因为我们的心灵这般的空虚——我们对此是如此的害怕，于是我们便去占有各种观念或物品。只有当我们满足于自己是个无名小卒的时候——这从本质上来说并不是满足于心满意足、停滞不前、了无生气、愚蠢，只有当我们满足于"当下实相"时——这需要清楚地认识所有的逃避，唯有这时，方能迎来和平。

问：什么是偏见？一个人如何才能真正克服它？摆脱一切偏见的心灵会是怎样的状态呢？

克：你能够克服偏见吗？克服某个事物，便是一而再再而三地去重新征服它。你真的能够克服偏见吗？还是说，这种克服不过是用一种偏见来替代另一种偏见呢？很明显，我们的问题，不在于怎样去克服偏见，因为，如此一来我们仅仅是在寻求替代品罢了，而在于去认识偏见的整个过程，懂得偏见的涵义是什么，不是仅仅停留在意识的口头层面，而是从根本上去认识，深刻地认识，尔后就能够挣脱偏见的羁绊了。但倘若你努力去克服某个偏见或者是某些偏见，那么你不过是希望去克服某种被你称作是偏见的痛苦、障碍。我们所说的偏见是指什么意思呢？什么时候可以摆脱偏见的制约呢？偏见是怎样形成的？显然，方法之一便是通过所谓的教育。历史书籍里面充满了各种偏见，所有的宗教文学作品里面也满是偏见——被逐渐灌输的信仰，那从孩提时代开始就被制造出来的信仰，慢慢变成了偏见。你是这个，我是那个，你是新教徒，我是印度教教徒，于是我的信仰与你的信仰便发生了冲突。你试图劝诱我改宗，我试图做同样的事情。抑或我们"宽容相待"——你坚持你的信仰，我执着于我的信仰，我们努力做到和平共处，也就是说，我活在自己的偏见的堡垒中，而你则活在你的偏见的堡垒里头，我们的目光越过堡垒的高墙，努力成为朋友，这便是所谓的"宽容相待"，但这实际上却是不容异说。这实际上是最荒唐的试图成为朋友的方式了，如果我活在我的偏见里，你活在你的偏见里，那么我们怎么可能成为朋友，怎么可能产生真正的感情？

所以，我们了解了偏见的各种成因——被有意培养起来的无知，通过教育、通过环境的影响、通过宗教等等制造着偏见。我们的渴望是在自己的信仰中排他，受到保护。很明显，偏见便是这样产生的。我们还喜欢从种族或国家的层面去思考，因为这需要付出的努力要比把人们视为单独的个体去对待少得多。当你抱持偏见的时候，应对人们会容易得多，当你把他们称作是德国人、印度人、苏联人、黑人或是其他什么名称的时候，你认为自己已经将问题给解决了。然而，审视每一个个体则需要展开大量的思索，需要付出很多的努力。由于我们不想这么做，因此便说道："嗯，我们用某个名称来称呼他们吧。"于是，我们认为自己已经认识了他们。

因此，我们知道为什么会产生偏见，我们是怎样出于自身的自我保护而将它们给制造出来的，这实际上是一种隔离的过程。仇恨、抱持偏见、局限，要容易得多，我们大部分人便是这样的，我们从属于这个或那个团体，这便是一种形式的偏见。你相信自己的经验要优越于我的，或者跟我的一样好，结果你便被困在了自己的经验里头。所有这一切都表明了各种各样的偏见，各种各样的排他以及你如此小心翼翼培养起来的自我保护，难道不是吗？你如何能够克服它们呢？当你这么做的时候，会找到它们的替代品，因为，假如你不抱持任何偏见的话，你就会是完全不设防的，就会格外的敏锐，就会遭受更多的痛苦。于是，为了保护自己，我们竖起了高墙，要么是自我制造的，要么是由别人为我们建造的，而我们则接受这一切。努力去克服偏见，便是找到其他更让人愉悦、更有益、更有涵养的保护物。

所以，挣脱偏见，便是活在一种不确定的状态里，活在一种不安全的状态里。那么，我们应该懂得我们所说的不安全是指什么意思。很明显，合理的身体上的安全是必需的，否则就根本无法生活于世。可是当你寻求心理上的安全时，就会把身体上的安全挡在门外，这便是我们正在做的事情。当我们希望通过国家主义、通过信仰、通过某个左翼或右翼的团体来获得心理上的安全时——正是这种渴望得到确定、安全和依靠的心理，才导致了外部的不安全。只有当心灵摆脱了自我保护的反应，内在的自我保护的反应，唯有这时，才能挣脱偏见的束缚。

下一个问题便是："摆脱了偏见的心灵会是怎样的状态？"你为什么想要知道这个？我认为，你之所以希望知道，是为了去体验它，于是也就把这个变成了一种标准，变成了某种将要去得到的东西，又或者你希望去认识摆脱偏见的心灵是怎样的，即一个摆脱了自我保护的反应的心灵会是怎样的。要想探明这个问题，你就得直接地去体验它，不是吗？——而不是仅仅听我说的话或者是他人的言论。意思便是说，你必须去觉知自身思考与感受的过程，不是吗？不仅是在你碰巧喜欢它的时候，而是始终去觉知。这显然表示，要想摆脱偏见——偏见便是一种自我保护的反应，不管是被培养起来的，还是本能地形成的——就应该去觉知自身的全部过程。然而，去猜想摆脱了偏见的心灵会是怎样的状态，这么做显然是徒劳，对吗？因此，我们唯一能够做的，不是去猜想当心灵摆脱了偏见的时候会处于什么样的状态，而是去认识自我。要想认识自我，就得实现觉知，这种觉知里面，没有丝毫的强迫，没有任何辩护或谴责——一个人必须自在地展开觉知，没有一丝恐惧。在这种觉知中，思想与感受的运作将会展现出来，尔后，当心灵迈入宁静——不是被变得安静——就可以探明那永恒之物了。

（第一场演说，1949年10月2日）

理解个体方能认识个体与国家的关系

或许我们大多数人都怀有确定的观点，抑或得出了一些确定的结论，我们很难去偏离这些结论，或者很难再去审视其他的看法，因为大部分人都活得十分痛苦，都遭受了不幸，我们已经形成了某些看法，我们发现，很难去改变它们。如果我们通过自身的结论、经验、知识的屏障去聆听他人，那么就很难充分地理解对方。我们应当暂时或者至少在这个上午抛掉自己的那些结论和观点，试着共同去思考那些摆在我们面前的难题，假如我可以建议的话。我们的困难在于，我们渴望结论，渴望找到各个问题的答案。但倘若我们能够在每个问题出现的时候充分地、理性地去加以探究，这意味着不为任何结论、确定的观点所束缚，那么我们或许就可以充分地、全面地认识问题了。

我们生活的问题之一，便是个体及其与国家的关系，难道不是吗？或许，假如我们能够懂得个体的全部过程，那么我们就可以去认识自己的关系了，不仅是跟一两个人的关系，还有跟大众、跟集体的关系，跟国家、跟整个人类的关系。因此，在我看来，国家同个体之间的界分之所以是错误的，是因为，毕竟，我们是什么样子的，我们建立的国家就会是什么样子，我们投射的是我们每个人的本来面目。这或许看起来是一个简单的哲学命题，一个非常简单的观念，不值得加以深究。由于我们的头脑如此复杂，由于我们阅读了这么多的东西，我们是这样的理性、这样的聪明，以至于我们不会那么简单地去想问题。但是，依我之见，我们应该非常直接地、简单地去思考这个相当复杂的问题，因为，毕竟，只有当我们以逆向的方式去着手，才能认识复杂的问题。在认识个体及其过程的时候，我们或许将会认识个体同国家、同集体或者同另外的个体的关系。

所以，对我来说，只有当我们理解了个体的过程，方能认识个体与国家的关系的问题。原因是，没有个体，国家便不会存在，没有所谓的大众、集体，它不过是一种为了便于各种目的、盘剥等等发明出来的政治工具。对于我们大多数人来说，当我们谈论大众的时候，这同样是处理人的一种便利的法子，因为，审视每一个个体、审视他人，需要投以大量的关注、思索、考虑，而我们不愿意给予这些，于是便将他们称为大众——大众就是我们自己，就是你我。

要想认识这个被我们称为社会的整个投射物，及其全部的复杂性，我们显然就必须认识自己。可我们大部分人都不愿意去认识自己，因为这是一项沉闷的工作，丝毫不让人兴奋，我们觉得它没有多少意义，觉得认识自我不会有任何收获。但倘若我们能够去工作，去帮助着给社会带来某些变革、某些改变，这或许就是值得的。此外还有这样一种印象，即在认识自我的时候，我们不可避免地会变得自我中心、自我封闭。

很明显，充分地认识自我以及何谓个体的整个过程，需要的不是孤立隔绝，不是退隐于世，而是对关系的认知。因为，毕竟，一切行动都是关系——没有关系，就没有行动。如果在我跟他人的关系里存在着敌对、贪婪、嫉妒，存在着各种各样会导致冲突的原因，那么我显然就会建立起一个源于这种关系的社会。因此，认识自己，并不是一种以自我为中心的过程，相反，它要求我去觉知关系。所以，关系是一面镜子，我在其中可以照见自己、发现自己——无论是跟一个人的关系，还是跟许多人、跟社会的关系。若我渴望社会发生根本性的转变，那么我显然就必须去认识我自己。

这或许听上去相当幼稚，无甚意义，但我认为并非如此容易，也不能轻易地忽略而过。

你可能会说:"个体能够做些什么来影响历史呢？"他这一生能够做些什么呢？我觉得，你无法让战争立即停止，抑或让不同的民族之间达成更好的理解。然而，至少在我居住的世界里，在我的直接关系里——

不管是跟我的老板、我的妻子、我的孩子还是跟某个邻居的关系——至少，我可以带来某种转变、某种革新、某种理解。我可能无法让苏联人、德国人或印度人达成理解，但至少我所生活的世界里，会出现某种和平、某种幸福、某种爱、情感以及其他相关的一切。我认为，虽然这可能不会在大范围上对世界有较大的影响，但至少我可以是一个核心，是不同价值观、不同认知和意义的中心，或许这会逐渐让世界发生改变。

但是很明显，从本质上来说，我们并不关心世界的改变，因为，我所做的、你所做的，效果甚微。但倘若我可以不再贪婪——不是流于表层，而是真正地做到不贪婪——倘若我可以不再怀有野心，那么我或许便能够给生活带来新的气息，新的觉知。这显然是最有效、最直接的行动了，对吗？——让自己的内心发生转变、根本性的改变，因为，毕竟，一切伟大的运动都是这样开始的：都是从个体、从自身开始的。所以，只有当我理解了自身的全部过程，才能认识我与国家的关系或者你与国家的关系、个体与国家的关系，并且给这一关系带来改变。

请不要把这个抛到一旁，说什么："这是幼稚的、愚蠢的，对世界不会有任何影响。"什么会对世界产生根本性的影响呢？大众运动吗？还是由一小部分富有创造力、不自我中心、不自我封闭，不把自己的兴趣和野心投射出来的人，一小部分真正摆脱了自我的人所带来的根本性的影响呢？

因此，要想认识这个问题，一个人就得懂得自我的过程，就得在行动即关系中去觉知自我。在认识自己本来面目的过程中，我们将会找到可以解决摆在自身面前诸多难题的答案，不单单是认识意识的表层，而且还要懂得自我的全部内容，既有那些暗藏的内容，也有那些敞开的内容，既有意识的表层，也有那些我们当前还未觉知到的许多意识的层面。我们或许会在少有的时刻觉知到它们，但是，把所有暗藏的部分带入到意识里，并且消除掉个人的、自我的、狭隘的意图和追逐——从而建立起正确的关系——在我看来，似乎是最为重要的。如何摆脱贪欲，不仅是表面上摆脱，而且还包括从内心深处摆脱，这是我感觉唯一值得讨论、谈论和体验的问题。因为，这就是导致冲突的原因之一，不是吗？——贪婪，不单单是对物品的贪婪，还有对于权力、知识、名望的贪欲。要想认识贪婪，显然需要投以大量的关注——不是去弄清楚谁是贪婪的，或是去效仿某个不贪的人的做法，而是去觉知到自己是贪婪的，去理解、认识这种贪婪的每一个涵义。因为很明显，贪婪将对社会产生影响：一个个满怀贪欲、追逐权力的个体，会制造出一个同样对权力、地位、名望充满贪念的群体或国家，而这一切继而又会引发战争。

能否既活在一个由贪欲和暴力导致的社会里，而又摆脱了贪欲呢？我认为，只有通过直接的体验——不是口头上说什么努力去摆脱贪婪，而是当我们懂得了这一体验，真正地体验了何谓不贪——才能解答这个问题。毕竟，贪婪以如此多的方式表现出来——对真理的渴求，对地位的贪念，对幸福的贪心，对外物、对安全的欲望。当没有心理的安全时，是否会把外在的身体的安全挡在门外呢？难道无法活在一个每个人都不去寻求自身安全的世界里吗？毕竟，我们每个人对于心理安全的寻求要远远超过身体上的安全。我们把财产、物品、外在的安全，当成了获得心理安全的手段。当身体的需求变成了心理的必需时，那么心理的必需就会摧毁外部的安全。我们可以去思考一下这个——它是十分显见的。只要我把外物、财产视为自我表现的手段，视为好斗的、自我保护的生活的手段，那么这些需求就会变得最为重要，尔后，外物、财产将压倒一切，因为我用它们来获得心理上的安全。

我们为什么渴望内心的安全呢？外在的、物质的安全是不可或缺的，否则我们便无法生存，如果你我没有基本的食物，那么我们就不可能聚到这里，我们必须拥有外部的安全。但我觉得，当我们把外部的安全当作内心膨胀、对贪欲追逐的手段，我们的安全就会被摧毁、被否定。因为，尔后，我们使用外物，不是将其作为必需品，而是给它们赋予了心理上的涵义。尔后，财产对我们来说就成为了一种心理存在的手段了，毕竟，头衔、地位、学位、财富，都被当成了心理上获得存在、安全和确定的手段，不是吗？只要我们通过外物来寻求心理上的安全，就一定会满足于外物。

能否在没有心理安全感、确定感的情况下生活在关系里呢？毕竟，这便是我们所说的"确定感"、"安全感"这类词语的涵义。我们大部分人除了寻求生理上的安全之外，还在寻求着心理上的安全，不是吗？我们或多或少都必须拥有生理上的安全，而这种安全则依赖于我们的环境，诸如此类。然而，心理上的安全是必需的吗？我们渴望它吗？尽管我们寻觅着它，尽管我们永远的追求便是获得内在的安全，但这难道不是一种错误的行为，一种错误的面对生活的方式吗？内在的安全存在吗？你我或许渴望它——但真的有心理的安全这种东西？当我希望在关系里获得确定感的时候——无论是跟一个观念的关系，跟一个人的关系，还是跟某个事物的关系——我会在这种关系里头找到安全吗，获得心理上的确定感吗？

如果我在我的关系里感到是安全的，那么它是一种关系吗？如果你是我的妻子、我的老板或我的友人，而我对于你感到十分确定——这里所说的确定，是指我把你当作获得心理安全的手段——那么我们之间有关系存在吗？当我在利用你的时候，你我之间会建立任何关系吗？只要我是在利用你，把你作为获得心理安全的手段，那么我们的关系会是什么呢？对于我来说，你不过是一个有用的工具罢了，我同你没有建立真正的关系，你就像是一件家具，是被我使用的。也就是说，我的内心贫乏、空虚，于是我便把你作为一种掩盖我自己的手段，把你作为逃避自我的手段。我们把这种利用美其名曰为爱，抑或是其他的称呼。

我们把这种逃避叫做关系，无论它是跟财产的关系，跟人的关系，还是跟观念的关系。很明显，这样的关系必定会带来冲突、痛苦和灾难。这便是我们生活的状态——把人和物当作掩盖我们自己内心贫乏的手段。于是，我们所使用的事物变成了最为重要的；人、财产、观念、信仰变成了至关重要的，因为，若没有它们，我们就会迷失，于是我们便去追求更多的知识、更多的人、更多的物。然而，我们从不曾认识自己的本来面目。在我看来，只要我们寻求心理上的安全，就永远无法认识自我。可一旦我们意识到自己在把人、物、观念当作逃避自我的手段，那么，觉知到了这种逃避，显然就会带来截然不同的关系。尔后，人、观念、物本身就会不再重要了，于是，我们不会再如此依附于人、物，于是我们便会理性地去应对有关财产的问题。可只要我把财产当作一种掩盖自己内心贫乏的手段，我就无法去理性地应对它。因为，如果我们依附于外物，那么我们就会是这些外物。只要你依附于财产，那么你就会是财产，你不是某个精神实体——就只是一堆虚假的空话。只要你依附于某个信仰，你便是那信仰；只要你依附于某个人，你便是那人。我们之所以会如此急切地、强烈地去依附这些东西，是因为我们的内心极度的空虚，是因为我们的心灵空空如也。由于害怕这种空虚，于是我们便执着于那些外物、观念以及自造出来的理想。

因此，我们不可以肤浅地、口头上地去认识这个有关关系的问题，抑或是从书本阅读得来，而是只有当我们觉知到了与彼此的关系，才能认识它的全部涵义及其复杂性和非凡的深刻性。关系是怎样的，社会就会是怎样的。如果没有认识自我，那么单纯地去谈论兄弟友爱将会是毫无意义的。你或许会加入一些团体，会为了宣扬友爱建立组织，但只要你利用社会、人或外物来获得心理上的安全，那么你就一定会给世界带来更多的冲突、更多的幻觉与更多的痛苦。这便是实际上发生的情形，就像如果你把国家主义、民族主义当作一种掩盖自身贫乏的手段，当作让自己跟某个国家去认同的手段，就一定会走向战争一样。

重要的是去认识自我，与自我面对面，直面我们正在逃避的内心的贫乏，直面我们全都在躲避的心灵的空虚。一旦我们认识了它，真正去体验了它，不做任何谴责，当我们与这种空虚有了充分的关系，唯有这时，才能够有所超越以及探明什么是真理、什么是神。

我这里有几个问题，我将试着解答其中的一些。

问：我非常努力地尝试过了，但还是无法停止酗酒。我该怎么做才好呢？

克：你知道，我们每个人都有各种各样的逃避。你是饮酒，我是追随大师；你对知识着迷，我对娱乐上瘾。所有的逃避都是相似的，无论一个人是去喝酒、追随大师还是沉迷于知识，对吗？它们显然全都是一样的，因为意图、目的都是去逃避。或许饮酒可能还有某种社交上的价值，抑或可能危害更大一些，但我肯定，观念上的逃避是更加糟糕的，它们要更为隐蔽，更为微妙，更难觉知到。一个对仪式上瘾的人，跟一个对喝酒上瘾的人，并没有什么不同，因为他们都是试图通过一些刺激物去寻求逃避。

我认为，只有当你意识到自己在逃避，意识到你在利用所有这些东西——酒精、大师、仪式、知识、对国家的热爱，随便你怎么称呼都好——作为感官上的刺激，目的是去逃避自我，你才会停止逃避。毕竟，有各种各样的法子可以让一个人停止酗酒。但倘若你仅仅是停止酗酒，那么你又会沉迷于其他的东西，你可能会变成一个国家主义者，或者去追逐世界另一头的某位大师，抑或耽于观念上的幻想。

很明显，逃避的原因十分清楚——我们对自身、对自己外在和内在的状态感到不满，于是我们便有了许多的逃避。我们以为，当我们发现了原因，就能认识、消除这种逃避即酗酒了。只要我们懂得了逃避的原因，就能因此停止逃避吗？一旦我知道自己之所以酗酒，是因为我同妻子发生了口角，抑或是因为我很讨厌自己的工作——一旦我知道了原因，我就会不再酗酒了吗？答案显然是否定的。只有当我同我的妻子、同他人建立起了正确的关系，消除掉导致痛苦的冲突，才会停止酗酒。

换种方式来表述好了，也就是说，只要我寻求着自我实现——这里头会有挫败——就一定会去逃避。只要我遭受了挫败，我就必定会去找到某种逃避。当我渴望出人头地——成为政治家、领袖、大师的门徒或是其他——只要我想要有所成就，就会招来挫败。由于挫败是令人痛苦的，于是我便寻求着去逃避它，无论这种逃避是一杯酒、一位大师、一场仪式还是成为一名政客，是什么无关紧要，它们全都是一样的。

因此，问题便出现了：有所谓的自我实现吗？自我、"我"，能够变得如何如何吗？那个渴望变得如何如何的"我"究竟是什么呢？这个

"我"，是在对当下的反应里的一连串的记忆，是与当下相连的过去的产物。这个"我"，希望通过家庭，通过名声、通过财产、通过观念来让自己永远持续下去。这个"我"，不过是一个观念，一个让人感到满意、给人带来感觉的观念，一个意识所依附的观念——"我"就是意识。只要作为"我"的意识寻求着自我实现，那么显然就一定会出现挫败；只要我把自己看得太重要，认为自己是个人物，就一定会遭遇挫败；只要我居于一切的中心，是我的想法、我的反应的中心，只要我看重自己，就一定会有挫败。于是也就一定会遭受痛苦，我们试图通过无数的法子去逃避这痛苦，逃避的方式其实都是一样的。

所以，让我们不要焦灼于逃避的方式吧——不要去管是否你的方式要优于我的。重要的是去认识到，只要一个人在自我里面寻求着自我实现，就一定会有痛苦和争斗，只要自我、"我"格外重要，就无法去避免这种痛苦。

于是，你会说："饮酒跟这一切有什么关系呢？您并没有回答我的问题，即怎样才能不再酗酒。"我认为，只有当我认识了自我的过程，只有当我实现了对自我的认知，才能明白酗酒的问题并且将其终结，就像其他问题一样。认识自我，需要不断地觉知——不是一个结论，不是你可以去依附的某个东西，而是不断地觉知到自身思想与感受的每一个运动。这样的觉知是很累人的，因此我们说道："哦，这可不值得。"我们把它抛到一旁，于是也就让悲伤、痛苦越来越多。但是很明显，只有把自我当作一个完整的过程去认识，我们才能解决自身面临的无数难题。

问：我发现无法去相信神。我是个科学家，但我的科学没有给我任何满足，我无法让自己去相信任何东西。这是否只是局限的问题呢？如果是的话，信仰神会更加真实吗？我怎样才能达至这种信仰呢？

克：我们为什么会去相信？信仰的必要性是什么？这并不表示你不应该去信仰——问题不在这里。我们为何会去信仰呢？信仰只会让体验受到局限。如果我相信神，那么我就会去体验，但这样的体验并不是真实的，它不过是一种自造出来的体验。

所以，重要的难道不是去探明我们为何会去相信，通过信仰，我们能够有所发现吗？抑或，只有当心灵不囿于某种信仰、某个结论时，它才能去发现呢？可为什么我们要信仰神呢？这显然是因为我们意识到，自己周遭的一切都是暂时的，我们周围的一切都在改变着，都会走向毁灭和终结——我们的想法、我们的感受、我们的存在——因此我们便渴望某种永恒的东西。我们或者在自己内心制造出了这种永恒，称其为灵魂、梵我，抑或其他你喜欢的名称，或者把这种对于永恒的寻求投射到某个理念中去，即我们所谓的神。

理念永远都不会是永恒的。我可能希望某个观念是永恒的，但它本身并不是永恒的。我或许渴望永恒，但只要我渴望它，我就会制造出一种并不存在的永恒。信仰神，仅仅是一个寻求永恒的人做出的反应罢了，所以，他的信仰局限了他的体验。他说道："我知道神是存在的，我体验过这种非凡的感觉。"但是很明显，这种体验是基于对永恒的渴望，它是一种自造出来的体验，因此并不是真实的。只有当我们不再去寻求安全感，不再去寻求永恒，也就是说，只有当心灵迈入了彻底的宁静，摆脱了一切欲望，唯有这时，我们才能发现实相与真理。

因此，只要我们去相信，那么我们就永远不会有所发现。所以，要探明什么是实相，什么是神——无论你怎么称呼都好——就一定得有自由，一定要摆脱恐惧，摆脱对于心理安全的渴望，摆脱对于未知的恐惧。显然，唯有这时，才能够去体验，不管体验的是什么，唯有这时，才能知道神是否存在。然而，一个有神论者或一个无神论者，假如他执着于这个结论，那么他显然就会被困在幻觉之中。只有当我不再自我封闭，当我不为信仰、恐惧、贪婪、嫉妒等等所囿，我才能懂得什么是神，才能认识它，直接地体验它。

信仰，显然破坏了对于实相的体验。能够想到这一点是很难的，因为我们大部分人都如此受制于信仰——科学家以及你我都是如此，因为我们在信仰中得到了满足。假如我没有在人、物、观念里头获得满足，那么我就会创造出一种至高的理念,也就是神。我依附于这一理念,原因是它更加让人满足。因此,寻求满足,势必会带来障碍,而我们则依附于这些障碍。你是个有神论者或者无神论者,但倘若你和我真的想要知道是否存在着实相,是否存在着神,是否存在着某种不是意识构造出来的东西,不是源于感觉或者对感觉的寻求的事物——倘若我们希望找到这样的事物,那么我们就必须认识感觉的过程。因为,信仰让我们得到了某些感觉,就像饮酒一样,我们依附于这些感觉,其实它们只是自我制造出来的。我们由自己的意识制造出了神的形象,而我们则依附于这个形象。

但如果你我真正想要去体验那个无法命名的事物,那个不为时间所围的事物,就不可以去依附信仰。信仰其实是自造出来的形象,原因在于,任何可以被命名的东西皆非真实,它只是记忆的产物,是我们所受的限定的产物,如果它属于时间的范畴,那么它就依然是意识的一部分,因为意识是过去的产物,是各种影响,社会的、环境的、教育的影响的产物。所以,若我们懂得了时间的过程,命名的过程,若我们理解了自身存在的限定,理解了那些将我们困于其中的影响,那么这种认知就会让心灵迈入寂静。正如我所言,心灵是无法被人为地、刻意地变得安静的,当你让心灵变得安静,那么它就是一个死寂的心灵。当你训练着心灵安静下来,尽管它可能表面上安静了,但它依然处于一种激动不安的状态,就像一个被迫待在角落里不许乱动的孩子一样。可一旦我们理解了信仰、刺激、对于安全感的渴望、对永恒的寻求这整个的过程,一旦我们洞悉了所有这一切的真相——充分的认识,不是仅仅流于表面或者口头上认识,而是真正去体验了这一切——那么心灵就会宁静,而你不必让它变得宁静,让心灵变得安静是没有用处的。你便是意识,你便是思想者与思想。但倘若思想者把自己分隔开来,试图去控制他的想法,那么他就会走向幻觉。

于是,你认识到了所有这一切,理解了它,直接地体验了它——心灵就会迎来宁静。在这种宁静中,你将知道究竟是否存在神、实相;在这种寂静中,你将会明了。这之前,猜想有神或无神,猜想你是否去追随大师——所有这些在我看来都是幼稚的、不成熟的。但是,体验实相,并不是一件可以去想象、去推测的事情。唯有在体验的状态里,你才能发现实相。但若把信仰当作一种刺激的手段去寻求,当作一种逃避我们日常生活的关系的手段,那么就不可避免地会走向幻觉,无论你可能喜欢把这幻觉放在哪个层面上。

所以,要想有所发现,显然就得实现自由,就得摆脱贪欲。无论你是科学家而我则是个门外汉,或者我很无知而你知识渊博,只有当我们认识了自己,才能找到实相。在认识自我的过程中,将会迈入宁静,因为,自知会带来智慧。唯有在智慧里,才能获得宁静——而不是在知识里,不是在知识的乐趣和概念中,理念里面没有宁静。只有当头脑不再去追逐它自己创造出来的东西,才能拥有宁静。对于实相的体验,并不是可以传授的东西——没有哪位大师、救世主能够把它传授给你。只有当我们深刻地认识了自己,方能体验到实相。

问:假如您所谈论的是如此的罕有,显然仅仅是偶尔对少数人才有用,那么您对我们演说的目的何在呢?您真的可以帮助到我们、帮助到大众吗?

克:我觉得,我演说的目的很清楚——至少在我看来是如此。首先,我发表演说不是为了利用你,我也没有打算从中获得快感,如果我没有演讲的话,我也不会觉得失落。不是这样子的。我发表演讲,原因很简单:是因为我感觉你和我能够帮助彼此去认识我们的难题——而不是因为我觉得自己高人一等,有所成就之类。通过谈论我们面临的无数难题——关系的问题,因为除此之外没有任何其他的问题了——我们可以认识它们。我们能够静静地谈论它们,摆脱任何偏见或者不去抱持任何成见,我们可以觉知到这种偏见和成见。

毕竟,我们试图在你我之间建立起关系。如果我在利用你,抑或你在利用我,那么我们就没有关系,尔后便是你利用我,我利用你。但倘若我们每个人都努力去理解有关自我的问题,就将建立起正确的关系。

尔后，或许，当我们讨论的时候——不是口头上说说，而是理性地展开讨论——就能去探索自己，洞察自己的本来面目。因为，毕竟，关系是一面镜子，我从中可以照见自己的真实模样——也就是说，假若我想要去认识自己的话。但由于我们大多数人都不喜欢看见"当下实相"，结果我们便把关系变成了一出滑稽剧。

于是，关系成为了一种逃避。如果你不想通过我去逃避，或者我通过你去逃避，那么，在我们携手去认识各种难题的过程中，就可以洞悉自己的本来面目了，无论我们是一个人还是多个人。在我看来，不存在所谓的大众，大众便是你和我。我们以为，当我们把人们称作德国人、苏联人、英国人或印度人的时候，便能够认识他们了。只有懒惰的心灵才会去这么干，只有懈怠的心灵才会说"哦，你是印度人"或者"你是英国人"。因为，用一个名字来称呼某个人，然后觉得"我认识了他"，这要容易得多，不是吗？但倘若我不用一个名称称呼你，那么我就必须非常仔细地去审视你，我必须看着你的脸，研究你思想的每一个运动，我必须把你作为一个单独的个体去觉知。可如果我把你视为大众，那么我就可以非常容易地向你投下一枚炸弹，将你毁灭掉。

因此，要想帮助他人，我就得审视他，不是把他当成这个或那个，不是认为他从属于这个国家或那个民族，而是看到他的本来面目。若我自己被困在我那些狭隘的国家主义、民族主义之中，被困在我自己的团体、信仰、荒谬的迷信和废话之中，我就无法去看到他的本来面目。所以，要想认识彼此，我们就必须非常清楚地去审视彼此——意思便是说，要想了解你，我就得认识我自己，就得在我同你的关系里格外仔细地洞悉自我。唯有这时，我们才能相互帮助。

(第二场演说，1949年10月9日)

认识复杂的问题，需要寂静的心灵

我觉得，认识一个复杂的问题，尤其是心理问题，需要一个相当寂静的心灵，不是被迫的安静，需要一个和平、安宁的心灵，如此一来它才能够直接地认识复杂问题及其答案，这是十分显见的。

妨碍心灵迈入这种安静的，显然是冲突。我们大部分人都身处如此的混乱之中，焦灼于如此多的事情，对生活、死亡、安全以及我们的关系这般的焦虑不安，一个这样动荡不安的心灵，自然很难去理解那日益增多的社会的和心理的问题。要想彻底地认识某个问题，就应当怀有一个安静的心灵，一个不抱持偏见的心灵，一个自由的心灵，从而让问题彰显出自身的全部内容。当有冲突存在的时候，就无法拥有这样的心灵。

那么，是什么导致了冲突呢？我们为什么会处于这般的冲突之中？我们每个人，继而是整个社会、国家和全世界，为什么会陷入这般的冲突呢？原因何在？冲突源于何处？当冲突停止时，显然就能拥有一个安宁的心灵，然而，一个被困在冲突中的心灵是无法获得安静的。我们渴望宁静，渴望某种安宁的感觉，于是便努力通过各种各样的方式去逃避冲突——做义工，在某种仪式或某种精神的或其他的活动中迷失自我。但是很明显，逃避会走向幻觉以及更多的冲突，逃避只会带来隔离，从而导致更为严重的抵制。如果一个人不去逃避，抑或如果他去觉知这些逃避，从而能够直接地认识冲突的过程，那么或许他就可以让心灵迈入寂静了。

依我看，重要的是去认识到一个安静的心灵是必需的——不是一种被迫的宁静，不是处在隔离状态的封闭的宁静，不是执着于某个观念，从而走向封闭、为某个观念或某种信仰所困的宁静。这样的宁静并非实相，它是死寂的，因为，在它那自我封闭的隔离状态里，没有任何生机与活力。

因此，假如我们能够懂得冲突的过程以及冲突是怎样出现的，那么心灵或许便将拥有自由和宁静。然而，认识冲突的困难在于，我们大多数人都如此急切地想要去逃避冲突，超越冲突，想要找到某个法子去摆脱冲突，想要找到冲突的原因。我觉得，单纯地寻求原因或者探明是什么导致了冲突，并不能消除掉冲突。但倘若一个人可以懂得冲突的全部过程，从各个视角来加以审视，倘若他可以耐心地、安静地展开探究，既不去谴责，也不去辩护，那么或许他便能够认识冲突了。

毕竟，冲突源自于渴望出人头地，渴望变得跟"当下实相"不同，不是吗？不断地想要有所成就，想要变得跟"当下实相"不同，这便是冲突的方式之一。这并不表示我们应当满足于"当下实相"——一个人永远都不要如此。但要想认识"当下实相"，我们就得懂得这种想要变得跟"当下实相"不同的渴望。我是某个样子的——丑陋、贪婪、嫉妒——我希望变成不同样子，希望变得跟"当下实相"相反。显然，这就是导致冲突的原因之一——这些对立的、矛盾的欲望，而我们便是由它们构成的。

我认为，仅仅审视冲突，觉知到它的过程，这本身就具有解放性质。也就是说，假若我们展开觉知，没有任何矛盾、不做任何选择，就只是觉知到"当下实相"，假若还能觉知到我们想要去逃避"当下实相"，躲进自造出来的理想中去——所有理想都是自造出来的，因而是虚假的、不真实的——假若我们仅仅觉知到这一切，那么这种觉知就将带来心灵的寂静。尔后，你便可以去应对"当下实相"，尔后，你便可以去认识"当下实相"。

但是很明显，冲突要比对立面之间的单纯的矛盾具有更多的意义。冲突来自于让行动去接近、去符合某个理念，不是吗？我们总是试图让行动去符合某个信仰、某个理想、某个理念。我怀有我应当如何、国家应当如何的想法，我试图达到这一理想。因此，当你努力在行动和观念之间架起桥梁的时候，冲突便会出现。可是，能否连接起观念和行动呢？行动是真实的、切实的，不是吗？没有行动，我就无法生活。但我为什么应当努力去让行动符合某个想法呢？想法要比行动更加真实吗？想法要比行动更有实质吗？想法要比行动更加真切吗？但倘若我们观察一下自己，就会发现，我们的全部行动都是建立在想法之上的，我们先有想法，尔后展开行动。只有很少的时候才会出现自发的、自由的行动，没有想法的包围。

因此，为什么想法和行动之间会有界分呢？如果我们可以理解这个，或许就能从根本上终结冲突了。因为，冲突显然并不是理解的正途，若我同你争吵，若我与你、与我的妻子、与社会、与我或近或远的邻居发生冲突，就不可能实现理解。理解是通过正题与反题、对立面之间的斗争而得来的吗？合题来自于冲突吗？还是说，一旦没有了冲突，就能实现理解呢？我们试图通过行动去阐释这种理解，而冲突又一次由此产生。换种方式来表述：一旦有了创造力，一旦我们拥有了这种富有生机和活力的感受，就不会再有斗争，斗争就将消失不见，这意味着，自我、"我"及其所有的偏见、限定，都将不再。创造力便蕴含在无我的状态里，我们试图在行动中去表现这种富有创造力的状态和感受——通过音乐、绘画抑或你愿意的其他形式。尔后，斗争开始——渴望获得认可，等等。

显然，创造力的状态并不需要斗争，相反，只要有斗争，就不会有丝毫创造力的状态。当自我、"我"完全消失，那种富有生机与活力的状态才能到来。只要观念居于压倒一切的位置，就一定会有斗争，一定会有冲突。意思便是说，依照某个观念去塑造行动，必定会加深冲突。因此，如果我们可以知道为什么观念在我们的头脑里会居于支配地位，那么或许我们就能直接地展开行动了。

我们大部分人关心的都是怎样依照某个观念来生活，我们先有念头——如何变得高尚，如何友善待人，如何在精神领域达至一定的高度，以及其他相关的一切——尔后则努力按照这个想法来生活。我们为什么要这么做？我们首先建立了一种精神模式，即我们所谓的观念或理想，然后努力按照这个理想来生活。原因何在？这整个的观念的过程，难道不是因为"我"、自我出现的吗？自我、"我"，难道不是一种观念吗？不存在"我"这一观念之外的"我"，正是"我"制造了该模式，"我"便是观念，我们试图依照这一观念来生活，来展开行动。

所以，从根本上来说，观念源自于过分地看重自我，难道不是吗？我们建立起了"我"、"我的"的重要性，建立了行为模式，然后努力依照这个模式去生活。结果，观念控制了行动，观念妨碍了行动。以慷慨为例，彻底的慷慨——不是意识的慷慨，而是心灵的慷慨。如果一个人依照这个来生活，会非常危险，不是吗？若他想要行动上做到彻底的慷慨，就会同现存的标准发生各种各样的矛盾。因此，观念干预了、控制了慷慨。按照慷慨这个念头去生活，要比按照心灵的慷慨去生活安全得多。

所以，当观念居于主导地位，我们显然就会去寻求安全、慰藉、排他、隔离——由此导致了更多的冲突。因为，没有事物可以活在孤立隔绝的状态——生存即意味着处于关系之中。观念会带来隔离，行动则不会。我们的冲突总是存在于观念和行动之间。我觉得，假如我们可以认识观念的过程，假如我们可以认识自己，不是粗浅的认识，而是认识自我的全部过程，既包括意识，也包括潜意识，那么我们或许便能理解这种冲突了。毕竟，冲突之所以会出现，是因为"我"很重要——这个"我"与国家、与某个信仰、某个名声或家族相认同，这便是一切冲突的根源所在，不是吗？——原因是，"我"始终都在寻求着隔离、排他。基于排他这一想法之上的行动，必定会导致冲突，而我们有意无意地都在试图去逃避冲突，于是冲突自然会日益增加了。

因此，在我看来，要想认识冲突，重要的是去了解一个人思想的整个过程，去觉知到在日常生活中我们是怎样试图让行动去符合某个想法的。那么人可以没有观念地生活吗？人可以无我地生活吗？从根本上来说，这个问题的要义便是——一个人能够活在这个如此丑陋、满是冲突的世界里，但又不想到"我"吗？我认为，只有当他懂得了"我"的过程，懂得是什么构成了"我"，才能够真正回答这个问题，而不是停留在理论层面。他意识到，这些曲折复杂的方式、矛盾、排拒、遵从，全都属于自造的观念的模式。因此，在充分认识自我的过程中——不是处在意识的某个层面，而是作为一个不断在发生着的全部过程——在觉知这一切的过程中，就能摆脱小我获得自由，唯有这时，心灵才会迈入寂静。

只有当自我消失，心灵才会获得宁静，从而能够去认识、接受那永恒之物。然而，构想出某个关于永恒的形象，构想出关于它的理念，抑或执着于某个关于它的信仰，这实际上是自我制造出来的，不过是一种幻觉，这里头没有任何实相。但若想迎来永恒，那么自我的运作、制造物、投射物显然就必须停止。停止自我投射、自我制造，便是冥想的开端，对吗？——因为，认识自我将会开启冥想的大门，没有冥想，就无法认识自我。如果没有理解自我的过程，思想便没有基础，正确的思考便没有基础。仅仅让行动去符合某个观念或是理想，这完全是一番徒劳。但倘若我们能够在行动即日常生活的关系里去认识自身——一个人跟自己的妻子、丈夫的关系，一个人跟自己的仆人说话的方式，日常生活里的势力、国家主义、偏见、贪婪和嫉妒，不是被置于较高层面的自我，它依然是处于思想的领域之内，所以仍是自我的一部分——在关系里觉知到所有这些行动，这就是冥想的开始。当你认识了这种自我的行动，显然就能获得宁静。只有当心灵真正安静下来，不是被变得安静，而是自发地安静——唯有这时，方能探明那永恒的事物。

问：您能否告诉我们，按照您的看法，那能够让我们获得解放的真理究竟是什么呢？您说："真理必须向你走来，你无法去寻求它。"这句话究竟是什么意思呢？

克：显然，一旦我们懂得了什么是谬误，什么是幻觉，什么是无知，真理便会登场，对吗？你之所以不必去寻求它，是因为思想是你寻求的工具。如果我很贪婪、善妒、怀有偏见，而我努力去寻求真理，那么我的真理显然就是贪婪、妒忌、偏见的产物——于是它并非真理。我唯一能够做的，就是去洞悉何谓谬误，就是去觉知到我是受限的、我是贪婪的、我是善妒的。这便是我可以做的全部——不做任何选择地觉知到这些。尔后，当我展开了这样的觉知，继而摆脱了贪婪，真理便会到来。但倘若我们寻觅真理，结果显然就会是幻觉。你如何能够寻求真理呢？对于一个被困在谬误中的心灵来说，真理一定是它所未知的事物——我们之所以会为谬误所困，是因为我们受着局限，无论是心理上还是生理上，而一个受限的心灵，无论它怎样努力，无论它做什么，都无法去度量那不可测的事物。

这些不仅仅只是说说。如果你真的愿意正确地聆听，那么你就会明白其中的真理的。当我为信仰、恐惧、我所抱持的国家主义思想、我所怀有的各种偏见所囿，当我身处于各种各样的贪婪和嫉妒之中——我怎么可能认识真理呢？假如我这么做了，它就会是一种自我投射。自我所寻求的事物，显然是它自己创造出来的东西，因此并不是真实的。懂得了这其中的真理，懂得了我刚刚所说的话里的真理，这已经是一种解放性的过程了，不是吗？——就只是明白它，意识到贪婪、嫉妒都无法找到真理，就只是去观察它、审视它、静静地觉知它，这么做，不仅能够让我们摆脱贪婪获得自由，而且还能让我们认识真理。

所以，那些试图去寻觅真理的人，显然会被困于幻觉之中，因此，真理必须向你走来，你无法去追逐它。因为，毕竟，我们所有人渴望的是什么呢？我们渴望满足，我们渴望慰藉，我们渴望心理的安全与宁静——这些便是我们寻觅的东西。我们将其称为真理，我们赋予它一个名称。因此，我们以不同形式、在不同层面寻求的东西其实是满足，而不是真理。只有当你不再渴望得到满足、安全，真理才会到来——做到这个相当不易，由于我们大部分人都很懒散，于是我们假装寻求真理，建立起各种同真理有关的团体和组织。

所以，我们能够做的，便是觉知到自己的欲望、渴求、自负和空虚——你把它们放置在哪个层面并不重要——觉知到所有这一切，继而摆脱掉它们，这意味着摆脱一己之私，摆脱小我。尔后，你不必去寻求真理，尔后，真理会向你走来。因为这片真理之域就在那里——一个安静的心灵，不为自己的焦虑、不安所扰乱，这样的心灵便能够接受到真理。它必须是无为地去觉知，而这又是相当困难的，原因是，心灵渴望获得成功，渴望有所得，渴望一个结果，如果它在某个方向失败了，就会去另一个方向寻求成功，它把这种成功称为寻求真理。然而，真理是未知的，我们必须每时每刻去发现真理，不是在某个抽象物中，不是在某个孤立的行动中，而是在我们日常生活的每一个时刻里。将谬误视为谬误，这便是真理的开始——我们言谈里的谬误，我们关系里的谬误以及我们沉溺其中的那些琐碎的欲望、空虚和残忍。懂得这一切谬误的真相，便是感知到真理的开始。

但是你发现，我们大多数人都不希望展开这样的觉知，它太累人了。我们宁可逃避到某种幻觉、某种信仰里去，从中可以找到隔离和安慰——这要容易得多。我们声称自己在这种隔离的状态里寻觅着真理。在孤立隔绝的状态里是无法找到真理的。要想那未知的、不确定的真理到来，就不可以寻求心理的安全跟确定。因此，假如我们真的怀有热切的兴趣，那么我们能够做的，便是通过认识我们跟物、跟人、跟观念的关系，从而让真理有机会到来。尔后，这种认知将会带来自由，而真理、实相，只存在于这种自由的状态中。

问：多年前，您的教诲是可以理解的，给人启发的，那时您热切地谈论着发展、途径、门徒和大师。现在，这一切全都不同了，我彻底迷惑了。那个时候我乐意去相信您，现在则希望去相信您。我感到很困惑，您那个时候说的跟您现在说的——究竟哪个是真理呢？

克：这真的需要认真的思索。我希望你们当中那些对这个问题感到厌倦的人可以耐心地听一下。

首先，这不是有关信仰的问题，你不必相信我所说的——完全不必。如果你相信我说的话，那么这就是你的不幸了，而不是我的，尔后你会把我视为另一种权威，从而寻求庇护和慰藉。但我说的不过是，如果没有自知，没有认识你自己，那么你就无法认识生活。这并不需要信仰，它需要的是你自己展开觉知——而不是相信我所说的。所以，让我们在这一点上弄清楚一些吧，因为我觉得，信仰会妨碍我们去认识真理——这并不表示你应该变成一个无神论者，这其实是另外一种形式的信仰。然而，认识信仰的全部过程，知道你为什么会信仰，将会开启智慧的大门。

我们之所以会去信仰，是因为我们希望依附于某个东西，是因为我们渴望得到安全，我们的内心是如此的不确定，我们是如此的不满，我们的心灵是如此的贫乏，以至于我们想要有某个充实的可以去依附的东西。正如世人依附他们的财产，那些所谓的信众则去依附自己的信仰——这二者之间其实并没有多少差别，他们都是渴望获得安全，都是渴望获得慰藉和确定。这些信仰是自造出来的，所以不会带来实相。

现在，这位提问者想要知道我为什么会发生改变。曾经某个时候，许多年之前，我谈论过大师、门徒、进步、精神成长以及其他相关的东西，如今我却不谈这些了，为什么？变化是从哪里开始的？又是什么引发了这种改变的呢？这难道不就是问题的基础吗？他希望知道该去信什么——是我之前说过的那些呢，还是我现在谈论的东西呢？

之前说过的，需要信仰。毕竟，你需要一种关于大师的信仰，你可以让这种信仰合理化，但它依然是一种信仰。怀有这样的信仰是非常便利的，尤其是当大师就在遥远的某个地方的时候，因为，尔后，你可以把玩这个观念。但倘若你有一个上师，有一个耳提面命的老师，那么这就要困难得多了，对吗？原因是，他将会批评你，他将会看着你，他将会责备你——这会让人痛苦得多。然而，有一个在印度或者喜马拉雅山或者远离我们日常生活的某座山脉里的大师，是非常便利的，非常鼓舞人的。这样的事情需要信仰，它是一种自造出来的观念，它会给予你慰藉。因为，尔后，你可以延迟行动，尔后，你可以说："嗯，我来世就要像他一样，我需要很长时间才能摆脱贪欲"——你把这个叫做发展、进步。很明显，贪婪不是一个可以被搁置起来的东西——你要么现在就摆脱了贪婪，要么永远都不会，声称你某一天会挣脱贪欲的束缚，这其实是在延续贪婪。认为有某个人在照看着你，在你背后敲打你，鼓励你，对你特别有兴趣,而你则依照他所制定的理想去训练自己——所有这一切显然都会让自我变得膨胀起来。这自然会带给你鼓励,令你感到振奋,会让你觉得有人在照看着你,觉得永恒就摆在你的面前,觉得你会慢慢踏上正途,这需要花费你的时间,但总有一天你会抵达终点。

所有这样的想法和信仰都非常鼓舞人心,这便是为什么一些团体会建立起来,专门针对那些想要获得鼓励的人。在我看来,这样的过程其实是一种盘剥、利用的方式,因为你喜欢被大师或者大师的代表人利用,你根据自己的欲望和满足挑选着代表人。当你得到满足的时候,它就非常让人振奋——至少你将其称为振奋,实际上它只是另外一种形式的感觉。

那么,一旦你懂得了所有这一切不过是谬误,是没有任何基础的,一旦你意识到,除了你自己去认识自我以外,没有任何事物可以带领你达至真理,没有哪位大师能够给你一道光芒去拯救你自己——那么它就不会这样令人振奋和鼓舞了。原因是,认识自我需要机敏和警觉,需要始终保持警惕,而认识到自己是丑陋的,这会让人感到相当无趣、厌倦和沮丧。然而,被告知说你的身上存在着某种永恒的、非凡的事物——这是你所喜欢的。于是你便去追随大师并且接受随之而来的一切幻觉。尔后,这么做会让你感到满足,毕竟,那是我们大多数人寻求的东西——不是真理,不是去认识何谓谬误,而是获得满足。正像你在物质世界里头寻求着确定和安全,你把这些东西继续带到了心理的、精神的世界中。但是,心理世界是没有安全可言的,假如你寻求安全,便会出现幻觉,因为,你只有在不确定的状态下才会有所发现。

那么,一旦你懂得了这一切,你显然就会把这些东西从身上抛掉了,你不会再把玩它们。我现在所说的,不是硬币的另一面——它跟那些谬误没有关系。认识自我,将会开启智慧的大门。当你懂得了何谓谬误,你就已经是在开始明白什么是真理了。很明显,自我膨胀的整个结构,门徒精神境界的程度,分等级的成就的阶梯,全都是荒谬的,因为真理是没有任何界分的。可我们喜欢界分,我们喜欢排他,我们喜欢在社交上被冠以某个头衔。你把同样的势力带入了另一个世界里。可一旦一个人意识到了这整个的过程是一种自我膨胀,是过于看重"我"、"我的",是赋予自我名望,那么它就会消退而去,你不必同它交战斗争。这就像是见到了某个有毒的东西——它没有吸引力,它不再是真实的,于是你便不再属于这种思考方式了。

你知道,所有这一切都表明,一个人必须卓然独立。可我们大部分人都害怕独自一人——这里的独自,不是指孤立,而是指洞悉事物的本来面目,视谬误为谬误,视真理为真理。当每个人都把谬误视为真理去看待的时候,要想把谬误视为谬误,就需要展开不做选择的觉知。由于我们大多数人都害怕安静独处,摆脱一切自造的幻觉,因此我们便去依附那些由意识产生出来的东西。没有认识你自己,那么无论你做什么——发明任何理论、任何大师、遵循任何戒律——都不会带领你达至幸福。你或许会自欺,你或许会说"您说的跟我信的是一样的,它们是一个硬币的两面",从而来欺骗你自己,你或许会说这是你喜欢的,但这不过是自我欺骗罢了。然而,探究这整个有关自我的问题,洞悉它所有的方式、欺骗、幻觉和慰藉——如此彻底的认识自我,会让心灵获得宁静,这是任何其他人无法给予你的。尔后,在这种宁静中,永恒将会登场。

问:一个人怎样才能摆脱始终存在的对于死亡的恐惧呢?

克:是什么导致了这种恐惧?一个人为什么会害怕死亡?如果你们不介意的话,请让我们对这个做一番检视吧——不单单是检视我之前所说的,而且还要检视这个。你知道,尽管我们大部分人都惧怕死亡,但我们同样知道原因是什么。显然是因为我们不希望终结,我们知道肉身会走向消亡和毁灭,就像其他任何被频繁使用的东西一样,但是,心理上,我们不愿意结束。原因何在?

因为我们不希望终结,于是我们便让无数的理论合理化:我们在来世将会继续存在,有轮回转世,某种自我会持续下去,诸如此类。然而,尽管有这些被合理化的信仰、确信、断言,但恐惧却依然存在着。为什么?难道不是因为我们渴望未知的确定性吗?我们不知道死后会发生什么。我们想要自己所有的个性、成就、认同全都延续下去,我们寻求着永生不灭,把这个叫做不朽。我们通过名声、财产、占有物、家庭等等寻求着此生的永续——这显然就是我们始终都在做的事情。我们还希望在思想、感受的领域里也得到持续——在心理世界、精神世界里。

那个持续的事物是什么呢?观念、想法、不是吗?把你视为一个名字、视为某个被认同的个体——这依然是一种观念,观念是记忆,而记忆意味着语词。因此,思想、意识把自己认同为记忆、语词、名称,希望得以延续。很明显,我们大部分人都以各种不同的方式依附于这个,对吗?随着逐渐老去,我开始回顾生命的过往,或者怀着恐惧去期待死亡。所以,我们渴望以这种或那种形式存续下去。由于对这种持续并不感到确定,因此我们才会害怕。你害怕的不是离开你的家人、你的孩子,这只不过是一种借口,实际上你害怕的是终结。

那么,持续的事物,拥有持续性的事物——能够富有创造力吗?在持续的事物身上,会有更新吗?显然,只有会终结的事物,才能迎来新生,只要有结束,就会有新生——而不是在那持续的事物身上。如果我继续着我自己,继续着我今生的一切以及我所有的无知、偏见、愚蠢、幻觉、记忆和依附——那么我拥有什么呢?然而,我们是如此执着地依附于这些东西。

很明显,更新就蕴含在结束里,不是吗?只有在死亡里,才能迎来新生。我不是在给你安慰,这不是要去相信、思索或者理性地检视与认可的问题,因为,尔后你将把它变成另一种慰藉,就像你现在相信轮回转世或者有来生一样。然而,事实是,凡持续的事物都没有新生,因此,更新就蕴含在每一天的终结里,这便是不朽。死亡里有不朽——不是你所惧怕的死亡,而是之前的结论、记忆、经验的消亡——你把这些东西认同为"我"。一旦"我"每分每秒都消亡了,就会迎来永恒、不朽。你必须去体验这个——而不是去猜想、发表演讲,就像你对轮回转世所做的事情一样。只有当作为"我"的你终结了,当你不再依附你的家庭、你的财产、你的观念——唯有这时,才能获得不朽。这并不表示你会变得冷漠、无情或者没有责任心。

当你不再惧怕，因为每分钟都有终结，于是也就有新生，那么你就向未知敞开了。实相是未知的，死亡也是未知的。然而，称死亡是美丽的，说它是多么的不可思议，因为我们将在来世继续存在，所有这些胡言乱语皆非真实。正确的做法是洞悉死亡的真相——它是一种终结，新生就蕴含在终结里，而不是在持续中。因为，凡是持续的东西都会衰败，凡是有能力去自我更新的事物，便是永恒的。但是，一个去依附、去占有的心灵，永远都无法实现自我更新。于是，这样的心灵害怕未知，害怕将来。只有当不断地去更新，这意味着不断地去终结，恐惧才会停止。可我们大多数人都不希望以这种方式消亡，我们喜欢去依附我们的家具、财产、信仰以及我们所谓的爱人，我们渴望在这种状态里继续着我们的冲突、我们的经验、我们的依附。当这一切遭到威胁的时候，我们便会感到惊恐万分，于是也就出现了无数谈论死亡的书籍。你更感兴趣的是死亡，而不是活着。可一旦你认识了生活——也就是说，在不断的关系里认识了你自己，视谬误为谬误，从而每分钟都在终结，不是停留在理论上，而是真正地去漠视你所依附的那些外物、信仰、记忆，将其消除掉——唯有这时，才能迎来新生，而在这种新生里是没有死亡的。

（第三场演说，1949 年 10 月 16 日）

因空虚孤独而寻求感受是逃离自我

在过去的几周时间里，我们一直都在讨论认识自我和觉知自我的重要性。必须要彻底地认识自己，这一点是十分显见的。认识自我，并不是从生活中退隐，而是去理解关系——与物、与人、与观念的关系。唯有通过自知，才能认识感受，感受跟自知并不是分开的。

不幸的是，我们大多数人都不去寻求对自我的认知，而是去依附感受。我们把感受当作一种发现真理、实相、神的手段，所以，对我们大部分人来讲，感受已经成为了一种价值标准。

然而，感受能揭示真理吗？——或者你愿意把真理称为别的什么。很明显，感受是一种逃离自我的过程，也就是说，我们大多数人都没有去觉知自身感受的全部过程，没有看到我们正在逃离自我。在我们的内心，无论承认与否，有意无意地存在着一种贫乏、空虚的状态，而我们努力想要掩盖这个、逃离这个。在将其掩盖的过程中，我们有了各种各样的感受：我们依附于各种观点与信仰。这些让我们分心的事物，这些显然是逃避自我的事物，便是感受。意思便是说，一个人有意或无意地觉察到自己内心有一种空虚感、贫乏感。我们大多数人都意识到了这个，但却不愿意去面对它，不愿意认识它。我们努力逃避这种空虚、贫乏的状态，要么是通过依附财产，要么是通过名声、地位、家庭、人或者知识。这种对自我的逃离，便是所谓的感受，我们依附于这些逃避，于是，逃避的方式变得比认识自我更加重要。各种逃避自身状态的方式，给我们带来了欢愉，结果，感受妨碍了我们去认识"当下实相"。

换种方式来表述好了，也就是说，我们大部分人都意识到自己是孤独的，为了逃避这种孤独，我们打开收音机、看书、依附于某个人或者沉溺于知识的海洋。这种对于"当下实相"的逃避，带给了我们各种各样的感受，而我们依附于这些感受。于是，财产、名声、地位，变得至关重要起来。同样的，人变得重要起来，无论是一个还是多个，是个体还是群体或社会。此外，知识，作为一种逃避自我的手段，也变得无比的重要。

因此，我们通过知识、通过关系、通过财产把这种空虚和孤独掩盖了起来。于是，财产、关系、知识变得极为重要，因为，如果没有了它们，我们就会迷失，没有了它们，我们就将直面自己的本来面目。为了逃避这个，我们诉诸于所有这些手段，被困在这些逃避的感受里。我们把这些感受当作发现实相的标准,然而,实相、神是未知的,是无法被我们的感受、我们的限定去衡量的。要想达至实相,我们就必须抛掉一切逃避,直面"当下实相"——即我们的孤独,我们那种空空如也的感受。由于我们是如此的空虚,尽管我们不愿意承认这一点,于是我们便用各种东西把自己包围起来,由此去逃避自我。

所以,感受不是一个标准,不是达至实相的途径。因为,毕竟,我们是根据自己的信仰,根据自己的限定去感受的,而信仰显然是一种对自我的逃避。要想认识自我,我不必怀有任何信仰,我只需要清楚地、不做选择地观察自己——在关系里观察自己,在逃避中观察自己,在依附中观察自己。一个人应该观察自身,不带任何偏见、结论和断言。在这种无为的觉知里,他将发现那种非凡的卓然独立的意识。我确信,你们大部分人都曾经感受过这个——这种彻底的没有任何东西可以填满的空无感。只有停留在这种状态里,只有当所有价值观念都完全消失,只有当我们能够做到独自一人,并且不去逃避,直面这种单独的状态——唯有这时,实相才会登场。因为,价值观念不过是我们所受限定的产物,就像感受一样,它们是建立在某个信仰之上的,是认识实相的绊脚石。

然而,这是一项我们大部分人都不愿意去经历的艰辛的任务,于是我们便去依附于那些感受——神秘的、迷信的、关系的感受,所谓的爱的感受以及占有的感受。这些东西变得格外重要,因为我们便是由它们构成的,我们是由信仰、限定、环境的影响构成的——这就是我们的背景。我们从这一背景出发去做出判断和评价。当一个人经受了、认识了这个背景的全部过程,他就会达至一个状态,在这状态里,他是完完全全独自一人的。一个人必须要独自地去发现实相——这并不表示逃避生活,退隐于世。相反,这是充分地去强化生活,因为,尔后,你将挣脱背景的制约,挣脱对于逃避的感受的记忆。在这种独自的状态里,没有选择,没有对"当下实相"的恐惧。只有当我们不愿意承认或者看到"当下实相"时,才会滋生出恐惧。

因此,要想迎来实相,就必须抛掉一个人建立起来的并且被困于其中的无数逃避。毕竟,如果你去观察一下,就会发现我们是怎样利用别人——我们是怎样利用我们的丈夫、妻子或者群体和民族——去逃避自我的。我们在关系里寻求着慰藉,在关系里寻觅慰藉,这种寻求会带来某些感受,我们依附于这些感受。同样的,为了逃避自我,知识变得格外重要起来,但知识显然不是达至实相的途径。要想迎来实相,心灵就得彻底空无和宁静。可是,一个充塞着知识,沉溺于观念和信仰,始终都在喋喋不休的心灵,是无法接收到实相的。同样的道理,假若我们在关系里寻求慰藉,那么关系就会变成对自我的逃避。毕竟,我们渴望在关系里得到慰藉,我们渴望有东西去依靠,渴望获得支撑,渴望被爱,渴望被占有——所有这一切都表明我们自身心灵的贫乏。同理,我们对于财产、名望、头衔、外物的渴望,说明了自身内心的空虚。

当一个人意识到这不是达至实相的途径,那么他就会迈入这样一种状态了:心灵不再去寻求慰藉,它完全满足于自己的本来面目——这并不意味着停滞不前。在逃离本来面目的过程中,就会有僵死。一旦意识到、觉知到了本来面目,就会出现活力与生机。因此,基于限定的感受,对某个信仰的感受——它是源于对自我的逃避——以及对关系的感受,这些成为了障碍,它们把我们的贫乏掩盖了起来。只有当我们认识到这些东西是一种逃避,从而洞悉了它们的真正价值——唯有这时,才能在这种空无的状态里保持寂静与安宁。当心灵变得格外的宁静,既不去接受,也不去排斥,而是被动地觉知到本来面目——那不可度量的实相就将到来了。

问:究竟是否存在神的安排呢?如果不存在的话,我们的奋斗还有什么意义呢?

克:我们为什么要奋斗?我们为了什么去奋斗?如果我们不去奋斗的话,会发生什么?我们会停滞不前、走向衰退吗?这种不断地努力想要有所成就,究竟是何涵义?这种奋斗、努力表明了什么呢?通过努力、通过奋斗,能够获得觉知吗?一个人不停地努力着想要变得更好,想要改变自我,想要让自己去适应某个模式,想要变得如何如何——从职员到经理,从经理到圣人。这种努力会带来觉知吗?

我认为,我们应当真正去认识有关努力的问题。那个在做着努力的主体是什么?我们所说的"意愿"是指什么意思?我们付出努力,是为了获得某个结果,是为了变得更好,为了更加有德行,或是为了减少身上的某种东西,对吗?我们内心正面的欲望跟负面的欲望总在交战,一个取代另一个,一种欲望控制另一种——我们将其称作高等的和低等的自我。但是很明显,它依然是欲望,你可以把它置于任何层面,给它不同的名称——但它仍旧是想要变得如何的欲望。此外还有自我同他人、同社会之间不断的斗争。

这种欲望的冲突会带来觉知吗?对立面的冲突、想与不想的冲突,会带来澄明吗?努力去让自己符合某个观念,在这种努力里面,有觉知存在吗?因此,问题不在于努力、奋斗,抑或如果我们不去努力、不去奋斗,如果我们不努力去变得如何如何,无论是在心理上还是在外部层面,会发生什么,而在于,如何实现觉知?因为,一旦实现了觉知,就不会再有努力、奋斗和挣扎了。只要你认识了某个事物,你就会摆脱它的制约。

如何才能获得觉知呢?我不知道你们是否曾经留意过,你越是努力想要去认识一个问题,你所获得的认识反而会越少。可一旦你停止努力,让问题自己来告诉你它的全部涵义——那么你就能认识它了。这显然意味着,要想实现认知,心灵必须安静下来,心灵必须展开无为的、不做选择的觉知,在这种状态里,才能认识我们生活的诸多问题。

这位提问者想要知道,究竟是否存在着神的安排。我不晓得你所说的"神的安排"是指什么意思。可我们知道自己身处痛苦和混乱之中,知道这种混乱跟痛苦始终都在愈演愈烈,无论是社会的、心理的、个体的还是集体的,不是吗?这就是我们创造的世界。究竟是否存在神的旨意并不重要,重要的是去认识我们生活于其间的这种混乱,不管是外部的还是内部的。要想认识混乱,我们显然就应该从自身着手——因为我们便是混乱,正是我们让外在世界陷入一片混乱之中的。若想清除掉这种混乱,我们就得从自己开始做起,原因是,我们是什么样子的,世界就会是什么样子的。

那么,你会说:"嗯,以这种方式给世界带来秩序是要花费很长时间的。"我敢肯定你完全错了,因为,毕竟,正是一两个思想非常清楚、实现了觉知的人,才能带来一场变革。可你知道,我们很懒散,这便是难题所在。我们希望由其他人去改变,希望环境会变化,希望政府来规范我们的生活,抑或出现某个奇迹,从而令我们发生转变。于是,我们便忍受着混乱。

所以,真正重要的,不是去询问究竟是否存在神的旨意,因为你会在这个问题上浪费几个小时去推测、猜想,证明有或没有。这是那些宣传者玩的游戏。然而,重要的是真正让自己摆脱混乱,这不会耗费太长的时间。必须意识到自己是混乱的,意识到,由这种混乱产生的一切行动必定也会是混乱的。这就好像一个困惑的人去寻求领袖——他的领袖一定也会是困惑的。所以,必须懂得自己是混乱的,不要试图去逃避,不要试图寻找理由,而是应当展开无为的、不做选择的觉知。尔后你将发现,这种无为的觉知会带来一种截然不同的行动,因为,假如你努力去澄清混乱的状态,那么你所产生的一切依然会是混乱的。但倘若你去无为地、不做选择地觉知自己,那么这种混乱就将彰显出自身的内容,尔后消失不见。

只要你对此加以检验,会发现——这不会花费太久的时间,因为这里面根本不涉及到时间——澄明将会到来。但你必须对它投以全部的注意力与兴趣。我敢肯定,我们大部分人都喜欢身处混乱,原因是,在混乱的状态里,你不必展开行动。结果,我们满足于混乱,因为,认识混乱,需要行动,这种行动,不是去追逐某个理想或理念。

因此,究竟是否存在神的安排,这个问题无关紧要。我们应该去认识自己以及由我们创造出来的这个世界——不幸、混乱、冲突、战争、界分、剥削。这一切都是我们自己跟他人的关系造成的,如果我们能够在与他人的关系里去认识自己，如果我们能够意识到自己是怎样利用他人的，怎样试图通过人、通过财产、通过知识去逃避自我的，并因而让关系、财产、知识变得无比的重要——如果我们能够明白这一切，无为地觉知到这一切，那么或许就可以摆脱自身背景的制约了。唯有这时，方能探明实相。然而，花费几个钟头去猜想究竟是否存在着神的旨意，努力去探明这个问题，就这一问题发表演讲，在我看来是如此的幼稚。因为，遵从任何计划、安排，都无法带来和平，不管这个计划是左翼的、右翼的还是神的。遵从不过是压制，有压制，就会有恐惧。只有当你实现了觉知，才能获得和平与宁静，而实相就蕴含在这种宁静之中。

问：觉知会突然降临，与过去的努力和经历无关吗？

克：我们所说的过去的经历是指什么？你怎样去体验某个挑战呢？毕竟，生活便是一种挑战和反应的过程，对吗？——挑战总是新的，否则它就不是挑战了。我们的反应必定是源于自身的背景和限定，因此，假如反应对于挑战来说是不充分的，那么它就一定会引发矛盾与冲突。这种挑战与反应之间的冲突，就是我们所谓的体验。我不知道你是否曾经留意过，倘若你对挑战做出的回应是充分的，那么就只会存在一种正在体验的状态，而不是对某个体验的记忆。可一旦反应无法充分地去应对挑战，我们就会去依附对于体验的记忆。

这没有那么难懂：不要露出如此困惑的表情。让我们再探索得深入一点好了，这样一来你们就会明白的。正如我所指出来的那样，生活是一种挑战与反应的过程——只要这个反应不足以去应对挑战，就一定会出现冲突，这一点显然是十分清楚的。而冲突势必会妨碍认知，由于冲突，一个人将无法认识问题，对吗？由于我一直都在跟我的邻居、我的妻子、我的同事发生争执，那么我就不可能去认识这一关系。只要当冲突停止时，方能实现认知。

那么认知会突然而至吗？也就是说，冲突会突然停止吗？抑或，一个人必须去经历无数的冲突，认识每一个冲突，尔后才能摆脱一切冲突呢？换种方式来表述问题好了，意思便是，我确定，在这个问题背后潜藏着的是另外一个问题："既然你已经穿透了层层迷雾、混乱、冲突、对大师、轮回的信仰以及各种各样的团体，诸如此类，那么我难道不应该也经历它们吗？既然您已经经过了某些阶段，那么我难道不应该也去经历这些阶段，以便获得自由吗？"也就是说，为了摆脱混乱，我们难道不应该去经历混乱吗？

所以，问题难道不在于，通过遵循或接受某些模式，经历这些模式，以便获得自由，这么做能实现认知吗？例如，曾经你相信某些观念，但现在你把它们抛到了一旁，你自由了，拥有了觉知。我出现了，发现你经历了某些信仰，尔后将其抛弃，从而获得了觉知。于是，我对自己说道："我也要去遵从那些信仰或是接受那些信仰，最终我将会实现觉知的。"这显然是一种错误的过程，不是吗？重要的是去认识。认知是时间的问题吗？答案显然是否定的。如果你对某个东西感兴趣，就不会出现时间的问题，你会投入全部的身心，会十分的关注，会完全被那个事物吸引。只有当你想要得到一个结果的时候，才会有时间的问题。因此，假若你把觉知视为一个想要得到的结果，那么你就需要时间，那么你就会去谈论"立即"或"延迟"。但是很明显，觉知不是一个目的。当你安静下来，当心灵迈入寂静，觉知便会到来。一旦你懂得了心灵安静的必要性，就将立刻获得觉知了。

问：按照您的看法，什么才是真正的冥想呢？

克：那么，冥想的目的是什么呢？我们所说的冥想，意指为何？我不知道你们是否曾经留意过，所以，让我们一同展开检验，弄清楚何谓真正的冥想吧。不要只是去听我对此发表的看法，而是我们一起去探明和体验什么是真正的冥想。因为，冥想十分的重要，不是吗？如果你不知道何谓正确的冥想，那么你便无法认识自我，而没有认识你自己，冥想就将毫无意义。在某个角落里静坐，在花园里或大树下走来走去，努力去展开冥想，这是没有意义的，只会走向一种特殊的专注，也就是排他。我确信,你们当中有些人曾经尝试过所有这些方法,也就是说,你们努力专注于某个对象,在意识四处游走的时候,努力强迫它去做到专注,当遭遇失败时,你便会去祈祷。

因此,假如一个人真的想要认识什么是正确的冥想,他就得弄清楚那些被我们误认为是冥想的事物。显然,专注不是冥想,因为,若你去观察,会发现,专注的过程里存在着排他,于是也就会有分心。你试图让思想集中在某个事物上头,但你的意识却朝着另外一个事物游走过去,结果便会上演一番交战,一方面是努力想要集中精神在某个点上,一方面是意识拒绝去专注这个对象,而是向其他的方向游走。于是,我们花费了许多年的时间努力做到专注,去学习专注,这种专注就被误称作冥想。

接下来是有关祈祷的问题。祈祷显然会产生某些结果,否则成千上万的人也就不会去祷告了。在祈祷里面,心灵显然是通过不断地反复念诵某些句子而被人为地变得安静的,它不是真正的宁静。在这种安静里面,会有某种暗示、某些感知和回应。然而,这依然是意识玩弄的一个把戏,因为,毕竟,通过某种催眠术,你可以让意识变得格外的安静。在这种安静里,会出现某些源于潜意识与外部的意识的潜藏的反应,但这依旧是一种没有觉知的状态。

冥想不是献身——献身于某个理念、某个形象、某个原则——因为,意识的产物依然是一种偶像崇拜。一个人或许不会去崇拜一个雕像,认为这是偶像崇拜,是愚蠢的,是一种迷信,但他会去崇拜意识里的事物,就像大部分人那样——这同样是偶像崇拜。献身于某个形象、理念或大师,并不是冥想。很明显,这是一种对于自我的逃避,是一种非常安慰人的逃避,但它依然是逃避。

这种不断地努力想要变得有德行,通过训戒、通过仔细地检视自我来获得美德,显然也不是冥想。我们大多数人都被困在这些过程之中,由于它们无法带来对自我的认知,所以并非正确的冥想的方法。毕竟,如果没有认识你自己,那么你有什么根基去展开正确的思考呢?没有认识你自己,那么你所做的一切都是去遵从背景、遵从你所受的限定的反应。

这种对于条件所做的反应，不是冥想。然而，觉知到这些反应，也就是说，觉知到思想与感受的运动，不怀有任何谴责的意识，如此一来便能彻底认识自我的运动、自我的方式——这种方法便是正确冥想的途径。

冥想不是从生活中退隐，冥想是一种认识自我的过程。当一个人开始认识自我，不仅仅是认识意识，而且还有自身所有潜藏的部分，那么自然就能获得宁静。一个通过冥想、通过强迫、通过遵从被变得安静的心灵，并不是真正的宁静，它是一个停滞的心灵，而不是警觉的、无为的、富有活力的、具有接纳力的心灵。冥想要求不断的警觉，不断地去觉知每一个词语，每一个揭示出了我们自身存在状态的想法跟感受，无论是暗藏的还是表层的。由于做到这个十分艰难，于是我们便逃避到了各种各样给人安慰的欺骗性的事情里去，将其称作是冥想。

假如一个人能够懂得认识自我是冥想的开始，那么问题就会变得相当有趣和生动了。因为，毕竟，若没有自知，你可能会去实践你所谓的冥想，并且仍然依附于你的原则、你的家庭、你的财产，抑或，放弃你的财富，你或许会去依附某个理念，如此专注在它的身上，以至于你从这个理念那里制造出了越来越多的东西。很明显，这不是冥想。因此，自知将会开启冥想的大门，没有自知，就无法展开冥想。随着一个人对有关自知的问题探究得更加深入，不仅表层的意识会变得安静，而且各个暗藏的层面也将展现出来。当表层的意识安静下来，那么潜意识即意识的那些暗藏的层面便会彰显出自身的内容，它们给出了自己的涵义，如此一来就能够彻底认识一个人存在的全部过程了。

所以，头脑变得极为宁静——它本身就是宁静的，它不是被变得安静，不是因为奖赏或恐惧而被迫安静下来。尔后，在这种寂静中，实相将会到来。然而，这种寂静不是基督徒的寂静、印度教教徒的寂静或者佛教徒的寂静，这种寂静就是寂静本身，没有名称。因此，假如你去遵循基督徒、印度教教徒或是佛教徒的寂静之路，你便永远无法达至寂静。所以，如果一个人想要找到实相，那么他必须完全抛掉自己所受的限定——无论是基督徒的、印度教教徒的、佛教徒的还是任何其他的群体的。

仅仅通过冥想、通过遵从去强化背景，将会导致心灵的停滞、迟钝和麻木。我敢肯定，这就是我们大部分人所渴望的，因为，制造出某个模式然后加以遵循，这要容易得多。但是，摆脱背景的束缚则需要关系里的不断的觉知。

　　一旦获得了这种寂静，便将迎来一种非凡的、富有创造力的状态——这不是说你必须写诗、画画，你可能会也可能不会。然而，这种寂静不是可以被追逐的、被复制的、被模仿的——尔后它便不再是寂静了。你无法通过任何路径达至它，只有当你认识了自我的各种方式，只有当自我及其所有的活动、不幸都终结的时候，寂静才会到来。意思便是说，当头脑不再去制造，创造力就将登场。所以，心灵必须变得简单，必须变得安静，所谓必须变得安静——这里的"必须"是错误的：声称心灵必须安静，意味着强迫。只有当自我的全部过程终结了，心灵才会迈入宁静。只有当你认识了自我的全部方式，从而使得自我的活动走向终结——唯有此时，寂静才会出现。这种寂静便是真正的冥想，而永恒就蕴含在这寂静里。

（第四场演说，1949年10月23日）

心灵通过觉知迈入真正的寂静

　　对于我们大部分人来说，要带来自身的真正转变，似乎是相当不易的。我们意识到，让内心以及外部事物发生真正的、深刻的、根本性的变革是极为必需的。显然，转变不应当是暂时的，而应该是不断的。我们希望给世界带来变化——经济的改变、社会的改变，诸如此类——然而在我看来，除非心理层面发生了根本性的变革，否则一个人无法让外部产生真正的重大的改变。因为，内在显然总是会战胜外在，一个人是什么样子的，他就会制造出什么样子的外部世界。除非发生了这种内在的转变，否则，单纯的外部的革新、外在的变化，无论设计得多么仔细，都不可避免地将会以失败告终，原因是缺少了内在的变革、内在的转变。

那么这种内在的转变要如何产生呢？如果我们今天上午能够真正去讨论一下这个问题，那么我们就会发现，这并不是不可能的，不是只有那少数几个真正抱持严肃认真态度的人才能实现的。我们所说的内在的变革是指什么意思呢？因为，假如没有内在的转变，一个人将发现，无论他可能会对外部世界做什么，无论他会带来怎样的社会变革，势必都将走向失败。除非认识了内在的动机、欲望和冲动，否则它们将压倒外部的结构。

所以，要想让一个人的态度、行动和方向发生转变，就必须从内在开始做起。这种转变，显然应当从自知开始，因为，如果没有自知，就不会实现根本性的变革。变革，不是依照某个观念、依照某种模式，那样的话它就不再是变革了——它不过是一种经过了修正的持续。但倘若一个人能够认识自身心理的过程，认识内心的需求、追逐、恐惧、野心和希冀，倘若他能够检视它们的全部过程——那么他就可以实现转变了。因此，一个人必须首先认识自我，尔后才能带来内在和外在的转变。

若没有认识关系，就无法认识自我。正如我一再指明的那样，唯有在关系里，一个人才能开始懂得自我的各种方式——他可能置于各个层面的自我——因为，关系是根本所在，对吗？没有认识关系，没有认识你自己跟他人之间的关系，没有让关系发生根本性的改变，那么单纯地对于社会革新所做的尝试势必都会以失败告终。因为，我们的整个存在都是建立在关系之上的——你跟你的妻子之间的关系，你跟你的邻居的关系，进而跟整个社会的关系——正是关系应该发生改变。假如没有充分地探究和认识自我，关系就无法出现转变，因为，自我显然是一切冲突的根源。一个人或许会充分表现出自我，认为它是自己唯一拥有的东西，但它始终会给关系带来冲突与混乱。只有当你认识了关系，转变才会到来。所以，转变显然应该从关系开始，而不是仅仅去对外部的环境做一些修修剪剪的工作。

因此，转变的问题，也就是彻底的内在的变革的问题，并不是如此困难。只有当你认识了关系，才能实现这种变革。因为，关系是一面镜子，通过它，我可以在行动中去发现自己。没有认识自我的全部过程，就不会出现根本性的变革。因此，在揭示关系的过程中，我开始发现自我——不仅是在浅层，而且还包括深层。很明显，一个人可以从这里开始着手，对吗？他可以开始去不断地观察自己，观察那种占有的意识、支配的意识，这些意识在你的办公室和家庭里都有所表现。

为什么关系里会出现这种占有的意识呢？很显然，假如我们不去占有自己声称爱着的那个人，就会感到挫败，就会失落，就会直面自我以及自身的空虚和孤独。于是，我们开始去占有，开始去支配，从而被困在嫉妒之中。所以，在关系里，我们开始去发现自己。然而，在占有、支配他人的时候，这种关系就不会展现出自身，不会揭示出我们自己的过程。

我们大部分人都不愿意去认识自己，但倘若我想要去认识自己的话，这便是首要之举，不是吗？我们大多数人都害怕知道，害怕发现自己的本来面目——丑陋的和美丽的——无论它是怎样的。于是，我们逃离它，把关系作为一种得到慰藉、安全的手段，结果也就从来不曾认识自我。当我们在关系里寻求慰藉的时候，自我就是一扇关闭的大门。正是这种想要得到慰藉的渴望，滋生出了关系的全部复杂——支配、嫉妒、差别、爱这个人超过爱另一个人，试图把爱变得非个人化，试图分离出来，等等。只有当你认识了自我，才能实现转变，唯有这时，才能拥有一个寂静的心灵——不是被变得寂静，而是心灵通过觉知迈入了真正的寂静。

所以，重要的是有意向在关系里探明自己的本来面目，探明实相。当一个人认识了自己的本来面目，既不去谴责，也不去辩护，那么他就可以有所超越了。正是这种清楚地审视"当下实相"的能力——嫉妒、充满野心、贪婪或是通过关系发现的任何其他的特性——正是这种审视本来面目、与其共处，没有任何谴责或压制的意识，没有任何逃避的意识，才使得超越"当下实相"成为了可能。唯有这时，才会出现根本性的转变。

因此，当你超越了"当下实相"，美德便会到来。但倘若你努力想要达至什么的话，就无法超越"当下实相"了。毕竟，这就是我们所有人都试图去做的事情，不是吗？我们全都希望有所成——变得更加有德行，变得更加虔诚——我们希望更加接近真理，或者我们充满了世俗的野心，等等。我们渴望出人头地，我们想要获得更多的认知、更大的快乐、更多的智慧。渴望有所成，这实际上是在排拒本来面目。假若我希望有所成，那么我就不会认识自己的真实模样。要想知道我是什么样子的，就必须认识这种想要有所成，想要变得如何如何的欲望。我们为什么希望变成跟自己的本来面目不同的样子？假使我不去努力变得怎样，那么这么做会带来满意，带来那种错误的、令人尊敬的停滞不前吗？这是我们想要有所成的原因吗？还是因为我们没有直面自己的真实模样呢？——所以，这是一种逃避"当下实相"的过程。不断地想要成为什么，这种欲望及其所有的混乱、困惑、争斗和努力，都是在逃避"当下实相"，是在逃避我们自己。只要我们没有认识自己而是仅仅去逃避"当下实相"，那么我们就只会引发更大的冲突与不幸。如果我们能够懂得这个，懂得变成怎样、试图心理上达至什么是毫无意义的，就会满足于"当下实相"了。唯有当你不再同"当下实相"交战，不再努力想把它变成其他的样子——才能认识它。但只要我们试图去改变"当下实相"，就无法实现对它的超越。

发现"当下实相"，满意于"当下实相"，并不是停滞不前，相反，满意于"当下实相"是最有效的行动，它不会带来冲突，不会制造敌意。世界上有如此多的冲突和敌意，如此多的不幸，假如我们想要带来根本性的转变，就必须从自身开始做起，必须开始去认识"当下实相"，与它共处，审视它，但不试图去替代、改变、修正它。当我们单纯地通过给"当下实相"起一个名字而将它抛弃掉——因为对它命名是一种谴责或接受的行为——那么就无法去认识它了。可一旦我们不去命名"当下实相"，它便会发生改变，伴随着这一改变而来的是满足——不是有所得的满足，不是拥有、占有或取得了某个结果的满足，而是当冲突消失时会出现的满足。因为，正是冲突导致了不满，冲突不具有创造力，它无法带来觉知，冲突在生活里是不必要的。只有当我们能够认识"当下实相"时，冲突才会停止。

一旦你摆脱了谴责、辩护、认同的背景，就能够认识"当下实相"了。正如我们某一天所讨论的那样，只有当存在分析者、检验者、观察者的时候，才会出现谴责。然而，观察者与所观之物是一个统一的现象，唯有当你不怀有任何谴责、辩护、认同的意识——也就是说，一旦你摆脱了背景的制约，即摆脱了"我"、"我的"——观察者与其观察的对象之间便会实现统一了。只有当你挣脱了背景的束缚，才能够以新的姿态对挑战做出反应。生活是一种挑战和反应的过程，只要反应是不充分的，就会有冲突。唯有通过认识关系的过程，才能消除掉反应的不充分性。随着我们越来越认识关系的过程，也就是在行动中认识自我的过程，心灵便能迈入寂静。一个不安静的心灵——无论它是在追逐知识、贪欲还是想要在今生或来世变得如何如何——这样的心灵显然无法探明。因为，若想探明，必须实现自由。只要心灵试图变得怎样，就不可能有所发现。唯有在自由的状态里，才能够去探明，而自由便是美德，因为美德会带来自由。然而，努力想要变得有德行，并不是自由，它不过是另外一种形式的"变成"，也就是自我膨胀。

因此，美德是对"变成"的否定，这种否定只有伴随着对"当下实相"的认知而来。一旦通过自知实现了根本性的转变，就能够迎来富有创造力的生活了。因为，真理不是某种可以达至的东西，它不是一个结果，不是可以获得的东西。它是每时每刻出现的，它不是累积知识的结果，知识不过是记忆、限定和经验。可一旦心灵能够摆脱一切的累积，真理便会每时每刻到来了。原因是，累积者是自我——自我之所以去累积，是为了支配、宣称、扩张和自我实现。唯有挣脱了自我的羁绊，方能迎来真理——不是作为一种持续的过程，而是每时每刻要去发现的事物。所以，若想有所探明，心灵就得是鲜活的、警觉的、寂静的。

问：用什么方式我能够在您的工作中助您一臂之力呢？

克：是我的工作，还是你的工作？如果是我的工作，那么你就会变成宣传者。那些搞宣传的人是无法道出真理的，因为他们不过是重复性的机器罢了，并不懂得自己所说的。他们或许知道那些聪明的表达、标语口号、陈词滥调，但他们永远不能探明什么是真理。我们大部分人都被这些宣传家左右着，因为我们主要是靠没有多少内容的语词在过活，我们如此轻易地就会接受语词——诸如民主、和平、共产主义者、神或灵魂。我们从不曾去探究这些词语的真正涵义，从不曾去超越这些词语所引起的短暂的感觉。所以，假使你仅仅是一个宣传者，或是靠搞宣传生活，那么你便无法发现那永恒之物。如果没有发现真理，生活就将变得单调、乏味，充满痛苦。

因此，你不是在做我的工作，你不是在帮助我。然而，你应当在这里面所做的，便是去探明你自己的本来面目，认识自我。因为，若没有认识你自己，就没有基础展开行动，没有基础展开正确的思考。所以，你不是在给我的工作助一臂之力，而是去认识你自己。无论你对自我的认识是怎样的，就目前来讲它都是真理。唯有在日常关系里才能探明这个——在你跟我之间的关系里，在我发表讲话而你聆听的时候，以及你是怎样去倾听的。如果你带着偏见去听，如果你带着自身的背景去听，带着你所有的谴责、成见、或赞成或反对的意见去听，那么你就不是在聆听，你和我就没有任何关系。但倘若你的聆听是为了探明自我，是为了在关系里发现自我，那么这就是你的工作而不是我的事情。尔后，由于你是在寻求真理，于是你就不会是一个单纯的宣传者。尔后，你关心的不是去说服他人，试图让他人去皈依你的某种信仰，试图去转变他人，试图让他人加入你的群体、加入你的团体。尔后，你以及你的信仰就不是重要的了。然而，一个怀着信仰的人——他是重要的，因为他所认同的信仰赋予了他重要性。一个真正寻求认识自我的人是不会为信仰所囿的，不会被任何团体、组织、宗教包围。因此，没有所谓你的工作和我的工作的问题。重要的是去探明真理，探明真理，不是你的或我的。

由于它不是我的工作而是你自己的事情，所以重要的是你如何去应对它，你如何着手自己生活的全部结构。这便是我们正在讨论的——领悟它，洞悉你的存在的结构，从而带来转变。感知到"当下实相"，会带来根本性的改变。但倘若你的聆听只是为了去遵从我的言论，那么你就会变成一个单纯的宣传者，变成一个信徒——你会制造出敌意和争斗。天知道，世界上有足够多的群体、信仰，它们全都彼此争斗着，为了金钱、为了拉拢成员彼此交战，以及所有的胡言乱语。但是，一个寻求认识自我的人是不会制造出敌意的，因为他是诚实的，他对自我是真诚坦率的，对"当下实相"是真诚坦率的。

然而，这个问题里面，重要的是不再做一个宣传分子，而是去直接地体验——不是通过书本，不是通过他人，不是通过你自己的幻觉和欺骗，而是凭借自己的力量每时每刻直接去体验真理。这种对于真理的感知是一种具有解放性的过程，它会给生活带来欢愉，它会带来澄明以及一种不取决了情绪的强度。因此，它是你的工作，而这种工作是从认识自我开始的。

问：所有的行动都是一种逃避吗？在最必要的时候服务于人类也是一种逃避吗？个人富有创造力的表现，难道不是消除内心冲突的一种正确途径吗？

克：我们所说的行动和逃避，是指什么意思呢？显然，我们当中那些实现了觉知的人，会知道我们是如此的迟钝、麻木和空虚。我们怀有大量他人所说的、所撰写的知识，我们阅读、我们聆听，我们努力去模仿、复制，可我们的内心却是空空如也。我们空虚、贫乏、孤独，像一片叶子一样被随意驱使着。为了逃避这个，逃避这种巨大的恐惧感，逃避那啃噬人的、令人焦灼的孤独，我们做着各种各样的事情，我们沉溺于各种各样的活动。这是活动吗？这是运动，这是激动不安，是去做某个事情。

因为，如果你独自一人呆着，你就会觉知到这种孤独，于是，你打开收音机、翻阅一本书，抑或去追求某个人，或者当有人离去、辞世时号啕大哭，因为你被一个人留下了。

所以，如果没有认识这种空虚，没有经历它，没有充分地认识它，那么你怎么可能帮助人类呢？什么是人类？你自己和他人，对吗？你和你的妻子，你和你的邻居，你所生活的那个直接的世界——不是苏联人的世界或是印度人的世界，而是你生活于其间的那个世界。假如你不认识自己生活的世界，假如那里满是冲突、不幸、争斗、嫉妒，那么你如何能够在最大程度上帮助人类呢？它会毫无意义，不是吗？它不过是一个利用者、演讲者会使用的词语。

因此，若没有认识你自己，若没有观察你的全部行动——各种逃避，那些掩盖你自己的丑陋、贫乏、争斗的行为，追逐大师，追逐美德——这些行为中的任何一个都必然会带来混乱与敌意。所以，如果没有认识自我，那么一切行为都会变成逃避。然而，认识自我不是通过隔离、通过停止行动而得来的。行动显然是关系，行动即关系，假如你去避开、抛开、压制、躲避行动中所发现的东西，那么这种行动就必定会导致不幸和危害。但倘若你在行动即关系里探明了自己的本来面目——琐碎、狭隘、势利、有支配意识，等等——并且跟你的本来面目共存，那么由此就会出现一种跟逃避的行为截然不同的行动了。尔后，这种行动就会具有解放性质，会充满了创造力，这种行动不是来自于某个自我封闭的运动。

这位提问者想要知道，个体富有创造力的表现是否并非解决自身冲突的方法。也就是说，假如你有某个冲突，你去画画，忘掉它，通过色彩、通过行动、写一首诗、散步、听场音乐会、阅读书籍、去教堂、冥想大师、做义工来让自己获得解放——总之就是做某个事情。这么做能够让冲突结束吗？能够消除争斗和痛苦吗？作为一名科学家，你或许在你的屋子里、你的实验室里具有创造力，抑或你可以富有创造力地去绘画，但这能够将你的冲突消除掉吗？在那个创造力的表现时刻，你或许可以逃避抑或抛掉你的冲突，可一旦你的工作结束，你就会回到原来的处境，不是吗？

你可能是名科学家，然而，当你离开了你的实验室，你就是个普通人了，对吗？你会怀有你的偏见、你的国家主义、你的琐碎、你的野心以及其他的一切。同样的，某些时刻你可能实现了富有创造力的觉知，富有创造力的表现——尔后你便去画画，可一旦你放下了画笔，你就会重返自身。显然，没有任何行动能够有助于去终止冲突，没有哪种活动可以消除掉冲突。能够消除冲突的，是彻底地与它共处，假如你试图逃避它，那么你就无法直接地跟冲突建立关系。逃避的诸多方法之一，便是去谴责它、为它辩护、压制它、升华它、找到它的某个替代物。但倘若我们不去做这些事情，而是仅仅与冲突共存，展开无为的觉知，不做任何选择地去觉知冲突，那么冲突自己就会展现出自身的涵义，彰显出自身的内容。只有当冲突的内容被揭示出来的时候，你才能摆脱冲突获得自由。

因此，一个去逃避的心灵是无法带着宁静去审视"当下实相"的。你可以将这种逃避置于任何层面——无论是喝酒、庙宇、知识还是感觉。只要行动仅仅是在逃避"当下实相"，那么它就一定会滋生出争斗跟敌意。可如果你认识了自己的真实模样，就将迎来解放，这种解放会带来它自己的行动，而这种行动是跟逃避的行为截然不同的。

问：无论您说什么，都会有而且必须有领袖、导师、大师、老师存在，而您本人就是他们中的一员。您否认这个显见的事实，导致我们内心产生新的冲突，这么做的目的何在呢？

克：是否存在领袖、导师、大师、老师并不重要，重要的是你为什么需要他们。如果我们开始去讨论究竟有没有大师、导师、老师，那么我们将会迷失在意见以及所谓的经验之中——这实际上是一种自造出来的反应。然而，重要的是去探明你为什么需要领袖，为什么追随老师，为什么崇拜大师，为什么服从上师或导师，不是吗？因此，若你能够弄清楚自己为何需要他们，为何渴望他们，那么问题就会迎刃而解了。

你会说，你之所以需要他们，是因为你感到困惑——你不知道该往哪个方向去。你需要一个庇护所、一个慰藉、一个支撑，需要一个可以依靠的人，你需要被颂扬赞美的父亲、母亲，你希望有人告诉你该怎么做，提供给你某种行动的模式、准则，你希望有人给你鼓励，告诉你你多么优秀或者你在进步。这一切，实际上可以简化为一个事实：即你身处冲突和困惑之中，身处痛苦和争斗之中，身处无望的悲伤之中，你被困在每日的例行公事以及那令人厌烦的关系里头。因此，要么你会创造出一个有大师、老师的世界，一个有更高等的知识的幻想的世界；要么，因为困惑、混乱，你希望有人来帮助你去澄清这种混乱。

所以，换句话说，你感到困惑和痛苦，你渴望有人帮助你去澄清这种混乱。那么你会做什么呢？当你出于混乱而选择了某个领袖、上师或大师的时候，这个领袖、上师、大师一定也是混乱的。当你身处澄明之中，你还会去挑选吗？假如你是清楚明白的，就不会做出选择，不会有需要、渴望、寻找上师的问题了。只有当你感到困惑的时候，才会去寻求上师、老师——而不是在你感到幸福的时候，不是在你充满欢愉的时候，不是在你完全忘却了自我的时候。唯有当你带着你的痛苦、冲突、渴望去逃避的时候——唯有这时，你才会出于困惑去寻找上师，才会去挑选。因此，你所选择的，必定同样是困惑的。所以，你的领袖也会是困惑的，无论是政治的还是宗教的领袖。

于是，你希望有人帮助你步出这片混乱的沼泽，换言之，你想要逃离你的混乱。对于那些提供给你各种逃避方法的人，你就会去崇拜他并且让其成为你的领袖。你所制造出来的东西，你所制造出来的混乱，源于你自己，源于你的环境、你的背景、你所受的教育以及你所受的社会的和环境的影响。因此，既然你自己便是这一切混乱的根源，所以逃避、寻求他人来帮助你，都毫无意义。你必须自己去澄清这混乱。由于这是一项十分痛苦的任务，于是你便希望是浪漫的、感伤的，因此你去追逐上师、大师，从而导致了信者与不信者之间的交战。然而，觉知到你的混乱，洞悉它全部的复杂、隐蔽和结构，认识到是谁制造了这混乱——与物、财产、占有物有关的混乱，与人、关系有关的混乱，与理念有关的混乱，什么该相信，什么不去相信，什么是真理，什么是谬误——觉知到这一切过程,不仅是在意识的表层,而且还有暗藏的意识的深层,需要相当的机敏和警觉。这不需要任何老师,包括我在内。相反,你选择的任何老师都会欺骗你,因为你希望被欺骗。然而重要的是去观察这种混乱的过程,在你的关系里觉知到它。一旦你觉知到了"当下实相",一旦你觉知到了这个混乱的过程,就能获得自由了。

由于它是我们的难题,是你的和我的问题,所以你我应该将其澄清,而不是由他人来做这个事。我们必须成为照亮自身的明灯,而不是从他人那里寻求光亮,我们不是被某个救赎者点燃的蜡烛。我们导致了世界的混乱,外部世界的混乱是源于我们自身的混乱,只有通过认识自我,才能将其澄清。要想认识自我,我们无需某个大师,大师将会带领你走向歧途,因为你挑选出来的大师其实是你的自我投射。若想澄清混乱,你就得时时刻刻在关系里、在行动里去观察自己,观察每一个词语、每一个想法、每一种感受,不做任何歪曲、不做任何谴责,就只是去审视它,就像你看着某个你热爱并且想要去认识的孩童那样。尔后,自由便将到来。尔后,你不会再制造出混乱了。只要有中心存在——"我"、"我的"的中心,累积的记忆、经验、挫败和恐惧的中心——就一定会出现混乱。当这一中心不再存在,哪里还会需要老师、大师、上师呢?

重要的,不是谁是老师、谁是引导者,而是去认识我们自己,因为这种认知会带来幸福,会带来那富有生机与活力的欢愉。这种欢愉、这种极乐,不是你能够从大师那里学到的。你可以学到词语,你可以学到方法、技巧,但技巧、词语不是实相。你无法通过技巧去体验,体验是一种无我的状态。"我"便是技巧,"我"便是方法,通过它,我们取得了某个结果,抑或通过它我们去排拒。这个"我"永远无法处于正在体验的状态,毕竟,当你正在体验某个事物的时候是不会有"我"的意识的。可只要意识到了这个在需求、排拒、制造混乱的中心,就会有"我"存在。这种意识是一种体验的状态,在这状态里,有命名和记录。但倘若没有"我"这个记录者,便只会有正在体验的状态。如果没有认识自我,就无法去体验到实相。不去认识你自己,而去追随他人——这个人是谁并不重要,无论是政治的还是宗教的领袖——将会走向幻觉、毁灭与不幸。

因此,重要的不是去探明为何你会制造出领袖、大师,他们究竟是否存在,他们的存在是否事实,而在于弄清楚你为什么要追随他们,为什么去聆听他们,为什么崇拜他们。你否定偶像崇拜,但这实际上正是一种偶像崇拜的形式。你否定手工制作出来的偶像、雕刻出来的形象,但却崇拜由头脑塑造的形象。殊不知,它们全都是对你自己的贫乏、空虚和痛苦的逃避。只有当你在关系即行动中去直面自己,才能认识这种冲突。

问:什么是真正的简单?

克:要想认识这类问题,我们不仅得要在口头层面去加以思考,而且还必须展开直接的体验。我们或许可以去检验这个问题,至少是几分钟。尽管我将从口头上谈论这个问题,做一番表述,以便进行交流,但我们依然能够探明什么是真正的简单以及去体验它。真正重要的便是这种体验,而不是单纯地聆听话语。

那么,何谓真正的简单呢?显然,要想弄明白这个问题,我们就得以逆向的方式来着手,因为,我们的头脑塞满了字典、《圣经》、宗教书籍等里面关于简单所做的肯定性的概念。然而这不过是模仿,不过是符合,这不是简单。有一个显见的事实——即一个充塞着各种结论的心灵,并不是简单的心灵。因此,唯有通过逆向的过程,我们才能认识什么是真正的简单。

所以,简单不是从一块缠腰布开始的。只拥有少量的必需品,显然也不代表简单。摒弃世俗的享乐及其结果,也就是骄傲,也不是简单。只要心灵试图去取得某个结果,只要心灵想要变成什么,只要它被困在或肯定或否定的努力之中——努力想要变得怎样或者不变得怎样——就无法实现简单。我们似乎觉得,简单指的是拥有很少的所有物。极少的所有物会很方便,这就是全部意义,如果你想要去旅行,你必须轻装上路。但它并不是美德,不会让你变得简单。

对于心灵来说,简单便是摆脱信仰的束缚,不再努力想要变成什么,就是与"当下实相"共处。一个充塞着信仰、斗争、努力、追逐美德的心灵，不是简单的心灵。然而不幸的是，我们推崇外在的简单的表现，因为我们用物、财产、家具、书籍、衣服把自己的生活给塞满了，我们崇拜任何一个排拒这些东西的人，我们认为他是一个非凡的简单之人，是个圣人。很明显，这并不是简单。当自我消失，简单就会到来。当你渴望变得如何如何，不管是积极的还是消极的，就会有自我存在。渴望变得怎样，会导致复杂与混乱。因此，我们出于恐惧，通过推崇拥有少量的所有物表现出来的简单，去排拒这种混乱、复杂跟痛苦。显然，如果一个人放弃了世俗世界，但却活在观念和信仰的世界里，活在暗藏的追逐与隐蔽的野心之中，自身的欲望熊熊燃烧着，那么他就不是一个简单的人，不是所谓的圣人。只有当你不再渴望有所成，才能实现简单。尔后，"我"将消失不见，它不会再去跟任何事物认同——认同某个国家、认同某个群体、认同某种意识形态或者宗教教义。一旦"我"彻底不在，简单就会登场，它会在行动的世界里表现出来。然而，复制、模仿，试图拥有很少的东西，用观念、信仰、欲望、渴求把我们的头脑塞满——这样的生活并不是简单的生活。

因此，只有当你认识了那个复杂的"我"，认识了自身的全部结构，才能实现简单。我越是认识"当下实相"，这种认知越是深刻和广阔，我就越是能够摆脱冲突与痛苦获得自由，正是这种自由可以带来简单。尔后，心灵是安静的，它不再充塞着各种东西，不再去追逐。就像池子是平静的一样，一旦你认识了努力的全部过程，心灵便会迈入寂静。伴随着心灵的寂静，永恒将会登场。凡是无因的便是简单，无因就是真理。它无法被你发明出来，因为你的发明物、你关于真理的构造物，全都是有因的。然而，凡是真理，都是没有因的。神是没有因的，它就是它。要想达至这种状态，心灵必须实现非凡的简单——不是被管制的、被训练的，这不是简单，而是束缚。一旦心灵实现了简单，福佑便会到来。

（第五场演说，1949年10月30日）